中 国 国 家 标 准 汇 编

2008 年修订-17

中国标准出版社　编

中 国 标 准 出 版 社

北　京

图书在版编目（CIP）数据

中国国家标准汇编：2008年修订．17/中国标准出版社编．—北京：中国标准出版社，2009

ISBN 978-7-5066-5366-4

Ⅰ．中…　Ⅱ．中…　Ⅲ．国家标准-汇编-中国-2008　Ⅳ．T-652.1

中国版本图书馆CIP数据核字（2009）第101061号

中国标准出版社出版发行
北京复兴门外三里河北街16号
邮政编码：100045
网址 www.spc.net.cn
电话：68523946　68517548
中国标准出版社秦皇岛印刷厂印刷
各地新华书店经销

*

开本 880×1230　1/16　印张 40.5　字数 1 171 千字
2009年7月第一版　2009年7月第一次印刷

*

定价　200.00 元

ISBN 978-7-5066-5366-4

出 版 说 明

1.《中国国家标准汇编》是一部大型综合性国家标准全集。自1983年起，按国家标准顺序号以精装本、平装本两种装帧形式陆续分册汇编出版。它在一定程度上反映了我国建国以来标准化事业发展的基本情况和主要成就，是各级标准化管理机构，工矿企事业单位，农林牧副渔系统，科研、设计、教学等部门必不可少的工具书。

2.《中国国家标准汇编》收入我国每年正式发布的全部国家标准，分为"制定"卷和"修订"卷两种编辑版本。

"制定"卷收入上年度我国发布的、新制定的国家标准，顺延前年度标准编号分成若干分册，封面和书脊上注明"20××年制定"字样及分册号，分册号一直连续。各分册中的标准是按照标准编号顺序连续排列的，如有标准顺序号缺号的，除特殊情况注明外，暂为空号。

"修订"卷收入上年度我国发布的、被修订的国家标准，视篇幅分设若干分册，但与"制定"卷分册号无关联，仅在封面和书脊上注明"20××年修订-1,-2,-3,……"字样。"修订"卷各分册中的标准，仍按标准编号顺序排列(但不连续)；如有遗漏的，均在当年最后一分册中补齐。需提请读者注意的是，个别非顺延前年度标准编号的新制定的国家标准没有收入在"制定"卷中，而是收入在"修订"卷中。

读者配套购买《中国国家标准汇编》"制定"卷和"修订"卷则可收齐上一年度我国制定和修订的全部国家标准。

3. 由于读者需求的变化，自1996年起，《中国国家标准汇编》仅出版精装本。

4. 2008年制修订国家标准共5946项。本分册为"2008年修订-17"，收入新制修订的国家标准65项，其中GB/T 3544—2008(环境保护标准)未收入。

中国标准出版社

2009年5月

目　　录

ICS 21.120.30
J 18

中华人民共和国国家标准

GB/T 3478.9—2008
代替 GB/T 3478.9—1995

圆柱直齿渐开线花键（米制模数 齿侧配合）第9部分：量棒

Straight cylindrical involute splines—Metric module, side fit—
Part 9: Measuring pin

2008-09-22 发布 2009-05-01 实施

中华人民共和国国家质量监督检验检疫总局
中国国家标准化管理委员会 发布

前　言

GB/T 3478《圆柱直齿渐开线花键(米制模数　齿侧配合)》分为九个部分:

——第 1 部分:总论;

——第 2 部分:30°压力角尺寸表;

——第 3 部分:37.5°压力角尺寸表;

——第 4 部分:45°压力角尺寸表;

——第 5 部分:检验;

——第 6 部分:30°压力角 M 值和 W 值;

——第 7 部分:37.5°压力角 M 值和 W 值;

——第 8 部分:45°压力角 M 值和 W 值;

——第 9 部分:量棒。

本部分为 GB/T 3478 的第 9 部分。

本部分主要参考了 ISO 4156-2:2005《圆柱直齿渐开线花键(米制模数　齿侧配合)　第 2 部分:尺寸》,是对 GB/T 3478.9—1995《圆柱直齿渐开线花键　量棒》的修订。

本部分与 GB/T 3478.9—1995 相比主要变化如下:

——修改了标准名称,由"圆柱直齿渐开线花键　量棒"改为"圆柱直齿渐开线花键(米制模数　齿侧配合)　第 9 部分:量棒";

——修改了原标准中的错误,并按 GB/T 1.1 做了编辑性的修改。

本部分由全国机器轴与附件标准化技术委员会提出并归口。

本部分起草单位:中机生产力促进中心、哈尔滨东安发动机制造公司、石家庄链轮总厂、中国第二重型机械集团公司、太原重工股份有限公司。

本部分主要起草人:明翠新、常宝印、许文江、谭仁万、王晓凌、邓高见。

本部分所代替标准的历次版本发布情况为:

——GB/T 3478.9—1995。

圆柱直齿渐开线花键
（米制模数　齿侧配合）
第9部分：量棒

1　范围

GB/T 3478的本部分规定了测量圆柱直齿渐开线花键齿槽宽和齿厚用的量棒尺寸及技术要求。

本部分用于测量模数为0.25 mm～10 mm、齿数为10～100、标准压力角为30°、37.5°和45°的圆柱直齿渐开线花键的量棒。

2　规范性引用文件

下列文件中的条款通过GB/T 3478的本部分的引用而成为本部分的条款。凡是注日期的引用文件，其随后所有的修改单（不包括勘误的内容）或修订版均不适用于本部分，然而，鼓励根据本部分达成协议的各方研究是否可使用这些文件的最新版本。凡是不注日期的引用文件，其最新版本适用于本部分。

GB/T 321　优先数和优先数系

3　量棒尺寸

3.1　量棒型式和尺寸见图1和表1。

3.2　当量棒尺寸超过表1数值时，可按GB/T 321中的R40选取。

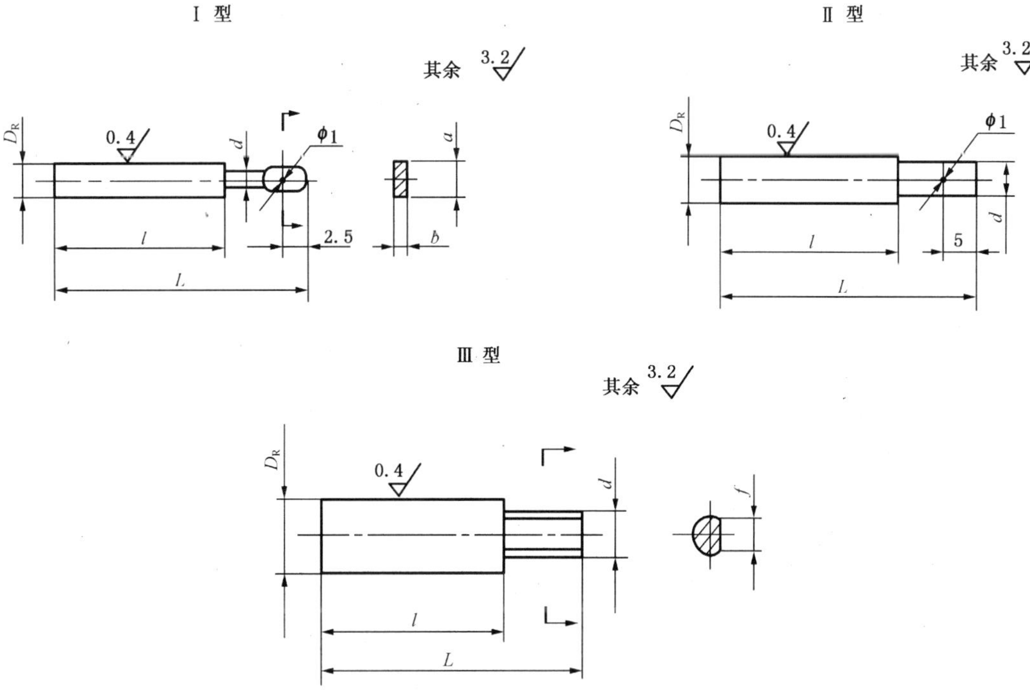

图1

表 1 量棒尺寸

单位为毫米

量棒直径 D_R		量棒型式	尺寸					
基本尺寸	极限偏差		*L*	*l*	*d*	*a*	*b*	*f*
0.56					0.51			
0.60					0.55			
0.63					0.58			
0.67					0.62	2.0	0.20	
0.71					0.66			
0.75			28	20	0.70			
0.80					0.75			
0.85					0.80			
0.90					0.85			
0.95					0.90		0.25	
1.00					0.95			
1.06		Ⅰ			1.01			
1.12					1.07	2.5	0.30	
1.18					1.13			
1.25					1.20		0.40	
1.32					1.27			
1.40					1.35		0.50	
1.50					1.45		0.60	
1.60					1.52			
1.70	±0.001				1.62		0.70	—
1.80					1.72	3.0		
1.90					1.82		0.80	
2.00					1.92			
2.12					2.04			
2.24			40	30	2.16			
2.36					2.28			
2.50					2.42			
2.65					2.57			
2.80					2.72			
3.00					2.92			
3.15		Ⅱ			3.07	—	—	
3.35					3.27			
3.55					3.47			
3.75					3.67			
4.00					3.92			
4.25					4.17			
4.50					4.42			
4.75					4.67			
5.00					4.92			

表 1（续）

单位为毫米

量棒直径 D_R		量棒型式	尺　寸					
基本尺寸	极限偏差		L	l	d	a	b	f
5.30								
5.60					5.00			
6.00								
6.30								
6.70								
7. 10					6.00			
7.50								
8.00								
8.50								
9.00		Ⅱ	55	40				—
9.50								
10.00					7.00			
10.60								
11.20	±0.001					—	—	
11.80								
12.50								
13.20					7.50			
14.00								
15.00								
16.00								
17.00								
18.00					10.00			5
19.00								
20.00		Ⅲ	65	50				
21.20								
22.40					15.00			7
23.60								
25.00								

3.3　量棒直径的公差应遵守包容原则。

4　技术要求

4.1　量棒的测量面不应有锈迹、黑斑和划痕等明显影响使用质量和外观的缺陷，两端面不应有锈迹和裂纹。

4.2　量棒可用合金工具钢、炭素工具钢等耐磨材料制造。

4.3　量棒测量面的硬度应为 664 HV～825 HV。

4.4　量棒应经稳定性热处理。

5 标志与包装

5.1 量棒上应标志：

a） 制造厂注册商标；

b） 量棒直径的基本尺寸。

量棒直径小于 16 mm 时，允许系挂带有上述标志的标签。

5.2 产品盒上应标志：

a） 产品名称、制造厂厂名与注册商标；

b） 量棒直径的基本尺寸。

5.3 量棒在包装前应经涂油等防锈处理，并妥善包装。不得因包装不善在装运过程中损坏产品。

5.4 产品盒中应附有产品合格证。产品合格证上应有本部分的标准编号，产品序号和出厂日期，检验部门印记。

ICS 21.200
J 17

中华人民共和国国家标准

GB/T 3480.5—2008/ISO 6336-5:2003
代替 GB/T 8539—2000

直齿轮和斜齿轮承载能力计算 第5部分:材料的强度和质量

Calculation of load capacity of spur and helical gears—Part 5:Strength and quality of materials

(ISO 6336-5:2003,IDT)

2008-12-04 发布

2009-06-01 实施

中华人民共和国国家质量监督检验检疫总局
中国国家标准化管理委员会
发布

前　言

GB/T 3480《直齿轮和斜齿轮承载能力计算》包括下列5部分：

——第1部分：基本原理、概述和通用影响系数；

——第2部分：齿面接触疲劳强度(点蚀)计算；

——第3部分：齿根弯曲强度计算；

——第5部分：材料的强度和质量；

——第6部分：变载荷条件下的使用寿命计算。

本部分是GB/T 3480的第5部分。

本部分等同采用ISO 6336-5:2003《直齿轮和斜齿轮承载能力计算　第5部分：材料的强度和质量》(英文版)。

本部分等同翻译ISO 6336-5:2003。

为方便使用，本部分作了下列编辑性修改：

——删除国际标准的前言和引言；

——按照汉语习惯对一些编排格式进行了修改；

——用小数点“.”代替作为小数点的“,”；

——对ISO 6336-5:2003中引用的其他国际标准，用已被等同采用为我国的标准代替对应的国际标准，未被等同采用为我国标准的直接引用国际标准。

本部分是对GB/T 8539—2000的修订。

与GB/T 8539—2000相比，主要内容修改如下：

——为了和ISO 6336-5:2003保持一致，标准名称由“齿轮材料及热处理质量检验的一般规定”改为“直齿轮和斜齿轮承载能力计算　第5部分：材料的强度和质量”；

——GB/T 3480《直齿轮和斜齿轮承载能力计算》等同采用ISO 6336，本部分等同采用ISO 6336的第5部分，为了和ISO 6336相对应，将标准号由GB/T 8539改为GB/T 3480.5；

——增加了疲劳极限的确定方法；

——增加了表面硬化齿轮的硬化层深度的确定方法。

本部分自实施日起代替GB/T 8539—2000。

本部分的附录A为规范性附录，附录B和附录C为资料性附录。

本部分由全国齿轮标准化技术委员会(SAC/TC 52)提出并归口。

本部分起草单位：郑州机械研究所。

本部分主要起草人：杨星原、职彦峰、王琦、王爱香、王长路、张元国、陈爱闽、路明、宋惠军、管洪杰。

本部分所代替标准的历次版本发布情况为：

——GB 8539—1987、GB/T 8539—2000。

直齿轮和斜齿轮承载能力计算 第5部分:材料的强度和质量

1 范围

GB/T 3480 的本部分包括接触应力和齿根弯曲应力,并给出了疲劳极限值。

本部分规定了材料质量、热处理工艺,并介绍了材料及工艺对两种极限应力值的影响。

本部分中的数据适用于 ISO 6336-2 和 ISO 6336-3 中的计算,适用于工业齿轮、高速及船用齿轮,也适用于锥齿轮承载能力的计算。

本部分中的数据可用于上述各标准中的各种齿轮、基准齿条、轮齿尺寸确定和设计等过程,其结果与 ISO 6336-1 适用范围中列出的其他各种方法相一致。

2 规范性引用文件

下列文件中的条款通过 GB/T 3480 的本部分的引用而成为本部分的条款。凡是注日期的引用文件,其随后所有的修改单(不包括勘误的内容)或修订版均不适用于本部分,然而,鼓励根据本部分达成协议的各方研究是否可使用这些文件的最新版本。凡是不注日期的引用文件,其最新版本适用于本部分。

GB/T 225 钢 淬透性的末端淬火试验方法(Jominy 试验)(GB/T 225—2006,ISO 642:1999,IDT)

GB/T 1356 通用机械和重型机械用圆柱齿轮 标准基本齿条齿廓(GB/T 1356—2001,idt ISO 53:1998)

GB/T 5617 钢的感应淬火或火焰淬火后有效硬化层深度的测定(GB/T 5617—2005,ISO 3754:1976,NEQ)

GB/T 9450 钢件渗碳淬火硬化层深度的测定和校核(GB/T 9450—2005,ISO 2639:2002, MOD)

GB/T 10095.1 圆柱齿轮 精度制 第1部分:轮齿同侧齿面偏差的定义和允许值(GB/T 10095.1—2008,ISO 1328-1:1995,IDT)

GB/T 10561 钢中非金属夹杂物含量的测定 标准评级图显微检验法(GB/T 10561—2005,ISO 4967:1998, IDT)

GB/T 13304(所有部分) 钢的分类[GB/T 13304.1~13304.2—2008,ISO 4948(所有部分),MOD]

GB/T 17879 齿轮 磨削后表面回火的浸蚀检验(GB/T 17879—1999,idt ISO 14104:1995)

ISO 643 钢中铁素体或奥氏体晶粒尺寸的金相检验

ISO 683-1 热处理钢、合金钢和易切削钢 第1部分:非合金及低合金钢锻件

ISO 683-9 热处理钢、合金钢和易切削钢 第9部分:易切削锻钢

ISO 683-10 热处理钢、合金钢和易切削钢 第10部分:氮化锻钢

ISO 683-11 热处理钢、合金钢和易切削钢 第11部分:渗碳淬火锻钢

ISO 1122-1 齿轮术语词汇 第1部分:几何学定义

ISO 6336-1 直齿轮和斜齿轮承载能力计算 第1部分:基本原理、概述和通用影响系数

ISO 6336-2 直齿轮和斜齿轮承载能力计算 第2部分:齿面接触疲劳强度(点蚀)计算

ISO 6336-3 直齿轮和斜齿轮承载能力计算 第3部分:齿根弯曲强度计算

ISO 9443　热处理钢和合金钢　热轧圆钢和线材的表面质量分级　交货技术条件
ISO 10474　钢材与钢材制品　检测报告
ASTM A388　大型铸锻件的超声波检验
ASTM A609　铸件、碳钢、低合金钢及马氏体不锈钢的超声波检验
ASTM E1444　磁粉探伤

3　术语，定义和符号

ISO 1122-1 确立的术语和定义适用于本标准。

4　接触疲劳极限和许用弯曲疲劳极限的确定方法

4.1　总则

各种材料及状态下的接触疲劳极限和许用弯曲疲劳极限优先通过齿轮台架试验的方法确定，而试验条件和试件尺寸应尽量与所计算齿轮的实际使用条件及尺寸一致。

当评价试验结果和现场获得的数据时，要确认影响许用应力的各种因素是否考虑在内。例如，在确定齿面接触疲劳强度时，要考虑到润滑条件和齿面粗糙度的影响；在考虑齿根弯曲强度时，要考虑到齿根过渡圆角半径、齿面粗糙度和齿轮几何尺寸的影响。在适当场合下，可用 1.0 来代替许用应力计算过程中的相关影响系数。

4.2　A 法

接触疲劳极限和许用弯曲疲劳极限由齿轮台架试验得到。齿轮试件与被计算的实际齿轮基本相同，试验条件与其使用条件基本相同。

4.3　B 法

接触疲劳极限和许用弯曲疲劳极限由基准试验齿轮在基准试验条件下的台架试验得到，许用弯曲疲劳极限也可由脉冲试验得到，并要考虑实际经验。5.2 和 5.3 中标准接触疲劳极限和许用弯曲疲劳极限值正是基于这样的试验和经验得出的。

疲劳极限分为 ME、MQ 和 ML 三个等级。合适等级的选择主要考虑产品类型和质量控制水平。

4.4　B_K 法

许用弯曲疲劳极限由有缺口试件的试验得到，试件缺口半径与厚度之比应同齿根危险截面处圆角半径与齿根截面弦长之比相近。在评估试验数据时，应指出的是试件通常只承受单一脉动弯曲应力，而对于实际轮齿来讲，齿根圆角处要承受复合的弯曲、剪切以及压应力。各种材料的强度值可从试验获得，或从参考文献中查阅。

4.5　B_P 法

许用弯曲疲劳极限由无缺口试件的试验得到。分析试验结果时应注意 4.4 中所述事项。考虑到缺口敏感性的影响，计算中应包括实际缺口形状及缺口系数，此试验结果又受到这些极不可靠的因素影响，各种材料的许用弯曲疲劳极限可按公认试验方法获取或从文献中查阅（见参考文献）。

5　B 法的接触疲劳极限和许用弯曲疲劳极限值

5.1　应用

图 1～图 16 所示接触疲劳极限和许用弯曲疲劳极限是建立在材料成分、热处理工艺及检测方法同齿轮尺寸相匹配的基础上。

对于某些材料，如果有可用的试验数据，可用这些数据代替图 1～图 16 中的值。

GB/T 3480 的本部分中所含数据全部经过试验和实际验证。

本部分中的数据是在 1％失效概率下得到的。其他失效概率下的数据，可在此基础上通过统计分析处理进行修正。

如要得到其他失效概率（可靠度），须对 σ_{Hlim}、σ_{Flim} 和 σ_{FE} 以适宜的“可靠度系数”进行修正。进行修正

时，在符号下加角标以表示相应的失效概率(例如10%失效概率时的应力值表示为σ_{Hlim10})。

图9和图10给出的接触疲劳极限和许用弯曲疲劳极限是基于有效硬化层深度为0.15 m_n～0.2 m_n的精加工齿轮。

对于沿齿廓表面感应淬火、渗氮、碳氮共渗及氮碳共渗齿轮，其表面硬度值对于强度的影响还不能准确判定。其他与材料和热处理有关的表面因素对强度的影响是很明显的。

在某些情况下，并未包括全部硬度范围。图1～图16中图线的长度标明的便是其硬度范围。

表面硬化钢(图9～图16)，以HV硬度刻度为基准坐标，而以HRC刻度坐标作为参考坐标。附录B为维氏和洛氏两种硬度值的换算关系。

5.2 接触疲劳极限 σ_{Hlim}

在某一接触应力下运转到规定的应力循环次数而未发生扩展性点蚀，即可得到疲劳极限σ_{Hlim}。对于某些材料，5×10^7应力循环次数可作为持久寿命强度范围的起始点(见ISO 6336-2中寿命系数)。

图1、图3、图5、图7、图9、图11、图13和图15中的σ_{Hlim}值是基于下列基准试验条件和基准试验齿轮参数[1)]：

——中心距　　$a=100$ mm；

——螺旋角　　$\beta=0(Z_\beta=1)$；

——模数　　$m=(3\sim5)$mm$(Z_X=1)$；

——齿面粗糙度　　$Rz=3\ \mu$m$(Z_R=1)$；

——节圆线速度　　$v=10$ m/s；

——润滑剂黏度　　$\nu_{50}=100\ \text{mm}^2/\text{s}(Z_L=1)$；

——相同材料的配对齿轮　　$(Z_W=1)$；

——齿轮精度等级　　GB/T 10095.1的(4～6)级；

——齿宽　　$b=(10\sim20)$mm；

——载荷影响系数　　$K_A=K_V=K_{H\beta}=K_{H\alpha}=1$。

当满足上述条件时，以轮齿齿面点蚀面积比率作为齿轮失效判据：调质齿轮2%总工作齿面，表面硬化齿轮0.5%总工作齿面或单齿的4%工作齿面。该面积比率只用于试验分析，而不是对齿轮产品的判据。

5.3 弯曲疲劳极限 σ_{Flim} 和 σ_{FE}

5.3.1 弯曲疲劳极限 σ_{Flim}

弯曲疲劳极限σ_{Flim}通过基准试验齿轮(见ISO 6336-3)的试验获得，它是在考虑了材料、热处理工艺、试验齿轮齿根圆角处表面粗糙度等因素后的弯曲应力极限值。

5.3.2 许用弯曲疲劳极限 σ_{FE}

许用弯曲疲劳极限σ_{FE}(见ISO 6336-3中定义)是无缺口试件的基本弯曲强度，它假设材料(包括热处理工艺)为完全弹性状态：

$$\sigma_{FE}=\sigma_{Flim}\cdot Y_{ST} \quad \cdots\cdots(1)$$

基准试验齿轮的应力修正系数$Y_{ST}=2.0$。对于大多数材料，3×10^6应力循环次数可作为持久寿命疲劳强度范围的起始点(见ISO 6336-3中寿命系数)。

图2、图4、图6、图8、图10、图12、图14和图16中的σ_{Flim}和σ_{FE}是基于下列基准试验条件及如下基准试验齿轮参数(见5.2脚注1)：

——螺旋角　　$\beta=0°(Y_\beta=1)$；

——模数　　$m=(3\sim5)$mm$(Y_X=1)$；

---

1) 在不同试验条件下得到的数据可根据基准条件修正。应注意的是，σ_{Hlim}不是连续载荷下的接触压力，而是ISO 6336-2规定的载荷循环次数下非扩展性点蚀损伤的接触压力上限。

——应力修正系数　　　　　$Y_{ST}=2.0$；
——缺口参数　　　　　　　$q_{ST}=2.5(Y_{\delta relT}=1)$；
——齿根圆角处的粗糙度　　$Rz=10\ \mu m(Y_{RrelT}=1)$；
——齿轮精度等级　　　　　GB/T 10095.1 的(4～7)级；
——基本齿条　　　　　　　GB/T 1356；
——齿宽　　　　　　　　　$b=(10\sim50)$mm；
——载荷系数　　　　　　　$K_A=K_V=K_{F\beta}=K_{F\alpha}=1$。

5.3.3　双向弯曲强度

图 2、图 4、图 6、图 8、图 10、图 12、图 14 和图 16 中的许用弯曲疲劳极限值是适用于单向重复的轮齿载荷。当存在反向满载时，须减小 σ_{FE} 值。在最恶劣条件下(每次接触都有反向满载的中间轮)，σ_{Flim} 和 σ_{FE} 值应乘以 0.7；当反向载荷不经常出现时，可根据齿轮使用过程中预期的反向载荷情况选择一个适当的系数。这部分内容可参考 ISO 6336-3 中附录 B。

5.4　σ_{Hlim}、σ_{Flim} 和 σ_{FE} 图

对于超出图 1～图 16 中硬度范围的接触疲劳极限和许用弯曲疲劳极限值，可由供需双方在使用经验的基础上协商确定。

5.5　σ_{Hlim} 和 σ_{Flim} 的计算

接触疲劳极限 σ_{Hlim} 和弯曲疲劳极限 σ_{Flim} 可按下列公式计算：

$$\left.\begin{array}{l}\sigma_{Hlim}\\ \sigma_{Flim}\end{array}\right\}=Ax+B \qquad \cdots\cdots(2)$$

式中：

x ——齿面硬度 HBW 或 HV；

A、B——常数(见表 1)。

表面硬度范围严格控制在表中最低和最高硬度值之间。

表 1　σ_{Hlim} 和 σ_{Flim} 的计算

序号	材　　料	应力	材质类型	缩写	图号	等级	A	B	硬度	最低硬度	最高硬度
1	正火低碳钢铸钢[a]	接触	正火态低碳锻钢	st	1a)	ML,MQ	1.000	190	HBW	110	210
2						ME	1.520	250		110	210
3			铸钢	st(铸态)	1b)	ML,MQ	0.986	131	HBW	140	210
4						ME	1.143	237		140	210
5		弯曲	正火态低碳锻钢	st	2a)	ML,MQ	0.455	69	HBW	110	210
6						ME	0.386	147		110	210
7			铸钢	st(铸态)	2b)	ML,MQ	0.313	62	HBW	140	210
8						ME	0.254	137		140	210
9	铸铁材料	接触	可锻铸铁	GTS(珠光体)	3a)	ML,MQ	1.371	143	HBW	135	250
10						ME	1.333	267		175	250
11			球墨铸铁	GGG	3b)	ML,MQ	1.434	211	HBW	175	300
12						ME	1.500	250		200	300
13			灰铁	GG	3c)	ML,MQ	1.033	132	HBW	150	240
14						ME	1.465	122		175	275
15	铸铁材料	弯曲	可锻铸铁	GTS(珠光体)	4a)	ML,MQ	0.345	77	HBW	135	250
16						ME	0.403	128		175	250

表 1（续）

序号	材　　料	应力	材质类型	缩写	图号	等级	*A*	*B*	硬度	最低硬度	最高硬度
17	铸铁材料	弯曲	球墨铸铁	GGG	4b)	ML,MQ	0.350	119	HBW	175	300
18						ME	0.380	134		200	300
19			灰铁	GG	4c)	ML,MQ	0.256	8	HBW	150	240
20						ME	0.200	53		175	275
21	调质锻钢[b]	接触	碳钢	V	5	ML	0.963	283	HV	135	210
22						MQ	0.925	360		135	210
23						ME	0.838	432		135	210
24			合金钢	V	5	ML	1.313	188	HV	200	360
25						MQ	1.313	373		200	360
26						ME	2.213	260		200	390
27		弯曲	碳钢	V	6	ML	0.250	108	HV	115	215
28						MQ	0.240	163		115	215
29						ME	0.283	202		115	215
30			合金钢	V	6	ML	0.423	104	HV	200	360
31						MQ	0.425	187		200	360
32						ME	0.358	231		200	390
33	调质铸钢	接触	碳钢	V（铸态）	7	ML,MQ	0.831	300	HV	130	215
34						ME	0.951	345		130	215
35			合金钢	V（铸态）	7	ML,MQ	1.276	298	HV	200	360
36						ME	1.350	356		200	360
37		弯曲	碳钢	V（铸态）	8	ML,MQ	0.224	117	HV	130	215
38						ME	0.286	167		130	215
39			合金钢	V（铸态）	8	ML,MQ	0.364	161	HV	130	215
40							0.356	186		200	360
41	渗碳钢[c]	接触		Eh	9	ML	0.000	1 300	HV	600	800
42						MQ	0.000	1 500		660	800
43						ME	0.000	1 650		660	800
44		弯曲	心部硬度 =25HRC 偏下 =25HRC 偏上 =30HRC	Eh		ML	0.000	312	HV	600	800
45						MQ	0.000	425		660	800
46							0.000	461		660	800
47							0.000	500		660	800
48						ME	0.000	525		660	800
49	火焰及感应淬火锻钢和铸钢	接触		IF	11	ML	0.740	602	HV	485	615
50						MQ	0.541	882		500	615
51						ME	0.505	1 013		500	615
52		弯曲		IF	12	ML	0.305	76	HV	485	615
53						MQ	0.138	290		500	570
54							0.000	369		570	615
55						ME	0.271	237		500	615

表 1（续）

序号	材　料	应力	材质类型	缩写	图号	等级	A	B	硬度	最低硬度	最高硬度
56	氮化锻钢，氮化钢[d]，调质氮化钢	接触	氮化钢[a]	NT（氮化）	13a)	ML	0.000	1 125	HV	650	900
57						MQ	0.000	1 250		650	900
58						ME	0.000	1 450		650	900
59			调质钢[b]	NV（氮化）	13b)	ML	0.000	788	HV	450	650
60						MQ	0.000	998		450	650
61						ME	0.000	1 217		450	650
62		弯曲	氮化钢[a]	NT（氮化）	14a)	ML	0.000	270	HV	650	900
63						MQ	0.000	420		650	900
64						ME	0.000	468		650	900
65			调质钢[b]	NV（氮化）	14b)	ML	0.000	258	HV	450	650
66						MQ	0.000	363		450	650
67						ME	0.000	432		450	650
68	碳氮共渗锻钢[e]	接触	调质钢	NV（氮化共渗）	15	ML	0.000	650	HV	300	650
69						MQ,ME	1.167	425		300	450
70							0.000	950		450	650
71		弯曲	调质钢	NV（氮碳共渗）	16	ML	0.000	224	HV	300	650
72						MQ,ME	0.653	94		300	450
73							0.000	388		450	650

[a] 按 GB/T 13304。

[b] 按 ISO 683-1。

[c] 按 ISO 683-11。

[d] 按 ISO 683-10。

[e] 按 ISO 683-1，ISO 638-10 或 ISO 683-11。

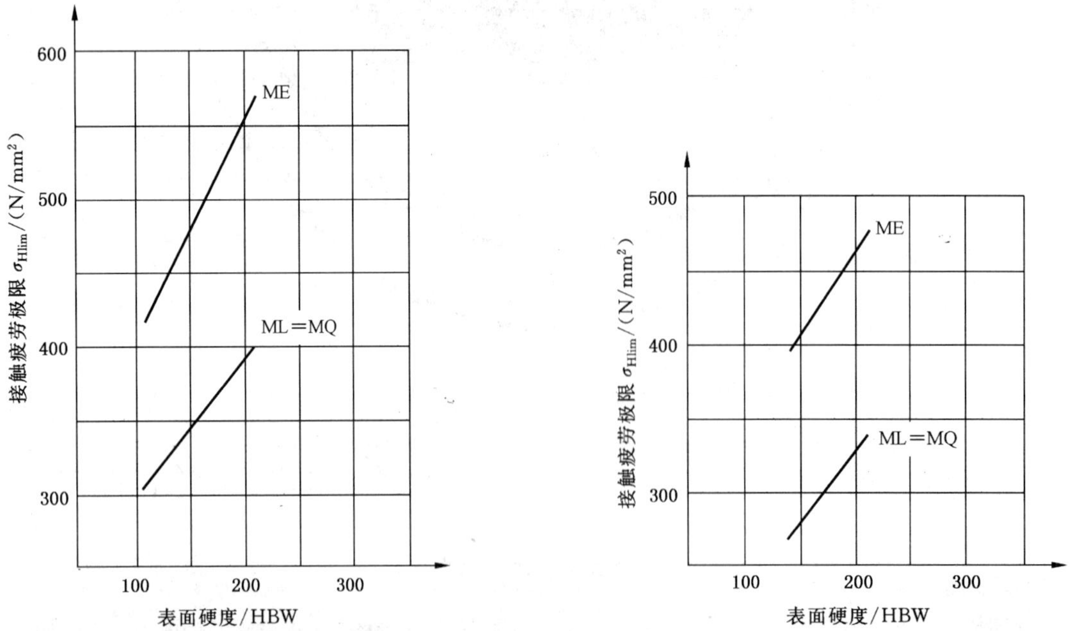

a）正火低碳锻钢　　　　b）铸钢

图 1　正火低碳锻钢和铸钢的 σ_{Hlim}（见 6.2）

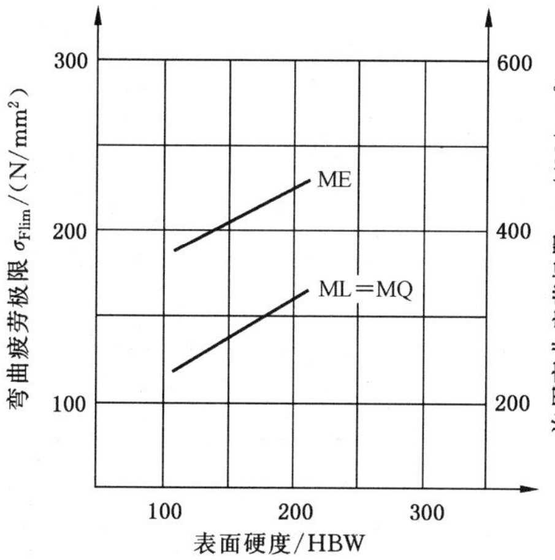

a) 正火低碳锻钢

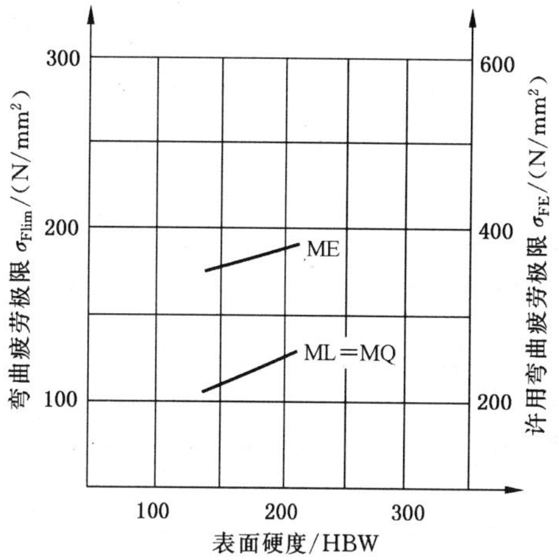

b) 铸钢

图 2　正火低碳锻钢和铸钢的 σ_{Flim} 和 σ_{FE}（见 6.2）

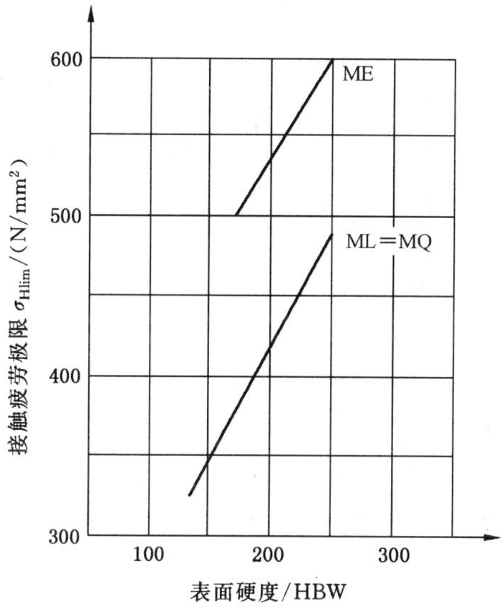

a) 可锻铸铁(见 6.3)

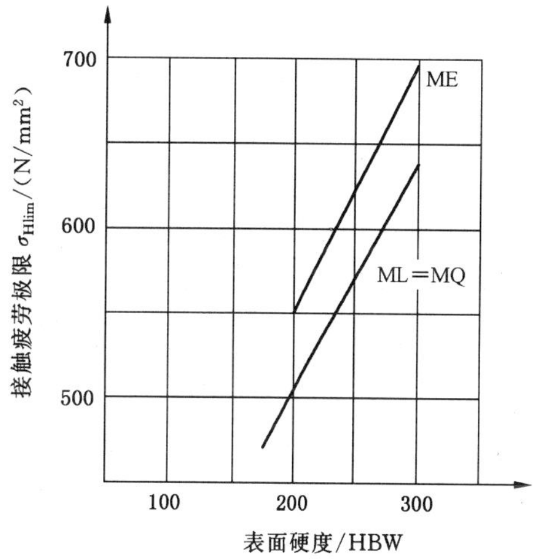

b) 球墨铸铁(见表 2)

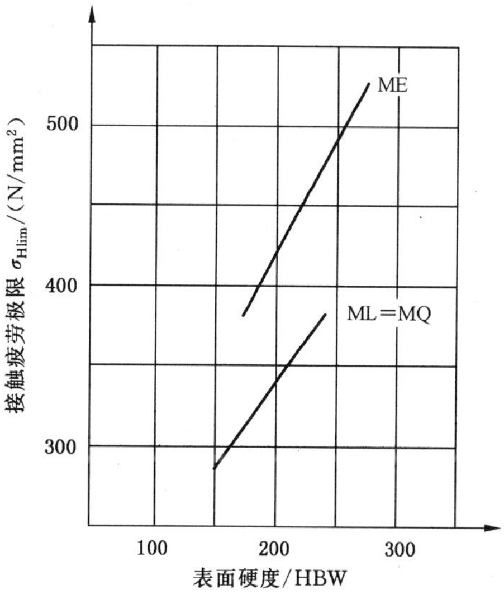

c) 灰铸铁(见表 2)

注：当 HBW<180 时，表明组织中存在较多的铁素体，不推荐作为齿轮材料。

图 3　铸铁材料——铸铁的 σ_{Hlim}（见 6.3 和表 2）

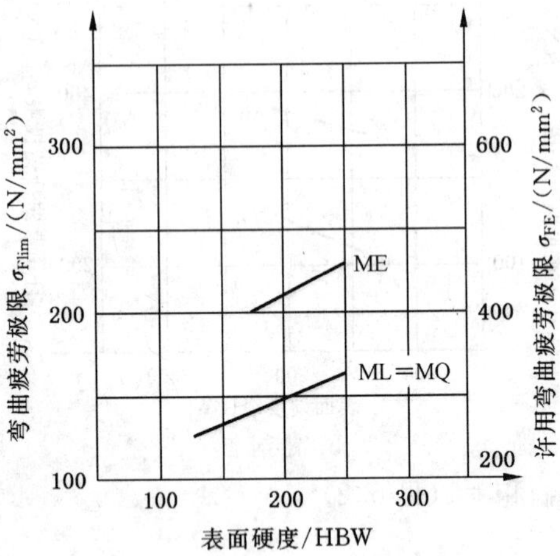

a）可锻铸铁

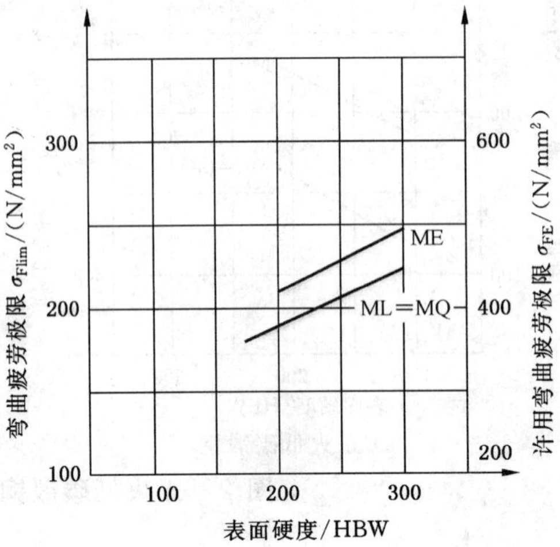

b）石墨铸铁

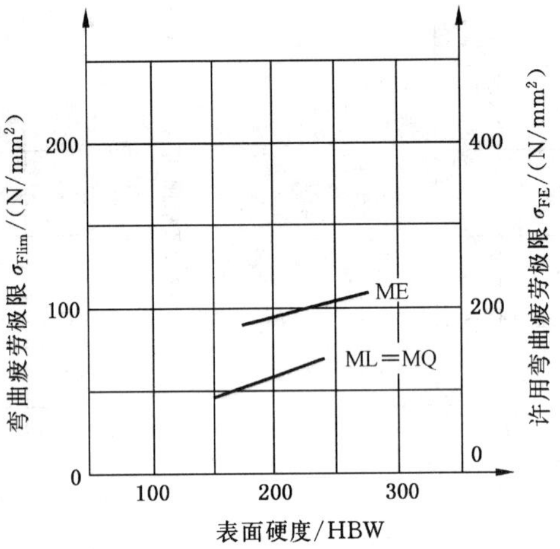

c）灰铸铁

注：当 HBW＜180 时，表明组织中存在较多的铁素体，这不推荐作为齿轮材料。

图 4　铸铁材料——铸铁的 σ_{Flim} 和 σ_{FE}（见 6.3 和表 2）

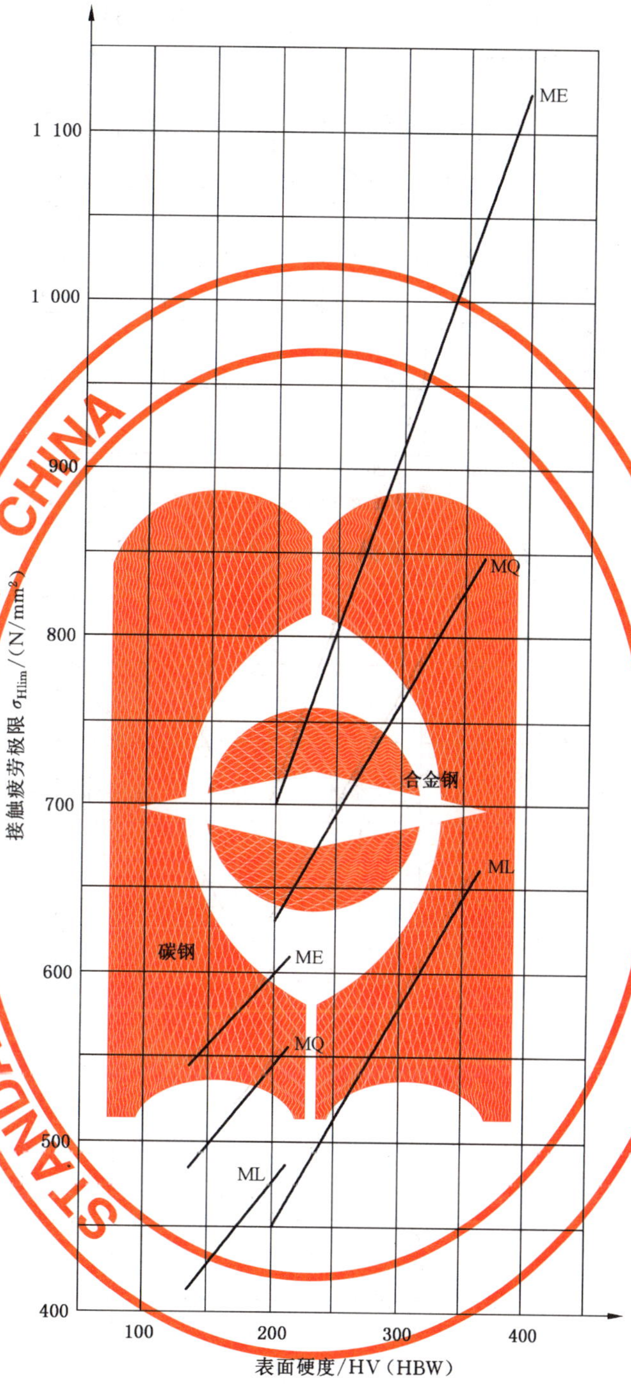

注 1：名义含碳量≥0.20%。

注 2：本标准代替版本 GB/T 8539—2000 中合金钢的 MX 级已由现在的 ME 代替。

图 5　调质锻钢的 σ_{Hlim}(见表 3)

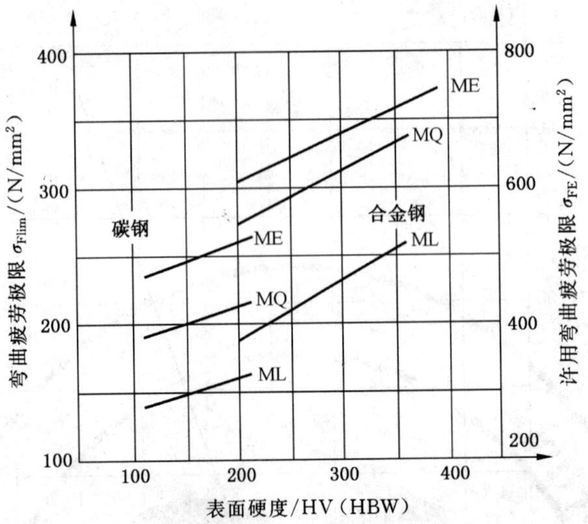

图 6 调质锻钢的 σ_{Flim} 和 σ_{FE}(见表 3)

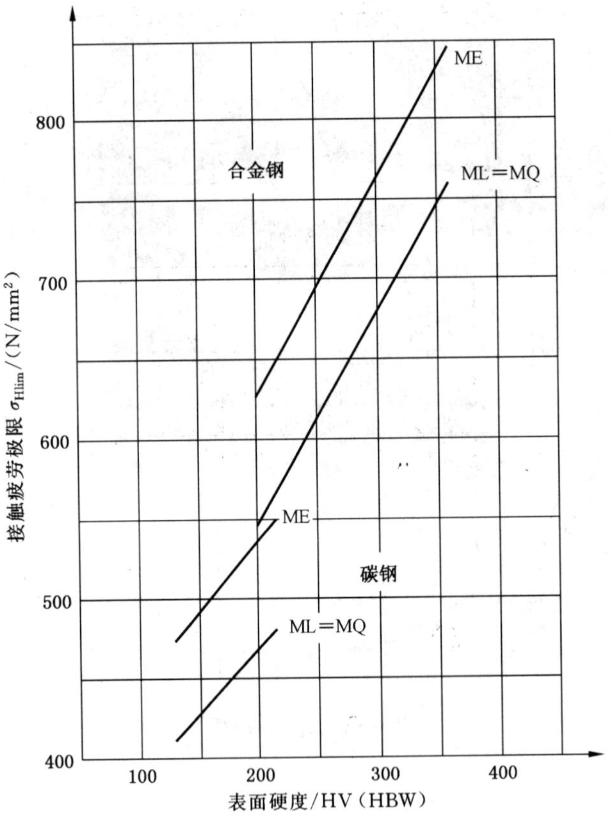

图 7 调质铸钢的 σ_{Hlim}(见表 4)

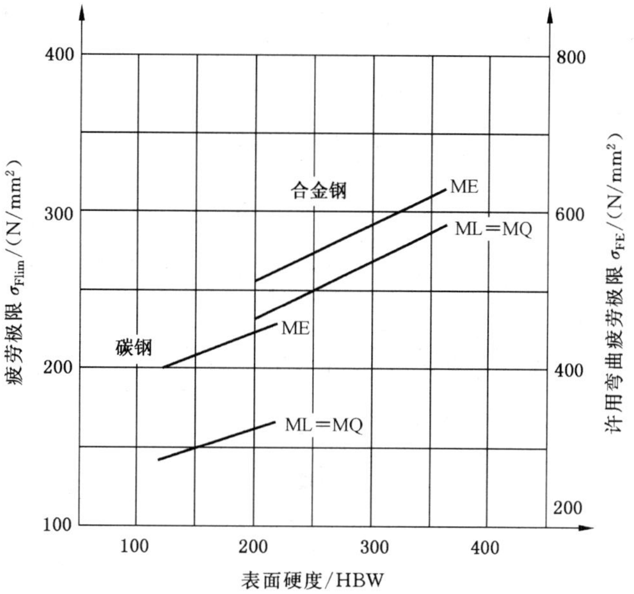

图 8　调质铸钢的 σ_{Flim} 和 σ_{FE}（见表 4）

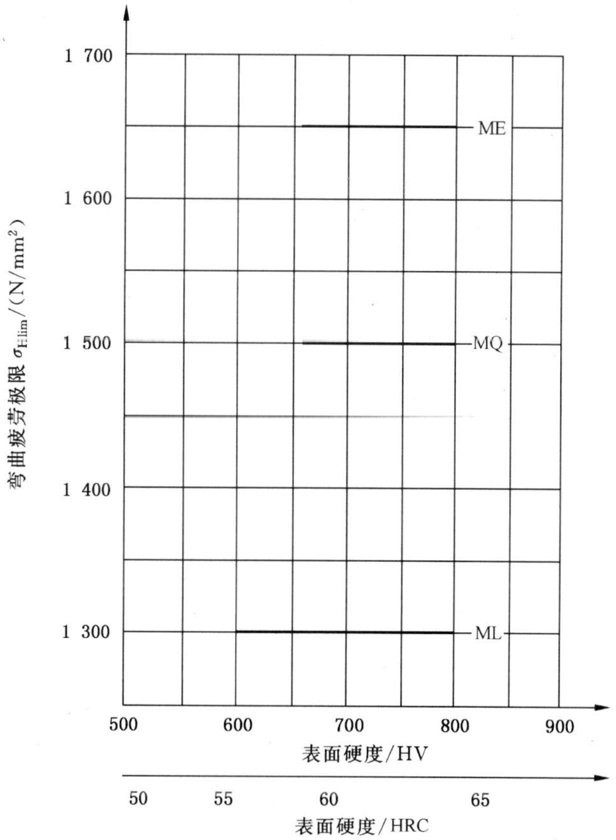

注：要求有合适的硬化层深度，见 5.6.1。

图 9　渗碳锻钢的 σ_{Hlim}（见表 5）

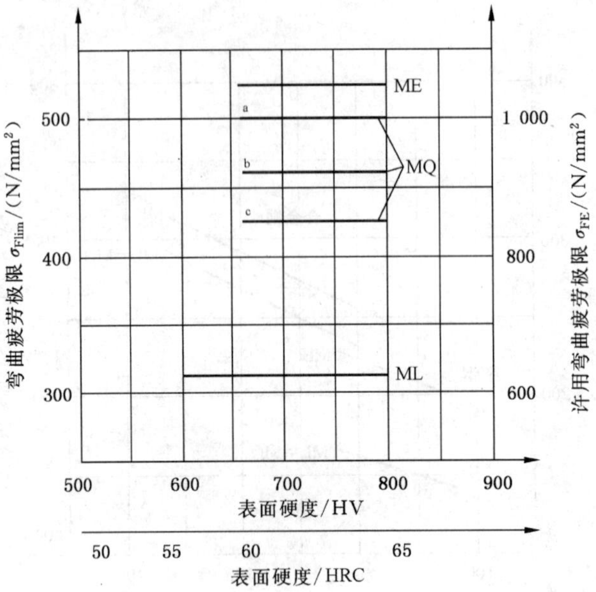

[a] 心部硬度≥30HRC。

[b] 心部硬度≥25HRC，$J=12$ mm 处≥28HRC。

[c] 心部硬度≥25HRC，$J=12$ mm 处＜28HRC。

注 1：合适的硬化层深度，见 5.6.2。

注 2：见 6.6。

图 10　渗碳锻钢的 σ_{Flim} 和 σ_{FE}（见表 5）

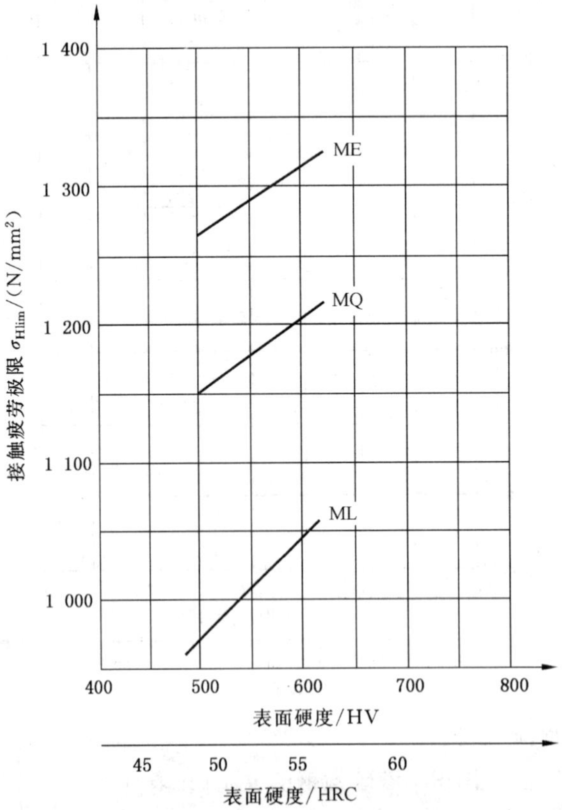

注：要求有合适的硬化层深度，见 5.6.2。

图 11　火焰或感应淬火铸、锻钢的 σ_{Hlim}（见表 6）

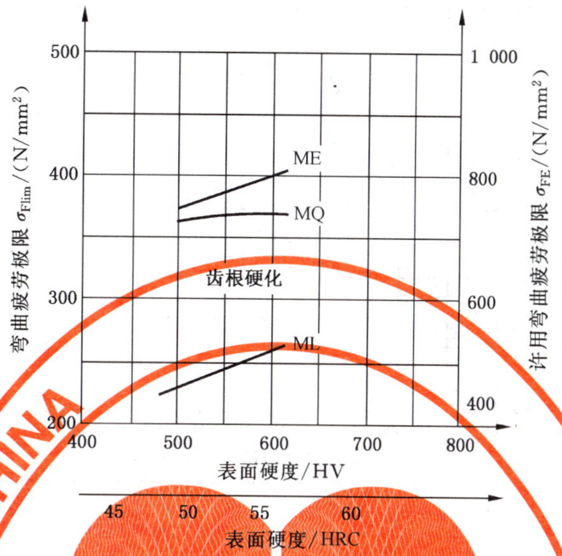

注：仅适用于齿根圆角处硬化的齿轮，未提供齿根圆角处未硬化的数据。要求有适当的硬化层深度。

图 12　火焰或感应淬火铸、锻钢的 σ_{Flim} 和 σ_{FE}（见表 6）

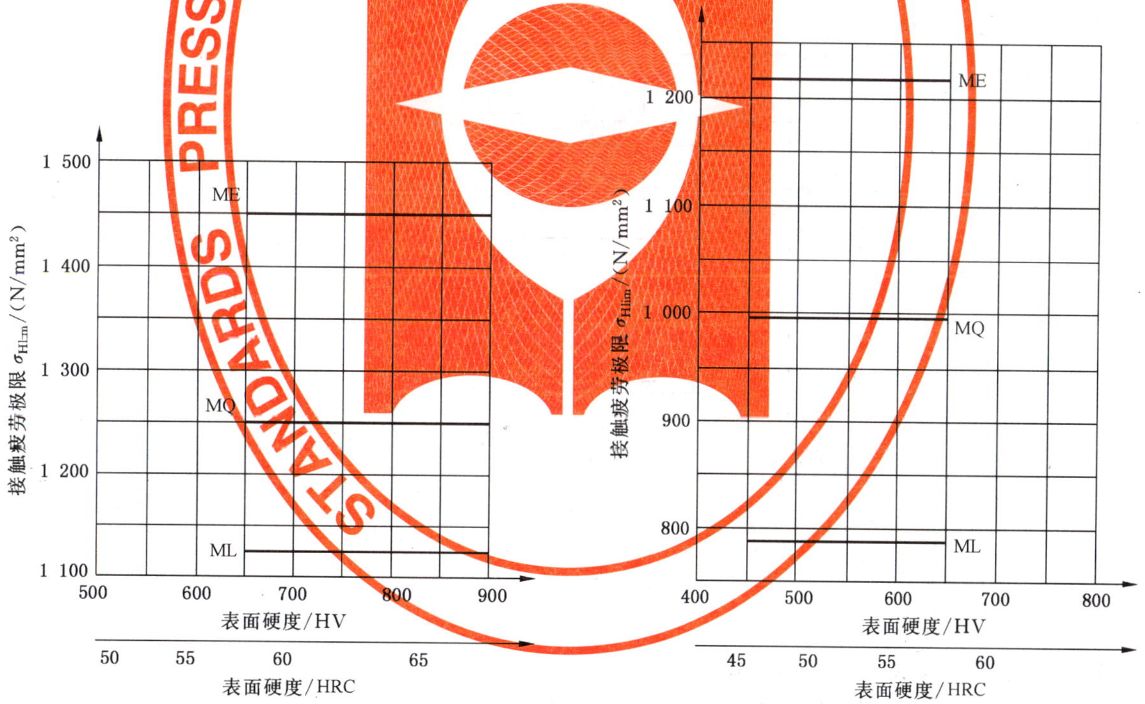

a）氮化钢：调质后气体渗氮　　　　b）调质钢：调质后气体渗氮

注：建议进行工艺可靠性试验。要求有适当的硬化层深度，见 5.6.3。

图 13　氮化钢和氮化调质钢的 σ_{Hlim}（见表 7）

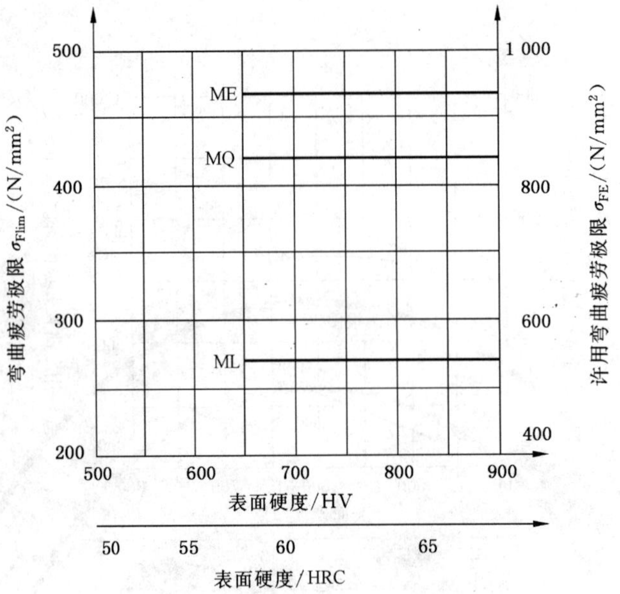

注：建议进行工艺可靠性试验。对齿面硬度 HV1>750，当白亮层厚度超过 10 μm 时，由于脆性，σ_{FE} 会减低。要求有合适的硬化层深度，见 5.6.3。

a）氮化钢：调质后气体渗氮

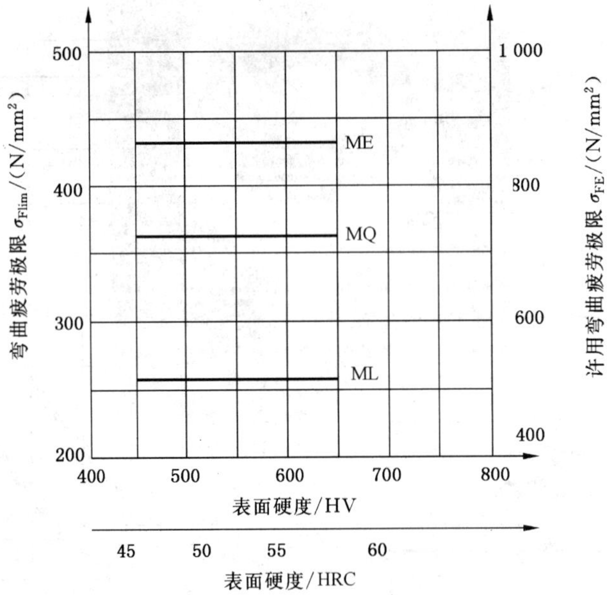

b）调质钢：调质后气体渗氮

注：建议进行工艺可靠性试验。要求有适当的硬化层深度，见 5.6.3。

图 14　氮化钢和氮化调质钢的 σ_{Flim} 和 σ_{FE}（见表 7）

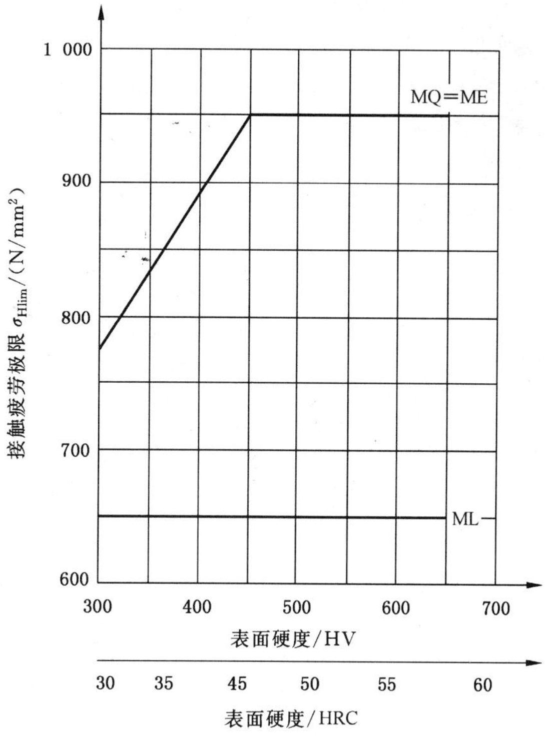

注：建议进行工艺可靠性试验。要求有适当的硬化层深度，见 5.6.3。

图 15　氮碳共渗钢的 σ_{Hlim}

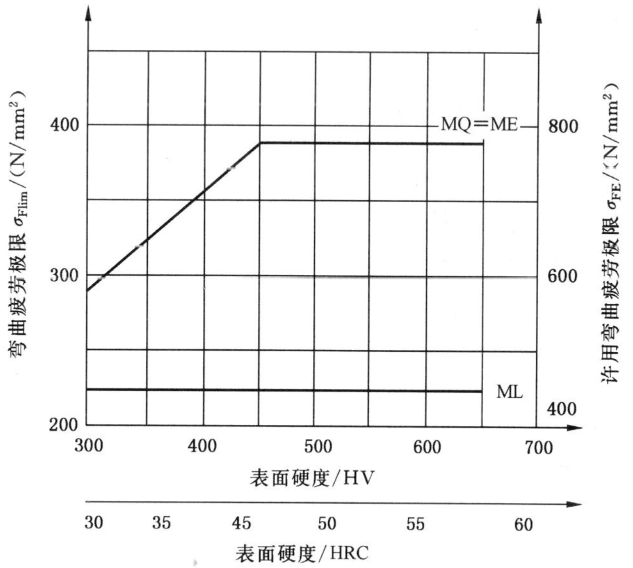

注：建议进行工艺可靠性试验。要求有适当的硬化层深度，见 5.6.3。

图 16　氮碳共渗钢的 σ_{Flim} 和 σ_{FE}（见表 8）

5.6　表面硬化齿轮的渗层深度

5.6.1　总则

表面硬化齿轮的轮齿需要适当的渗层深度以承受外加载荷，渗层深度的最小值和最大值都应在图纸上标明。在规定最小渗层深度时，要注意弯曲强度与接触强度对应的最佳渗层深度值不一样。不能超过规定的最大渗层深度值，否则齿顶有脆裂的危险[2]。

5.6.2 **渗碳淬火齿轮的硬化层深度**[3]

a) 防止点蚀失效的硬化层深度推荐值 $Eht_{H\ opt}$：如图 17 所示，$Eht_{H\ opt}$ 是磨齿后分度圆上在许用接触应力下能达到持久寿命的最佳硬化层深度。

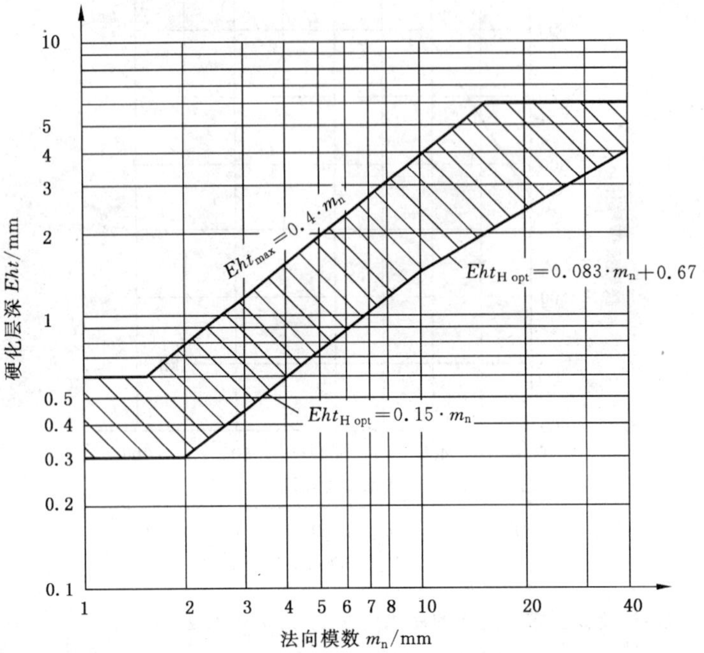

图 17 接触强度的最佳硬化层深度推荐值 $Eht_{H\ opt}$ 和综合考虑弯曲强度和接触强度的最大硬化层深度 Eht_{max}

b) 防止断齿失效的硬化层深度推荐值 $Eht_{F\ opt}$：$Eht_{F\ opt}$ 是磨齿后在许用弯曲应力下能达到持久寿命的最佳硬化层深度，检测位置在齿宽中部齿根圆角处 30°切线（外齿时）或 60°切线（内齿时）的垂直方向上。

$$Eht_{F\ opt} = (0.1 \sim 0.2)m_n \qquad \cdots\cdots(3)$$

c) 防止齿面剥落的硬化层深度推荐值 Eht_C：Eht_C 是磨齿后分度圆上基于接触载荷引起的最大剪应力深度而确定的最小有效硬化层深度。

注：对于齿面剥落，目前尚无标准计算方法。

$$Eht_C = \frac{\sigma_H \cdot d_{w1} \cdot \sin\alpha_{wt}}{U_H \cdot \cos\beta_b} \cdot \frac{z_2}{z_1 + z_2} \qquad \cdots\cdots(4)$$

式中：

d_{w1}——小轮节圆直径；

α_{wt}——端面节圆压力角；

$U_H = 66\ 000\ N/mm^2$（对于 MQ 和 ME 质量等级）；

$U_H = 44\ 000\ N/mm^2$（对于 ML 质量等级）。

d) 有效硬化层深度最小极限值和最大极限值：$Eht_{min/max}$ 是磨齿后分度圆上的有效硬化层深度值（见图 17）：$Eht_{min} \geqslant 0.3$ mm，$Eht_{max} \leqslant 0.4\ m_n$（$\leqslant 6$ mm）。

5.6.3 **氮化齿轮的硬化层深度**[4]

a) 有效氮化层深度推荐值 Nht（见图 18）：

---

2) 5.6 的数据不适用于锥齿轮；

3) 硬化层深度的定义见表 5 第 9 项。

4) 氮化层深度的定义参阅表 7 第 7 项。

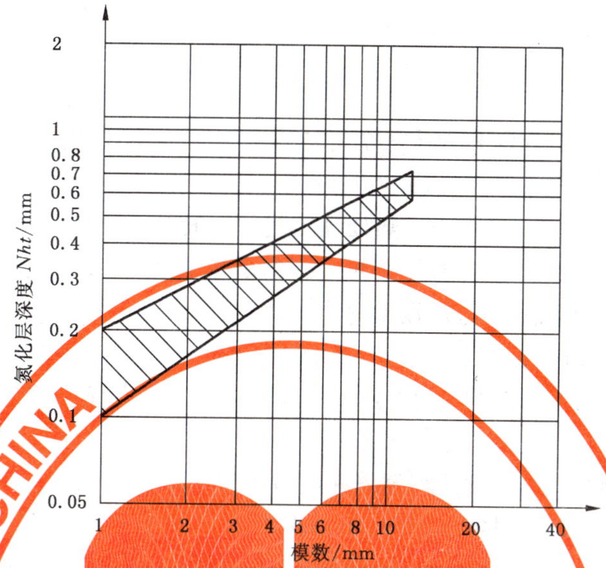

图 18 氮化层深度推荐值 Nht

b) 防止齿面剥落的氮化层深度推荐值 Nht_C:Nht_C 是指氮化齿轮硬化层深度的最小值,是基于接触载荷引起的最大剪切应力深度。如果 Nht_C 值小于图 18 中的氮化层深度 Nht,则采用图 18 中所示的最小值。

注:对于齿面剥落,目前尚无标准计算方法。

$$Eht_C = \frac{U_C \cdot \sigma_H \cdot d_{w1} \cdot \sin\alpha_{wt}}{1.14 \times 10^5 \cdot \cos\beta_b} \cdot \frac{z_2}{z_1 + z_2} \quad \cdots\cdots (5)$$

式中:

U_C——心部硬度系数(见图 19)。

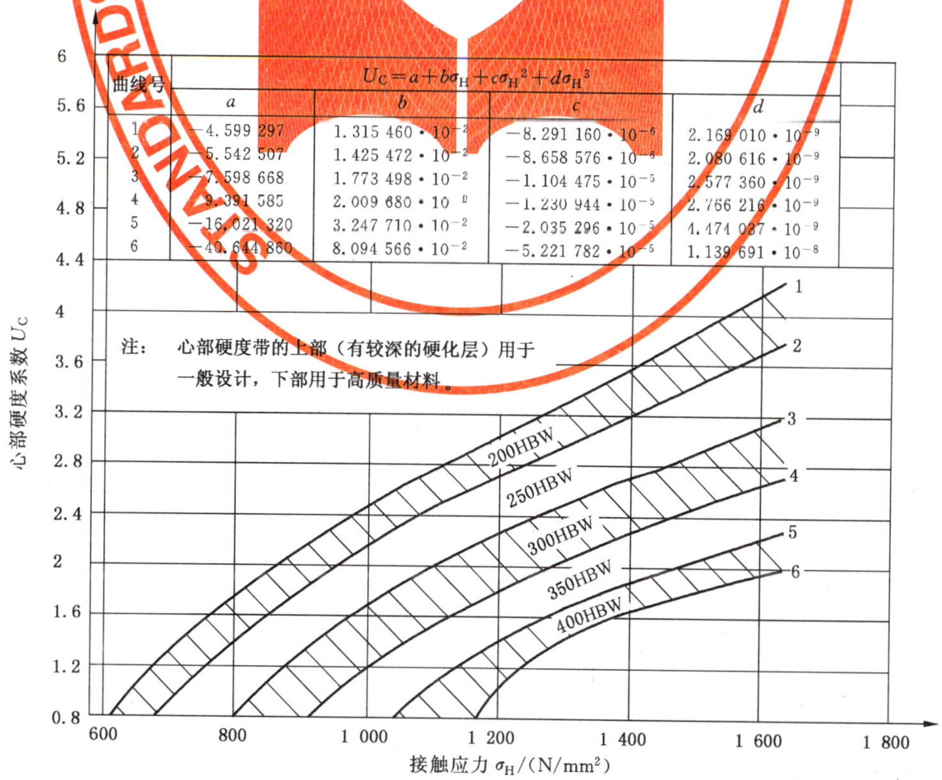

曲线号	$U_C=a+b\sigma_H+c\sigma_H^2+d\sigma_H^3$			
	a	b	c	d
1	−4.599 297	$1.315\ 460 \cdot 10^{-2}$	$-8.291\ 160 \cdot 10^{-6}$	$2.169\ 010 \cdot 10^{-9}$
2	−5.542 507	$1.425\ 472 \cdot 10^{-2}$	$-8.658\ 576 \cdot 10^{-6}$	$2.080\ 616 \cdot 10^{-9}$
3	−7.598 668	$1.773\ 498 \cdot 10^{-2}$	$-1.104\ 475 \cdot 10^{-5}$	$2.577\ 360 \cdot 10^{-9}$
4	−9.391 585	$2.009\ 680 \cdot 10^{-2}$	$-1.230\ 944 \cdot 10^{-5}$	$2.766\ 216 \cdot 10^{-9}$
5	−16.021 320	$3.247\ 710 \cdot 10^{-2}$	$-2.035\ 296 \cdot 10^{-5}$	$4.474\ 037 \cdot 10^{-9}$
6	−40.644 860	$8.094\ 566 \cdot 10^{-2}$	$-5.221\ 782 \cdot 10^{-5}$	$1.139\ 691 \cdot 10^{-8}$

图 19 氮化齿轮的心部硬度系数 U_C

6 材料质量及热处理工艺要求

6.1 一般原则

图 1～图 16 中所示的 ML、MQ 和 ME 三个材料质量等级是按 B[5] 确定的疲劳极限值来区分的，见 4.3、5.2 和 5.3。

ML 表示对齿轮加工过程中材料质量及热处理工艺的一般要求。

MQ 表示对有经验的制造者在通常成本下可达到的质量等级。

ME 表示必须具有高可靠度的制造过程控制才能达到的等级。

注：本标准中的疲劳极限图不允许外延。

通常，采用特殊质量的材料，如用真空感应冶炼（VIM）和真空电弧重熔（VAR）冶炼的材料来保证高可靠性或高承载能力。

采用常规焊接工艺拼焊齿轮，拼焊后需经消除应力处理。

6.2～6.4 所给出的内容已经过实用验证，可用作指导性文件。当采用这些疲劳极限值时，材料等级的各项要求应该保证[6]。当然根据各自的经验，制造者也可采用其他的方法或数据。齿轮供需双方对细节应达成协议，尤其是对于大型齿轮。

6.2 正火低碳钢或铸钢、无合金元素的普通碳钢（见图 1、图 2）

由于这些钢材对化学成分不作规定，冶炼方法也不明确，因此 MQ 线位于强度下限（ML 线，即 MQ＝ML）。正火低碳钢只用于轻载齿轮和不重要的齿轮。当钢材可达到高质量要求或经过实用验证时，亦可采用 ME 线数据。

6.3 可锻铸铁（见图 3、图 4）

热处理工艺控制得当时，可得到高质量材料；但是由于这种材料通常用于小型轻载齿轮，从可靠性考虑，MQ 线位于下限（ML 线），若经过实践验证，也可采用 ME 线数据。

6.4 其他材料（见图 5～图 16）

其他材料的质量及热处理工艺要求列于表 2～表 8。

表 2 铸铁材料（灰铸铁和球墨铸铁）

序号	项　目	灰口铸铁（图 3、图 4）		球墨铸铁（图 3、图 4）	
		ML，MQ	ME	ML，MQ	ME
1	化学成分	不检验	100％检验 提交铸造合格证	不检验	100％检验 提交铸造合格证
2	冶炼	不规定	电炉或相当设备	不规定	电炉或相当设备
3	力学性能	只提供 HBW 值	σ_b 值，针对同炉号独立的试样做检验报告	只提供 HBW 值	按 ISO 10474 标准检验 σ_s（$\sigma_{0.2}$），σ_b、δ_5、ψ；由铸锭切割代表性试样，切割前同炉热处理；靠近实际轮齿部位检验 HBW
4	石墨形态	规定但不必检验	限制	不检验	限制
4	基体组织	不规定（对于灰铸铁，铁素体含量＝5％）	铁素体含量＝5％	不规定	

5） 调质锻钢的许用应力经过修正，GB/T 8539—2000 中存在的 MX 材料等级已由 ME 线代替。

6） 选材时可参照 ISO 683-1，ISO 683-9，ISO 683-10 或 ISO 683-11 推荐资料或相关国家标准规定。

表 2（续）

序号	项　　目	灰口铸铁（图 3、图 4）		球墨铸铁（图 3、图 4）	
		ML，MQ	ME	ML，MQ	ME
5	内部缩孔（裂纹）	不检验	检验气孔、裂纹、砂眼、限制缺陷	不检验	检验气孔、裂纹、砂眼、限制缺陷
6	消除应力	不规定	推荐(500 ℃～530 ℃)×2 h，对灰口合金铸铁(530 ℃～560 ℃)×2 h	不规定	推荐(500 ℃～560 ℃)×2 h
7	补焊	在轮齿部位不允许补焊，其他部位只能在认可工艺下进行。		在轮齿部位不允许补焊，其他部位只能在认可工艺下进行。	
8	表面裂纹	不检验	供需双方同意时做着色渗透探伤	不检验	不允许有裂纹，100%经磁粉或着色渗透探伤，大批量产品可抽样检查

表 3　非表面硬化调质钢（锻造或轧制）（图 5、图 6）

<table>
<tr><th>序号</th><th>项　　目</th><th>ML</th><th>MQ</th><th>ME</th></tr>
<tr><td>1</td><td>化学成分[a,b]</td><td>不检验</td><td colspan="2">100%跟踪原始锻件，按 ISO 10474 标准，提供检验报告</td></tr>
<tr><td>2</td><td>热处理后力学性能</td><td>HBW 值</td><td>建议，提供 HBW 值和力学性能或淬透性数据</td><td>按 ISO 10474 对同炉号切割试样检验 $\sigma_s(\sigma_{0.2})$、σ_b 和 ψ；试样同工件一同热处理，全部工件须检验表面硬度 HBW，也可按供需双方协议进行；关键截面实例列于附录 A</td></tr>
<tr><td>3</td><td>按 GB/T 10561 检验材料纯度[c]</td><td>不规定</td><td colspan="2">钢材在钢包中脱氧及精炼，并应经过真空脱气；浇铸过程应有防氧化措施，经用户同意，钢在熔炼时最多可加钙 15ppm(15 μg/g)；最大氧含量 25 ppm(25 μg/g)，按 GB/T 10561 方法 B 检验Ⅱ区纯度，检验面积近 200 mm²，下表为夹杂当量尺寸允许值，按 ISO 10474 提供检验报告
<table>
<tr><th></th><th colspan="2">A</th><th colspan="2">B</th><th colspan="2">C</th><th colspan="2">D</th></tr>
<tr><th></th><th>细系</th><th>粗系</th><th>细系</th><th>粗系</th><th>细系</th><th>粗系</th><th>细系</th><th>粗系</th></tr>
<tr><td>MQ</td><td>3.0</td><td>3.0</td><td>2.5</td><td>1.5</td><td>2.5</td><td>1.5</td><td>2.0</td><td>1.5</td></tr>
<tr><td>ME</td><td>3.0</td><td>2.0</td><td>2.5</td><td>1.5</td><td>1.0</td><td>1.0</td><td>1.5</td><td>1.0</td></tr>
</table></td></tr>
<tr><td>4</td><td>按 ISO 643 检验晶粒度</td><td>不规定</td><td colspan="2">细晶粒，以 5 级或更细晶粒为主，按 ISO 10474 提交检验报告</td></tr>
<tr><td>5</td><td>无损检测</td><td colspan="3"></td></tr>
<tr><td>5.1</td><td>超声波检测（粗加工后）</td><td>不规定</td><td colspan="2">锻后检测，按 ISO 10474 提交报告，对于大直径工件，建议在切齿前检查缺陷，按 ASTM A388 中背反射或参考块 8-0400，3.2 mm 平底孔进行探伤(GB/T 13304)；探伤时由外圆至中径 360°扫描，不指定距离大小的修正曲线(单点 DAC)；在保证同等质量前提下允许采用供需双方协议的检测方法</td></tr>
<tr><td>5.2</td><td>表面裂纹检测（喷丸前精加工后）</td><td colspan="2">不允许存在锻造或淬火裂纹按 ASTM E1444 进行荧光磁粉或着色检验</td><td>不允许存在锻造及淬火裂纹，磨削齿轮应检查表面裂纹，按 ASTM E1444 进行，检查方法由供需双方协商</td></tr>
<tr><td>6</td><td>锻造比[d]</td><td>不规定</td><td colspan="2">至少 3 倍</td></tr>
</table>

表 3（续）

序号	项　目	ML	MQ	ME
7	显微组织	不规定	不规定，对于强度大于 800 N/mm^2（硬度 240HBW）的齿轮要经淬火和回火	最低回火温度 480 ℃，齿根硬度应满足图样要求；轮缘部位显微组织应以回火马氏体为主[e]
注：采纳本表数据时，建议大轮、小轮硬度差不大于 40HV。				

[a] 见第 6 章脚注 8。

[b] 0 ℃以下工作的齿轮：
考虑低温夏比（冲击）性能的要求；
考虑断口形貌转化温度或无塑性转变温度性能的要求；
考虑采用高镍合金钢；
考虑将碳含量降至 0.4%以下；
考虑用加热元件提高润滑剂温度。

[c] 材料纯度检验只针对切齿部位，位于最终齿顶圆下 2 倍齿高以上的深度。对于外齿轮，齿坯的这段区域通常不超过半径的 25%。

[d] 只针对由铸锭锻件，对于连铸材料，最小锻造比为 5∶1。

[e] 在齿轮截面上，至 1.2 齿高深处的显微组织以回火马氏体为主，允许混有少量共析铁素体、上贝氏体、细小珠光体，不允许存在未溶块状铁素体。对于控制截面＝250 mm 的齿轮，非马氏体相变产物不可超过 10%，控制截面＞250 mm 的齿轮，不可超过 20%。

表 4　非表面硬化调质铸钢（图 7、图 8）

序号	项　目	ML，MQ	ME
1	化学成分	不检验	100%跟踪原始铸件，按 ISO 10474 提交报告
2	热处理后的力学性能	HBW	检验 $\sigma_s(\sigma_{0.2})$、σ_b、δ_5、ψ，100%跟踪原始铸件，按 ISO 10474 提交报告；检验 HBW；可按供需双方协议进行
3	按 ISO 643 晶粒度	不规定	5 级或更细晶粒，按 ISO 10474 提交报告；可按供需双方协议进行
4	无损检测		
4.1	按 ISO 9443 超声波检查（粗车状态）	不规定	只检查轮齿及齿根部位，按 ISO 10474 提交报告，推荐但不要求，对于大直径工件，在切齿前检查发裂；按 ASTM A609 采用 3.2 mm平底孔法，合格标准：Ⅰ区（外圆至齿根以下 25 mm 处）为 1 级，Ⅱ区（轮缘其余部位）为 2 级，或采用背反射法的相当标准
4.2	表面裂纹检测（喷丸前精加工状态）	不允许存在裂纹，按 ASTM E1444 标准 100%经磁粉或着色渗透探伤检查，对于大批量产品可抽查	
5	焊补	可按规定工艺进行	只允许在热处理前的粗车状态进行，切齿后不能焊补
注：当铸钢件质量达到锻钢件（锻造或轧制）质量标准时，对与锻钢小齿轮配对的铸钢齿轮，也可采用锻钢的许用应力值计算其承载能力，但这种情况须经试验数据或应用实例验证。 锻钢纯度及锻造比标准不可用于铸钢，夹杂物含量与形状应控制为以球状硫化锰夹杂物（Ⅰ型）为主，但不允许存在晶界硫化锰夹杂物（Ⅱ型）。			

表 5 渗碳钢(锻造或轧制)(图 9、图 10)

<table>
<tr><th>序号</th><th>项　目</th><th>ML</th><th>MQ</th><th>ME</th></tr>
<tr><td>1</td><td>化学成分[a]</td><td>不检验</td><td rowspan="2">100% 跟踪原始铸件，按 ISO 10474提交报告</td><td rowspan="2">对同一钢坯切割试样检验，按 ISO 10474 提交报告</td></tr>
<tr><td>2</td><td>端淬淬透性(按 GB/T 225)</td><td>不检验</td></tr>
<tr><td>3</td><td>纯度及冶炼[b]</td><td>不规定</td><td colspan="2">钢材在钢包中脱氧及精炼处理，并经真空脱气，浇铸过程应有防氧化措施，经用户同意，钢在熔炼时最多可加钙 15 ppm (15 μg/g)；最大氧含量 25 ppm(25 μg/g)，按 GB/T 10561 方法 B 检验Ⅱ区纯度，检验面积近 200 mm^2，允许采用满足相当洁净度的其他规范，按 ISO 10474 提交报告；下表为夹杂当量尺寸允许值
<table>
<tr><th></th><th colspan="2">A</th><th colspan="2">B</th><th colspan="2">C</th><th colspan="2">D</th></tr>
<tr><td></td><td>细系</td><td>粗系</td><td>细系</td><td>粗系</td><td>细系</td><td>粗系</td><td>细系</td><td>粗系</td></tr>
<tr><td>MQ</td><td>3.0</td><td>3.0</td><td>2.5</td><td>1.5</td><td>2.5</td><td>1.5</td><td>2.0</td><td>1.5</td></tr>
<tr><td>ME</td><td>3.0</td><td>2.0</td><td>2.5</td><td>1.5</td><td>1.0</td><td>1.0</td><td>1.5</td><td>1.0</td></tr>
</table></td></tr>
<tr><td>4</td><td>锻造比[c]</td><td>不规定</td><td colspan="2">至少 3 倍</td></tr>
<tr><td>5</td><td>晶粒度按 ISO 643</td><td>不规定</td><td colspan="2">细晶粒，以 5 级或更细组织为主，按 ISO 10474 提交检验报告</td></tr>
<tr><td rowspan="2">6</td><td rowspan="2">粗加工状态超声波探伤，ASTM A388</td><td rowspan="2">不规定</td><td>推荐，对于大直径工件在切齿前检查缺陷</td><td>要求，五件以上产品可抽查</td></tr>
<tr><td colspan="2">按 ASTM A388 中背反射或参考块 8-0400 检测；3.2 mm 平底孔进行探伤(GB/T 13304)；探伤时由外圆至中径 360°扫描，不指定距离大小的修正曲线(单点 DAC)，在保证同等质量前提下允许采用供需双方协议的检测方法</td></tr>
<tr><td>7</td><td>表面硬度</td><td></td><td></td><td></td></tr>
<tr><td>7.1</td><td>工件代表性表面硬度[d](见附录 B：维-洛氏硬度换算)</td><td>最低 55HRC 或 600HV，抽查</td><td>(58～64)HRC 或(660～800)HV，抽查</td><td>(58～64)HRC 或(600～800)HV，同炉热处理件数≤5 时全部检查，否则抽查，检查方法要与工件尺寸相称</td></tr>
<tr><td>7.2</td><td>模数≥12 mm 时齿宽中部齿根区域的表面硬度[d]</td><td>不规定</td><td>满足图样要求，抽查代表性试样</td><td>满足图样要求，每件小齿轮或大齿轮均须检验，或检查代表性试棒</td></tr>
<tr><td>8</td><td>心部硬度(测量位置：齿宽中部处齿根 30°切线的法向上，深度为 5 倍硬化层深，但不小于 1 倍模数)，或按 6.5 检查代表性试棒</td><td>检验但不规定≥21HRC 以上</td><td>≥25HRC，按淬透性曲线计算或按 6.5 检查代表性试棒</td><td>≥30HRC 检查工件或按 6.5 检查代表性试棒</td></tr>
<tr><td>9</td><td>按 GB/T 9450 检查精加工态硬化层深度，按 6.5 检查代表性试棒或在齿宽中部位于齿顶圆以下的齿顶高上检查</td><td colspan="3">有效硬化层深度是指表面到 550HV 或 52HRC 硬度处的距离；
最小值和最大值应在图纸上标出，在规定硬化层深度时，应注意到对于弯曲强度和接触强度的最佳值是不一样的[e]</td></tr>
<tr><td>10</td><td>各种显微组织检查均可按 6.5 检查中代表性试棒，这种检查对 MQ 任选，对 ME 必须检查(对 ML 不要求)</td><td></td><td></td><td></td></tr>
</table>

表 5（续）

<table>
<tr><th>序号</th><th>项　目</th><th>ML</th><th colspan="2">MQ</th><th colspan="2">ME</th></tr>
<tr><td>10.1</td><td>表面含碳量限制</td><td>不规定</td><td colspan="4">合金元素总含量≤1.5%时，建议为(0.7%～1.0%)C，合金元素总含量>1.5%时，建议为(0.65%～0.90%)C</td></tr>
<tr><td>10.2</td><td>表层显微组织，比较理想的显微组织中贝氏体含量小于10%</td><td>不规定</td><td colspan="2">推荐，
代表性试棒中以细针状马氏体为主</td><td colspan="2">要求，
代表性试棒中为细针状马氏体</td></tr>
<tr><td>10.3</td><td>齿根以外部位表层0.1 mm范围内的硬度降低(由于脱碳、残余奥氏体及非马氏体组织[f])</td><td>不规定</td><td colspan="4">对于工件或代表性试棒，硬度降低不超过40HV</td></tr>
<tr><td>10.4</td><td>碳化物析出</td><td>按图20a)允许有半连续状碳化物网；如果需要，在代表性试棒上检查</td><td colspan="2">按图20b)允许不连续的碳化物，所有碳化物长度不超过0.02 mm(如果需要，在代表性试棒上检查)</td><td colspan="2">按图20c)允许弥散状碳化物，按6.5检查代表性试棒</td></tr>
<tr><td rowspan="2">10.5</td><td rowspan="2">金相法检查残余奥氏体</td><td rowspan="2">不规定</td><td colspan="2">检查随炉试样，25%以下</td><td colspan="2">按6.5检查代表性试棒，25%以下且细小弥散</td></tr>
<tr><td colspan="4">若超差，可同用户协商采用控制喷丸或其他合适的措施进行补救</td></tr>
<tr><td rowspan="7">10.6</td><td rowspan="7">对非磨削面晶界内氧化(IGO)要求，对未腐蚀试样金相法检查，允许深度(μm)与渗层深度有关</td><td rowspan="7">不规定</td><td>渗层深度 e/mm</td><td>IGO/μm</td><td>渗层深度 e/mm</td><td>IGO/μm</td></tr>
<tr><td>$e \leqslant 0.75$</td><td>17</td><td>$e \leqslant 0.75$</td><td>12</td></tr>
<tr><td>$0.75 < e \leqslant 1.50$</td><td>25</td><td>$0.75 < e \leqslant 1.50$</td><td>20</td></tr>
<tr><td>$1.50 < e \leqslant 2.25$</td><td>38</td><td>$1.50 < e \leqslant 2.25$</td><td>20</td></tr>
<tr><td>$2.25 < e \leqslant 3.00$</td><td>50</td><td>$2.25 < e \leqslant 3.00$</td><td>25</td></tr>
<tr><td>$e > 3.00$</td><td>60</td><td>$e > 3.00$</td><td>30</td></tr>
<tr><td colspan="4">若超差，可与用户协调采用控制喷丸或其他合适的措施进行补救</td></tr>
<tr><td>11</td><td>表面裂纹，在不影响齿轮完整性并经用户同意可去除表面缺陷[g]</td><td>不允许有裂纹，用磁粉探伤或干粉渗析法抽样检查</td><td colspan="2">不允许有裂纹，按ASTM E1444对50%零件进行磁粉探伤，根据批量进行抽查</td><td colspan="2">不允许有裂纹，按ASTM E1444全部零件进行磁粉探伤，批量≥5件可抽查</td></tr>
<tr><td rowspan="4">12</td><td rowspan="4">齿部磁粉探伤，ASTM E1444[g]</td><td rowspan="4">不规定</td><td>模数/mm</td><td>缺陷最大尺寸/mm</td><td>模数/mm</td><td>缺陷最大尺寸/mm</td></tr>
<tr><td>≤2.5</td><td>1.6</td><td>≤2.5</td><td>0.8</td></tr>
<tr><td>$2.5 < m \leqslant 8$</td><td>2.4</td><td>$2.5 < m \leqslant 8$</td><td>1.6</td></tr>
<tr><td>>8</td><td>3.0</td><td>>8</td><td>2.4</td></tr>
</table>

表 5(续)

序号	项　目	ML	MQ	ME
13	磨削回火控制,按 GB/T 17879 硝酸溶液腐蚀[h]	所有功能部位(FB3)允许 B 级回火,建议不要求抽查	25%功能部位(FB2)允许 B 级回火,要求抽查	10%功能部位(FB2)允许 B 级回火,要求抽查
			若超差,可与用户协调采用控制喷丸进行补救	
14	心部显微组织(位置同第 8 项)	不规定	马氏体,针状铁素体及贝氏体,不允许有块状铁素体(见第 8 项)	马氏体,针状铁素体及贝氏体,不允许有块状铁素体,按 6.5 检查代表性试棒
注:对于碳氮共渗钢目前在标准中还未给出。				

[a] 第 6 章脚注 6。

[b] 洁净度规定只针对齿坯的两倍齿高区域内,对于外齿轮,该区域一般小于半径的 25%。

[c] 锻造比是指总的锻造比,而与方法无关,对于连铸材料,最小锻造比为 5∶1。

[d] 有时齿根硬度与齿面硬度有差别,与齿轮大小及工艺有关,该差值可由供需双方协商。

[e] 其他硬化层深度规定可参考文献[10]等资料。

[f] 检查表面硬度,允许采用锉刀法,见附录 E。

[g] 任何级别齿轮的轮齿部位都不能存在裂纹、破损、疤痕及皱皮;每 25 mm 齿宽最多只有一个,每个齿面不能超过 5 个,半齿高以下部位不能允许存在;对于超标缺陷,在不影响齿轮完整性并征得用户同意情况下可以去除。

[h] 经供需双方同意,可采用其他磨削回火控制方法。

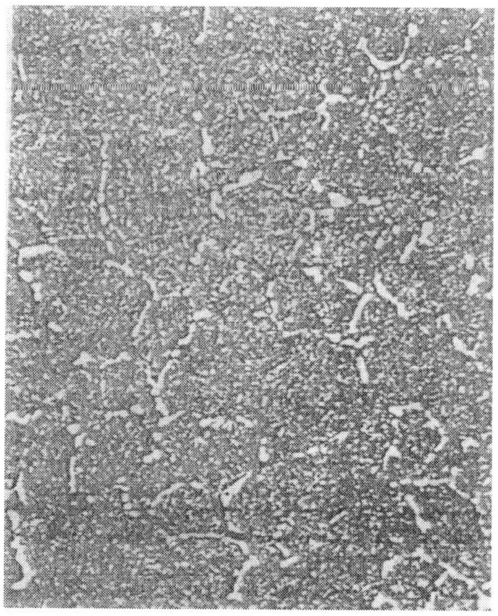

a) 半连续网状碳化物:对 ML 级允许存在

图 20　渗碳淬火齿轮渗层中允许的碳化物类型

(5%硝酸溶液腐蚀,放大倍数 400×)

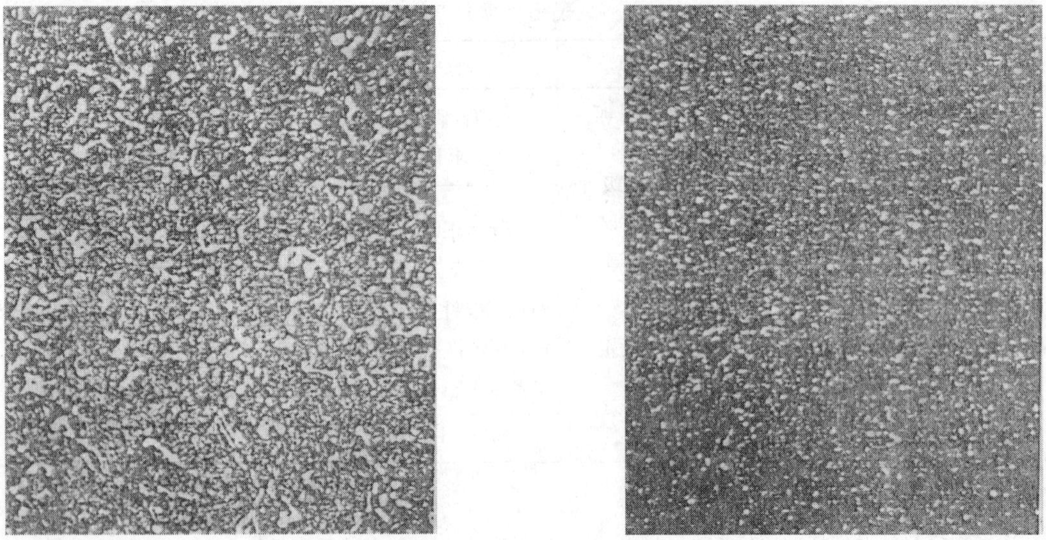

b) 不连续碳化物：对 ML 及 MQ 级允许存在　　c) 弥散状碳化物：对 ML、MQ 和 ME 级允许存在

图 20（续）

表 6　感应或火焰淬火锻钢和铸钢(图 11、图 12)

序号	项　目	ML	MQ	ME	
1	化学成分	不规定	同表 3 中第 1～6 项或表 4 中第 1～3 项		
2	热后力学性能				
3	纯度				
4	晶粒度				
5	超声波探伤				
6	锻造比				
7	表面硬度(所有感应淬火齿轮均须经回火)	(485～615)HV 或 (48～56)HRC	(500～615)HV 或 (50～56)HRC		
8	硬化层深度[a] 按 GB/T 5617 检验	硬化层深度是指从表面到相当于最低表面硬度规定值 80% 的硬度处的距离，要对每件齿轮经验性认定硬化层深度			
9	表层组织	不规定	抽查，以细针马氏体为主	严格抽查，细针马氏体，≤10%非马氏体组织，不允许游离态铁素体存在	
10	无损检测				
10.1	不允许表面裂纹 (ASTM E1444)	抽查首批工件 (磁粉探伤或干粉渗析方法)	抽查首批工件 (磁粉探伤或干粉渗析方法)	全部检查 (磁粉探伤或干粉渗析方法)	
10.2	齿部磁粉探伤[b] (ASTM E1444)	不规定		模数/mm	缺陷最大尺寸/mm
				≤2.5	1.6
				2.5<m≤8	2.4
				>8	3.0

表 6（续）

序号	项　　目	ML	MQ	ME
11	预备组织	淬火及回火态组织		
12	过热现象(尤其是齿顶)	禁止	严格禁止(<1 000 ℃)	
注：本表适用于套圈式火焰淬火、套圈式或逐齿感应淬火工艺，齿根部位经过硬化，硬化层形状如图 21、22 所示。				

a 为了得到稳定的硬化效果，硬度分布、硬化层深、设备参数及工艺方法应该建档，并定时检查，另外用一个与工件形状及材料相同的代表性试样来修正工艺。设备及工艺参数应足以保证硬化效果的良好复现性，硬化层应布满全齿宽和齿廓，包括双侧齿面、双侧齿根和齿根拐角。

b 最终加工后的齿轮轮齿区域内，任何质量级别的材料都不允许存在裂纹、爆裂、折皱。限制：25 mm 齿宽内不超过 1 个，一侧齿面内不超过 5 个，在工作齿高中线以下不允许存在。对于超标缺陷，在不影响齿轮完整性并征得用户同意情况下可以修复。

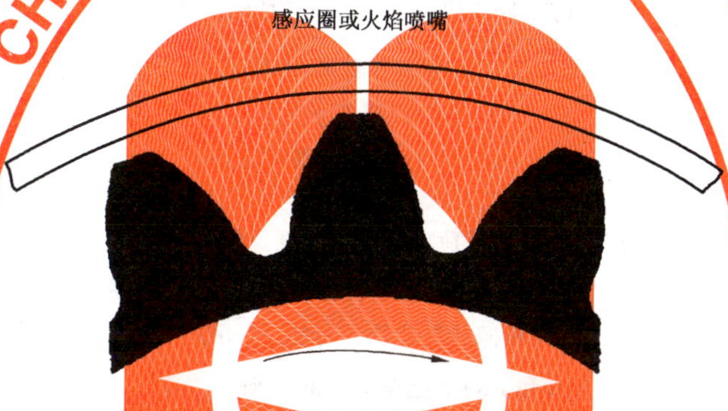

图 21　非齿廓硬化型

图 22　齿廓硬化型

表 7　渗氮钢及渗氮调质钢(图 13、图 14)

序号	项　　目	ML	MQ	ME
1	化学成分	同表 3(调质钢 1～6 项)		
2	热后力学性能			
3	纯　度			
4	晶粒度			
5	超声波探伤			
6	锻造比			

表 7（续）

序号	项　目	ML	MQ	ME
7	渗氮层深	有效渗氮层深度是指从表面到 400HV 或 40.8HRC 硬度处的垂直距离；如果心部硬度超过 380HV，那么心部硬度＋50HV 可作为界限硬度		
8	表面硬度			
8.1	渗氮钢[a,b,c]	最低 650HV，最高 900HV[d]		
8.2	调质钢[a]	最低 450HV		
9	预备热处理	在无表面脱碳情况下淬火回火，其中回火温度要超过后续氮化温度		
10	表面要求（白亮层）	≤25 μm	白亮层≤25 μm，且以 ε-相为主，含有少量 γ′氮化物	白亮层≤25 μm，且以 ε-/γ′氮化物比率＞8，若渗氮后磨齿，应考核抗点蚀能力
11	心部要求	σ_b，不检查	σ_b＞900 N/mm²；一般情况下铁素体含量＜5%	
12	渗氮后加工精度		特殊情况下磨齿，但应防止表面承载能力的降低，并推荐按 ASTM E1444 标准进行磁粉探伤	特殊情况下磨齿，但应防止表面承载能力的降低，并要求按 ASTM E1444 标准进行磁粉探伤

a　测量表面硬度时应注意垂直于表面，试验载荷应同渗层深度及硬度相称。

b　渗氮齿轮抗过载能力较低，由于 S-N 曲线形状平缓，因此在设计前应考虑好其冲击敏感性。对于含铝的合金钢，当渗氮周期较长时，晶界有形成连续网状氮化物的可能，使用这种钢材，应在热处理时列出特别注意事项。

c　含铝氮化钢或类似钢材，只限于 ML 和 MQ。这类材料的齿根应力值 s_{Flim} 限制是：对于 ML 级，250 N/mm² 以下；对于 MQ 级，340 N/mm² 以下。

d　当由于白亮层（＞10 μm）而使硬度增加时，疲劳强度反而由于脆性原因而降低。

表 8　氮碳共渗锻钢（图 15、图 16）

序号	项　目	ML	MQ	ME
1	化学成分	同表 3（调质钢 1～6 项）		
2	热后力学性能			
3	纯　度			
4	晶粒度			
5	超声波探伤			
6	锻造比			
7	氮碳共渗保温时间	（1～8）h		
8	表面硬度			
8.1	合金钢[a]	＞500HV		
8.2	非合金钢[a]	＞300HV		
9	预备热处理	无表面脱碳情况下淬火回火，其中回火温度要超过后续共渗温度		
10	表面组织（白亮层）	不规定仔细检查	白亮层（5～30）μm，基本上为 ε-相	
11	氮碳共渗设备：如液态氮碳共渗	带有风冷的镍铬合金坩锅或钝化炉时，禁止铁元素溶入熔盐中		

a　测量表面硬度时应注意垂直于表面，在一个截面上的测量值可能较高。试验载荷应与渗层深度及硬度相称。

6.5 试样

试样由代表性等级材料制成，锻钢或铸钢试样的选择主要考虑其所代表的齿轮和工艺。试样要按表2～表6或表7伴随齿轮经过所有热处理工序。试样的选用要能检测热处理工艺并尽量能代表工件的性能。根据经验，通过标准试样最终的金相组织和性能，可评价工件的性能。

关于试样加工，应以供需双方协议为准。

推荐两种试棒：

a) 过程控制试棒：可以是任何合金材料和形状，它用于检测热处理工艺的稳定性，其显微组织并不代表产品齿轮的显微组织，但可根据实际经验来推断产品齿轮的状态，这种推断应该存档备查。

b) 代表性试棒：主要考虑能反映产品齿轮的冷却速度，试样心部硬度和显微组织应接近表5中第8项、第14项规定的指标，其推荐尺寸为：

最小直径：6 m_n；

最小长度：12 m_n。

经用户同意，可采用小型试棒：

最小直径：3 m_n；

最小长度：6 m_n。

另外，试样钢材在化学成分及淬透性方面应当与工件相当，但不一定取自同一炉号。

6.6 机械清理

机械清理主要是去除热处理后的残渣或涂层。常用方法是用 Al_2O_3、石英砂抛磨或用钢丸、切丝球及玻璃珠喷射工件表面。清理工件表面还带来对残余应力的影响，有时非常明显。残余应力的变化对弯曲强度及使用性能会产生影响。图10中MQ弯曲强度就是在进行了适当的机械清理后测得的，而仅仅进行热处理并不一定能达到这个水平。

6.7 喷丸

喷丸是用小尺寸丸粒轰击工件表面的冷作工艺，可在工件表面形成高幅值残余压应力薄层。喷丸处理可提高残余压应力，从而改善齿根部位的弯曲强度。喷丸与上述6.6中的机械清理不能混为一谈。

喷丸后可进行切削、热处理或热装等工序，但有可能改变残余压应力和弯曲强度，所以喷丸工艺应当控制，建议按参考文献[8] AMS-S-13165:1997规定进行最低程度控制。若经供需双方协商，亦可采用其他控制技术。

喷丸处理可提高弯曲疲劳强度，提高的幅度如下：

a) 对ML级——0%；

b) 对MQ级——10%；

c) 对ME级——5%。

上述数值只限于渗碳淬火齿轮。

附　录　A
（规范性附录）
调质齿轮控制截面尺寸的确定

本附录介绍调质（淬火回火）齿轮近似最大控制截面尺寸以及影响最大控制截面尺寸的因素，图解确定最大控制截面尺寸的方法，以及部分低合金钢件的推荐最大控制截面尺寸。

所谓工件的控制截面是指在淬火过程中对工件有力学性能（硬度）要求部分的冷却速度有决定性影响的截面。某种钢材的最大控制截面尺寸主要取决于其淬透性，规定硬度、理想硬化层深及淬、回火温度等因素。

图 A.1 表示几种热处理后切齿的淬火齿坯控制截面。

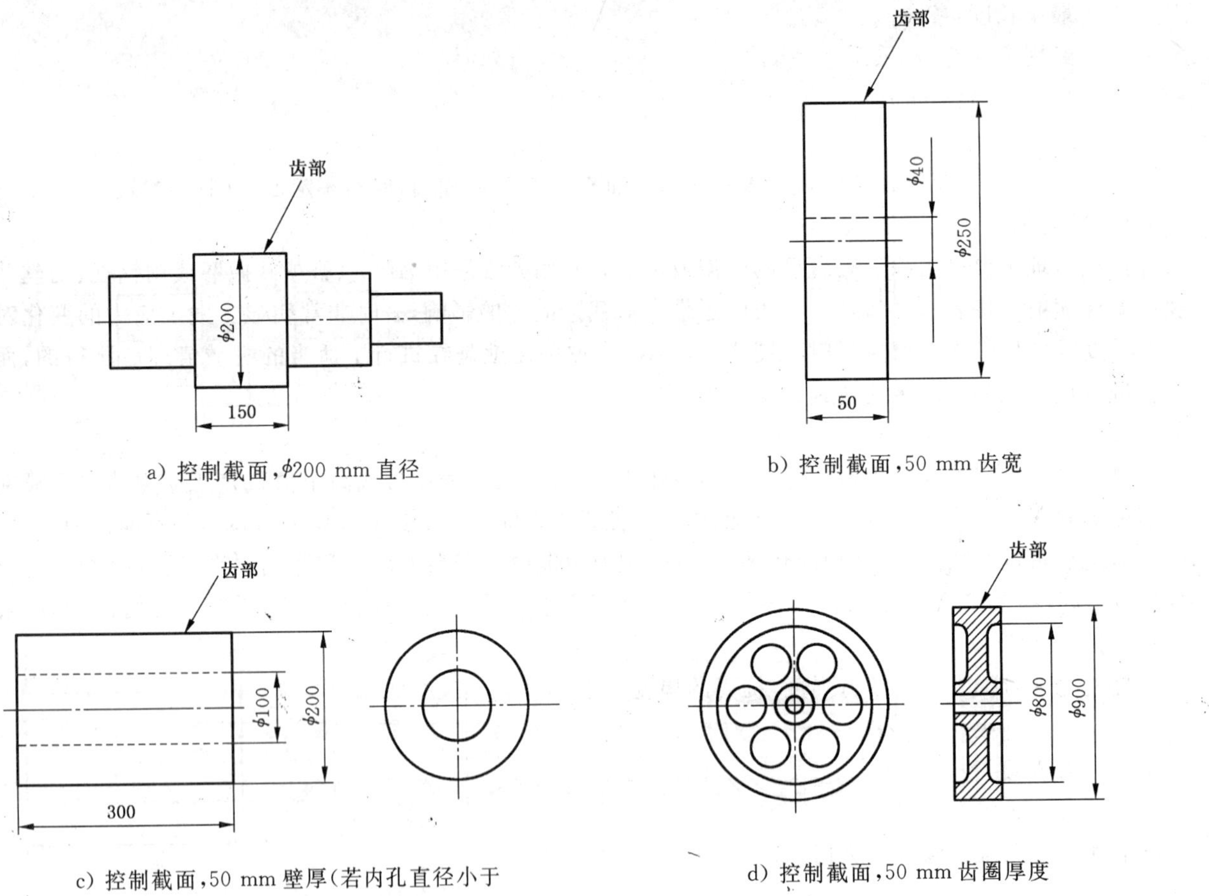

a）控制截面，ϕ200 mm 直径

b）控制截面，50 mm 齿宽

c）控制截面，50 mm 壁厚（若内孔直径小于内孔长度的 20%，则以外径为准）

d）控制截面，50 mm 齿圈厚度

图 A.1　控制截面尺寸实例

当为了合理选材和/或规定硬度而考虑控制截面尺寸时，无需考虑正常的粗加工余量，而其他加工余量（如为了减小热处理变形而留余量）则应考虑。

图 A.2 表示油淬（淬火烈度 $H=0.5$）及回火的两种低合金钢的推荐最大控制截面尺寸，主要考虑硬度要求范围、淬火前的正常加工余量以及为得到最低齿根硬度而采取的最低 480 ℃回火温度。

注：若经过试验数据（热处理）验证，也可采用高于上述数据的最大控制截面尺寸。

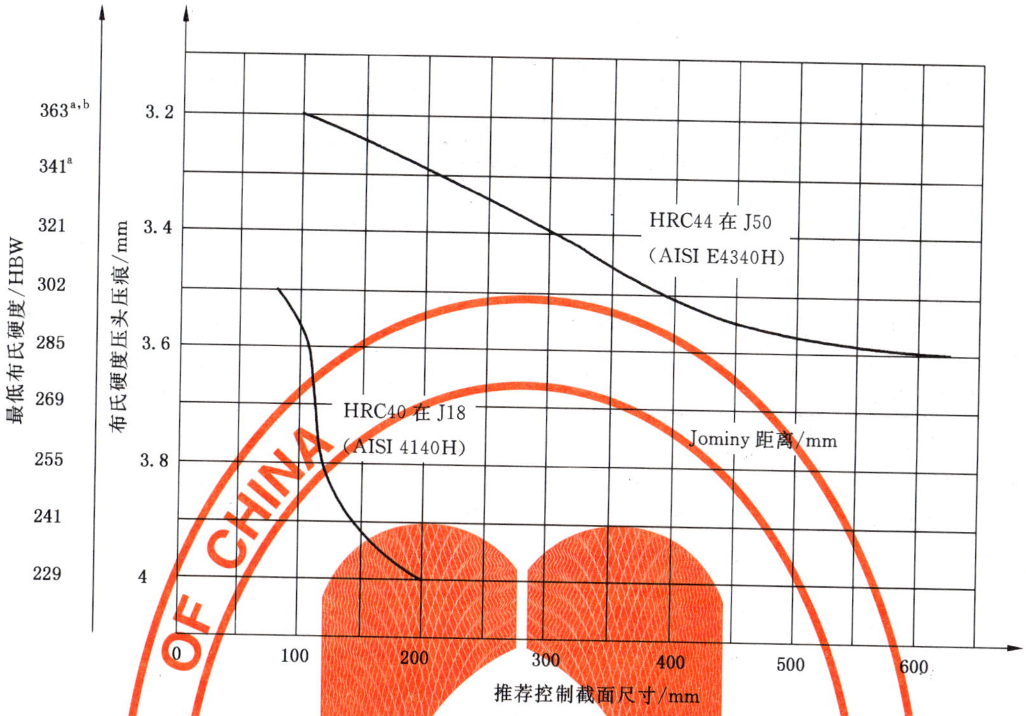

a 为了达到这些硬度要求，可采用最低 480 ℃ 回火温度。

b 对某些特殊齿轮可以规定更高的硬度值[如(375～415)HBW，(388～421)HBW 及(401～444)HBW]，但应注意因加工性能下降而使成本增加。

图 A.2 两种 0.40%C 合金钢的控制截面尺寸

对于 ϕ200 mm 以下棒材的最大控制截面尺寸与截面硬度要求的对应关系，可参考文献[7]中“淬火圆棒横截面硬度值预测图”及其他已发表的回火效应和淬透性数据。

对于 ϕ200 mm 以上棒材的最大控制截面尺寸，一般要求先对大截面试件进行热处理试验，然后进行解剖及横截面硬度检测。

有些大尺寸齿轮结构不允许淬火处理而要求正火及回火处理，也要考虑最大控制截面尺寸。但是在同样材质(淬透性)条件下所能达到的硬度值就很低，因此需要改用更高淬透性的钢材，而且要求试验性正火、回火处理和硬度检测。

附 录 B
（资料性附录）
硬度值换算表[9]

抗拉强度/(N/mm²)	维氏硬度/HV($F \geqslant 98$ N)	布氏硬度/HBW	洛氏硬度	
			HRC	HR(30N)
770	240	228	20.3	41.7
785	245	233	21.3	42.5
800	250	238	22.2	43.4
820	255	242	23.1	44.2
835	260	247	24.0	45.0
850	265	252	24.8	45.7
865	270	257	25.6	46.4
880	275	261	26.4	47.2
900	280	266	27.1	47.8
915	285	271	27.8	48.4
930	290	276	28.5	49.0
950	295	280	29.2	49.7
965	300	285	29.8	50.2
995	310	295	31.0	51.3
1 030	320	304	32.2	52.3
1 060	330	314	33.3	53.6
1 095	340	323	34.4	54.4
1 125	350	333	35.5	55.4
1 155	360	342	36.6	56.4
1 190	370	352	37.7	57.4
1 220	380	361	38.8	58.4
1 255	390	371	39.8	59.3
1 290	400	380	40.8	60.2
1 320	410	390	41.8	61.1
1 350	420	399	42.7	61.9
1 385	430	409	43.6	62.7
1 420	440	418	44.5	63.5
1 455	450	428	45.3	64.3
1 485	460	437	46.1	64.9
1 520	470	447	46.9	65.7
1 555	480	(456)	47.7	66.4
1 595	490	(466)	48.4	67.1
1 630	500	(475)	49.1	67.7
1 665	510	(485)	49.8	68.3
1 700	520	(494)	50.5	69.0

抗拉强度/(N/mm²)	维氏硬度/HV($F \geqslant 98$ N)	布氏硬度/HBW	洛氏硬度	
			HRC	HR(30N)
1 740	530	(504)	51.1	69.5
1 775	540	(513)	51.7	70.0
1 810	550	(523)	52.3	70.5
1 845	560	(532)	53.0	71.2
1 880	570	(542)	53.6	71.7
1 920	580	(551)	54.1	72.1
1 955	590	(561)	54.7	72.7
1 995	600	(570)	55.2	73.2
2 030	610	(580)	55.7	73.7
2 070	620	(589)	56.3	74.2
2 105	630	(599)	56.8	74.6
2 145	640	(608)	57.3	75.1
2 180	650	(618)	57.8	75.5
	660		58.3	75.9
	670		58.8	76.4
	680		59.2	76.8
	690		59.7	77.2
	700		60.1	77.6
	720		61.0	78.4
	740		61.8	79.1
	760		62.5	79.7
	780		63.3	80.4
	800		64.0	81.1
	820		64.7	81.7
	840		65.3	82.2
	860		65.9	82.7
	880		66.4	83.1
	900		67.0	83.6
	920		67.5	84.0
	940		68.0	84.4

附 录 C
（资料性附录）
表面硬度锉刀检测法

C.1 应用

锉刀法作为表面硬度的一般检测方法，主要用于整体淬硬工件，其优点是：

——便携性；

——可检测由其他仪器无法检测的部位；

——快速性；

——对表面状态（如脱碳及组织缺陷）具有敏感性；

——不损伤受检部位。

某些只能用锉刀法检测表面硬度的场合：

——工作齿廓和齿根部位的表面硬度；

——淬火件的脱碳检验。

C.2 原理

锉刀检测法就是用一把锉刀将受检工件表面试挫感觉与某一基准块的手锉感觉相比较。“锉硬”是指锋利锉刀对于受检部位的试锉比最低要求硬度的基准块更硬。这种比较只能依赖于工件试锉与基准块试锉的感觉差异。

C.3 工具

C.3.1 锉刀

优质锉刀要淬硬至洛氏硬度（66～68）HRC，一般从稍低硬度（65HRC）锉刀开始，锉刀齿部锋利，其锋利程度影响锉削能力，标准锉刀有必要经过硬度检验。

a） 锉刀大小应与工件尺寸相称，常用锉刀长度为（100～200）mm；

b） 锉刀锋利性很重要，有经验的检验人员可以断定钝化失效的锉刀，比较可靠的方法是将锉刀定期在基准块上试锉。

C.3.2 基准块

基准块尺寸为 ϕ50×6 mm 盘状，经过渗碳淬火处理接近最低要求硬度值，也可将已知硬度的试件作为基准块。阶差 2HRC 的成套基准块可组成标准系列。另外，基准块表面粗糙度应类似于工件。

C.4 程序

受检表面的划痕和锈蚀对锉刀有阻滞作用，导致检测结果偏差。

检测高硬度工件时，磨削面比一般加工面难于锉削。

试锉时用手握紧锉刀手柄，食指沿锉刀平背面紧压，使动作平稳，锉刀也可用拇指压紧，锉刀缓慢移动，以便弄清锉刀是否有效锉削，锉第一刀后应暂停进行观察，动作幅度应尽量小以延长锉刀寿命。另外，压力和接触面积应保持一致，这对锉削也有影响。

如果试锉某一工件表面比试锉规定的最低硬度基准块更难，则称该工件为“锉硬”。

参考文献

[1] ISO 54:1996, Cylindrical gears for general engineering and heavy engineering—Modules.

[2] ISO 10300-1:2001, Calculation of load capacity of bevel gears—Part 1: Introduction and general influence factors.

[3] ISO 10300-2:2001, Calculation of load capacity of bevel gears—Part 2: Calculation of surface durability (Pitting).

[4] ISO 10300-3:2001, Calculation of load capacity of bevel gears—Part 3: Calculation of tooth root strength.

[5] ANSI/AGMA 2001-C95, Fundamental Rating Factors and Calculation Methods for Involute spur and Helical Gear Teeth, January 1995.

[6] Niemann/Winter, Maschinenelemente II, Springer Verlag, Berlin, 1989.

[7] Practical Data for Metallurgists, 14th Ed., The Timken Steel Co., Canton, Ohio, U. S. A, 1999.

[8] AMS-S-13165, Shot Peening of Metal Parts, 1997.

[9] DIN 50150, Umwertungstabelle für Vickershärte, Brinellhärte, Rockwellhärte und Zugfestig-keit. Beuth Verlag, 1976.

[10] FVA-Arbeitsblatt Nr. 8/1: Härtetiefe, Forschungsvereinigung Antriebstechnik e. V., Dezember 1976.

ICS 33.020
M 40

GB

中华人民共和国国家标准

GB/T 3482—2008
代替 GB/T 3482—1983,GB/T 3483—1983,GB/T 7450—1987

电子设备雷击试验方法

Lightning test method for electronic equipments

2008-03-31 发布 2008-11-01 实施

中华人民共和国国家质量监督检验检疫总局
中国国家标准化管理委员会 发布

前　　言

本标准代替GB/T 3482—1983《电子设备雷击试验方法》、GB/T 3483—1983《电子设备雷击试验导则》和GB/T 7450—1987《电子设备雷击保护导则》。

本标准与GB/T 3482—1983、GB/T 3483—1983和GB/T 7450—1987相比主要变化如下：

1）模拟雷击电压电流波形：

增加了10/350 μs、1.2/50 μs-8/20 μs组合波、10/1 000 μs电压电流波形。

删除了4/300 μs电压波形。

2）雷击试验电路：

增加了电源线、信号线的直接耦合和阻抗耦合的试验电路。

增加了电源线与信号线间的直接耦合和阻抗耦合的试验电路。

增加了雷击脉冲磁场试验。

3）增加了试验程序。

4）删除了雷击保护电路。

在本标准的制定过程中还注意了与GB/T 17627.1—1998《低压电气设备的高电压试验技术　第一部分：定义和试验要求》(eqv IEC 61180-1:1992)、GB/T 17626.5—1999《电磁兼容　试验和测量技术　浪涌(冲击)抗扰度试验》(idt IEC 61000-4-5:1995)的协调。

本标准由中华人民共和国信息产业部提出；

本标准由中国通信标准化协会归口。

本标准起草单位：中国电信集团公司(广州研究院)、广东天乐通信设备有限公司。

本标准主要起草人：刘裕城、陈少川、陈健儿、田继清、张锦旸、杨建华、王华刚。

电子设备雷击试验方法

1 范围

本标准规定了工作电压1 000 V(AC)或1 500 V(DC)以下电子设备模拟雷击试验的试验条件、试验电路和试验程序。

本标准适用于电子设备的模拟雷击试验。

2 规范性引用文件

下列文件中的条款通过本标准的引用而成为本标准的条款。凡是注日期的引用文件,其随后所有的修改单(不包括勘误的内容)或修订版均不适用于本标准,然而,鼓励根据本标准达成协议的各方研究是否可使用这些文件的最新版本。凡是不注日期的引用文件,其最新版本适用于本标准。

GB/T 17626.5—1999 电磁兼容 试验和测量技术 浪涌(冲击)抗扰度试验(idt IEC 61000-4-5:1995)

GB/T 17626.9—1998 电磁兼容 试验和测量技术 脉冲磁场抗扰度试验(idt IEC 61000-4-9:1993)

GB/T 17627.1—1998 低压电气设备的高电压试验技术 第一部分:定义和试验要求(eqv IEC 61180-1:1992)

3 术语和定义

下列术语和定义适用于本标准。

3.1

去耦网络 decoupling network

用于防止施加到被测设备上的电涌影响其他不被试验的装置、设备或系统的电路。

3.2

保护接地线(PE线) protective earthing conductor

为防电击用来与下列任一部分作电气连接的导线:外露可导电部分、装置外可导电部分、总接地线或总等电位连接端子、接地极、电源接地点或人工中性点。

4 分类

电子设备如图1所示,图中电源线、信号线可能是多根或多种类的线。按有无保护接地线分为Ⅰ类和Ⅱ类设备。

Ⅰ类设备:有保护接地线设备。

Ⅱ类设备:无保护接地线设备。

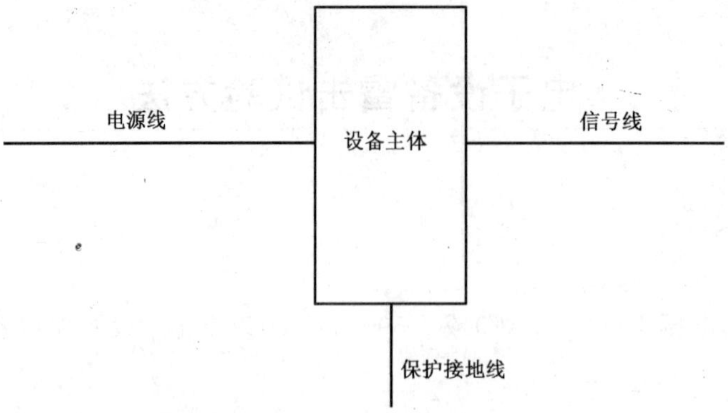

图 1 电子设备等效电路

5 雷击试验程序

5.1 试验条件选择

参照本标准 6.1～6.5，相关产品规范应选择试验端子、波形及严酷等级等试验条件：如没有规定，则选择其中优选项。

5.2 试验设备

试验设备应能提供 5.1 所选试验条件相应的雷击电压电流。

5.3 初始检测

按相关产品规范规定对被测设备进行电气和机械性能检测，如没有规定，则进行功能检测。

5.4 雷击试验

施加雷击电压电流，一般用直接耦合方式，用阻抗耦合方式需考虑耦合电路对波形的影响。

一般可直接施加选定的雷击电压电流幅值，如相关产品规范有规定，可由小到大逐级施加雷击电压电流。

一般随机施加雷击电压电流。如相关产品规范对相角顺序有规定，则按规定顺序施加雷击电压电流。

时间间隔：每两次试验的间隔足够长，避免前一次试验的非正常影响，如相关产品规范没有规定，一般可选用 3 min。

试验次数：如相关产品规范没有规定，一般可选正负极性各 5 次。

试验：设备处于正常工作状态，按上述确定的条件施加雷电电压电流，每次试验后，检查被测设备是否工作正常，如不正常，则停止试验。

5.5 中间检测

相关产品规范可规定在施加雷击试验时测量被测设备的性能，如没有规定，则不进行测量。

5.6 恢复

相关产品规范应规定施加雷击试验完毕后的恢复时间，如没有规定，则恢复时间为 15 min。

如被测设备允许人工干预后恢复，如人工复位已动作的开关，相关产品规范应说明。

5.7 最后检测

按相关产品规范规定对被测设备进行电气和机械性能检测，如没有规定，则进行功能检测。

6 试验条件选择

6.1 电源线雷击试验波形和严酷等级

电源线雷击试验波形和严酷等级见表 1，一般情况或没有规定则选用优选波形和优选项。

表 1 电源线雷击试验波形和严酷等级

严酷等级	波形				试验端子	
	1.2/50 μs 8/20 μs,2 Ω组合波	1.2/50 μs	8/20 μs	10/350 μs	线对地	线对线
	优选波形	被测设备端子呈现高阻抗时	被测设备端子呈现低阻抗时	被测设备端子呈现低阻抗时		
1	1 kV	1 kV	0.5 kA	50 A	适用，无地线的Ⅱ类设备不适用	可选项，一般情况或没有规定则不选用
2	2 kV	2 kV	1 kA	100 A		
3	4 kV	4 kV	2 kA	200 A		
4	6 kV,优选项	6 kV	3 kA	300 A		
5	10 kV	10 kV	5 kA	500 A		
6	20 kV	20 kV	10 kA	1 kA		
7	40 kV	40 kV	20 kA	2 kA		
8	100 kV	100 kV	50 kA	5 kA		
9	120 kV	120 kV	60 kA	6 kA		
10	160 kV	160 kV	80 kA	8 kA		
11	300 kV	300 kV	150 kA	15 kA		
12	320 kV	320 kV	160 kA	16 kA		
13	400 kV	400 kV	200 kA	20 kA		
X	待定	待定	待定	待定		
波形参数说明	开路电压波形 1.2/50 μs，见图 2，峰值：±3%，波前时间：±30%，半峰值时间：±20%。短路电流波形 8/20 μs，见图 3。峰值：±10%，波前时间：±20%，半峰值时间：±20%，反极性震荡：<20%。开路电压峰值/短路电流峰值=2 Ω	波前时间：1.2 μs，半峰值时间：50 μs。见图 2，峰值：±3%，波前时间：±30%，半峰值时间：±20%	波前时间：8 μs，半峰值时间：20 μs。见图 3，峰值：±10%，波前时间：±20%，半峰值时间：±20%，反极性震荡：<20%	波前时间：10 μs，半峰值时间 350 μs。见图 3，峰值：±10%，波前时间：$^{+100}_{-10}$%，半峰值时间：±20%	—	

6.2 **信号线雷击试验波形和严酷等级**

信号线雷击试验波形和严酷等级见表 2，一般情况或没有规定则选用优选波形和优选项。

表 2　信号线雷击试验波形和严酷等级

严酷等级	波形			试验端子	
	10/700 μs	1.2/50 μs	10/1 000 μs	线对地	线对线
	优选波形	信号线电容较小，或线路较短时			
1	0.5 kV	0.5 kV，优选项（信号线没有延伸到室外时）	10 A	适用，无地线的Ⅱ类设备不适用	可选项，一般情况或没有规定则不选用
2	1 kV，优选项（信号线延伸到室外，且线路有保护时）	1 kV	20 A		
3	1.5 kV	1.5 kV	30 A		
4	4 kV，优选项（信号线延伸到室外，且线路没有保护时）	4 kV	50 A		
5	6 kV	6 kV	100 A		
6	10 kV	10 kV	200 A		
X	待定	待定	待定		
波形参数说明	波前时间：10 μs，半峰值时间：700 μs，见图 2，峰值：±3%，波前时间：±30%，半峰值时间：±20%，参见 GB/T 17626.5—1999	波前时间：1.2 μs，半峰值时间：50 μs。见图 2，峰值：±3%，波前时间：±30%，半峰值时间：±20%，发生器输出阻抗 12 Ω	波前时间：10 μs，半峰值时间：1 000 μs。见图 3，峰值：±10%，波前时间：$^{+100}_{-10}$ %，半峰值时间：±20%	—	

6.3　电源线与信号线间雷击试验波形和严酷等级

电源线与信号线间雷击试验波形和严酷等级见表 3，Ⅱ类设备（无保护地线）且信号线延伸到室外时进行此项试验，一般情况或没有规定则选用优选项。有地线的Ⅰ类设备，一般不做此项试验。

表 3　电源线与信号线间雷击试验波形和严酷等级

严酷等级	波形	试验端子	
	10/700 μs	线对地	电源线对信号线
	Ⅱ类设备（无保护地线）且信号线延伸到室外时		
1	0.5 kV	不适用	适用
2	1 kV		
3	1.5 kV		
4	4 kV，优选项		
X	待定		
波形参数说明	波前时间：10 μs，半峰值时间：700 μs，见图 2，峰值：±3%，波前时间：±30%，半峰值时间：±20%，参见 GB/T 17626.5—1999	—	

6.4 雷击脉冲磁场试验

参照 GB/T 17626.9—1998。相关产品规范没有规定时，则不选用此项试验。

6.5 试验结果判定条件

相关产品规范应规定试验结果判定条件，可选择下述试验结果的一种：

1） 被测设备在试验中和试验后正常工作。

2） 被测设备试验后自动恢复正常工作。

3） 被测设备试验后经简单手动操作恢复正常工作。

4） 被测设备试验后性能在容许范围内。

5） 被测设备在试验中和试验后性能在容许范围内。

6） 被测设备试验后经更换少量易损件（如保险管）后正常工作。

相关产品规范没有规定时，则选用上述 1）作为试验结果判定条件。

7 模拟雷击电压电流波形

7.1 雷击电压电流波形定义

7.1.1 电压波定义

电压波形一般是指被测设备开路时雷击电压电流发生器经耦合电路输出至被测设备端子的电压波形，但也可以是接上被测设备的电压波形，相关产品规范应规定。

电压波形参数——电压峰值、波前时间（视在波头时间）、半峰值时间（视在半峰值时间）的定义按 GB/T 17627.1—1998，如图 2 所示。

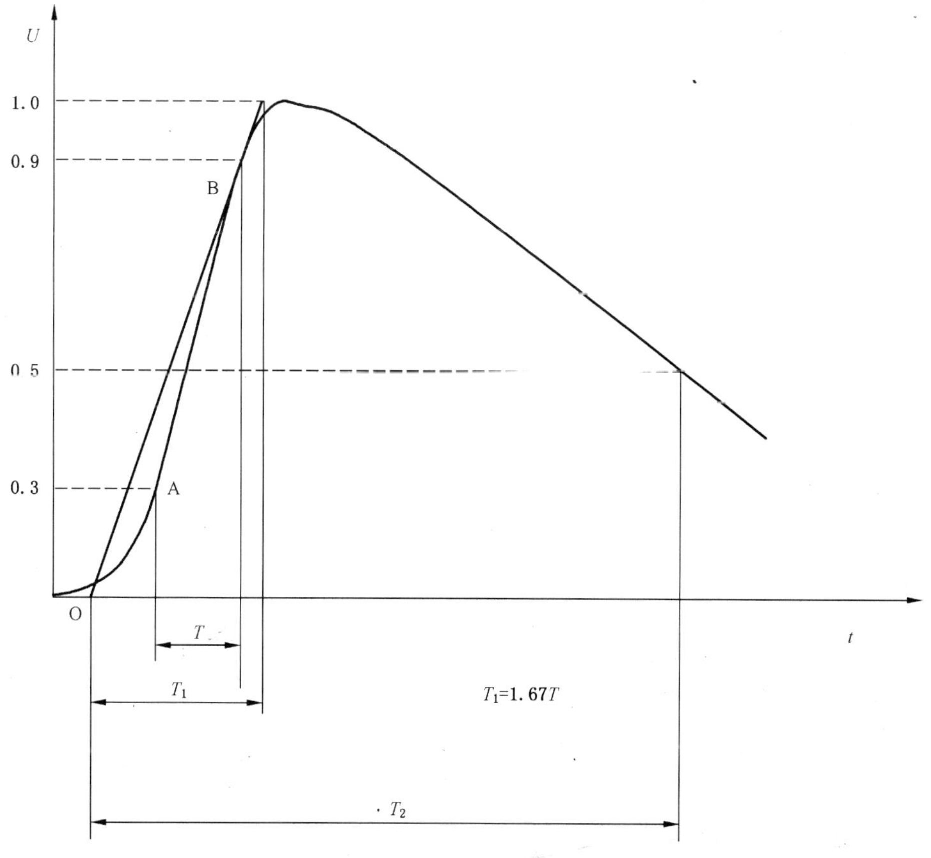

T_1——波前时间；

T_2——半峰值时间。

图 2 电压波形参数

7.1.2 **电流波定义**

电流波形一般是指被测设备短路时雷击电压电流发生器经耦合电路输出至被测设备端子的电流波形，但也可以是接上被测设备的电流波形，相关产品规范应规定。

电流波形参数——电流峰值、波前时间（视在波头时间）、半峰值时间（视在半峰值时间）的定义按GB/T 17627.1—1998，如图3所示。

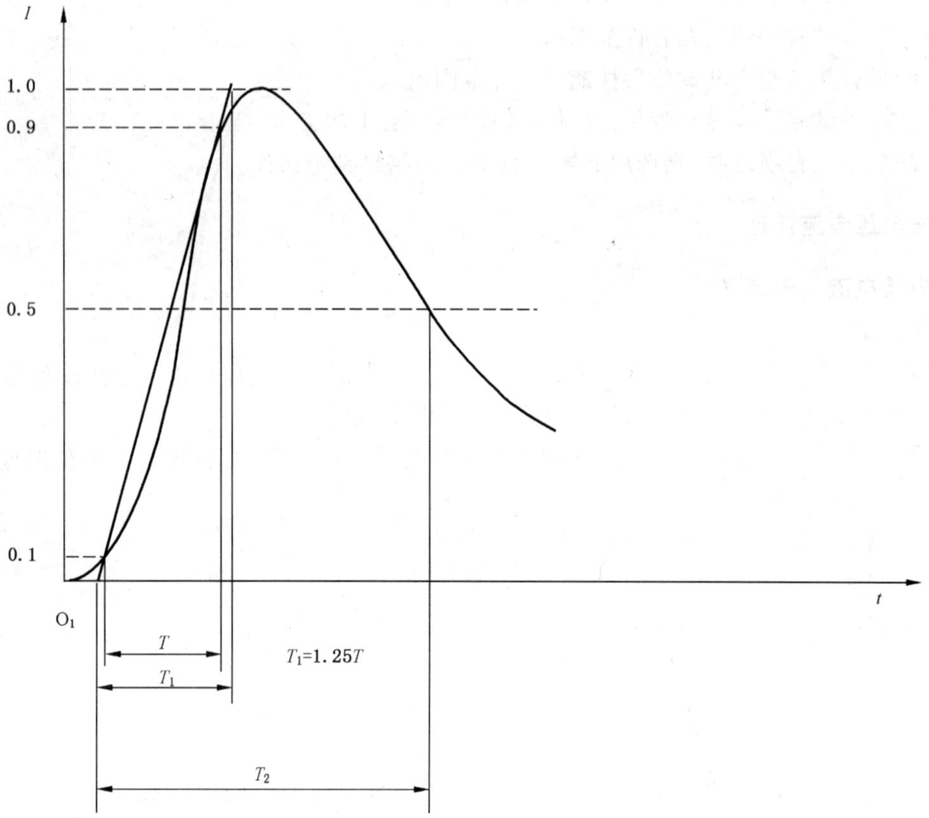

T_1——波前时间；

T_2——半峰值时间。

图3 电流波形参数

8 雷击试验电路

8.1 电源线雷击试验电路——耦合方式及线路端口

8.1.1 交流电源线雷击耦合方式——直接耦合

8.1.1.1 三相电源线—（线—地）线路端口

三相电源线—（线—地）线路端口雷击直接耦合方式及试验电路如图4所示。

无地线的Ⅱ类设备不做此项试验。

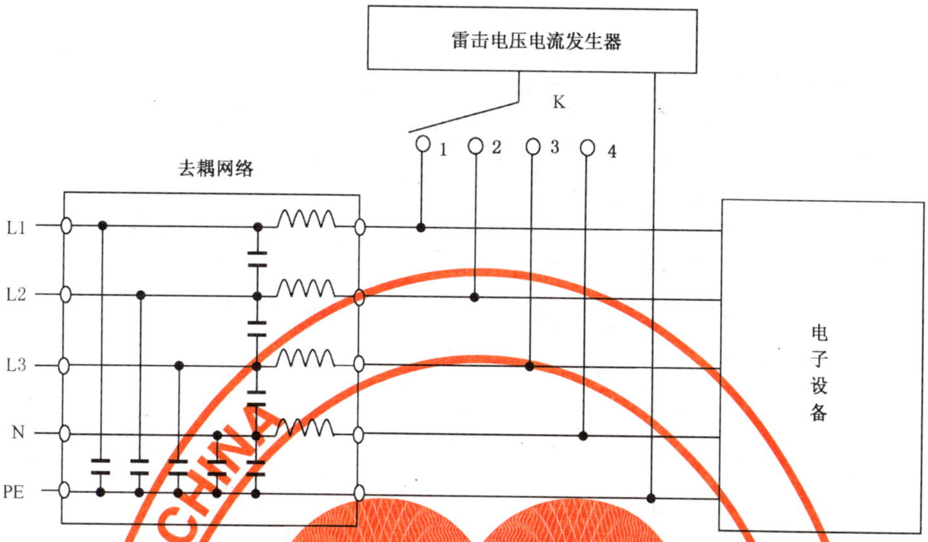

图 4　三相电源线雷击试验电路(线—地)—直接耦合

8.1.1.2　**三相电源线—(线—零)线路端口**

三相电源线—(线—零)线路端口雷击直接耦合方式及试验电路如图 5 所示。

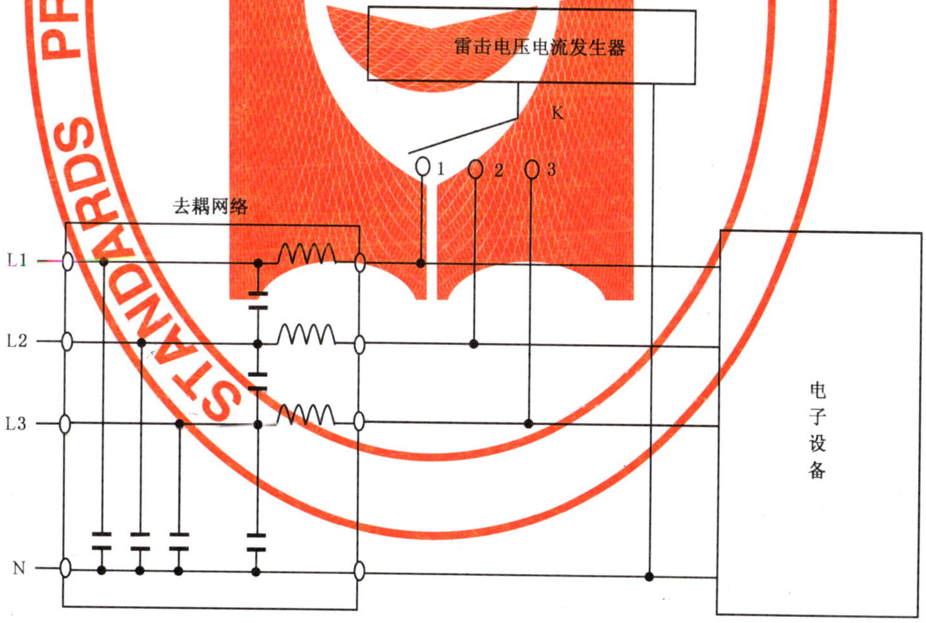

图 5　三相电源线雷击试验电路(线—零)—直接耦合

8.1.1.3　**单相电源线—(线—地)线路端口**

单相电源线—(线—地)线路端口雷击直接耦合方式及试验电路如图 6 所示。

无地线的Ⅱ类设备不做此项试验。

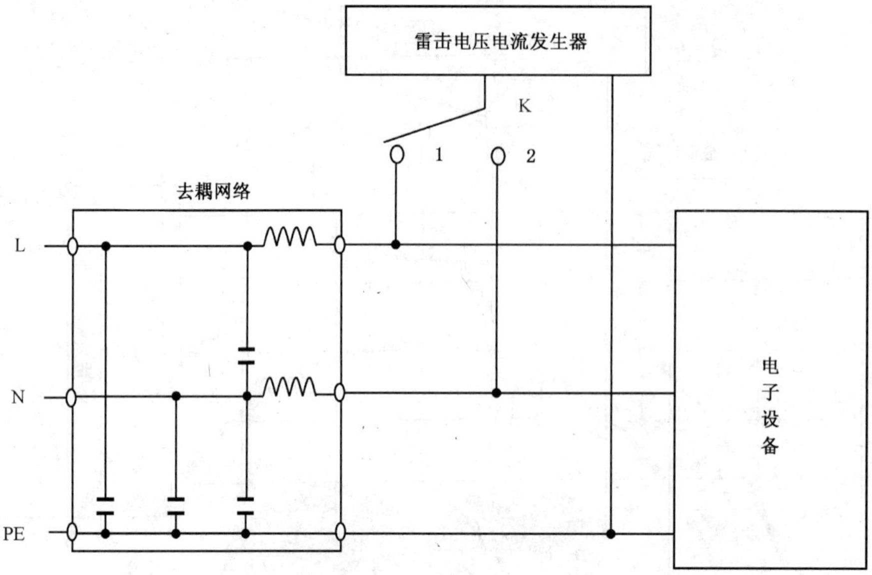

图 6 单相电源线雷击试验电路(线—地)—直接耦合

8.1.1.4 单相电源线—(线—零) 线路端口

单相电源线—(线—零) 线路端口雷击直接耦合方式及试验电路如图 7 所示。

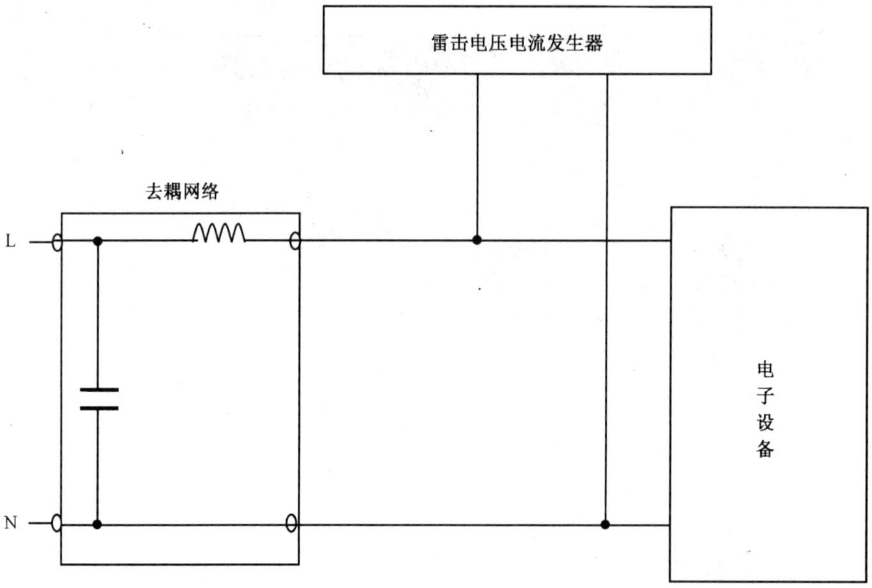

图 7 单相电源线雷击试验电路(线—零)—直接耦合

8.1.2 交流电源线雷击耦合方式——阻抗耦合

8.1.2.1 三相电源线—(线—地) 线路端口

三相电源线—(线—地) 线路端口雷击阻抗耦合方式及试验电路如图 8 所示。耦合阻抗可以是电容如 9 μF、18 μF 等,或者是非线性元件等。

无地线的Ⅱ类设备不做此项试验。

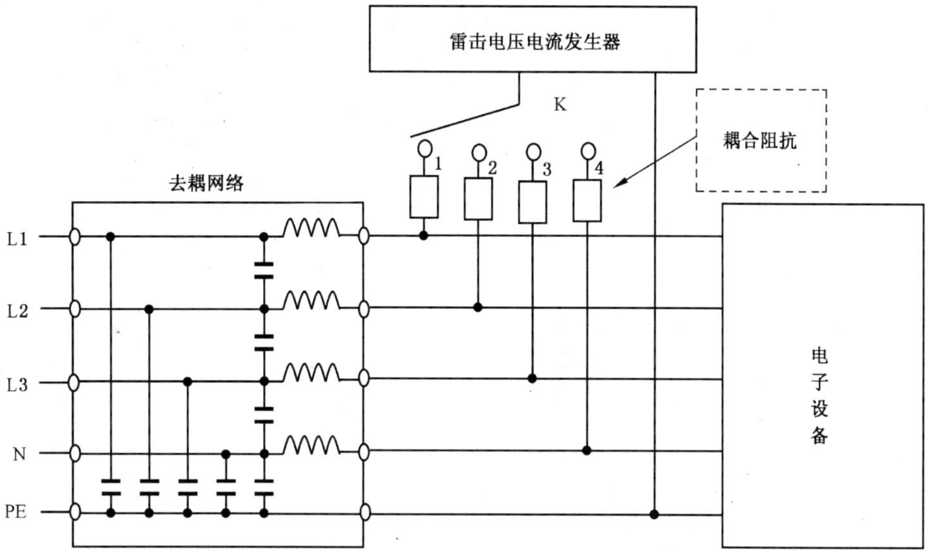

图 8 三相电源线雷击试验电路(线—地)—阻抗耦合

8.1.2.2 三相电源线—(线—零) 线路端口

三相电源线—(线—零) 线路端口雷击阻抗耦合方式及试验电路如图 9 所示。耦合阻抗可以是电容如 9 μF、18 μF 等,或者是非线性元件等。

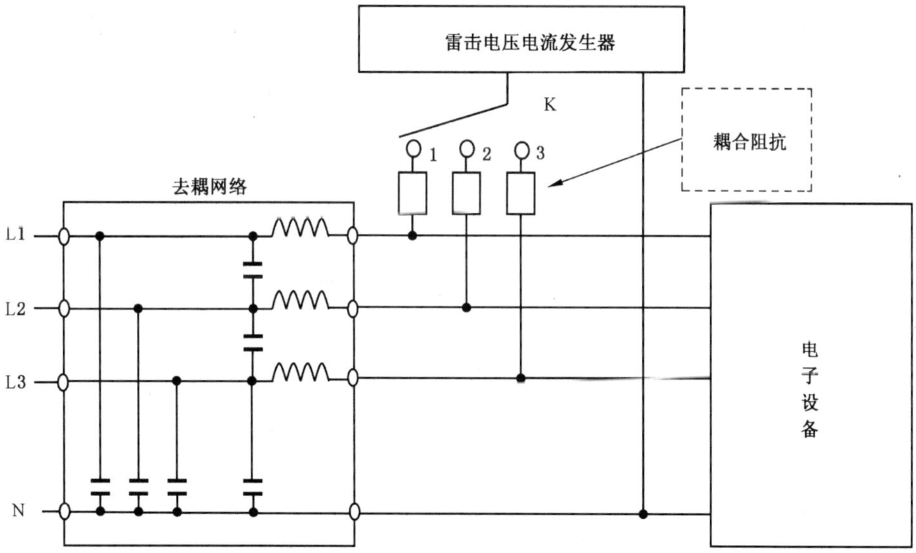

图 9 三相电源线雷击试验电路(线—零)—阻抗耦合

8.1.2.3 单相电源线—(线—地) 线路端口

单相电源线—(线—地) 线路端口雷击阻抗耦合方式及试验电路如图 10 所示。耦合阻抗可以是电容如 9 μF、18 μF 等,或者是非线性元件等。

无地线的Ⅱ类设备不做此项试验。

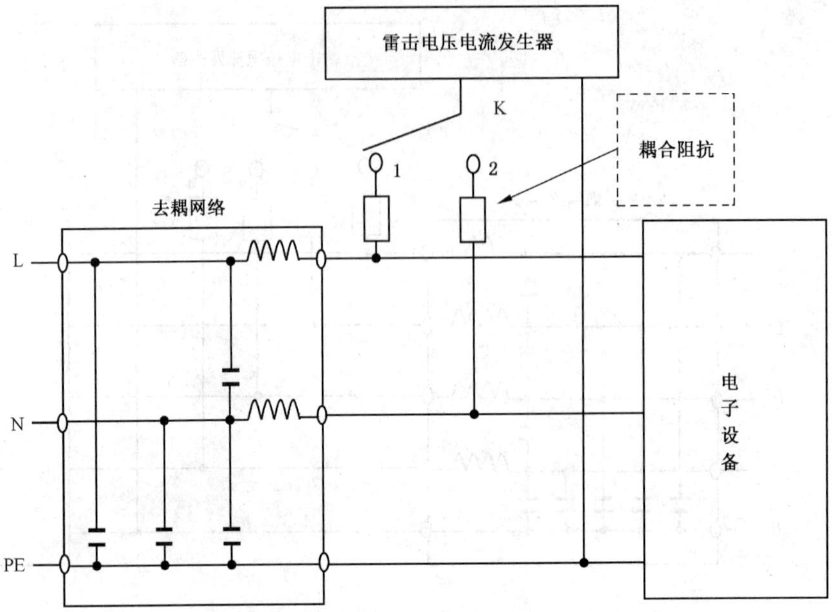

图 10 单相电源线雷击试验电路(线—地)—阻抗耦合

8.1.2.4 单相电源线—(线—零)线路端口

单相电源线—(线—零)线路端口雷击阻抗耦合方式及试验电路如图 11 所示。耦合阻抗可以是电容如 9 μF、18 μF 等,或者是非线性元件等。

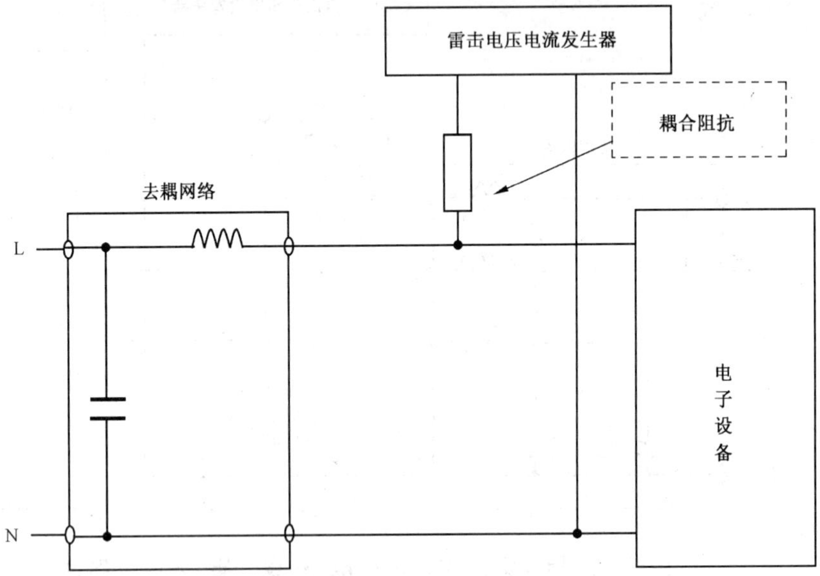

图 11 单相电源线雷击试验电路(线—零)—阻抗耦合

8.1.3 直流电源线雷击耦合方式——直接耦合

8.1.3.1 直流电源线—(线—地)线路端口

直流电源线—(线—地)线路端口雷击直接耦合方式及试验电路如图 12 所示。

无地线的Ⅱ类设备不做此项试验。

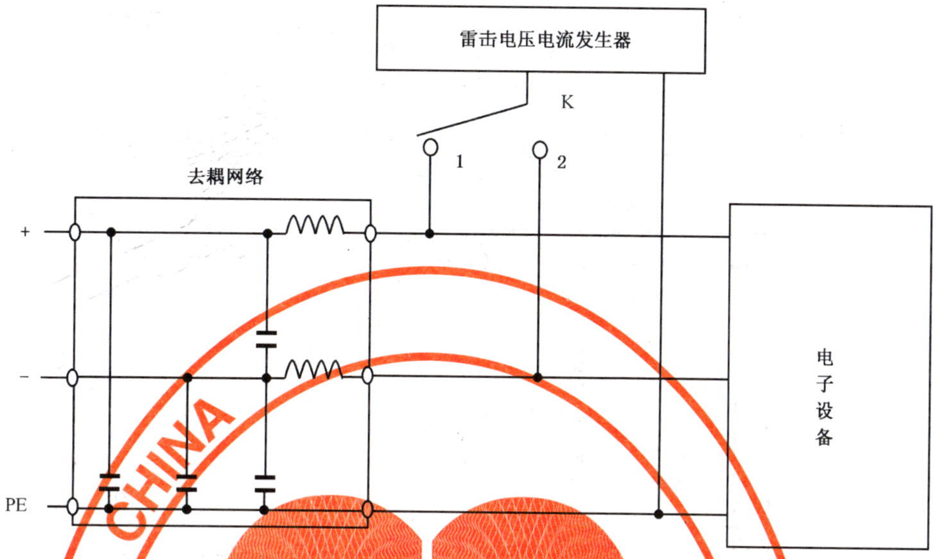

图 12 直流电源线雷击试验电路(线—地)—直接耦合

8.1.3.2 直流电源线—(正—负)线路端口

直流电源线—(正—负)线路端口雷击直接耦合方式及试验电路如图 13 所示。

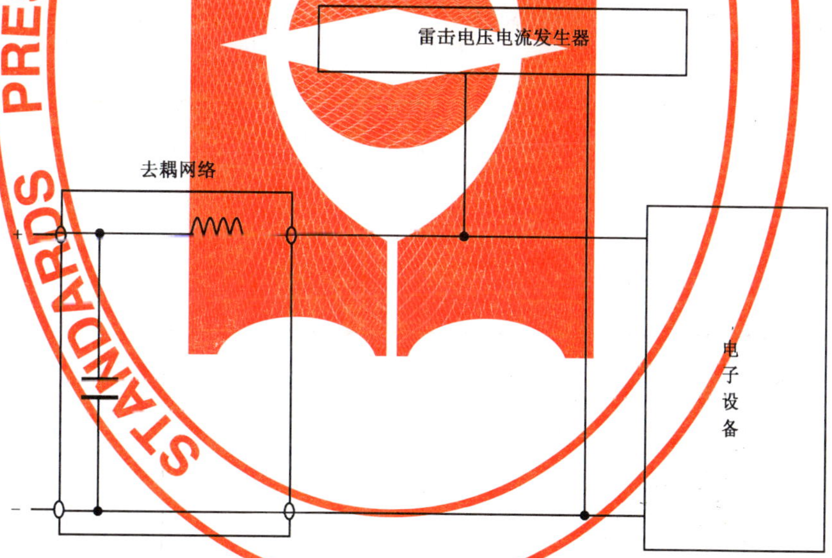

图 13 直流电源线雷击试验电路(正—负)—直接耦合

8.1.4 直流电源线雷击耦合方式——阻抗耦合

8.1.4.1 直流电源线—(线—地)线路端口

直流电源线—(线—地)线路端口雷击阻抗耦合方式及试验电路如图 14 所示。耦合阻抗可以是电容如 9 μF、18 μF 等,或者是非线性元件等。

无地线的Ⅱ类设备不做此项试验。

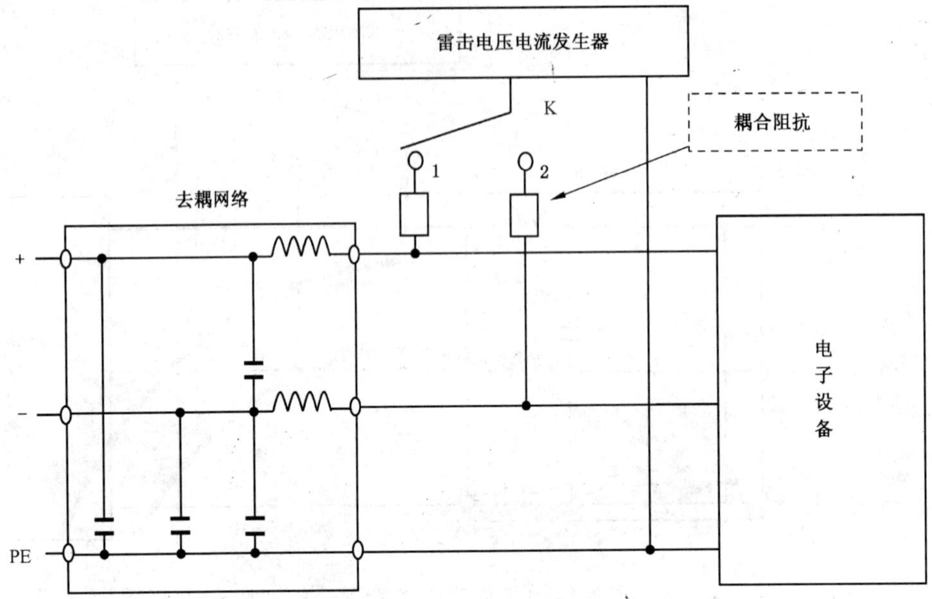

图 14　直流电源线雷击试验电路(线—地)—阻抗耦合

8.1.4.2　直流电源线—(正—负)线路端口

直流电源线—(正—负)线路端口雷击阻抗耦合方式及试验电路如图 15 所示。耦合阻抗可以是电容如 9 μF、18 μF 等,或者是非线性元件等。

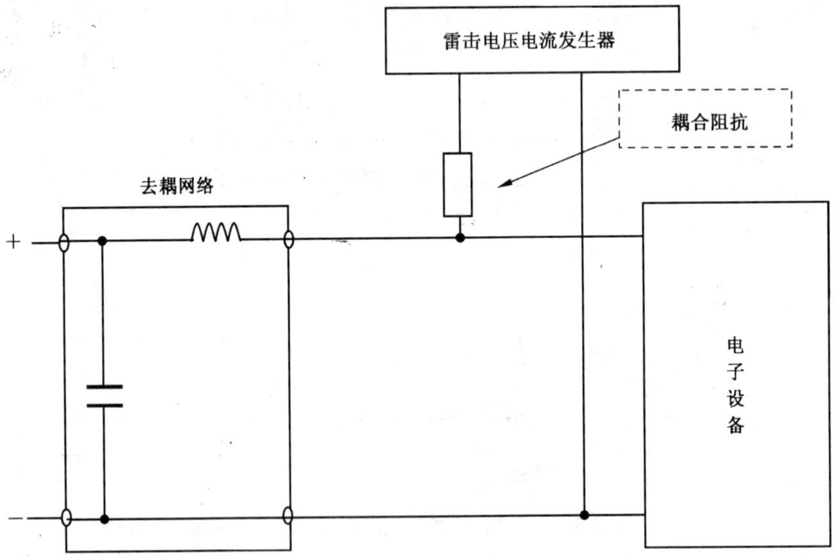

图 15　直流电源线雷击试验电路(正—负)—阻抗耦合

8.2　信号线雷击试验电路——耦合方式及线路端口

8.2.1　信号线雷击耦合方式——直接耦合

8.2.1.1　信号线雷击耦合方式—(线—地)线路端口

信号线—(线—地)线路端口雷击直接耦合方式及试验电路如图 16 所示。

无地线的Ⅱ类设备不做此项试验。

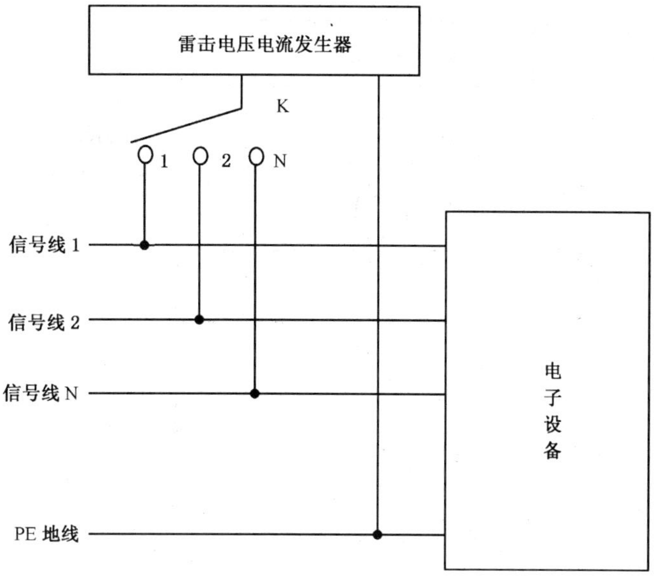

图 16　信号线雷击试验电路(线—地)—直接耦合

8.2.1.2　信号线雷击耦合方式—(线—线) 线路端口

信号线—(线—线)线路端口雷击直接耦合方式及试验电路如图 17 所示。

无地线的Ⅱ类设备不做此项试验。

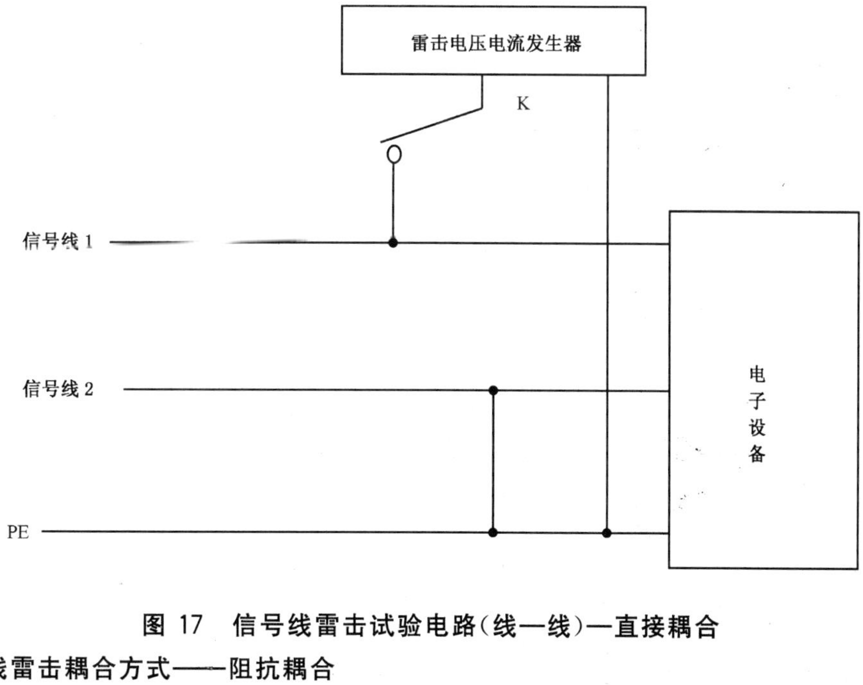

图 17　信号线雷击试验电路(线—线)—直接耦合

8.2.2　信号线雷击耦合方式——阻抗耦合

8.2.2.1　信号线雷击耦合方式—(线—地) 线路端口

信号线—(线—地)线路端口雷击阻抗耦合方式及试验电路如图 18 所示。耦合阻抗可以是电容,或者是非线性元件,如气体放电管、半导体放电管等。

无地线的Ⅱ类设备不做此项试验。

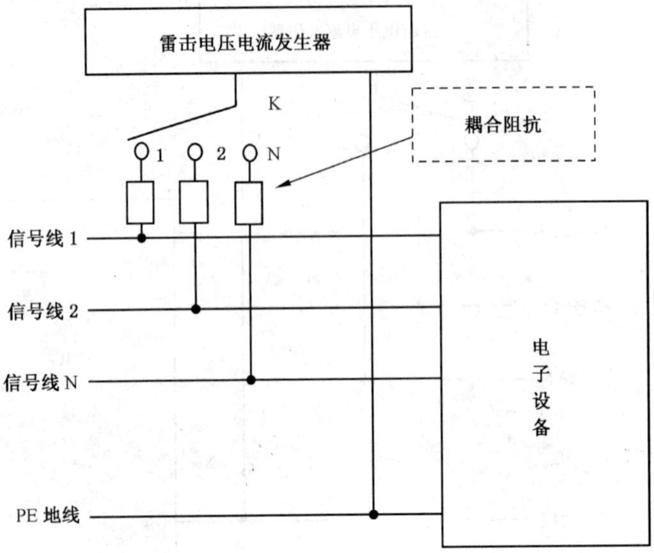

图 18 信号线雷击试验电路(线—地)—阻抗耦合

8.2.2.2 信号线雷击耦合方式—(线—线)线路端口

信号线—(线—线)线路端口雷击阻抗耦合方式及试验电路如图 19 所示。耦合阻抗可以是电容,或者是非线性元件,如气体放电管、半导体放电管等。

无地线的Ⅱ类设备不做此项试验。

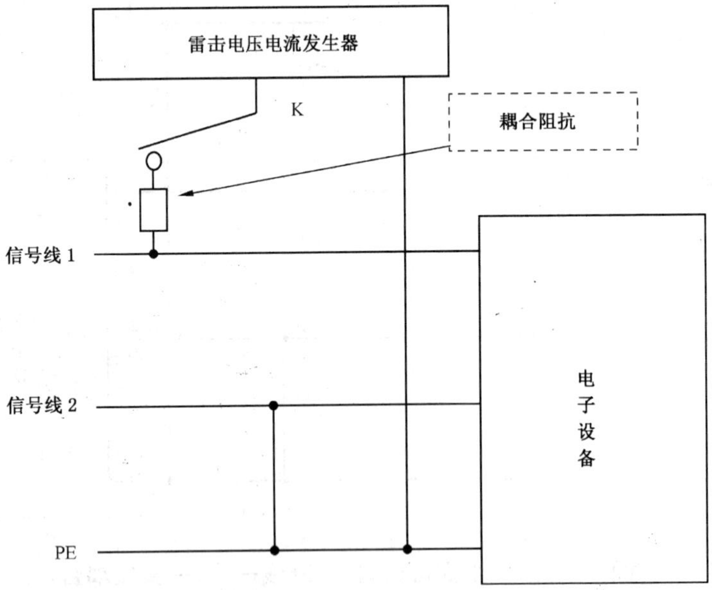

图 19 信号线雷击试验电路(线—线)—阻抗耦合

8.3 电源线与信号线间雷击试验电路——耦合方式及线路端口

电源线与信号线间雷击阻抗耦合方式及试验电路如图 20 所示。耦合阻抗可以是电容如 9 μF、18 μF等,或者是非线性元件,如气体放电管、半导体放电管等。

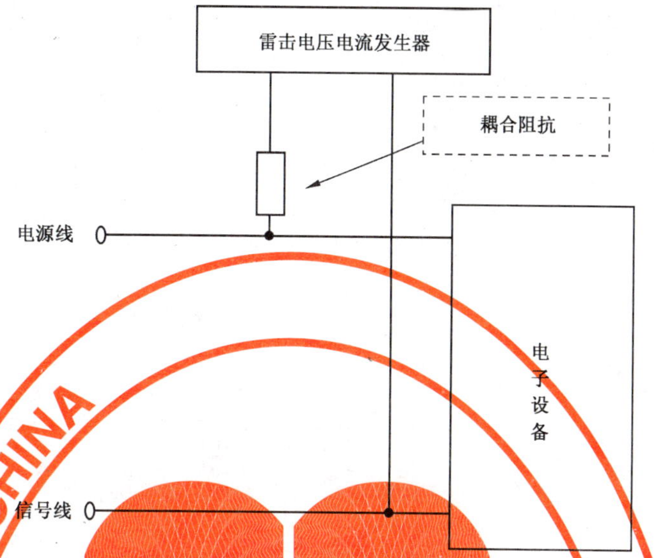

图 20　电源线与信号线间雷击试验电路—阻抗耦合

ICS 75.100
E 36

中华人民共和国国家标准

GB/T 3498—2008
代替 GB/T 3498—1983

润滑脂宽温度范围滴点测定法

Petrolum products—Determination of dropping point of lubricating greases(wide temperature range)

(ISO 6299:1998,MOD)

2008-06-23 发布

2008-12-01 实施

中华人民共和国国家质量监督检验检疫总局
中国国家标准化管理委员会 发布

前　言

本标准修改采用国际标准 ISO 6299:1998《润滑脂滴点(宽温度范围)测定方法》(英文版)。

本标准根据 ISO 6299:1998 重新起草。

为了适合我国国情,本标准在采用 ISO 6299:1998 时进行了修改。本标准与 ISO 6299:1998 主要差异如下:

——引用标准采用我国现行国家标准;

——增加了第五档炉温温度为 343 ℃±3 ℃;

——取消了附录 A《温度计技术条件》,改为直接引用与 ISO 6299:1998 温度计规格要求一致的 GB/T 514 的 GB—29 号温度计;

——取消附录 B《参考文献》。

本标准代替 GB/T 3498—1983《润滑脂宽温度范围滴点测定法》。

本标准与 GB/T 3498—1983 相比主要变化如下:

——本标准对试验方法中炉温进行了修改,增加炉温 316 ℃±3 ℃作为第四档,将原第四档炉温 343 ℃±3 ℃作为第五档;

——本标准对精密度进行了修改;

——本标准取消了有关温度计技术条件的附录 A。

本标准由全国石油产品和润滑剂标准化技术委员会(SAC/TC 280)提出。

本标准由中国石油化工集团公司归口。

本标准起草单位:中国石油化工股份有限公司石油化工科学研究院。

本标准主要起草人:姜靓、刘中其。

本标准所代替标准的历次版本发布情况:

——GB/T 3498—1983。

润滑脂宽温度范围滴点测定法

警告——本标准可能涉及到有危险的材料、操作和设备。但并未把运用本标准过程的所有安全问题都标出。本标准的使用者在使用之前有责任咨询,并建立相应的安全和保健措施,并确定规章限定的适用范围。

1 范围

本标准适用于测定润滑脂宽温度范围的滴点。

注1:滴点对于帮助鉴别润滑脂的类型和确定质量控制的基准是有用的。但是由于滴点测定属于静态试验,因此认为其试验结果对于润滑脂使用性能意义有限。

注2:统计试验表明,一般情况下,本标准和GB/T 4929测定的滴点数据在260 ℃范围内是一致的。当结果不同时,这也无关紧要,但供需双方对所用的试验方法应取得一致意见。

2 规范性引用文件

下列文件中的条款通过本标准的引用而成为本标准的条款。凡是注日期的引用文件,其随后所有的修改单(不包括勘误的内容)或修订版均不适用于本标准,然而,鼓励根据本标准达成协议的各方研究是否可使用这些文件的最新版本。凡是不注日期的引用文件,其最新版本适用于本标准。

GB/T 514 石油产品试验用液体温度计技术条件

GB/T 4929 润滑脂滴点测定法

3 术语和定义

下列术语和定义适用于本标准。

3.1

滴点 dropping point

滴点是对润滑脂组成赋于的数值,表示润滑脂从脂杯中滴落第一滴并到达试管底部时的温度,该温度值需要修正。

3.2

润滑脂 lubricating grease

将稠化剂分散在液体润滑剂中所形成的一种稳定的半流体状到固体状的产物。

3.3

观测滴点 observed dropping point

第一滴润滑脂从脂杯中滴落到试管底部时,温度计显示的温度。

3.4

稠化剂 thickener

在润滑脂中,使微小颗粒分散在液体润滑剂中形成骨架结构的物质。

4 方法概要

将润滑脂填入脂杯,放入试管中,试管放在预先设置恒温的铝块炉中。试管中放置温度计,温度计不与润滑脂试样接触,在同试样无接触的条件下测量试管内温度。当试管内温度升高到第一滴润滑脂试样从脂杯中滴落到试管底部时,记录温度计显示的温度,作为观测滴点,精确至1 ℃。同时记录铝块炉的温度,精确至1 ℃。取铝块炉的温度与试管中温度计温度差的三分之一作为修正系数,与观测滴点相加,即为润滑脂试样的滴点。

5 仪器

5.1 滴点装置:见图1,由以下部件组成。
5.1.1 脂杯:镀铬黄铜杯,尺寸见图1中的A所示。
5.1.2 试管:带边缘的薄壁玻璃试管,尺寸见图1中的B所示。
5.1.3 脂杯支架:玻璃管,见图1中的C所示。
5.1.4 温度计:符合GB/T 514中的GB—29温度计的要求,见图1中的D所示。
5.2 温度计夹:见图1中的E-1所示。
5.3 衬套:见图1中的E-2和E-3所示。
5.4 衬套支撑圈:见图1中的E-4所示。
5.5 温度计深度量规:见图1中的E-5所示。
5.6 金属棒:见图1中的E-6所示。
5.7 脂杯量规:见图1中的E-7所示。
5.8 铝块炉:输出功率700 W,设计尺寸见图2。铝块炉应具备完整的盒式加热器,通过控制加热器以获得、维持所需温度。
5.9 铝块炉温度计:见图1中的F所示。

6 试验步骤

6.1 仪器组装

6.1.1 将脂杯、脂杯支架和试管彻底地清洗干净。当脂杯清洁无残留物时才可以使用。如果脂杯内的电镀层显示出已磨损,则应停止使用该脂杯。

6.1.1.1 在使用新的脂杯前应用脂杯量规(5.7)检查脂杯规格。用2.78 mm测杆作为“通过”量规,2.83 mm测杆作为“不通过”量规,来核对脂杯下部孔口尺寸。如果孔口尺寸不够大,则必须扩孔至合适的尺寸。如果孔口太大,则该脂杯报废。

注:脂杯如果尺寸合适,无需每次试验前都重新测定尺寸。

6.1.2 试管应干净无残留物,并且与图1中的B所示规格尺寸一致。检查试管有无碎裂缺口或裂纹,必要时进行更换。

6.1.3 温度计的感温泡表面应干净无残留物。检查衬套(5.3)是否清洁并且确保温度计夹(5.2)完全牢牢地将温度计固定住。

6.1.4 用于支撑脂杯的试管应该是没有碎裂缺口、裂纹、残留物或污浊物的,而且脂杯支架的规格尺寸要与图1中的C所示一致。必要时进行更换。

6.1.5 在铝块炉的每个试管孔和温度计孔中,分别插入空试管和温度计(5.1.4)。按表1在保证测得的试样滴点不高于该炉温对应的最高滴点条件下,选择最低炉温进行试验。

表1 铝块炉温度对应的最高滴点

铝块炉温度/℃	最高滴点温度/℃
121±3	116
232±3	221
288±3	277
316±3	304
343±3	330

6.1.6 选择和使用试管和附件(图1中E-1、E-2和E-3),使温度计摆动减至最小。试验前所用的部件均须处于室温。按图1中的F所示,从附件E-1到附件E-4逐次装配到温度计上。调整衬套(5.3)和衬套支撑圈(5.4),使衬套支撑圈距离温度计感温泡端约25 mm。把脂杯支架(5.1.3)放入试管(5.1.2)

中。将温度计深度量规(5.5)和温度计组合件插入试管。调整温度计,使其感温泡端嵌入脂杯量规内。调整衬套和温度计夹(5.2),使衬套凸肩压在试管口边缘上。

6.2 样品测试

6.2.1 从脂杯(5.1.1)大口压入试样,直到装满为止。用刮刀除去多余的脂,使脂面与杯口齐平。脂杯小口朝下并保持垂直位置,轻轻套入金属棒(5.6)直到金属棒伸出脂杯大口约 25 mm 为止。用金属棒同时接触杯上下圆周挤压杯中的脂,用食指使脂杯在金属棒上旋转,螺旋型地向下移动,脂的锥体部分被粘附在金属棒上而被除去。当脂杯接近金属棒的下端时,将金属棒小心地从脂杯中滑出,杯内留下一层厚度均匀的平滑脂膜。

6.2.2 从试管中取出温度计组合件和温度计深度量规,把脂杯放在试管中的脂杯支架上,并重新装上温度计组合件。温度计的位置不必再调整,因为此时温度计感温泡端和杯口之间已有适当的间隙。

6.2.3 从铝块炉中取出空试管,并轻轻插入试管组合件(图 1 中 G),试管组合件在脂杯支架中确保垂直。

注:如果脂杯倾斜,温度计感温泡可能与脂膜接触,这会导致结果误差。

6.2.4 当脂杯滴落第一滴试样,脱离杯口达到试管底部,记录此时的试样温度和炉温,精确至 1 ℃。某些类型润滑脂,如含有单皂成分或特殊类型聚合物的脂,会形成带有尾巴的滴,记录润滑脂滴落到试管底部时的温度作为观测滴点。

注:铝块炉应能容纳最多 6 个相同或不同的润滑脂试样同时进行滴点测定。可以同时进行重复测定。

7 计算

按式(1)计算试样滴点 D:

$$D = t_0 + (t_1 - t_0)/3 \qquad (1)$$

式中:

D——滴点,单位为摄氏度(℃);

t_0——从脂杯中滴落第一滴试样到试管底部时的温度,单位为摄氏度(℃);

t_1——试样滴落时铝块炉的温度,单位为摄氏度(℃)。

8 结果表示

由第 7 章得到的结果报告滴点,精确到 1 ℃。

9 精密度

按下述规定判断试验结果的可靠性(95%置信水平)。

注:为得到精确数值,润滑脂的滴点低于 221 ℃则使用厚壁玻璃耐温试管;润滑脂的滴点高于 221 ℃则使用薄壁试管。

9.1 重复性:由同一操作者使用同一台仪器,在相同操作条件下,对同一试样进行重复测定,测得的两个连续测定结果之差不应超过表 2 的要求。

9.2 再现性:由不同操作者在不同实验室对同一试样在规定的试验条件下进行试验,所得的两个独立试验结果之差不应超过表 2 的要求。

表 2 精密度数值

滴点范围/℃	重复性/℃	再现性/℃
<116	6	9
116~221	8	12
222~277	6	16
278~304	7	12
305~330	18	24

单位为毫米

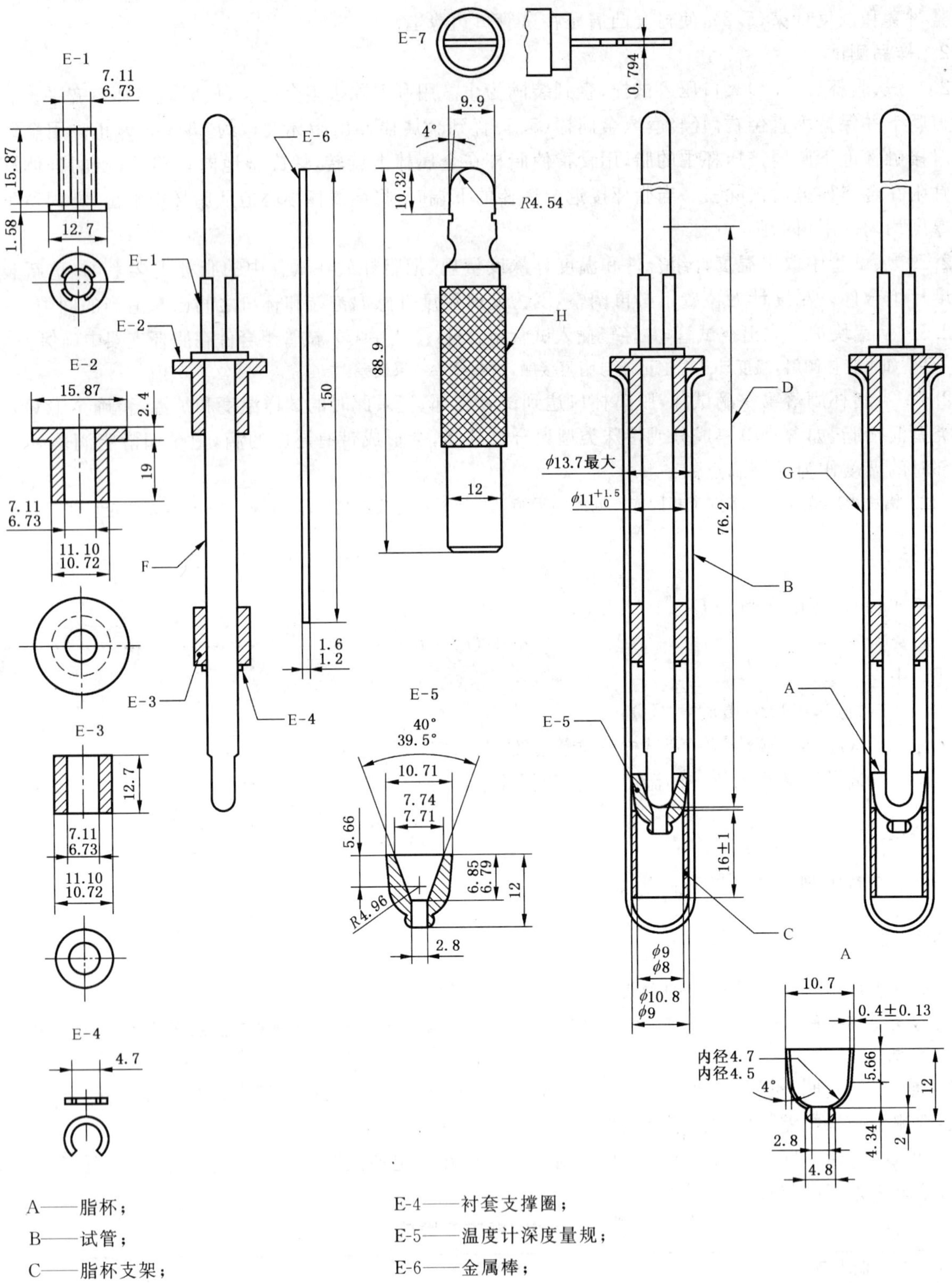

A——脂杯；
B——试管；
C——脂杯支架；
D——温度计；
E-1——温度计夹；
E-2——衬套；
E-3——衬套；
E-4——衬套支撑圈；
E-5——温度计深度量规；
E-6——金属棒；
E-7——脂杯量规；
F——温度计组合件；
G——试管组合件；
H——滚花。

图 1 润滑脂宽温度范围滴点装置

单位为毫米

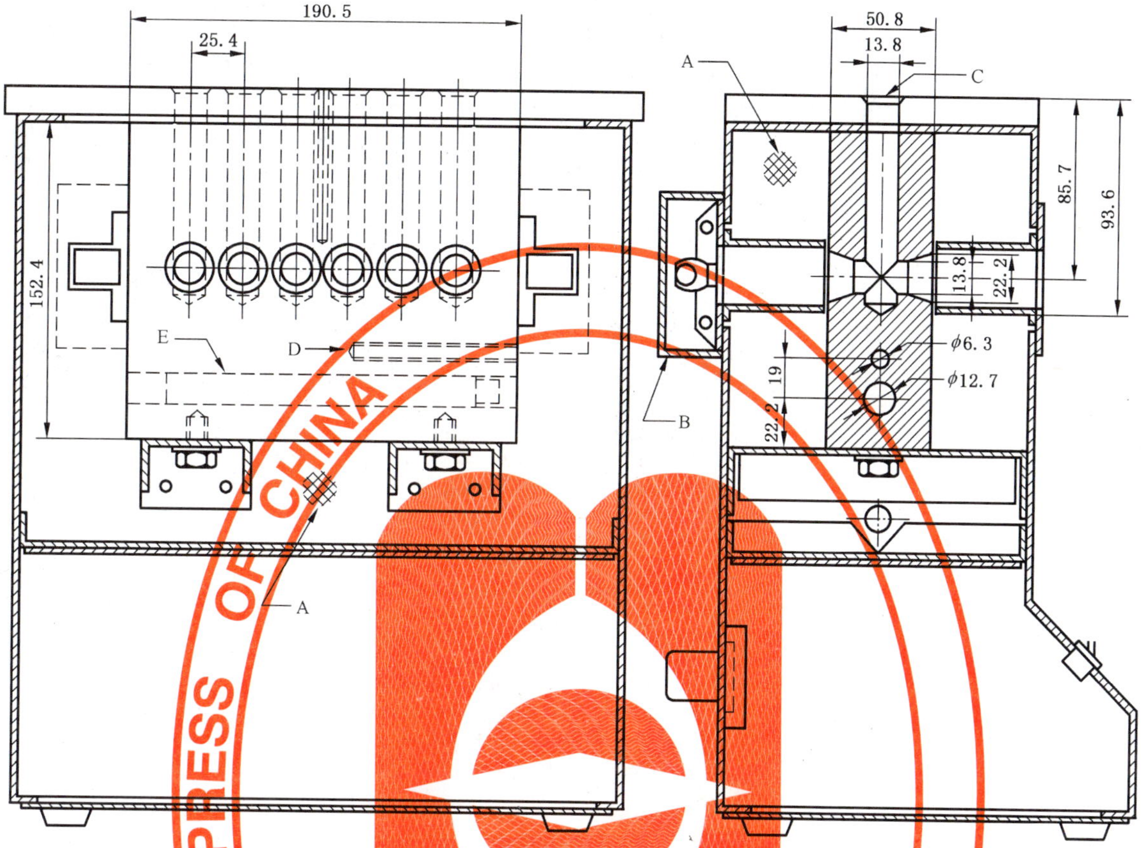

A——绝缘材料；
B——荧光灯；
C——温度计孔；
D——热敏电阻探测器；
E——700 W 加热器。

图 2 铝块炉

10 试验报告

试验结果至少应包含以下信息：

a) 注明参照本标准；
b) 试样类型和鉴别方法；
c) 试验结果(见第 8 章)；
d) 注明通过协议或其他方式与规定试验步骤存在的任何差异；
e) 试验日期。

ICS 77.160
H 70

中华人民共和国国家标准

GB/T 3500—2008/ISO 3252:1999
代替 GB/T 3500—1998

粉末冶金　术语

Powder metallurgy—Vocabulary

(ISO 3252:1999,IDT)

2008-06-09 发布　　　　2008-12-01 实施

中华人民共和国国家质量监督检验检疫总局
中国国家标准化管理委员会　发布

前　　言

本标准等同采用国际标准 ISO 3252:1999《粉末冶金　术语》。

本标准与 ISO 3252:1999 相比，主要有以下变动：

——删除了 ISO 3252:1999 的前言；

——删除了 ISO 3252:1999 的注 1；

——将 ISO 3252:1999 中词条 1505，1506，5106 的注分别并入其定义中；

——更正了 ISO 3252:1999 中引用的参考标准但未在引用标准里出现的 ISO 4498（即 GB/T 9097.1—2002）；

——增加了中英文对照索引。

本标准代替 GB/T 3500—1998《粉末冶金　术语》。

本标准与 GB/T 3500—1998 相比，主要有以下变动：

——删除了 ISO 前言；

——修正了个别词条目录不对的情况；

——将 2216 条内容整合到 2215 条，其中有部分名词的顺序有所变动，如 1120～1123 提至 1117～1120，增加了部分词条的备注说明；

——修正了 GB/T 3500—1998 中部分词条的释意，以便理解；

——更新了引用的国家标准及其内容，共有 9 个国家标准进行了更新；

——为方便使用，由中文索引改为中英文对照索引。

本标准由中国有色金属工业协会提出。

本标准由全国有色金属标准化技术委员会归口。

本标准由中南大学粉末冶金研究院负责起草。

本标准主要起草人：廖寄乔、王华、张宪铭、凌继容。

本标准所代替标准的历次版本发布情况为：

——GB/T 3500—1983、GB/T 3500—1998。

粉末冶金　术语

1　范围

本标准适用于有关粉末冶金的术语。粉末冶金系冶金和材料科学的一个分支，它涉及到金属粉末制取，以及通过成形和烧结将金属粉末与(或不与)非金属粉末添加剂的混合物制成制品。

术语按下列主要标题分类：

2.1　粉末

2.2　成形

2.3　烧结

2.4　烧结后处理

2.5　粉末冶金材料

注：对标准中某一术语定义增加的信息均在其后用括号括出，并在参考资料中列出。

2　术语和定义

2.1　粉末

1001

粉末　powder

通常指尺寸小于 1 mm 的离散颗粒的集合体。

1002

颗粒　particle

不易用普通分离方法再分的、组成粉末的单个体。

注：晶粒(grain)和颗粒在冶金学定义上是不相同的(见图 1)。

1003

团粒　agglomerate

由若干个颗粒粘结在一起而构成的聚合体(见图 1)。

1004

粉浆　slurry

粉末在液体中形成的可浇注的粘性分散体系。

1005

粉块　cake

金属粉末未经成形而粘结在一起的块状物。

1006

坯料　feedstock

用作注射成形或粉末挤压原料的塑化粉末。

2.1.1　粉末类型

1101

雾化粉　atomized powder

熔融金属或合金分散成液滴并凝固成单个颗粒的粉末。

注：分散介质通常是高速气流或液流。

1102

羰基粉　carbonyl powder

热离解金属羰基化合物而制得的粉末。

1103

粉碎粉　comminuted powder

机械粉碎固态金属而制成的粉末。

1104

电解粉　electrolytic powder

用电解沉积法制成的粉末。

1105

沉淀粉　precipitated powder

由溶液通过化学沉淀而制成的粉末。

1106

还原粉　reduced powder

用化学还原法还原金属化合物而制成的粉末。

1107

海绵粉　sponge powder

将还原法制得的高度多孔金属海绵体粉碎而制成的多孔性还原粉末。

1108

合金粉　alloyed powder

由两种或多种组元部分或完全合金化而制成的金属粉末。

1109

完全合金化粉　completely alloyed powder

每一粉末颗粒具有与整体粉末相同的化学成分的合金粉末。

1110

预合金粉　pre-alloyed powder

通常指将熔体雾化而制成的完全合金化的粉末(见 1101)。

1111

部分合金化粉　partially alloyed powder

粉末颗粒成分尚未达到完全合金化状态的合金粉末。

1112

扩散合金粉　diffusion-alloyed powder

通过热处理制得的部分合金化粉。

1113

机械合金化粉　mechanically alloyed powder

将不互溶的几种组分通过机械并合的方法使硬质相弥散于较软的基体金属粉末颗粒中而形成的复合粉末。

1114

母合金粉　master alloy powder

含有一种或多种高浓度元素的合金化粉末,这些元素难于以纯金属状态加入。

注:母合金粉末与其他粉末混合后可得到所要求的最终成分。

1115

复合粉　composite powder

每一颗粒由两种或多种不同成分组成的粉末。

1116

包覆粉　coated powder

由一层异种成分包覆在颗粒表面而形成的复合粉。

1117

脱氢粉　dehydrided powder

将金属氢化物去氢而制成的粉末。

1118

快速冷凝粉　rapidly solidified powder

直接或间接通过高冷凝速率制得的粉末，其颗粒具有改进的或亚稳的微观结构。

1119

捣碎粉　chopped powder

将薄板、薄带、纤维或丝材捣碎而制成的粉末。

1120

超声气体雾化粉　ultrasonically gas-atomized powder

在气体雾化制粉过程中，在喷嘴处采用了超声振动而制成的粉末。

1121

合批粉　blended powder

由名义成分相同的不同批次粉末混合而成的粉末。

1122

混合粉　mixed powder

由不同化学成分的粉末混合而成的粉末。

1123

预混合粉　press-ready mix，pre-mix

准备用于压制的粉末与其他添加剂的混合粉。

2.1.2　粉末添加剂

1201

粘结剂　binder

为了提高压坯的强度或防止粉末偏析而添加到粉末中的可在烧结前或烧结过程中除掉的物质。

1202

掺杂剂　dopant

为了防止或控制烧结体在烧结过程中或使用过程中的再结晶或晶粒长大而在金属粉末中加入的少量物质。

注：该术语主要用于钨粉末冶金。

1203

润滑剂　lubricant

为了减少颗粒之间及压坯与模壁表面之间的摩擦而加入粉末中的物质。

1204

增塑剂　plasticizer

用作粘结剂，旨在提高粉末成形性的热塑性材料。

2.1.3　粉末预处理

1301

合批　blending

名义成分相同的粉末均匀掺合的过程。

1302

混合 mixing

两种或两种以上不同成分的粉末均匀掺合的过程。

1303

研磨 milling

粉末机械处理的一般术语，其目的在于：

a) 改变粒度或形状(粉碎，团粒化等)；

b) 充分混合；

c) 一种组分的颗粒被另一种组分包覆。

1304

制粒 granulation

为改善粉末流动性而使较细颗粒团聚成粗粉团粒的工艺。

1305

喷雾干燥 spray drying

使粉浆液滴中的液体快速蒸发制粒的工艺过程。

1306

超声雾化 ultrasonic gas-atomizing

在气体喷嘴中安装了超声振动装置的雾化工艺。

1307

快速冷凝 chill-block cooling

在固体基底上将薄层熔融金属快速凝固成粉末的过程。

1308

反应研磨 reaction milling

机械合金化过程，在其过程中金属与添加剂或与气氛或与二者发生反应。

1309

机械合金化 mechanical alloying

用高能研磨机或球磨机实现固态合金化的过程。

2.1.4 粉末颗粒形状

1401

颗粒形状 particle shape

粉末颗粒的外观几何形状。

1402

针状 acicular

粉末颗粒似针状(见图 2)。

1403

角状 angular

粉末颗粒呈多边形或多角状(见图 3)。

1404

树枝状 dendritic

粉末具有典型树枝状结构(见图 4)。

1405

纤维状 fibrous

粉末具有规则或不规则细长纤维形貌(见图 5)。

1406

片状　flaky,flaked

粉末颗粒形状为扁平状(见图 6)。

1407

粒状　granular

粉末颗粒接近等轴,但形状不规则(见图 7)。

1408

不规则状　irregular

粉末颗粒形状不对称(见图 8)。

1409

瘤状　nodular

粉末颗粒表面圆滑,形状不规则(见图 9)。

1410

球状　spheroidal

粉末颗粒形状接近球形(见图 10)。

2.1.5　粉末性能,测试方法,测试设备和测试结果

1501

自然坡度角　angle of repose

粉末自然堆积时形成的角锥体的斜面与水平面之间的夹角。

1502

松装密度　apparent density

在规定条件下粉末自由填充单位容积的质量(见 GB/T 1479 和 GB/T 5060)。

1503

散装密度　bulk density

在非规定条件下测得的单位容积粉末的质量。

1504

振实密度　tap density

在规定条件下容器中的粉末经振实后所测得的单位容积的质量(见 GB/T 5162)。

1505

压缩性　compressibility

在加压条件下粉末被压缩的程度,通常是在封闭模中的单轴向压制。它既可以表示为为了达到所需密度而所需的压力,也可表示在已知压力下得到的密度值(见 GB/T 1481)。

1506

成形性　compactibility

粉末被压缩成一定形状并在后续加工过程中保持这种形状的能力,它是粉末流动性、压缩性和压坯强度的函数。

1507

压缩比　compression ratio

加压前粉末的体积与脱模后压坯的体积之比。

1508

装填系数　fill factor

粉末充填模具的高度与脱模后压坯高度之比。

1509

流动性　flowability

描述粉末流过一个限定孔的定性术语(见 GB/T 1482)。

1510

流动时间　flow time

一定质量的粉末在规定条件下从标准漏斗中流出所需的时间(见 GB/T 1482)。

1511

氢损　hydrogen loss

金属粉末或压坯在规定的条件下在纯氢中加热所引起的相对质量损失(见 GB/T 5158)。

1512

氢可还原氧　hydrogen-reducible oxygen

在标准状况下,粉末含氧组分被氢还原所释放的氧含量(见 GB/T 4164)。

1513

离析　segregation,demixing

粉末混合料中一种或几种组分的不良分离现象。

1514

比表面积　specific surface area

单位质量粉末的总表面积。

1515

分级　classification

将粉末按粒度分成若干级。

1516

粒度　particle size

通过筛分或其他合适方法测得的单个粉末颗粒的线性尺寸。

1517

粒度分布　particle size distribution

将粉末试样按粒度不同分为若干级,每一级粉末(按质量、按数量或按体积)所占的百分率(见 GB/T 1480)。

1518

淘析　elutriation

粉末颗粒通过在流体介质中运动而分级。

例如:气体分级和液体分级。

1519

粒度级　cut

分级后介于两种名义粒度界限内的粉末部分。

1520

筛分析　sieve analysis,screen analysis,screen classification

用筛测定粉末粒度分布(也用于描述测试结果)(见 GB/T 1480)。

1521

沉降　sedimentation

悬浮在液体中的粉末颗粒受外力(重力或离心力)作用而发生降落的过程。

1522

取样器　sample thief

从大量粉末中采取代表性试样的装置(见 GB/T 5314)。

1523

分样器 sample splitter

把所得的粉末试样分成具有代表性的若干份的装置(见 GB/T 5314)。

1524

套筛 sieve set

经过校正的无磁性的金属丝网筛系列(见 GB/T 1480)。

1525

流速计 flowmeter

用于测量松装密度和流动性的标准漏斗和圆柱形杯(分别见 1502 和 GB/T 1479、GB/T 5060、1510 和 GB/T 1482)。

1526

振实密度仪 tapping apparatus

用于测量振实密度的仪器(见 1504)。

1527

筛上物 oversize

颗粒大于规定的上限尺寸的粉末部分。

1528

筛下物 undersize

颗粒小于规定的下限尺寸的粉末部分。

1529

细粉 fines

在筛分过程中通过最细筛的粉末部分。

1530

筛上颗粒 oversize particle

大于规定的上限尺寸的颗粒。

1531

筛下颗粒 undersize particle

小于规定的下限尺寸的颗粒。

1532

拱桥效应 bridging

在粉末体中形成的拱桥孔洞。

2.2 成形

2001

成形 forming

将粉末转变成具有所需形状的凝聚体的过程。

2002

固结 consolidation

将粉末或压坯密实的过程。

2003

压制 pressing

在模具或其他容器中,在外力作用下,将粉末密实成具有预定形状和尺寸的工艺过程。

2004

压制成形 compacting

制造压坯的过程(见 2005)。

2005
压坯　compact,green compact
将粉末通过冷压或注射成形而制成的坯件。

2006
毛坯　blank
没有达到最终尺寸和形状的压坯、预烧结坯或烧结坯。

2007
复合压坯　composite compact,compound compact
由两层或多层环状或其他形状的相互连结的不同金属或合金组成的金属粉末压坯,其中每种材料都保有原来的性质。

2008
预成形坯　preform
需经变形和致密化的坯件,包括形状改变的坯件。

2009
骨架　skeleton
为熔浸用的多孔性压坯或烧结体。

2.2.1　粉末压制工艺

2101
冷压　cold pressing
粉末在室温下的单轴向压制。

2102
温压　warm pressing
通常在环境温度和可能发生扩散的温度之间的温度下所进行的单轴向粉末压制,旨在增强致密化。

2103
热压　hot pressing
粉末或压坯在高温下的单轴向压制,从而激活扩散和蠕变现象(对比 3105)。

2104
单轴向压制　uniaxial pressing
对粉末从单一轴向施加压力的压制成形方法。

2105
单向压制　single-action pressing
固定阴模中的粉末在一个运动模冲和一个固定模冲之间进行压制的方法。

2106
双向压制　double-action pressing
阴模中的粉末在相向运动的模冲之间进行压制的方法。

2107
多模压制　multiple pressing
在单独的阴模型腔中同时压制两个或多个压坯的方法。

2108
等静压制　isostatic pressing
对粉末(或压坯)表面或对装粉末(或压坯)的软模零件表面施以各向大致相等压力的压制。

2109
冷等静压制　cold isostatic pressing(CIP)
在室温下的等静压制,压力传递媒介通常为液体。

2110

湿袋等静压制　wet-bag isostatic pressing

装粉末(或压坯)的柔性模浸没在压力传递介质中的一种冷等静压制方法。

2111

干袋等静压制　dry-bag isostatic pressing

将装粉末(或压坯)的柔性模进行刚性固定的一种冷等静压制方法。

2112

热等静压制　hot isostatic pressing(HIP)

在高温下的等静压制,从而可激活扩散和蠕变现象发生。压力传递媒介通常为气体。

2113

装套　encapsulation

把粉末或压坯封装在薄壁容器中。

2114

封装　canning

把粉末或压坯装在金属容器中,通常在密封之前抽真空。

2115

金属粉末注射成形　metal injection moulding(MIM)

将金属粉末与其粘结剂的增塑混合料注射于模型中的成形方法。

2116

粉末轧制　powder rolling

将粉末引入一对旋转轧辊之间使其压实成粘聚的连续带坯的方法。

2117

振动压制　vibration-assisted compaction

通过振动一个或几个模冲对粉末进行压制。

2118

爆炸成形　explosive compaction

借助爆炸波的高能使粉末固结。

2119

连续喷雾沉积　continuous-spray deposition

利用雾化熔融或部分熔融的液流在凝固前先冲击在基板上,然后发生凝固来制造固态制品的一种方法。

2120

修形　shaping

在最终烧结之前对压坯几何形状进行修整(在硬质合金工业中)。

2121

增塑粉末挤压　plasticized-powder extrusion

通过粉末挤压对粉末与粘结剂的增塑混合物成形的一种方法。

2.2.2　成形条件

2201

装粉量　fill

装入阴模所需粉末量。

2202

容积装粉法　volume filling

通过设定装粉深度来计量装入阴模中的粉末的方法。

2203
重量装粉法　weight filling
通过称取粉末重量来计量装入阴模中的粉末的方法。

2204
(辅助)振动装粉法　vibration-assisted filling
将粉末装入受振动的模型或阴模中的一种装粉方法。

2205
过量装粉法　overfill system
见图 11。

2206
欠量装粉法　underfill system
见图 12。

2207
装粉位置　fill position
阴模型腔内装入所需粉末后压模所处的位置。

2208
装粉高度　fill height
当压机模架处于装粉位置时,下模冲端面与阴模顶面间的距离。

2209
装粉体积　fill volume
在装粉位置处阴模型腔的容积。

2210
压制压力　compacting pressure
与压机模冲相接触的投影面积相关的单位压制压力。

2211
保压时间　dwell time
成形时压坯于恒定压力下保持的时间。

2212
脱模操作　ejection process
压制完成后,压坯从阴模内脱出的操作。

2213
下拉脱模法　withdrawal process
阴模相对于固定的下模冲下降,以脱出压坯的操作。

2214
下拉位置　withdrawal position
下拉作业终了时模架的位置。

2215
平衡压力　counter-pressure,top-punch hold-down pressure
在下拉或脱膜过程中,压坯保持在上下模冲之间的压力。

2.2.3　模具和接合器

2301
模架　tool set
利用压制或复压生产特定粉末制品用的整套模具(见图 13)。

注：模架可包括阴模、模冲、芯棒，但不包括用于多种产品的通用压机附件。

2302

接合器　adaptor

在压机外部将压制模具装于其中的装置(见图 13)。

2303

接合器台板　adaptor table

用以支持模套的模架部件(见图 13)。

2304

阴模　die

形成型腔并用于压制粉末或复压烧结件的压模构件(见图 13)。

2305

阴模固定板　die plate

模架接合器的大板，用于支持压紧环、模套和阴模(见图 13)。

2306

楔铁　wedge

在多截面压坯的压制和脱出过程中必须和拨叉相连接的压制接合器的模架零件(见图 13)。

2307

下模冲　lower punches(inner and outer)

压模中用以从下部密闭阴模，自下向上给粉末或烧结件传递压力的部件(见图 13)。

2308

模冲固定板　punch plate(upper and lower)

支承模冲模架接合器的部件(见图 13)。

2309

底板　base plate，lower coupler plate

将压机下压头的运动传递给模架接合器的零件(见图 13)。

2310

上模冲　upper punch

压模中用以从上部密闭阴模、从上向下给粉末或烧结件传递压力的部件(见图 13)。

2311

模套　bolster

用于固紧阴模的热装套(见图 13)。

2312

压紧环　clamp ring

用于压紧模套的模架零件(环)(见图 13)。

2313

柱　column

模架的活动零件，阴模固定板和底板在压制方向导向用的模架接合器零件(见图 13)。

2314

芯棒　core rod

用于在压制方向在压坯或烧结体内形成轮廓面的模具的部件(见图 13)。

2315

拨叉　fork

在多截面压坯的压制和脱出过程中必须和楔铁相连接的压制接合器的模架零件(见图 13)。

2316

调节杆　lifting rod

使下模冲进入装粉位置的模架零件(见图 13)。

2317

模具　mould

用于粉末松装烧结、粉浆浇注、等静压制或注射成形的容器。冷等静压的模具至少部分是柔性的。

2318

装粉靴　feed shoe

模架中用于将粉末送入阴模型腔中的压制成形压机的部件(见图 11)。

2319

下压头　lower ram

从下部作用于压制模具的压机压头。

2320

上压头　upper ram

从上部作用于压制模具的压机压头。

2321

模冲　punch

对粉末或物体施压的模具部件。

2322

组合模冲　segmented punch

当压制两台面或多台面压坯时,用来控制不同装粉与压制高度的一组模冲。

2323

脱模器　ejector

用来使压坯从阴模中脱出的一种模架零件。

2324

多模具接合器　multiple-tool adaptor

具有两个或多个可独立调节的支承拼合下模冲的模具接合器。

2325

倒锥　back relief

阴模在脱模方向出现的不良尺寸减小。

2326

多工件模架　multiple-die set

每一个压制周期中可压制两个或多个压坯的模架。

2327

浮动阴模　floating die

为产生双向压制的效果可在压制方向自由移动的阴模(参考 2106)。

注:浮动阴模通常由弹簧支撑。

2328

可拆阴模　split die

由两个或多个部分组合而成的阴模,压制后将其拆开以取出压坯。

2329

复合阴模　sandwich die

由垂直于压制方向的几个盘状阴模组合成的可拆阴模。

2330

拼合阴模　segmented die

将几个阴模拼块组装于紧固套或收缩环中制成的阴模。

2.2.4　压坯性能

2401

生坯　green

压制或注射成形但未烧结的压坯。

2402

生坯密度　green density

压坯单位体积的质量。

2403

生坯强度　green strength

压坯的力学强度(见 GB/T 6804 和 GB/T 5160)。

2404

棱边强度　edge strength

压坯边缘抗破损的能力。

2405

中立层　neutral zone

压坯中由相向模冲施加的应力处于平衡的区域。

2406

压制裂纹　pressing crack

压制时压坯中形成的裂纹。

2407

分层　lamination

在压坯或烧结体中形成层状结构缺陷或指缺陷本身。

2408

弹性后效　spring back

压坯脱模后尺寸增大的现象(见 GB/T 5159)。

2.3　烧结

3001

烧结　sintering

粉末或压坯在低于主要组分熔点的温度下的热处理,目的在于通过颗粒间的冶金结合以提高其强度。

3002

填料　packing material

在预烧或烧结过程中为了起分隔和保护作用而将压坯埋入其中的一种材料。

3003

吸气剂　getter

在烧结过程中吸收或化合烧结气氛中对最终产品有害物质的材料。

3004

造孔剂　pore-forming material

添加于粉末混合料中的一种物质,烧结时依靠其挥发而在最终产品中形成所需类型和数量的孔隙。

3005

粘结相　binder phase

在多相烧结材料中，将其他相粘结在一起的相。

3006

粘结金属　binder metal

起粘结相作用的金属，其熔点低于多相烧结材料中的其他相。

2.3.1　**烧结工艺**

3101

预烧　presintering

在低于最终烧结温度的温度下对压坯的加热处理。

3102

连续烧结　continuous sintering

待烧结材料连续地或平稳分段地通过具有脱蜡、预热、烧结和冷却区段的烧结炉进行烧结。

3103

间歇烧结　batch sintering

在炉内分批烧结零件。置于炉内的一批零件是静止不动的，通过对炉温控制而进行所需要的预热、加热及冷却循环。

3104

活化烧结　activated sintering

提高烧结速度的一种烧结过程。例如，往粉末中添加某种物质或在一定烧结气氛的影响下的烧结。

3105

加压烧结　pressure sintering

在烧结同时施加单轴向压力的烧结工艺。

3106

气压烧结　gas pressure sintering

烧结和随后的热等静压在同一炉膛中进行的粉末冶金制品制造方法，其目的是为了消除残余孔隙度。

3107

松装烧结　loose-powder sintering, gravity sintering

粉末未经压制直接进行的烧结。

3108

反应烧结　reaction sintering

烧结时，粉末混合料中至少有两种组分相互发生反应的烧结过程。

3109

液相烧结　liquid-phase sintering

至少具有两种组分的粉末或压坯在形成一种液相的状态下烧结。

3110

固相烧结　solid-state sintering

粉末或压坯在无液相形成的状态下烧结。

3111

过烧　oversintering

烧结温度过高和(或)烧结时间过长致使产品最终性能恶化的烧结。

3112

欠烧　undersintering

烧结温度过低和(或)烧结时间过短致使产品未达到所需性能的烧结。

3113

熔渗　infiltration

用熔点比制品熔点低的金属或合金在熔融状态下充填未烧结的或烧结的制品内的孔隙的工艺方法。

注:溶渗可作为一个单独的操作工艺或者与烧结同步进行。

3114

粘结剂脱除　binder removal

通过热或化学的方法脱除注射成形或挤压成形零件中粘结剂的工艺。

3115

脱蜡　dewaxing(burn off)

用加热排出压坯中的有机添加剂(粘结剂或润滑剂)。

3116

快速烧除　rapid burn-off

在烧结炉的单独区段内加速除去有机添加剂,通常在氧化性气氛中进行。

3117

碳化　carburizing

通过碳与金属或金属氧化物间反应制取碳化物的过程。

2.3.2　烧结条件和烧结炉

3201

烧结温度　sintering temperature

进行烧结的温度。

3202

烧结时间　sintering time

粉末或压坯在烧结温度下保持的时间。

3203

烧结气氛　sintering atmosphere

烧结炉中的气氛。

注:控制气氛是为了保护烧结材料,或与烧结材料发生反应。

3204

烧结炉　sintering furnace

用于烧结粉末冶金零件的炉子连同烧结气氛的总称。

3205

真空炉　vacuum furnace

烧结气氛为低真空或高真空的炉子。

3206

连续炉　continuous furnace

使压坯能连续传送的炉子。

3207

间歇炉　batch furnace

不能连续传送的分批进行烧结的炉子,如钟罩炉或箱式炉。

3208

网带炉　mesh belt furnace

一般由马弗保护的网带将零件实现炉内连续输送的烧结炉。

3209

步进梁式炉　walking-beam furnace

通过步进梁系统将放置于烧结盘中的零件在炉内进行传送的烧结炉。

3210

推杆式炉　pusher furnace

将零件装入烧舟中,通过推进系统将零件在炉内进行传送的烧结炉。

2.3.3　烧结现象

3301

烧结颈形成　neck formation

烧结时在颗粒间形成颈状的联结。

3302

起泡　blistering

由于气体剧烈排出,在烧结件表面形成鼓泡的现象。

3303

发汗　sweating

压坯加热处理时液相渗出的现象。

3304

胀大　growth

压坯由于烧结发生的尺寸增大现象(见 GB/T 5159)。

3305

收缩　shrinkage

压坯由于烧结发生的尺寸缩小现象(见 GB/T 5159)。

3306

烧结壳　sinter skin

烧结时,烧结件上形成的一种表面层,其性能不同于产品内部。

2.3.4　烧结零件性能

3401

密度　density

单位体积的质量,其体积也包括材料中孔隙的体积。

3402

相对密度　relative density

多孔体的密度与无孔状态下同一成分材料的密度之比,以%表示。

3403

实体密度　solid density

无孔隙状态下材料的密度。

3404

密度分布　density distribution

在压坯或烧结体内密度差别的定量描述。

3405

径向压溃强度　radial crushing strength

通过施加径向压力测定的烧结圆筒试样的破裂强度(见 GB/T 6804)。

3406

孔隙　pore

颗粒内或制品内原有的或形成的孔洞。

3407

开孔　open pore

与表面相通的孔隙。

3408

闭孔　closed pore

与表面不相通的孔隙。

3409

孔隙度　porosity

多孔体中所有孔隙的体积与总体积之比。

3410

开孔孔隙度　open porosity

多孔体中开孔的体积与总体积之比(见 GB/T 5163)。

3411

闭孔孔隙度　closed porosity

多孔体中闭孔的体积与总体积之比(见 GB/T 5163)。

3412

连通孔隙　mutually interconnected porosity

多孔体中相互连通的孔隙系统。

3413

扩散孔隙　diffusion porosity

由于柯肯达尔(Kirkendall)效应导致的一种组元物质扩散到另一组元中形成的孔隙。

3414

孔隙结构　porosity structure

用孔隙的形状、大小及分布表征材料中孔隙的构成情况。

3415

孔径　pore size

通过几何分析或物理测试测定的单个孔的线性尺寸。

3416

孔径分布　pore size distribution

材料中存在的各级孔径按数量或体积计算的百分率。

3417

A 类孔　A-pores

(硬质合金)尺寸小于 10 μm 的孔隙(见 GB/T 3489)。

3418

B 类孔　B-pores

(硬质合金)尺寸介于 10 μm～25 μm 之间的孔隙(见 GB/T 3489)。

3419

C 类非化合碳孔隙　C-uncombined carbon pores

(硬质合金)在材料的金相制备过程中由于石墨脱落造成的簇状孔隙。

3420

起泡压力　bubble point pressure

迫使气体通过液体浸渍的制品产生第一个气泡所需的最小压力。

注：起泡压力主要是制品中最大孔径的函数。

3421

含油量　oil content

浸油的制品(如含油自润滑轴承)中油的含量(见 GB/T 5163)。

3422

流体透过性　fluid permeability

在规定条件下测定的在单位时间内液体或气体通过多孔体的数量(见 GB/T 5250)。

3423

表观硬度　apparent hardness

在规定条件下测定的烧结材料的硬度,它包括了孔隙的影响(见 GB/T 9097.1)。

3424

实体硬度　solid hardness

在规定条件下测定的烧结材料的某一相或颗粒或某一区域的硬度,它排除了孔隙的影响,例如用显微硬度测量(见 GB/T 9097.1)。

3425

网状氧化物　oxide network

沿着原颗粒界生成的连续或不连续氧化物。

3426

表层指状氧化物　surface finger oxide

从表面沿原颗粒界伸展到零件内部的不能用物理方法(诸如旋转滚磨)去除的氧化物。

2.4　烧结后处理

4001

复压　re-pressing

为了提高物理和(或)力学性能,通常对烧结制品施加压力(见 4002,4003)。

4002

精整　sizing

为了达到所需尺寸而进行的复压。

4003

整形　coining

为了达到特定的表面形貌而进行的复压。

4004

粉末锻造　powder forging

由粉末制造的未烧结的、预烧结的或烧结的预成形坯用锻造进行热致密化,同时伴随着形状的改变。

4005

烧结锻造　sinter forging

用烧结的预成形坯进行粉末锻造。

4006

热复压　hot re-pressing

用压制的方法,使压坯、预烧结件或烧结件进行热致密化,主要伴随着在压制方向尺寸发生改变。

4007

浸渍 impregnation

用非金属物质(如油、石蜡或树脂)填充烧结件的连通开孔孔隙的方法。

4008

水蒸汽处理 steam treatment

将烧结铁基制品在过热水蒸汽中加热,使表层形成四氧化三铁保护膜,从而提高某些性能。

2.5 粉末冶金材料

2.5.1 与材料有关的术语

5101

烧结材料 sintered material

用粉末冶金法制得的材料(见 3001)。

5102

烧结铁 sintered iron

一种未合金化的烧结铁,除杂质外其中既不含碳也不含其他合金元素。

5103

烧结钢 sintered steel

添加合金元素的铁基烧结材料。

5104

硬质合金 hardmetal;cemented carbide

由作为主要组元的一种或几种难熔金属碳化物和金属粘结剂相组成的烧结材料,其特点是具有高强度和高耐磨性。

5105

重合金 heavy metal

密度不低于 16.5 g/cm^3 的烧结材料。例如:含镍和铜的钨合金。

5106

弥散强化材料 dispersion-strengthened material

金属基复合材料,其中的第二相(或其他相)呈微细弥散状,弥散相用于提高材料的强度。

5107

金属陶瓷 cermet

由至少一种金属相和至少一种通常具有陶瓷性质的非金属相组成的烧结材料。

5108

烧结金属基复合材料 sintered metal-matrix composite(MMC)

由金属基体和基本上不溶于基体的弥散第二相(可能加上其他弥散相)组成的烧结材料。

2.5.2 与应用有关的术语

5201

烧结零件 sintered part

由粉末成形并经烧结强化的烧结制品,零件通常都具有精密的公差和便于安装的特点。

5202

烧结结构零件 sintered structural part

通常用于机械制造的烧结零件,不包括轴承、过滤器和摩擦材料。

5203

含油轴承 oil-retaining bearing

其中的开孔浸渍以润滑油的烧结轴承。

5204

烧结金属过滤器 sintered metal filter

通常用于固液或固气分离的透过性烧结金属零件。

5205

烧结磁性零件　sintered magnetic part

可满足磁性要求的烧结零件。

5206

烧结摩擦材料　sintered friction material

这种烧结材料是一种由金属基与金属的或非金属的添加剂组成的复合材料,添加剂用于改变材料的摩擦与磨损特性。

5207

烧结电触头材料　sintered electrical contact material

具有高电导率和抗电弧烧蚀的烧结材料,例如钨-铜,钨-银,银-石墨和银-氧化镉复合材料。

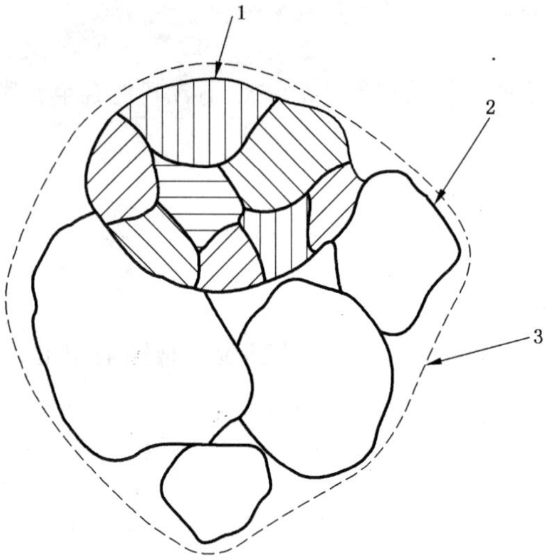

1——晶粒(1002);

2——颗粒(1002);

3——团粒(1003)。

图 1　晶粒、颗粒和团粒

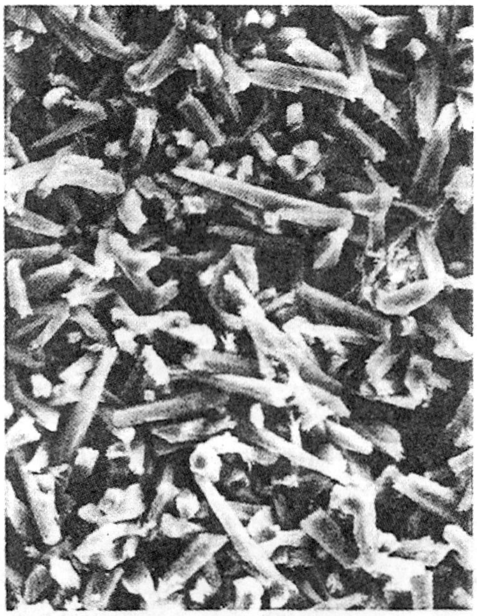

图 2　针状粉(1402)

图 3 角状粉(1403)

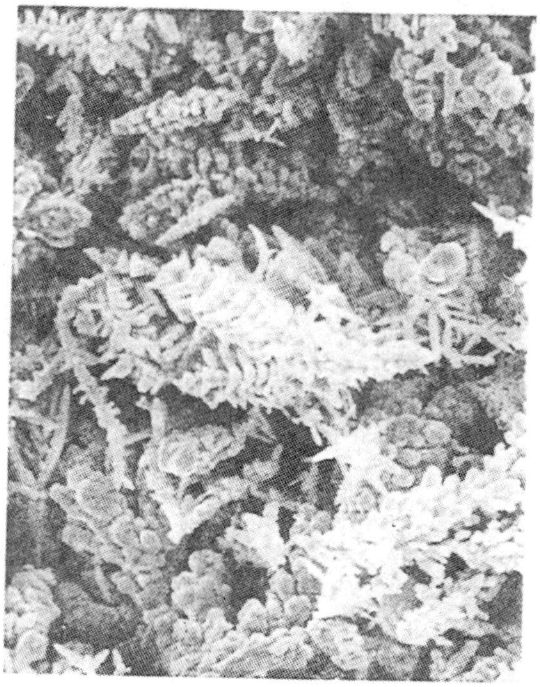

图 4 树枝状粉(1404)

图 5 纤维状粉(1405)

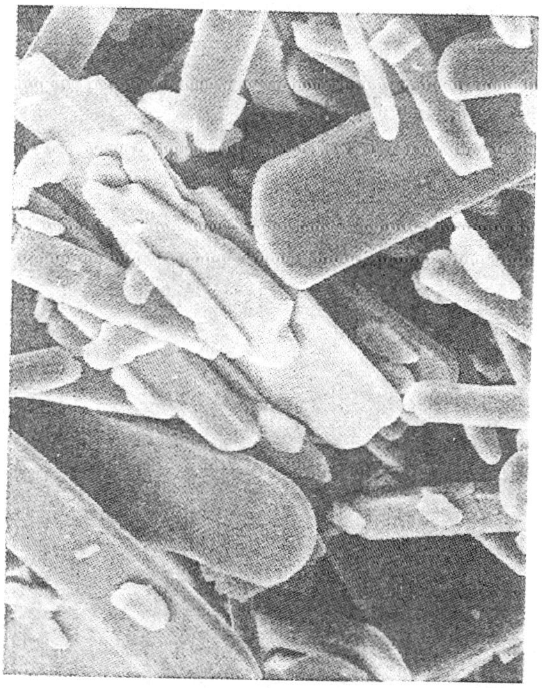

图 6 片状粉(1406)

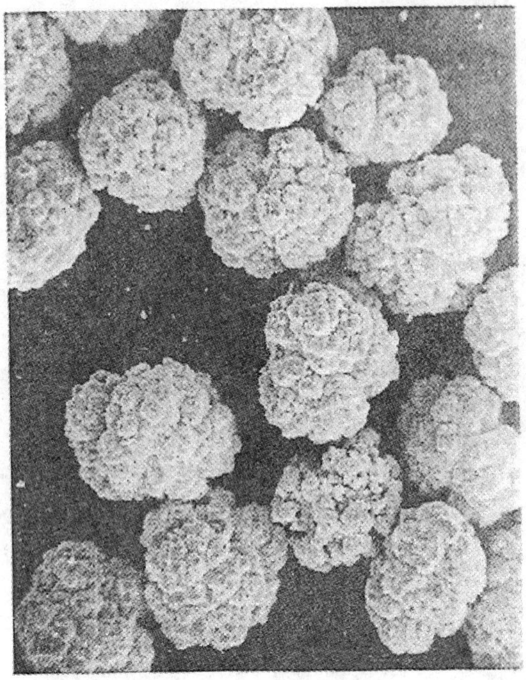

图 7　粒状粉(1407)

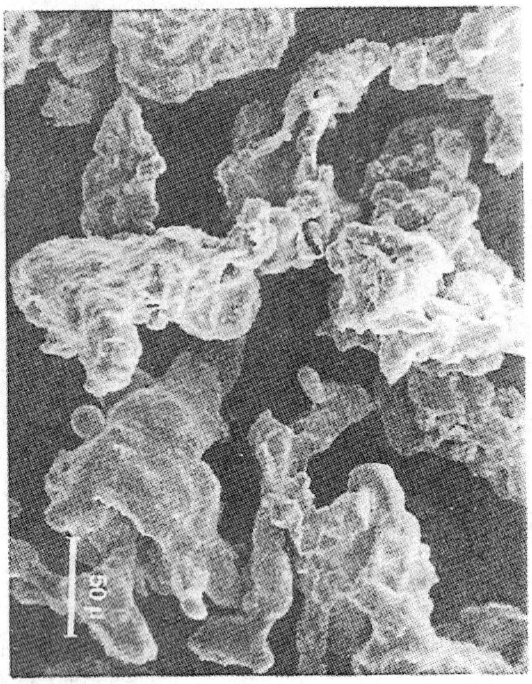

图 8　不规则状粉(1408)

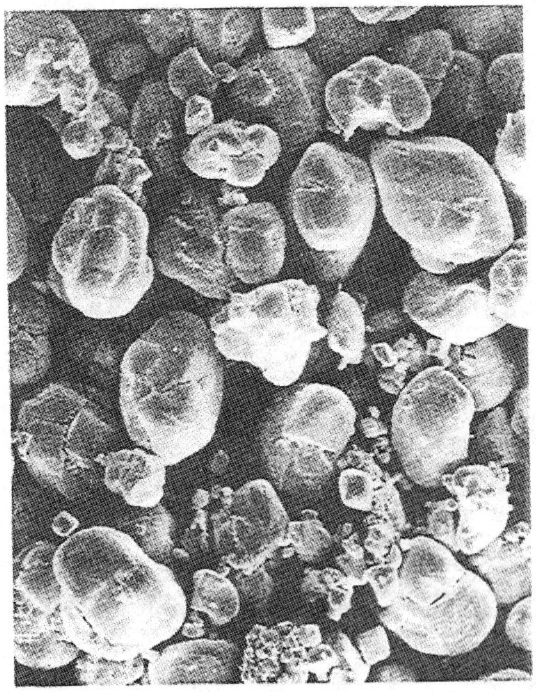

图 9　瘤状粉(1409)

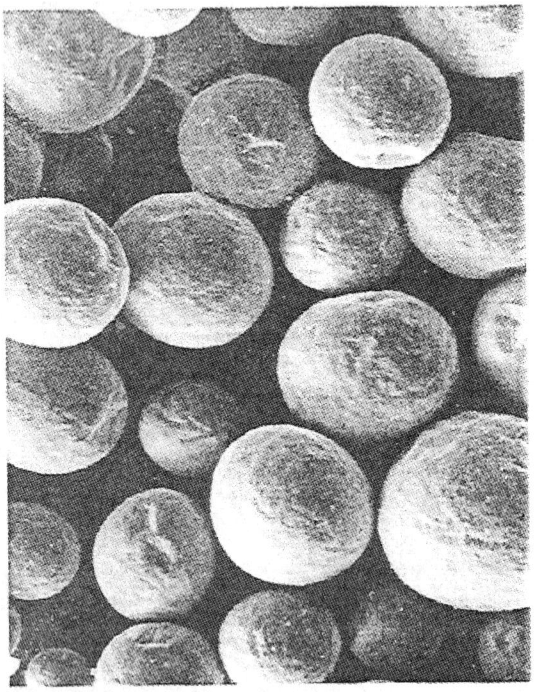

图 10　球状粉(1410)

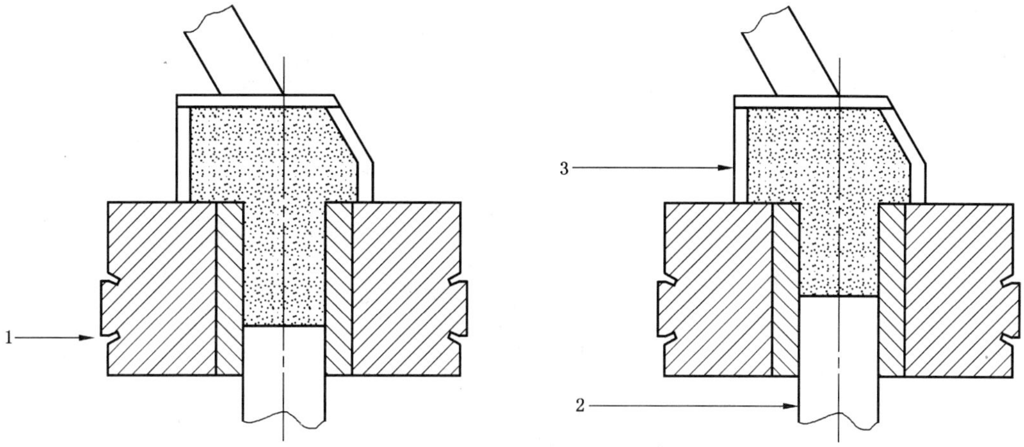

注：装粉前，下模冲位于允许进入阴模的粉末过量的位置。装粉靴移开前，下模冲（和/或芯棒）运动而强迫多余的粉末返回装粉靴，以保证装粉质量。

1——阴模；

2——模冲；

3——装粉靴。

图 11 过量装粉法（见 2205）

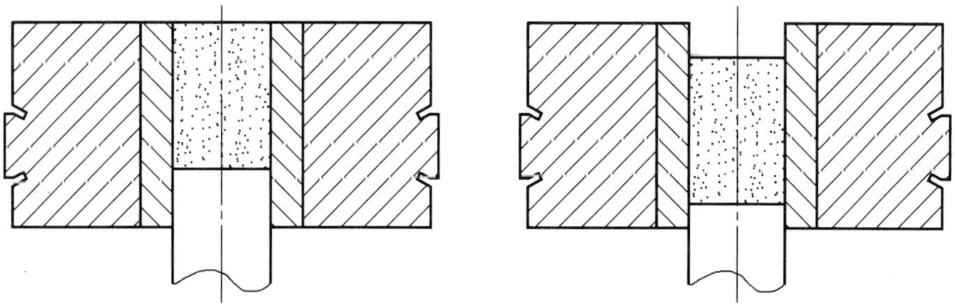

注：装粉后移开装粉靴，下模冲缩回让粉末下移至阴模内稍低的平面上，以免压制开始时粉末溢出。

图 12 欠量装粉法（见 2206）

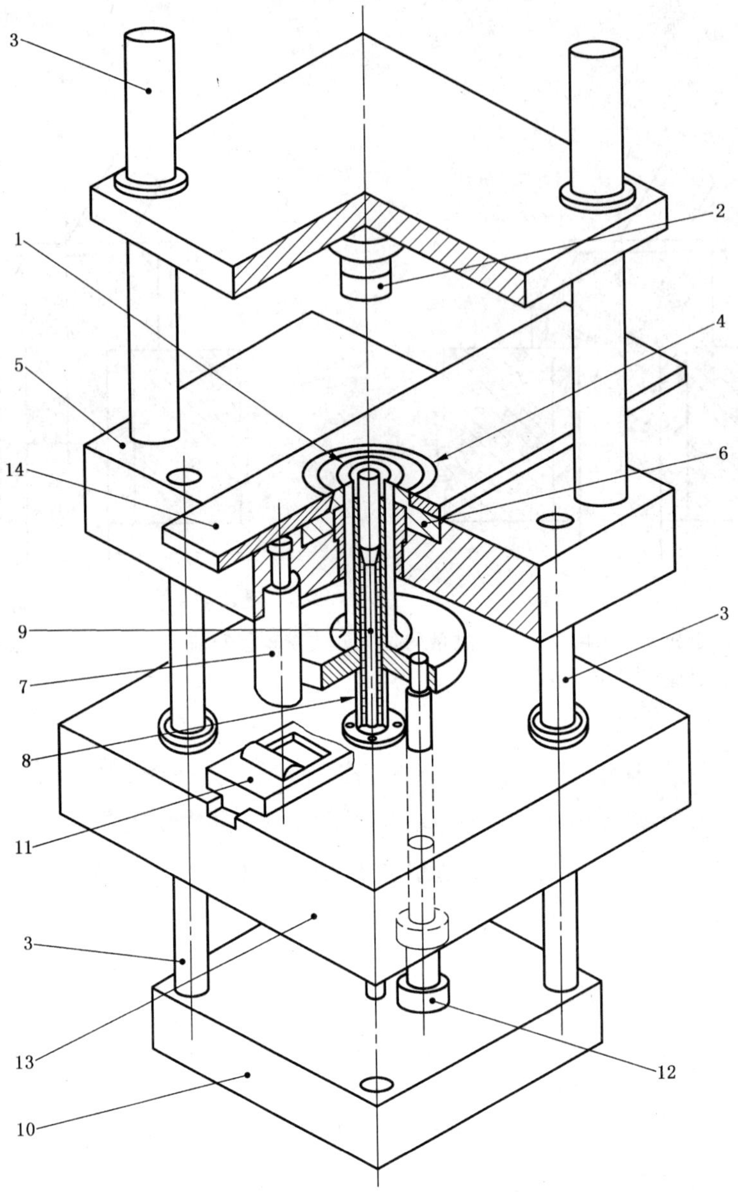

1——阴模(2304)；
2——上模冲(2310)；
3——柱(2313)；
4——模套(2311)；
5——阴模固定板(2305)；
6——压紧环(2312)；
7——楔铁(2306)；
8——下模冲(2307)；
9——芯棒(2314)；
10——底板(2309)；
11——拨叉(2315)；
12——调节杆(2316)；
13——模冲固定板(2308)；
14——接合器台板(2303)。

图 13　下拉式模架(见 2301)和压制接合器(见 2302)

参 考 文 献

1 GB/T 1479 金属粉末松装密度的测定 第1部分 漏斗法

2 GB/T 1480 金属粉末粒度组成的测定 干筛分法

3 GB/T 1481 金属粉末(不包括硬质合金粉末)在单轴压制中压缩性的测定

4 GB/T 1482 金属粉末流动性的测定 标准漏斗法(霍尔流速计)

5 GB/T 3489 硬质合金 孔隙度和非化合碳的金相测定

6 GB/T 4164 金属粉末中可被氢还原氧含量的测定

7 GB/T 5060 金属粉末松装密度的测定 第2部分:斯柯特容量计法

8 GB/T 5158 金属粉末 在氢中还原时质量损失的测定(氢损)

9 GB/T 5159 金属粉末(不包括硬质合金用粉)与成型和烧结有联系的尺寸变化的测定方法

10 GB/T 5160 金属粉末 生坯强度的测定矩形压坯横向断裂法

11 GB/T 5162 金属粉末 振实密度的测定

12 GB/T 5163 烧结金属材料(不包括硬质合金) 可渗性烧结金属材料 密度、含油率和开孔率的测定

13 GB/T 5250 可渗透烧结金属材料 流体渗透性的测定

14 GB/T 5314 粉末冶金用粉末的取样方法

15 GB/T 6804 烧结金属衬套径向压溃强度测定法

16 GB/T 9097.1 烧结金属材料(不包括硬质合金)表观硬度的测定 第一部分:截面硬度基本均匀的材料

中英文对照索引

F

3303 发汗 sweating
3108 反应烧结 reaction sintering
1308 反应研磨 reaction milling
2407 分层 lamination
1515 分级 classification
1523 分样器 sample splitter
1004 粉浆 slurry
1005 粉块 cake
1001 粉末 powder
4004 粉末锻造 powder forging
2116 粉末轧制 powder rolling
1103 粉碎粉 comminuted powder
2114 封装 canning
2327 浮动阴模 floating die
1115 复合粉 composite powder
2007 复合压坯 composite compact,compound compact
4001 复压 re-pressing
2329 复合阴模 sandwich die

G

2111 干袋等静压制 dry-bag isostatic pressing
1532 拱桥效应 bridging
2009 骨架 skeleton
2002 固结 consolidation
3110 固相烧结 solid-state sintering
3111 过烧 oversintering
2205 过量装粉法 overfill system

H

1107 海绵粉 sponge powder
3421 含油量 oil content
5203 含油轴承 oil-retaining bearing
1108 合金粉 alloyed powder
1301 合批 blending
1121 合批粉 blended powder
1106 还原粉 reduced powder
1302 混合 mixing
1122 混合粉 mixed powder
3104 活化烧结 activated sintering

J

1309 机械合金化 mechanical alloying

1113 机械合金化粉 mechanically alloyed powder
3105 加压烧结 pressure sintering
3207 间歇炉 batch furnace
3103 间歇烧结 batch sintering
1403 角状 angular
2302 接合器 adaptor
2303 接合器台板 adaptor table
2115 金属粉末注射成形 metal injection moulding(MIM)
5107 金属陶瓷 cermet
4007 浸渍 impregnation
3405 径向压溃强度 radial crushing strength
4002 精整 sizing

K

3407 开孔 open pore
3410 开孔孔隙度 open porosity
1002 颗粒 particle
1401 颗粒形状 particle shape
2328 可拆阴模 split die
3415 孔径 pore size
3416 孔径分布 pore size distribution
3406 孔隙 pore
3409 孔隙度 porosity
3414 孔隙结构 porosity structure
1307 快速冷凝 chill-block cooling
1118 快速冷凝粉 rapidly solidified powder
3116 快速烧除 rapid burn-off
1112 扩散合金粉 diffusion alloyed powder
3413 扩散孔隙 diffusion porosity

L

2109 冷等静压制 cold isostatic pressing(CIP)
2101 冷压 cold pressing
2404 棱边强度 edge strength
1513 离析 segregation,demixing
1516 粒度 particle size
1519 粒度级 cut
1407 粒状 granular
1517 粒度分布 particle size distribution
3412 连通孔隙 interconnected porosity
3206 连续炉 continuous furnace
2119 连续喷雾沉积 continuous-spray deposition
3102 连续烧结 continuous sintering

1510 流动时间 flow time
1509 流动性 flowability
1525 流速计 flowmeter
3422 流体透过性 fluid permeability
1409 瘤状 nodular

M

2006 毛坯 blank
5106 弥散强化材料 dispersion-strengthened material
3401 密度 density
3404 密度分布 density distribution
2321 模冲 punch
2308 模冲固定板 punch plate(upper and lower)
2301 模架 tool set
2317 模具 mould
2311 模套 bolster
1114 母合金粉 master alloy powder

N

1201 粘结剂 binder
3006 粘结金属 binder metal
3005 粘结相 binder phase
3114 粘结剂脱除 binder removal

P

1305 喷雾干燥 spray drying
1006 坯料 feedstock
1406 片状 flaky, flaked
2215 平衡压力 counter-pressure, top-punch hold-down pressure
2330 拼合阴模 segmented die

Q

3302 起泡 blistering
3420 起泡压力 bubble point pressure
3106 气压烧结 gas pressure sintering
3112 欠烧 undersintering
2206 欠量装粉法 underfill system
1102 羰基粉 carbonyl powder
1512 氢可还原氧 hydrogen-reducible oxygen
1511 氢损 hydrogen loss
1410 球状 spheroidal
1522 取样器 sample thief

T

W

X

Y

2005 压坯 compact,green compact
2312 压紧环 clamp ring
1507 压缩比 compression ratio
1505 压缩性 compressibility
2003 压制 pressing
2004 压制成形 compacting
2406 压制裂纹 pressing crack
2210 压制压力 compacting pressure
1303 研磨 milling
3109 液相烧结 liquid-phase sintering
2304 阴模 die
2305 阴模固定板 die plate
5104 硬质合金 hardmetal;cemented carbide
2008 预成形坯 preform
1110 预合金粉 pre-alloyed powder
1123 预混合粉 press-ready mix,pre-mix
3101 预烧 presintering

Z

3004 造孔剂 pore-forming material
1204 增塑剂 plasticizer
2121 增塑粉末挤压 plasticized-powder extrusion
3304 胀大 growth
1402 针状 acicular
3205 真空炉 vacuum furnace
4003 整形 coining
2117 振动压制 vibration-assisted compaction
2204 (辅助)振动装粉法 vibration-assisted filling
1504 振实密度 tap density
1526 振实密度仪 tapping apparatus
1304 制粒 granulation
2405 中立层 neutral zone
5105 重合金 heavy metal
2203 重量装粉法 weight filling
2313 柱 column
2201 装粉量 fill
2208 装粉高度 fill height
2209 装粉体积 fill volume
2207 装粉位置 fill position

2318 装粉靴 feed shoe

2113 装套 encapsulation

1508 装填系数 fill factor

1501 自然坡度角 angle of repose

2322 组合模冲 segmented punch

ICS 25.100.50
J 41

中华人民共和国国家标准

GB/T 3506—2008
代替 GB/T 3506—1993

螺旋槽丝锥

Machine taps with helical flutes

2008-06-03 发布　　2009-01-01 实施

中华人民共和国国家质量监督检验检疫总局
中国国家标准化管理委员会　发布

前　言

本标准代替 GB/T 3506—1993《螺旋槽丝锥》。

本标准与 GB/T 3506—1993 相比有如下变化：

——增加了“前言”；

——对图 1 中颈部长度的标注和计算式进行了修改；

——对切削锥长度 l_5 推荐值进行了修改；

——取消了表 1 和表 2 中的括号；

——取消了表 4 中螺旋角符号一列；

——对表 1 和表 2 中的总长、刃长和颈部长度按 ISO 529：1993 进行了修改；

——对丝锥方头的形位误差按 GB/T 969—1994 作了修改；

——对丝锥工作部分硬度按 GB/T 969—1994 作了修改；

——取消了性能试验一章。

本标准的附录 A、附录 B 均为资料性附录。

本标准由中国机械工业联合会提出。

本标准由全国刀具标准化技术委员会(SAC/TC 91)归口。

本标准起草单位：成都成量工具有限公司。

本标准主要起草人：黄华新、熊健。

本标准所代替标准的历次版本发布情况：

——GB 3506—1983、GB/T 3506—1993。

螺旋槽丝锥

1 范围

本标准规定了螺旋槽丝锥的型式尺寸、技术要求和标志包装的基本要求。

本标准适用于加工普通螺纹的机用螺旋槽丝锥，丝锥螺纹精度按 H1、H2、H3 三种公差带制造。

2 规范性引用文件

下列文件中的条款通过本标准的引用而成为本标准的条款。凡是注日期的引用文件，其随后所有的修改单(不包括勘误的内容)或修订版均不适用于本标准，然而，鼓励根据本标准达成协议的各方研究是否可使用这些文件的最新版本。凡是不注日期的引用文件，其最新版本适用于本标准。

GB/T 968　丝锥螺纹公差

3 型式和尺寸

3.1　丝锥的型式按图 1 所示，尺寸在表 1、表 2 中给出。短型丝锥见附录 B。

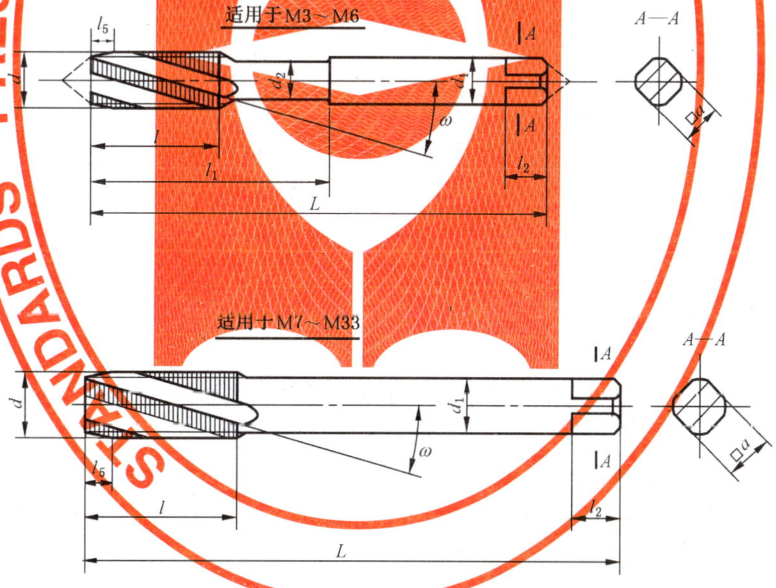

图 1

表 1　粗牙普通螺纹螺旋槽丝锥　　单位为毫米

<table>
<tr><th>代号</th><th>公称直径
d</th><th>螺距
P</th><th>L</th><th>l</th><th>l_1</th><th>d_1</th><th>d_2
min</th><th>a</th><th>l_2</th></tr>
<tr><td>M3</td><td>3</td><td>0.5</td><td>48</td><td>11</td><td>18</td><td>3.15</td><td>2.12</td><td>2.5</td><td rowspan="2">5</td></tr>
<tr><td>M3.5</td><td>3.5</td><td>0.6</td><td>50</td><td rowspan="3">13</td><td>20</td><td>3.55</td><td>2.5</td><td>2.8</td></tr>
<tr><td>M4</td><td>4</td><td>0.7</td><td rowspan="2">53</td><td rowspan="2">21</td><td>4</td><td>2.8</td><td>3.15</td><td rowspan="2">6</td></tr>
<tr><td>M4.5</td><td>4.5</td><td>0.75</td><td>4.5</td><td>3.15</td><td>3.55</td></tr>
<tr><td>M5</td><td>5</td><td>0.8</td><td>58</td><td>16</td><td>25</td><td>5</td><td>3.55</td><td>4</td><td>7</td></tr>
<tr><td>M6</td><td>6</td><td rowspan="2">1</td><td rowspan="2">66</td><td rowspan="2">19</td><td>30</td><td>6.3</td><td>4.5</td><td>5</td><td>8</td></tr>
<tr><td>M7</td><td>7</td><td rowspan="13">—</td><td>5.6</td><td rowspan="13">—</td><td>4.5</td><td>7</td></tr>
<tr><td>M8</td><td>8</td><td rowspan="2">1.25</td><td rowspan="2">72</td><td rowspan="2">22</td><td>6.3</td><td>5</td><td rowspan="2">8</td></tr>
<tr><td>M9</td><td>9</td><td>7.1</td><td>5.6</td></tr>
<tr><td>M10</td><td>10</td><td rowspan="2">1.5</td><td>80</td><td>24</td><td rowspan="2">8</td><td rowspan="2">6.3</td><td rowspan="2">9</td></tr>
<tr><td>M11</td><td>11</td><td>85</td><td>25</td></tr>
<tr><td>M12</td><td>12</td><td>1.75</td><td>89</td><td>29</td><td>9</td><td>7.1</td><td>10</td></tr>
<tr><td>M14</td><td>14</td><td rowspan="2">2</td><td>95</td><td>30</td><td>11.2</td><td>9</td><td>12</td></tr>
<tr><td>M16</td><td>16</td><td>102</td><td>32</td><td>12.5</td><td>10</td><td>13</td></tr>
<tr><td>M18</td><td>18</td><td rowspan="3">2.5</td><td rowspan="2">112</td><td rowspan="2">37</td><td rowspan="2">14</td><td rowspan="2">11.2</td><td rowspan="2">14</td></tr>
<tr><td>M20</td><td>20</td></tr>
<tr><td>M22</td><td>22</td><td>118</td><td>38</td><td>16</td><td>12.5</td><td>16</td></tr>
<tr><td>M24</td><td>24</td><td rowspan="2">3</td><td>130</td><td rowspan="2">45</td><td>18</td><td>14</td><td>18</td></tr>
<tr><td>M27</td><td>27</td><td>135</td><td>20</td><td>16</td><td>20</td></tr>
<tr><td colspan="10">注：允许无空刀槽，无空刀槽时螺纹部分长度尺寸应为 $l+(l_1-l)/2$。</td></tr>
</table>

表 2　细牙普通螺纹螺旋槽丝锥　　单位为毫米

<table>
<tr><th>代号</th><th>公称直径
d</th><th>螺距
P</th><th>L</th><th>l</th><th>l_1</th><th>d_1</th><th>d_2
min</th><th>a</th><th>l_2</th></tr>
<tr><td>M3×0.35</td><td>3</td><td rowspan="2">0.35</td><td>48</td><td>11</td><td>18</td><td>3.15</td><td>2.12</td><td>2.50</td><td rowspan="2">5</td></tr>
<tr><td>M3.5×0.35</td><td>3.5</td><td>50</td><td rowspan="3">13</td><td>20</td><td>3.55</td><td>2.50</td><td>2.80</td></tr>
<tr><td>M4×0.5</td><td>4</td><td rowspan="4">0.5</td><td rowspan="2">53</td><td rowspan="2">21</td><td>4</td><td>2.8</td><td>3.15</td><td rowspan="2">6</td></tr>
<tr><td>M4.5×0.5</td><td>4.5</td><td>4.5</td><td>3.15</td><td>3.55</td></tr>
<tr><td>M5×0.5</td><td>5</td><td>58</td><td>16</td><td>25</td><td>5</td><td>3.55</td><td>4</td><td rowspan="2">7</td></tr>
<tr><td>M5.5×0.5</td><td>5.5</td><td>62</td><td>17</td><td>26</td><td>5.6</td><td>4</td><td>4.5</td></tr>
<tr><td>M6×0.75</td><td>6</td><td rowspan="2">0.75</td><td rowspan="2">66</td><td rowspan="2">19</td><td>30</td><td>6.3</td><td>4.5</td><td>5</td><td>8</td></tr>
<tr><td>M7×0.75</td><td>7</td><td rowspan="7">—</td><td>5.6</td><td rowspan="7">—</td><td>4.5</td><td>7</td></tr>
<tr><td>M8×1</td><td>8</td><td rowspan="3">1</td><td rowspan="2">72</td><td rowspan="2">22</td><td>6.3</td><td>5</td><td rowspan="2">8</td></tr>
<tr><td>M9×1</td><td>9</td><td>7.1</td><td>5.6</td></tr>
<tr><td>M10×1</td><td rowspan="2">10</td><td rowspan="2">80</td><td rowspan="2">24</td><td rowspan="2">8</td><td rowspan="2">6.3</td><td rowspan="2">9</td></tr>
<tr><td>M10×1.25</td><td rowspan="2">1.25</td></tr>
<tr><td>M12×1.25</td><td rowspan="2">12</td><td rowspan="2">89</td><td rowspan="2">29</td><td rowspan="2">9</td><td rowspan="2">7.1</td><td rowspan="2">10</td></tr>
<tr><td>M12×1.5</td><td>1.5</td></tr>
</table>

表 2（续）

单位为毫米

代号	公称直径 d	螺距 P	L	l	l_1	d_1	d_2 min	a	l_2
M14×1.25	14	1.25	95	30	—	11.2	—	9	12
M14×1.5		1.5							
M15×1.5	15								
M16×1.5	16		102	32		12.5		10	13
M17×1.5	17								
M18×1.5	18		112	37		14		11.2	14
M18×2		2							
M20×1.5	20	1.5							
M20×2		2							
M22×1.5	22	1.5	118	38		16		12.5	16
M22×2		2							
M24×1.5	24	1.5	130	45		18		14	18
M24×2		2							
M25×1.5	25	1.5							
M25×2		2							
M27×1.5	27	1.5	127	37		20		16	20
M27×2		2							
M28×1.5	28	1.5							
M28×2		2							
M30×1.5	30	1.5							
M30×2		2							
M30×3		3	138	48					
M32×1.5	32	1.5	137	37		22.4		18	22
M32×2		2							
M33×1.5	33	1.5							
M33×2		2							
M33×3		3	151	51					

注：允许无空刀槽，无空刀槽时螺纹部分长度尺寸应为 $l+(l_1-l)/2$。

3.2 公称直径 $d\leqslant 10$ mm 的丝锥可制成外顶尖。

3.3 丝锥按单锥生产，切削锥长度 l_5 推荐为(1.5～3)牙。

3.4 丝锥的螺旋槽角 ω 按表 3 选取。

表 3

螺旋方向	螺旋槽角名称	ω		加工对象
		选取范围	选定值公差	
右螺旋	小螺旋槽角	10°～20°	±2°	碳钢、合金钢等
	中螺旋槽角	20°～40°		
	大螺旋槽角	>40°		不锈钢、有色金属等
左螺旋	按用户要求			

3.5 标记示例：

a) 右螺纹的粗牙普通螺纹，公称直径 d=10 mm，螺距 P=1.5 mm，公差带 H1，螺旋槽角 ω 为 30°（螺旋槽角符号 R30）的右螺旋槽丝锥的标记为：

螺旋槽丝锥 R30-M10-H1 GB/T 3506—2008

b) 右螺纹的细牙普通螺纹，公称直径 d=10 mm，螺距 P=1 mm，公差带 H1，螺旋槽角 ω 为 45°（螺旋槽角符号 R45）的左螺旋槽（左螺旋槽代号 LR）丝锥的标记为：

螺旋槽丝锥 R45LR-M10×1 -H1 GB/T 3506—2008

c) 左螺纹（左螺纹代号 LH）的粗牙普通螺纹，公称直径 d=12 mm，螺距 P=1.75 mm，公差带 H2，螺旋槽角 ω 为 35°（螺旋槽角符号 R35）的右螺旋槽丝锥的标记为：

螺旋槽丝锥 R35-M12LH-H2 GB/T 3506—2008

3.6 丝锥的结构要素和切削角度推荐值见附录 A。

4 尺寸和位置公差

4.1 丝锥的尺寸公差

4.1.1 丝锥柄部直径 d_1 的公差为 h9。

4.1.2 丝锥总长 L 的公差为 h16。

4.1.3 丝锥螺纹部分长度 l 的公差按表 4 的规定。

表 4 丝锥螺纹部分长度 l 的公差

单位为毫米

丝锥公称直径 d	极 限 偏 差
3～6	0 −2.5
>6～12	0 −3.2
>12～33	0 −5.0

4.1.4 丝锥方头尺寸 a 的公差为 h12，方头对柄部轴线的对称度应不超过其尺寸公差的二分之一。

4.2 丝锥的位置公差

丝锥的位置公差按表 5 所示。

表 5 丝锥的位置公差

单位为毫米

项 目	公 差			
	~10	d>10~18	d>18~30	d>30
切削锥对公共轴线的斜向圆跳动	0.018	0.022	0.026	0.030
校准部分对公共轴线的径向圆跳动	0.018		0.022	
柄部对公共轴线的径向圆跳动	0.03		0.04	

5 螺纹部分

丝锥螺纹公差按 GB/T 968 的规定。

螺纹部分应有倒锥度。螺纹公称直径大于和等于 6 mm 的丝锥，螺纹牙型应进行铲磨。中径在校准部分起点测量。

6 材料和硬度

6.1 丝锥材料

丝锥的螺纹部分用 W6Mo5Cr4V2 或同等性能的其他牌号高速钢制造，焊接柄部用 45 钢或同等性能的其他牌号钢材制造。

6.2 丝锥硬度

6.2.1 丝锥螺纹部分硬度不低于表 6 规定。

表 6 丝锥工作部分硬度

公称直径 d/mm	硬度(不低于)
1~3	750HV
>3~6	62HRC
>6	63HRC

6.2.2 丝锥柄部和方头硬度不低于 30HRC。

7 外观和表面粗糙度

7.1 丝锥外观

丝锥表面不得有裂纹、刻痕、锈迹及磨削烧伤等影响使用性能的缺陷。

7.2 丝锥表面粗糙度

丝锥表面粗糙度的最大允许值按表 7 规定。

表 7 丝锥表面粗糙度

单位为微米

项 目	表面粗糙度
螺纹表面	Rz3.2
前面	Rz6.3
后面	Rz3.2
柄部	Ra1.25

8 标志和包装

8.1 标志

8.1.1 产品上应标志：

——制造厂商标；

——螺纹代号；

——丝锥公差带代号；

——材料代号 HSS。

8.1.2 包装盒上应标志：

——制造厂的名称、地址和商标；

——相应丝锥标记示例规定的项目；

——材料牌号或代号；

——件数；

——制造年月。

8.2 包装

丝锥在包装前应经防锈处理，包装必须牢靠，并能防止运输过程中的损伤。

附　录　A
（资料性附录）
丝锥的结构要素和切削角度推荐

A.1　丝锥的结构要素和切削角度（在背平面内测量）推荐于图 A.1、表 A.1 和表 A.2。

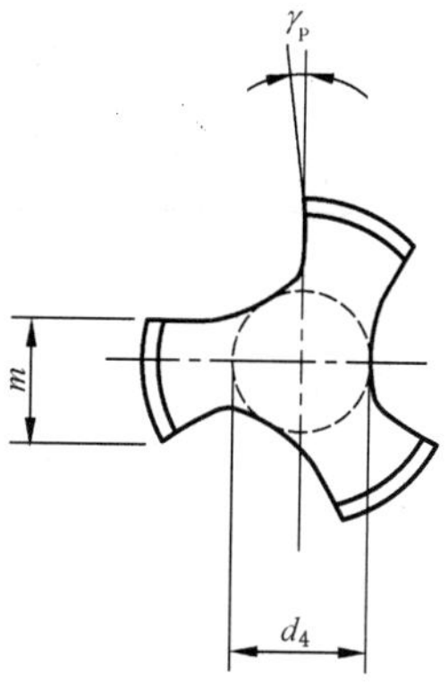

图 A.1

表 A.1

单位为毫米

公称直径 d	槽数 N	d_4 基本尺寸	d_4 极限偏差	m 基本尺寸	m 极限偏差
3.0	3	1.2	±0.14	1.2	$^{0}_{-0.25}$
3.5		1.4		1.4	
4.0		1.6		1.6	
4.5		1.8		1.8	
5.0		2.0		2.0	
6		2.4		2.4	
8		3.2	±0.18	3.0	
10		4.0		3.8	$^{0}_{-0.3}$
12		4.8		4.3	
14		5.6		5.0	
16		6.4	±0.22	5.8	
18	4	8.1		4.7	
20		9.0		5.2	
22		9.9		5.7	
24		10.8	±0.27	6.2	$^{0}_{-0.36}$
27		12.2		7.0	
30		13.5		7.8	
33		14.9		8.6	

表 A.2

被加工材料	前角 γ_P	切削锥铲后角 α_P
碳钢、合金结构钢	2°～6°	3°～5°
不锈钢、有色金属	4°～8°	

A.2 丝锥螺纹牙形在刃宽上的铲磨量推荐于表 A.3。

表 A.3

单位为毫米

公称直径 d	3～8	10～16	18～24	27～33
铲磨量	0.01～0.02	0.02～0.03	0.03～0.04	0.04～0.06

附　录　B
（资料性附录）
短螺纹长度的 *l* 尺寸表

B.1　短螺纹长度的螺母丝锥的 *l* 尺寸按表 B.1，其他尺寸按表 1 和表 2。按本附录生产的丝锥，在标记上应有区别。

表 B.1

单位为毫米

<table>
<tr><th>代号</th><th>公称直径 d</th><th>螺距 P</th><th>螺纹长度 l</th></tr>
<tr><td>M3×0.35</td><td>3</td><td rowspan="2">0.35</td><td>8</td></tr>
<tr><td>M3.5×0.35</td><td>3.5</td><td>9</td></tr>
<tr><td>M4×0.5</td><td>4</td><td rowspan="4">0.5</td><td>10</td></tr>
<tr><td>M4.5×0.5</td><td>4.5</td><td rowspan="3">12</td></tr>
<tr><td>M5×0.5</td><td>5</td></tr>
<tr><td>M5.5×0.5</td><td>5.5</td></tr>
<tr><td>M6×0.75</td><td>6</td><td rowspan="2">0.75</td><td rowspan="2">14</td></tr>
<tr><td>M7×0.75</td><td>7</td></tr>
<tr><td>M8×1</td><td>8</td><td rowspan="3">1</td><td rowspan="2">16</td></tr>
<tr><td>M9×1</td><td>9</td></tr>
<tr><td>M10×1</td><td rowspan="2">10</td><td>18</td></tr>
<tr><td>M10×1.25</td><td rowspan="2">1.25</td><td>20</td></tr>
<tr><td>M12×1.25</td><td rowspan="2">12</td><td rowspan="6">22</td></tr>
<tr><td>M12×1.5</td><td>1.5</td></tr>
<tr><td>M14×1.25</td><td rowspan="2">14</td><td>1.25</td></tr>
<tr><td>M14×1.5</td><td rowspan="8">1.5</td></tr>
<tr><td>M15×1.5</td><td>15</td></tr>
<tr><td>M16×1.5</td><td>16</td></tr>
<tr><td>M17×1.5</td><td>17</td></tr>
<tr><td>M18×1.5</td><td>18</td><td rowspan="3">25</td></tr>
<tr><td>M20×1.5</td><td>20</td></tr>
<tr><td>M22×1.5</td><td>22</td></tr>
<tr><td>M24×1.5</td><td rowspan="2">24</td><td rowspan="12">28</td></tr>
<tr><td>M24×2</td><td>2</td></tr>
<tr><td>M25×1.5</td><td rowspan="2">25</td><td>1.5</td></tr>
<tr><td>M25×2</td><td>2</td></tr>
<tr><td>M27×1.5</td><td rowspan="2">27</td><td>1.5</td></tr>
<tr><td>M27×2</td><td>2</td></tr>
<tr><td>M28×1.5</td><td rowspan="2">28</td><td>1.5</td></tr>
<tr><td>M28×2</td><td>2</td></tr>
<tr><td>M30×1.5</td><td rowspan="2">30</td><td>1.5</td></tr>
<tr><td>M30×2</td><td>2</td></tr>
<tr><td>M32×1.5</td><td rowspan="2">32</td><td>1.5</td></tr>
<tr><td>M32×2</td><td>2</td></tr>
<tr><td>M33×1.5</td><td rowspan="2">33</td><td>1.5</td><td rowspan="2">30</td></tr>
<tr><td>M33×2</td><td>2</td></tr>
</table>

ICS 21.120.01
J 19

中华人民共和国国家标准

GB/T 3507—2008
代替 GB/T 3507—1983

联轴器公称转矩系列

Nominal torque series of the mechanical coupling

2008-09-22 发布 2009-05-01 实施

中华人民共和国国家质量监督检验检疫总局
中国国家标准化管理委员会 发布

前　言

本标准是对 GB/T 3507—1983《机械式联轴器公称扭矩系列》的修订。

本标准与 GB/T 3507—1983 相比主要变化如下：

——将标准名称“机械式联轴器公称扭矩系列”改为“联轴器公称转矩系列”；

——增加了规范性引用文件 GB/T 321《优先数和优先数系》；

——将转矩参数由原来的 2 000 000 N·m，延伸至 20 000 000 N·m，同时删去 0.1～0.63 之间参数；

——取消了原标准中的第 3 章和第 4 章的内容。

本标准由全国机器轴与附件标准化技术委员会提出并归口。

本标准起草单位：中机生产力促进中心、中国第二重型机械集团公司、德阳立达基础件有限公司、太原重工股份有限公司。

本标准主要起草人：明翠新、谭仁万、王建农、王晓凌、刘学光、邓高见。

本标准所代替标准的历次版本发布情况为：

——GB/T 3507—1983。

联轴器公称转矩系列

1 范围

本标准规定了联轴器所传递的公称转矩系列。

本标准适用于一般用途的联轴器。

2 规范性引用文件

下列文件中的条款通过本标准的引用而成为本标准的条款。凡是注日期的引用文件，其随后所有的修改单(不包括勘误的内容)或修订版均不适用于本标准，然而，鼓励根据本标准达成协议的各方研究是否可使用这些文件的最新版本。凡是不注日期的引用文件，其最新版本适用于本标准。

GB/T 321 优先数和优先数系

3 联轴器的公称转矩

3.1 联轴器的公称转矩应按表1中的数值选取。

3.2 选取联轴器转矩时，1系列的值优先于2系列的值，2系列的值优先于3系列的值。

3.3 当转矩参数分级很细或本系列的数值不能适应实际情况时，可按GB/T 321中规定的R40系列选取。

表 1

单位为牛米

1系列	2系列	3系列	1系列	2系列	3系列
1.0	1.00	—	—	8.30	—
			—	—	—
—	1.25	—	10	10.0	10.0
—	—	—		—	11.2
1.6	1.60	—	—	12.5	12.5
	—	—	—	—	14.0
—	2.00	—	16	16.0	16.0
—	—	—	—	—	18.0
2.5	2.50	—	—	20.0	20.0
—	—	—	—	—	22.4
—	3.15	—	25	25.0	25.0
—	—	—	—	—	28.0
4.0	4.00	—	—	31.5	31.5
—	—	—	—	—	35.5
—	5.00	—	40	40.0	40.0
—	—	—	—	—	45.0
6.3	6.30	—	—	50.0	50.0
—	—	—	—	—	56.0

表 1（续）

单位为牛米

1 系列	2 系列	3 系列	1 系列	2 系列	3 系列
63	63.0	63.0	—	—	3 550
—	—	71.0	4 000	4 000	4 000
—	80.0	80.0	—	—	4 500
—	—	90.0	—	5 000	5 000
100	100	100	—	—	5 600
—	—	112	6 300	6 300	6 300
—	125	125	—	—	7 100
—	—	140	—	8 000	8 000
160	160	160	—	—	9 000
—	—	180	10 000	10 000	10 000
—	200	200	—	—	11 200
—	—	224	—	12 500	12 500
250	250	250	—	—	14 000
—	—	280	16 000	16 000	16 000
—	315	315	—	—	18 000
—	—	355	—	20 000	20 000
400	400	400	—	—	22 400
—	—	450	25 000	25 000	25 000
—	500	500	—	—	28 000
—	—	560	—	31 500	31 500
630	630	630	—	—	35 500
—	—	710	40 000	40 000	40 000
—	800	800	—	—	45 000
—	—	900	—	50 000	50 000
1 000	1 000	1 000	—	—	56 000
—	—	1 120	63 000	63 000	63 000
—	1 250	1 250	—	—	71 000
—	—	1 400	—	80 000	80 000
1 600	1 600	1 600	—	—	90 000
—	—	1 800	100 000	100 000	100 000
—	2 000	2 000	—	—	112 000
—	—	2 240	—	125 000	125 000
2 500	2 500	2 500	—	—	140 000
—	—	2 800	160 000	160 000	160 000
—	3 150	3 150	—	—	180 000

表 1（续）

单位为牛米

1 系列	2 系列	3 系列	1 系列	2 系列	3 系列
—	200 000	200 000	—	—	2 240 000
—	—	224 000	2 500 000	2 500 000	2 500 000
250 000	250 000	250 000			2 800 000
—	—	280 000	—	3 150 000	3 150 000
—	315 000	315 000	—	—	3 550 000
—	—	355 000	4 000 000	4 000 000	4 000 000
400 000	400 000	400 000	—	—	4 500 000
—	—	450 000	—	5 000 000	5 000 000
—	500 000	500 000	—	—	5 600 000
630 000	630 000	630 000	6 300 000	6 300 000	6 300 000
—	—	710 000	—	—	7 100 000
—	800 000	800 000	—	8 000 000	8 000 000
—	—	900 000	—	—	9 000 000
1 000 000	1 000 000	1 000 000	10 000 000	10 000 000	10 000 000
—	—	1 120 000	—	—	11 200 000
—	1 250 000	1 250 000	—	12 500 000	12 500 000
—	—	1 400 000	—	—	14 000 000
1 600 000	1 600 000	1 600 000	16 000 000	16 000 000	16 000 000
—	—	1 800 000	—	—	18 000 000
—	2 000 000	2 000 000	—	20 000 000	20 000 000

ICS 83.060
G 40

中华人民共和国国家标准

GB/T 3511—2008/ISO 4665:1998
代替 GB/T 3511—2001,GB/T 12831—1991,GB/T 14835—1993,GB/T 16996—1997

硫化橡胶或热塑性橡胶　耐候性

Rubber, vulcanized or thermoplastic—Resistance to weathering

(ISO 4665:1998,IDT)

2008-04-01 发布　　　　2008-09-01 实施

中华人民共和国国家质量监督检验检疫总局
中国国家标准化管理委员会　发布

前　言

本标准等同采用国际标准 ISO 4665:1998《硫化橡胶或热塑性橡胶　耐候性》(英文版)。

本标准代替 GB/T 3511—2001《硫化橡胶或热塑性橡胶　直接自然气候老化试验方法》，GB/T 12831—1991《硫化橡胶人工气候(氙灯)老化试验方法》，GB/T 14835—1993《硫化橡胶在玻璃下耐阳光曝露试验方法》，GB/T 16996—1997《硫化橡胶暴露于自然气候或人工光后性能变化的评定》。

本标准等同翻译 ISO 4665:1998。

本标准规范性引用文件中：

——用国家标准 GB 250—1995 代替了 ISO 105-A02:1993，为等同采用关系。

——用国家标准 GB/T 2941—2006 代替了 ISO 471:1995，本标准引用 GB/T 2941—2006 的部分与 ISO 471:1995 完全相同，没有技术性差异。

——用国家标准 GB/T 7762—2003 代替了 ISO 1431-1:1989，GB/T 7762 中臭氧老化拉伸应变的选择、表面龟裂的评价方法的规定与 ISO 1431-1 的规定完全相同，没有技术性差异。

——用国家标准 GB/T 16422.1 代替了 ISO 4892-1，GB/T 16422.1—2006 与 ISO 4892-1:1999 为等同采用关系。

——用国家标准 GB/T 16422.2—1999 代替了 ISO 4892-2:1994，为等同采用关系。

——用国家标准 GB/T 16422.3—1997 代替了 ISO 4892-3:1994，本标准引用 GB/T 16422.3—1997 的部分与 ISO 4892-3:1994 完全相同，没有技术性差异。

——用国家标准 GB/T 16422.4—1996 代替了 ISO 4892-4:1994，本标准引用 GB/T 16422.4—1996 的部分与 ISO 4892-4:1994 完全相同，没有技术性差异。

——用国家标准 GB/T 11186.1—1989 代替了 ISO 7724-1:1984，本标准引用 GB/T 11186.1—1989 的部分与 ISO 7724-1:1984 完全相同，没有技术性差异。

——用国家标准 GB/T 11186.2—1989 代替了 ISO 7724-2:1984，本标准引用 GB/T 11186.2—1989 的部分与 ISO 7724-2:1984 完全相同，没有技术性差异。

——用国家标准 GB/T 11186.3—1989 代替了 ISO 7724-3:1984，本标准引用 GB/T 11186.3—1989 的部分与 ISO 7724-3:1984 完全相同，没有技术性差异。

为便于使用，本标准还做了下列编辑性修改：

——用“本标准”代替国际标准的“本国际标准”；

——删除国际标准的前言。

本标准附录 A 为资料性附录。

本标准由中国石油和化学工业协会提出。

本标准由全国橡胶与橡胶制品标准化技术委员会橡胶物理和化学试验方法分技术委员会(SAC/TC 35/SC 2)归口。

本标准起草单位：广州合成材料研究院。

本标准主要起草人：谢宇芳、杨育农、苏仕琼、杨海英、冯志新、刘冠文。

本标准所代替标准的历次版本发布情况为：

——GB/T 3511—2001；

——GB/T 12831—1991；

——GB/T 14835—1993；

——GB/T 16996—1997。

引　言

多种不同的曝露方法可用于获得有关环境因素(例如:光、热和水)对于橡胶的影响作用。每种方法都有其特殊的用途和关系。作为说明和指引,自然曝露和人工气候的试验方法可依据 ISO 877 和 GB/T 16422.1。耐臭氧龟裂曝露试验的方法可依据 GB/T 7762。有关塑料材料气候曝露试验的标准方法基本上适用于橡胶材料,因此本标准的仪器设备和程序涉及塑料有关的国家标准。

测定性能变化的程序最好是采用相同的曝露条件,结果的表示采用相同的方法。相关的程序在本标准中有详细的规定。

气候曝露会改变材料的性能,特别是在材料的表面。用于测定性能变化的方法应在考虑了例如材料使用中重要的性能和下降可能集中在表面的情况后选择。选择的方法应能够保证在实际应用中重要的性能变化的测试在充分精确的范围内,使得相应的性能变化获得有意义的判断依据。

硫化橡胶或热塑性橡胶　耐候性

1　范围

本标准规定了橡胶材料曝露于自然或人工气候后并测定其颜色、外观和物理性能的变化的试验方法。

2　规范性引用文件

下列文件中的条款通过本标准的引用而成为本标准的条款，凡是注日期的引用文件，其随后所有的修改单(不包括勘误的内容)或修订版均不适用于本标准。然而，鼓励根据本标准达成协议的各方研究是否可使用这些文件的最新版本。凡是不注日期的引用文件，其最新版本适用于本标准。

GB 250　评定变色用灰色样卡(GB 250—1995,idt ISO 105-A02:1993)

GB/T 2941　橡胶物理试验方法试样制备和调节通用程序(GB/T 2941—2006,ISO 23529:2004,IDT)

GB/T 7762　硫化橡胶或热塑性橡胶　耐臭氧龟裂　静态拉伸试验(GB/T 7762—2003,ISO 1431-1:1989, MOD)

GB/T 11186.1　涂膜颜色的测量方法　第一部分:原理(GB/T 11186.1—1989,eqv ISO 7724-1:1984)

GB/T 11186.2　涂膜颜色的测量方法　第二部分:颜色测量(GB/T 11186.2—1989,eqv ISO 7724-2:1984)

GB/T 11186.3　涂膜颜色的测量方法　第三部分:色差计算(GB/T 11186.3—1989,eqv ISO 7724-3:1984)

GB/T 16422.1　塑料实验室光源曝露试验方法　第1部分:总则(GB/T 16422.1—2006,ISO 4892-1:1999,IDT)

GB/T 16422.2　塑料实验室光源曝露试验方法　第2部分:氙弧灯(GB/T 16422.2—1999,idt ISO 4892-2:1994)

GB/T 16422.3　塑料实验室光源曝露试验方法　第3部分:荧光紫外灯(GB/T 16422.3—1997,eqv ISO 4892-3:1994)

GB/T 16422.4　塑料实验室光源曝露试验方法　第4部分:开放式碳弧灯(GB/T 16422.4—1996,eqv ISO 4892-4:1994)

ISO 877:1994 塑料　直接大气曝露、玻璃过滤日光大气曝露和Fresnel镜反射日光强化大气曝露试验方法

3　术语和定义

下列术语和定义适用于本标准。

3.1

比对物　control

在耐候性试验时，一般地，比对物的选取有以下三种应用方式：

a)　一种与被测试材料具有类似的成分和结构的材料，在给定的曝露条件下已知其特性，并且与被测试材料同时进行曝露试验以进行比较。

注：此参照的材料可以作为比对物使用。

b) 一部分被测试的材料被贮藏在稳定的条件下，目的是用于曝露后的试样与原始试样之间性能变化的比较。

注：比对物不能仅被定义为留样。

c) 进行曝露试验的样品其中的一部分被遮盖以避免受到光曝露的影响。

注：比对物不能仅被定义为遮盖面。

3.2

留样 file test piece

一部分被测试的材料被贮藏在稳定的条件下，目的是用于曝露后的试样与原始试样之间性能变化的比较。

3.3

遮盖面 masked area

进行曝露试验的样品其中的一部分被遮盖以避免受到光曝露的影响。

3.4

气候老化参照材料 weathering reference material

参照材料耐气候降解的特性已有详尽的数据，并且当其曝露于相同的环境中时具有可重复性。

3.5

曝露阶段 exposure stage

测定性能变化之间的曝露间隔，可用时间或者辐射量来表示。

注：相关的术语可参见 ISO 877 和 GB/T 16422。

4 原理

试样曝露于自然或人工气候后并测定其颜色、外观和物理性能的变化。

5 直接大气曝露、玻璃过滤日光大气曝露和 Fresnel 镜反射日光强化大气曝露

曝露试验按 ISO 877 规定的相应方法进行，包括以下增加和更改的内容：

对于拉伸应变试验，准备好试样并在应变的状态下按 GB/T 7762 的规定进行试验。

试样的环境调节按 GB/T 2941 的规定进行。

6 实验室光源曝露

人工气候老化曝露试验按 GB/T 16422.1、GB/T 16422.2、GB/T 16422.3 或 GB/T 16422.4 的规定进行，包括以下增加或更改的内容：

对于拉伸应变试验，准备好试样并在应变的状态下按 GB/T 7762 的规定进行试验。

试样的环境调节按 GB/T 2941 的规定进行。

注：GB/T 16422.1 中规定的塑料气候曝露试验总则适用于橡胶。

7 颜色的变化

7.1 仪器

7.1.1 测定颜色的仪器

用于测定颜色变化的仪器应符合 GB/T 11186.1、GB/T 11186.2 和 GB/T 11186.3 的规定。

7.1.2 目测评定的仪器

使用符合 GB 250 规定的灰色标卡。

7.2 试样

用于测定颜色变化的试样应采用任何允许的方式以保证表面足够平整。

注：符合颜色变化测定要求的试样通常适用于物理性能变化的测试。

7.3 程序

选用测定颜色的仪器或者灰色标卡来评定颜色的变化需得到相关各方的同意。

7.3.1 仪器测定

按 GB/T 11186 的规定在每个曝露阶段分别测定曝露前和曝露后的颜色。如果需要,可同时测定留样或者遮盖面的颜色。

7.3.2 目测评定

在每个曝露阶段,按 GB 250 的规定将曝露后的试样与未进行曝露试验的留样的颜色变化级别与灰色样卡进行比较,如果需要,可使用遮盖面。

8 其他外观性能的变化

在每个曝露周期检查试样外观的变化,如果适合,可按相关的国家标准的规定进行。例如:某些可用于评价外观变化的参数见附录 A。

臭氧老化龟裂的评定需按 GB/T 7762 的规定进行。

注:曝露于户外的橡胶试样的龟裂或开裂可以是由光老化加速的作用而引起,也可以是由臭氧的影响作用而引起。两者之间不一定存在差别,特别是对于浅色的橡胶。太阳光开裂的特点在于试样表面产生龟裂并且开裂的原因基本上与变形无关;而另一方面,试样如需产生臭氧龟裂就必须大于其临界应变。由于此种不确定的因素,在拉伸应变的试样进行曝露试验时,通常同时使用无变形的试样以进行比较。

9 物理性能的变化

物理性能的测试按材料相关的国家标准的规定进行,也可按相关各方同意的方法进行。部分适用的性能参见附录 A。

9.1 仪器

用于选定的被测试性能的测试仪器应符合有关国家标准的规定。

9.2 试样

试样应符合选定的被测试性能的有关国家标准的规定。

试样可以从材料的曝露试片上直接裁取。在此基础上,试样的取样部位应该离固定材料用的夹具或者不是用于模拟材料在实际使用中的曝露状态的支架至少 20 mm。在试样的制备过程中,任何材料无论如何也不能去掉曝露面。

9.3 程序

将试样进行环境调节,然后按相关国家标准的规定进行性能测试。分别测定未曝露试样的原始物理性能和每个曝露阶段曝露老化后的试样的物理性能。如果需要,可同时测定留样或者被遮盖面的性能。

注:对于某些测试,试验的结果取决于试样的曝露面。例如:弯曲疲劳试验,其结果取决于是曝露表面还是未曝露表面受到拉伸力的作用。

10 结果的表示

10.1 颜色的变化

10.1.1 仪器测量法

颜色变化的测定按 GB/T 11186 的规定进行。

10.1.2 目测法

将曝露后的试样与未曝露的留样的颜色变化与灰色样卡进行比较后评定等级。如果变化等级介于灰色样卡的某两个级别的中间,则可定为中间级别。例如:3～4 级表示变色评级大于 3 级但小于 4 级。

同时用以下的术语来记录颜色变化的特征：

色调　蓝色变深或蓝色变浅
　　　绿色变深或绿色变浅
　　　红色变深或红色变浅
　　　黄色变深或黄色变浅

色纯度　变模糊
　　　变鲜艳

亮度　变明亮
　　　变暗淡

典型的目测颜色变化的报告应该如"黄色变深，色纯度变模糊，亮度变明亮，灰卡评级 2～3 级。"

10.2 其他外观性能的变化

对于定量的方法，可以按式(1)计算性能的变化：

$$C = P - P_x \tag{1}$$

式中：

C——性能变化值；

P——原始性能值；

P_x——经过曝露阶段 x 后的性能值。

对于定量的方法，经相关各方同意可用评级的方法来表示。以下是除了评价臭氧龟裂外推荐的评级方法：

0　无变化

1　可察觉的轻微变化

2　中等程度变化

3　显著的变化

注：尽管此方法在同时评价几种试样时具有重要的作用，但这样的评级方法是不确定的，因此在整理不同的观测结果时必须非常的小心谨慎。

应变的试样经过一定的曝露周期后表面龟裂的评价应该按 GB/T 7762 耐臭氧龟裂的评价方法进行。

10.3 物理性能的变化

对按相关的国家标准的规定进行测试的试验结果进行统计，与原始试样或者留样测试性能变化的数值可以用以下几种方法来表示：

a）与原始试样或者留样比较的性能保持百分率来表示，如式(2)：

$$C = \frac{P_x}{P} \times 100 \tag{2}$$

式中：

C——性能保持百分率；

P——原始性能值；

P_x——经过曝露阶段 x 后的性能值。

b）直接以性能变化值来表示，如式(3)：

$$C = P - P_x \tag{3}$$

式中：

C——性能变化值；

P——原始性能值；

P_x——经过曝露阶段 x 后的性能值。

c) 与原始试样或者留样比较的性能下降百分率来表示，如式(4)：

$$C = \frac{P - P_x}{P} \times 100 \qquad \cdots\cdots (4)$$

式中：

C——性能下降百分率；

P——原始性能值；

P_x——经过曝露阶段 x 后的性能值。

d) 画出性能值对曝露时间的曲线。

11 试验报告

试验报告应包含以下信息：

a) 相关的标准；

b) 样品的说明：

1) 样品的详细描述和来源；

2) 适用时，说明样品的化学成分和处置条件；

3) 样品的制备方法；

4) 使用的任何参照材料的说明；

c) 测试的说明：

1) 选择的测试性能依据的有关标准；

2) 曝露试验的类型和使用的试验设备；

3) 适当时说明地址和曝露的位置；

4) 曝露试验周期完整详细的描述；

5) 确定曝露试验周期的程序；

6) 试样是否在一定的应变下进行曝露试验，如果是，说明其应变的程度；

7) 使用的支架、夹具和辅助装置的种类；

8) 必要时，说明留样的存储条件；

9) 必要时，说明测定辐射强度的方法；

10) 必要时，说明洗刷的情况；

11) 任何偏离标准程序的情况说明；

d) 试验结果：

1) 曝露试验的周期；

2) 气候数据和(或)辐射强度；

3) 必要时，颜色变化；

4) 必要时，表面的其他变化；

5) 应变试样曝露试验后的表面龟裂情况；

6) 每种测试性能得出的单独的数据；

7) 每个曝露周期每种测试性能的结果；

8) 每种测试性能的变化和示值单位；

e) 试验日期。

附　录　A
（资料性附录）
可用于曝露试验后评价性能变化的参数

A.1　外观

颜色
光泽
粉化
龟裂、裂纹、缺陷、穿孔或疏松
微生物生长
物质从试样内部到表面的迁移

A.2　物理性能

拉伸应力/拉伸应变
动态模量和损耗系数
硬度
撕裂强度
定伸应力
应力松弛

A.3　其他性能

尺寸
电阻率
电击穿强度
介电常数
化学分析

ICS 73.080
Q 51

中华人民共和国国家标准

GB/T 3518—2008
代替 GB/T 3518—1995

鳞片石墨

Flake graphite

2008-08-20 发布　　　　2009-04-01 实施

中华人民共和国国家质量监督检验检疫总局
中国国家标准化管理委员会　发布

前言

本标准代替 GB/T 3518—1995《鳞片石墨》。

与 GB/T 3518—1995 相比，本标准做了如下修改：

——增加了产品标记；

——将表 3(高碳石墨技术要求)中“LC150—99”修改为“LG150-99”；

——在表 3～表 4 备注中增加：无挥发分要求的石墨，固定碳含量的测定可以不测挥发分；

——删除原标准 7.4.2 关于对产品质量有异议时的处理；

——将表 4 中固定碳含量≥85％的水分“≤1.00％”修改为“≤0.50％”，将表 5 中的水分“≤2.00％”修改为“≤1.00％”；

——将表 5 中低碳石墨技术要求中“筛余量≤25.0％”修改为“≤20.0”；

——在第 8 章标志中增加了产品标记。

本标准由中国建筑材料联合会提出。

本标准由全国非金属矿产品及制品标准化技术委员会归口。

本标准负责起草单位：咸阳非金属矿研究设计院。

本标准参加起草单位：青岛黑龙石墨集团、青岛恒胜石墨有限公司、青岛闫鑫石墨制品有限公司、黑龙江奥宇石墨集团、内蒙古兴和县信义石墨有限公司、内蒙古兴和县晶鑫石墨有限公司。

本标准主要起草人：司玉华、张罕博、车坚亭、莫培斋、王连臣、韩玉凤、朱汉臣、张淑林。

本标准首次发布于 1983 年，1995 年进行了第一次修订，本次是第二次修订。

鳞 片 石 墨

1 范围

本标准规定了鳞片石墨的定义、分类与标记、要求、试验方法、检验规则、包装、标志、运输和贮存。

本标准适用于天然产出并经选矿富集的鳞片石墨。

2 规范性引用文件

下列文件中的条款通过本标准的引用而成为本标准的条款。凡是注日期的引用文件，其随后所有的修改单(不包括勘误的内容)或修订版均不适用于本标准，然而，鼓励根据本标准达成协议的各方研究是否可使用这些文件的最新版本。凡是不注日期的引用文件，其最新版本适用于本标准。

GB/T 3520 石墨细度试验方法

GB/T 3521 石墨化学分析方法

3 术语和定义

下列术语和定义适用于本标准。

鳞片石墨 flake graphite

天然晶质石墨，其形似鱼鳞状，属六方晶系，呈层状结构，具有良好的耐高温、导电、导热、润滑、可塑及耐酸碱等性能。晶体结构见图1。

单位为纳米

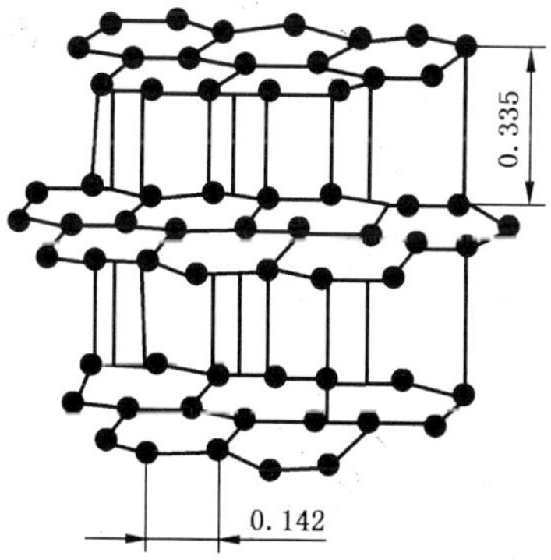

图1 石墨晶体结构示意图

4 分类与标记

4.1 分类

鳞片石墨根据固定碳含量分为四类：高纯石墨、高碳石墨、中碳石墨、低碳石墨。其固定碳范围和代号见表1。

表1 分类及代号

名　称	高纯石墨	高碳石墨	中碳石墨	低碳石墨
固定碳 $w(C)/\%$	$w(C) \geqslant 99.9$	$94.0 \leqslant w(C) < 99.9$	$80.0 \leqslant w(C) < 94.0$	$50.0 \leqslant w(C) < 80.0$
代号	LC	LG	LZ	LD

4.2 标记

鳞片石墨产品标记由分类代号、细度(μm)、固定碳含量和本标准号组成。

标记示例:

固定碳含量为99.9%的高纯石墨,在筛孔直径为300 μm的试验筛上筛分后筛上物大于等于80.0%,则标记为:LC300-99.9-GB/T 3518。固定碳含量为93%的中碳石墨,在筛孔直径为150 μm的试验筛上筛分后筛下物小于等于20.0%,则标记为:LZ(-)150-93-GB/T 3518。

5 要求

5.1 高纯石墨的技术要求应符合表2的规定。

5.2 高碳石墨的技术要求应符合表3的规定。

5.3 中碳石墨的技术要求应符合表4的规定。

5.4 低碳石墨的技术要求应符合表5的规定。

表2 高纯石墨技术要求

产品牌号	固定碳/%,≥	水分/%,≤	筛余量/%	主要用途
LC300-99.99	99.99	0.20	≥80.0	柔性石墨密封材料
LC(-)150-99.99			≤20.0	代替白金坩埚,用于化学试剂熔融
LC(-)75-99.99				
LC(-)45-99.99				
LC500-99.9	99.90		≥80.0	柔性石墨密封材料
LC300-99.9				
LC180-99.9				
LC(-)150-99.9			≤20.0	润滑剂基料
LC(-)75-99.9				
LC(-)45-99.9				

表3 高碳石墨技术要求

产品牌号	固定碳/%,≥	挥发分/%,≤	水分/%,≤	筛余量/%	主要用途
LG500-99	99.00	1.00	0.50	≥75.0	填充料
LG300-99					
LG180-99					
LG150-99					
LG125-99					
LG100-99					

表 3（续）

产品牌号	固定碳/%,≥	挥发分/%,≤	水分/%,≤	筛余量/%	主要用途
LG(-)150-99	99.00	1.00	0.50	≤20.0	润滑剂基料、涂料
LG(-)125-99					
LG(-)100-99					
LG(-)75-99					
LG(-)45-99					
LG500-98	98.00			≥75.0	
LG300-98					
LG180-98					
LG150-98					
LG125-98					
LG100-98					
LG(-)150-98				≤20.0	
LG(-)125-98					
LG(-)100-98					
LG(-)75-98					
LG(-)45-98					
LG500-97	97.00	1.20		≥75.0	润滑剂基料、电刷原料
LG300-97					
LG180-97					
LG150-97					
lG125-97					
LG100-97					
LG(-)150-97				≤20.0	
LG(-)125-97					
LG(-)100-97					
LG(-)75-97					
LG(-)45-97					
LG500-96	96.00			≥75.0	耐火材料、电碳制品、电池原料、铅笔原料
LG300-96					
LG180-96					
LG150-96					
LG125-96					
LG100-96					
LG(-)150-96				≤20.0	
LG(-)125-96					
LG(-)100-96					

表 3（续）

<table>
<tr><th>产品牌号</th><th>固定碳/
%,≥</th><th>挥发分/
%,≤</th><th>水分/
%;≤</th><th>筛余量/
%</th><th>主要用途</th></tr>
<tr><td>LG(-)75-96</td><td rowspan="2">96.00</td><td rowspan="2">1.20</td><td rowspan="2">0.50</td><td rowspan="2">≤20.0</td><td rowspan="2">耐火材料、电碳制品、电池原料、铅笔原料</td></tr>
<tr><td>LG(-)45-96</td></tr>
<tr><td>LG500-95</td><td rowspan="11">95.00</td><td rowspan="22">1.20</td><td rowspan="22">0.50</td><td rowspan="6">≥75.0</td><td rowspan="6">电碳制品</td></tr>
<tr><td>LG300-95</td></tr>
<tr><td>LG180-95</td></tr>
<tr><td>LG150-95</td></tr>
<tr><td>LG125-95</td></tr>
<tr><td>LG100-95</td></tr>
<tr><td>LG(-)150-95</td><td rowspan="5">≤20.0</td><td rowspan="5">耐火材料、
电碳制品、
电池原料、
铅笔原料</td></tr>
<tr><td>LG(-)125-95</td></tr>
<tr><td>LG(-)100-95</td></tr>
<tr><td>LG(-)75-95</td></tr>
<tr><td>LG(-)45-95</td></tr>
<tr><td>LG500-94</td><td rowspan="11">94.00</td><td rowspan="6">≥75.0</td><td rowspan="11">电碳制品</td></tr>
<tr><td>LG300-94</td></tr>
<tr><td>LG180-94</td></tr>
<tr><td>LG150-94</td></tr>
<tr><td>LG125-94</td></tr>
<tr><td>LG100-94</td></tr>
<tr><td>LG(-)150-94</td><td rowspan="5">≤20.0</td></tr>
<tr><td>LG(-)125-94</td></tr>
<tr><td>LG(-)100-94</td></tr>
<tr><td>LG(-)75-94</td></tr>
<tr><td>LG(-)45-94</td></tr>
<tr><td colspan="6">注：无挥发分要求的石墨,固定碳含量的测定可以不测挥发分。</td></tr>
</table>

表 4　中碳石墨技术要求

<table>
<tr><th>产品牌号</th><th>固定碳/
%,≥</th><th>挥发分/
%,≤</th><th>水分/
%,≤</th><th>筛余量/
%</th><th>主要用途</th></tr>
<tr><td>LZ500-93</td><td rowspan="8">93.00</td><td rowspan="8">1.50</td><td rowspan="8">0.50</td><td rowspan="6">≥75.0</td><td rowspan="8">坩埚、
耐火材料、
染料</td></tr>
<tr><td>LZ300-93</td></tr>
<tr><td>LZ180-93</td></tr>
<tr><td>LZ150-93</td></tr>
<tr><td>LZ125-93</td></tr>
<tr><td>LZ100-93</td></tr>
<tr><td>LZ(-)150-93</td><td rowspan="2">≤20.0</td></tr>
<tr><td>LZ(-)125-93</td></tr>
</table>

表 4（续）

产品牌号	固定碳/%,≥	挥发分/%,≤	水分/%,≤	筛余量/%	主要用途
LZ(-)100-93	93.00	1.50	0.50	≤20.0	坩埚、耐火材料、染料
LZ(-)75-93					
LZ(-)45-93					
LZ500-92	92.00			≥75.0	
LZ300-92					
LZ180-92					
LZ150-92					
LZ125-92					
LZ100-92					
LZ(-)150-92				≤20.0	
LZ(-)125-92					
LZ(-)100-92					
LZ(-)75-92					
LZ(-)45-92					
LZ500-91	91.00			≥75.0	
LZ300-91					
LZ180-91					
LZ150-91					
LZ125-91					
LZ100-91					
LZ(-)150-91				≤20.0	
LZ(-)125-91					
LZ(-)100-91					
LZ(-)75-91					
LZ(-)45-91					
LZ500-90	90.00	2.00		≥75.0	坩埚、耐火材料
LZ300-90					
LZ180-90					
LZ150-90					
LZ125-90					
LZ100-90					
LZ(-)150-90				≤20.0	铅笔原料、电池原料
LZ(-)125-90					
LZ(-)100-90					
LZ(-)75-90					
LZ(-)45-90					

表 4（续）

产品牌号	固定碳/ %,≥	挥发分/ %,≤	水分/ %,≤	筛余量/ %	主要用途
LZ500-89	89.00	2.00	0.50	≥75.0	坩埚、耐火材料
LZ300-89					
LZ180-89					
LZ150-89					
LZ125-89					
LZ100-89					
LZ(-)150-89				≤20.0	铅笔原料、 电池原料
LZ(-)125-89					
LZ(-)100-89					
LZ(-)75-89					
LZ(-)45-89					
LZ(-)38-89					
LZ500-88	88.00			≥75.0	坩埚、 耐火材料
LZ300-88					
LZ180-88					
LZ150-88					
LZ125-88					
LZ100-88					
LZ(-)150-88				≤20.0	铅笔原料、 电池原料
LZ(-)125-88					
LZ(-)100-88					
LZ(-)75-88					
LZ(-)45-88					
LZ(-)38-88					
LZ500-87	87.00	2.50		≥75.0	坩埚、 耐火材料
LZ300-87					
LZ180-87					
LZ150-87					
LZ125-87					
LZ100-87					
LZ(-)150-87				≤20.0	铸造涂料
LZ(-)125-87					
LZ(-)100-87					
LZ(-)75-87					
LZ(-)45-87					
LZ(-)38-87					
LZ500-86	86.00			≥75.0	耐火材料

表 4（续）

产品牌号	固定碳/%,≥	挥发分/%,≤	水分/%,≤	筛余量/%	主要用途
LZ300-86	86.00	2.5	0.50	≥75.0	耐火材料
LZ180-86					
LZ150-86					
LZ125-86					
LZ100-86					
LZ(-)150-86				≤20.0	铸造涂料
LZ(-)125-86					
LZ(-)100-86					
LZ(-)75-86					
LZ(-)45-86					
LZ500-85	85.00			≥75.0	坩埚、耐火材料
LZ300-85					
LZ180-85					
LZ150-85					
LZ125-85					
LZ100-85					
LZ(-)150-85				≤20.0	铸造材料
LZ(-)125-85					
LZ(-)100-85					
LZ(-)75-85					
LZ(-)45-85					
LZ500-83	83.00	3.00	1.00	≥75.0	耐火材料
LZ300-83					
LZ180-83					
LZ150-83					
LZ125-83					
LZ100-83					
LZ(-)150-83				≤20.0	铸造材料
LZ(-)125-83					
LZ(-)100-83					
LZ(-)75-83					
LZ(-)45-83					
LZ500-80	80.00			≥75.0	耐火材料
LZ300-80					
LZ180-80					
LZ150-80					
LZ125-80					

表 4（续）

产品牌号	固定碳/ %,≥	挥发分/ %,≤	水分/ %,≤	筛余量/ %	主要用途
LZ100-80	80.00	3.00	1.00	≥75.0	耐火材料
LZ(-)150-80				≤20.0	铸造材料
LZ(-)125-80					
LZ(-)100-80					
LZ(-)75-80					
LZ(-)45-80					
注：无挥发分要求的石墨，固定碳含量的测定可以不测挥发分。					

表 5　低碳石墨技术要求

产品牌号	固定碳/ %,≥	水分/ %,≤	筛余量/ %,≤	主要用途
LD(-)150-75	75.00	1.00	20.0	铸造涂料
LD(-)75-75				
LD(-)150-70	70.00			
LD(-)75-70				
LD(-)150-65	65.00			
LD(-)75-65				
LD(-)150-60	60.00			
LD(-)75-60				
LD(-)150-55	55.00			
LD(-)75-55				
LD(-)150-50	50.00			
LD(-)75-50				

6　试验方法

6.1　固定碳、挥发分、水分测定按 GB/T 3521 进行。

6.2　筛余量测定按 GB/T 3520 进行。

7　检验规则

7.1　批量

一次交付的同一牌号袋装或桶装鳞片石墨以 60 t 为一批，不足 60 t 仍按一批计算。

7.2　取样

袋装或桶装鳞片石墨按系统取样方法取样，即把一批产品中的每个袋按一定顺序排列，从 1 至 n 袋产品中随机选一袋进行取样，然后每隔 $n-1$ 袋抽一袋进行取样，每个袋中的取样量相同，将所取样品合并混匀，作为该批产品样品。

每一批产品取样的袋数(n)，按下式计算：

$$n = \frac{N}{100}$$

式中：

n——每一批产品取样的袋数；

N——每一批产品的总袋数。

当计算的 n 带有小数时，小数部分应舍去；当 $N \leqslant 100$ 时，应从每个袋中取样。取样时，用取样钎插入袋中抽取。每批取样量不得小于 1 kg。

7.3 制样

将所取样品倒在一个有足够强度和适当大小的正方形塑料薄膜或纸（洁净的布）上，用翻滚法充分混匀（至少 15 次）。用四分法分成两份，一份试验用，一份留作备样。

7.4 判定原则

产品符合表 2～表 5 中全部技术要求时为合格品。若有一项或一项以上指标达不到标准要求，应从同批产品的取样袋中加倍取样复检，以复检结果做为最终结果。

8 包装、标志、运输和贮存

8.1 鳞片石墨一般应用袋装。包装袋要坚固、整洁、密闭。每袋净重 20 kg±0.20 kg、25 kg±0.20 kg、1 000 kg±10 kg。

8.2 包装袋上应有标志，包括商标、产品名称、生产单位、产品标记、生产日期或批号、净重。

8.3 每袋产品应附有合格证。合格证上应标明产品名称、生产单位、商标、产品标志、执行标准、检验结果、批号或出厂日期，检验员号码及检验部门印章。

8.4 运输和贮存过程中应防雨、防潮、防破包。

ICS 73.080
Q 51

中华人民共和国国家标准

GB/T 3519—2008
代替 GB/T 3519—1995

微晶石墨

Amorphous graphite

2008-08-20 发布　　2009-04-01 实施

中华人民共和国国家质量监督检验检疫总局
中国国家标准化管理委员会　发布

前　言

本标准代替 GB/T 3519—1995《微晶石墨》。与 GB/T 3519—1995 相比，本标准做了如下修改：

——增加了产品标记；

——删除了表 1 和表 2 关于“对细度有特殊要求者，由供需双方商定”的表注；

——表 2 中的“WT”修改为“W”；

——第 5 章有铁要求的微晶石墨理化指标及性能中增加 WT99.99-45、WT99.99-75、WT99.9-45、WT99.9-75 四个产品牌号；

——第 5 章中增加 5.2.3 关于“其他需要说明的性能指标（如硫等）可由供需双方商定”；

——增加了取样的具体方法；

——删除 7.5.4 有关对产品质量或检验结果有异议时的处理；

——将 8.1 中微晶石墨净重“1 000 kg±10.0 kg”修改为“1 000 kg±2 kg”；

——第 8 章的产品标志内容增加了产品标记；“每批产品均应有合格证”修改为“每袋产品均应有合格证”。

本标准由中国建筑材料工业联合会提出。

本标准由全国非金属矿产品及制品标准化技术委员会（SAC/TC 406）归口。

本标准负责起草单位：咸阳非金属矿研究设计院。

本标准参加起草单位：咸阳非金属矿研究设计院。

本标准主要起草人：司玉华、张罕博。

本标准首次发布于 1983 年，1995 年进行了第一次修订，本次是第二次修订。

微 晶 石 墨

1 范围

1.1 本标准规定了微晶石墨的定义、分类和标记、要求、试验方法、检验规则、包装、标志、运输和贮存等。

1.2 本标准适用于天然微晶石墨。

2 规范性引用文件

下列文件中的条款通过本标准的引用而成为本标准的条款。凡是注日期的引用文件，其随后所有的修改单(不包括勘误的内容)或修订版均不适用于本标准，然而，鼓励根据本标准达成协议的各方研究是否可使用这些文件的最新版本。凡是不注日期的引用文件，其最新版本适用于本标准。

GB/T 3520 石墨细度试验方法

GB/T 3521 石墨化学分析方法

3 术语和定义

下列术语和定义适用于本标准。

微晶石墨 amorphous graphite

指由微小的天然石墨晶体构成的致密状集合体，亦称土状石墨或无定形石墨。颜色灰黑或钢灰，有金属光泽，具滑感，易染手，化学性能稳定，有良好的传热导电性能，耐高温，耐酸碱，耐腐蚀，抗氧化。由于其晶体细小，可塑性强，粘附力良好。

4 分类和标记

4.1 分类

微晶石墨按有无铁的要求分为两类。有铁要求者为一类，用 WT 表示；无铁要求者为一类，用 W 表示。

4.2 产品标记

产品标记由分类代号、固定碳含量、细度(μm)和本标准号组成。

标记示例：

有铁要求的含碳量为 96%且在筛孔直径为 45 μm 的试验筛上筛分后筛上物不大于 15%的微晶石墨，则标记为：WT96-45-GB/T 3519。

无铁要求的含碳量为 90%且在筛孔直径为 45 μm 的试验筛上筛分后筛上物不大于 10%的微晶石墨，则标记为：W90-45-GB/T 3519。

5 要求

5.1 外观质量

微晶石墨中不得有肉眼可见的木屑、铁屑、石粒等杂物，产品不被其他杂质污染。

5.2 理化指标及性能

5.2.1 有铁要求的微晶石墨理化指标及性能应符合表 1 规定。

5.2.2 无铁要求的微晶石墨理化指标及性能应符合表 2 规定。

5.2.3 其他需要说明的性能指标(如硫等)可由供需双方商定。

6 试验方法

6.1 外观质量用目测。

6.2　固定碳、挥发分、水分、酸溶铁含量测定按 GB/T 3521 进行。

6.3　筛余量测定按 GB/T 3520 进行。

表 1　有铁要求的微晶石墨理化指标及性能

<table>
<tr><th>产品牌号</th><th>固定碳/
%,≥</th><th>挥发分/
%,≤</th><th>水分/
%,≤</th><th>酸溶铁/
%,≤</th><th>筛余量/
%,≤</th><th>主要用途</th></tr>
<tr><td>WT99.99-45
WT99.99-75</td><td>99.99</td><td rowspan="2">—</td><td rowspan="2">0.2</td><td rowspan="2">0.005</td><td rowspan="2">15</td><td rowspan="2">电池、特种碳材料的原料</td></tr>
<tr><td>WT99.9-45
WT99.9-75</td><td>99.9</td></tr>
<tr><td>WT99-45
WT99-75</td><td>99</td><td>0.8</td><td rowspan="2">1.0</td><td rowspan="2">0.15</td><td rowspan="6">15</td><td rowspan="14">铅笔、电池、焊条、石墨乳剂、石墨轴承的配料、电池炭棒的原料</td></tr>
<tr><td>WT98-45
WT98-75</td><td>98</td><td>1.0</td></tr>
<tr><td>WT97-45
WT97-75</td><td>97</td><td rowspan="2">1.5</td><td rowspan="4">1.5</td><td rowspan="3">0.4</td></tr>
<tr><td>WT96-45
WT96-75</td><td>96</td></tr>
<tr><td>WT95-45
WT95-75</td><td>95</td><td rowspan="4">2.0</td></tr>
<tr><td>WT94-45
WT94-75</td><td>94</td><td rowspan="3">0.7</td></tr>
<tr><td>WT92-45
WT92-75</td><td>92</td><td rowspan="8">2.0</td><td rowspan="8">10</td></tr>
<tr><td>WT90-45
WT90-75</td><td>90</td></tr>
<tr><td>WT88-45
WT88-75</td><td>88</td><td rowspan="2">3.3</td><td rowspan="4">0.8</td></tr>
<tr><td>WT85-45
WT85-75</td><td>85</td></tr>
<tr><td>WT83-45
WT83-75</td><td>83</td><td rowspan="2">3.6</td></tr>
<tr><td>WT80-45
WT80-75</td><td>80</td></tr>
<tr><td>WT78-45
WT78-75</td><td>78</td><td rowspan="2">3.8</td><td rowspan="2">1.0</td></tr>
<tr><td>WT75-45
WT75-75</td><td>75</td></tr>
</table>

表 2　无铁要求的微晶石墨理化指标及性能

产品牌号	固定碳/%,≥	挥发分/%,≤	水分/%,≤	筛余量/%,≤	主要用途
W90-45 W90-75	90	3.0	3.0	10	铸造材料、耐火材料、染料、电极糊等原料
W88-45 W88-75	88	3.2			
W85-45 W85-75	85	3.4			
W83-45 W83-75	83	3.6			
W80-45 W80-75 W80-150	80				
W78-45 W78-75 W78-150	78	4.0			
W75-45 W75-75 W75-150	75				
W70-45 W70-75 W70-150	70	4.2			
W65-45 W65-75 W65-150	65				
W60-45 W60-75 W60-150	60	4.5			
W55-45 W55-75 W55-150	55				
W50-45 W50-75 W50-150	50				

7 检验规则

7.1 批量

一次交付的同一牌号袋装微晶石墨以 60 t 为一批，不足 60 t 仍按一批计算。

7.2 取样

袋装微晶石墨按系统取样方法取样，即把一批产品中的每个袋按一定顺序排列，从 1 至 n 袋产品中随机选一袋进行取样，然后每隔 $n-1$ 袋抽一袋进行取样，每个袋中的取样量相同，将所取样品合并混匀，作为该批产品样品。

每一批产品取样袋数(n)按照下式计算：

$$n=N/100$$

式中：

n——每一批产品取样的袋数；

N——每批产品的总袋数。

当计算的 n 带有小数时，小数部分应舍去；当 $N \leqslant 100$ 时，应从每个袋中取样。

取样时，用取样钎沿缝口处插入袋中抽取，插入深度不小于袋长的三分之一。每批取样量不得小于 1 kg。

7.3 制样

将所取样品倒在一个有足够强度和适当大小的正方形塑料薄膜或牢固柔软的纸(洁净的布)上，用翻滚法反复混匀(翻滚 15 次以上)。用四分法缩取 500 g 的试样，分成两份，一份试验用，一份留作备样。

7.4 检验分类

7.4.1 出厂检验

微晶石墨每批产品出厂检验项目为固定碳、挥发分、水分、筛余量。固定碳含量小于 94％的有铁要求的产品还应进行酸溶铁含量的检测。

7.4.2 型式检验

型式检验按表 1、表 2 进行全项检验。有下列情况之一时，应进行型式检验。

a) 新产品或老产品转厂生产的试制定型鉴定；

b) 正式生产后，矿源、生产工艺有较大改变，可能影响产品性能时；

c) 正常生产时，应一季度进行一次检验；

d) 产品长期停产后，恢复生产时；

e) 产品出厂检验结果与上次型式检验有较大差异时；

f) 有关质量监督机构提出进行型式检验要求时。

7.5 判定规则

7.5.1 所检验项目除水分外全部合格者为合格品。若一项或几项不合格，应从同一批量中加倍取样，对不合格项进行复检，以复检结果为检验结果。

7.5.2 复检样品应从加倍的袋数中抽取，按第六章规定的方法检验。

7.5.3 水分大于表 1、表 2 规定时，超过部分应在计算重量时扣除。但不能超过表 1、表 2 所列数值的 1.5 倍。

8 包装、标志、运输和贮存

8.1 微晶石墨一般应用袋装或者桶装。包装袋要求坚固、整洁、密闭。每袋净重 25 kg± 0.2 kg、

30 kg±0.2 kg、40 kg±0.2 kg、50 kg±0.3 kg、1 000 kg±2 kg。

8.2 包装袋上应有标志，包括产品名称、注册商标、生产单位、产品标记、生产日期或批号、净重。

8.3 每袋产品应附有合格证。合格证上应标明产品名称、生产单位、商标、产品标记、执行标准、检验结果、批号或出厂日期，检验员号码及检验部门印章。

8.4 运输和贮存过程中应防雨、防潮、防破包。

ICS 73.080
Q 51

GB

中华人民共和国国家标准

GB/T 3520—2008
代替 GB/T 3520—1995

石墨细度试验方法

Test method for fineness of graphite

2008-08-20 发布　　　　2009-04-01 实施

中华人民共和国国家质量监督检验检疫总局
中国国家标准化管理委员会　发布

前　言

本标准代替 GB/T 3520—1995《石墨细度检验方法》。与 GB/T 3520—1995 相比，本标准做了如下修改：

——将 1995 版引用标准中“GB 6003”修改为“GB/T 6003.1　金属丝编织网试验筛”；
——将 1995 版“方法原理概要”编入本版“方法概述”中；
——增加了旋转气流筛原理图；
——增加了两种标准筛的规格要求；
——将 1995 版“筛检方法(一)、筛检方法(二)”修改为“负压筛析法、振筛机法”
——增加了负压筛析法中筛分时间按标准筛筛孔尺寸确定；
——将 1995 版筛检方法(一)中的试验用样量 5 g 修改为 10 g；
——将 1995 版 5.1.1 和 5.2.1 的设备、仪器的英文序号修改为数字序号；
——增加了术语“筛分终点”和“细度”的英文。

本标准由中国建筑材料联合会提出。

本标准由全国非金属矿产品及制品标准化技术委员会(SAC/TC 406)归口。

本标准负责起草单位：咸阳非金属矿研究设计院。

本标准主要起草人：张罕博。

本标准 1983 年首次发布，1995 年第一次修订，本版为第二次修订。

石墨细度试验方法

1 范围

本标准规定了石墨产品细度的试验方法。

本标准适用于38 μm～500 μm鳞片石墨与微晶石墨产品的细度试验。

2 规范性引用文件

下列文件中的条款通过本标准的引用而成为本标准的条款。凡是注日期的引用文件，其随后所有的修改单（不包括勘误的内容）或修订版均不适用于本标准，然而，鼓励根据本标准达成协议的各方研究是否可使用这些文件的最新版本。凡是不注日期的引用文件，其最新版本适用于本标准。

GB/T 6003.1 金属丝编织网试验筛

3 术语和定义

下列术语和定义适用于本标准。

3.1

筛分终点 the end of filter

按规定时间对试样筛分结束以后，继续筛分一定时间，筛下物质量与试样量之比小于0.3%时，则为到达筛分终点。

3.2

细度 fineness

石墨产品细度是在一定条件下，试样经指定孔径的标准筛筛分后，以筛余物或筛下物质量占试样质量的质量分数来表示。

在本标准中规定了负压筛析法和振筛机法两种方法，具有同等效力。

4 试验方法

4.1 负压筛析法

4.1.1 设备仪器

4.1.1.1 旋转气流筛（见图1）：工作负压2 kPa～6 kPa；

单位为毫米

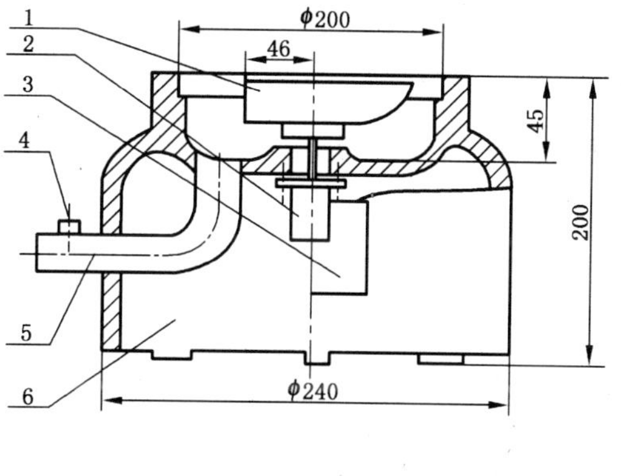

1——喷气嘴；
2——电机；
3——控制板开口；
4——负压表接口；
5——负压源及收尘器接口；
6——筛座。

图1 旋转气流筛示意图

4.1.1.2 标准筛：筛孔尺寸和金属丝直径应符合 GB/T 6003.1 的规定；筛框为直径 200 mm 的原筛框，深度 25 mm。由于试样会对筛网孔径产生堵塞或磨损，试验筛应经常清洁筛孔，定期检查筛孔尺寸；

4.1.1.3 电热干燥箱：调温范围 0 ℃～300 ℃，温控灵敏度±2 ℃；

4.1.1.4 天平：感量 0.001 g；

4.1.1.5 秒表；

4.1.1.6 毛刷。

4.1.2 试验步骤

4.1.2.1 称取水分小于 1%的试样 10 g(精确至 0.001 g)，放入带底的标准筛内，并使试样在筛面上均匀铺开。

4.1.2.2 将装好试样的标准筛装在旋转气流筛的筛座上，并将筛底中的细试样倒入筛内试样中，盖上筛盖。开动气流筛，同时计时，控制工作负压在 2 kPa～6 kPa。同时用小木锤轻敲筛盖和筛框，使附着在筛盖和筛框上的试样落入筛面上(筛分时间按标准筛筛孔尺寸确定。大于 75 μm 标准筛筛分 2 min，75 μm～45 μm 的标准筛筛分 3 min，小于 45 μm 的标准筛筛分 5 min)。

4.1.2.3 将标准筛连同筛盖一起取出，用毛刷将筛盖和筛框内周附着的试样扫入筛内，再将筛余物倒入容器，进行称量。

4.1.2.4 把称量过的筛余物再按 4.1.2.3 进行检查筛分 30 s。如未到达筛分终点，则继续筛分 30 s。如此反复，直至达到筛分终点，称量筛余物质量(精确至 0.001 g)。

4.1.3 结果计算

筛余物、筛下物含量以质量分数 X_1、X_2 计，数值以 10^{-2} 或者%表示，按式(1)和式(2)计算(小数点后保留两位数)。

$$X_1 = \frac{m_1}{m} \times 100 \qquad \cdots\cdots(1)$$

$$X_2 = (1 - X_1) \times 100 \qquad \cdots\cdots(2)$$

式中：

m——试样质量，单位为克(g)；

m_1——筛余物质量，单位为克(g)。

两次平行测定结果的绝对误差小于 2.0%则取其算术平均值结果。否则，应重新取样试验。

4.2 振筛机法

4.2.1 设备仪器

4.2.1.1 振筛机；

4.2.1.2 标准筛：筛孔尺寸和金属丝直径应符合 GB/T 6003.1 的规定；筛框为直径 200 mm 的原筛框，深度 50 mm。由于试样会对筛网孔径产生堵塞或磨损，试验筛应经常清洁筛孔，定期检查筛孔尺寸；

4.2.1.3 电热干燥箱：调温范围 0 ℃～300 ℃，控温器灵敏度±2 ℃；

4.2.1.4 天平：感量 0.01 g；

4.2.1.5 秒表；

4.2.1.6 毛刷。

4.2.2 试验步骤

4.2.2.1 称取水分小于 1%的试样 50 g(准确至 0.01 g)，倒入带有筛底的标准筛内，盖上筛盖在振筛机上进行筛分(筛分时间按标准筛筛孔尺寸确定。大于 75 μm 标准筛筛分 10 min，75 μm～45 μm 的标准筛筛分 20 min，小于 45 μm 的标准筛筛分 30 min)。

4.2.2.2 到达筛分规定的时间后停机，取出标准筛(包括筛盖和筛底)倒出筛底内试样，重新装上筛底和筛盖，在振筛机上进行检查筛分1 min后，再次取出标准筛，称量筛底试样。如未到达筛分终点，则继续筛分1 min。如此反复，直至到达筛分终点。然后称量筛余物或筛下物。

4.2.3 **结果计算**

按4.1.3进行。

ICS 73.080
Q 51

中华人民共和国国家标准

GB/T 3521—2008
代替 GB/T 3521—1995

石墨化学分析方法

Method for chemical analysis of graphite

2008-08-20 发布　　　　2009-04-01 实施

中华人民共和国国家质量监督检验检疫总局
中国国家标准化管理委员会　发布

前言

本标准代替 GB/T 3521—1995《石墨化学分析方法》。

与 GB/T 3521—1995 相比，本标准做了如下修改：

——删除第 1 章中“石墨化学分析用试剂、仪器、分析步骤、结果计算和允许差”；

——在第 3 章节中，增加了“3.6”，对试验用水作了规定；增加了“3.7”，对溶液的浓度做了具体的说明；增加了“3.8”，对所用试剂做了说明；

——删除 3.4 中“铁的滴定分析应进行对照试验”；

——挥发分的测定修改为：固定碳含量大于等于 98% 的石墨，将其放入已升温至 400 ℃±10 ℃的热解炉中，在此温度下恒温 1 h；固定碳含量小于 98% 的石墨，将其放入已升温至 950 ℃±10 ℃并已通入稳定氮气流（约 200 mL/min）的热解炉炉口处，关上炉门，预热 1 min～2 min，将托盘推入高温带，开始计时。灼烧 7 min 后将托盘移至炉口，取出，稍冷 1 min～2 min 后，置于干燥器中冷至室温，称量；

——删除 5.2 箱式高温炉法测定挥发分；

——将硫的测定方法中的反应式修改为离子反应式；

——酸溶铁的测定方法中将硫代硫酸钠容量法修改为乙二胺四乙酸二钠络合滴定法。

本标准由中国建筑材料联合会提出。

本标准由全国非金属矿产品及制品标准化技术委员会（SAC/TC 406）归口。

本标准负责起草单位：咸阳非金属矿研究设计院。

本标准参加起草单位：青岛黑龙石墨集团、青岛恒胜石墨有限公司、青岛闫鑫石墨制品有限公司、黑龙江奥宇石墨集团、内蒙古兴和县信义石墨有限公司、内蒙古兴和县晶鑫石墨有限公司。

本标准主要起草人：司玉华、车坚亭、莫培斋、王连臣、韩玉凤、朱汉臣、张淑林。

本标准首次发布于 1983 年，1995 年进行了第一次修订，本次是第二次修订。

石墨化学分析方法

1 范围

本标准规定了石墨产品水分、挥发分、灰分、固定碳含量、硫含量和酸溶铁含量的分析方法。

本标准适用于天然石墨产品。

2 规范性引用文件

下列文件中的条款通过本标准的引用而成为本标准的条款。凡是注日期的引用文件，其随后所有的修改单(不包括勘误的内容)或修订版均不适用于本标准，然而，鼓励根据本标准达成协议的各方研究是否可使用这些文件的最新版本。凡是不注日期的引用文件，其最新版本适用于本标准。

GB/T 3518 鳞片石墨

GB/T 3519 微晶石墨

3 一般规定

3.1 按 GB/T 3518 和 GB/T 3519 规定的取样方法取得的化学分析用样品应装在塑料袋或磨口瓶中，试样量不少于 50 g。

3.2 除水分测定外，其余分析项目皆应将试样在 105 ℃～110 ℃下烘至恒重后进行分析。

3.3 高、中、低碳试样的称量应精确至 0.1 mg，要求恒重时，为两次称量之差不大于 0.3 mg。高纯石墨试样的称量应精确至 0.02 mg，恒重为两次称量之差不大于 0.05 mg。

3.4 各分析项目都必须进行平行测定。硫的分析应进行空白试验。

3.5 高纯石墨的计算结果表示至小数点后三位，其余各项的计算结果表示至小数点后两位。

3.6 本方法中所用水，除非另有说明，在分析中仅使用确认为蒸馏水或去离子水或相当纯度的水。

3.7 溶液的浓度为摩尔浓度或 1 L 溶液中含溶质的质量(g/L)。如(1+1)、(1+2)、($m+n$)等系指溶质体积与水体积之比。所用溶液除特殊指明外，均系水溶液。

3.8 除非另有说明，在分析中仅使用确认为分析纯或者优级纯的试剂，用于标定的试剂，仅使用确认为基准试剂或者光谱纯、高纯的试剂。除非另有说明，分析中所用酸和氨水仅使用确认为浓酸或者浓碱。

4 试验方法

4.1 水分测定方法

4.1.1 方法提要

将试样在 105 ℃～110 ℃下烘干，使附着水挥发，根据挥发量计算附着水百分含量。

4.1.2 仪器

4.1.2.1 烘箱或其他同等性能的仪器：工作温度为 105 ℃～110 ℃。

4.1.2.2 天平：感量 0.1 mg。

4.1.3 分析步骤

准确称取 1 g～2 g 未经干燥的试样，精确到 0.1 mg。放入已烘干至恒重的磨口称量瓶中，置于 105 ℃～110 ℃的烘箱中。打开盖子，烘 1 h～2 h，取出称量瓶，加盖，置于干燥器中冷至室温，称量。再放入烘箱中烘 30 min，取出，冷却，称量。如此反复，直至恒重。以最后一次数据为准。

4.1.4 结果计算

水分含量以质量分数 w_1 计，数值以 10^{-2} 或%表示，按式(1)计算：

$$w_1 = \frac{m_0 - m}{m_0} \times 100 \qquad \cdots\cdots(1)$$

式中：

m_0——干燥前试样的质量，单位为克(g)；

m——干燥后试样的质量，单位为克(g)。

4.2 挥发分测定方法(氮气保护法)

4.2.1 方法提要

试样处于氮气流中，经高温灼烧，使其中的挥发性物质分解逸出，该灼烧失量即为挥发分。

4.2.2 仪器设备及材料

4.2.2.1 天平：感量 0.1 mg。

4.2.2.2 烘箱或其他同等性能的仪器：工作温度为 105 ℃～110 ℃。

4.2.2.3 热解炉：带气路系统的方管炉(见图 1)。

4.2.2.4 石英舟：装样量不小于 1 g。

4.2.2.5 氮气：高纯氮(99.995%)可直接使用；纯氮(99.9%)需经净化后使用。

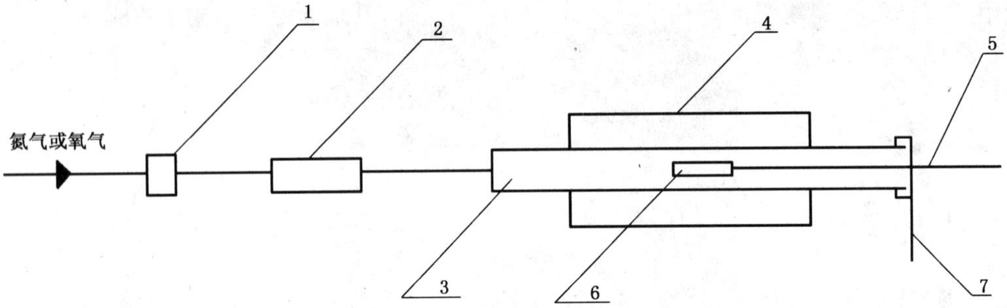

1——气体流量微调阀；

2——流量计；

3——方型石英管；

4——热解炉；

5——导样器；

6——石英舟和托盘；

7——炉口挡板。

图 1 热解炉系统流程图

4.2.3 分析步骤

准确称取 0.5 g～1.0 g 经干燥的试样，精确到 0.1 mg。置于已恒重的石英舟中，将石英舟置于托盘中。固定碳含量大于等于 98% 的石墨，将其放入已升温至 400 ℃±10 ℃的热解炉中，在此温度下恒温 1 h；固定碳含量小于 98% 的石墨，将其放入已升温至 950 ℃±10 ℃并已通入稳定氮气流(约 200 mL/min)的热解炉炉口处，关上炉门，预热 1 min～2 min，将托盘推入高温带，开始计时。灼烧 7 min 后将托盘移至炉口，取出，稍冷 1 min～2 min 后，置于干燥器中冷至室温，称量。

4.2.4 结果计算

挥发分含量以质量分数 w_2 计，数值以 10^{-2} 或%表示，按式(2)计算：

$$w_2 = \frac{m - m_1}{m} \times 100 \qquad \cdots\cdots(2)$$

式中：

m——灼烧前干燥试样的质量，单位为克(g)；

m_1——灼烧后试样的质量，单位为克(g)。

4.3 灰分测定方法

4.3.1 方法提要

试样经高温灼烧，使石墨和挥发物完全逸出后所得到的残余物，即为灰分。

4.3.2 仪器设备及材料

4.3.2.1 天平：感量为 0.1 mg 和 0.01 mg。

4.3.2.2　烘箱或其他同等性能的仪器：工作温度为 105 ℃～110 ℃。

4.3.2.3　热解炉：带有气路系统的方管炉（见图 1）或箱式高温炉。

4.3.2.4　样舟：石英舟用于方管炉；方瓷舟用于箱式高温炉；装样量为 0.5 g～3 g。

4.3.3　分析步骤

准确称取 0.3 g～1 g（高纯石墨称取 1 g～2 g）经干燥过的试样，精确到 0.1 mg（高纯石墨精确到 0.01 mg）置于已恒重的样舟中，将样舟放入已升温至 900 ℃～1 000 ℃的热解炉中，预热 1 min 后推入高温带，引入氧气流或空气流，灼烧至无黑色斑点，取出稍冷后置于干燥器中，冷却至室温，称量。再放入热解炉中灼烧 30 min（引入氧气流时则灼烧 10 min）取出，冷却，称量。如此反复，直至恒重。

4.3.4　结果计算

灰分以质量分数 w_3 计，数值以 10^{-2} 或％表示，按式（3）计算：

$$w_3 = \frac{m_2}{m} \times 100 \qquad \cdots\cdots(3)$$

式中：

m——灼烧前干燥试样的质量，单位为克（g）；

m_2——灼烧后残余物的质量，单位为克（g）。

4.4　固定碳含量测定方法——间接定碳法

4.4.1　方法提要

间接定碳法亦称燃烧法，即测得试样的挥发分、灰分后，由总量中将它们减去，其差值为固定碳含量。本法适用于含碳量大于 50％的石墨产品。

4.4.2　结果计算

4.4.2.1　高、中、低碳石墨固定碳含量以质量分数 w_4 计，数值以 10^{-2} 或％表示，按式（4）计算：

$$w_4 = 100 - w_2 - w_3 \qquad \cdots\cdots(4)$$

式中：

w_2——挥发分质量分数，％；

w_3——灰分质量分数，％。

4.4.2.2　高纯石墨固定碳含量以质量分数 w_5 计，数值以 10^{-2} 或％表示，按式（5）计算：

$$w_5 = 100 - w_3 \qquad \cdots\cdots(5)$$

式中：

w_3——灰分质量分数，％。

4.4.2.3　无挥发分要求的石墨，固定碳含量以质量分数 w_6 计，数值以 10^{-2} 或％表示，按式（6）计算：

$$w_6 = 100 - w_3 \qquad \cdots\cdots(6)$$

式中：

w_3——灰分质量分数，％。

4.5　硫的测定

4.5.1　方法提要

试样在 1 200 ℃～1 250 ℃的氧化气氛中灼烧，使硫、硫化物及硫酸盐中的硫均成二氧化硫形态逸出，并导入碘化钾淀粉吸收液中，用碘酸钾滴定。反应式为：

$$IO_3^- + 5I^- + 6H^+ = 3I_2 + 3H_2O$$

$$SO_2 + I_2 + 2H_2O = SO_4^{2+} + 2I^- + 4H^+$$

4.5.2　试剂

4.5.2.1　盐酸溶液（3＋197）。

4.5.2.2　碘酸钾标准溶液（0.088 8 g/L）。

准确称取 0.088 8 g 碘酸钾（KIO_3）基准试剂溶于水中，移入 1 000 mL 容量瓶中，稀释至刻度。贮存于棕色瓶中，此为 1 mL 溶液相当于 0.04 mg 硫。

4.5.2.3 淀粉-碘化钾溶液：称取 2 g 可溶性淀粉于 50 mL 水中使其成糊状，在搅拌下将糊状物加到 150 mL 沸水中，煮沸 1 min～2 min，冷却后加入 6 g 碘化钾(KI)，搅拌溶解。

4.5.2.4 硫标样：用艾士卡法测定过硫含量的焦炭。

4.5.3 仪器

4.5.3.1 天平：感量为 0.1 mg。

4.5.3.2 烘箱或其他同等性能的仪器：工作温度为 105 ℃～110 ℃。

4.5.3.3 定硫装置见图 2。

单位为毫米

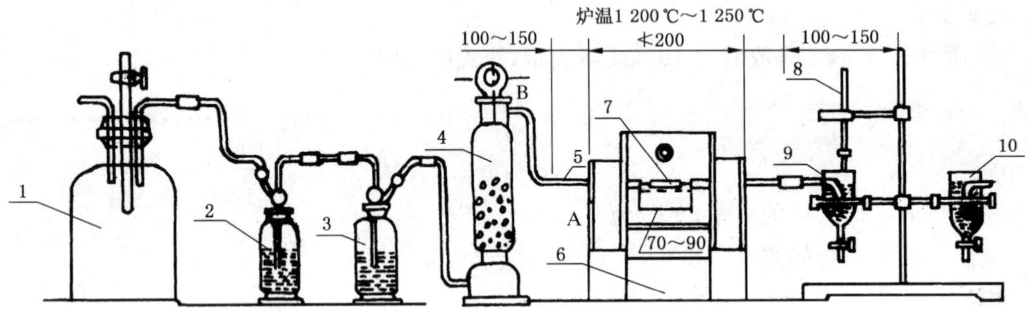

1——安全瓶；
2——铬酸洗瓶；
3——碱性高锰酸钾洗瓶；
4——无水氯化钙干燥塔；
5——高温瓷管(1 300 ℃)；
6——管式电炉(1 300 ℃)；
7——瓷舟；
8——滴定管；
9、10——定硫杯。

图 2 定硫装置

4.5.4 分析步骤

4.5.4.1 装置严密性检查：迅速升高炉温至 1 200 ℃～1 250 ℃，通入氧气或空气，调节流速 0.7 L/min～0.8 L/min，检查装置无漏气现象，方可进行试验。

4.5.4.2 试样测定：在定硫杯中加入 2/3 体积的盐酸溶液，加淀粉-碘化钾溶液 10 mL，滴加碘酸钾标准溶液，使定硫杯中溶液呈浅蓝色，用同样方法配制一份参比溶液，做判别终点用。通气 4 min～5 min，若定硫杯中溶液蓝色消失，则滴加碘酸钾标准溶液至蓝色不消失为止。

准确称取 0.2 g～1.0 g 经干燥过的试样(视硫含量多少而定)，精确到 0.1 mg。放入已灼烧过的瓷舟中，用无硫金属钩将该瓷舟迅速推入燃烧管中，立即堵塞管口，在 1 200 ℃～1 250 ℃下进行通气燃烧，通气速度以每分钟 80 个～100 个气泡为宜。当气体进入定硫杯下部使蓝色消失时，立即滴加碘酸钾标准溶液，滴加速度应使吸收器中溶液保持原空白的浅蓝色为限度，直至溶液的浅蓝色保持 1 min～2 min 不变为终点。

4.5.4.3 校正系数的测定：准确称取 1 g 硫标样，精确到 0.1 mg。于已灼烧过的瓷舟中，以下按 4.5.4.2 进行。

4.5.5 结果计算

4.5.5.1 校正系数 F，按式(7)计算：

$$F = \frac{m_5 \times A}{V_0} \qquad (7)$$

式中：

F——校正系数，即 1.00 mL 碘酸钾溶液相当于硫的质量，单位为微克每毫升(μg/mL)；

m_5——硫标样质量，单位为克(g)；

A——硫标样的含硫量，单位为微克每克(μg/g)；

V_0——消耗碘酸钾标准溶液的体积，单位为毫升(mL)。

4.5.5.2 硫含量以质量分数 w_7 计，数值以 10^{-2} 或%表示，按式(8)计算：

$$w_7 = \frac{V \times F \times 10^{-6}}{m} \times 100 \qquad \cdots\cdots (8)$$

式中：

V——试样消耗碘酸钾标准溶液的体积，单位为毫升(mL)；

F——校正系数，单位为微克每毫升(μg/ mL)；

m——干燥试样的质量，单位为克(g)。

4.6 酸溶铁的测定方法(以 Fe%计)

4.6.1 磺基水杨酸比色法(仲裁法)

4.6.1.1 方法提要

在 pH8～10.5 的氨性溶液中，三价铁与磺基水杨酸生成稳定的黄色络合物，在 420 nm 处有最大吸收，以此进行铁的比色。

4.6.1.2 试剂

4.6.1.2.1 盐酸：密度 1.19 g/cm³。

4.6.1.2.2 盐酸溶液(1+1)。

4.6.1.2.3 氨水溶液(1+1)。

4.6.1.2.4 铁标准溶液

4.6.1.2.4.1 配制

准确称取已在 105 ℃～110 ℃干燥 2 h 并冷却至室温的高纯(或光谱纯)三氧化二铁 1.429 7 g，加盐酸溶液(1+1)50 mL，溶解后移入 1 000 mL 容量瓶中，用水稀释至刻度，摇匀。此溶液每毫升含铁 1 mg，此为溶液 A。

4.6.1.2.4.2 准确吸取溶液 A10.0 mL，放于 250 mL 容量瓶中，用水稀释至刻度，摇匀。此溶液每毫升含铁 0.04 mg，此为溶液 B。

4.6.1.2.4.3 工作曲线的绘制

准确量取 0.0 mL，1.0 mL，3.0 mL，5.0 mL，7.0 mL，10.0 mL，15.0 mL，20.0 mL 铁标准溶液 B(相当于 0.00 mg，0.04 mg，0.12 mg，0.20 mg，0.28 mg，0.40 mg，0.60 mg，0.80 mg 的铁)，分别放入 100 mL 容量瓶中，用水稀释至约 50 mL，加入 2 mL 磺基水杨酸溶液(200 g/L)，摇匀。滴加氨水溶液，使溶液颜色由紫色变黄色并过量 4 mL，用水稀释至刻度，摇匀。放置 10 min。选用 1 cm 比色皿，以水为参比，在波长为 420 nm 处测定溶液的吸光度。以铁含量为横坐标，吸光度为纵坐标绘制工作曲线。

4.6.1.2.5 磺基水杨酸溶液(200 g/L)。

4.6.1.2.6 硫氰酸铵溶液(100 g/L)。

4.6.1.3 仪器

4.6.1.3.1 天平：感量为 0.1 mg。

4.6.1.3.2 烘箱或其他同等性能的仪器：工作温度为 105 ℃～110 ℃。

4.6.1.3.3 分光光度计或其他同等性能的仪器。

4.6.1.4 分析步骤

4.6.1.4.1 准确称取 0.5 g(含铁量低于 0.5%时，可取 1 g～3 g)经干燥过的试样，精确到 0.1 mg。置于 150 mL 烧杯中，用少量水润湿试样，加入 25 mL(密度 1.19)盐酸，搅拌，使试样完全浸入酸中，盖上表皿，放在电热板上，保持微沸 20 min，取下，用水洗涤表皿和杯壁，稍冷，用中速定性滤纸过滤于 250 mL 容量瓶中，用热水洗涤至无铁离子(以硫氰酸铵溶液检查，无红色)，冷却后，稀释至刻度，摇匀。此为试样溶液。

4.6.1.4.2 用移液管吸取 10 mL 试样溶液于 100 mL 容量瓶中，用水稀释至约 50 mL，加 2 mL 磺基水杨酸溶液(200 g/L),摇匀。以下操作步骤同4.6.1.2.4.3。

4.6.1.5 **结果计算**

酸溶铁的含量以质量分数 w_8 计,数值以 10^{-2} 或%表示,按式(9)计算:

$$w_8 = \frac{c \times n}{m \times 1\,000} \times 100 \qquad \cdots\cdots(9)$$

式中:

c——在工作曲线上查得的100 mL比色溶液中铁的含量,单位为毫克(mg);

n——试样溶液的总体积与分取试样溶液的体积之比;

m——试样的质量,单位为克(g)。

4.6.2 **EDTA络合滴定法**

4.6.2.1 **方法提要**

在微酸性溶液(pH=1.8~2.0)及60 ℃~70 ℃的溶液中,以磺基水杨酸钠为指示剂,用EDTA标准溶液滴定。

4.6.2.2 **试剂**

4.6.2.2.1 硝酸:密度1.42 g/cm³。

4.6.2.2.2 盐酸(1+1)。

4.6.2.2.3 氢氧化铵溶液(1+1)。

4.6.2.2.4 磺基水杨酸钠指示剂(100 g/L)。

4.6.2.2.5 精密试纸:pH=0.5~5.0。

4.6.2.2.6 钙黄绿素-甲基百里香酚蓝-酚酞混合指示剂(简称CMP):称取1.000 0 g钙黄绿素,1.000 0 g甲基百里香酚蓝,0.200 0 g酚酞与50 g在105 ℃~110 ℃干燥1 h的硝酸钾研细混匀,保存于磨口瓶中。

4.6.2.2.7 氢氧化钾溶液(200 g/L):将20 g氢氧化钾用水溶解后稀释至100 mL,贮存于塑料瓶中。

4.6.2.2.8 碳酸钙标准溶液:准确称取0.600 0 g已在105 ℃~110 ℃干燥2 h并已冷却至室温的碳酸钙(基准试剂),置于300 mL烧杯中,加入少许水。盖上表面皿,沿杯口滴加盐酸(1+1)至碳酸钙全部溶解后,加热煮沸3 min~5 min。取下冷至室温,移入250 mL容量瓶中,用水稀释到标线,混匀。

4.6.2.2.9 乙二胺四乙酸二钠(简称EDTA)标准溶液[c(EDTA)=0.015 mol/L]

4.6.2.2.9.1 配制

称取5.6 g EDTA于1 000 mL烧杯中,加600 mL水,加热溶解,冷却,过滤,用水稀释至1 000 mL。

4.6.2.2.9.2 标定

准确量取25.00 mL碳酸钙标准溶液于400 mL烧杯中,用水稀释到约200 mL,加入适量CMP混合指示剂,在搅拌下滴加氢氧化钾溶液(200 g/L)到出现绿色荧光后再过量1 mL~2 mL,用EDTA标准溶液滴定至绿色荧光消失呈现红色。

EDTA标准溶液对三氧化二铁的滴定度 T,按下式计算:

$$T = \frac{C_1 \times V_1}{V_2} \times \frac{M_1}{2M_2} = \frac{C_1 \times V_1}{V_2} \times 0.797\,7$$

式中:

T——1.00 mL EDTA标准溶液相当于三氧化二铁的质量,单位为毫克(mg);

C_1——1.00 mL碳酸钙标准溶液含有碳酸钙的质量,单位为毫克每毫升(mg/mL);

V_1——分取碳酸钙标准溶液的体积,单位为毫升(mL);

V_2——标定时消耗EDTA标准溶液的体积,单位为毫升(mL);

M_1——三氧化二铁的分子量;

M_2——碳酸钙的分子量。

4.6.2.3 **仪器**

4.6.2.3.1 天平:感量为 0.1 mg 和 0.1 g。

4.6.2.3.2 烘箱或其他同等性能的仪器:工作温度为 105 ℃～110 ℃。

4.6.2.4 **分析步骤**

准确分取 50 mL 按本标准 4.6.1.4.1 制备的试样溶液于 300 mL 烧杯中,加硝酸(密度 1.42 g/cm^3) 2 mL,加热煮沸,微沸 5 min。加水稀释至 100 mL,用氢氧化铵溶液(1＋1)调节溶液的 pH 值至 1.8～2.0(用精密 pH 试纸检验)。将溶液加热到 70 ℃,加 10 滴磺基水杨酸钠指示剂(100 g/L),用 EDTA 标准溶液缓慢滴定至亮黄色(铁含量少时为无色),终点时的温度应不低于 60 ℃。

4.6.2.5 **结果计算**

铁的含量以质量分数 w_9 计,数值以 10^{-2} 或者%表示,按式(10)计算:

$$w_9 = \frac{T \times V_3 \times n \times 0.6994}{m \times 1000} \times 100 \qquad (10)$$

式中:

T——1.00 mL EDTA 标准溶液相当于三氧化二铁的质量,单位为毫克(mg);

V_3——滴定时消耗 EDTA 标准溶液的体积,单位为毫升(mL);

n——试样溶液的总体积与分取试样溶液的体积之比;

m——试样的质量,单位为克(g);

0.699 4——换算系数。

5 允许差

两平行测定结果之间的绝对误差允许值应符合表 1 的规定,以不超差的两平行测定结果的算术平均值做为最终结果,否则,应重新测定。

表 1 绝对误差允许值

分析项目	含量/%	同实验室允许差/%	不同实验室允许差/%
水分	≤1.50	0.10	0.15
	>1.50	0.20	0.25
挥发分	<0.20	0.03	0.05
	0.20～0.50	0.05	0.10
	0.50～1.00	0.10	0.15
	1.00～2.00	0.15	0.20
	>2.00	0.20	0.25
灰分	<2.00	0.10	0.20
	2.00～10.00	0.20	0.30
	10.00～30.00	0.40	0.50
	>30.00	0.60	0.70
硫	≤0.50	0.05	0.07
	>0.50	0.10	0.15
酸溶铁(以铁的质量分数计)	<1.00	0.05	0.10
	1.00～2.50	0.10	0.15
	>2.50	0.15	0.20

ICS 77.140.50
H 46

GB

中华人民共和国国家标准

GB 3531—2008
代替 GB 3531—1996

低温压力容器用低合金钢钢板

Low alloy steel plates for low temperature pressure vessels

2008-12-23 发布　　　　2009-12-01 实施

中华人民共和国国家质量监督检验检疫总局
中国国家标准化管理委员会　发布

前　言

本标准中 5.2.1、6.4.3、6.5.2、8.3 为推荐性的，其余为强制性的。

本标准是对 GB 3531—1996《低温压力容器用低合金钢钢板》进行修订。

本标准自实施之日起，GB 3531—1996《低温压力容器用低合金钢钢板》废止。

本标准与 GB 3531—1996 相比，主要变化如下：

——扩大钢板的厚度规格，最大厚度由 100 mm 增加到 120 mm；

——钢板的厚度负偏差由－0.25 mm 变为－0.30 mm；

——降低钢中硫含量，各牌号硫的质量分数上限由 0.015%降低为 0.012%；

——冶炼方法增加炉外精炼要求；

——提高各牌号低温冲击功，由≥27 J 提高到≥34 J，厚度＞36 mm～60 mm 的 16MnDR 冲击试验温度由－30 ℃降低为－40 ℃。

本标准由中国钢铁工业协会提出。

本标准由全国钢标准化技术委员会归口。

本标准主要起草单位：重庆钢铁股份有限公司、冶金工业信息标准研究院、中国通用机械工程总公司、济南钢铁股份有限公司。

本标准主要起草人：李红、王晓虎、秦晓钟、张爱民、宿艳、杜大松。

本标准所代替标准的历次版本发布情况为：

——GB 3531—1983、GB 3531—1996。

低温压力容器用低合金钢钢板

1 范围

本标准规定了低温压力容器用低合钢钢板的尺寸、外形、重量及允许偏差、技术要求、试验方法、检验规则、包装、标志及质量证明书等。

本标准适用于制造－20 ℃～－70 ℃低温压力容器受压元件用厚度为 6 mm～120 mm 的低合金钢钢板（以下简称钢板）。

2 规范性引用文件

下列文件中的条款通过本标准的引用而成为本标准的条款。凡是注日期的引用文件，其随后所有的修改单（不包括勘误的内容）或修订版均不适用于本标准，然而，鼓励根据本标准达成协议的各方研究是否可使用这些文件的最新版本。凡是不注日期的引用文件，其最新版本适用于本标准。

GB/T 222　钢的成品化学成分允许偏差

GB/T 223.3　钢铁及合金化学分析方法　二安替吡啉甲烷磷钼酸重量测定磷量

GB/T 223.9　钢铁及合金　铝含量的测定　铬天青 S 分光光度法

GB/T 223.11　钢铁及合金　铬量的测定　铬天青 S 分光光度法

GB/T 223.12　钢铁及合金化学分析方法　碳酸钠分离-二苯碳酰二肼光度法测定铬量

GB/T 223.14　钢铁及合金化学分析方法　钽试剂萃取光度法测定钒量

GB/T 223.17　钢铁及合金化学分析方法　二安替比林甲烷光度法测定钛量

GB/T 223.19　钢铁及合金化学分析方法　新亚铜灵-三氯甲烷萃取光度法测定铜量

GB/T 223.23　钢铁及合金　镍含量的测定　丁二酮肟分光光度法

GB/T 223.26　钢铁及合金　钼含量的测定　硫氰酸盐分光光度法

GB/T 223.40　钢铁及合金　铌含量的测定　氯磺酚 S 分光光度法

GB/T 223.49　钢铁及合金化学分析方法　萃取分离-偶氮氯膦 mA 分光光度法测定稀土总量

GB/T 223.53　钢铁及合金化学分析方法　火焰原子吸收分光光度法测定铜量

GB/T 223.54　钢铁及合金化学分析方法　火焰原子吸收分光光度法测定镍量

GB/T 223.60　钢铁及合金化学分析方法　高氯酸脱水重量法测定硅含量

GB/T 223.62　钢铁及合金化学分析方法　乙酸丁酯萃取光度法测定磷量

GB/T 223.63　钢铁及合金化学分析方法　高碘酸钠（钾）光度法测定锰量

GB/T 223.68　钢铁及合金化学分析方法　管式炉内燃烧后碘酸钾滴定法测定硫含量

GB/T 223.69　钢铁及合金　碳含量的测定　管式炉内燃烧后气体容量法

GB/T 223.76　钢铁及合金化学分析方法　火焰原子吸收光谱法测定钒量（GB/T 223.76—1994，eqv ISO 9647:1989）

GB/T 228　金属材料　室温拉伸试验方法（GB/T 228－2002，eqv ISO 6892:1998）

GB/T 229　金属材料　夏比摆锤冲击试验方法（GB/T 229—2007，ISO 148-1:2006，MOD）

GB/T 232　金属材料　弯曲试验方法（GB/T 232—1999，eqv ISO 7438:1985）

GB/T 247　钢板和钢带包装、标志及质量证明书的一般规定

GB/T 709—2006　热轧钢板和钢带的尺寸、外形、重量及允许偏差

GB/T 2970　厚钢板超声波检验方法

GB/T 2975　钢及钢产品　力学性能试验取样位置及试样制备（GB/T 2975—1998，eqv ISO 377:1997）

GB/T 4336　碳素钢和中低合金钢火花源原子发射光谱分析方法(常规法)

GB/T 17505　钢及钢产品交货一般技术要求(GB/T 17505—1998,eqv ISO 404:1992)

GB/T 20066　钢和铁　化学成分测定用试样的取样和制样方法(GB/T 20066—2006,ISO 14284:1996,IDT)

GB/T 20123　钢铁　总碳硫含量的测定　高频感应炉燃烧后红外吸收法(常规方法)(GB/T 20123—2006,ISO 15350:2000,IDT)

GB/T 20125　低合金钢　多元素含量的测定　电感耦合等离子体原子发射光谱法

JB/T 4730.3—2005　承压设备无损检测　第3部分:超声波检测

YB/T 081　冶金技术标准的数值修约与检测数值的判定原则

3　订货内容

按本标准订货的合同或订单应包括下列内容:

a)　标准编号;

b)　产品名称;

c)　牌号;

d)　交货状态;

e)　尺寸;

f)　重量;

g)　附加技术要求(如超声波检测等)。

4　牌号表示方法

本标准所列牌号后缀"D"和"R"分别是指低温压力容器"低"和"容"的汉语拼音的首字母。

5　尺寸、外形、重量及允许偏差

5.1　钢板的尺寸、外形及允许偏差应符合 GB/T 709—2006 的规定。

5.2　厚度允许偏差按 GB/T 709—2006 中的 B 类要求。

根据需方要求,经供需双方协议,也可按 GB/T 709—2006 中的 C 类偏差交货。

5.3　钢板按理论重量交货,理论计重采用的厚度为钢板允许的最大厚度和最小厚度的算术平均值。钢的密度为 7.85 g/cm^3。

6　技术要求

6.1　牌号和化学成分

钢的牌号和化学成分(熔炼成分)应符合表1的规定。

表1　化学成分

牌号	化学成分(质量分数)/%								
	C	Si	Mn	Ni	V	Nb	Al_t	P	S
								不大于	
16MnDR	≤0.20	0.15～0.50	1.20～1.60	—	—	—	≥0.020	0.025	0.012
15MnNiDR	≤0.18	0.15～0.50	1.20～1.60	0.20～0.60	≤0.06		≥0.020	0.025	0.012
09MnNiDR	≤0.12	0.15～0.50	1.20～1.60	0.30～0.80	—	≤0.04	≥0.020	0.020	0.012

6.1.1 为改善钢板的性能，钢中可添加微量 V、Ti、Nb、RE 等元素，$w(V+Ti+Nb) \leqslant 0.12\%$，元素质量分数填写在质量证明书中。

6.1.2 作为残余元素，铬、铜质量分数应各不大于 0.25%，镍质量分数应不大于 0.40%，钼质量分数应不大于 0.08%。供方若能保证合格可不做分析。

6.1.3 全铝 Al_t 质量分数可以用测定酸溶铝质量分数代替，此时酸溶铝质量分数应不小于 0.015%。

6.1.4 成品钢板的化学成分允许偏差应符合 GB/T 222 的规定。

6.2 冶炼方法

钢由氧气转炉或电炉冶炼，并采用炉外精炼工艺。

6.3 交货状态

钢板以正火或正火加回火状态交货。

6.4 力学性能和工艺性能

钢板的拉伸试验、夏比(V 型缺口)低温冲击试验、弯曲试验应符合表 2 的规定。

表 2 力学性能、工艺性能

牌号	钢板公称厚度/mm	拉伸试验[a] 抗拉强度 R_m/(N/mm²)	拉伸试验[a] 屈服强度 R_{eL}/(N/mm²) 不小于	拉伸试验[a] 伸长率 A/% 不小于	冲击试验 温度/℃	冲击试验 冲击吸收能量 KV_2/J 不小于	180°弯曲试验[b] 弯心直径 ($b \geqslant 35$ mm)
16MnDR	6～16	490～620	315	21	−40	34	$d=2a$
	>16～36	470～600	295				$d=3a$
	>36～60	460～590	285				
	>60～100	450～580	275		−30	34	
	>100～120	440～570	265				
15MnNiDR	6～16	490～620	325	20	−45	34	$d=3a$
	>16～36	480～610	315				
	>36～60	470～600	305				
09MnNiDR	6～16	440～570	300	23	−70	34	$d=2a$
	>16～36	430～560	280				
	>36～60	430～560	270				
	>60～120	420～550	260				

注：a 为钢材厚度。

a 当屈服现象不明显时，采用 $R_{p0.2}$。

b 弯曲试验仲裁试样宽度 $b=35$ mm。

6.4.1 夏比(V 型缺口)低温冲击功，按 3 个试样的算术平均值计算，允许其中 1 个试样的单个值比表 2 规定值低，但应不低于规定值的 70%。

6.4.2 厚度小于 12 mm 的钢板，夏比(V 型缺口)低温冲击试验应采用辅助试样，6 mm～8 mm 钢板辅助试样尺寸为 5 mm×10 mm×55 mm，其试验结果应不小于表 2 规定值的 50%；>8 mm～<12 mm 钢

板辅助试样尺寸为7.5 mm×10 mm×55 mm，其试验结果应不小于表2规定值的75%。

6.4.3 经供需双方协议，钢板的低温冲击功可按高于表2的值交货，具体值应在合同中注明。

6.5 超声检测

6.5.1 厚度大于20 mm的钢板供方应逐张进行超声检测。

6.5.2 厚度不大于20 mm的钢板，经供需双方协议，也可逐张进行超声检测。

6.5.3 超声检验标准按GB/T 2970或JB/T 4730.3执行，检验标准和合格级别在合同中注明。

6.6 表面质量

6.6.1 钢板表面不允许存在裂纹、气泡、结疤、折叠和夹杂等对使用有害的缺陷。钢板不应有分层。

如有上述表面缺陷允许清理，清理深度从钢板实际尺寸算起，应不大于钢板厚度允许公差之半，并应保证清理处钢板的最小厚度，缺陷清理处应平滑无棱角。

6.6.2 其他缺陷允许存在，但其深度从钢板实际尺寸算起，应不超过钢板厚度允许公差之半，并应保证缺陷处钢板厚度不小于钢板允许最小厚度。

7 试验方法

钢板的检验项目、取样数量、取样方法及试验方法应符合表3的规定。

表3 检验项目、取样数量及试验方法

序号	检验项目	取样数量	取样方法	取样方向	试验方法
1	化学成分	每炉1个	GB/T 20066	—	GB/T 223、GB/T 4336、GB/T 20123、GB/T 20125
2	拉伸试验	每批1个	GB/T 2975	横向	GB/T 228
3	弯曲试验	每批1个	GB/T 2975	横向	GB/T 232
4	低温冲击	每批3个	GB/T 2975	横向	GB/T 229
5	超声检测	逐张	—	—	GB/T 2970或JB/T 4730
6	尺寸、外形	逐张	—	—	符合精度要求的适宜量具
7	表面	逐张	—	—	目视

8 检验规则

8.1 钢板的质量由供方质量技术监督部门进行检查和验收。

8.2 钢板应成批验收，每批钢板由同一牌号、同一炉号、同一厚度、同一热处理制度的钢板组成，每批重量不大于30 t，单张重量超过30 t的钢板按张组批。

8.3 根据需方要求，供需双方协议，厚度大于16 mm的钢板可逐热处理张进行力学性能检验。

8.4 力学性能试验取样位置按GB/T 2975的规定，对于厚度大于40 mm的钢板，冲击试样的轴线应位于厚度四分之一处。

8.5 夏比(V型缺口)低温冲击试验结果，不符合6.4规定时，应从同一张钢板(或同一样坯)上再取3个试样进行复验，前后两组6个试样的冲击平均值应不低于规定值，允许有2个试样小于规定值，但其中小于规定值70%的试样只允许有1个。

8.6 其他检验项目的复验与判定规则按GB/T 17505的有关规定执行。

9 包装、标志及质量证明书

钢板的包装、标志及质量证明书应符合 GB/T 247 的规定。

10 数值修约

数值修约按 YB/T 081 的规定。

ICS 75.080
E 30

中华人民共和国国家标准

GB/T 3536—2008
代替 GB/T 3536—1983

石油产品 闪点和燃点的测定 克利夫兰开口杯法

Petroleum products—Determination of flash and fire points—Cleveland open cup method

(ISO 2592:2000, Determination of flash and fire points—Cleveland open cup method, MOD)

2008-08-25 发布 2009-02-01 实施

中华人民共和国国家质量监督检验检疫总局
中国国家标准化管理委员会 发布

前 言

本标准修改采用国际标准 ISO 2592:2000《闪点和燃点测定法(克利夫兰开口杯法)》(英文版)。

本标准根据 ISO 2592:2000 重新起草。

为了比较方便,在附录 C 中列出了本标准条款和 ISO 2592:2000 条款的对照一览表。

为了适合我国国情,本标准在采用 ISO 2592:2000 时进行了修改。本标准与 ISO 2592:2000 主要差异如下:

——本标准的名称进行了修改,由《闪点和燃点测定法(克利夫兰开口杯法)》修改为《石油产品　闪点和燃点的测定　克利夫兰开口杯法》,同时英文名称也作了相应修改;

——本标准将 ISO 2592:2000 中的引用标准修改为相应的我国现行国家标准和行业标准;

——本标准结果表示由“报告修约至偶数”修改为“报告修约至整数”;

——本标准取消了 ISO 2592:2000 中的附录 B《温度计规格》,直接引用与 ISO 2592:2000 温度计规格要求一致的 GB/T 514 中的 GB-5 号温度计。

为使用方便,本标准做了如下编辑性修改:

——重复性和再现性的文字表述按我国的习惯进行了修改。

本标准代替 GB/T 3536—1983《石油产品闪点和燃点测定法(克利夫兰开口杯法)》,GB/T 3536—1983 是等效采用 ISO 2592:1973 制定的。

本标准与 GB/T 3536—1983 相比主要变化如下:

——本标准增加了自动仪器的使用内容;

——本标准在仪器的准备章增加了仪器的校检内容,并在附录 B《仪器的校验》中给出了具体说明;

——本标准增加了取样章及样品制备章;

——本标准增加了“如果在试验最后阶段试样表面仍有泡沫存在,则试验结果作废。”内容;

——本标准增加了“如果所测得的闪点与最初点火温度相差少于 18 ℃,则此结果无效”内容;

——GB/T 3536—1983 大气压修正是当大气压低于 95.3 kPa 时分段修正,且分别修正 2 ℃、4 ℃和 6 ℃,而本标准大气压修正统一以公式计算进行修正;

——本标准闪点的再现性由 16 ℃修改为 17 ℃;

——取消了 GB/T 3536—1983 中的附录 B《温度计规格》,温度计改为使用符合 GB/T 514 中的 GB-5 号温度计;

——本标准增加了附录 B《仪器的校验》。

本标准的附录 A 为规范性附录,附录 B 和附录 C 为资料性附录。

本标准由全国石油产品和润滑剂标准化技术委员会提出。

本标准由全国石油产品和润滑剂标准化技术委员会石油燃料和润滑剂分技术委员会归口。

本标准起草单位:中国石油化工股份有限公司石油化工科学研究院。

本标准主要起草人:陈洁、郭涛。

本标准所代替标准的历次版本发布情况为:

——GB/T 3536—1983。

石油产品 闪点和燃点的测定 克利夫兰开口杯法

警告：本标准的使用可能涉及到某些有危险的材料、操作和设备。但并未对与此有关的所有安全问题都提出建议。用户在使用本标准之前有责任制定相应的安全和保护措施，并明确其受限制的使用范围。

1 范围

本标准规定了用克利夫兰开口杯仪器测定石油产品闪点和燃点的方法。适用于除燃料油（燃料油通常按照 GB/T 261 进行测定）以外的、开口杯闪点高于 79 ℃的石油产品。

注：闪点和燃点表示在规定条件下，一种物质与空气形成可燃性混合物且持续燃烧的能力。闪点和燃点仅仅是用于评价物质易燃性和可燃性众多分析手段中的两种。

2 规范性引用文件

下列文件中的条款通过本标准的引用而成为本标准的条款。凡是注日期的引用文件，其随后所有的修改单（不包括勘误的内容）或修订版均不适用于本标准，然而，鼓励根据本标准达成协议的各方研究是否可使用这些文件的最新版本。凡是不注日期的引用文件，其最新版本适用于本标准。

GB/T 261 闪点的测定 宾斯基-马丁闭口杯法（GB/T 261—2008，ISO 2719:2002，MOD）

GB/T 514 石油产品试验用玻璃液体温度计技术条件

GB/T 4756 石油液体手工取样法（GB/T 4756—1998，eqv ISO 3170:1988）

GB/T 6683 石油产品试验方法精密度数据确定法（GB/T 6683—1997，neq ISO 4259:1992）

GB/T 15000.3 标准样品工作导则（3）标准样品定值的一般原则和统计方法（GB/T 15000.3—1994，neq ISO 导则 35）

GB/T 15000.7 标准样品工作导则（7）标准样品生产者能力的通用要求（GB/T 15000.7—2001，ISO 导则 34，IDT）

GB/T 15000.8 标准样品工作导则（8）有证标准样品的使用（GB/T 15000.8—2003，ISO 导则 33，IDT）

SY/T 5317 石油液体管线自动取样法（SY/T 5317—2006，ISO 3171:1988，IDT）

3 术语和定义

下列术语和定义适用于本标准。

3.1

闪点 flash point

在规定试验条件下，试验火焰引起试样蒸气着火，并使火焰蔓延至液体表面的最低温度，修正到 101.3 kPa 大气压下。

3.2

燃点 fire point

在规定试验条件下，试验火焰引起试样蒸气着火且至少持续燃烧 5 s 的最低温度，修正到 101.3 kPa 大气压下。

4 方法概要

将试样装入试验杯至规定的刻度线。先迅速升高试样的温度，当接近闪点时再缓慢地以恒定的速率升温。在规定的温度间隔，用一个小的试验火焰扫过试验杯，使试验火焰引起试样液面上部蒸气闪火的最低温度即为闪点。如需测定燃点，应继续进行试验，直到试验火焰引起试样液面的蒸气着火并至少维持燃烧 5 s 的最低温度即为燃点。在环境大气压下测得的闪点和燃点用公式修正到标准大气压下的闪点和燃点。

5 试剂与材料

5.1 清洗溶剂：用于除去试验杯沾有的少量试样。

注：清洗溶剂的选择依据试样及其残渣的黏生。低挥发性芳烃(无苯)溶剂可用于除去油的痕迹；混合溶剂如甲苯-丙酮-甲醇可有效除去胶质类的沉积物。

5.2 校准液：详见附录 B 中的 B.2 章。

5.3 钢丝绒：能除去碳沉积物而不损害试验杯的钢丝。

6 仪器

6.1 克利夫兰开口杯试验仪：详见附录 A。

6.1.1 如果使用自动仪器，要确保其测定结果能达到本标准规定的精密度，其试验杯和试验火焰的大小及机械性能要符合附录 A 的规定。使用者应确保全部操作按仪器说明书进行。

6.1.2 在有争议的情况下，闪点的仲裁试验应使用手动仪器。

6.2 防护屏：约 460 mm×460 mm，高 610 mm，有一个开口面。

6.3 温度计：符合 GB/T 514 中 GB-5 号的要求。

注：也可使用其他类型但能满足 6.3 条规定的温度计。

6.4 气压计：精度 0.1 kPa，不能使用气象台或机场所用的已预校准至海平面读数的气压计。

7 仪器的准备

7.1 仪器的放置：将仪器放置在无空气流的房间里，并放在平稳的台面上。为便于观察试验的闪点，应使用合适的方式，在仪器顶部作一个遮光板，防强光照射。

注 1：如果不能避免空气流，最好用防护屏挡在仪器周围。

注 2：若样品产生有毒蒸气，应将仪器放置在能单独控制空气流的通风柜中，通过调节使蒸气可抽走，但空气流不能影响试验杯上方的蒸气。

7.2 试验杯的清洗：先用清洗溶剂冲洗试验杯，以除去上次试验留下的所有胶质或残渣痕迹。再用清洁的空气吹干试验杯，确保除去所用溶剂。如果试验杯上留有碳的沉积物，可用钢丝绒擦掉。

7.3 试验杯的准备：使用前将试验杯冷却到至少低于预期闪点 56 ℃。

7.4 仪器组装：将温度计垂直放置，使其感温泡底部距试验杯底部 6 mm，并位于试验杯中心与试验杯边之间的中点和测试火焰扫过的弧(或线)相垂直的直径上，且在点火器臂的对边。

注：温度计的正确位置应使温度计上的浸没深度线位于试验杯边缘线以下 2 mm 处。也可先将温度计慢慢地向下放，直至温度计与试验杯底接触，然后再往上提 6 mm。

7.5 仪器的校验

7.5.1 用有证标准样品(CRM)每年至少校验仪器一次。所得结果与 CRM 标定值之差应小于或等于 $R/\sqrt{2}$，其中 R 是本标准的再现性。推荐用工作参比样品(SWS)对仪器进行经常性的校验。

注：使用 CRM 和 SWS 校验仪器的推荐步骤，以及得到 SWS 的方法参见附录 B。

7.5.2 校验试验所得的结果不能作为方法的偏差，也不能用于后续闪点测定结果的修正。

8 取样

8.1 除非另有规定，取样应按照 GB/T 4756、SY/T 5317 进行。

8.2 将所取样品装入合适的密封容器中。为了安全，样品只能充满容器容积的 85%～95%。

8.3 将样品贮存于合适的条件下，以最大限度地减少样品蒸发损失和压力升高。样品贮存温度应避免超过 30 ℃。

9 样品制备

9.1 分样：在低于预期闪点至少 56 ℃下进行分样。如果在试验前要将一部分原样品分装贮存，应确保每份样品充满其容器容积的 50%以上(见 10.1)。

9.2 含有未溶解水的样品：如果样品含有未溶解的水，在样品混匀前应将水分离出来。

注：水的存在会影响闪点的测定结果。

9.3 室温下为液体的样品：取样前应先轻轻地摇动混匀样品，再小心地取样，应尽可能避免挥发性组分损失，然后按第 10 章进行操作。

9.4 室温下为固体或半固体的样品：将装有样品的容器放入加热浴或烘箱中，在低于预期闪点 56 ℃以下加热。要避免加热过度，因为这会导致挥发性组分的损失。轻轻混匀样品后按第 10 章进行操作。

10 闪点试验步骤

10.1 如果样品容器内样品的体积低于容器容积的 50%，其闪点测定结果会受影响。

10.2 观察气压计，记录试验期间仪器附近环境大气压。

注：虽然某些气压计会自动压力修正，但本标准不要求修正到 0 ℃时大气压。

10.3 将室温或已升过温的试样装入试验杯，使试样的弯月面顶部恰好位于试验杯的装样刻线。如果注入试验杯的试样过多，可用移液管或其他适当的工具取出；如果试样沾到仪器的外边，应倒出试样，清洗后再重新装样。弄破或除去试样表面的气泡或样品泡沫，并确保试样液面处于正确位置。如果在试验最后阶段试样表面仍有泡沫存在，则此结果作废。

10.4 点燃试验火焰，并调节火焰直径为 3.2 mm～4.8 mm。如果仪器安装了金属比较小球，应与金属比较小球直径相同。

10.5 开始加热时，试样的升温速度为 14(℃/min)～17(℃/min)。当试样温度达到预期闪点前约 56 ℃时减慢加热速度，使试样在达到闪点前的最后 23 ℃±5 ℃时升温速度为 5(℃/min)～6(℃/min)。试验过程中，应避免在试验杯附近随意走动或呼吸，以防扰动试样蒸气。

10.6 在预期闪点前至少 23 ℃±5 ℃时，开始用试验火焰扫划，温度每升高 2 ℃扫划一次。用平滑、连续的动作扫划，试验火焰每次通过试验杯所需时间约为 1 s，试验火焰应在与通过温度计的试验杯的直径成直角的位置上划过试验杯的中心，扫划时以直线或沿着半径至少为 150 mm 圆来进行。试验火焰的中心必须在试验杯上边缘面上 2 mm 以内的平面上移动。先向一个方向扫划，下次再向相反方向扫划。如果试样表面形成一层膜，应把油膜拨到一边再继续进行试验。

10.7 当在试样液面上的任何一点出现闪火时，立即记录温度计的温度读数，作为观察闪点，但不要把有时在试验火焰周围产生的淡蓝色光环与真正的闪火相混淆。

10.8 如果观察闪点与最初点火温度相差少于 18 ℃，则此结果无效。应更换新试样重新进行测定，调整最初点火温度，直至得到有效结果，即此结果应比最初点火温度高 18 ℃以上。

11 燃点试验步骤

11.1 按第 10 章闪点试验步骤测定闪点之后，以 5(℃/min)～6(℃/min)的速度继续升温。试样每升高2 ℃ 就扫划一次，直到试样着火，并能连续燃烧不少于 5 s。记录此温度作为试样的观察燃点。

11.2 如果燃烧超过 5 s,用带手柄的金属盖或其他阻燃材料做的盖子熄灭火焰。盖子的示例详见附录 A 中图 A.2。

12 计算

12.1 大气压读数的换算

如果所测得的大气压读数不是以 kPa 为单位,可用下述等量关系换算到以 kPa 为单位的数值。

以 hPa 为单位读数大气压×0.1=以 kPa 为单位的读数大气压

以 mbar 为单位读数大气压×0.1=以 kPa 为单位的读数大气压

以 mmHg 为单位读数大气压×0.133 3=以 kPa 为单位的读数大气压

12.2 观察闪点或燃点修正到标准大气压

用式(1)将观察闪点或燃点修正到标准大气压(101.3 kPa),T_C,℃。

$$T_C = T_0 + 0.25(101.3 - p) \quad \cdots\cdots(1)$$

式中:

T_0——观察闪点或燃点,℃;

p——环境大气压,kPa。

注:本公式精确地修正仅限在大气压为 98.0 kPa~104.7 kPa 范围之内。

13 结果表示

报告修正后的闪点或燃点,以℃为单位,且结果修约至整数。

14 精密度

按下述规定判断试验结果的可靠性(95%的置信水平)。

14.1 重复性,*r*

在同一实验室,由同一操作者使用同一仪器,按相同方法,对同一试样连续测定的两个试验结果之差对于闪点和燃点均不能超过 8 ℃。

14.2 再现性,*R*

在不同实验室,由不同操作者使用不同的仪器,按相同方法,对同一试样测定的两个单一、独立的结果之差对于闪点不能超过 17 ℃、对于燃点不能超过 14 ℃。

15 试验报告

试验报告至少应该包括下述内容:

a) 注明本标准编号;

b) 被测产品的类型及相关信息;

c) 试验结果;

d) 注明按协议或其他原因,与规定试验步骤存在的任何差异;

e) 试验日期。

附　录　A
（规范性附录）
克利夫兰开口试验杯仪

A.1　试验杯

由黄铜或其他热导性能相当的、不锈金属制成，尺寸应符合图 A.1 的要求。

注：试验杯可以安装手柄。

A.2　加热板

由黄铜、铸铁、锻铁或钢板制成，有一个中心孔，其四周有一块面积稍凹，除这块放置试验杯的凹平面外，其他部位的金属板应用耐热板（不包括石棉）盖住。加热板尺寸应符合图 A.1 所示的要求。

注：加热板可用方形代替圆形，可适当加大，以便安装试验火焰发生器和温度计支架。A.3 章中提到的金属比较小球也可以安装在加热板上，使其通过并稍高出耐热板中合适的小孔。

A.3　试验火焰发生器

扫划火焰装置可以采用任何适宜的形式，但建议火焰头的顶端直径约为 1.6 mm，孔眼直径约为 0.8 mm。在安装操作试验火焰装置时，应使试验火焰的扫划能自动重复，扫划的半径不小于 150 mm。孔眼中心能在试验杯边缘上方不超过 2 mm 的平面上移动。最好在仪器的适当位置安装一个直径为 3.2 mm～4.8 mm 的金属比较小球，以便比较试验火焰的大小。

A.4　加热器

最好采用具有可调变压器的电加热器、允许使用煤气灯或酒精灯。但在任何情况下都不能让火焰升到试验杯的周围。热源要集中在孔的下方，且没有局部过热。如果使用电加热器，要确保不与试验杯直接接触。

注：火焰型加热器可用任何合适的防护屏来防止风的流动或过量辐射，但防护屏不应高出耐热板的上表面。

A.5　温度计支架

在试验期间能使温度计固定在规定的位置上，且在试验结束后能方便地从试验杯中取出温度计的支架。

A.6　加热板支架

可采用能水平且平稳固定加热板的任何合适的支架。

A.7　熄灭火焰的盖子（可选）

熄灭火焰盖子的示例见图 A.2。

单位为毫米

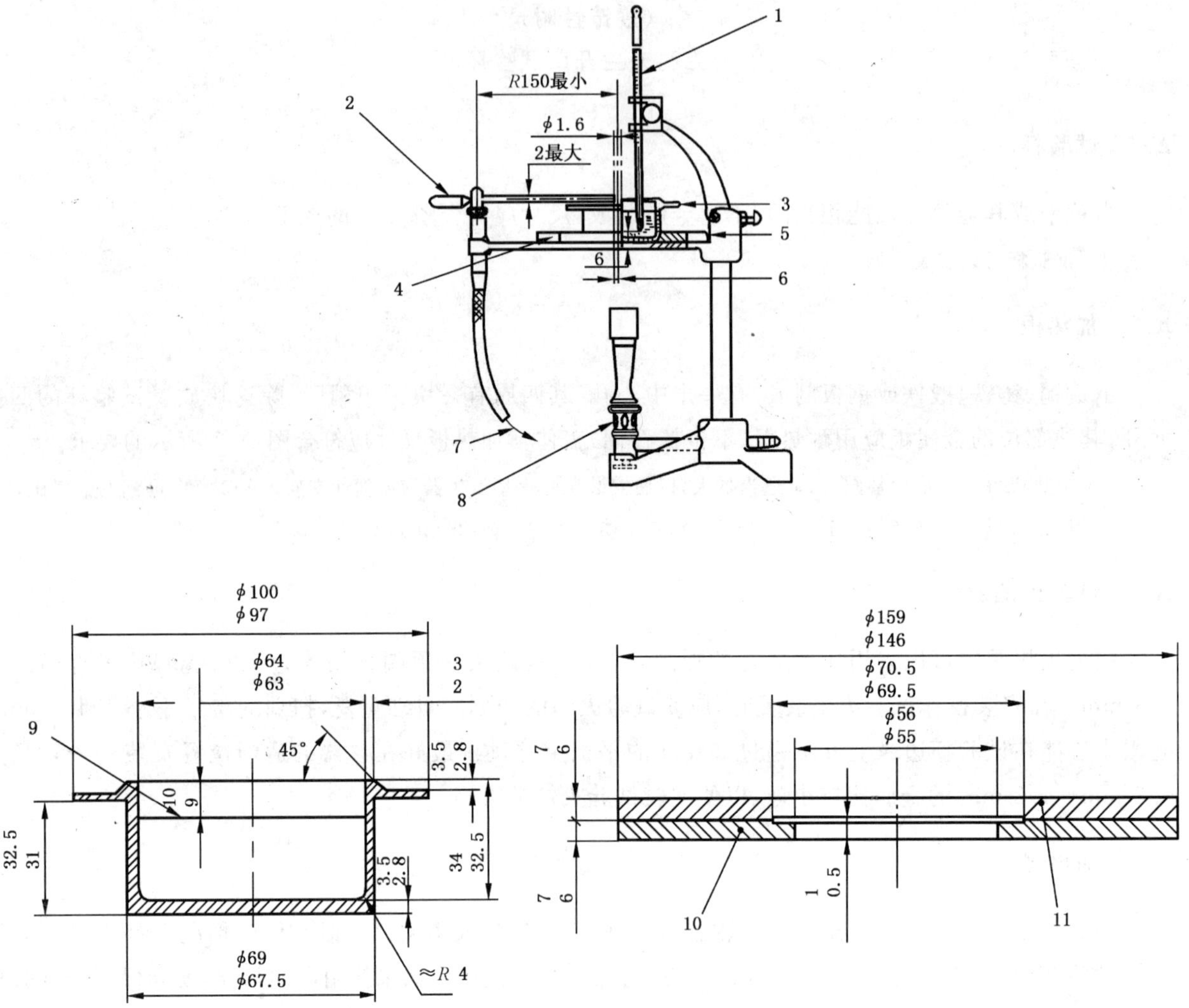

试验杯　　　　加热板

1——温度计；
2——点火器；
3——试验杯；
4——金属比较小球 ϕ3.2 mm～4.8 mm；
5——加热板；
6——ϕ0.8 mm 孔；
7——至气源；
8——加热器(火焰型或电阻型)；
9——装样刻线；
10——金属；
11——耐热材料。

图 A.1　克利夫兰开口试验杯仪

单位为毫米

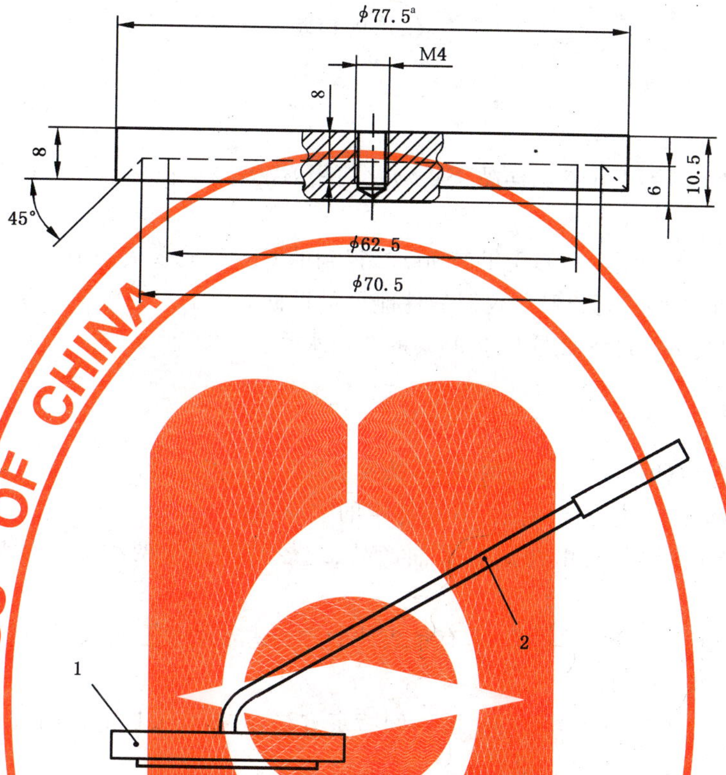

1——由金属或其他阻燃材料制成盖子；
2——手柄。
[a] 参考尺寸。

图 A.2　熄灭火焰盖子示意图

附 录 B
（资料性附录）
仪器的校验

B.1 总则

B.1.1 本附录给出了得到工作参比样品(SWS)及使用SWS及有证标准样品(CRM)对仪器进行校准验证的操作步骤。

B.1.2 用根据GB/T 15000.7和GB/T 15000.3得到的CRM，或者根据B.2.2条中规定步骤得到的SWS对仪器(手动和自动)进行检验。仪器的性能也可根据GB/T 15000.8和GB/T 6683进行检定。

B.1.3 对试验结果的准确度评价是基于95%的置信水平。

B.2 校准检验标准

B.2.1 有证标准样品(CRM)：由稳定的纯烃，按照GB/T 15000.7和GB/T 15000.3或者是经指定试验方法的实验室间，确定了本标准闪点的其他稳定的物质组成。

B.2.2 工作参比样品(SWS)：由稳定的石油产品、纯烃或用以下两种方法测定出闪点的稳定物质组成。

B.2.2.1 使用已用CRM校验的仪器，对有代表性的样品进行至少三次试验，统计分析结果，剔除异常值后，计算结果的算术平均值。

B.2.2.2 通过至少三个实验室参加的实验室间特定方法，对有代表性的样品进行重复试验，闪点的赋值可经对实验室间统计数据计算后得到。

B.2.3 为保证SWS的完整性，应将SWS保存在避光容器中，SWS贮存温度应避免超过10 ℃。

B.3 试验步骤

B.3.1 选取CRM或SWS闪点的测定范围应满足表B.1的要求。闪点的参考值见表B.1。为使覆盖的范围尽可能的宽，推荐使用两个CRM或两个SWS。此外，也推荐使用相同的CRM或SWS进行重复试验。

表 B.1 烃类样品开口杯闪点参考值

烃	标准闪点/℃
正十四烷	116
正十六烷	139

B.3.2 对于新仪器或一年至少使用一次的在用仪器，应使用CRM，按照第10章的规定对仪器进行校准试验。

B.3.3 日常仪器校验，可使用SWS，按照第10章的规定对仪器进行校准试验。

B.3.4 大气压的修正应按照第12章进行，记录修正试验结果，精确到0.1 ℃。

B.4 结果表示

B.4.1 总则：用CRM标定值或SWS的给定值比较修正后试验结果。

假定再现性已经根据GB/T 6683得到，CRM标定值或SWS的给定值是在GB/T 15000.3下建立的，它的不确定度比本标准的标准偏差小，比本标准的再现性也小，其关系式在B.4.1.1和B.4.1.2给出。

B.4.1.1 单次试验：对于 CRM 或 SWS 的单次试验，单次结果与 CRM 标定值或 SWS 的给定值之差，应满足式(B.1)的要求：

$$|x-\mu|\leqslant R/\sqrt{2} \quad \cdots\cdots(B.1)$$

式中：

x——单次试验结果；

μ——CRM 标定值或 SWS 的给定值；

R——本标准的再现性。

B.4.1.2 多次试验：对于 CRM 或 SWS 的 n 次试验，n 次结果的平均值与 CRM 标定值或 SWS 的给定值之差，应满足式(B.2)的要求：

$$|\bar{x}-\mu|\leqslant R_1/\sqrt{2} \quad \cdots\cdots(B.2)$$

式中：

$\bar{x}$——试验结果平均值；

μ——CRM 标定值或 SWS 的给定值；

R_1——即 $\sqrt{R^2-r^2[1-(1/n)]}$；

R——本标准的再现性；

r——本标准的重复性；

n——用 CRM 或 SWS 进行重复试验的次数。

B.4.2 如果试验结果满足上述规定，对此进行记录。

B.4.3 对于使用 SWS 进行校准验证，如果试验结果不能满足上述规定，则使用 CRM 重复上述步骤。如果试验结果满足上述规定，对此进行记录，并删除 SWS 的校验结果。

B.4.4 如果试验结果仍然不能满足上述规定，应检查仪器和操作是否符合仪器说明书要求。如果没有明显的不一致，再用不同的 CRM 进行进一步的校准验证。如果后续试验结果满足上述规定，对此进行记录。如果仍然不能满足上述规定，应将仪器送回生产厂进行仔细检查。

附 录 C
（资料性附录）
本标准章条编号与 ISO 2592:2000 章条编号对照

表 C.1 给出了本标准章条编号与 ISO 2592:2000 章条编号对照一览表。

表 C.1 本标准章条编号与 ISO 2592:2000 章条编号对照

本标准章条编号	ISO 2592:2000 章条编号
11.1	11
11.2	11
—	附录 B
附录 B	附录 C
B.1.1	C.1
B.1.2	C.1
B.1.3	C.1
B.2.2.1	C.2.2
B.2.2.2	C.2.2
B.2.2.3	C.2.2
附录 C	—

注：表中的章条以外的本标准其他章条编号和 ISO 2592:2000 章条编号均相同且内容相对应。

ICS 75.140
E 42

中华人民共和国国家标准

GB/T 3554—2008
代替 GB/T 3554—1983

石油蜡含油量测定法

Standard test method for oil content of petroleum waxes

2008-04-15 发布　　　　2008-10-01 实施

中华人民共和国国家质量监督检验检疫总局
中国国家标准化管理委员会　发布

前　言

本标准修改采用美国试验与材料协会标准 ASTM D721—2006《石油蜡含油量测定法》。

本标准根据 ASTM D721—2006 重新起草。

考虑到我国国情，本标准在采用 ASTM D721—2006 时进行了修改。本标准与 ASTM D721—2006 的主要差异：

——本标准引用标准采用我国相应的国家标准；

——本标准取消了使用金属过滤器及与金属过滤器相关的内容；

——本标准取消了图 3“空气压力调节器”；

——本标准附录 A 中增加适当的压力表及相关计算公式。

本标准代替 GB/T 3554—1983《石油蜡含油量测定法》，本标准与 GB/T 3554—1983 的主要差异：

——增加了“意义和用途”章；

——删除了温度计规格说明；

——增加了图 2 恒温冷浴规格；

——删除了表 1 丁酮规格；

——增加了“样品”章；

——附录 A 中增加适当的压力表及相关计算公式。

本标准的附录 A 是规范性附录。

本标准由全国石油产品和润滑剂标准化技术委员会(SAC/TC 280)提出。

本标准由中国石油化工股份有限公司抚顺石油化工研究院归口。

本标准起草单位：中国石油化工股份有限公司抚顺石油化工研究院。

本标准主要起草人：蔡秀党。

本标准于 1983 年首次发布。

石油蜡含油量测定法

1 范围

1.1 本标准规定了石油蜡含油量的测定方法。本方法适用于冻凝点在30℃以上，含油量低于15%的石油蜡。对于某些含油量大于5%，在丁酮中不能完全溶解而分层的石油蜡本方法是不适用的。

1.2 本标准采用国际单位制SI单位。

1.3 本标准可能涉及某些有危险的材料、设备和操作，但是无意对此有关的所有安全问题都提出建议。因此，在使用之前，用户有责任建立适当的安全和防护措施，并制定有适用性的管理制度。

2 规范性引用文件

下列文件中的条款通过本标准的引用而成为本标准的条款。凡是注日期的引用文件，其随后所有的修改单(不包括勘误的内容)或修订版均不适用于本标准，然而，鼓励根据本标准达成协议的各方研究是否可使用这些文件的最新版本。凡是不注日期的引用文件，其最新版本适用于本标准。

GB/T 514 石油产品试验用玻璃液体温度计技术条件

3 方法概要

将试样溶解于丁酮溶剂中，溶液冷却至-32℃时析出蜡，经过滤管取出滤液。将滤液中溶剂蒸发，称量残留油，通过计算得到试样含油量的质量分数。

4 意义和用途

石油蜡中的含油量对石油蜡的许多性质都有影响，如石油蜡的强度、硬度、柔软性、摩擦系数、膨胀系数、耐擦伤性、污染特性、熔点等，这些影响取决于最终石油蜡的应用。

5 仪器与设备

5.1 过滤装置：由最大孔径为10 μm～15 μm、直径10 mm的烧结玻璃过滤管组成，过滤管上带有空气压力入口和喷管，并带有磨砂玻璃接头与25 mm×170 mm的冷却试管连接，过滤管孔径采用附录A方法测量。详细规格见图1。

5.2 冷浴：由带有多个孔径为30 mm±5 mm冷浴孔的绝热箱组成，冷浴内可加入合适的介质，如煤油、固体二氧化碳(干冰)、乙醇等。规格见图2。

5.3 滴管：能移取1.0 g±0.05 g熔化的试样。

5.4 移液管：15 mL±0.06 mL。

5.5 气路系统设备

5.5.1 空气压缩机：能为蒸发装置提供稳定足量和适当压力的空气流。

5.5.2 空气压力调节器：在充足的压力下为过滤器提供适量的空气。

5.5.3 干燥塔：500 mL，内装变色硅胶和少许脱脂棉。

5.5.4 玻璃转子流量计：流量为1 L/min～10 L/min。

5.6 测温装置

5.6.1 温度计

5.6.1.1　冷浴用温度计：符合 GB/T 514 中 GB-70。

5.6.1.2　蒸发用温度计：符合下列规格：温度范围 0℃～50℃；分度 1℃。

5.6.2　可以使用与 5.6.1 不同的能够具有与水银玻璃温度计相同温度响应的温度测量装置。

5.7　锥形称量瓶：带有玻璃塞，容量 15 mL～25 mL。

5.8　蒸发装置：由蒸发箱和多支管集气管组成，详细规格见图 3。该蒸发装置能保持称量瓶周围温度在 35℃±1℃。将清洁而干燥的空气流经由内径为 4 mm±0.2 mm 的喷嘴垂直吹入称量瓶内，确保在蒸发初期每个喷嘴的顶部高于液面 15 mm±5 mm，每个喷嘴的空气流出速率为 2 L/min～3 L/min，进入称量瓶前的空气由装在干燥塔内的变色硅胶及脱脂棉净化。取 4 mL 丁酮，按 8.6 的要求，定期地检查空气清洁度，当残留不超过0.000 1 g 时，认为蒸发装置工作正常。

单位为毫米

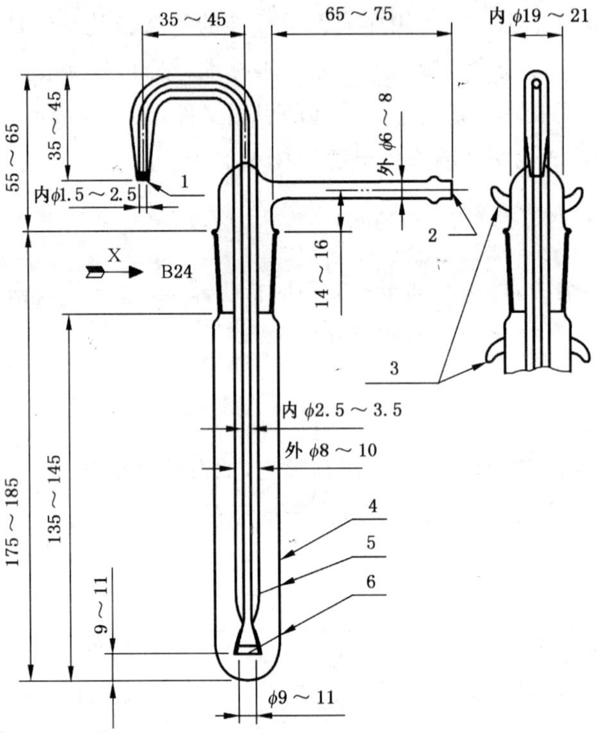

1——排液口；

2——空气入口；

3——玻璃钩；

4——试管；

5——管式浸液过滤管；

6——烧结多孔玻璃过滤管滤片。

图 1　过滤器

单位为毫米

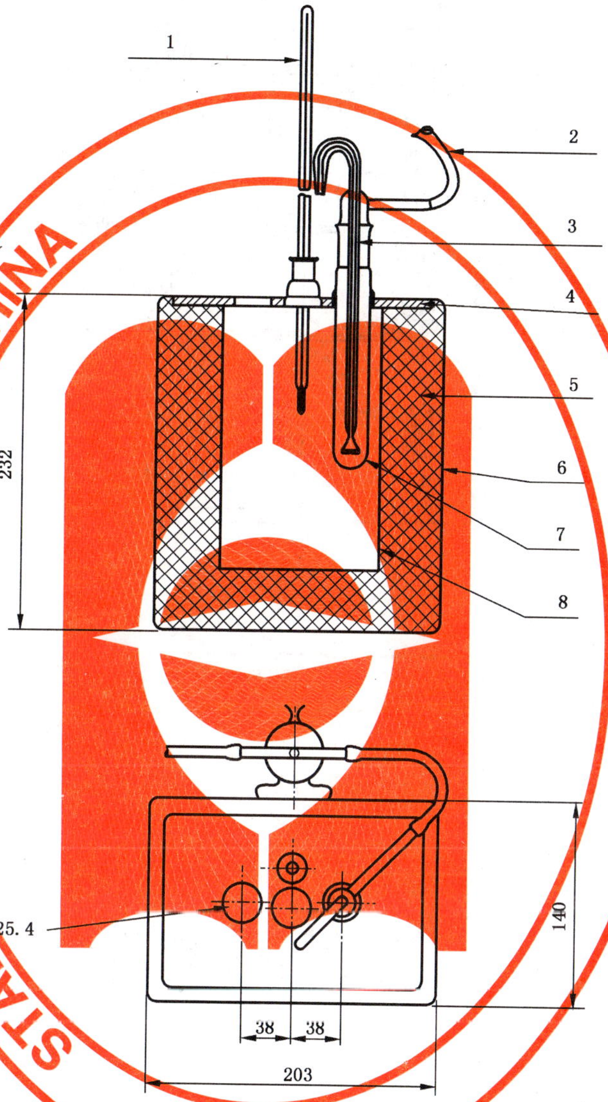

1——温度计；
2——空气导管；
3——过滤管；
4——酚醛塑料板；
5——玻璃毛绝缘层；
6——外箱；
7——试管；
8——容量为 1 L 的盛装冷却介质的金属容器。

图 2 恒温冷浴

单位为毫米

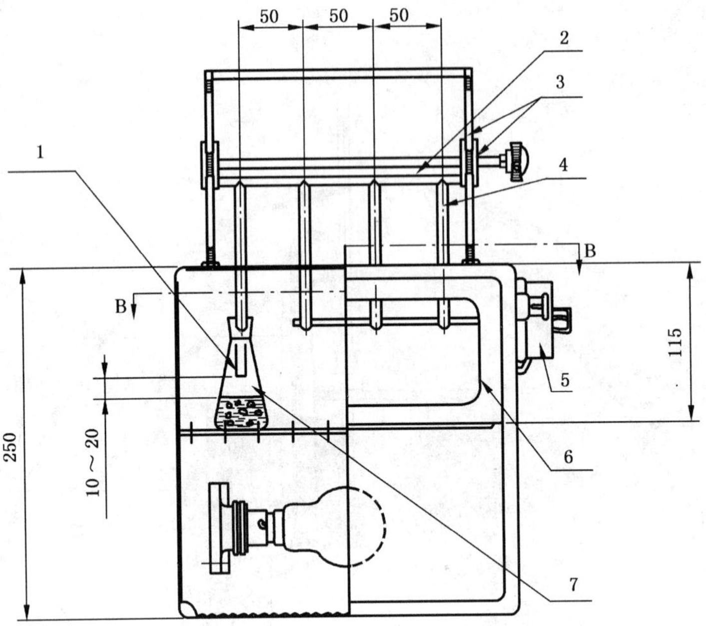

半剖面 *A-A*

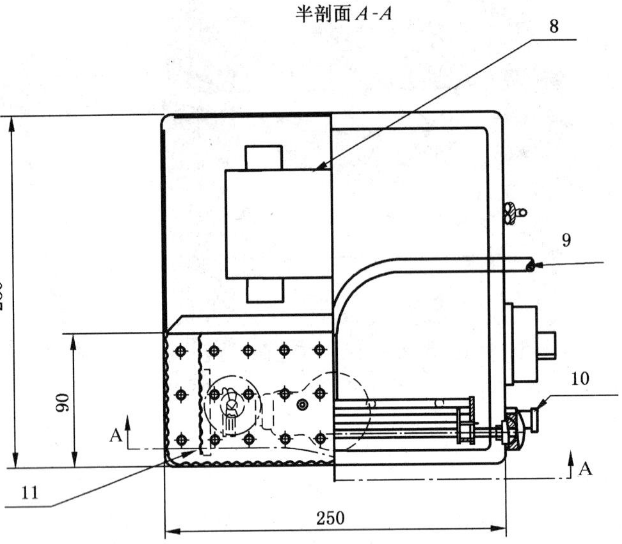

半剖面 *B-B*

1——蒸发开始时喷嘴位置；
2——歧管；
3——调节喷嘴高度的齿条和齿轮；
4——空气喷嘴(内径 3.8 mm～4.2 mm,外径约 6.0 mm)；
5——恒温箱；
6——有玻璃窗的折叶门；
7——15 mL 称量瓶；
8——加热控制器；
9——来自流速计的过滤空气；
10——温度计套；
11——多孔金属板,孔径 6.5 mm。

图 3　蒸发装置

5.9 分析天平:感量0.000 1 g。

5.10 金属丝搅拌器:长250 mm、直径0.9 mm的铁丝、不锈钢丝或镍丝制成,每端绕成直径10 mm的圆圈,其底部圆圈平面必须与金属丝垂直。

5.11 恒温箱:恒温范围70℃~100℃。

5.12 干燥器:无干燥剂。

5.13 烧杯:800 mL。

6 试剂

6.1 丁酮:分析纯。

6.1.1 蒸发残渣:蒸发4 mL丁酮剩余残渣不超过0.000 1 g,操作方法见8.6。

6.1.2 储存溶剂时按溶剂量的5%(质量分数)加入无水硫酸钙,使用之前过滤。

6.2 无水硫酸钙:分析纯。

6.3 空气:洁净且过滤。

7 样品

如果蜡样少于1 kg,将整个样品熔化在充分搅拌下得到有代表性的样品;对于大于1 kg的样品要仔细确保得到真实有代表性的样品,因为油分可能不均匀地分散在固体样品中,机械操作可能会挤压出一些油分。

8 试验步骤

8.1 将具有代表性的样品用水浴或烘箱在70℃~100℃的温度下熔化,待样品完全熔化后充分混合。为了防止蜡在滴管顶部凝固,要将滴管预热,并迅速用滴管吸取1.0 g±0.05 g熔化的蜡样,小心地将蜡样滴入预先称准至0.001 g洁净干燥的试管中,同时转动试管使试样均匀地凝固在试管底部,待试管冷却至室温后称量,精确至0.001 g。

注:用溶剂清洗干净的试管,其质量基本保持不变,因而可以知道试管的净重值,并能重复使用。

8.2 用移液管取15 mL丁酮于试管中,在水浴中加热。试管中混合物液面与水浴液面相平齐,同时用金属丝搅拌器上下搅拌,直到试样完全溶解在溶剂中。溶解试样应迅速,以免由于溶剂加热时间过长而致使溶剂损失过大。

注:有些高熔点的试样不能形成清晰的溶液,要不断地进行搅拌直至不溶物呈现均匀的云雾状。

8.3 将试管插入装有冰水的800 mL烧杯中,继续搅拌使蜡溶液呈糊状为止。取出搅拌器,从冰水浴中取出试管,用干布擦干试管外壁进行称量,精确到至少0.1 g。

注:在这步操作中,溶剂的蒸发损失不应超过1%,试剂的质量是恒定的,当经过多次称量后,溶剂的质量大约为11.9 g,这一数值可以做为恒定值。

8.4 将装有蜡-溶剂糊状物的试管放入−34.5℃±1℃的恒温冷浴中,在此剧冷操作过程中,为了确保蜡-溶剂糊状物非常均匀,又不在试管壁上形成蜡块或蜡结晶块,要用温度计连续搅拌,直至温度达到−31.7℃±0.3℃。

8.5 从试管中取出温度计,并且将其在试管口停留片刻以流净残液。然后立即将在−34.5℃±1℃冷浴中冷却至少10 min,洁净干燥的管式浸液过滤管插入试管中,过滤器的磨口接头要密封不漏气。将称量瓶带盖称准至0.000 1 g,然后取下瓶塞,将称量瓶放在过滤装置喷嘴下。

注:每一步骤都要很小心,以确保带塞称量瓶质量的准确性。首先要确定称量瓶的质量,用丁酮(6.1)清洗干燥的称量瓶,用布擦干外部,并放在蒸发装置下干燥大约5 min,然后将称量瓶和瓶塞放在无干燥剂的干燥器内移置天平附近,在称量前放置10 min,冷却。当称量瓶和瓶塞在蒸发装置下烘干后,要用钳子移取,瓶塞要轻取轻放。

8.6 在过滤管的空气入口处引入压缩空气。并且在称量瓶内迅速收集大约4 mL滤液。解除压缩空气,让液体缓慢地从喷嘴流回,迅速移走称量瓶,盖上瓶塞,不必恢复至室温即进行称量,准确到至少0.01 g。取下称量瓶塞,将称量瓶放在35℃±1℃的蒸发装置的喷嘴下,使喷嘴位于称量瓶颈部中心,喷嘴尖端位于液面上表面15 mm±5 mm,用近30 min的时间蒸发溶剂,然后取出称量瓶,盖上瓶塞,于天平附近放置10 min后进行称量,称准至0.000 1 g。重复溶剂的蒸发操作,每个蒸发周期5 min,直至连续两次称量差值不超过0.000 2 g为止。

9 计算

用下式计算石油蜡的含油量:

$$w=\frac{100m_1\times m_3}{m_2\times m_4}-0.15$$

式中:

w——试样含油量质量分数,%;

m_1——残留油质量的数值,单位为克(g);

m_2——试样的质量的数值,单位为克(g);

m_3——溶剂质量的数值(试管加溶剂加试样质量减去试管和试样质量),单位为克(g);

m_4——蒸发溶剂质量的数值(称量瓶加滤液质量减去称量瓶和残留油质量),单位为克(g);

0.15———32℃时蜡在溶剂中溶解度的平均校正值。

10 报告

用质量分数报告样品的含油量,如果试验结果为负数,则报告为0。

11 精密度和偏差

11.1 按以下规定判断结果的可靠性(95%置信水平)。

11.1.1 重复性:同一操作者,使用同一台仪器,对同一试样测定的连续试验结果之差,不应大于下列数值:

$0.06+8\%X$

X——两次试验结果的平均值 。

11.1.2 再现性:不同操作者于不同实验室,对同一试样测得的两个独立结果之差,不应大于下列数值:

$0.2+11\%X$

11.2 偏差

由于含油量值只能由本方法测定,所以本方法无偏差。

附　录　A
（规范性附录）
微孔管式浸液过滤管最大孔径测定法

A.1　范围

本方法规定了检测该标准过滤用多孔过滤管可靠性的方法，本方法规定了最大孔径，也提供了检查和测量多孔过滤管在连续使用过程中孔径发生变化的方法。

A.2　术语和定义

下列术语和定义适用于本附录。

A.2.1

最大孔径　maximum pore diameter

过滤器的最大孔的直径，μm。

注：本文所定义的最大孔径并不仅仅是指过滤管最大孔的物理尺寸。并认为孔的形状不规则。由于孔形状的不规则及过滤中其他特有的现象，所以可以推测过滤管既能将所有大于最大孔直径的颗粒截留，又能将小于所测孔径的颗粒截留。

A.3　方法概要

将过滤管清洗并用水润湿，然后将其浸没在水中，对过滤管的上表面加压，直到第一个气泡通过过滤管。用水的表面张力和施加的压力计算最大孔径。

A.4　仪器与材料

A.4.1　水银压力计或压力表

A.4.1.1　压力表：量程 0 MPa～0.1 MPa；分度 0.000 5 MPa；针形阀式空气压力调节器。

A.4.2　压缩空气：清洁并干燥。

A.4.3　盐酸：分析纯。

A.4.4　丙酮：分析纯。

A.4.5　干燥烘箱：能恒温至 105℃。

A.5　测定步骤

A.5.1　将过滤管在浓盐酸中浸泡，并用蒸馏水清洗，接着用丙酮淋洗，然后置于空气中干燥，最后将其放在 105℃的干燥烘箱中 30 min。

A.5.2　将清洁的过滤管浸泡在蒸馏水中润湿。

A.5.3　按图 A.1 所示安装仪器，可经压力调节器慢慢施加压力。

A.5.4　使过滤管的滤片刚好浸没在水表面下，滤片上的水层要尽量少。

A.5.5　升高空气压力到低于估计气泡穿过压力约 1.33 kPa，然后以 0.40 kPa/min 的速度缓慢增压，直到第一个气泡穿过过滤管滤片，记下第一个气泡离开滤片时的压力。如果液面超过过滤管滤片表面，则必须从观察到的压力中扣除由液体产生的压力。

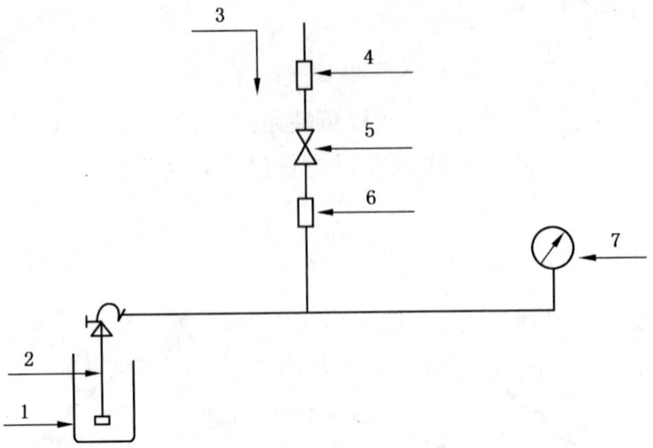

1——水标；
2——管式浸液过滤管；
3——压缩空气源；
4——空气过滤器；
5——空气压力调节器；
6——干燥球；
7——水银压力计或压力表。

图 A.1 检验过滤管孔径仪器安装图

A.6 计算

A.6.1 使用水银压力计按式(A.1)计算过滤管直径：

$$D = \frac{2\ 180}{p} \qquad \cdots\cdots(A.1)$$

式中：

D——直径的数值，单位为微米(μm)；

p——压力计读数，单位为毫米汞柱(mmHg)。

由上式可以计算出符合标准规格过滤器孔径(10 μm～15 μm)的相应压力。

A.6.2 使用适当压力表按式(A.2)计算过滤管直径：

$$D = \frac{2\ 180 \times 0.133}{p} \qquad \cdots\cdots(A.2)$$

式中：

D——直径的数值，单位为微米(μm)；

p——压力计读数，单位为千帕(kPa)；

0.133——mmHg与kPa换算系数。

由上式计算出10 μm～15 μm孔径的相应压力为29.1 kPa～19.3 kPa，在这一压力范围内的过滤管认为合格。

ICS 13.100
C 75

中华人民共和国国家标准

GB/T 3608—2008
代替 GB/T 3608—1993

高处作业分级

Classification of work at heights

2008-10-30 发布 2009-06-01 实施

中华人民共和国国家质量监督检验检疫总局
中国国家标准化管理委员会 发布

前　言

本标准代替 GB/T 3608—1993《高处作业分级》。本标准是对 GB/T 3608—1993 的修订。

本标准与 GB/T 3608—1993 相比，主要变化如下：

——增加了术语的英文对应词(本标准的第 3 章)和部分术语的符号(本标准的 3.4～3.6)，修改了定义的形式(本标准的第 3 章；GB/T 3608—1993 的第 3 章)，对部分术语的先后顺序进行了调整(本标准的 3.3～3.5；GB/T 3608—1993 的 3.3～3.5)；

——修改了客观危险因素中的阵风风力[本标准的 4.2 a)；GB/T 3608—1993 的 4.2 a.]；

——修改了客观危险因素中的高温条件[本标准的 4.2 b)；GB/T 3608—1993 的 4.2 b.]；

——修改了客观危险因素中的低温作业环境[本标准的 4.2 c)；GB/T 3608—1993 的 4.2 c.]；

——增加了冷水作业客观危险因素，并作了具体规定[本标准的 4.2 d)]；

——修改了光线和能见度条件[本标准的 4.2 f)；GB/T 3608—1993 的 4.2 e.]；

——修改了接近或接触危险电压带电体这一客观危险因素，对接近危险电压带电体的距离作了具体的规定[本标准的 4.2 g)；GB/T 3608—1993 的 4.2 f.]；

——修改了立足处只有很小的平面这一客观危险因素，对"很小的平面"作了具体量化的规定[本标准的 4.2 h)；GB/T 3608—1993 的 4.2 g.]；

——修改了超过体力搬运重量限值的搬运这一客观危险因素，用体力劳动强度代替了搬运重量，并规定了属客观危险因素的体力劳动强度级别[本标准的 4.2 i)；GB/T 3608—1993 的 4.2 i.]；

——增加了在存在有毒气体或缺氧的环境中作业的客观危险因素[本标准的 4.2 j)]；

——修改了抢救突然发生的各种灾害事故这一客观危险因素，增加了"可能会引起各种灾害事故的作业环境"的内容[本标准的 4.2 k)；GB/T 3608—1993 的 4.2 h.]；

——删除了附录 A 中有关符号表示的内容[GB/T 3608—1993 的 A1]。

本标准的附录 A 为规范性附录。

本标准由国家安全生产监督管理总局提出。

本标准由全国安全生产标准化技术委员会(SAC/TC 288)解释并归口。

本标准负责起草单位：上海市安全生产科学研究所。

本标准参加起草单位：上海外高桥造船有限公司、上海市房地产科学研究院。

本标准主要起草人：邵宝仁、吴焕荣、顾礼铭、唐一鸣、霍文晶、蒋瑞靓、钟晴威、尹建国、贾骏、马罡亮。

本标准于 1983 年 4 月首次发布，1993 年 12 月第一次修订。

高处作业分级

1 范围

本标准规定了高处作业的术语和定义、高度计算方法及分级。

本标准适用于各种高处作业。

2 规范性引用文件

下列文件中的条款通过本标准的引用而成为本标准的条款。凡是注日期的引用文件，其随后所有的修改单(不包括勘误的内容)或修订版均不适用于本标准，然而，鼓励根据本标准达成协议的各方研究是否可使用这些文件的最新版本。凡是不注日期的引用文件，其最新版本适用于本标准。

GB 3869—1997 体力劳动强度分级

GB/T 4200—2008 高温作业分级

3 术语和定义

下列术语和定义适用于本标准。

3.1

高处作业 work at heights

在距坠落高度基准面(3.2)2 m或2 m以上有可能坠落的高处进行的作业。

3.2

坠落高度基准面 datum plane for highness of falling

通过可能坠落范围(3.3)内最低处的水平面。

3.3

可能坠落范围 possible falling bounds

以作业位置为中心，可能坠落范围半径(3.4)为半径划成的与水平面垂直的柱形空间。

3.4

可能坠落范围半径 radius of possible falling bounds

R

为确定可能坠落范围(3.3)而规定的相对于作业位置的一段水平距离。

注：可能坠落范围半径用米表示，其大小取决于与作业现场的地形、地势或建筑物分布等有关的基础高度(3.5)，具体的规定是在统计分析了许多高处坠落事故案例的基础上作出的。

3.5

基础高度 basic highness

h_b

以作业位置为中心，6 m为半径，划出的垂直于水平面的柱形空间内的最低处与作业位置间的高度差。

注：基础高度用米表示。

3.6

[高处]作业高度 highness of work [at heights]

h_w

作业区各作业位置至相应坠落高度基准面(3.2)的垂直距离中的最大值。

注：高处作业高度用米表示，计算方法见附录A。

4 高处作业分级

4.1 高处作业高度分为 2 m 至 5 m、5 m 以上至 15 m、15 m 以上至 30 m 及 30 m 以上四个区段。

4.2 直接引起坠落的客观危险因素分为 11 种：

a) 阵风风力五级(风速 8.0 m/s)以上；

b) GB/T 4200—2008 规定的Ⅱ级或Ⅱ级以上的高温作业；

c) 平均气温等于或低于 5 ℃的作业环境；

d) 接触冷水温度等于或低于 12 ℃的作业；

e) 作业场地有冰、雪、霜、水、油等易滑物；

f) 作业场所光线不足，能见度差；

g) 作业活动范围与危险电压带电体的距离小于表 1 的规定；

表 1 作业活动范围与危险电压带电体的距离

危险电压带电体的电压等级/kV	距离/m
≤10	1.7
35	2.0
63～110	2.5
220	4.0
330	5.0
500	6.0

h) 摆动，立足处不是平面或只有很小的平面，即任一边小于 500 mm 的矩形平面、直径小于 500 mm的圆形平面或具有类似尺寸的其他形状的平面，致使作业者无法维持正常姿势；

i) GB 3869—1997 规定的Ⅲ级或Ⅲ级以上的体力劳动强度；

j) 存在有毒气体或空气中含氧量低于 0.195 的作业环境；

k) 可能会引起各种灾害事故的作业环境和抢救突然发生的各种灾害事故。

4.3 不存在 4.2 列出的任一种客观危险因素的高处作业按表 2 规定的 A 类法分级，存在 4.2 列出的一种或一种以上客观危险因素的高处作业按表 2 规定的 B 类法分级。

表 2 高处作业分级

分类法	高处作业高度/m			
	$2 \leqslant h_w \leqslant 5$	$5 < h_w \leqslant 15$	$15 < h_w \leqslant 30$	$h_w > 30$
A	Ⅰ	Ⅱ	Ⅲ	Ⅳ
B	Ⅱ	Ⅲ	Ⅳ	Ⅳ

附 录 A
（规范性附录）
高处作业高度计算方法

A.1 可能坠落范围半径的规定

R 根据 h_b 规定如下：

a） 当 2 m≤h_b≤5 m 时，R 为 3 m；

b） 当 5 m<h_b≤15 m 时，R 为 4 m；

c） 当 15 m<h_b≤30 m 时，R 为 5 m；

d） 当 h_b>30 m 时，R 为 6 m。

A.2 高处作业高度计算方法

高处作业高度计算步骤如下：

a） 按 3.5 确定 h_b；

b） 按 A.1 确定 R；

c） 按 3.6 确定 h_w。

示例 1：如图 A.1，其中 h_b=20 m，R=5 m，h_w=20 m。

单位为米

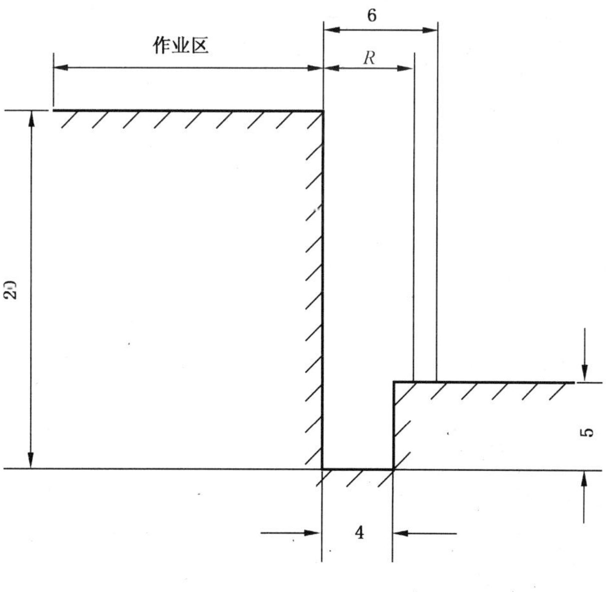

图 A.1

示例 2:如图 A.2,其中 h_b=20 m,R=5 m,h_w=14 m。

单位为米

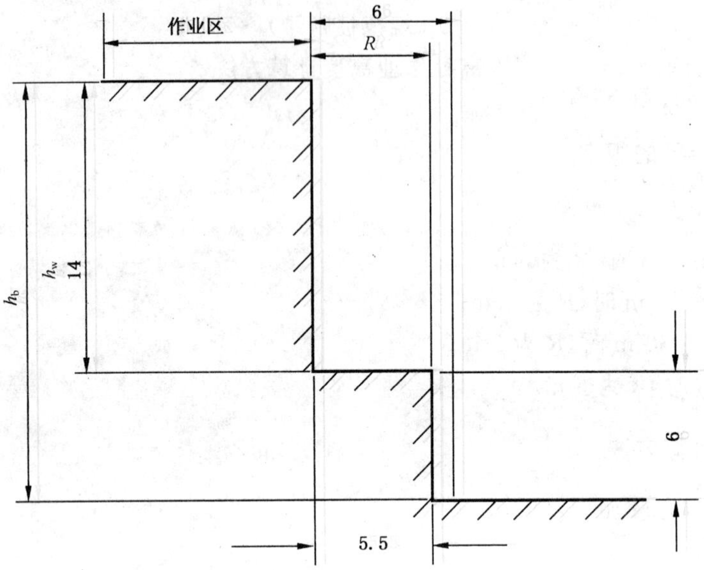

图 A.2

示例 3:如图 A.3,其中 h_b=29.5 m,R=5 m,h_w=4.5 m。

单位为米

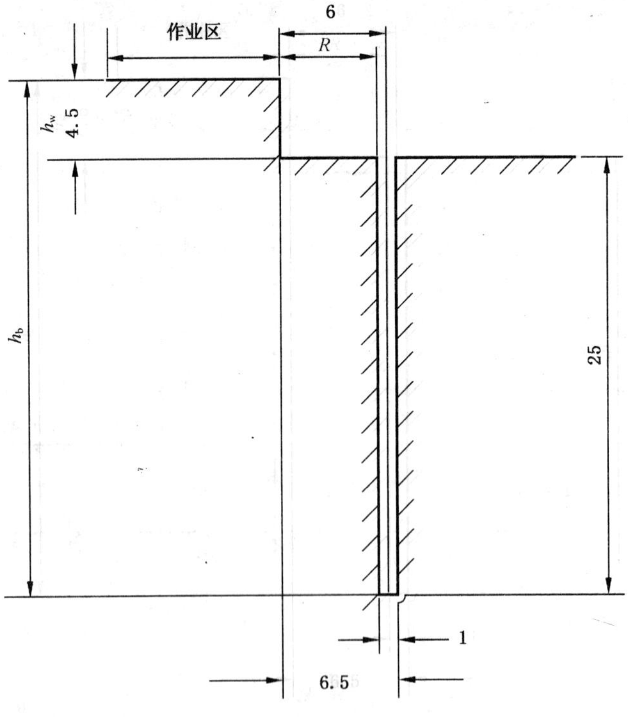

图 A.3

参 考 文 献

[1] GB 8958—2006 缺氧危险作业安全规程

[2] GB/T 14439—1993 冷水作业分级

[3] GB/T 14440—1993 低温作业分级

[4] CB 3785—1997 船厂高处作业安全规程

[5] DL 5009.2—2004 电力建设安全工作规程 第2部分:架空电力线路

[6] JGJ 80—1991 建筑施工高处作业安全技术规范

[7] TB/T 2607—2006 铁道行业体力劳动强度分级

ICS 13.340.20
C 73

中华人民共和国国家标准

GB/T 3609.1—2008
代替 GB/T 3609.1—1994,GB/T 3609.2—1983,GB/T 3609.3—1983

职业眼面部防护 焊接防护
第1部分:焊接防护具

Occupational eye and face protection—Welding protection—
Part 1:Welding protector

2008-12-15 发布　　　　2009-10-01 实施

中华人民共和国国家质量监督检验检疫总局
中国国家标准化管理委员会 发布

前 言

GB/T 3609《职业眼面部防护 焊接防护》分为两个部分：

——第1部分：焊接防护具；

——第2部分：自动变光焊接滤光镜。

本部分为GB/T 3609的第1部分。

本部分代替GB/T 3609.1—1994《焊接眼面防护具》、GB/T 3609.2—1983《焊接护目镜和面罩非光学测试方法》和GB/T 3609.3—1983《焊接护目镜光学性能试验方法》。

本部分与原标准相比，主要变化如下：

——修改焊接工防护面罩的尺寸；

——增加头箍尺寸；

——删除视野要求；

——修改焊接滤光片的颜色要求；

——修改保护片可见光透射比的要求；

——修改屈光度要求；

——修改抗冲击性能要求；

——修改焊接工防护面罩的阻燃性能要求；

——增加焊接工防护面罩的抗热穿透性能；

——增加焊接工防护面罩的电绝缘性能；

——增加可见光透射比的测试方法。

本部分的附录A、附录B和附录C为资料性附录。

本部分由国家安全生产监督管理总局提出。

本部分由全国个体防护装备标准化技术委员会归口(SAC/TC 112)。

本部分起草单位：上海市安全生产科学研究所、浙江正泰仪器仪表有限责任公司、斯博瑞安(中国)安全防护设备有限公司、泰安市吉盛机电有限公司、利克尔迅(常州)科技有限公司。

本部分主要起草人：王桂芬、宋毅、蒋瑞靓、唐一鸣、王继生、李莉、童旭芬。

本部分所代替标准的历次版本发布情况为：

——GB/T 3609.1—1983、GB/T 3609.1—1994；

——GB/T 3609.2—1983；

——GB/T 3609.3—1983。

职业眼面部防护　焊接防护
第1部分:焊接防护具

1　范围

本部分规定了焊接防护具的分类、标记、技术要求、包装、标识和储运。

本部分适用于各类焊接工防御有害弧光、熔融金属飞溅或粉尘等有害因素对眼睛、面部伤害的防护具。

2　规范性引用文件

下列文件中的条款通过本标准的引用而成为本标准的条款。凡是注日期的引用文件,其随后所有的修改单(不包括勘误的内容)或修订版均不适用于本标准,然而,鼓励根据本标准达成协议的各方研究是否可使用这些文件的最新版本。凡是不注日期的引用文件,其最新版本适用于本标准。

GB/T 191　包装储运图示标志(GB/T 191—2008,ISO 780:1997,MOD)

GB/T 2428　成年人头面部尺寸

GB 14866—2006　个人眼护具技术要求

3　术语和定义

3.1

焊接防护具　welding protector

保护佩戴者免受由焊接或其他相关作业所产生的有害光辐射及其他特殊危害的防护用具(包括焊接眼护具和滤光片)。

3.2

焊接工防护面罩　welder's face shield

配有合适滤光片的面罩,在焊接作业时用以保护眼睛和面部。

3.3

焊接工防护眼罩　welder's goggle

用头箍固定并围住眼眶,使焊接作业产生的辐射只能通过滤光片的防护具。

3.4

焊接工防护眼镜　welder's spectacles

带有侧面防护的眼镜框架上配以合适的滤光片,在焊接作业时用以保护眼睛。

3.5

焊接滤光片　welding filter

可以防御焊接作业中的有害眩光、同时可以减少对人眼危害的紫外和红外辐射的特殊滤光片。

3.6

遮光号　shade number

表示滤光片暗度的编号,由式(1)表示:

$$N = 1 + \frac{7}{3}\lg\left(\frac{1}{\tau_v}\right) \qquad \cdots\cdots(1)$$

式中:

N——遮光号;

τ_v——可见光透射比。

3.7

保护片　cover plate

通常放置在焊接滤光片前面，用于抵御热粒子、灼热液体或融化金属飞溅以及擦伤的镜片。

4　分类

4.1　焊接眼护具

按外形结构进行分类，可分为焊接工防护眼镜、焊接工防护眼罩和焊接工防护面罩。

4.2　焊接滤光片

按材质分类，可分为无机焊接滤光片和有机焊接滤光片。

5　技术要求

5.1　材料

5.1.1　焊接工防护眼镜和焊接工防护眼罩

焊接工防护眼镜和焊接工防护眼罩的材料应符合下列要求：

a）表面光洁，无毛刺，无锐角或可能引起眼面部不适应感的其他缺陷；

b）应具有一定的强度、弹性和刚性；

c）不能用有害于皮肤或易燃的材料制作；

d）眼罩头带使用的材料应质地柔软、经久耐用。

5.1.2　焊接工防护面罩

必须使用耐高低温、耐腐蚀、耐潮湿、阻燃，并具有一定强度的不透光材料制作；面罩表面光洁，不得有起层、气泡及透光的缺陷。

5.1.3　焊接滤光片

焊接滤光片距边缘 5 mm 以内范围应平滑，着色均匀，无划痕、条纹、气泡、霉斑、橘皮、霍光、异物或有损光学性能的其他缺陷。

5.2　结构

5.2.1　焊接工防护眼镜和焊接工防护眼罩

焊接工防护眼镜和焊接工防护眼罩的结构应符合下列要求：

a）可调部件应灵活可靠，结构零件应易于更换；

b）应具有良好的透气性。

5.2.2　焊接工防护面罩

焊接工防护面罩的结构应符合下列要求：

a）部件配合牢固，无松动现象，金属部件不能与面部接触；

b）头戴式面罩掀起部件必须灵活可靠。

5.3　规格

5.3.1　焊接滤光片

焊接滤光片的规格应符合下列要求：

a）单镜片：长方形镜片（包括单片眼罩）尺寸不得小于长×宽：108 mm×50 mm，厚度不大于3.8 mm；

b）双镜片：圆镜片直径不小于 ϕ50 mm。不规则镜片水平基准长度不得小于 45 mm，垂直高度不得小于 40 mm，厚度不大于 3.2 mm。

5.3.2　焊接工防护面罩

焊接工防护面罩可分为手持式、头戴式和安全帽与面罩组合式，其规格尺寸如图 1 所示。

a）长度：手持式和头戴式不小于 310 mm，安全帽与面罩组合式不小于 230 mm；

b) 宽度：不小于 210 mm；

c) 深度：不小于 120 mm；

d) 观察窗：长×宽的尺寸不小于 90 mm×40 mm；

e) 质量：除去镜片、安全帽等附件，其质量不大于 500 g。

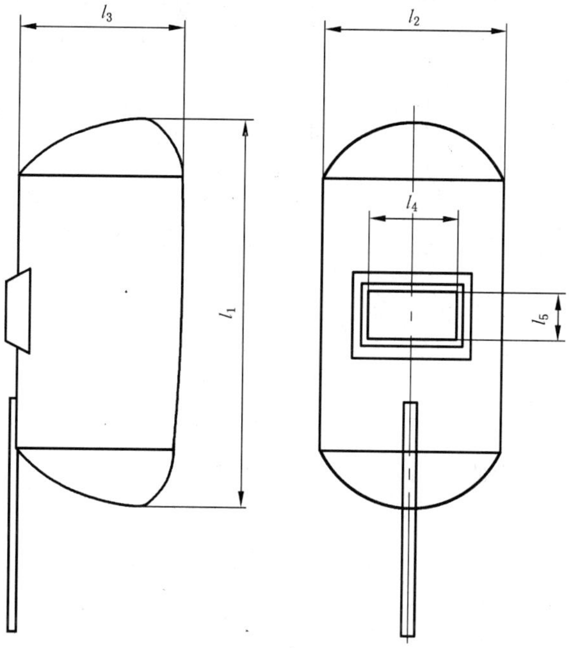

a）手持式

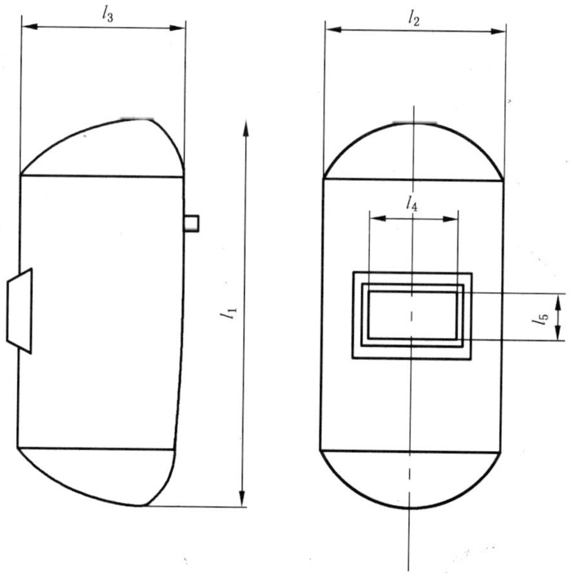

b）头戴式

图 1 焊接面罩规格尺寸示意图

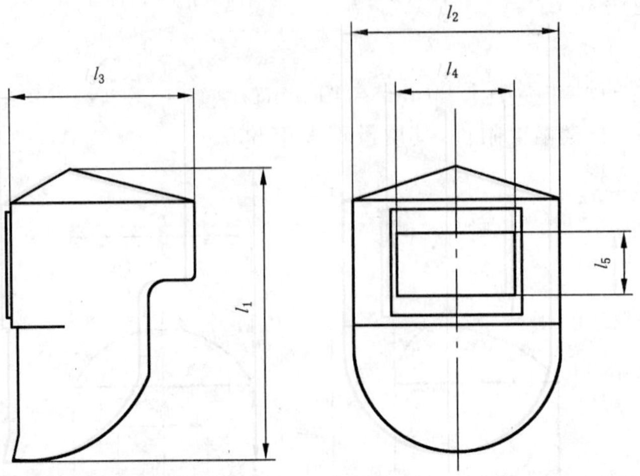

c) 安全帽与面罩组合式

l_1——焊接工防护面罩的长度；

l_2——焊接工防护面罩的宽度；

l_3——焊接工防护面罩的深度；

l_4——焊接工防护面罩观察眼窗的长度；

l_5——焊接工防护面罩观察眼窗的宽度。

图 1（续）

5.3.3 头箍

有头箍的焊接工防护眼罩或焊接工防护面罩，其与佩戴者接触的任一部分头箍至少应保持 10 mm 宽，头箍应能调节。

5.4 光学性能

5.4.1 焊接滤光片颜色

a) 接滤光片的颜色为混合色，其透射比最大值的波长应在 500 nm～620 nm 之间；

b) 左右眼滤光片的色差应满足 GB 14866—2006 中 5.6.3 a)的要求。

5.4.2 焊接滤光片的透射比

各遮光号的紫外线、可见光及红外线的透射比应符合表 1 要求。

表 1 焊接滤光片各遮光号透射比性能要求

遮光号	紫外线透射比		可见光透射比		红外线透射比	
	313 nm	365 nm	380 nm～780 nm		近红外 780 nm～1 300 nm	中近红外 1 300 nm～2 000 nm
			最大	最小		
1.2	0.000 003	0.5	1.00	0.744	0.37	0.37
1.4	0.000 003	0.35	0.745	0.581	0.33	0.33
1.7	0.000 003	0.22	0.581	0.432	0.26	0.26
2	0.000 003	0.14	0.432	0.291	0.21	0.13
2.5	0.000 003	0.064	0.291	0.178	0.15	0.096
3	0.000 003	0.028	0.178	0.085	0.12	0.085
4	0.000 003	0.009 5	0.085	0.032	0.064	0.054
5	0.000 003	0.003 0	0.032	0.012	0.032	0.032

表 1（续）

遮光号	紫外线透射比		可见光透射比		红外线透射比	
	313 nm	365 nm	380 nm～780 nm		近红外 780 nm～1 300 nm	中近红外 1 300 nm～2 000 nm
			最大	最小		
6	0.000 003	0.001 0	0.012	0.004 4	0.017	0.019
7	0.000 003	0.000 37	0.004 4	0.001 6	0.008 1	0.012
8	0.000 003	0.000 13	0.001 6	0.000 61	0.004 3	0.006 8
9	0.000 003	0.000 045	0.000 61	0.000 23	0.002 0	0.003 9
10	0.000 003	0.000 016	0.000 23	0.000 085	0.001 0	0.002 5
11	0.000 003	0.000 006	0.000 085	0.000 032	0.000 5	0.001 5
12	0.000 002	0.000 002	0.000 032	0.000 012	0.000 27	0.000 97
13	0.000 000 76	0.000 000 76	0.000 012	0.000 004 4	0.000 14	0.000 6
14	0.000 000 27	0.000 000 27	0.000 004 4	0.000 001 6	0.000 07	0.000 4
15	0.000 000 094	0.000 000 094	0.000 001 6	0.000 000 61	0.000 03	0.000 2
16	0.000 000 034	0.000 000 034	0.000 000 61	0.000 000 29	0.000 03	0.000 2

5.4.3 焊接滤光片遮光号

焊接滤光片共划分为 19 个遮光号。包装标识中遮光号与可见光透射比对应关系应符合表 1 要求。

5.4.4 保护片可见光透射比

保护片可见光透射比应不小于 0.744。

5.4.5 屈光度

平光滤光片和平光保护片屈光度偏差为$^{+0.12}_{-0.12}D$。

5.4.6 棱镜度

焊接滤光片和保护片应满足下列要求：

a) 平面镜片棱镜度偏差不得超过 0.125△；

b) 球面平光镜片的镜片中心与其他各点之间垂直和水平棱镜度偏差均不得超过 0.125△；

c) 左右眼镜片的棱镜度互差不得超过 0.18△。

5.4.7 焊接工防护面罩透光性能

焊接工防护面罩的可见光透射比应不大于 0.000 001 6。

5.5 非光学性能

5.5.1 抗冲击性能

焊接防护具应能经受一直径为 22 mm、重约 45 g 的钢球从 1.3 m 高度自由落下的冲击。按 6.8 规定的方法进行测试后，外观无变形、无裂纹、无碎片及无影响防护性能的缺陷。

5.5.2 耐腐蚀性能

应符合 GB 14866—2006 中 5.9 的要求。

5.5.3 焊接工防护面罩的阻燃性能

面罩材料燃烧速度必须小于 76 mm/min。

5.5.4 焊接工防护面罩及保护片的抗热穿透性能

按 6.10 进行测试，在 5 s 内面罩材料无穿透、不透光；保护片无穿透。

5.5.5 焊接工防护面罩的电绝缘性能

按 6.11 进行测试，其泄漏电流≤1.2 mA。

6 测试方法

6.1 焊接滤光片颜色

6.1.1 仪器

分光光度计，精度为±0.01。

6.1.2 测试方法

左右眼镜片的同一颜色深浅差，用分光光度计测量镜片的中心范围。

6.2 焊接滤光片的透射比

6.2.1 仪器

采用 200 nm～2 000 nm 波段，精度为 0.01 的分光光度计。

6.2.2 紫外线透射比

要求测量 313 nm 和 365 nm 两个波长的透射比。同时要求满足：

a) 在 210 nm 和 313 nm 之间，透射比的最大值不应超过 313 nm 所允许的数值；

b) 在 313 nm 和 365 nm 之间，透射比的最大值不应超过 365 nm 所允许的数值；

c) 在 365 nm 和 400 nm 之间，透射比的最大值不应超过可见光的透射比所允许的最大值；

d) 在 380 nm 和 480 nm 之间，透射比的最大值不应超过 480 nm 的测试值。

6.2.3 可见光透射比

可见光透射比 τ_v，按照式(2)计算。

$$\tau_v = \frac{\int_{380}^{780} \tau(\lambda)\bar{y}(\lambda)S(\lambda)\mathrm{d}\lambda}{\int_{380}^{780} \bar{y}(\lambda)S(\lambda)\mathrm{d}\lambda} \quad \cdots\cdots(2)$$

式中：

$\bar{y}(\lambda)$——为亮度的权重系数；

$S(\lambda)$——为标准照明体的光谱系数。引用 CIE，推荐使用标准照明体 A，数据参见表 A.1。

6.2.4 红外线透射比

要求在 780 nm～2 000 nm 波段内，每隔 10 nm 读出一次透射比，最后根据公式，计算出平均透射比。

近红外线透射比规定为 780 nm～1 300 nm，根据式(3)计算：

$$\tau = \frac{1}{520}\int_{780}^{1\,300} \tau(\lambda)\mathrm{d}\lambda \quad \cdots\cdots(3)$$

中红外线透射比规定为 1 300 mm～2 000 nm，根据式(4)计算：

$$\tau = \frac{1}{700}\int_{1\,300}^{2\,000} \tau(\lambda)\mathrm{d}\lambda \quad \cdots\cdots(4)$$

6.3 焊接滤光片遮光号

采用精度为 0.01 的分光光度计。

测量其在 380 nm～780 nm 间的可见光透射比，再根据式(1)计算出遮光号 N。

6.4 保护片可见光透射比

检测方法同 6.2.3。

6.5 屈光度

测试方法同 GB 14866—2006 中 6.1.1。

6.6 棱镜度

测试方法同 GB 14866—2006 中 6.1.2。

6.7 焊接工防护面罩透光性能

使用分光光度计测试可见光透射比。

6.8 抗冲击性能

6.8.1 滤光片和保护片

6.8.1.1 测试装置

测试装置见图 2。

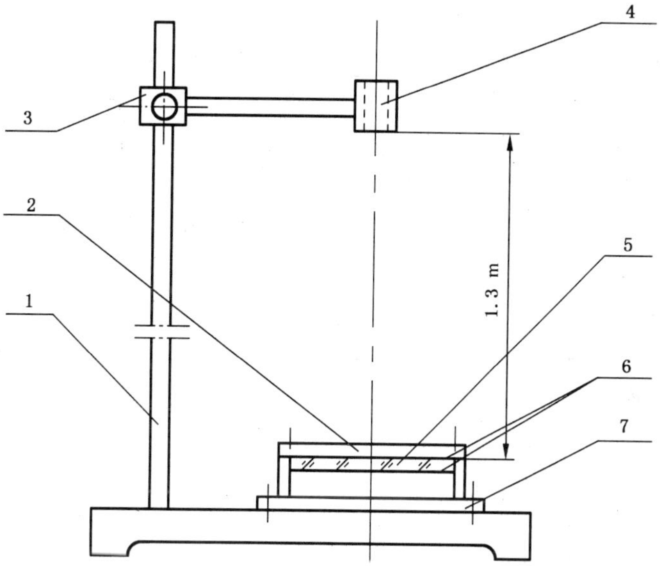

1——标高柱；

2——压圈；

3——定位支架；

4——钢球投放孔；

5——试样；

6——橡胶垫圈；

7——试样基座。

图 2 抗冲击性能测试装置(滤光片和保护片)

6.8.1.2 测试方法

将滤光片或保护片安放在基座的夹具上，将其固定。调节高度，钢球投放点在滤光片或保护片的正上方，着落点为镜片中心 5 mm 范围内，然后进行冲击试验。

6.8.2 焊接眼护具

6.8.2.1 测试装置

测试装置见图 3。头模由硬木制成，水平放置在底座上，并用螺栓固定其位置。

注：本标准中测试用头模符合 GB/T 2428 中成年男子头面部的尺寸要求。

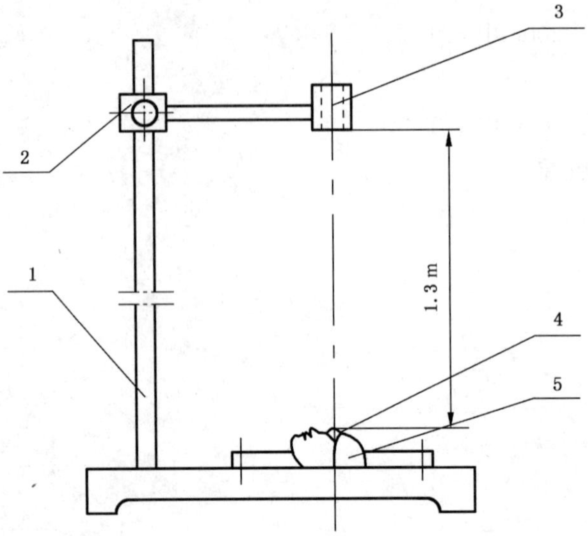

1——标高柱；

2——定位支架；

3——钢球投放孔；

4——焊接眼护具；

5——头模。

图 3　抗冲击性能测试装置(焊接眼护具)

6.8.2.2　预处理

防护具分别在－5 ℃±2 ℃、55 ℃±2 ℃的温度调节箱中放置 3 h。

6.8.2.3　测试方法

将待测试焊接眼护具按使用的正常位置戴在头模上。调节高度，钢球投放点在眼护具的正上方，着落点为镜片中心 5 mm 范围内。分别对进行过预处理的防护具各进行三次试验。

试验应在完成保温后 1 min 内完成。

6.9　焊接工防护面罩的阻燃性能

从被测面罩最薄位置剪下 127 mm×13 mm 共 3 片，试样安装位置如图 4。使酒精灯外焰接触到试样下端，点燃时间不可超过 10 s，点燃试样后移开酒精灯；开始计时，1 min 后熄灭火焰，测量其燃烧长度，计算出燃烧速度。3 个试样的平均燃烧速度应不大于 76 mm/min。如果试样在 10 s 内未被点燃，则认为该试样的燃烧速度为 0。

试验在室温环境中进行。

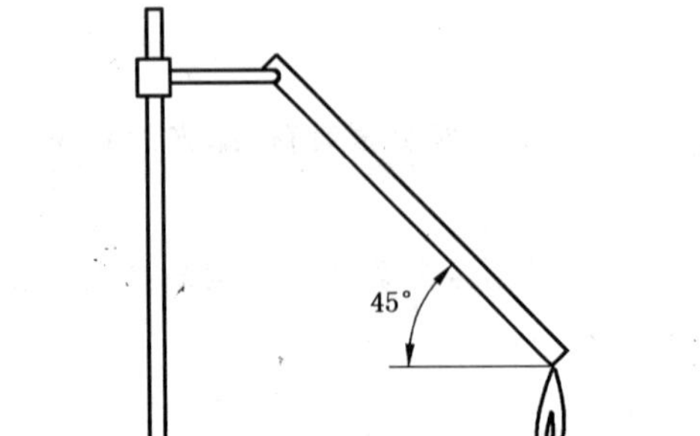

图 4　阻燃性能测试方法示意图

6.10 焊接工焊接面罩及保护片的抗热穿透性能

6.10.1 测试装置

a) 长 300 mm±3 mm、直径 6 mm 的钢棒，底面为平面；

b) 热源；

c) 热电偶温度计。

6.10.2 测试方法

将钢棒加热，至少有 50 mm 长度的温度为 650 ℃±20 ℃，测温点距底面 20 mm±1 mm，钢棒与面罩材料或保护片试样均匀接触，持续 5 s，然后移去钢棒。检查面罩材料是否穿透和透光，保护片是否穿透。

6.11 焊接工防护面罩的电绝缘性能

6.11.1 测试环境

测试环境应为 23 ℃±5 ℃，相对湿度＜70%。被测样品在此环境中平衡 2 h。

6.11.2 测试装置

测试装置有电极或手持探头、电压表、电流表、计时器、调压器和金属槽组成。

a) 电流表示值误差±1%；

b) 电压表示值误差±1%；

c) 计时器示值误差±1%。

6.11.3 测试方法

给焊接面罩配以合适的目镜，在面罩的外面覆盖潮湿的布，并置于金属槽中，金属槽与一电极相连。在金属槽与面罩内面施加交流测试电压，调整测试电压在 1 min 内将电压升至 440 V±10 V，保持15 s。记录泄漏电流的大小及可能的击穿现象。

7 包装、标识、使用、储运

7.1 包装

产品应有合适的包装，并且必须附有产品合格证和使用说明书。

7.2 标识

在产品表面不影响视觉的地方，应产品类别标注相应的标记，标记方法参见附录 B。

在包装上应有下列标识：

a) 产品名称；

b) 规格型号；

c) 产品标准；

d) 制造厂名；

e) 生产日期。

7.3 使用

焊接滤光片的使用条件参见附录 C。

7.4 储运

产品在储存和运输的过程中，应满足下列条件：

a) 应保持清洁、禁止与酸、碱及其他有害物接触；

b) 防止雨淋、重压，要轻拿、轻放，防止破碎；

c) 包装箱运输标识应符合 GB/T 191 的规定。

附 录 A
（资料性附录）
标准照明体 A 的光谱辐照系数

表 A.1 $\bar{y}(\lambda)S(\lambda)$系数表

λ/nm	$\bar{y}(\lambda)$	S(λ)	λ/nm	$\bar{y}(\lambda)$	S(λ)
380	0.000 0	9.80	580	0.870 0	114.44
385	0.000 1	10.90	585	0.816 3	118.08
390	0.000 1	12.09	590	0.757 0	121.73
395	0.000 2	13.35	595	0.694 9	125.39
400	0.000 4	14.71	600	0.631 0	129.04
405	0.000 6	16.15	605	0.566 8	132.70
410	0.001 2	17.65	610	0.503 0	136.35
415	0.002 2	19.29	615	0.441 2	139.99
420	0.004 0	20.99	620	0.381 0	143.62
425	0.007 3	22.79	625	0.321 0	147.24
430	0.011 6	24.67	630	0.265 0	150.84
435	0.016 8	26.64	635	0.217 0	154.42
440	0.023 0	28.70	640	0.175 0	157.98
445	0.029 8	30.85	645	0.138 2	161.52
450	0.038 0	33.09	650	0.107 0	165.03
455	0.048 0	35.41	655	0.081 6	168.51
460	0.060 0	37.81	660	0.061 0	171.96
465	0.073 9	40.30	665	0.044 6	175.38
470	0.091 0	42.87	670	0.032 0	178.77
475	0.112 6	45.52	675	0.023 2	182.12
480	0.139 0	48.24	680	0.017 0	185.43
485	0.169 3	51.04	685	0.011 9	188.70
490	0.208 0	53.91	690	0.008 2	191.93
495	0.258 6	56.85	695	0.005 7	195.12
500	0.323 0	59.86	700	0.004 1	198.26
505	0.407 3	62.93	705	0.002 9	201.36
510	0.503 0	66.06	710	0.002 1	204.41
515	0.608 2	69.25	715	0.001 5	207.41
520	0.710 0	72.50	720	0.001 0	210.36
525	0.793 2	75.79	725	0.000 7	213.27
530	0.862 0	79.13	730	0.000 5	216.12
535	0.914 9	82.52	735	0.000 4	218.92
540	0.954 0	85.95	740	0.000 2	221.67
545	0.980 3	89.41	745	0.000 2	224.36
550	0.995 0	92.91	750	0.000 1	227.00
555	1.000 0	96.44	755	0.000 1	229.59
560	0.995 0	100.00	760	0.000 1	232.12
565	0.978 6	103.58	765	0.000 0	234.59
570	0.952 0	107.18	770	0.000 0	237.01
575	0.915 4	110.80	775	0.000 0	239.37
			780	0.000 0	241.68

附 录 B
（资料性附录）
焊接防护具的标记方法

B.1 焊接工防护眼镜和焊接工防护眼罩

在焊接工防护眼镜和焊接工防护眼罩不影响视觉的位置标注。

标记如下：

Y-6 GB/T

- GB/T——产品标准号
- 6——遮光号
- Y——表示眼镜或眼罩

B.2 焊接滤光片

在焊接滤光片边缘标注。

标记如下：

L-6 GB/T

- GB/T——产品标准号
- 6——遮光号
- L——表示滤光片

B.3 焊接工防护面罩

标注在面罩体的正面。

标记如下：

M-H-(G) GB/T

- GB/T——产品标准
- (G)——颜色（可选）
- H——表示手持式（H—— 手持式；T—— 头戴式；A—— 安全帽与面罩组合式）
- M——表示面罩

附 录 C
（资料性附录）
焊接滤光片使用条件

C.1 焊接滤光片的使用

可根据表C.1进行选择。

表 C.1 焊接滤光片使用选择

遮光号	电弧焊接与切割作业
1.2 1.4 1.7 2	防侧光与杂散光
3 4	辅助工
5 6	30 A 以下的电弧作业
7 8	30 A～75 A 的电弧作业
9 10 11	75 A～200 A 的电弧作业
12 13	200 A～400 A 的电弧作业
14	400 A 以上的电弧作业

C.2 保护片的更换

保护片可见光透射比小于0.744或有碍视觉时，应及时更换新的保护片。

参考文献

[1] ISO/CD 4007:2008 Personal protective equipment—Eye and Face protection—Vocabulary [S]. 2008.

[2] EN 175:1997 Personal eye-protection—Equipment for eye and face protection during welding and allied processes[S]. 1997.

[3] EN 168:2001 Personal eye-protection—Non-optical test methods[S]. 2001.

[4] EN 379:2003 Personal eye-protection—Automatic welding filters[S]. 2003.

[5] ANSI Z87. 1:2003 Practice for Occupational and Educational Eye and Face Protection [S]. 2003.

ICS 77.160
H 72

中华人民共和国国家标准

GB/T 3612—2008
代替 GB/T 10565—1989、GB/T 3612—1989

量规、量具用硬质合金毛坯

Cemented carbide blanks for gauge blocks or measuring tools

2008-06-09 发布

2008-12-01 实施

中华人民共和国国家质量监督检验检疫总局
中国国家标准化管理委员会 发布

前　言

本标准代替 GB/T 10565—1989《硬质合金量规毛坯》和 GB/T 3612—1989《量具用硬质合金毛坯》。

本标准与 GB/T 10565—1989、GB/T 3612—1989 相比，主要变化如下：

——本标准的名称修改为《量规、量具用硬质合金毛坯》；

——修改了尺寸允许偏差；

——修改了掉边角允许偏差；

——删除了原标准中普通级公差标准。

本标准由中国有色金属工业协会提出。

本标准由全国有色金属标准化技术委员会归口。

本标准由株洲硬质合金集团有限公司负责起草。

本标准主要起草人：李金中、杨建国、马自省、梁鸿。

本标准历次版本发布情况为：

——GB/T 3612—1983、GB/T 3612—1989；

——GB/T 10565—1989。

量规、量具用硬质合金毛坯

1 范围

本标准规定了量规、量具用硬质合金毛坯产品的要求、检验规则、试验方法和标志、包装、运输、贮存及订货单(或合同)内容。

本标准适用于量规、量具用硬质合金毛坯。

2 规范性引用文件

下列文件中的条款通过本标准的引用而成为本标准的条款。凡是注日期的引用文件，其随后所有的修改单(不包括勘误的内容)或修订版均不适用于本标准，然而，鼓励根据本标准达成协议的各方研究是否可使用这些文件的最新版本。凡是不注日期的引用文件，其最新版本适用于本标准。

GB/T 5242　硬质合金检验规则与试验方法

GB/T 5243　硬质合金制品的标志、包装、运输和贮存

3 要求

3.1 产品分类

产品按用途分为LG(量规)、LH(环规)、LS(塞规)、LK(卡规)、LC(千分尺测量头)共五个系列的硬质合金毛坯。

3.2 产品型号表示规则及推荐尺寸

3.2.1 LG(量规)系列

3.2.1.1　LG(量规)系列包括LG30、LG35两种规格。

3.2.1.2　LG(量规)系列型号表示规则见示例1。

示例1：

LG　30—10.5

- 10.5 ——可变尺寸(*L*)，“10.5”表示10.5 mm
- 30 ——规格代号，“30”表示固定尺寸为30.5 mm×9.5 mm
- LG ——量规毛坯代号

3.2.1.3　LG30型示意图见图1，推荐尺寸见表1。

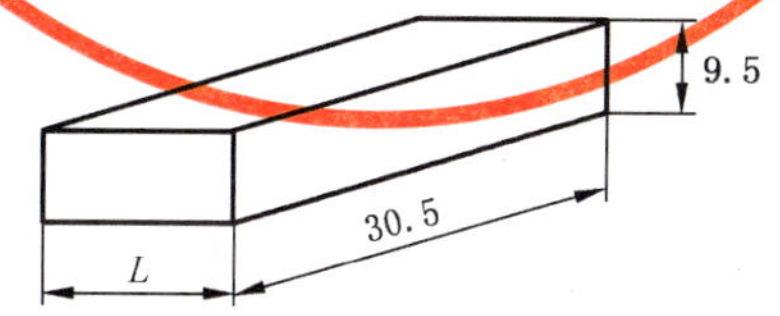

图1　LG30型示意图

表1

单位为毫米

型　号	*L*尺寸	型　号	*L*尺寸
LG30—2	2.0	LG30—4	4.0
LG30—3	3.0	LG30—5	5.0

表 1（续） 单位为毫米

型　　号	L尺寸	型　　号	L尺寸
LG30—6	6.0	LG30—9	9.0
LG30—7	7.0	LG30—10	10.0
LG30—8	8.0	LG30—10.5	10.5

3.2.1.4 LG35型示意图见图2,推荐尺寸见表2。

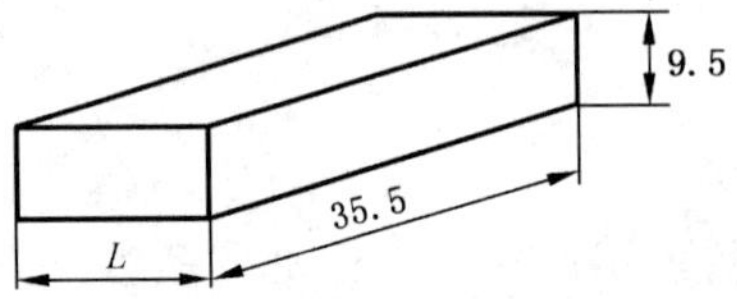

图2 LG35型示意图

表2 单位为毫米

型　　号	L尺寸	型　　号	L尺寸
LG35—7	7.0	LG35—23	23.0
LG35—8.5	8.5	LG35—24	24.0
LG35—10	10.0	LG35—25	25.0
LG35—11	11.0	LG35—26	26.0
LG35—12	12.0	LG35—31	31.0
LG35—13	13.0	LG35—41	41.0
LG35—14	14.0	LG35—51	51.0
LG35—15	15.0	LG35—52	52.0
LG35—16	16.0	LG35—61	61.0
LG35—17	17.0	LG35—71	71.0
LG35—18	18.0	LG35—76	76.0
LG35—19	19.0	LG35—77	77.0
LG35—20	20.0	LG35—81	81.0
LG35—21	21.0	LG35—91	91.0
LG35—22	22.0	LG35—103	103.0

3.2.2 LH(环规)系列

3.2.2.1 LH(环规)系列型号表示规则见示例2。

示例 2：

LH 030 07 05

- 05 —— 毛坯高度尺寸，“05”表示 5.0 mm
- 07 —— 毛坯外径尺寸，“07”表示 7.0 mm
- 030 —— 毛坯内径尺寸，“030”表示 3.0 mm
- LH —— 环规毛坯代号

3.2.2.2 LH(环规)系列示意图见图 3，推荐尺寸见表 3。

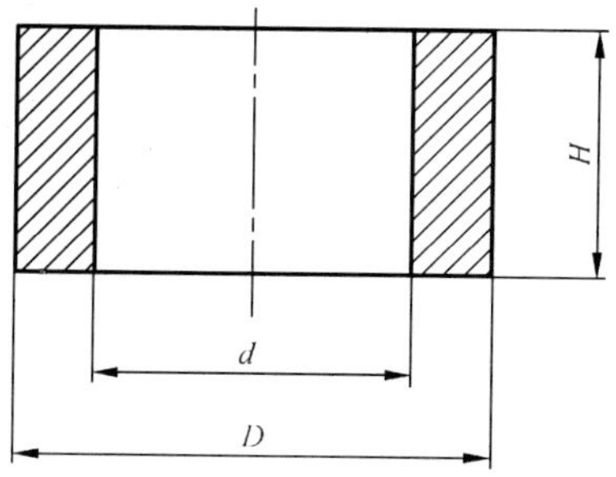

图 3 LH 系列示意图

表 3

单位为毫米

型号	公称尺寸		
	d	*D*	*H*
LH0300705	3.0	7.0	5.0
LH0350705	3.5		
LH0400905	4.0	9.0	
LH0450905	4.5		
LH0401005	4.0	10.0	
LH0451005	4.5		
LH0501005	5.0		
LH0551006	5.5		6.0
LH0601206	6.0	12.0	
LH0651206	6.5		
LH0701206	7.0		
LH0751206	7.5		

表 3（续） 单位为毫米

型号	公称尺寸 d	公称尺寸 D	公称尺寸 H
LH0801206	8.0	12.0	6.0
LH0851206	8.5		
LH0901606	9.0	16.0	
LH0951606	9.5		
LH1001608	10.0		8.0
LH1102008	11.0	20.0	
LH1202008	12.0		
LH1302008	13.0		
LH1402208	14.0	22.0	
LH1502208	15.0		
LH1602208	16.0		
LH1702710	17.0	27.0	10.0
LH1802710	18.0		
LH1902710	19.0		
LH2002710	20.0		
LH2103210	21.0	32.0	
LH2203210	22.0		
LH2303210	23.0		
LH2403210	24.0		
LH2503710	25.0	37.0	
LH2603710	26.0		
LH2703710	27.0		
LH2803710	28.0		
LH2903710	29.0		
LH3004514	30.0	45.0	14.0
LH3104514	31.0		
LH3205014	32.0	50.0	

表 3（续）

单位为毫米

型　　号	公称尺寸		
	d	*D*	*H*
LH3305014	33.0	50.0	14.0
LH3405514	34.0	55.0	
LH3505514	35.0		
LH3706014	37.0	60.0	
LH3906014	39.0		

3.2.3 LS(塞规)系列

3.2.3.1 LS(塞规)系列型号表示规则见示例 3。

示例 3：

LS 06 03 04

- 04：毛坯高度尺寸，"04" 表示 4.0 mm
- 03：毛坯内径尺寸，"03" 表示 3.0 mm
- 06：毛坯外径尺寸，"06" 表示 6.6 mm
- LS：塞规毛坯代号

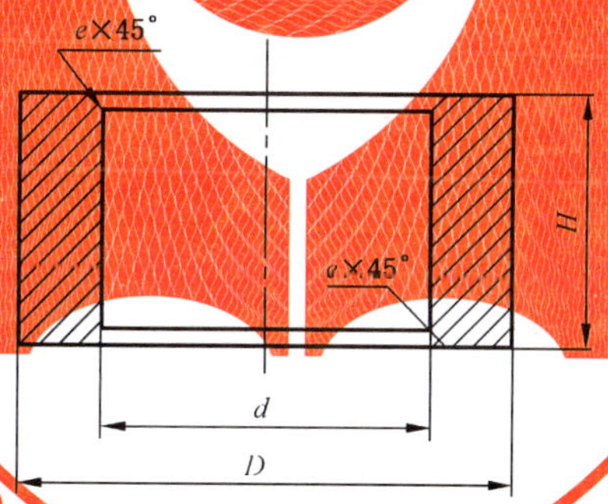

图 4　LS 系列示意图

3.2.3.2 LS(塞规)系列示意图见图 4，推荐尺寸见表 4。

表 4

单位为毫米

型　　号	公称尺寸			
	D	*d*	*H*	*e*
LS060304	6.6	3.5	4.0	—
LS060306			6.0	
LS060308			8.0	

表 4（续） 单位为毫米

型号	公称尺寸			
	D	*d*	*H*	*e*
LS070304	7.6	3.5	4.0	—
LS070306			6.0	
LS070308			8.0	
LS080504	8.6	5.0	4.0	
LS080506			6.0	
LS080510			10.0	
LS090504	9.6		4.0	0.4
LS090506			6.0	
LS090510			10.0	
LS100604	10.8	6.0	4.0	
LS100606			6.0	
LS100610			10.0	
LS110605	11.8		5.0	
LS110606			6.0	
LS110610			10.0	
LS120805	12.8	8.0	5.0	
LS120806			6.0	
LS120810			10.0	
LS130805	13.8		5.0	
LS130806			6.0	
LS130810			10.0	
LS140805	14.8		5.0	
LS140806			6.0	
LS140810			10.0	
LS150806	15.8		6.0	
LS150808			8.0	
LS150812			12.0	

表 4（续）

单位为毫米

型号	公称尺寸			
	D	*d*	*H*	*e*
LS161006	16.8	10.0	6.0	0.8
LS161008			8.0	
LS161012			12.0	
LS171006	17.8		6.0	
LS171008			8.0	
LS171012			12.0	
LS181306	18.8	13.0	6.0	
LS181308			8.0	
LS181312			12.0	
LS191306	19.8		6.0	
LS191308			8.0	
LS191312			12.0	
LS201506	20.8	15.0	6.0	
LS201508			8.0	
LS201512			12.0	
LS211506	21.8		6.0	
LS211508			8.0	
LS211512			12.0	
LS221706	22.8	17.0	5.0	
LS221708			6.0	
LS221712			10.0	
LS231706	23.8		5.0	
LS231708			6.0	
LS231712			10.0	
LS241806	24.8	18.0	6.0	1.0
LS241808			8.0	
LS241812			12.0	

表 4（续）

单位为毫米

型号	公称尺寸			
	D	d	H	e
LS251808	25.8	18.0	8.0	1.0
LS251810			10.0	
LS251816			16.0	
LS262008	26.8	20.0	8.0	
LS262010			10.0	
LS262016			16.0	
LS282008	28.8		8.0	
LS282010			10.0	
LS282016			16.0	
LS302408	30.8	24.0	8.0	
LS302410			10.0	
LS302412			12.0	
LS302416			16.0	
LS322508	32.8	25.0	8.0	
LS322512			12.0	
LS322516			16.0	
LS322520			20.0	
LS342508	34.8		8.0	1.2
LS342512			12.0	
LS342516			16.0	
LS342520			20.0	
LS352608	35.8	26.0	8.0	
LS352612			12.0	
LS352616			16.0	
LS352620			20.0	
LS372808	37.8	28.0	8.0	
LS372812			12.0	

表 4（续）

单位为毫米

型　　号	公称尺寸			
	D	*d*	*H*	*e*
LS372816	37.8	28.0	16.0	1.2
LS372820			20.0	
LS382808	38.8		8.0	
LS382812			12.0	
LS382816			16.0	
LS382820			20.0	
LS393012	39.8	30.0	12.0	
LS393016			16.0	
LS393020			20.0	
LS393025			25.0	
LS403212	40.8	32.0	12.0	
LS403216			16.0	
LS403220			20.0	
LS403225			25.0	
LS423212	42.8		12.0	
LS423216			16.0	
LS423220			20.0	
LS423225			25.0	

3.2.4 LK(卡规)系列

3.2.4.1 LK(卡规)系列型号表示规则见示例 4。

示例 4：

LK 025 05 02

- 02 — 毛坯厚度尺寸,“02” 表示 2.0 mm
- 05 — 毛坯长度尺寸,“05” 表示 5.0 mm
- 025 — 毛坯宽度尺寸,“025” 表示 2.5 mm
- LK — 卡规毛坯代号

3.2.4.2 LK(卡规)系列示意图见图 5,推荐尺寸见表 5。

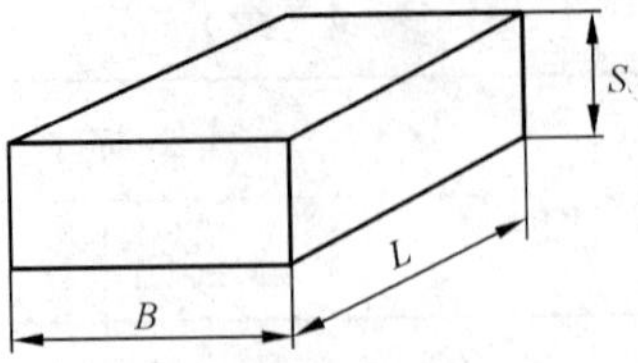

图 5 **LK** 系列示意图

表 5

单位为毫米

<table>
<tr><th rowspan="2">型 号</th><th colspan="3">公称尺寸</th></tr>
<tr><th>B</th><th>L</th><th>S</th></tr>
<tr><td>LK0250502</td><td rowspan="5">2.5</td><td>5.0</td><td rowspan="5">2.0</td></tr>
<tr><td>LK0250602</td><td>6.0</td></tr>
<tr><td>LK0250802</td><td>8.0</td></tr>
<tr><td>LK0251002</td><td>10.0</td></tr>
<tr><td>LK0251602</td><td>16.0</td></tr>
<tr><td>LK0300503</td><td rowspan="10">3.0</td><td>5.0</td><td>3.0</td></tr>
<tr><td>LK0300602</td><td rowspan="2">6.0</td><td>2.5</td></tr>
<tr><td>LK0300603</td><td>3.0</td></tr>
<tr><td>LK0300802</td><td>8.0</td><td rowspan="2">2.5</td></tr>
<tr><td>LK0301002</td><td rowspan="2">10.0</td></tr>
<tr><td>LK0301003</td><td>3.0</td></tr>
<tr><td>LK0301202</td><td rowspan="2">12.0</td><td>2.5</td></tr>
<tr><td>LK0301203</td><td>3.0</td></tr>
<tr><td>LK0301602</td><td rowspan="2">16.0</td><td>2.5</td></tr>
<tr><td>LK0301603</td><td rowspan="2">3.0</td></tr>
<tr><td>LK0400503</td><td rowspan="7">4.0</td><td>5.0</td></tr>
<tr><td>LK0400602</td><td rowspan="2">6.0</td><td>2.5</td></tr>
<tr><td>LK0400603</td><td rowspan="2">3.0</td></tr>
<tr><td>LK0400803</td><td>8.0</td></tr>
<tr><td>LK0401002</td><td rowspan="2">10.0</td><td>2.5</td></tr>
<tr><td>LK0401003</td><td>3.0</td></tr>
<tr><td>LK0401202</td><td>12.0</td><td>2.5</td></tr>
</table>

表 5（续）

单位为毫米

型　　号	公称尺寸		
	B	*L*	*S*
LK0401602	4.0	16.0	2.5
LK0401603			3.5
LK0402004		20.0	4.0
LK0402504		25.0	
LK0500503	5.0	5.0	3.0
LK0500603		6.0	
LK0501003		10.0	
LK0501203		12.0	3.5
LK0501603		16.0	3.0
LK0501604			4.0
LK0502003		20.0	3.5
LK0502004			4.0
LK0502503		25.0	3.5
LK0502504			4.0
LK0600603	6.0	6.0	3.0
LK0600803		8.0	
LK0601003		10.0	
LK0601203		12.0	3.5
LK0601603		16.0	
LK0601803		18.0	
LK0602003		20.0	
LK0602503		25.0	
LK0602504			4.0
LK0801603	8.0	16.0	3.5
LK0802503		25.0	
LK0802504			4.0
LK0953002	9.0	12.0	2.5

表 5（续） 单位为毫米

型　　号	公称尺寸		
	B	*L*	*S*
LK0953003	9.5	30.5	3.0
LK0953004			4.0
LK0953005			5.0
LK0953006			6.0
LK0953007			7.0
LK0953008			8.0
LK1203004	12.0		4.0
LK1402804	14.0	28.0	
LK1501804	15.0	18.0	
LK1802505	18.0	25.0	5.0
LK1803005		30.5	
LK1803505		35.0	
LK2003010	20.0	30.5	10.0
LK2003510		35.0	
LK2503510	25.0		
LK3003510	30.0		
LK3504010	35.0	40.0	

3.2.5 LC(千分尺测量头)系列

3.2.5.1 LC(千分尺测量头)系列型号表示规则见示例 5。

示例 5：

LC 070 13
- 13——毛坯厚度尺寸,“13”表示 1.3 mm
- 070——毛坯外径尺寸,“070”表示 7.0 mm
- LC——千分尺测量头毛坯代号

3.2.5.2 LC(千分尺测量头)系列示意图见图 6,推荐尺寸见表 6。

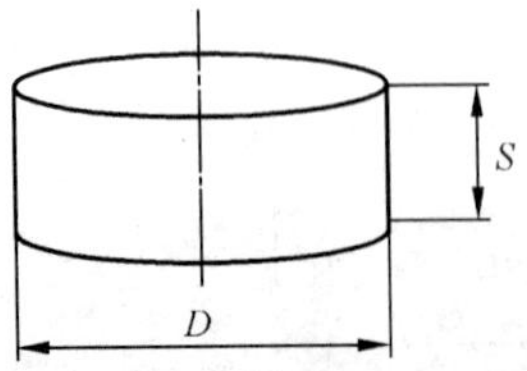

图 6 LC 系列示意图

表 6

单位为毫米

型号	公称尺寸	
	D	*S*
LC07013	7.0	1.3
LC08515	8.5	1.5
LC10515	10.5	

3.3 化学成分

产品的化学成分由供需双方协商确定。

3.4 物理力学性能、组织结构

产品的物理力学性能、组织结构由供需双方协商确定。

3.5 外观质量

3.5.1 产品表面应进行喷砂处理，不得有起皮、鼓泡、分层、裂纹、脏化、过烧和欠烧等缺陷。

3.5.2 产品工作面的掉边角长度（或宽度）不大于 0.3 mm，非工作面掉边角长度（或宽度）不大于 0.5 mm。

3.6 尺寸及尺寸允许偏差

3.6.1 LG（量规）系列

3.6.1.1 LG（量规）系列产品尺寸的允许偏差应符合表 7 规定。

表 7

单位为毫米

公称尺寸	允许偏差
≤2.5	$^{+0.25}_{0}$
>2.5～6	$^{+0.3}_{0}$
>6～12	$^{+0.4}_{0}$
>12～16	$^{+0.5}_{0}$
>16～20	$^{+0.6}_{0}$
>20～25	$^{+0.7}_{0}$
>25～32	$^{+0.8}_{0}$
>32～40	$^{+0.9}_{0}$
>40～50	$^{+1.3}_{0}$
>50～70	$^{+1.6}_{0}$
>70～100	$^{+2.0}_{0}$
>100	$^{+2.5}_{0}$

3.6.1.2 LG(量规)系列产品的平面度应符合表8规定。

表8

单位为毫米

长度	平面度	
	厚度≤4	厚度>4
≤18	≤0.20	≤0.15
>18～30	≤0.25	≤0.20
>30～40	≤0.30	≤0.25
>40～50	≤0.35	≤0.30
>50～70	≤0.40	≤0.35
>70	≤0.50	≤0.40

3.6.2 LH(环规)系列

3.6.2.1 LH(环规)系列产品内径(d)尺寸的允许偏差应符合表9规定。

表9

单位为毫米

公称尺寸	允许偏差
≤3	$^{0}_{-0.25}$
>3～6	$^{0}_{-0.30}$
>6～12	$^{0}_{-0.40}$
>12～16	$^{0}_{-0.50}$
>16～25	$^{0}_{-0.60}$
>25～32	$^{0}_{-0.75}$
>32～40	$^{0}_{-0.90}$

3.6.2.2 LH(环规)系列产品外径(D)及高度(H)尺寸的允许偏差应符合表10规定。

表10

单位为毫米

公称尺寸	允许偏差
≤12	±0.25
>12～18	±0.30
>18～25	±0.35
>25～32	±0.45
>32～60	±0.50

3.6.3 LS(塞规)系列

3.6.3.1 LS(塞规)系列产品外径(D)尺寸的允许偏差应符合表11规定。

表 11

单位为毫米

公称尺寸	允许偏差
≤12	$^{+0.4}_{0}$
>12～16	$^{+0.5}_{0}$
>16～25	$^{+0.55}_{0}$
>25～32	$^{+0.6}_{0}$
>32～40	$^{+0.7}_{0}$
>40～50	$^{+0.8}_{0}$

3.6.3.2 LS 型(塞规)系列产品内径(d)及高度(H)尺寸的允许偏差应符合表 12 规定。

表 12

单位为毫米

公称尺寸	允许偏差
≤4	±0.20
>4～16	±0.25
>16～18	±0.30
>18～25	±0.35
>25～32	±0.50

3.6.4 LK(卡规)系列

3.6.4.1 LK(卡规)系列产品长度(L)、宽度(B)及厚度(S)的允许偏差应符合表 13 规定。

表 13

单位为毫米

公称尺寸	允许偏差
≤2.5	$^{+0.25}_{0}$
>2.5～6	$^{+0.30}_{0}$
>6～12	$^{+0.40}_{0}$
>12～16	$^{+0.50}_{0}$
>16～20	$^{+0.60}_{0}$
>20～25	$^{+0.70}_{0}$
>25～32	$^{+0.80}_{0}$
>32～40	$^{+0.90}_{0}$

3.6.4.2 LK(卡规)系列产品支承面的平面度应符合表 14 规定。

表 14

单位为毫米

长　　度	平　面　度	
	厚度≤4	厚度>4
≤18	≤0.20	≤0.15
>18～30	≤0.25	≤0.20
>30～40	≤0.30	≤0.25

3.6.5　**LC(千分尺测量头)系列**

LC(千分尺测量头)系列尺寸的允许偏差应符合表 15 规定。

表 15

单位为毫米

公称尺寸	允许偏差
D	$^{+0.40}_{0}$
S	$^{+0.25}_{0}$

4　试验方法

4.1　产品的化学成分分析按供需双方协商确定的方法进行。

4.2　产品的物理力学性能、组织结构的检验由供需双方按 GB/T 5242 进行。

4.3　产品的外观质量检验按 GB/T 5242 的规定进行。

4.4　产品的尺寸及尺寸允许偏差检验按 GB/T 5242 的规定进行。

5　检验规则

5.1　检查和验收

5.1.1　产品应由供方质量检验部门进行检验，保证产品质量符合本标准及订货单(或合同)的规定，并填写质量证明书。

5.1.2　需方应对收到的产品按本标准及订货单(或合同)的规定进行复验。复验结果与本标准及订货单(或合同)的规定不符时，应在收到制品之日起三个月内以书面形式向供方提出，由供需双方协商解决。如需仲裁，仲裁取样应由供需双方共同进行。

5.2　组批

产品的组批按 GB/T 5242 的规定进行。

5.3　检验项目及取样数量

产品的检验项目及取样数量应符合表 16 的规定。

表 16

检验项目	取样数量	要求的章条号	试验方法的章条号
化学成分	每批 1 份	3.3	4.1
物理力学性能、组织结构	按 GB/T 5242 的规定进行	3.4	4.2
外观质量	逐件检验	3.5	4.3
尺寸及尺寸允许偏差	逐件检验	3.2、3.6	4.4

5.4　检验结果的判定

5.4.1　产品的化学成分检验不合格，判该批不合格。

5.4.2　产品的物理力学性能、组织结构检验结果的判定按 GB/T 5242 的规定进行。

5.4.3 产品的外观质量检验不合格，判该件不合格。

5.4.4 产品的尺寸及尺寸允许偏差检验不合格，判该件不合格。

6 标志、包装、运输、贮存

产品的标志、包装、运输和贮存按 GB/T 5243 的规定进行。

7 订货单（或合同）内容

订货单（或合同）应包括下列内容：

a) 产品名称；

b) 产品型号；

c) 产品净重或数量；

d) 本标准编号；

e) 特殊要求。

ICS 21.060.10
J 13

中华人民共和国国家标准

GB/T 3632—2008
代替 GB/T 3632～3633—1995

钢结构用扭剪型高强度螺栓连接副

Sets of torshear type high strength bolt hexagon nut and plain washer for steel structures

2008-03-03 发布　　　　2008-07-01 实施

中华人民共和国国家质量监督检验检疫总局
中国国家标准化管理委员会　发布

前　言

本标准代替 GB/T 3632—1995《钢结构用扭剪型高强度螺栓连接副》和 GB/T 3633—1995《钢结构用扭剪型高强度螺栓连接副技术条件》。

本标准与 GB/T 3632—1995 和 GB/T 3633—1995 相比主要变化如下：

——增加 M27 和 M30 螺纹规格和推荐使用的材料：35VB、35CrMo(见表 1～表 6)；

——增加材料：ML20MnTiB、ML35(见 5.1 及表 6)；

——规定经供需双方协议，也可使用表 6 规定以外的材料，但应在订货合同中注明，并在螺栓或螺母产品上增加标志 T(紧跟 S 或 H)(见 5.1、表 6 及 8.3)；

——取消双倒角螺母的型式(GB/T 3632—1995 中图 3“可选择的型式”)；

——将垫圈厚度的尺寸代号改为“h”(见图 4 及表 5)；

——根据 GB/T 228 的规定，对相关的机械性能名称和符号进行了相应调整(见表 7)；

——调整了螺母的硬度范围(见表 11)；

——增加了连接副机械性能试验的抽样方案(见 7.3)；

——取消了 GB/T 3632—1995 附录 A，增加新的附录 A。

本标准是国家标准“钢结构用螺栓连接副”产品系列标准之一，该系列包括：

——GB/T 1228—2006　钢结构用高强度大六角头螺栓；

——GB/T 1229—2006　钢结构用高强度大六角螺母；

——GB/T 1230—2006　钢结构用高强度垫圈；

——GB/T 1231—2006　钢结构用高强度大六角头螺栓、大六角螺母、垫圈技术条件；

——GB/T 3632—2008　钢结构用扭剪型高强度螺栓连接副。

本标准的附录 A 为规范性附录。

本标准由中国机械工业联合会提出。

本标准由全国紧固件标准化技术委员会(SAC/TC 85)归口。

本标准负责起草单位：中冶集团建筑研究总院和中机生产力促进中心。

本标准参加起草单位：上海高强度螺栓厂、上海申光高强度螺栓有限公司、上海金马高强紧固件有限公司、山东高强紧固件有限公司、河北任县高强度螺栓有限公司、中铁山桥集团高强度紧固器材有限公司、宁波九龙紧固件制造有限公司、晋亿实业股份有限公司、宁波中京联合科技实业有限公司、浙江泽恩标准件有限公司、杭州华凌钢结构高强螺栓有限公司和安徽巢湖铸造厂有限责任公司。

本标准由全国紧固件标准化技术委员会秘书处负责解释。

本标准所代替标准的历次版本发布情况为：

——GB 3632—83、GB/T 3632—1995；

——GB 3633—83、GB/T 3633—1995。

钢结构用扭剪型高强度螺栓连接副

1 范围

本标准规定了螺纹规格为 M16～M30 钢结构用扭剪型高强度螺栓连接副的型式尺寸、技术要求、试验方法、标记方法及验收与包装。

本标准适用于工业与民用建筑、桥梁、塔桅结构、锅炉钢结构、起重机械及其他钢结构用扭剪型高强度螺栓连接副。

2 规范性引用文件

下列文件中的条款通过本标准的引用而成为本标准的条款。凡是注日期的引用文件，其随后所有的修改单(不包括勘误的内容)或修订版均不适用于本标准，然而，鼓励根据本标准达成协议的各方研究是否可使用这些文件的最新版本。凡是不注日期的引用文件，其最新版本适用于本标准。

GB/T 90.1　紧固件　验收检查(GB/T 90.1—2002,idt ISO 3269:2000)

GB/T 196　普通螺纹　基本尺寸　(GB/T 196—2003,ISO 724:1993,ISO general purpose metric screw threads—Basic dimensions,MOD)

GB/T 197　普通螺纹　公差　(GB/T 197—2003,ISO 965-1:1998,ISO general purpose metric screw threads—Tolerances—Part 1:Principles and basic data,MOD)

GB/T 228　金属材料　室温拉伸试验方法(GB/T 228—2002,eqv ISO 6892:1998)

GB/T 229　金属夏比缺口冲击试验方法(GB/T 229—1994,eqv ISO 148:1983,ISO 83:1976)

GB/T 230.1　金属洛氏硬度试验　第1部分:试验方法(GB/T 230.1—2004,ISO 6508-1:1999,Metallic materials—Rockwell hardness test—Part 1:Test method,MOD)

GB/T 699　优质碳素结构钢

GB/T 1237　紧固件的标记方法(GB/T 1237—2000,eqv ISO 8991:1986)

GB/T 3077　合金结构钢

GB/T 3098.1　紧固件机械性能　螺栓、螺钉和螺柱(GB/T 3098.1—2000,idt ISO 898-1:1999)

GB/T 3098.2　紧固件机械性能　螺母　粗牙螺纹(GB/T 3098.2—2000,idt ISO 898-2:1992)

GB/T 3103.1　紧固件公差　螺栓、螺钉、螺柱和螺母　(GB/T 3103.1—2002,idt ISO 4759-1:2000)

GB/T 3103.3　紧固件公差　平垫圈(GB/T 3103.3—2002,idt ISO 4759-3:2000)

GB/T 4340.1　金属维氏硬度试验　第1部分:试验方法(GB/T 4340.1—1999,eqv ISO 6507-1:1997)

GB/T 5276　紧固件　螺栓、螺钉、螺柱及螺母　尺寸代号和标注(GB/T 5276—1985,eqv ISO 225:1983)

GB/T 5277　紧固件　螺栓和螺钉通孔

GB/T 5779.1　紧固件表面缺陷　螺栓、螺钉和螺柱　一般要求　(GB/T 5779.1—2000,idt ISO 6157-1:1988)

GB/T 5779.2　紧固件表面缺陷　螺母(GB/T 5779.2—2000,idt ISO 6157-2:1995)

GB/T 6478　冷镦和冷挤压用钢

3 连接副型式

螺栓连接副型式(包括一个螺栓、一个螺母和一个垫圈)应符合图1的规定。

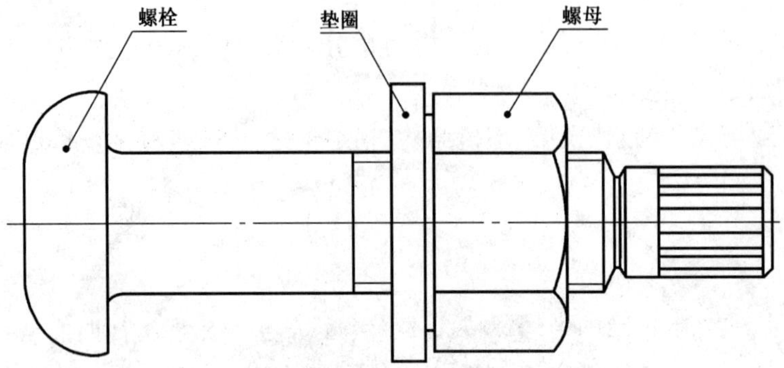

图 1

4 尺寸

4.1 螺栓尺寸

螺栓尺寸应符合图2及表1～表3的规定。

尺寸代号和标注符合GB/T 5276。

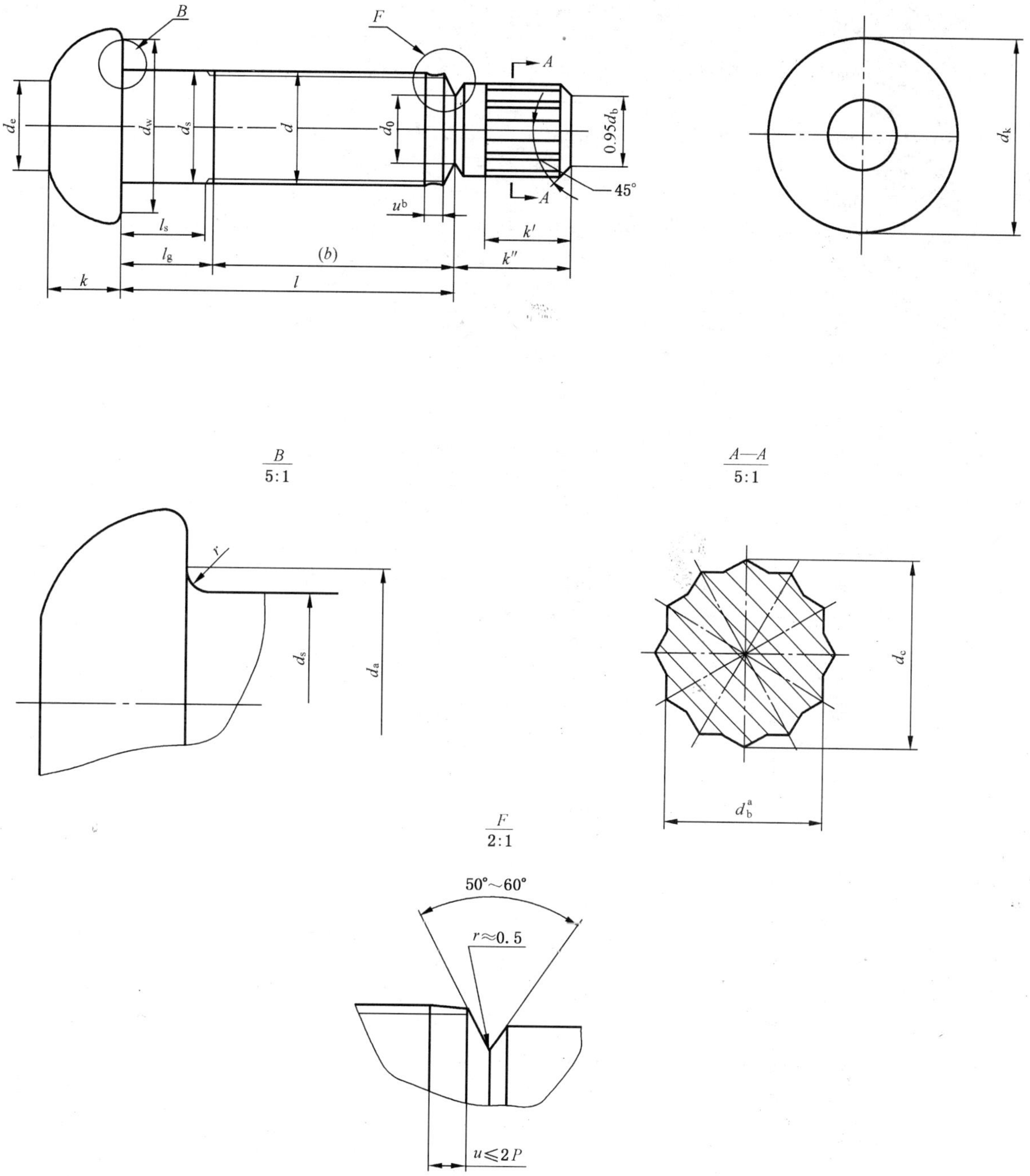

a d_b——内切圆直径；

b u——不完整螺纹的长度。

图 2

表 1

单位为毫米

螺纹规格 d		M16	M20	(M22)[a]	M24	(M27)[a]	M30
P[b]		2	2.5	2.5	3	3	3.5
d_a	max	18.83	24.4	26.4	28.4	32.84	35.84
d_s	max	16.43	20.52	22.52	24.52	27.84	30.84
	min	15.57	19.48	21.48	23.48	26.16	29.16
d_w	min	27.9	34.5	38.5	41.5	42.8	46.5
d_k	max	30	37	41	44	50	55
k	公称	10	13	14	15	17	19
	max	10.75	13.90	14.90	15.90	17.90	20.05
	min	9.25	12.10	13.10	14.10	16.10	17.95
k'	min	12	14	15	16	17	18
k''	max	17	19	21	23	24	25
r	min	1.2	1.2	1.2	1.6	2.0	2.0
d_0	≈	10.9	13.6	15.1	16.4	18.6	20.6
d_b	公称	11.1	13.9	15.4	16.7	19.0	21.1
	max	11.3	14.1	15.6	16.9	19.3	21.4
	min	11.0	13.8	15.3	16.6	18.7	20.8
d_c	≈	12.8	16.1	17.8	19.3	21.9	24.4
d_e	≈	13	17	18	20	22	24

a 括号内的规格为第二选择系列，应优先选用第一系列（不带括号）的规格。

b P——螺距。

表 2

单位为毫米

螺纹规格 *d*			M16		M20		(M22)[a]		M24		(M27)[a]		M30	
l			无螺纹杆部长度 l_s 和夹紧长度 l_g											
公称	min	max	l_s min	l_g max	l_s min	l_g max	l_s min	l_g max	l_s min	l_g max	l_s min	l_g max	l_s min	l_g max
40	38.75	41.25	4	10										
45	43.75	46.25	9	15	2.5	10								
50	48.75	51.25	14	20	7.5	15	2.5	10						
55	53.5	56.5	14	20	12.5	20	7.5	15	1	10				
60	58.5	61.5	19	25	17.5	25	12.5	20	6	15				
65	63.5	66.5	24	30	17.5	25	17.5	25	11	20	6	15		
70	68.5	71.5	29	35	22.5	30	17.5	25	16	25	11	20	4.5	15
75	73.5	76.5	34	40	27.5	35	22.5	30	16	25	16	25	9.5	20
80	78.5	81.5	39	45	32.5	40	27.5	35	21	30	16	25	14.5	25
85	83.25	86.75	44	50	37.5	45	32.5	40	26	35	21	30	14.5	25
90	88.25	91.75	49	55	42.5	50	37.5	45	31	40	26	35	19.5	30
95	93.25	96.75	54	60	47.5	55	42.5	50	36	45	31	40	24.5	35
100	98.25	101.75	59	65	52.5	60	47.5	55	41	50	36	45	29.5	40
110	108.25	111.75	69	75	62.5	70	57.5	65	51	60	46	55	39.5	50
120	118.25	121.75	79	85	72.5	80	67.5	75	61	70	56	65	49.5	60
130	128	132	89	95	82.5	90	77.5	85	71	80	66	75	59.5	70
140	138	142			92.5	100	87.5	95	81	90	76	85	69.5	80
150	148	152			102.5	110	97.5	105	91	100	86	95	79.5	90
160	156	164			112.5	120	107.5	115	101	110	96	105	89.5	100
170	166	174					117.5	125	111	120	106	115	99.5	110
180	176	184					127.5	135	121	130	116	125	109.5	120
190	185.4	194.6					137.5	145	131	140	126	135	119.5	130
200	195.4	204.6					147.5	155	141	150	136	145	129.5	140
220	215.4	224.6					167.5	175	161	170	156	165	149.5	160

[a] 括号内的规格为第二选择系列，应优先选用第一系列(不带括号)的规格。

表 3 单位为毫米

螺纹规格 *d*	M16	M20	(M22)[a]	M24	(M27)[a]	M30	M16	M20	(M22)[a]	M24	(M27)[a]	M30
l 公称尺寸	(*b*)						每 1 000 件钢螺栓的质量(ρ=7.85 kg/dm^3)/≈kg					
40	30						106.59					
45		35					114.07	194.59				
50			40				121.54	206.28	261.90			
55	35			45			128.12	217.99	276.12	332.89		
60							135.60	229.68	290.34	349.89		
65		40			50		143.08	239.98	304.57	366.88	490.64	
70			45			55	150.54	251.67	317.23	383.88	511.74	651.05
75				50			158.02	263.37	331.45	398.72	532.83	677.26
80					55		165.49	275.07	345.68	415.72	552.01	703.47
85						60	172.97	286.77	359.90	432.71	573.11	726.96
90							180.44	298.46	374.12	449.71	594.21	753.17
95							187.91	310.17	388.34	466.71	615.30	779.38
100							195.39	321.86	402.57	483.70	636.39	805.59
110							210.33	345.25	431.02	517.69	678.59	858.02
120							225.28	368.65	459.46	551.68	720.78	910.44
130							240.22	392.04	487.91	585.67	762.97	962.87
140								415.44	516.35	619.66	805.16	1 015.29
150								438.83	544.80	653.65	847.35	1 067.71
160								462.23	573.24	687.63	889.54	1 120.14
170									601.69	721.62	931.73	1 172.56
180									630.13	755.61	973.92	1 224.98
190									658.58	789.61	1 016.12	1 277.40
200									687.03	823.59	1 058.31	1 329.83
220									743.91	891.57	1 142.69	1 434.67

a 括号内的规格为第二选择系列，应优先选用第一系列(不带括号)的规格。

4.2 螺母尺寸

螺母尺寸应符合图3及表4的规定。

尺寸代号和标注符合 GB/T 5276。

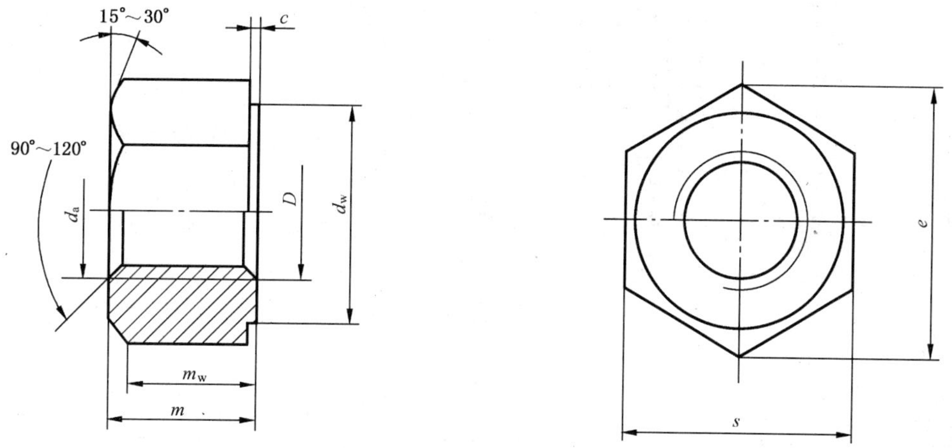

图 3

表 4

单位为毫米

螺纹规格 D		M16	M20	(M22)[a]	M24	(M27)[a]	M30
P		2	2.5	2.5	3	3	3.5
d_a	max	17.3	21.6	23.8	25.9	29.1	32.4
	min	16	20	22	24	27	30
d_w	min	24.9	31.4	33.3	38.0	42.8	46.5
e	min	29.56	37.29	39.55	45.20	50.85	55.37
m	max	17.1	20.7	23.6	24.2	27.6	30.7
	min	16.4	19.4	22.3	22.9	26.3	29.1
m_w	min	11.5	13.6	15.6	16.0	18.4	20.4
c	max	0.8	0.8	0.8	0.8	0.8	0.8
	min	0.4	0.4	0.4	0.4	0.4	0.4
s	max	27	34	36	41	46	50
	min	26.16	33	35	40	45	49
支承面对螺纹轴线的全跳动公差		0.38	0.47	0.50	0.57	0.64	0.70
每1 000件钢螺母的质量 (ρ=7.85 kg/dm^3)/≈kg		61.51	118.77	146.59	202.67	288.51	374.01

a 括号内的规格为第二选择系列，应优先选用第一系列（不带括号）的规格。

4.3 垫圈尺寸

垫圈尺寸应符合图 4 及表 5 的规定。

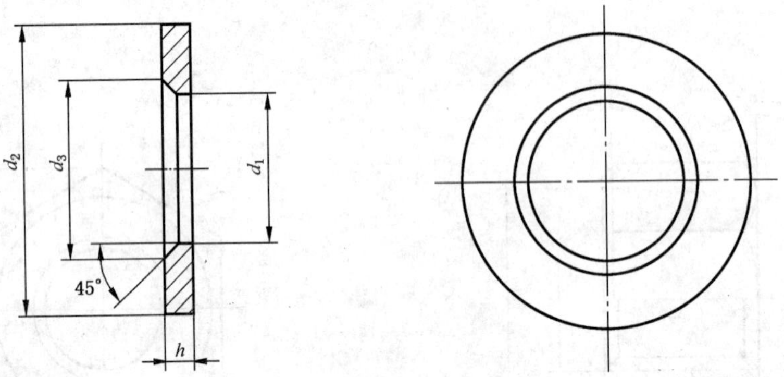

图 4

表 5

单位为毫米

规格(螺纹大径)		16	20	(22)[a]	24	(27)[a]	30
d_1	min	17	21	23	25	28	31
	max	17.43	21.52	23.52	25.52	28.52	31.62
d_2	min	31.4	38.4	40.4	45.4	50.1	54.1
	max	33	40	42	47	52	56
h	公称	4.0	4.0	5.0	5.0	5.0	5.0
	min	3.5	3.5	4.5	4.5	4.5	4.5
	max	4.8	4.8	5.8	5.8	5.8	5.8
d_3	min	19.23	24.32	26.32	28.32	32.84	35.84
	max	20.03	25.12	27.12	29.12	33.64	36.64
每 1 000 件钢垫圈的质量 (ρ=7.85 kg/dm^3)/≈kg		23.40	33.55	43.34	55.76	66.52	75.42
[a] 括号内的规格为第二选择系列，应优先选用第一系列(不带括号)的规格。							

5 技术要求

5.1 性能等级及材料

螺栓、螺母、垫圈的性能等级和推荐材料按表 6 的规定。经供需双方协议，也可使用其他材料，但应在订货合同中注明，并在螺栓或螺母产品上增加标志 T(紧跟 S 或 H)。

表 6

类别	性能等级	推荐材料	标准编号	适用规格
螺栓	10.9S	20MnTiB ML20MnTiB	GB/T 3077 GB/T 6478	≤M24
		35VB 35CrMo	(附录 A) GB/T 3077	M27、M30
螺母	10H	45、35 ML35	GB/T 699 GB/T 6478	≤M30
垫圈	—	45、35	GB/T 699	

5.2 机械性能

5.2.1 螺栓机械性能

5.2.1.1 原材料试件机械性能

制造者应对螺栓的原材料取样，经与螺栓制造中相同的热处理工艺处理后，按 GB/T 228 制成试件进行拉伸试验，其结果应符合表 7 的规定。根据用户要求，可增加低温冲击试验，其结果应符合表 7 的规定。

表 7

性能等级	抗拉强度 R_m/MPa	规定非比例延伸强度 $R_{p0.2}$/MPa	断后伸长率 A/%	断后收缩率 Z/%	冲击吸收功 A_{KV2}/J (−20℃)
		不小于			
10.9 S	1 040～1 240	940	10	42	27

5.2.1.2 螺栓实物机械性能

对螺栓实物进行楔负载试验时，当拉力载荷在表 8 规定的范围内，断裂应发生在螺纹部分或螺纹与螺杆交接处。

当螺栓 $l/d \leqslant 3$ 时，如不能进行楔负载试验，允许用拉力载荷试验或芯部硬度试验代替楔负载试验。拉力载荷应符合表 8 的规定，芯部硬度应符合表 9 的规定。

表 8

螺纹规格 d		M16	M20	M22	M24	M27	M30
公称应力截面积 A_s/mm²		157	245	303	353	459	561
10.9 S	拉力载荷/kN	163～195	255～304	315～376	367～438	477～569	583～696

表 9

性能等级	维氏硬度		洛氏硬度	
	min	max	min	max
10.9 S	312 HV30	367 HV30	33 HRC	39 HRC

5.2.1.3 脱碳层

螺栓的脱碳层按 GB/T 3098.1 表 3 的规定。

5.2.2 螺母机械性能

5.2.2.1 保证载荷

螺母的保证载荷应符合表 10 的规定。

表 10

螺纹规格 D		M16	M20	M22	M24	M27	M30
公称应力截面积 A_s/mm²		157	245	303	353	459	561
保证应力 S_P/MPa		1 040					
10 H	保证载荷 ($A_s \times S_P$)/kN	163	255	315	367	477	583

5.2.2.2 **硬度**

螺母的硬度应符合表 11 的规定。

表 11

性能等级	洛氏硬度		维氏硬度	
	min	max	min	max
10 H	98 HRB	32 HRC	222 HV30	304 HV30

5.2.3 **垫圈硬度**

垫圈的硬度为 329 HV30～436 HV30 (35 HRC～45 HRC)。

5.3 **连接副紧固轴力**

连接副紧固轴力应符合表 12 的规定。

表 12

螺纹规格		M16	M20	M22	M24	M27	M30
每批紧固轴力的平均值/kN	公称	110	171	209	248	319	391
	min	100	155	190	225	290	355
	max	121	188	230	272	351	430
紧固轴力标准偏差 $\sigma\leqslant$	/kN	10.0	15.5	19.0	22.5	29.0	35.5

当 l 小于表 13 中规定数值时，可不进行紧固轴力试验。

表 13

单位为毫米

螺纹规格	M16	M20	M22	M24	M27	M30
l	50	55	60	65	70	75

5.4 **螺栓、螺母的螺纹**

螺纹的基本尺寸应符合 GB/T 196 对粗牙普通螺纹的规定。螺栓螺纹公差带应符合 6g (GB/T 197)，螺母螺纹公差带应符合 6H (GB/T 197)的规定。

5.5 **表面缺陷**

5.5.1 螺栓、螺母的表面缺陷应符合 GB/T 5779.1 或 GB/T 5779.2 的规定。

5.5.2 垫圈表面不允许有裂纹、毛刺、浮锈和影响使用的凹痕、划伤。

5.6 **其他尺寸及形位公差**

螺栓、螺母、垫圈的其他尺寸及形位公差应符合 GB/T 3103.1 或 GB/T 3103.3 有关 C 级产品的规定。

5.7 **表面处理**

为保证连接副紧固轴力和防锈性能，螺栓、螺母和垫圈应进行表面处理(可以是相同的或不同的)，并由制造者确定，经处理后的连接副紧固轴力应符合表 12 的规定。

6 试验方法

6.1 **试验环境温度**

试验应在室温(10℃～35℃)下进行，但冲击试验应在－20℃±2℃下进行，连接副紧固轴力的仲裁试验应在 20℃±2℃下进行。

6.2 **螺栓试验方法**

6.2.1 **原材料试件试验**

6.2.1.1 **基本要求**

原材料拉伸试件和冲击试件应在同一根棒材上截取，并经同一热处理工艺处理。

6.2.1.2 拉伸试验

原材料经热处理后，按 GB/T 228 的规定制成拉伸试件。加工试件时，其直径减小量不应超过原材料直径的 25%(约为截面积的 44%)，并以此确定试件直径。试验方法应符合 GB/T 228 的规定。

6.2.1.3 冲击试验

原材料经热处理后，按 GB/T 229 图 1 标准夏比 V 型缺口冲击试件的规定制成试件，进行低温 −20℃冲击试验。试验方法应符合 GB/T 229 的规定。

6.2.2 螺栓实物楔负载试验

螺栓头下置一 10°楔垫(见图 5)，在拉力试验机上将螺栓拧在带有内螺纹的专用夹具上(≥1d)，然后进行拉力试验。10°楔垫尺寸及硬度应符合 GB/T 3098.1 的规定。

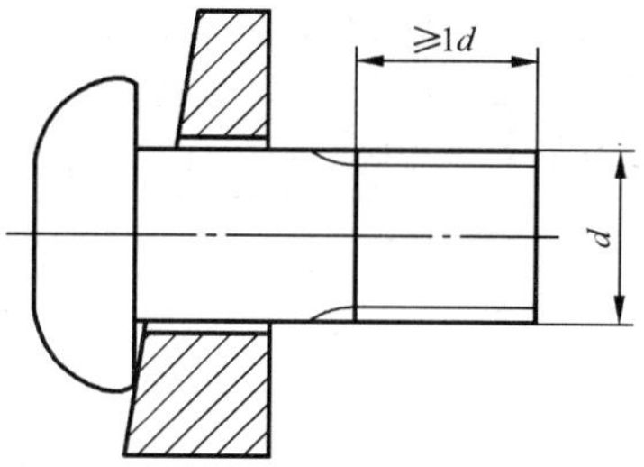

图 5

6.2.3 芯部硬度试验

试验在距螺杆末端等于一个螺纹直径的截面上、1/2 半径处进行。试验方法应符合 GB/T 230.1 或 GB/T 4340.1 的规定。验收时，如有争议，以维氏硬度(HV30)试验为仲裁试验。

6.2.4 脱碳试验

螺栓的脱碳试验应符合 GB/T 3098.1 的规定。

6.3 螺母试验方法

6.3.1 保证载荷试验

将螺母拧入螺纹芯棒(见图 6 及 GB/T 3098.2)，试验时夹头的移动速度不应超过 3 mm/min。对螺母施加表 10 规定的保证载荷，持续 15 s，螺母不应脱扣或破裂。当去除载荷后，应可用手将螺母旋出，或者借助扳手松开螺母(但不应超过半扣)后用手旋出。在试验中，如螺纹芯棒损坏，则该试验作废。

螺纹芯棒的硬度应≥45 HRC，其螺纹公差带为 5 h 6 g，但大径应控制在 6 g 公差带靠近下限的1/4 的范围内。

6.3.2 硬度试验

常规检查，螺母硬度试验应在支承面上进行，并取间隔为 120°的三点平均值作为该螺母的硬度值。试验方法应符合 GB/T 230.1 或 GB/T 4340.1 的规定。验收时，如有争议，应在通过螺母轴心线的纵向截面上，并尽量靠近螺纹大径处进行硬度试验。维氏硬度(HV30)试验为仲裁试验。

6.4 垫圈硬度试验

垫圈硬度试验应在支承面上进行。试验方法按 GB/T 230.1 或 GB/T 4340.1 的规定。验收时，如有争议，以维氏硬度(HV30)试验为仲裁试验。

6.5 连接副紧固轴力试验

6.5.1 连接副的紧固轴力试验在轴力计(或测力环)上进行，每一连接副(一个螺栓、一个螺母和一个垫圈)只能试验一次，不得重复使用。

6.5.2 连接副轴力用轴力计(或测力环)测定，其示值相对误差的绝对值不得大于测试轴力值的 2%。轴力计的最小示值应在 1 kN 以下。

6.5.3 组装连接副时，垫圈有倒角的一侧应朝向螺母支承面。试验时，垫圈不得转动，否则该试验无效。

6.5.4 连接副的紧固轴力值以螺栓梅花头被拧断时轴力计(或测力环)所记录的峰值为测定值。

6.5.5 进行连接副紧固轴力试验时,应同时记录环境温度。试验所用的机具、仪表及连接副均应放置在该环境内至少 2 h 以上。

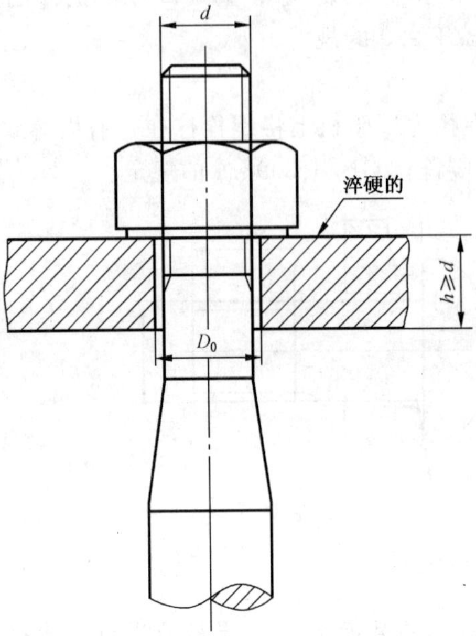

D_0 按 GB/T 5277 对中等装配的规定。

图 6

7 检验规则

7.1 出厂检验按批进行。同一材料、炉号、螺纹规格、长度(当螺栓长度≤100 mm 时,长度相差≤15 mm;螺栓长度>100 mm 时,长度相差≤20 mm,可视为同一长度)、机械加工、热处理工艺及表面处理工艺的螺栓为同批;同一材料、炉号、螺纹规格、机械加工、热处理工艺及表面处理工艺的螺母为同批;同一材料、炉号、规格、机械加工、热处理工艺及表面处理工艺的垫圈为同批。分别由同批螺栓、螺母及垫圈组成的连接副为同批连接副。

同批钢结构用扭剪型高强度螺栓连接副的最大数量为 3 000 套。

7.2 连接副紧固轴力的检验按批抽取 8 套,8 套连接副的紧固轴力平均值及标准偏差均应符合 5.3 的规定。

7.3 螺栓楔负载、螺母保证载荷、螺母硬度和垫圈硬度的检验按批抽取,样本大小 $n=8$,合格判定数 $Ac=0$。螺栓、螺母、垫圈的尺寸、外观及表面缺陷的检验抽样方案应符合 GB/T 90.1 的规定。

7.4 用户对产品质量有异议时,在正常运输和保管条件下,应在产品出厂之日起 6 个月内向供货方提出。如有争议,双方按本标准要求进行复验裁决。

8 标志与包装

8.1 螺栓应在头部顶面或球面用凸字制出性能等级和制造者的识别标志[见图 7 a)]。其中,"·"可以省略;字母 S 表示钢结构用高强度螺栓;××为制造者的识别标志。

8.2 螺母应在顶面用凹字制出性能等级和制造者的识别标志[见图 7b)]。其中,字母 H 表示钢结构用高强度大六角螺母;××为制造者的识别标志。

8.3 螺栓和螺母使用表 6 以外的材料时,应在螺栓及螺母产品上增加标志 T[见图 7c)、d)]。

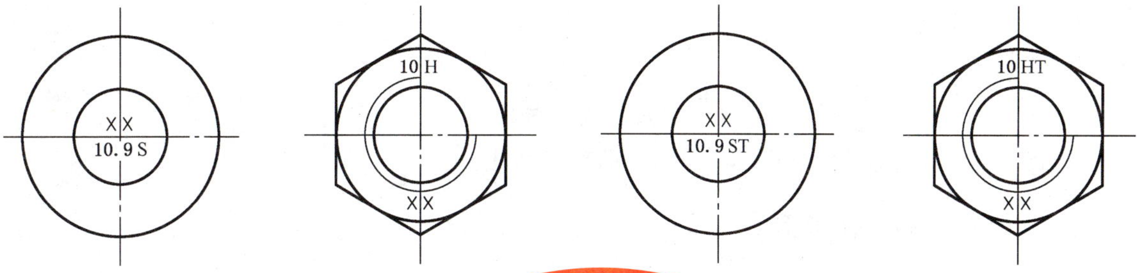

a)　　b)　　c)　　d)

图 7

8.4 制造者应以批为单位提供产品质量检验报告证书，内容如下：

a) 批号、规格和数量；

b) 材料牌号、炉号、化学成分；

c) 材料试件机械性能试验数据；

d) 螺栓、螺母和垫圈机械性能试验数据；

e) 连接副紧固轴力平均值、标准偏差和测试环境温度；

f) 出厂日期。

8.5 包装箱应牢固、防潮。箱内应按连接副的组合包装，不同批号的连接副不得混装。每箱质量不得超过 40 kg。包装箱内的分装方法由制造者确定。

8.6 包装箱外应有制造者、产品名称、标准编号、批号、规格、数量、毛重等明显标记。

9 标记

9.1 标记方法按 GB/T 1237 的规定。

9.2 标记示例

由螺纹规格 d=M20、公称长度 l=100 mm、性能等级为 10.9S 级、表面经防锈处理的钢结构用扭剪型高强度螺栓；螺纹规格 D=M20、性能等级为 10H 级、表面经防锈处理的钢结构用高强度大六角螺母和规格为 20 mm、热处理硬度为 35 HRC～45 HRC、表面经防锈处理的钢结构用高强度垫圈组成的钢结构用扭剪型高强度螺栓连接副的标记：

连接副　GB/T 3632　M20×100

附 录 A
（规范性附录）
35VB 钢技术条件

A.1 35VB 钢的化学成分应符合表 A.1 的规定。

表 A.1

化学成分	C	Mn	Si	P	S	V	B	Cu
范围/%	0.31～0.37	0.50～0.90	0.17～0.37	≤0.04	≤0.04	0.05～0.12	0.001～0.004	≤0.25

A.2 采用直径为 25 mm 的试样毛坯，经热处理后的机械性能应符合表 A.2 的规定。

表 A.2

试样热处理制度	抗拉强度 R_m/MPa	规定非比例延伸强度 $R_{p0.2}$/MPa	断后伸长率 A/%	断后收缩率 Z/%	冲击吸收功 A_{KU2}/J
	不小于				
淬火 870℃ 水冷 回火 550℃ 水冷	785	640	12	45	55

A.3 钢材应进行冷顶锻试验，不允许有裂口或裂缝。

A.4 其余技术条件按 GB/T 3077 的规定。

ICS 77.100
H 42

中华人民共和国国家标准

GB/T 3649—2008
代替 GB/T 3649—1987

钼铁

Ferromolybdenum

(ISO 5452:1980,Ferromolybdenum—Specification and conditions of delivery,MOD)

2008-08-05 发布 2009-04-01 实施

中华人民共和国国家质量监督检验检疫总局
中国国家标准化管理委员会 发布

前　言

本标准修改采用 ISO 5452:1980《钼铁——规格和交货条件》(英文版)。

本标准根据 ISO 5452:1980 重新起草。为了方便比较，在附录 A 中列出了本标准章条编号和 ISO 5452:1980 章条编号的对照一览表。

考虑到我国国情，本标准在采用 ISO 5452:1980 时进行了修改。这些技术性差异用垂直单线标识在它们所涉及的条款的页边空白处。在附录 B 中给出了技术性差异及其原因的一览表以供参考。

为便于使用，对于 ISO 5452:1980，本标准还做了下列编辑性修改：

——将“本国际标准”一词改为“本标准”；

——用小数点“.”代替作为小数点的逗号“,”；

——删除 ISO 5452:1980 的前言。

本标准代替 GB/T 3649—1987《钼铁》。

本标准与 GB/T 3649—1987 相比主要变化如下：

——增加了标准的前言；

——增加了规范性引用文件；

——将原标准 9 个牌号缩减为 6 个牌号；

——调整了钼、碳、硫、铜含量；

——增加了一种包装方法；

——增加了附录 A、附录 B、附录 C 和附录 D。

本标准的附录 A、附录 B、附录 C 和附录 D 为资料性附录。

本标准由中国钢铁工业协会提出。

本标准由全国生铁及铁合金标准化技术委员会归口。

本标准起草单位：中钢集团吉林铁合金股份有限公司、冶金工业信息标准研究院、洛阳栾川钼业集团股份有限公司、锦州沈宏集团股份有限公司。

本标准主要起草人：王爽、程志国、张瑞香、田永红、覃向民、孙胜明、郑希元。

本标准所代替标准的历次版本发布情况为：

——GB/T 3649—1983、GB/T 3649—1987。

钼　　铁

1　范围

本标准规定了钼铁的技术要求、试验方法、检验规则以及包装、储运、标志和质量证明书。

本标准适用于炼钢、铸造或合金材料中作为钼元素添加剂的钼铁。

2　规范性引用文件

下列文件中的条款通过本标准的引用而成为本标准的条款。凡是注日期的引用文件，其随后所有的修改单(不包括勘误的内容)或修订版均不适用于本标准，然而，鼓励根据本标准达成协议的各方研究是否可使用这些文件的最新版本。凡是不注日期的引用文件，其最新版本适用于本标准。

GB/T 3650　铁合金验收、包装、储运、标志和质量证明书的一般规定

GB/T 4010　铁合金化学分析用试样的采取和制备(GB/T 4010—1994，neq ISO 4552:1987)

GB/T 5059.1　钼铁化学分析方法　8-羟基喹啉重量法测定钼量

GB/T 5059.2　钼铁化学分析方法　孔雀绿分光光度法测定锑量

GB/T 5059.3　钼铁化学分析方法　原子吸收分光光度法测定铜量

GB/T 5059.5　钼铁化学分析方法　重量法测定硅量

GB/T 5059.6　钼铁　磷含量的测定　铋磷钼蓝分光光度法和钼蓝分光光度法

GB/T 5059.7　钼铁化学分析方法　红外线吸收法测定碳量

GB/T 5059.9　钼铁化学分析方法　红外线吸收法测定硫量

GB/T 5059.10　钼铁化学分析方法　燃烧碘酸钾滴定法测定硫量

GB/T 13247　铁合金产品粒度的取样和检测方法(GB/T 13247—1991，neq ISO 4551:1987)

3　技术要求

3.1　牌号和化学成分

3.1.1　钼铁按钼和杂质含量不同，分为六个牌号，其化学成分应符合表1的规定。

表1　牌号和化学成分

牌　号	化学成分(质量分数)/%							
	Mo	Si	S	P	C	Cu	Sb	Sn
		不大于						
FeMo70	65.0～75.0	2.0	0.08	0.05	0.10	0.5		
FeMo60-A	60.0～65.0	1.0	0.08	0.04	0.10	0.5	0.04	0.04
FeMo60-B	60.0～65.0	1.5	0.10	0.05	0.10	0.5	0.05	0.06
FeMo60-C	60.0～65.0	2.0	0.15	0.05	0.15	1.0	0.08	0.08
FeMo55-A	55.0～60.0	1.0	0.10	0.08	0.15	0.5	0.05	0.06
FeMo55-B	55.0～60.0	1.5	0.15	0.10	0.20	0.5	0.08	0.08

3.1.2　需方对表1化学成分或砷、锑、铋、锡、铅等元素有特殊要求时，由供需双方另行协商。

3.2　粒度

3.2.1　钼铁以块状或粒状交货，其粒度要求应符合表2的规定。

3.2.2 需方对粒度有特殊要求，由供需双方另行协商。

表 2 粒度要求

<table>
<tr><th rowspan="2">粒度组别</th><th rowspan="2">粒度/mm</th><th colspan="2">粒度偏差(质量分数)/%</th></tr>
<tr><th>筛上物</th><th>筛下物</th></tr>
<tr><td>1</td><td>10～150</td><td rowspan="4">≤5</td><td rowspan="3">≤5</td></tr>
<tr><td>2</td><td>10～100</td></tr>
<tr><td>3</td><td>10～50</td></tr>
<tr><td>4</td><td>3～10</td><td></td></tr>
</table>

4 试验方法

4.1 化学分析

钼铁的化学分析方法应符合表 3 的规定或由供需双方协商。

表 3 化学分析方法

序 号	元 素	分析方法
1	Mo	GB/T 5059.1，附录 C
2	Sb	GB/T 5059.2
3	Cu	GB/T 5059.3
4	Si	GB/T 5059.5
5	P	GB/T 5059.6
6	C	GB/T 5059.7
7	S	GB/T 5059.9，GB/T 5059.10
8	Sn	附录 D

4.2 粒度检测

钼铁粒度的检测应按 GB/T 13247 的规定进行。

5 检验规则

5.1 组批

由供需双方协商，钼铁可按炉或分级组批，每批产品中钼含量的极差不应大于 3%。

5.2 试样的采取和制备

钼铁化学分析用试样的采取和制备按 GB/T 4010 的规定。

5.3 质量检查和验收

钼铁的质量检查和验收应符合 GB/T 3650 的规定。

5.4 粒度的取样和验收

钼铁粒度的取样和验收按 GB/T 13247 的规定。

6 包装、储运、标志和质量证明书

6.1 包装

产品采用铁桶或袋式包装，每桶净重 100 kg，每袋净重 1 000 kg。如需方对包装有特殊要求，可由供需双方另行协商。

6.2 储运、标志和质量证明书

产品的储运、标志和质量证明书应符合 GB/T 3650 的规定。

6.3 其他

需方对产品的包装、储运、标志等如有特殊要求，按合同规定进行。

附　录　A
（资料性附录）
本标准章条编号与 ISO 5452:1980(E)章条编号对照

表 A.1 给出了本标准章条编号与 ISO 5452:1980(E)章条编号对照一览表。

表 A.1　本标准章条编号与 ISO 5452:1980(E)章条编号对照

本标准章条编号	对应 ISO 5452:1980(E)章条编号
1	1
2	2
—	3
—	4
3	5
3.1	5.2
3.1.1	5.2.1
3.1.2	5.2.2
—	5.2.3
3.2	5.3
3.2.1	5.3.1
3.2.2	—
3.2.3	5.3.2
—	5.4
4	6
—	6.1
4.1	6.2、6.2.1
4.2	6.1.1
5	—
5.1	5.1、5.1.1、5.1.2、5.1.3
5.2、5.4	6.1.1
5.3	6.1.2、6.1.3、6.2.2、6.2.3 的对应内容
6、6.1、6.2、6.3	7
附录 A	—
附录 B	—

附 录 B
（资料性附录）
本标准与 ISO 5452:1980(E)技术性差异及其原因

表 B.1 给出了本标准与 ISO 5452:1980(E)技术性差异及其原因的一览表。

表 B.1 本标准与 ISO 5452:1980(E)技术性差异及其原因

本标准的章条编号	技术性差异	原　因
1	增加了“合金材料中钼元素添加剂”	符合需要
2	引用了我国标准而非国际标准。GB/T 4010 和 GB/T 13247 与国际标准一致性程度为“非等效”。 删除 ISO 5452:1980 引用的“ISO 565:1990 试验用筛——金属丝网和孔板——公称孔径、ISO 3713:1987 铁合金 取样和试样的制备——总则、ISO 4173 钼铁——钼含量测定重量法”	以适应我国标准体系。 ISO 5452:1980 中没有具体给出化学分析和粒度的测定方法标准，不能满足使用
—	删除 ISO 5452:1980 第 3 章“定义”	GB/T 14984《铁合金术语》标准有“钼铁”定义
—	删除 ISO 5452:1980 第 4 章“订货讯息”	本标准引用了 GB/T 3650《铁合金验收、包装、储运、标志和质量证明书的一般规定》标准，有相应规定
3.1	以本标准“表 1”代替 ISO 5452:1980“表 1”	符合需要
3.2	以本标准 3.2.1、3.2.2、3.2.3 代替 ISO 5452:1980“表 2”	保留原标准粒度要求，符合需要
4.1	以本标准的 4.1 代替 ISO 5448:1980 的 6.2.1“钼铁的化学分析最好用 ISO 4173 规定的方法进行，但是也可以采用具有类似精确度的其他化学分析方法	ISO 5448:1980 没有具体给出钼铁化学成分测定方法，本标准则引用了测定钼铁化学成分的国家标准
4.2	增加“钼铁粒度检查应按 GB/T 13247 的规定”	GB/T 13247《铁合金产品粒度的取样和检测方法》有检验用筛、及筛分方法要求
5	增加第 5 章“检验规则”	符合需要

表 B.1（续）

本标准的章条编号	技术性差异	原　因
5.1	删除 ISO 5452:1980 标准 5.1.3“混合组批法：按混合组批法是一批交货产品由一种牌号的若干（或连续出炉的若干部分）钼铁组成”；“其产品应破碎成粒度小于 50 mm，并混匀。构成一批交货产品的各炉（或连续出炉的各部分）主要成分应在交货对应牌号所要求的最大值和最小值之间波动”。 以“5.1.1 按炉组批法：产品以一炉作为一批交货或由供需双方商定。按炉组批时，每批产品中的最高或最低含钼量与平均试样含钼量之差不得超过 3%。5.1.2 按级组批法：按级组批法是一批交货产品由一种牌号的若干炉钼铁组成。构成一批交货产品的各炉之间钼含量之差不应大于 3%（绝对值）。”代替 ISO 5452:1980 标准“5.1.1 按炉组批法：按炉组批法是一批交货产品由一炉（或连续出炉的若干部分）钼铁组成”；“5.1.2 按级组批法：按级组批法是一批交货产品由一种牌号的若干（或连续出炉的若干部分）钼铁组成；构成一批交货产品的各炉（或连续出炉的各部分）之间钼含量之差绝对值不得大于 3%”	与 ISO 5452:1980 标准 5.1.1 按炉组批法和 5.1.2 按级组批法等效
5.2、5.4	以 5.2“钼铁化学分析用试样的采取和制备应按 GB/T 4010 进行”和 5.4“钼铁粒度的取样方法和验收按 GB/T 13247 的规定”代替 ISO 5452:1980 标准 6.1.1“化学分析和筛分析的取样按 ISO 3713 所规定方法进行，但也可用其他有相似精度的取样方法”。 删除 ISO 5452:1980 标准 6.1.2、6.1.3	GB/T 4010 标准是参照 ISO 3713 及 ISO 4552:1987《铁合金——用于化学分析的取样和制样》制定的。GB/T 13247 标准是参照 ISO 4551 制定的
5.3	删除 ISO 5452:1980 标准 6.2.3“仲裁测试”。 增加“钼铁的质量检查与验收应符合 GB/T 3650 的规定”	GB/T 3650《铁合金验收、包装、储运、标志和质量证明书的一般规定》标准有验收、仲裁要求
6	以“包装、储运、标志和质量证明书”代替 ISO 5452:1980 标准第 7 章	GB/T 3650《铁合金验收、包装、储运、标志和质量证明书的一般规定》标准有包装要求

附 录 C
（资料性附录）
钼铁 钼含量的测定 钼酸铅重量法

C.1 范围

本附录规定了用钼酸铅重量法测定钼铁中钼的含量。

本附录适用于钼铁中钼的测定。测定范围(质量分数):50.0%～75.0%。

C.2 原理

试料经稀硝酸溶解,EDTA络合铁,在醋酸、醋酸铵存在下,加入醋酸铅使钼生成钼酸铅沉淀,经过滤,洗涤,灼烧后称重。

C.3 试剂和材料

除非另有说明,在分析中仅使用确认为分析纯的试剂和蒸馏水或与其纯度相当的水。

C.3.1 盐酸,ρ1.19 g/mL。

C.3.2 醋酸,ρ1.05 g/mL。

C.3.3 氨水,ρ0.90 g/mL。

C.3.4 硝酸,2+3。

C.3.5 盐酸,1+1

C.3.6 EDTA二钠盐溶液,100 g/L。

C.3.7 醋酸铵溶液,500 g/L 。

C.3.8 醋酸铅溶液,40 g/L。

C.3.9 硝酸铵溶液,20 g/L。

C.4 试样

试样应通过0.125 mm筛孔。

C.5 分析步骤

C.5.1 试料量

称取0.250 0 g试料。

C.5.2 空白试验

随同试料做空白试验。

C.5.3 测定

C.5.3.1 将试料(C.5.1)置于500 mL烧杯中,加20 mL硝酸(C.3.4),于低温处加热溶解后,加5 mL盐酸(C.3.1),加热并除去氮的氧化物,加100 mL热水,10 mL EDTA二钠盐溶液(C.3.6),用氨水(C.3.3)调节溶液呈红色,再以盐酸(C.3.5)调节至红色消失,过加2滴～3滴,加10 mL醋酸(C.3.2),10 mL醋酸铵溶液(C.3.7),以热水稀释至300 mL左右,加小块滤纸,用玻璃棒压住防止暴沸溅出,加热煮沸后,用滴管滴加醋酸铅溶液(C.3.8)至沉淀刚刚生成,再滴加30 mL,煮沸10 min。保温静置,陈化40 min。

C.5.3.2 以盛有少量滤纸浆的双层定量滤纸过滤,以热硝酸铵洗液(C.3.9)洗烧杯5次,(沉淀暂不要移至漏斗上,包括小块滤纸),洗滤纸5次,再将烧杯里的沉淀全部移到漏斗里,洗净烧杯,再洗沉淀

20 次。

C.5.3.3 将沉淀连同滤纸，置于 50 mL 瓷坩埚中，小心灰化，在 550 ℃～600 ℃的马弗炉内灼烧 30 min～50 min，取出稍冷置于干燥器中，冷却至室温称至恒量。

C.6 分析结果的计算

按公式(C.1)计算试料中钼的质量分数(%)$w(Mo)$：

$$w(\mathrm{Mo}) = \frac{(m_1 - m_2) \times 0.2613}{m} \times 100 \qquad \cdots\cdots(C.1)$$

式中：

m_1——钼酸铅沉淀的质量，单位为克(g)；

m_2——空白试验的钼酸铅沉淀的质量，单位为克(g)；

m——试料量，单位为克(g)；

0.261 3——钼酸铅换算为钼量的系数。

C.7 允许差

实验室之间分析结果的差值应不大于表 C.1 所列允许差。

表 C.1 允许差

%

钼含量(质量分数)	允许差
50.0～60.0	0.40
>60.0～75.0	0.50

附 录 D
（资料性附录）
钼铁 锡含量的测定 苯基荧光酮光度法

D.1 范围

本附录规定了用碘化物萃取分离苯基荧光酮光度法测定钼铁中锡的含量。

本附录适用于钼铁中锡的测定。测定范围（质量分数）：0.005%～0.100%。

D.2 原理

试料用硝酸分解，硫酸冒烟处理，在 8 mol/L～10 mol/L 硫酸介质中用甲苯萃取锡的碘化物，再以稀硫酸反萃取至水相，煮沸除去碘化物和有机物。在草酸存在下，用十六烷基三甲基溴化铵作增溶剂，在 0.8 mol/L～1.0 mol/L 硫酸酸度下，锡与苯基荧光酮生成橙色络合物。测定其吸光度，计算锡的质量分数。

D.3 试剂

除非另有说明，在分析中仅使用确认为分析纯的试剂和蒸馏水或与其纯度相当的水。

D.3.1 硝酸，1+1。

D.3.2 硫酸，1+1。

D.3.3 硫酸，1+4。

D.3.4 硫酸，$c(H^+)=10$ mol/L。

D.3.5 硫酸，$c(H^+)=1$ mol/L。

D.3.6 甲苯。

D.3.7 过氧化氢。

D.3.8 碘化钾溶液，取 78 g 碘化钾溶于水中，用水稀释至 100 mL。

D.3.9 柠檬酸溶液，500 g/L。

D.3.10 草酸溶液，3 g/L。

D.3.11 亚硫酸钠溶液，200 g/L。

D.3.12 高锰酸钾溶液，10 g/L。

D.3.13 抗坏血酸溶液，100 g/L，用时配制。

D.3.14 十六烷基三甲基溴化铵溶液，10 g/L，用水温热溶解。

D.3.15 洗涤液

取 100 mL 硫酸（D.3.4）与 10 mL 碘化钾溶液（D.3.7）混合，加 10 滴亚硫酸钠溶液（D.3.11），混匀，用时配制。

D.3.16 苯基荧光酮-乙醇溶液，0.3 g/L。

取 0.3 g 苯基荧光酮（D.3.16）溶于 500 mL 无水乙醇中，加 10 mL 硫酸（D.3.3），用无水乙醇稀释至 1 000 mL，放置一天，过滤备用，储于暗处。

D.3.17 锡标准溶液

D.3.17.1 锡储备液，100 μg/mL。

称取 0.100 0 g 金属锡（质量分数大于 99.95%），置于 100 mL 烧杯中，加 25 mL 硫酸（D.3.2），盖上表面皿，加热溶解，继续加热至冒硫酸烟 2 min，冷却至室温。用 450 mL 硫酸（D.3.4）将溶液移入 1 000 mL 容量瓶中，用水稀释至刻度，混匀。此溶液 1 mL 含 100 μg 锡。

D.3.17.2 锡标准溶液，10.0 μg/mL。

移取50.00 mL锡储备液(D.3.17.1)于500 mL容量瓶中，加30 mL硫酸(D.3.2)，用硫酸(D.3.4)稀释至刻度，混匀。此溶液1 mL含10.0 μg锡。

D.4 操作步骤

D.4.1 称量

称取约0.25 g粒度不大于0.125 mm的试样(锡含量大于0.10%时，称取0.10 g)，精确至0.000 1 g。

D.4.2 空白试验

随同试料做空白试验。

D.4.3 试料处理

D.4.3.1 试料分解

将试料置于250 mL烧杯中，加25 mL硝酸(D.3.1)和10 mL硫酸(D.3.2)，加热分解试样，继续加热蒸发至冒硫酸烟，加20 mL水溶解盐类，移入100 mL容量瓶中，用水稀释至刻度，混匀。

D.4.3.2 萃取分离

移取10.00 mL试液于125 mL分液漏斗中，加15 mL硫酸(D.3.2)、5 mL水，加2 mL亚硫酸钠溶液(D.3.11)用3 mL碘化钾溶液，混匀。加10 mL甲苯(D.3.6)，振荡2 min，静置分层，弃去水相。加5 mL洗涤液，振荡20 s，静置，弃去水相。再用洗涤液洗涤一次，弃去水相。

D.4.3.3 反萃取

于分液漏斗中加5 mL硫酸(D.3.5)，振荡1 min，静置分层，用水洗净分液漏斗的放液嘴后，将水相放入100 mL烧杯中，再用5 mL硫酸(D.3.5)反萃取一次，将水相合并。加3 mL硫酸(D.3.4)及2滴过氧化氢(D.3.7)，煮沸，驱除碘至试液由棕色变为无色，再加1滴过氧化氢(D.3.7)，继续加热蒸发至刚冒硫酸烟，冷却，加少量水溶解盐类，将溶液移入50 mL容量瓶中。

D.4.3.4 显色

于容量瓶中加1滴高锰酸钾溶液(D.3.12)，振荡30 s，滴加抗坏血酸溶液(D.3.13)还原高锰酸钾至紫色褪去，加1.0 mL草酸溶液(D.3.10)、4.0 mL抗坏血酸溶液(D.3.13)和1.0 mL柠檬酸溶液(D.3.9)，每加一种试剂都需混匀。加6.0 mL十六烷基三甲基溴化铵溶液(D.3.14)，轻轻混匀。加4.0 mL苯基荧光酮-乙醇溶液(D.3.16)，用水稀释至刻度，轻轻混匀。

D.4.4 测量

将显色液移入2 cm或3 cm吸收皿中，以空白试验溶液为参比，于510 nm处测量吸光度。从校准曲线上查得相应锡的质量。

D.4.5 校准曲线的绘制

移取0、0.50、1.00、2.00、2.50 mL锡标准溶液(D.3.17.2)于一组50 mL容量瓶中，分别补加硫酸(D.3.4)至4.0 mL，各加1滴高锰酸钾溶液(D.3.12)，以下按操作步骤D.4.3.4进行，以不加锡标准溶液的显色液为参比，测量器吸光度，以锡的质量为横坐标、吸光度为纵坐标，绘制校准曲线。

D.5 计算

按式(D.1)计算锡的质量分数(%)$w(\mathrm{Sn})$：

$$w(\mathrm{Sn}) = \frac{m_1 \times V}{m \times V_1 \times 10^6} \times 100 \qquad \cdots\cdots\cdots\cdots (\mathrm{D.1})$$

式中：

m_1——从校准曲线上查得试液中锡的质量，单位为微克(μg)；

V_1——分取试液的体积，单位为毫升(mL)；

V——试液的总体积，单位为毫升(mL)；

m——试料的质量，单位为克(g)。

D.6 允许差

实验室之间分析结果的差值应不大于表 D.1 所列允许差。

表 D.1 允许差

%

Sn 含量(质量分数)	允许差
0.005～0.010	0.004
>0.010～0.020	0.006
>0.020～0.050	0.008
>0.050～0.100	0.010

ICS 77.100
H 42

中华人民共和国国家标准

GB/T 3650—2008
代替 GB/T 3650—1995

铁合金验收、包装、储运、标志和质量证明书的一般规定

The general rules for inspection, packing, storing, transportation, marking and certification of ferroalloy

2008-08-05 发布　　2009-04-01 实施

中华人民共和国国家质量监督检验检疫总局
中国国家标准化管理委员会　发布

前　言

本标准代替 GB/T 3650—1995《铁合金验收、包装、储运、标志和质量证明书的一般规定》。

本标准与 GB/T 3650—1995 比较，主要变化如下：

——增加了标准的前言；

——对表 1 中部分铁合金产品及其必测元素进行了调整；

——补充了标记和标签内容；

——修改了质量证明书的部分内容。

本标准由中国钢铁工业协会提出。

本标准由全国生铁及铁合金标准化技术委员会归口。

本标准起草单位：中钢集团吉林铁合金股份有限公司、冶金工业信息标准研究院、山西晋能集团有限公司。

本标准主要起草人：刘绍安、王爽、马勤、张瑞香、张耀。

本标准所代替标准的历次版本发布情况为：

——GB/T 3650—1983、GB/T 3650—1987、GB/T 3650—1995。

铁合金验收、包装、储运、标志和质量证明书的一般规定

1 范围

本标准规定了铁合金验收、包装、储运、标志和质量证明书。

本标准适用于铁合金产品的交付。

2 规范性引用文件

下列文件中的条款通过本标准的引用而成为本标准的条款。凡是注日期的引用文件，其随后所有的修改单(不包括勘误的内容)或修订版均不适用于本标准，然而，鼓励根据本标准达成协议的各方研究是否可使用这些文件的最新版本。凡是不注日期的引用文件，其最新版本适用于本标准。

GB/T 1250 极限数值的表示方法和判定方法

3 验收

3.1 铁合金产品的技术要求应符合相应标准的规定，各产品的必测元素应符合表1的规定。需方如有特殊要求时，由供需双方另行协商。

3.2 铁合金产品应做严格精整，表面及断面不应带有目视显见的非金属夹杂物，但个别少量夹渣及锭模涂料允许存在。

3.3 需方可按相应标准对铁合金产品质量进行复验，如有异议，应在到货30天内提出，产品未经复验之前原则上不准动用。对交货批有异议时，由供需双方按铁合金产品有关国家标准仲裁。无相应国家标准，按供需双方协议规定仲裁。

表1 各产品必测元素

产品名称	必须测定的元素
硅铁	Si,Al
锰铁(包括高、中、低碳锰铁、微碳锰铁)	Mn,Si,C,P,S
高炉锰铁	Mn,Si,P
锰硅合金	Mn,Si,C,P,S
铬铁(包括高、中、低、微碳铬铁、真空法微碳铬铁)	Cr,Si,C,P,S
氮化铬铁	Cr,Si,C,P,S,N
硅铬合金	Si,Cr,C,S,P
钨铁	W,Si,C,P,S,Mn
钼铁	Mo,Si,C,S,P
钒铁	V,Si,C,P,S
钛铁	Ti,Si,P,Al
铌铁	Nb,Ta,Al,Si,C,P,S,W,Mn,Sn,Pb,As,Sb,Bi,Ti
氧化钼块	Mo,Cu,S
硅钙合金	Ca,Si
硼铁	B,C,Al
磷铁	P,Si,C,S

表 1（续）

产品名称	必须测定的元素
金属锰	Mn,C,Si,P,S,Fe
金属铬	Fe,Si,Al,C,S,Pb
电解金属锰	C,S,P,Se,Si,Fe
稀土硅铁合金	RE,Si
稀土镁硅铁合金	RE,Mg,Si,Ca
五氧化二钒	V_2O_5,Si,P,Na_2O+K_2O
锰氮合金	Mn,C,P,S,N,Si
钒氮合金	V,Si,C,P,S,N

3.4 铁合金的化学成分结果判定按 GB/T 1250“修约值比较法”规定进行。

4 包装

铁合金产品按合同或技术标准要求，分散装供货和包装供货两种形式。其装货形式和装货量需在合同中注明。

5 储运

5.1 产品入库应分品种、分批号存放，如露天存放，应防潮并防止混入杂物。

5.2 产品储运时，应有标识，防止混批、混号。

6 标志

6.1 每一包装件的表面须注有不掉色的标记，根据合同或标准要求，包装件内可附有标签；标记和标签的内容应符合表 2 的规定。

6.2 产品储运过程中，容易造成产品损坏或产生危害人身及财产安全的，应当在其表面做出警示标志。

表 2 标记和标签内容

表面标记内容	标签内容
a) 生产厂名称（产品产地）；	a) 生产厂名称（产品产地）；
b) 产品名称；	b) 交货批；
c) 交货批；	c) 产品名称、牌号、组别及化学成分；
d) 净重。	d) 生产日期。

7 质量证明书

每批交货的产品应附有证明产品符合订货合同或标准要求的质量证明书。

质量证明书上应注明：

a) 生产厂名称（产品产地）；

b) 产品牌号及化学成分（按合同或标准报出必测元素的实测值。按分级批交货时，其必测元素的实测值为组成该批各炉加权平均值或综合大样的实测值）；

c) 交货批件数和运输工具编号；

d) 净重及基准重；

e） 检查员代号；

f） 标准号或合同号；

g） 出厂或生产日期；

h） 产品粒度。

ICS 77.040.99
H 21

中华人民共和国国家标准

GB/T 3651—2008
代替 GB/T 3651—1983

金属高温导热系数测量方法

Measuring method for thermal conductivity of metal at high temperature

2008-06-09 发布

2008-12-01 实施

中华人民共和国国家质量监督检验检疫总局
中国国家标准化管理委员会 发布

前　言

本标准代替 GB/T 3651—1983《金属高温导热系数测量方法》。

本标准与 GB/T 3651—1983 相比，主要有以下变动：

——测试方法适用范围增加了片或板复合而成的金属复合材料；

——对片或板复合而成的金属复合材料的尺寸做了要求；

——标准中的压强单位由 mmHg 改为 Pa，导热系数单位由 $cal \cdot cm^{-1} \cdot s^{-1} \cdot ℃^{-1}$ 改为 $W \cdot cm^{-1} \cdot ℃^{-1}$；

——将附录 A 中测量设备的校准用参考材料规定为纯铁牌号（YT3）和不锈钢牌号（06Cr18Ni11Ti）；

——增加了测量记录及报告。

本标准的附录 A 为资料性附录。

本标准由中国有色金属工业协会提出。

本标准由全国有色金属标准化技术委员会归口。

本标准由北京有色金属研究总院负责起草。

本标准主要起草人：吕宏、谢元锋、康志君、王玉民、李屹民。

本标准所代替标准的历次版本发布情况为：

——GB/T 3651—1983。

金属高温导热系数测量方法

1 范围

本标准规定了直接通电纵向热流法测量金属高温导热系数的测量原理、试样要求、测量设备及仪器、测量步骤、数据处理及测量结果、测量记录和报告等。

本标准适用于80℃～900℃温度范围内测量金属或合金无相变温度下的导热系数。

2 规范性引用文件

下列文件中的条款通过本标准的引用而成为本标准的条款。凡是注日期的引用文件，其随后所有的修改单(不包括勘误的内容)或修订版均不适用于本标准，然而，鼓励根据本标准达成协议的各方研究是否可使用这些文件的最新版本。凡是不注日期的引用文件，其最新版本适用于本标准。

GB/T 1220　不锈钢棒

GB/T 2614　镍铬-镍硅热电偶丝

GB/T 8170　数值修约规则

GB/T 9971　原料纯铁

3 测量原理

3.1　测量方法示意图见图1。

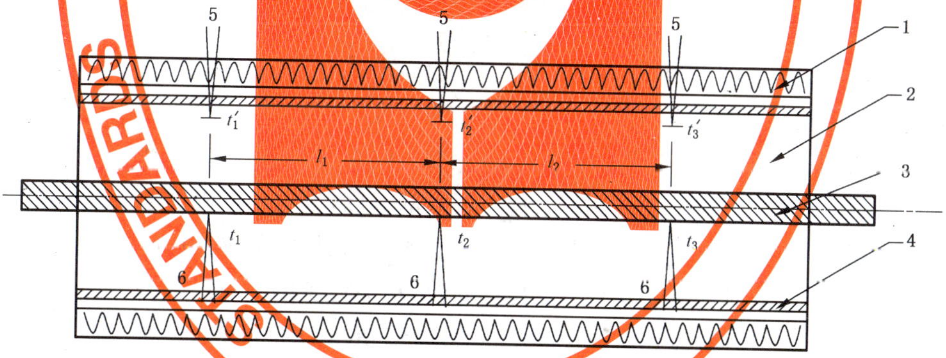

1——防热炉；

2——绝热材料；

3——试样；

4——均热管；

5——测量环境温度热电偶；

6——测量试样温度热电偶。

图1　测量方法示意图

3.2　棒状试样通以直流电流时，产生的焦耳热主要沿试样纵向向两端传导。达到热稳定状态后，认为试样上是一维纵向热流，对试样和侧向环境间的热交换予以修正，试样的导热系数由下式确定：

$$\lambda = \frac{6.364 \times 10^{-3} lIU}{D^2(\Delta_1 - \varepsilon N)} \quad \cdots\cdots (1)$$

式中：

λ——试样的导热系数，单位为瓦每厘米每摄氏度($W \cdot cm^{-1} \cdot ℃^{-1}$)；

l——试样的工作区段平均长度；$l=\frac{l_1+l_2}{2}$，单位为毫米(mm)；

I——通入试样的直流电流，单位为安培(A)；

U——试样工作区段平均电压降；$U=\frac{U_1+U_2}{2}$，U_1、U_2 分别为 l_1、l_2 上的电压降，单位为毫伏(mV)；

D——试样直径，单位为毫米(mm)；

Δ_1——试样工作区段中点和端点间的温度差，单位为摄氏度(℃)；

ε——反映侧向热交换大小的系数；

N——标志试样和侧向环境温度差的函数，单位为摄氏度(℃)。

上式中 Δ_1、N、ε 由下列各式确定：

$$\Delta_1 = t_2 - \frac{t_1 + t_3}{2} \quad \cdots\cdots(2)$$

$$\Delta_2 = t'_2 - \frac{t'_1 + t'_3}{2} \quad \cdots\cdots(3)$$

$$N = t'_2 - t_2 + \frac{\Delta_1 - \Delta_2}{6} \quad \cdots\cdots(4)$$

$$\Delta_1^0 = t_{02} - \frac{t_{01} + t_{03}}{2} \quad \cdots\cdots(5)$$

$$\Delta_2^0 = t'_{02} - \frac{t'_{01} + t'_{03}}{2} \quad \cdots\cdots(6)$$

$$N_0 = t'_{02} - t_{02} + \frac{\Delta_1^0 - \Delta_2^0}{6} \quad \cdots\cdots(7)$$

$$\varepsilon = \frac{\Delta_1^0}{N_0} \quad \cdots\cdots(8)$$

式中：

t_1、t_2、t_3——试样通电时试样端点、中点、另一端点的温度，单位为摄氏度(℃)；

t'_1、t'_2、t'_3——试样通电时侧向环境端点、中点、另一端点的温度，单位为摄氏度(℃)；

t_{01}、t_{02}、t_{03}——试样不通电时试样端点、中点、另一端点的温度，单位为摄氏度(℃)；

t'_{01}、t'_{02}、t'_{03}——试样不通电时侧向环境端点、中点、另一端点的温度，单位为摄氏度(℃)；

Δ_1^0——试样不通电时试样端点和中点温度差，单位为摄氏度(℃)；

Δ_2^0——试样不通电时侧向环境端点和中点温度差，单位为摄氏度(℃)；

Δ_2——试样通电时侧向环境端点和中点温度差，单位为摄氏度(℃)；

N_0——试样不通电时标志试样和侧向环境温度差的函数，单位为摄氏度(℃)。

4 试样要求

4.1 试样数量

2个以上。

4.2 试样尺寸

4.2.1 被测试样为棒状时，应符合图 2a)或图 2b)的要求。

4.2.2 被测试样为丝状时，直径 D 为 1 mm～3 mm。

4.2.3 试样工作区段 l 为 20 mm～45 mm。

4.2.4 对片或板复合而成的金属复合材料，其长度应为片或板厚度的 20 倍。

单位为毫米

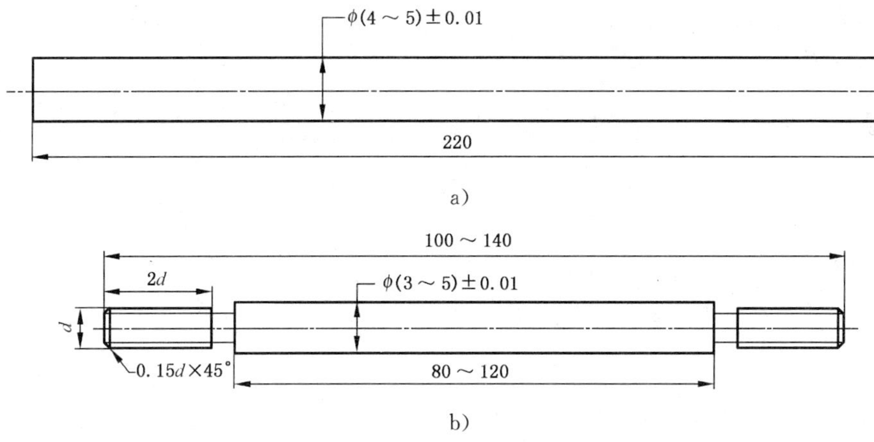

图2 棒状试样规格尺寸

5 测量设备及仪器

5.1 测量设备

5.1.1 用专门的管式防热炉时，试样侧向环境温度应与试样温度接近，以减小试样和侧向环境间的热交换。防热炉内加金属均热管，防热管的纵向平均温度分布应接近样品平均温度。防热炉可采用对开式，均热管横断面圆周上各点间温度差应小于5℃。对防热炉温度进行自动恒温控制，控制精度为±1.0℃。

5.1.2 试样和均热管之间填充绝热材料。用硬质绝热材料时，如用泡沫三氧化二铝时，需在绝热材料与均热管之间填充软纤维绝热材料。

测环境温度的热电偶焊在长条金属薄片上，金属薄片置于软纤维绝热材料中，与绝热材料有良好的热接触。金属薄片距试样中心线距离应小于0.6l。

绝热材料的导热系数和尺寸要保证ε小于1。

5.1.3 测量试样温度的热电偶必须点焊在试样上，使热电偶和试样间有良好的热接触和电接触，保证温度测量的可靠性。同时要求$\left|\frac{l_1-l_2}{l}\right|$小于0.01。

5.1.4 实验真空度不低于6.67×10^{-2} Pa。

5.1.5 通入试样的直流电流稳流精度为±0.1%，波纹因数小于0.5%。

5.2 测温元件、仪器和量具

5.2.1 用镍铬-镍硅热电偶测温，电偶丝直径0.15 mm～0.3 mm，热偶丝材料应符合GB/T 2614要求。

5.2.2 用测量试样温度热电偶的同极性丝作为测量试样工作区段电位的引线。测量试样工作区段电压降、热电偶热电势的仪器的最小分度为0.01 mV。

5.2.3 测量通入试样直流电流的仪器的最小分度为0.01 A。

5.2.4 用相应精度的量具测量试样工作区段长度l和试样直径D。

6 测量步骤

6.1 当试样温度10 min内变化小于0.5℃时，认为被测系统达到了热稳定状态，达到稳定状态后测得的数据有效。

6.2 试样通入直流电流并达到热稳定状态后，对各点温度、电流和电压进行一次测量，改变电流的方向后再对各点进行测量一次，电流两方向下各测量的平均值为实验值。

6.3 通过使用不同材料或不同尺寸的试样延伸棒和直流电流引线，在试样两端通电调控 Δ_1，使其大小在 10℃～50℃范围内。

6.4 通入试样的直流电流应使 $|N|$ 小于 5℃。

7 数据处理及测量结果

7.1 将测量得到的数据分别代入(1)式～(9)式，则得到金属材料无相变温度下的导热系数。

7.2 按 GB/T 8170 规定修约数据。

7.3 本方法所测量出的导热系数误差应小于±5%。

7.4 根据各温度下导热系数的实测值求出温度与导热系数的关系(可用作图法)，由此关系得出对应于一定温度下的导热系数值。

8 测量记录和报告

8.1 测量记录至少应包括下列主要内容：

a) 试样名称、材质、形状、批号、规格；

b) 热偶类型、尺寸、安放方式；

c) 仪器型号、环境温度等；

d) 测量温度、试样的导热系数测量值；

e) 测量日期、测量人员签字等。

8.2 测量报告至少应包括下列主要内容：

a) 包括测量记录中的适当内容；

b) 测量方法所测导热系数值的误差；

c) 通过直流通电纵向热流法测量出的导热系数值，是在满足仪器要求的条件下测出，该测量结果引用时需注明测量条件，如果不满足测量条件引用该测量结果，需要把不满足的条件列出；

d) 签发报告人签字。

附　录　A
（资料性附录）
测量设备的校准

A.1　用轧制状态的 YT3 纯铁和 06Cr18Ni11Ti 不锈钢作为校准用参考材料来校准测量设备。材料的化学成分分别符合 GB/T 9971 和 GB/T 1220 的规定。样品在 1 000℃，1.33×10^{-2} Pa 真空中加热2 h，随炉缓冷至室温退火。以上样品导热系数的推荐值见表 A.1。

表 A.1

温度/℃	导热系数/($W\cdot cm^{-1}\cdot ℃^{-1}$)	
	YT3	06Cr18Ni11Ti
50	0.707 6	0.154 9
100	0.678 3	0.163 7
150	0.649 0	0.171 7
200	0.615 5	0.179 6
250	0.582 0	0.187 1
300	0.552 7	0.194 7
350	0.519 2	0.202 2
400	0.489 9	0.209 3
450	0.460 5	0.216 9
500	0.431 2	0.224 0
550	0.403 2	0.231 5
600	0.378 9	0.238 6
650	0.356 7	0.246 2
700	0.337 5	0.253 7
750	0.321 5	0.261 7
800	(0.309 4)	0.269 6
850	(0.301 4)	0.278 0
900	(0.297 7)	0.286 8
注：表中括号内数据供参考。		

A.2　在 80℃～900℃温度范围内，对以上样品测得的导热系数值与上表推荐值偏差小于±5%，认为设备可用。

ICS 77.100
H 11

中华人民共和国国家标准

GB/T 3653.4—2008
代替 GB/T 3653.4—1988

硼铁 铝含量的测定 EDTA 滴定法

Ferroboron—Determination of aluminium content—EDTA titrimetric method

2008-05-13 发布

2008-11-01 实施

中华人民共和国国家质量监督检验检疫总局
中国国家标准化管理委员会 发布

前言

本部分代替 GB/T 3653.4—1988《硼铁化学分析方法　EDTA 滴定法测定铝量》。

本部分与 GB/T 3653.4—1988 比较，主要不同如下：

——标准中增加了警告用语；

——增加了“规范性引用文件”和“试验报告”部分。

本部分由中国钢铁工业协会提出。

本部分由冶金工业信息标准研究院归口。

本部分起草单位：中钢集团吉林铁合金股份有限公司。

本部分主要起草人：吴丽玉、孙岩、高玉敏、袁萍、袁冬雪。

本部分所代替标准的历次版本发布情况为：

——GB/T 3653.4—1988。

硼铁 铝含量的测定 EDTA 滴定法

警告：使用本部分的人员应有正规实验室工作的实践经验。本部分并未指出所有可能的安全问题，使用者有责任采取适当的安全和健康措施，并保证符合国家有关法规规定的条件。

1 范围

本部分规定了 EDTA 滴定法测定硼铁中铝含量。

本部分适用于硼铁中铝含量的测定，测定范围(质量分数)：1.00%～8.00%。

2 规范性引用文件

下列文件中的条款通过本部分的引用而成为本部分的条款。凡是注日期的引用文件，其随后所有的修改单(不包括勘误的内容)或修订版均不适用于本部分，然而，鼓励根据本部分达成协议的各方研究是否可使用这些文件的最新版本。凡是不注日期的引用文件，其最新版本适用于本部分。

GB/T 4010 铁合金化学分析用试样的采取和制备

3 原理

试料用硝酸、氢氟酸溶解，滤出残渣后，滤液于盐酸介质中，用甲基异丁基酮将铁离子除去。残渣用焦硫酸钠熔融，浸出后与主液合并，再用氢氧化钠将铝和锰及残余铁等杂质分离，加入过量的 EDTA，在 pH5.5 的条件下，以 PAN 为指示剂，用硫酸铜标准溶液滴定过量的 EDTA 后，加入氟化钠释放与铝络合的 EDTA，再用硫酸铜标准溶液回滴，根据标准溶液消耗量，计算铝的百分含量。

4 试剂与材料

除非另有说明，在分析中仅使用确认为分析纯的试剂和蒸馏水或与其纯度相当的水。

4.1 焦硫酸钠，固体。

4.2 氢氧化钠，固体。

4.3 硝酸，ρ1.42 g/mL。

4.4 高氯酸，ρ1.67 g/mL。

4.5 氢氟酸，ρ1.15 g/mL。

4.6 盐酸，ρ1.19 g/mL。

4.7 甲基异丁基酮。

4.8 过氧化氢，ρ1.10 g/mL。

4.9 盐酸，1+1。

4.10 盐酸，7+5。

4.11 盐酸，5+95。

4.12 氟化钠溶液，50 g/L。

4.13 氢氧化钠溶液，100 g/L。

4.14 氢氧化钠溶液，5 g/L。

4.15 乙酸-乙酸钠缓冲溶液(pH 5.5)：称取 200 g 乙酸钠($CH_3COONa \cdot 3H_2O$)溶解于 500 mL 水中，加入 9 mL 冰乙酸(ρ1.05 g/mL)，用水稀释至 1 000 mL，混匀。

4.16 铝标准溶液：称取0.2000 g金属铝（不小于99.98%）置于250 mL烧杯中，加入5 mL水，分次加入15 mL氢氧化钠（4.13），加热溶解后，用盐酸（4.9）中和并过量10 mL，煮沸溶清后，取下冷却至室温，移入1000 mL容量瓶中，以水稀释至刻度，混匀。此溶液1 mL含0.20 mg铝。

4.17 硫酸铜标准滴定溶液，0.01 mol/L。

4.17.1 配制：称取2.50 g硫酸铜（$CuSO_4 \cdot 5H_2O$），置于300 mL烧杯中，加入适量水溶解后，移入1000 mL容量瓶中，加入1滴～2滴硫酸（ρ1.84 g/mL），以水稀释至刻度，混匀。

4.17.2 标定：移取20.00 mL EDTA标准溶液（4.18），置于300 mL锥形瓶中，加入50 mL水，2滴酚酞指示剂（4.19），滴加氢氧化钠溶液（4.13）至红色，再用盐酸（4.9）中和至恰好无色、并过量1滴～2滴，加入15 mL乙酸-乙酸钠缓冲溶液（4.15），加热至沸，取下，趁热加入8滴～10滴PAN指示剂（4.20）用硫酸铜标准溶液（4.17.1）滴至清亮的紫红色。

按式（1）计算硫酸铜标准溶液换算为EDTA标准溶液的体积比例系数：

$$K = \frac{V_1}{V_2} \qquad \cdots\cdots(1)$$

式中：

K——硫酸铜标准滴定溶液换算为EDTA标准滴定溶液的体积比例系数；

V_1——移取EDTA标准滴定溶液的体积，单位为毫升（mL）；

V_2——滴定所消耗硫酸铜标准滴定溶液的体积，单位为毫升（mL）。

4.18 EDTA（二水合乙二胺四乙酸二钠）标准滴定溶液（0.01 mol/L）：

4.18.1 配制：称取3.7226 g EDTA，置于300 mL烧杯中，加入适量水溶解后，移入1000 mL容量瓶中，用水稀释至刻度，混匀。

4.18.2 标定：移取15.00 mL铝标准溶液（4.16），置于400 mL锥形瓶中，加入80 mL水、20.00 mL EDTA标准滴定溶液（4.18），滴加2滴酚酞指示剂（4.19），用氢氧化钠溶液（4.13）中和至红色，再用盐酸（4.9）中和至恰好无色，并过量1滴～2滴，加入15 mL乙酸-乙酸钠缓冲溶液（4.15），煮沸2 min～3 min，取下按分析步骤（7.3.6）进行。

标定的同时做试剂空白。

按式（2）计算EDTA标准滴定溶液对铝的滴定度：

$$T = \frac{0.0002 \times V_3}{K(V_4 - V_0)} \qquad \cdots\cdots(2)$$

式中：

T——EDTA标准滴定溶液对铝的滴定度，单位为克每毫升（g/mL）；

0.0002——铝标准溶液的浓度，单位为克每毫升（g/mL）；

V_3——移取铝标准溶液的体积，单位为毫升（mL）；

V_4——加氟化钠后回滴时所消耗硫酸铜标准滴定溶液的体积，单位为毫升（mL）；

V_0——空白加氟化钠后回滴时所消耗硫酸铜标准滴定溶液的体积，单位为毫升（mL）；

K——硫酸铜标准滴定溶液换算为EDTA标准溶液的体积比例系数。

4.19 酚酞指示剂溶液，称取0.5 g酚酞溶解于600 mL乙醇中，加入40 mL水，混匀。

4.20 PAN[1-(2-吡啶偶氮)-2-萘酚]指示剂溶液，PAN乙醇饱和溶液（静置后倾取上部清液备用）。

5 仪器

分析中使用通常的实验室仪器和设备。

6 取制样

按照GB/T 4010的规定进行取制样，试料应通过0.088 mm筛孔。

7 分析步骤

7.1 试料量

称取 0.10 g 试料，精确至 0.000 1 g。

7.2 空白试验

随同试料进行空白试验。

7.3 测定

7.3.1 将试料(7.1)置于铂皿中，加入 2 mL～3 mL 水，滴加 5 mL 硝酸(4.3)待激烈反应停止后，加入 2 mL 氢氟酸(4.5)、5 mL 高氯酸(4.4)，加热溶解，并蒸至 1 mL～2 mL，冷却，加入 10 mL 盐酸(4.9)，加热溶解盐类，取下趁热用定量滤纸过滤于 250 mL 烧杯中，残渣用热盐酸(4.11)洗涤 5 次～6 次，再用水洗 2 次～3 次。

7.3.2 将滤液加热蒸发至近干，取下冷却，加入 10 mL 盐酸(4.10)，溶解盐类，用盐酸(4.10)洗入 125 mL梨形分液漏斗中，加入 25 mL 甲基异丁基酮 (4.7)，振荡 2 min，静止分层后，将水相放入原烧杯中，再于分液漏斗中加入 10 mL 盐酸(4.10)，振荡 20 s，静止分层后，将水相放入原烧杯中，弃去有机相。于烧杯中加入 3 mL 硝酸(4.3)、5 mL 高氯酸(4.4)，加热蒸至糖浆状，冷却，加入 10 mL 盐酸(4.11)、5 滴过氧化氢(4.8)，加热溶解盐类，冷却(做为主液)。

7.3.3 将残渣连同滤纸置于 30 mL 铂坩埚中，炭化后，于 600℃马弗炉中灼烧 20 min，取出冷却，加入 2 g 焦硫酸钠(4.1)，烘去水分后，于 800℃～900℃熔融 5 min，取出冷却，加入 15 mL 热水于铂坩埚中，加热浸出熔块，洗入原烧杯中与主液合并。

7.3.4 于 7.3.3 试液中加入 2 g 氢氧化钠(4.2)，待溶解后，加入 3 滴～5 滴过氧化氢(4.8)，煮沸 2 min，取下；趁热用定量滤纸过滤于 500 mL 锥形瓶中，用热的氢氧化钠溶液(4.14)洗净烧杯，再将沉淀洗涤 7 次～8 次，弃去沉淀。

7.3.5 于滤液中，加入过量 10 mL～15 mL EDTA 标准滴定溶液(4.18)、2 滴酚酞指示剂(4.19)，用盐酸(4.9)中和至恰好无色，并过量 1 滴～2 滴，加入 15 mL 乙酸-乙酸钠缓冲溶液(4.15)，煮沸 2 min～3 min，取下。

7.3.6 加入 7 滴～8 滴 PAN 指示剂(4.20)，趁热用硫酸铜标准滴定溶液(4.17)滴定至清亮的紫色，加入 15 mL 氟化钠溶液(4.12)，煮沸 2 min～3 min，取下，补加 3 滴～5 滴 PAN 指示剂(4.20)，趁热用硫酸铜标准滴定溶液(4.17)滴定至清亮的紫色为终点。

8 结果的计算

按式(3)计算铝的质量分数：

$$w(\mathrm{Al})(\%)=\frac{T\cdot K(V_5-V_6)}{m} \qquad \cdots\cdots (3)$$

式中：

T——EDTA 标准滴定溶液对铝的滴定度，单位为克每毫升(g/mL)；

K——硫酸铜标准滴定溶液换算为 EDTA 标准滴定溶液的体积比系数；

V_5——试液加氟化钠后回滴所消耗硫酸铜标准滴定溶液的体积，单位为毫升(mL)；

V_6——随同试料的空白试验加氟化钠后回滴时所消耗硫酸铜标准滴定溶液的体积，单位为毫升(mL)；

m——试料量，单位为克(g)。

9 允许差

实验室之间分析结果的差值应不大于表 1 所列允许差。

表 1

%

铝含量(质量分数)	允 许 差
1.00～2.00	0.10
＞2.00～4.00	0.15
＞4.00～8.00	0.20

10 试验报告

试验报告应包括下列内容：

a) 鉴别试料、实验室和分析日期等资料；

b) 遵守本标准规定的程度；

c) 分析结果及其表示；

d) 测定中观察到的异常现象；

e) 对分析结果可能有影响而本标准未包括的操作或者任选的操作。

ICS 77.100
H 11

中华人民共和国国家标准

GB/T 3654.2—2008
代替 GB/T 3654.2—1983

铌铁 铜含量的测定 新亚铜灵-三氯甲烷萃取光度法

Ferroniobium—Determination of copper content—The neocuproine-choroform extraction photometric method

2008-05-13 发布 2008-11-01 实施

中华人民共和国国家质量监督检验检疫总局
中国国家标准化管理委员会 发布

前　言

本部分代替 GB/T 3654.2—1983《铌铁化学分析方法　新亚铜灵-三氯甲烷萃取光度法测定铜量》。

本部分与 GB/T 3654.2—1983 相比较主要进行了以下修改：

——试料量由 0.50 g 调整为根据含量不同分别为 0.50 g 和 1.00 g；

——试液分取量由 10 mL 调整为根据含量不同分别为 25 mL、10 mL 和 5 mL；

——增加标准溶液 1 mL 含 5.00 μg 铜。

本部分由中国钢铁工业协会提出。

本部分由冶金工业信息标准研究院归口。

本部分起草单位：中钢集团吉林铁合金股份有限公司。

本部分主要起草人：袁萍、高玉敏、毕军。

本部分所代替标准的历次版本发布情况为：

GB/T 3654.2—1983。

铌铁　铜含量的测定 新亚铜灵-三氯甲烷萃取光度法

警告：使用本部分的人员应有正规实验室工作的实践经验。本部分并未指出所有可能的安全问题。使用者有责任采取适当的安全和健康措施，并保证符合国家有关法规规定的条件。

1　范围

本部分规定了用新亚铜灵-三氯甲烷萃取光度法测定铌铁中铜的含量。

本部分适用于铌铁中铜含量的测定。测定范围(质量分数)：0.004 0%～0.18%。

2　规范性引用文件

下列文件中的条款通过本部分的引用而成为本部分的条款。凡是注日期的引用文件，其随后所有的修改单(不包括勘误的内容)或修订版均不适用于本部分，然而，鼓励根据本部分达成协议的各方研究是否可使用这些文件的最新版本。凡是不注日期的引用文件，其最新版本适用于本部分。

GB/T 4010　铁合金化学分析用试样的采取和制备

3　原理

试料用酸分解，在柠檬酸存在下，以盐酸羟胺还原铜至一价后，在 pH=5～7 的条件下，新亚铜灵与铜生成不溶性黄色络合物，用三氯甲烷萃取后，于分光光度计波长 460 nm 处测量其吸光度。

4　试剂和材料

除非另有说明，在分析中仅使用确认为分析纯的试剂和蒸馏水或与其纯度相当的水。

4.1　硝酸，ρ1.42 g/mL。

4.2　氢氟酸，ρ1.15 g/mL。

4.3　三氯甲烷。

4.4　硫酸，1+1。

4.5　氢氧化铵，1+1。

4.6　柠檬酸溶液，300 g/L。

4.7　盐酸羟胺溶液，100 g/L。

4.8　硼酸溶液，50 g/L。

4.9　新亚铜灵（2,9-二甲基-1,10-二氮杂菲）乙醇溶液，1 g/L。

4.10　铜标准溶液

4.10.1　称取 0.500 0 g 铜(≥99.99%)，置于 250 mL 烧杯中，加入 10 mL 硝酸(4.1)，溶解后加入 20 mL 硫酸(4.4)，加热至冒硫酸烟，取下冷却，加水溶解盐类后，移入 1 000 mL 容量瓶中，以水稀释至刻度，混匀。此标准溶液 1 mL 含 0.50 mg 铜。

4.10.2　移取 5.00 mL 铜标准溶液(4.10.1)，置于 500 mL 容量瓶中，以水稀释至刻度，混匀。此标准溶液 1 mL 含 5.00 μg 铜。

5　仪器

分析中使用通常的实验室仪器和设备。

6 取制样

按照 GB/T 4010 的规定进行取制样，试料应通过 0.125 mm 筛孔。

7 分析步骤

7.1 试料量

按表 1 称取试料，精确至 0.000 1 g。

表 1

铜含量/%	试料量/g	试液分取量/(mL/mL)
0.004 0～0.020	1.00	25/100
>0.020～0.070	1.00	10/100
>0.070～0.15	0.50	10/100
>0.15～0.18	0.50	5/100

7.2 空白试验

随同试料进行空白试验。

7.3 测定

7.3.1 将试料(7.1)置于铂皿中，加入 10 mL 硝酸(4.1)、5 mL 氢氟酸(4.2)，加热溶解试料后，继续加热至溶液与皿壁接触处刚刚出现铌酸时，取下，加入 10 mL 硫酸(4.4)，摇匀。加热至铌酸溶解后，取下稍冷，加入 40 mL 柠檬酸溶液(4.6)，微热使溶液澄清，取下，加入 5 mL 硼酸溶液(4.8)，冷却至室温，移入 100 mL 容量瓶中，用柠檬酸溶液(4.6)稀释至刻度，混匀。

7.3.2 移取试液(按表 1 选取)，置于 150 mL 分液漏斗中，加水补至 40 mL，加入 5 mL 盐酸羟胺溶液(4.7)，混匀。用氢氧化铵(4.5)慢慢调节至 pH=5～7，加入 5 mL 新亚铜灵乙醇溶液(4.9)，混匀，放置 1 min。

7.3.3 加入 10.0 mL 三氯甲烷(4.3)，振荡 1 min，静置分层，将部分有机相干过滤于 2 cm 比色皿中，以三氯甲烷(4.3)为参比，于分光光度计波长 460 nm 处，测量其吸光度。

7.3.4 减去随同试料空白试验的吸光度后，从校准曲线上查出相应的铜量。

7.4 校准曲线的绘制

移取 0、2.00 mL、4.00 mL、6.00 mL、8.00 mL、12.00 mL、16.00 mL 铜标准溶液(4.10.2)，分别置于 150 mL 分液漏斗中，分别加水补至 30 mL，加入 10 mL 柠檬酸溶液(4.6)、5 mL 盐酸羟胺溶液(4.7)，用氢氧化铵(4.5)慢慢调节至 pH=5～7，加入 5 mL 新亚铜灵乙醇溶液(4.9)，混匀，放置 1 min，以下按 7.3.3 进行。减去随同试料空白试验的吸光度，以铜量为横坐标，净吸光度为纵坐标，绘制校准曲线。

8 结果的计算

按式(1)计算铜的含量(质量分数)：

$$w(\mathrm{Cu})(\%)=\frac{m_1}{m_0\times r}\times 100 \qquad \cdots\cdots(1)$$

式中：

m_1——从校准曲线上查得的铜量，g；

m_0——试料量，g；

r——试液分取比。

9 允许差

实验室之间铜含量分析结果的差值应不大于表2所列允许差。

表2

%

铜含量(质量分数)	允许差
0.004 0～0.010	0.001 5
>0.010～0.025	0.003
>0.025～0.050	0.005
>0.050～0.100	0.008
>0.100～0.180	0.015

10 试验报告

试验报告应包括下列内容：

a) 鉴别试料、实验室和分析日期等资料；

b) 遵守本标准规定的程度；

c) 分析结果及其表示；

d) 测定中观察到的异常现象；

e) 对分析结果可能有影响而本部分未包括的操作或者任选的操作。

ICS 77.100
H 11

中华人民共和国国家标准

GB/T 3654.6—2008
代替 GB/T 3654.6～3654.7—1983

铌铁 硫含量的测定 燃烧碘量法、次甲基蓝光度法和红外线吸收法

Ferroniobium—Determination of sulfur content—Combustion-iodate titrimetric method, methylene blue photometric method and infrared absorption method

2008-05-13 发布 2008-11-01 实施

中华人民共和国国家质量监督检验检疫总局
中国国家标准化管理委员会 发布

前　言

本部分是对 GB/T 3654.6—1983《铌铁化学分析方法　燃烧碘量法测定硫量》和 GB/T 3654.7—1983《铌铁化学分析方法　次甲基蓝光度法测定硫量》的整合修订。

本部分代替 GB/T 3654.6—1983 和 GB/T 3654.7—1983。

本部分与 GB/T 3654.6—1983 和 GB/T 3654.7—1983 比较，主要进行的修订是：

增加了红外线吸收法。

本部分由中国钢铁工业协会提出。

本部分由冶金工业信息标准研究院归口。

本部分起草单位：中钢集团吉林铁合金股份有限公司。

本部分主要起草人：杨帆、高林、刘冰、于桂萍。

本部分所代替标准的历次版本发布情况为：

——GB/T 3654.6—1983；

——GB/T 3654.7—1983。

铌铁　硫含量的测定　燃烧碘量法、次甲基蓝光度法和红外线吸收法

警告：使用本部分的人员应有正规实验室工作的实践经验。本部分并未指出所有可能的安全问题。使用者有责任采取适当的安全和健康措施，并保证符合国家有关法规规定的条件。

1　范围

本部分规定了用碘量法、次甲基蓝光度法和红外线吸收法测定铌铁中硫的含量。

本部分适用于铌铁中硫含量的测定。碘量法的测定范围(质量分数)：0.035%～0.090%；次甲基蓝光度法的测定范围(质量分数)：0.005 0%～0.035%；红外线吸收法的测定范围(质量分数)：0.005 0%～0.090%。

2　规范性引用文件

下列文件中的条款通过本部分的引用而成为本部分的条款。凡是注日期的引用文件，其随后所有的修改单(不包括勘误的内容)或修订版均不适用于本部分，然而，鼓励根据本部分达成协议的各方研究是否可使用这些文件的最新版本。凡是不注日期的引用文件，其最新版本适用于本部分。

GB/T 4010　铁合金化学分析用试样的采取和制备

3　方法一　碘量法

3.1　原理

试料于1 300℃的高温炉中加热并通氧燃烧，使硫氧化成二氧化硫，被淀粉溶液吸收后，以碘酸钾标准滴定溶液滴定至浅蓝色为终点，计算出硫的含量。

3.2　试剂与材料

除非另有说明，在分析中仅使用确认为分析纯的试剂和蒸馏水或与其纯度相当的水。

3.2.1　五氧化二钒，固体。

3.2.2　硫酸铅和五氧化二钒混合物，称取0.037 8 g硫酸铅、9.962 2 g五氧化二钒，置于玛瑙研钵中，充分研磨，使硫酸铅和五氧化二钒混匀。

3.2.3　淀粉溶液，称取10 g可溶性淀粉，用少量水调成糊状，加入500 mL沸水，搅匀，加热煮沸，取下，加入500 mL水，10滴盐酸(ρ1.19 g/mL)，搅拌均匀后静置澄清。使用时取25 mL上面澄清液，加15 mL盐酸(ρ1.19 g/mL)，以水稀释至1 000 mL，混匀。

3.2.4　碘酸钾标准滴定溶液

3.2.4.1　称取0.356 7 g碘酸钾溶于水后，移入1 000 mL容量瓶中，以水稀释至刻度，混匀。移取200 mL碘酸钾，置于1 000 mL容量瓶中，加入1 g碘化钾，待其溶解后，以水稀释至刻度，混匀。

3.2.4.2　碘酸钾标准滴定溶液的标定：称取0.500 0 g硫酸铅和五氧化二钒混合物(3.2.2)，置于瓷舟中，以下按3.5.2.2进行。根据所消耗碘酸钾标准滴定溶液的体积，按式(1)计算碘酸钾标准滴定溶液的滴定度。

$$T = \frac{m_1 \times 0.105\ 5}{V_1} \qquad \cdots\cdots (1)$$

式中：

T——碘酸钾标准滴定溶液相当于硫的滴定度，单位为克每毫升(g/mL)；

m_1——称取硫酸铅的量，单位为克(g)；

0.105 5——硫酸铅换算成硫的换算因数；

V_1——标定时消耗碘酸钾标准滴定溶液的体积，单位为毫升(mL)。

3.3 仪器及设备

定硫装置(见图 1)。

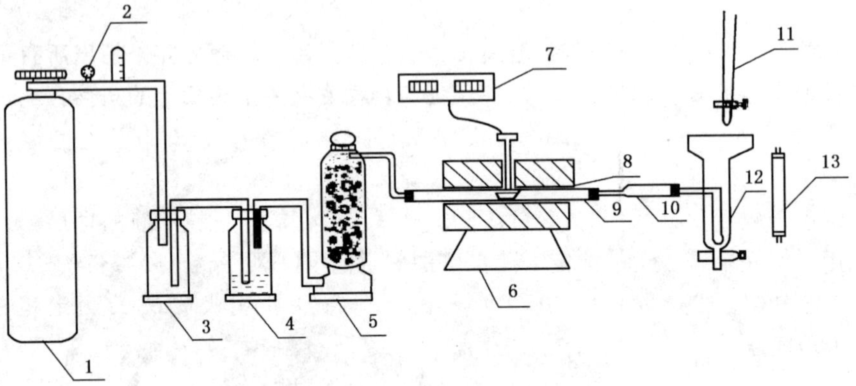

1——氧气瓶；

2——氧气表；

3——缓冲瓶；

4——洗气瓶(内装浓硫酸，其量约为瓶高度的三分之一)；

5——干燥塔(底部铺以玻璃棉，装无水氧化钙，隔以玻璃棉，上层装以碱石棉后再铺以玻璃棉)；

6——管式炉；

7——自动控温器(附热电偶)；

8——瓷舟(88 mm 或 77 mm，用前应在 1 380℃管式炉中通氧燃烧 1 min～2 min，并于氧气中冷却，贮于未涂油脂的干燥器内备用)；

9——普通高铝瓷管(600 mm×25 mm×23 mm，使用前先检查是否漏气，然后逐段灼烧)；

10——球形干燥管(内装干燥脱脂棉)；

11——滴定管；

12——吸收杯(见图 2)；

13——8 W 日光灯。

图 1

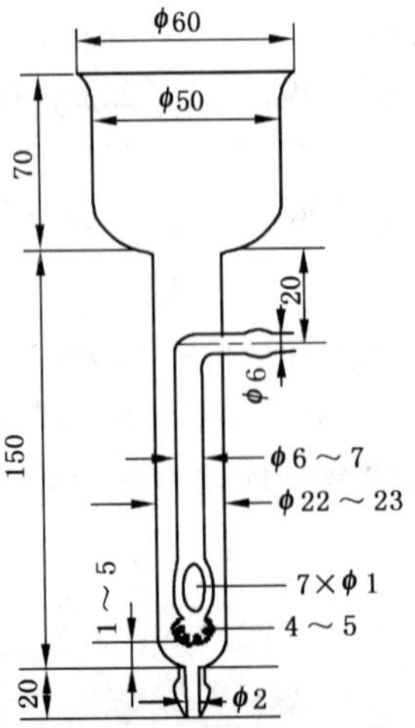

图 2

3.4 取制样

按 GB/T 4010 规定进行取制样，试样应通过 0.125 mm 筛孔。

3.5 分析步骤

3.5.1 试料量

称取 0.50 g 试料，精确至 0.000 1 g。

3.5.2 测定

3.5.2.1 分析前的准备

3.5.2.1.1 将炉温升至 1 300℃，检查定硫装置是否严密不漏气，并应称取两份非标准样品，按3.5.2.2款进行。

3.5.2.1.2 淀粉吸收液的准备：于吸收杯中，加入约 30 mL 淀粉溶液(3.2.3)，通氧气(流量 2 500 mL/min～3 000 mL/min)，用碘酸钾标准滴定溶液(3.2.4)滴定至浅蓝色不褪，作为空白终点的色泽，关闭氧气。

3.5.2.2 试料分析

将试料(3.5.1)置于瓷舟中，加入约 1 g 五氧化二钒(3.2.1)，启开橡皮塞，将瓷舟放入瓷管内，用长钩推至高温处，立即塞紧橡皮塞，预热 30 s，随即通氧气(流量 2 500 mL/min～3 000 mL/min)，燃烧后的混合气体导入吸收杯中，使淀粉吸收液蓝色开始消褪，立即用碘酸钾标准滴定溶液(3.2.4)滴定，并使液面保持蓝色，当吸收液褪色缓慢时，滴定速度也相应变慢，直至吸收液的色泽与原来的空白终点色泽相同，间歇通氧后，色泽不变即为终点，关闭氧气，打开橡皮塞，用长钩拉出瓷舟。

3.6 结果计算

按式(2)计算试料中的硫含量(质量分数)：

$$w(\mathrm{S})(\%) = \frac{T \times V_2}{m_0} \times 100 \qquad \cdots\cdots (2)$$

式中：

T——碘酸钾标准滴定溶液相当于硫的滴定度，单位为克每毫升(g/mL)；

V_2——测定时消耗碘酸钾标准滴定溶液的体积，单位为毫升(mL)；

m_0——试料量，单位为克(g)。

3.7 允许差

实验室之间分析结果的差值应不大于表 1 所列允许差。

表 1 %

硫含量(质量分数)	允许差
0.035～0.050	0.006
>0.050～0.090	0.009

4 方法二 次甲基蓝光度法

4.1 原理

将试料用磷酸-磷酸亚锡溶液溶解，使硫还原为二价，在氮气流中加热蒸馏，使二价硫以硫化氢的形式蒸出。用氢氧化钠溶液吸收，用 N,N-二甲基对苯二胺溶液和三氯化铁溶液发色，生成次甲基蓝，测定其吸光度。0.030 mg 以上的硒和 0.050 mg 以上的碲对测定有干扰。

4.2 试剂和材料

除非另有说明，在分析中仅使用确认为分析纯的试剂和蒸馏水或与其纯度相当的水。

4.2.1 氢氧化钠溶液,5%。

4.2.2 氢氧化钾溶液,20%。

4.2.3 三氯化铁盐酸溶液,1%。

4.2.4 N,N-二甲基对苯二胺盐酸盐盐酸溶液,0.3%。

4.2.5 磷酸-磷酸亚锡溶液:移取 250 mL 磷酸(ρ1.70 g/mL),置于蒸酸装置的磨口石英蒸馏器中,加热至 25℃以上,加入 33 g 氯化亚锡($SnCl_2 \cdot H_2O$),在流量为 150 mL/min～250 mL/min 的氮气流下,继续加热至 280℃,保持30 min。蒸馏器中溶液备用。

4.2.6 洗气溶液:称取 5 g 氯化汞、2 g 高锰酸钾溶于 100 mL 水中,混匀。

4.2.7 硫标准溶液

4.2.7.1 称取 0.544 4 g 预先于 105℃烘 2 h 并冷至室温的硫酸钾(光谱纯),置于 250 mL 烧杯中,用水溶解,移入 1 000 mL 容量瓶中,用水稀释至刻度,混匀。此溶液 1 mL 含 0.10 mg 硫。

4.2.7.2 移取 10.00 mL 硫标准溶液(4.2.7.1),置于 100 mL 容量瓶中,以水稀释至刻度,混匀。此溶液 1 mL 含 10.0 μg 硫。

4.3 仪器及设备

4.3.1 蒸酸装置(见图 3)。

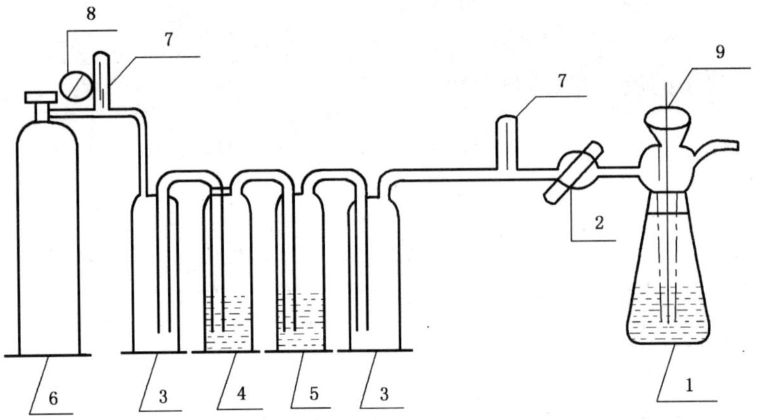

1——磨口石英蒸酸瓶;
2——三通;
3——缓冲瓶;
4——洗气瓶[内装洗气溶液(4.2.6)];
5——洗气瓶[内装氢氧化钾溶液(4.2.2)];
6——氮气瓶;
7——流量瓶;
8——气压表;
9——温度计。

图 3

4.3.2 蒸馏装置(见图 4)。

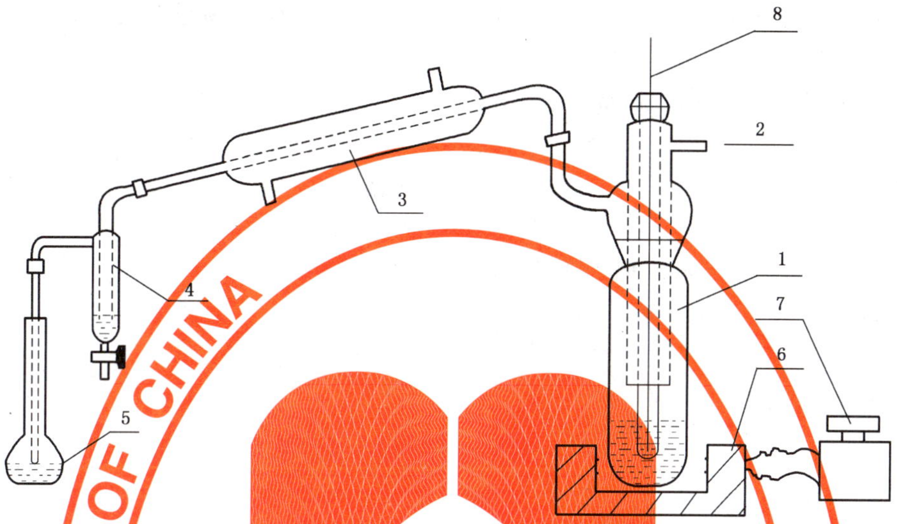

1——磨口石英蒸馏瓶;
2——氮气入口;
3——冷凝器;
4——洗气瓶;
5——容量瓶;
6——电炉;
7——2 kV 变压器;
8——温度计。

图 4

4.4 取制样

按 GB/T 4010 规定进行取制样,试样应通过 0.125 mm 筛孔。

4.5 分析步骤

4.5.1 试料量

称取 0.20 g 试料,精确至 0.000 1 g。

4.5.2 空白试验

随同试料做空白试验。

4.5.3 测定

4.5.3.1 将试料置于蒸酸装置的磨口石英蒸酸器中,加入 20 mL 磷酸-磷酸亚锡溶液(4.2.5)。于预先盛有 50 mL 水的 100 mL 容量瓶中,加入 20 mL 氢氧化钠溶液(4.2.1)。连接好蒸馏装置。

4.5.3.2 通入氮气(流量为 50 mL/min～100 mL/min),加热溶解试样,升温至 280℃～300℃,保持 20 min。

4.5.3.3 取下容量瓶,用水冲洗吸收导管,沿容量瓶壁加入 10 mL N,N-二甲基对苯二胺盐酸盐盐酸溶液(4.2.4),盖好瓶塞,轻轻振荡 2 次～3 次,启开瓶塞,立即加入 2 mL 三氯化铁盐酸溶液(4.2.3),盖好瓶塞,振荡 1 min,静置 15 min,用水稀释至刻度,混匀。

4.5.3.4 将部分溶液移入 1 cm 比色皿中,以水为参比,于分光光度计波长 680 nm 处测量其吸光度。

4.5.3.5 减去随同试料空白的吸光度后,从校准曲线上查出相应的硫量。

4.5.4 校准曲线的绘制

移取 0、1.00 mL、2.00 mL、3.00 mL、4.00 mL、5.00 mL、6.00 mL、7.00 mL 硫标准溶液(4.2.7.2)，置于蒸酸装置的磨口石英蒸酸器中，烘干，以下按分析步骤 4.5.3.1 至 4.5.3.4 进行。测定其吸光度。减去试剂空白的吸光度。以硫量为横坐标，净吸光度为纵坐标绘制校准曲线。

4.6 结果计算

按式(3)计算试料中硫的含量(质量分数)：

$$w(\mathrm{S})(\%)=\frac{m_3}{m_0}\times 100 \quad\cdots\cdots(3)$$

式中：

m_3——从校准曲线上查得的硫量，单位为克(g)；

m_0——试料量，单位为克(g)。

4.7 允许差

实验室之间分析结果的差值应不大于表 2 所列允许差。

表 2

%

硫含量(质量分数)	允许差
0.005～0.020	0.002
>0.020～0.035	0.004

5 方法三 红外线吸收法

5.1 原理

试料于高频感应炉的氧气流中加热燃烧，生成的二氧化硫由氧气载至红外线分析器的测量室，二氧化硫吸收特定波长的红外能，其吸收能与硫的浓度成正比，根据检测器接受能量的变化测得硫量。

5.2 试剂及材料

5.2.1 高氯酸镁，无水，粒状。

5.2.2 烧碱石棉，粒状。

5.2.3 玻璃棉。

5.2.4 钨粒，硫量小于 0.000 2%，粒度 0.8 mm～1.4 mm。

5.2.5 锡粒，碳量小于 0.000 3%，粒度 0.4 mm～0.8 mm。

5.2.6 氧气，纯度大于 99.95%，其他级别氧气若能获得低而一致的空白时，也可以使用。

5.2.7 动力气源，氮气和压缩空气，其杂质(水和油)含量小于 0.5%。

5.2.8 陶瓷坩埚，直径×高：23 mm×23 mm 或 25 mm×25 mm，并于大于 1 200℃ 的高温加热炉中灼烧 4 h 或通氧灼烧至空白值为最低。

5.2.9 坩埚钳。

5.3 仪器及设备

5.3.1 红外线吸收定硫仪(灵敏度为 1.0×10^{-6})

其装置如图 5。

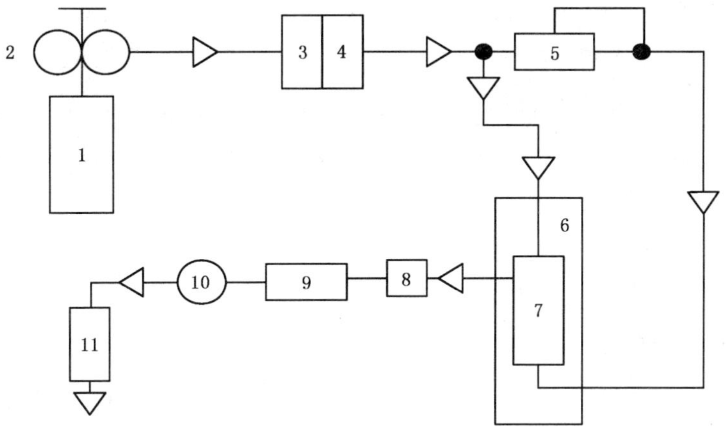

1——氧气瓶；
2——两级压力调节器；
3——洗气瓶；
4,9——干燥管；
5——压力调节器；
6——高频感应炉；
7——燃烧管；
8——除尘器；
10——流量控制器；
11——二氧化硫红外检测器。

图 5

5.3.1.1　洗气瓶，内装烧碱石棉(5.2.2)。

5.3.1.2　干燥管，内装高氯酸镁(5.2.1)。

5.3.2　气源

5.3.2.1　载气系统包括氧气容器、两级压力调节器及保证提供合适压力和额定流量的时序控制部分。

5.3.2.2　动力气源系统包括动力气(氮气或压缩空气)、两级压力调节器及保证提供合适压力和额定流量的时序控制部分。

5.3.3　高频感应炉

应满足试料熔融温度的要求。

5.3.4　控制系统

5.3.4.1　微处理机系统包括中央处理器、存储器、键盘输入设备、信息中心显示屏、分析结果显示屏及分析结果打印机等。

5.3.4.2　控制功能包括自动装卸坩埚和炉台升降、自动清扫、分析条件选择设置、分析过程的监控和报警中断、分析数据的采集、计算、校正及处理等。

5.3.5　测量系统

主要由微处理机控制的电子天平(感量不大于 0.1 mg)、红外线分析器及电子测量元件组成。

5.4　取制样

按 GB/T 4010 规定进行取制样。试料应全部通过 0.125 mm 筛孔。

5.5　分析步骤

5.5.1　试料量

称取 0.50 g 试料，精确至 0.000 1 g。

5.5.2 空白试验

称取0.500 g硫含量小于0.002 0%纯铁标样置于预先盛有0.200 g±0.005 g锡粒(5.2.5)的坩埚中(5.2.9),覆盖1.500 g±0.005 g钨粒(5.2.4),于同一量程或通道,按5.5.5进行测定。重复足够次数,直至得到低而比较一致的读数(空白值应等于测定的硫量与已知标样之差)。记录至少三次读数,计算平均空白值,并参考仪器说明书,将空白值输入到分析仪中,则仪器在测定试料时会进行空白值的电子补偿。

5.5.3 分析准备

5.5.3.1 按说明书调试检查仪器,使仪器处于正常稳定状态。

5.5.3.2 选择设置最佳分析条件。

5.5.3.3 应用标准样品及助熔剂按5.5.5作两次试测,以确定仪器是否正常。

5.5.3.4 称取0.500 g含硫量为0.002 5%左右的标准样品(或纯铁标准样品)若干份,按3.5.5进行测定,其结果波动应在±0.000 3%范围内,否则应按仪器要求调节仪器的灵敏度。

5.5.4 校正试验

5.5.4.1 根据待测试料的含硫量,选择相应的量程或通道,并选择三个同类型标准样品(待测试料含硫量应落在所选三个标准样品含硫量的范围内)。依次进行校正,测得结果的波动应在允许差范围内,以确认系统的线性,否则应按仪器说明书调节系统的线性。

5.5.4.2 不同量程或通道,应分别测其空白值并校正。

5.5.4.3 当分析条件变化时,如仪器尚未预热到1 h,氧气源、坩埚或助熔剂的空白值已发生改变时,都要求重新测定空白值并校正。

5.5.5 测定

5.5.5.1 按待测试料的含硫范围,分别选择仪器的最佳分析条件:如仪器的燃烧积分时间、比较水准(或设定数)的设置等。

5.5.5.2 将称取的试料(5.5.1)置于预先盛有0.30 g±0.005 g锡粒(5.2.5)的坩埚(5.2.8)内,覆盖1.50 g±0.005 g钨粒(5.2.4),钳取坩埚放到炉台坩埚座上,按仪器说明书操作,开始分析并读取结果。

5.6 允许差

实验室之间分析结果的差值应不大于表3所列允许差。

表3 %

硫量(质量分数)	允许差
0.005～0.015	0.002
>0.015～0.025	0.003
>0.025～0.045	0.004
>0.045～0.070	0.006
>0.070～0.090	0.008

6 试验报告

试验报告应包括下列内容:

a） 鉴别试料、实验室和分析日期等资料；

b） 遵守本部分规定的程度；

c） 分析结果及其表示；

d） 测定中观察到的异常现象；

e） 对分析结果可能有影响而本部分未包括的操作或者任选的操作。

ICS 77.100
H 11

中华人民共和国国家标准

GB/T 3654.8—2008
代替 GB/T 3654.8—1983

铌铁　钛含量的测定
变色酸光度法

Ferroniobium—Determination of tianiun content—
Chromotropic acid photometric method

2008-05-13 发布　　2008-11-01 实施

中华人民共和国国家质量监督检验检疫总局
中国国家标准化管理委员会　发布

前　言

本部分代替 GB/T 3654.8—1983《铌铁化学分析方法　变色酸分光光度法测定钛量》。

本部分与 GB/T 3654.8—1983 相比较主要进行了以下修订：

——试料量由 0.20 g、0.30 g 和 0.50 g 修改为 0.20 g 和 0.50 g；

——分取试液量由 10 mL、15 mL、20 mL 修改为 10 mL 和 20 mL；

——校准曲线由五条线修改为三条线。

本部分由中国钢铁工业协会提出。

本部分由冶金工业信息标准研究院归口。

本部分起草单位：中钢集团吉林铁合金股份有限公司。

本部分主要起草人：王世媛、董明学、郑海东、吴丽玉。

本部分所代替标准的历次版本发布情况为：

——GB/T 3654.8—1983。

铌铁　钛含量的测定
变色酸光度法

警告:使用本部分的人员应有正规实验室工作的实践经验。本部分并未指出所有可能的安全问题。使用者有责任采取适当的安全和健康措施,并保证符合国家有关法规规定的条件

1　范围

本部分规定了变色酸光度法测定铌铁中钛的含量。

本部分适用于铌铁中钛含量的测定,测定范围(质量分数):0.010%～2.50%。

2　规范性引用文件

下列文件中的条款通过本部分的引用而成为本部分的条款。凡是注日期的引用文件,其随后所有的修改单(不包括勘误的内容)或修订版均不适用于本部分,然而,鼓励根据本部分达成协议的各方研究是否可使用这些文件的最新版本。凡是不注日期的引用文件,其最新版本适用于本部分。

GB/T 4010　铁合金化学分析用试样的采取和制备

3　原理

试料用氢氟酸和硝酸分解,用硫酸冒烟后,在草酸溶液中,变色酸与钛形成红色络合物,于波长475 nm处测量其吸光度。

4　试剂与材料

除非另有说明,在分析中仅使用确认为分析纯的试剂和蒸馏水或与其纯度相当的水。

4.1　硝酸,ρ1.42 g/mL。

4.2　氢氟酸,ρ1.15 g/mL。

4.3　过氧化氢,ρ1.10 g/mL。

4.4　硫酸,1+1。

4.5　草酸溶液,50 g/L。

4.6　亚硫酸钠溶液,200 g/L。

4.7　变色酸溶液,50 g/L。

称取5.0 g变色酸,0.5 g无水亚硫酸钠,置于250 mL烧杯中,用100 mL水溶解,过滤于棕色瓶中(溶液发黄变色酸失效,另换变色酸重新配制)。

4.8　钛标准溶液

4.8.1　称取0.333 6 g预先于950℃灼烧至恒量的二氧化钛(99.9%以上),置于250 mL烧杯中,加入10 mL硫酸(4.4),再加入5 g硫酸铵,盖上表皿,加热至冒硫酸烟,继续加热至二氧化钛完全溶解,取下冷却,用草酸溶液(4.5)洗入1 000 mL容量瓶中,并以草酸溶液(4.5)稀释至刻度,混匀。此溶液1 mL含0.20 mg钛。

4.8.2　移取50.00 mL钛标准溶液(4.8.1),置于250 mL容量瓶中,用草酸溶液(4.5)稀释至刻度,混匀。此溶液1 mL含40.0 μg钛。

4.8.3　移取10.00 mL钛标准溶液(4.8.1)。置于200 mL容量瓶中,用草酸溶液(4.5)稀释至刻度,混匀。此溶液1 mL含10.0 μg钛。

5 仪器

分析中使用通常的实验室仪器和设备。

6 取制样

按照 GB/T 4010 取制样，试料应通过 0.125 mm 筛孔。

7 分析步骤

7.1 试料量

按表 1 所示称取试料，精确至 0.000 1 g。

表 1

钛含量/%	试料量/g	分取试液量/mL	比色皿/cm
0.010～0.20	0.500 0	20	3
>0.20～0.50	0.200 0	20	2
>0.50～2.50	0.200 0	10	1

7.2 空白试验

随同试料做空白试验。

7.3 测定

7.3.1 将试料(7.1)置于 100 mL 铂皿中，加入 5 mL 氢氟酸(4.2)、20 mL 水，滴加 5 mL 硝酸(4.1)，低温加热至试料完全溶解。加入 15 mL 硫酸(4.4)，继续加热至冒硫酸烟并保持 15 min。

7.3.2 取下稍冷，将试液移入预先盛有 50 mL 草酸溶液(4.5)的 250 mL 烧杯中，再以 100 mL 草酸溶液(4.5)分次洗涤铂皿，洗液合并于烧杯中，溶液加热至 80℃～90℃直至澄清。

7.3.3 取下稍冷，加入 2 mL 过氧化氢(4.3)，加热微沸 30 s，取下，冷却至室温。将试液移入 200 mL 容量瓶中，以 40 mL 草酸溶液(4.5)分次洗涤烧杯，洗液合并于容量瓶中，用水稀释至刻度，混匀。

7.3.4 按表 1 移取试液和随同试料空白各二份，分别置于 50 mL 容量瓶中，以下分别按 7.3.5 和 7.3.6 条进行。

7.3.5 显色溶液：向一份试液和随同试料的空白溶液中加入 10 mL 草酸溶液(4.5)，1 mL 亚硫酸钠溶液(4.6)混匀，放置 2 min，加入 6 mL 变色酸溶液(4.7)，用水稀释刻度，混匀。

7.3.6 参比溶液：向另一份试液和随同试料的空白溶液中加入 10 mL 草酸溶液(4.5)，1 mL 亚硫酸钠溶液(4.6)，以水稀释至刻度，混匀。

7.3.7 将部分测量溶液(7.3.5)移入适当的比色皿中以各自的参比溶液(7.3.6)为参比，于分光光度计波长 475 nm 处测量其吸光度。用显色溶液的吸光度减去随同试料空白试验的吸光度后，从校准曲线上查出相应的钛量。

7.4 校准曲线的绘制

根据试料中钛含量，按表 1 自 200 mL 容量瓶中移取一组随同试料的空白溶液，分别置于一组 50 mL 容量瓶中。按表 2 分别加入钛标准溶液。

表 2

钛含量/%	钛标液	钛标准溶液加入量/mL										
0.010～0.20	4.8.3	0	1	2	3	4	5	6	7	8	9	10
0.20～0.50	4.8.2	0	1	2	3	4	5					
0.50～2.50	4.8.2	0	1	2	3	4	5	6	7			

以下按 7.3.5 加入各种试剂溶液[草酸的加入量应分别减去按表 2 所取钛标准溶液中所存在的草酸量(mL)]，用水稀释至刻度，混匀。

以不加入钛标准溶液的一份为参比溶液，测量其吸光度。以钛量为横坐标，吸光度为纵坐标绘制校准曲线。

8 结果的计算

按式(1)计算试料中钛的含量(质量分数)：

$$w(\mathrm{Ti})(\%) = \frac{m_1}{m \times r} \times 100 \qquad \cdots\cdots(1)$$

式中：

m_1——从校准曲线上查得的钛量，g；

m——试料量，g；

r——试液分取比。

9 允许差

实验室之间钛含量分析结果的差值应不大于表3所列允许差。

表3

%

钛含量(质量分数)	允许差
0.010～0.050	0.006
>0.050～0.10	0.010
>0.10～0.20	0.020
>0.20～0.50	0.030
>0.50～1.00	0.050
>1.00～2.00	0.070
>2.00～2.50	0.090

10 试验报告

试验报告应包括下列内容：

a) 鉴别试料、实验室和分析日期等资料；

b) 遵守本部分规定的程度；

c) 分析结果及其表示；

d) 测定中观察到的异常现象；

e) 对分析结果可能有影响而本部分未包括的操作或者任选的操作。

ICS 77.040.99
H 21

中华人民共和国国家标准

GB/T 3655—2008/IEC 60404-2:1996
代替 GB/T 3655—2000

用爱泼斯坦方圈测量电工钢片(带)磁性能的方法

Methods of measurement of the magnetic properties of electrical steel sheet and strip by means of an Epstein frame

(IEC 60404-2:1996,IDT)

2008-10-10 发布　　2009-05-01 实施

中华人民共和国国家质量监督检验检疫总局
中国国家标准化管理委员会　发布

前　　言

本标准等同采用IEC 60404-2:1996《磁性材料　第2部分:用爱泼斯坦方圈测量电工钢片(带)磁性能的方法》(英文版),主要内容和结构与IEC 60404-2:1996一致。

为了便于使用,本标准做了下列编辑性的修改:

——“本部分”(指IEC 60404第2部分)一词改为“本标准”;

——用小数点“.”代替作为小数点的逗号“,”;

——删除国际标准的前言;

——规范性引用文件按对应的国家标准作了变更;

——重新编排图片的位置;

——测试报告增加了部分内容;

——增加附录A、附录B和附录C。

本标准代替GB/T 3655—2000《用爱泼斯坦法测量电工钢片(带)磁性能的方法》。

本标准与GB/T 3655—2000相比,主要内容变化如下:

——原3.5对电压和频率的要求由“应保持恒定在±0.1%之内”改为“±0.2%”;

——取消原第8章;

——替换原附录A和附录C;

——修改原附录B。

本标准的附录A、附录B和附录C均为资料性附录。

本标准由中国钢铁工业协会提出。

本标准由全国钢标准化技术委员会归口。

本标准起草单位:宝山钢铁股份有限公司、武汉钢铁(集团)公司、冶金工业信息标准研究院。

本标准主要起草人:胡志远、周星、李和平、冯超、任翠英、姚腊红、刘其中。

本标准所代替标准的历次版本发布情况为:

——GB/T 3655—1992、GB/T 3655—2000。

用爱泼斯坦方圈测量电工钢片(带)磁性能的方法

1 范围

本标准适用于晶粒取向和晶粒无取向电工钢片(带)频率上限为400 Hz的交流磁性能的测量及直流磁性能的测量。

本标准的目的是明确用爱泼斯坦方圈测量电工钢片(带)磁性能的通则和技术细节。

爱泼斯坦方圈适用于测量由各级别电工钢片(带)制取的试样。其交流磁性能的测定是在给定的磁极化强度峰值(或磁场强度的峰值)和给定的频率及正弦感应电压的情况下进行的。

测量在环境温度23 ℃±5℃ 下进行,测试前试样应先退磁。

更高频率下的测量应根据GB/T 10129的规定进行。

注:本标准所使用的"磁极化强度",在其他相关标准中,有使用"磁通密度"和"磁感应强度"的情况。在常规的测量条件下,上述不同定义的物理量之间的量值差别可以忽略。

2 规范性引用文件

下列文件中的条款通过本标准的引用而成为本标准的条款。凡是注日期的引用文件,其随后所有的修改单(不包括勘误的内容)或修订版均不适用于本标准,然而,鼓励根据本标准达成协议的各方研究是否可使用这些文件的最新版本。凡是不注日期的引用文件,其最新版本适用于本标准。

GB/T 3102.5—1993 电学和磁学的量和单位(neq ISO 31-5:1992,Quantities and units—Part 5:Electricity and magnetism)

GB/T 10129—1988 电工钢片(带)中频磁性能测量方法(neq IEC 60404-10:1988,Magnetic materials—Part 10:Methods of measurement of magnetic properties of magnetic steel sheet and strip at medium frequencies)

GB/T 19289 电工钢片(带)的密度、电阻率和叠装系数的测量方法(GB/T 19289—2003,IEC 60404-13:1995,Magnetic materials—Part 13:Methods of measurement of density,resistivity and stacking factor of electrical steel sheet and strip,MOD)

IEC 60404-4:2000 软磁材料 第4部分:软磁材料直流磁性能的测量方法

IEC 60404-3:1982 单片电工钢片带磁性能测量方法

3 交流测量的通则

3.1 25 cm爱泼斯坦方圈法的原理

25 cm爱泼斯坦方圈由初级线圈、次级线圈和作为铁芯的试样组成,它形成一个空载的变压器,其交流特性按照以下描述的方法进行测量。

3.2 试样

试样的样片用双搭接接头方式(见图1)装成一个方框,并形成长度和横截面积都相等的四束。

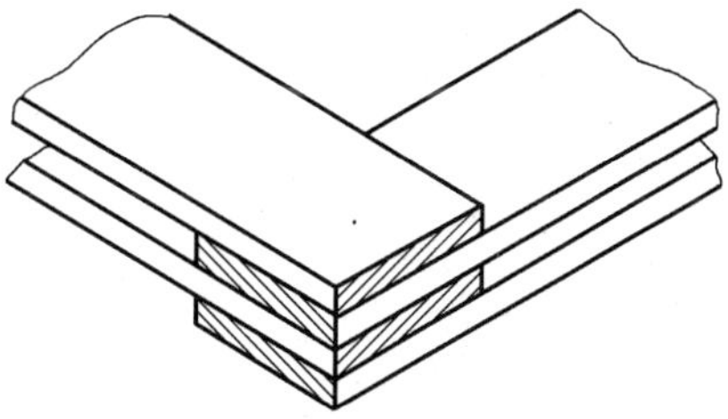

图1 双搭接方式

样片应按照相关的产品标准要求制取。

样片应使用不产生明显边缘毛刺的方法剪切，如果有要求，应根据相关的产品标准进行热处理。样片应具有以下尺寸：

——宽度：b＝30 mm±0.2 mm；

——长度：280 mm≤l≤320 mm。

样片长度的公差为±0.5 mm。

当要沿轧制方向或垂直该方向剪切样片时，应以母板的轧制方向为参考。

对于规定方向和实际剪切方向之间的角度，应满足下面的公差：

——对于晶粒取向电工钢片为±1°；

——对于晶粒无取向电工钢片为±5°。

样片应平直。测量应在无附加绝缘的情况下进行。

组成试样的样片数应是 4 的倍数，并且符合相关的产品标准规定。对于长度为 280 mm 的试样，试样的有效质量至少为 240 g，按公式(1)计算。

3.3 25 cm 爱泼斯坦方圈

25 cm 爱泼斯坦方圈(以下简称爱泼斯坦方圈)由四个线圈组成，构成试样的样片插入其中(见图 2)。

爱泼斯坦方圈应包含一个用于空气磁通补偿的互感线圈。

支撑线圈的绕组骨架由硬的绝缘材料制成，如酚醛树脂纸板。绕组骨架具有矩形横截面，其内部宽度为 32 mm。推荐高度约为 10 mm。

线圈安装在一个绝缘的无磁性的底板上，形成一个方框(见图 2)。由样片的内缘形成的正方形边长为 220^{+1}_{-0} mm(见图 2)。

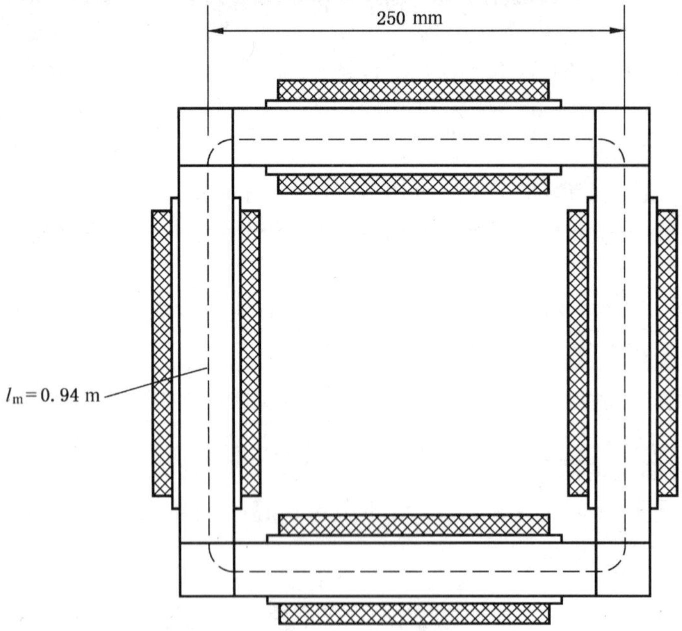

图 2　标准 25 cm 爱泼斯坦方圈

4 个线圈中的每一个都应有 2 个绕组：

——初级绕组，外层(磁化绕组)；

——次级绕组，内层(感应电压绕组)。

注：在这些绕组之间可以加一层静电屏蔽。

绕组应该均匀分布在至少 190 mm 的长度上，每个线圈的匝数应为总线圈匝数的四分之一。

4 个线圈的各初级绕组应串联，各次级绕组也应串联。初级和次级线圈的匝数应与电源、测量仪器和频率的特定条件匹配。

注：常规使用的线圈总匝数推荐为700匝或1 000匝。

为了尽可能降低绕组阻抗的影响，方圈的结构应满足以下要求：

$$\frac{R_1}{N_1^2} \leqslant 1.25 \times 10^{-6}\,\Omega \qquad \frac{R_2}{N_2^2} \leqslant 5 \times 10^{-6}\,\Omega$$

$$\frac{L_1}{N_1^2} \leqslant 2.5 \times 10^{-9}\,\mathrm{H} \qquad \frac{L_2}{N_2^2} \leqslant 2.5 \times 10^{-9}\,\mathrm{H}$$

式中：

R_1——初级线圈的电阻，单位为欧姆（Ω）；

R_2——次级线圈的电阻，单位为欧姆（Ω）；

L_1——初级线圈的电感，单位为亨利（H）；

L_2——次级线圈的电感，单位为亨利（H）；

N_1——初级线圈的匝数；

N_2——次级线圈的匝数。

注：例如，有下列特性的绕组满足上述条件：

——总匝数：$N_1=700$，$N_2=700$；

——初级绕组（外层）：四个线圈各用标称截面积约为1.8 mm² 的双股铜线并排密绕三层，计175匝；

——次级绕组（内层）：四个线圈各用标称截面积为0.8 mm² 的单股铜线绕一层，计175匝。

磁回路有效磁路长度 l_m，按约定取0.94 m。因此，有效质量 m_a，即待测试样的磁性有效质量，按公式（1）计算：

$$m_a = \frac{l_m}{4l} m \qquad \cdots\cdots (1)$$

式中：

m_a——试样的有效质量，单位为千克（kg）；

m——试样的总体质量，单位为千克（kg）；

l——试样条片长度，单位为米（m）；

l_m——约定的有效磁路长度，单位为米（m）（l_m=0.94 m）。

3.4 空气磁通补偿

空气磁通补偿的互感线圈放置在4个线圈所围空间的中心，其轴线垂直于4个线圈轴线构成的平面。互感线圈的初级绕组应与爱泼斯坦方圈的初级绕组串联，互感线圈的次级绕组应与爱泼斯坦方圈的次级绕组反方向串联（见图3）。

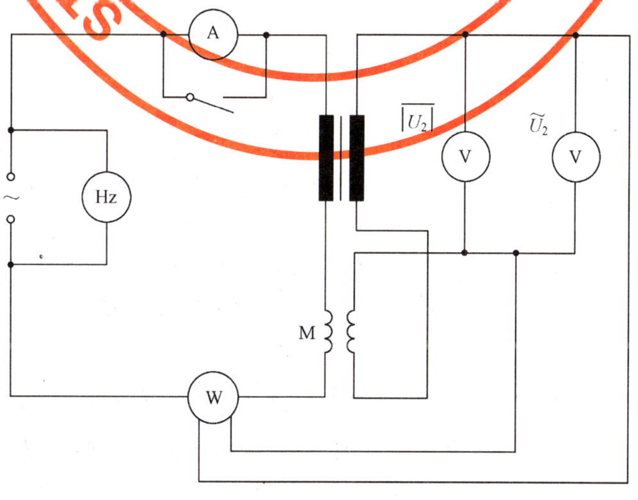

M——空气磁通补偿的互感线圈。

图3 功率表法的电路原理图

互感值应按以下方式调节，当爱泼斯坦方圈中无试样时，在初级绕组中通一交流电流，使在次级绕组非公共端间测量的电压不大于爱泼斯坦方圈次级绕组本身电压的0.1%。

这样，在串联次级绕组中感应电压整流后的平均值正比于试样中磁极化强度的峰值。

3.5 电源

电源应具有低内阻和高度稳定的电压和频率。在测量时，电压和频率应保持恒定在±0.2%之内。

对于比总损耗、比视在功率和磁场强度的有效值测量，次级电压的波形因数应该为1.111±1%。

注：可以用几个方式达到要求，例如使用一个电子控制的电源或负反馈电源放大器。次级电压的波形因数是其有效值与整流平均值之比。附录A描述了次级感应电压正弦波形的数字控制方法。

需要用两个电压表来测量次级电压的波形因数，一个用于测量次级电压的有效值，一个用来测量次级电压整流后的平均值。

注：次级感应电压的波形宜用一个示波器来检验，以确保只存在基波分量。

3.6 电压测定

爱泼斯坦方圈次级电压的测量应使用具有内阻不小于1 000 Ω/V的电压表测量。

3.6.1 平均值电压表

应使用具有整流后平均值测量准确度为±0.2%或更好的电压表。

注：优先使用的仪表是数字电压表。

3.6.2 有效值电压表

应使用具有有效值测量准确度为±0.2%或更好的电压表。

注：优先使用的仪表是数字电压表。

3.6.3 峰值电压表

应使用具有峰值测量准确度为±0.2%或更好的电压表。

3.7 频率测量

应使用具有准确度为±0.1%或更好的频率计。

3.8 功率表

应使用在实际功率因数和波形因数下准确度为±0.5%或更好的功率表。

功率表电压回路的直流电阻至少应为其电抗的5 000倍，除非功率表对其电抗进行了补偿。

如果在电路里包括电流测量仪表，在调节次级电压和测量损耗时，该仪表应短路。

4 比总损耗的测量步骤

4.1 测量的准备

爱泼斯坦方圈和测量设备应按图3连接。

称量试样，称量误差在±0.1%以内。称量后，样片应在拐角处按双搭接方式叠放在爱泼斯坦方圈中，在方圈的每一分支中样片的数目相同，使所形成的内缘正方形边长为220_{-0}^{+1} mm。当样片按半数是平行于轧制方向和半数是垂直于轧制方向剪切时，轧制方向剪切的条片应插入方圈的两个相对的分支里，而那些垂直于轧制方向剪切的样片插入另外两个分支里。应注意确保在搭接部分片与片之间的空气间隙尽可能小。允许在每个搭接角处垂直于样片的搭接面施加一个大约1 N的力。

待测试样应在一个初始磁场高于先前测试磁场的退磁场下，逐渐降低交流磁场进行退磁。

4.2 电源的调节

电源的输出应缓慢增加，同时观察初级回路的电流表，确保功率表电流回路不过载，直到爱泼斯坦方圈次级电压整流后的平均值$\overline{|U_2|}$达到预定值。$\overline{|U_2|}$预定值由所要求的磁极化强度值通过式(2)计算：

$$\overline{|U_2|}=4fN_2\frac{R_i}{R_i+R_t}A\hat{J} \qquad (2)$$

式中：

$\overline{|U_2|}$——是次级线圈感应电压的平均值，单位为伏特(V)；

f——是频率，单位为赫兹(Hz)；

N_2——是次级线圈的匝数；

R_i——是次级回路仪表的总电阻值，单位为欧姆(Ω)；

R_t——是次级绕组和互感的串联电阻，单位为欧姆(Ω)；

A——是试样的横截面积，单位为平方米(m^2)；

$\hat{J}$——是磁极化强度的峰值，单位为特斯拉(T)。

试样的横截面积应按公式(3)计算：

$$A = \frac{m}{4l\rho_m} \qquad \cdots\cdots(3)$$

式中：

A——试样的横截面积，单位为平方米(m^2)；

m——试样的总质量，单位为千克(kg)；

l——试样的样片长度，单位为米(m)；

ρ_m——试样材料密度的约定值，或采用按照 GB/T 19289 方法的测定值，单位为千克每立方米(kg/m^3)。

4.3 功率的测量

初级回路的电流表应短路，必要时重新调节次级电压。应根据 3.5 的内容测定次级电压的波形因数，然后记录功率表的读数。

4.4 比总损耗的计算

功率表测量的功率 P_m 包含了次级回路中仪表的损耗。因此，试样的总损耗功率 P_C 应按公式(4)计算：

$$P_C = \frac{N_1}{N_2}P_m - \frac{(1.111\overline{|U_2|})^2}{R_i} \qquad \cdots\cdots(4)$$

式中：

P_C——计算出的试样损耗功率，单位为瓦特(W)；

N_1——初级线圈的匝数；

N_2——次级线圈的匝数；

P_m——功率表测量的功率，单位为瓦特(W)；

$\overline{|U_2|}$——次级整流电压的平均值，单位为伏特(V)；

R_i——次级回路仪表的总电阻，单位为欧姆(Ω)。

测量的比总损耗 P_s 按式(5)计算，P_C 除以试样的有效质量 m_a。

$$P_s = \frac{P_C}{m_a} = \frac{P_C 4l}{ml_m} \qquad \cdots\cdots(5)$$

式中：

P_s——试样的比总损耗，单位为瓦每千克(W/kg)；

P_C——计算出的试样总损耗，单位为瓦特(W)；

m_a——试样的有效质量，单位为千克(kg)；

l——试样的样片长度，单位为米(m)；

m——试样的总质量，单位为千克(kg)；

l_m——约定的有效磁路长度，单位为米(m)。

4.5 比总损耗测量的再现性

使用本章叙述的方法所得到结果的再现性用相对标准偏差表示，在磁极化强度不大于 1.7T 时，晶粒取向电工钢的测量和不大于 1.5 T 时，晶粒无取向电工钢的测量均为 1.5%。

对于较高磁极化强度下的测量，预计其相对标准偏差将增大。

5 磁极化强度峰值、磁场强度有效值、磁场强度峰值、比视在功率的测定

本章叙述了以下特性的测定方法：

——磁极化强度峰值 $\hat{J}$；

——磁场强度有效值 $\widetilde{H}$；

——磁场强度峰值 $\hat{H}$；

——比视在功率 S_S。

5.1 试样

试样要求与 3.2 一致。

5.2 测量

5.2.1 磁极化强度的峰值 $\hat{J}$

磁极化强度的峰值应按照第 4 章叙述的内容，以测量的次级电压整流后的平均值按公式(2)计算得到。

5.2.2 磁场强度的有效值

磁场强度的有效值应由图 4 所示回路中的有效值电流表测量的电流有效值计算得出。另一种方法应使用一个典型值为 0.1 Ω～1 Ω，准确度为 0.1% 的精密电阻，接入电路取代电流表，再按照 3.6 的要求，用一只能测量有效值的电压表测量这个电阻上产生的电压。频率应按需求值设置。根据公式(2)调节爱泼斯坦方圈的次级电压，使磁极化强度的峰值达到设定值。测量并记录电流的有效值。磁场强度的有效值应按公式(6)计算得出：

$$\widetilde{H} = \frac{N_1}{l_m}\widetilde{I}_1 \qquad \cdots\cdots (6)$$

式中：

$\widetilde{H}$——磁场强度的有效值，单位为安培每米(A/m)；

N_1——初级线圈的匝数；

$\widetilde{I}_1$——励磁电流的有效值，单位为安培(A)；

l_m——有效磁路长度，单位为米(m)(l_m=0.94 m)。

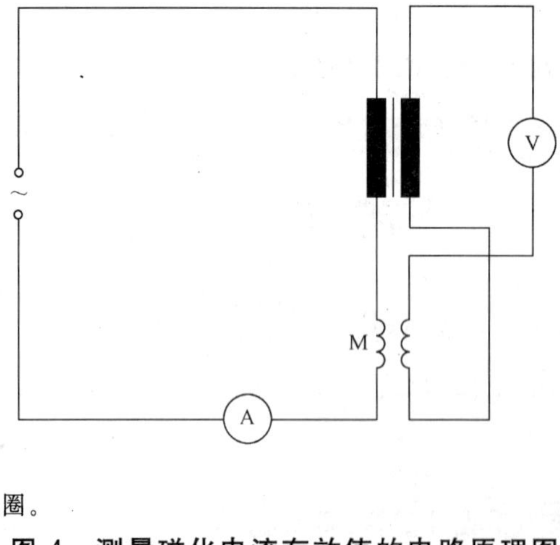

M——空气磁通补偿的互感线圈。

图 4 测量磁化电流有效值的电路原理图

5.2.3 磁场强度的峰值

磁场强度的峰值应由励磁电流的峰值 $\hat{I}_1$ 得出，它是用图 5 所示的峰值电压表，通过测量一个准确

度为0.1%的已知阻值的精密电阻R上的电压降计算得到。对于这个测量,次级电压的波形因数允许超过规定值(见3.5)。

磁场强度的峰值应按式(7)计算:

$$\hat{H}=\frac{N_1}{l_m}\hat{I}_1 \quad \cdots\cdots(7)$$

式中:

$\hat{H}$——磁场强度的峰值,单位为安培每米(A/m);

N_1——初级线圈的匝数;

$\hat{I}_1$——励磁电流的峰值$\left(\hat{I}_1=\frac{\hat{U}}{R}\right)$,单位为安培(A);

l_m——有效磁路长度,单位为米(m)(l_m=0.94 m)。

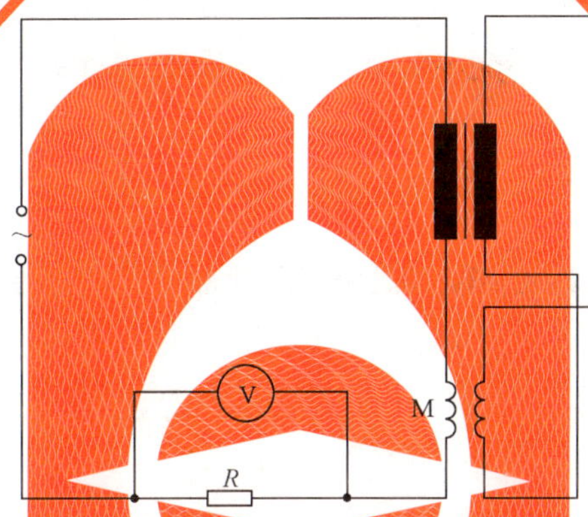

M——空气磁通补偿的互感线圈。

图5　用峰值电压表测量磁场强度峰值的电路原理图

另一种励磁电流$\hat{I}_1$的峰值的测定方法,电路如图6所示,应通过测量准确度为0.5%的互感器M_D次级绕组电压整流后的平均值得出。互感器的初级绕组与爱泼斯坦方圈的初级绕组串联。使用这种方法应确保(如通过观察示波器的波形)该互感器次级绕组的电压波形中,每个周期不应出现两个以上的过零。电压表可以用测量爱泼斯坦方圈次级电压的同一电压表。用这种方法,磁场强度的峰值应按式(7a)计算:

$$\hat{H}=\frac{N_1}{4fM_Dl_m}\cdot\frac{R_V+R_m}{R_V}\overline{U}_m \quad \cdots\cdots(7a)$$

式中:

$\hat{H}$——磁场强度的峰值,单位为安培每米(A/m);

N_1——初级线圈的匝数;

f——频率,单位为赫兹(Hz);

l_m——有效磁路长度,单位为米(m)(l_m=0.94 m);

M_D——图6所示电路中的互感器的互感值,单位为亨利(H);

R_m——次级回路的电阻,单位为欧姆(Ω);

R_V——平均值电压表的内阻,单位为欧姆(Ω);

$\overline{U}_m$——M_D互感器的次级绕组感应电压整流后的平均值,单位为伏特(V)。

5.2.4　比视在功率

对于设定的磁极化强度和频率值,测量相应的励磁电流(见5.2.2)和爱泼斯坦方圈次级电压的有效值。电压有效值的测量应使用符合3.6要求的电压表,在爱泼斯坦方圈的次级绕组的两端测得。

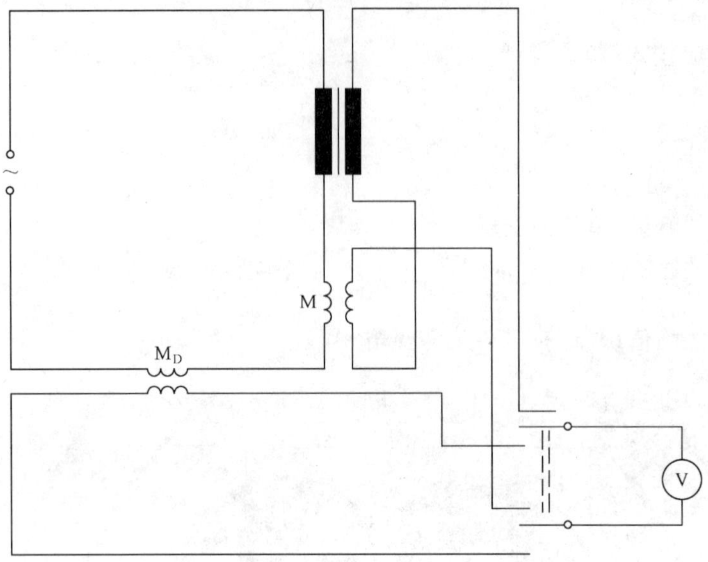

M——空气磁通补偿的互感线圈。

图 6 用互感器 M_D 测量磁场强度峰值的电路原理图

比视在功率由式(8)给出：

$$S_s = \widetilde{I}_1\widetilde{U}_2\frac{N_1}{m_a N_2} = \widetilde{I}_1\widetilde{U}_2\frac{N_1 4l}{ml_m N_2} \qquad \cdots\cdots(8)$$

式中：

S_s——比视在功率，单位为瓦每千克(W/kg)；

N_1——初级线圈的匝数；

N_2——次级线圈的匝数；

$\widetilde{I}_1$——励磁电流的有效值，单位为安培(A)；

$\widetilde{U}_2$——次级线圈电压的有效值，单位为伏特(V)；

l——试样的样片长度，单位为米(m)；

m——试样的总质量，单位为千克(kg)；

l_m——有效磁路长度，单位为米(m)(l_m=0.94 m)；

m_a——试样的有效质量，单位为千克(kg)。

5.3 再现性

使用本章叙述的方法所得到结果的再现性基本上取决于使用的测量仪表的准确度和对测量设备物理细节的关注程度。当所用仪表的准确度为±0.5%或更好时，测量结果的再现性用相对标准偏差表示，约为2%，而比视在功率的再现性用相对标准偏差表示，在2%(对低于磁化曲线膝点的磁极化强度值)到7%(对于接近饱和的磁极化强度值)之间。

6 直流测量的通则

6.1 25 cm 爱泼斯坦方圈法的原理

25 cm 爱泼斯坦方圈由初级线圈、次级线圈和作为铁芯的试样组成，它形成一个空载的变压器，其直流特性按照以下描述的方法进行测量。

6.2 试样

试样与3.2要求一致。

6.3 25 cm 爱泼斯坦方圈

爱泼斯坦方圈的结构要求与3.3一致。

6.4 空气磁通补偿

空气磁通的补偿要求与3.4一致。

6.5 电源

电源应提供能够产生所要求的最大磁场强度的额定电流。其波纹系数应小于1%,并且电流的稳定性应使所产生的相对磁通量的变化不大于0.2%。

6.6 设备准确度

6.6.1 磁通积分器

应使用准确度为±0.3%或更好的磁通积分器。

注:磁通积分器应按照 IEC 60404-4:2000 中附录B的方式计量。

6.6.2 电流表

应使用准确度为±0.2%或更好的电流表。

7 直流磁极化强度的测定

7.1 测量的准备

爱泼斯坦方圈和测量设备应按图7连接。

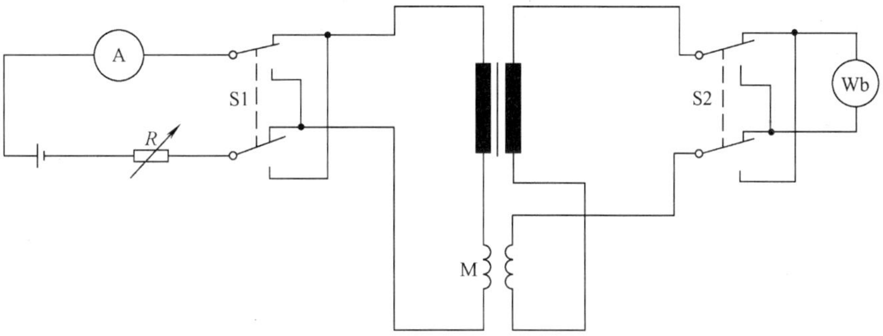

M——空气磁通补偿的互感线圈;

Wb——磁通积分器。

图7 不连续记录法的直流测试电路原理图

试样按照4.1所述内容进行称量并装入爱泼斯坦方圈。

试样应进行退磁,即在不断降低的交流磁场下退磁,或在爱泼斯坦方圈的初级线圈中通一逐渐减小并换向的直流电流进行退磁,换向的频率约为每秒钟两次。退磁电流产生的磁场强度的初始值应比先前测量所用的磁场强度高。

试样的横截面积应按式(3)计算。

7.2 磁极化强度的测定

按图7所示,非连续的磁极化强度值可以在相应的磁场强度下测得,或通过一系列非连续值得到磁化曲线。也可以采用连续测量的方法,如图8所示,将一个校准的四端电阻与爱泼斯坦方圈的磁化线圈串连,电压的接线端与X—Y记录仪的X输入端相接,磁通积分器的输出端与X—Y记录仪的Y输入端相接。也可用绘图仪或计算机接口替代X—Y记录仪。

磁场强度应通过测量爱泼斯坦方圈初级线圈的磁化电流,并用公式(9)计算得到:

$$H = \frac{N_1 I}{l_m} \qquad (9)$$

式中:

H——磁场强度,单位为安培每米(A/m);

N_1——爱泼斯坦方圈初级绕组的匝数;

I——磁化电流,单位为安培(A);

l_m——规定的有效磁路长度,单位为米(m)。

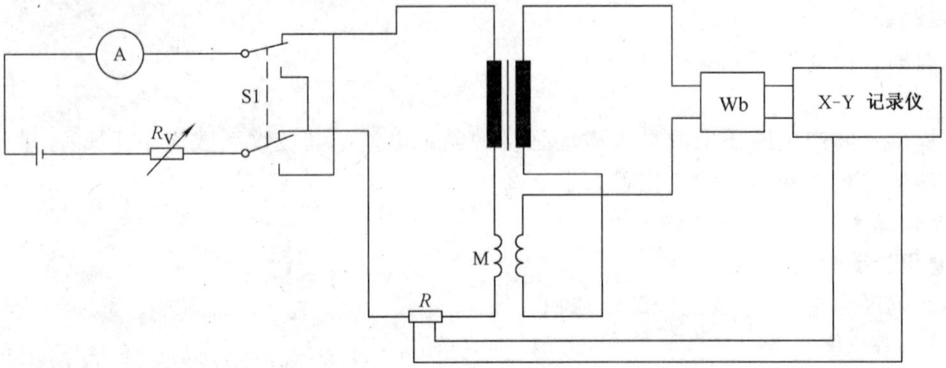

M——空气磁通补偿的互感线圈;

Wb——磁通积分器。

图 8 连续记录法的直流测试电路原理图

为了得到非连续的磁极化强度值,磁通积分器应先归零,再增加初级绕组中的电流值,直至磁场强度值达到设定值。

应记录磁化电流和磁通测量值的变化,磁极化强度值应由磁通测量值的变化和磁通积分器的校正系数用式(10)计算:

$$\Delta J = \frac{K_j \alpha_j}{N_2 A} \qquad \cdots\cdots(10)$$

式中:

ΔJ——测量得到的磁极化强度变化值,单位为特斯拉(T);

A——试样的横截面积,单位为平方米(m^2);

N_2——爱泼斯坦方圈次级绕组的匝数;

K_j——磁通积分器的校正系数,单位为伏特秒(Vs);

α_j——磁通积分器的示值。

7.3 磁滞回线的测定

如果需要,磁滞回线应按 IEC 60404-4:2000 的要求测定,只是绕线环样应由爱泼斯坦方圈及爱泼斯坦试样代替。

7.4 磁极化强度测量的再现性

用本章描述的程序获得的结果的再现性用相对标准偏差表示为 1.0%。

8 测试报告

如需要,测试报告应包含下述内容:

a) 本标准号;

b) 试样的类型和标识;

c) 材料的密度(约定值,或按照 GB/T 19289 的测量值);

d) 样片的长度;

e) 样片数;

f) 试样的质量;

g) 测量过程中的环境温度;

h) 测量频率(如适用);

i) 作为测试条件的磁极化强度峰值(或磁场强度的峰值);

j) 测量结果。

附　录　A

（资料性附录）

次级感应电压正弦波形的数字控制方法

为保证次级感应电压是预定的正弦波形，即波形因数满足 1.111±1%，可采用模拟和数字的反馈技术实现。假设时间函数 $B(t)$ 和 $H(t)$ 构成表示磁滞回线 $B(H)$ 的参数，在此假设条件下，由初级电路电流与时间相关的函数（即 $H(t)$）自动确定 $B(t)$ 函数。运用数字反馈技术时，一台数控的任意波形发生器提供所需的 $H(t)$ 函数。设计一个逐次逼近的叠代方法，在每第 i 步中动态的 $H(t)$ 关系被实际的 $B_i(t)$ 和 $H_i(t)$ 函数更新一次，并被用于计算第 $i+1$ 步的函数 $H_{i+1}(t)$。一旦次级电压达到预定的波形因数值 1.111±1%，叠代就可以被中止。此计算出的 $H(t)$ 函数应转化成一个函数 $V_g(t)$，并馈入到任意波形发生器中。$V_g(t)$ 与 $H(t)=\frac{N_1 I(t)}{l_m}$ 的关系可通过用以下方式解得。设 R_i 表示初级电路总的串联电阻，G 表示功率放大器的增益，忽略寄生电容效应，则：

$$V_g(t)=\frac{1}{G}\left[\frac{R_s H(t) l_m}{N_1}+N_1 A\frac{\mathrm{d}B(t)}{\mathrm{d}t}\right] \cdots\cdots(\text{A.1})$$

式中：

$\frac{\mathrm{d}B(t)}{\mathrm{d}t}=\omega\hat{B}\sin(\omega t)$。

注：如果试样与磁化绕组之间的空气间隙的影响不能忽略，则(A.1)式中应包含附加项 $V_{空气}=\frac{1}{G}\mu_0 N_1(A'-A)\frac{\mathrm{d}H(t)}{\mathrm{d}t}$。

附 录 B
（资料性附录）
波形因数修正

B.1 概述

在比总损耗测量时应保持磁通即次级感应电压的波形为正弦，要求波形因数（次级感应电压有效值与平均值的比）在1.111±1%范围内，这一条件可以采用如附录A所述的模拟和数字的反馈技术实现。在次级感应电压波形偏离正弦的情况下，即波形因数超出1.111±1%的范围，一般在1.111±5%的范围内，最大不超出1.111±10%时，可考虑按波形因数的具体值对比总损耗测量值进行修正。

通常将比总损耗分解为两个分量，即磁滞损耗和涡流损耗，且认为磁滞损耗与波形因数无关，而涡流损耗则与波形因数有关。在波形因数能准确测定和合理偏离正弦的情况下，经验上可以用改变频率的方法确定涡流损耗在比总损耗中占的比例；其中磁滞损耗与频率成正比，涡流损耗与频率的平方成正比；测量时频率的改变量不能太小，但也不应超过常规测量频率的一半或二倍。

有协议时，常规频率50 Hz或60 Hz，对应磁极化强度峰值的比总损耗测量值，可以使用下面的方式进行修正。

B.2 比总损耗的修正

用式(B.1)可以得到精确的已修正过的比总损耗值：

$$P'_s=\frac{P_s}{h+e\left(\frac{K}{1.111}\right)^2} \qquad \text{(B.1)}$$

式中：

K——波形因数，为次级感应电压的有效值和平均值的比值；

P_s——按公式(5)求得的试样的比总损耗，单位为瓦特每千克(W/kg)；

P'_s——波形失真时比总损耗的修正值，单位为瓦特每千克(W/kg)；

e——涡流损耗在比总损耗中占的比例；

h——磁滞损耗在比总损耗中占的比例，其值等于$(1-e)$。

B.3 涡流损耗的典型比例系数

表B.1 电工钢涡流损耗的典型比例系数 e

材料	试样组成	厚度/mm						
		0.18	0.23	0.27	0.30	0.35	0.50	0.65
无取向	纵横向各半	—	—	—	—	0.20	0.30	0.40
	全纵向	—	—	—	—	0.25	0.35	0.45
取向	全纵向	0.35	0.45	0.50	0.50	0.65	—	—

附　录　C
（资料性附录）
剪切试样引入的内应力对爱泼斯坦方圈法测量结果的影响

C.1　概述

剪切制备试样过程在试样中所引入的内应力对爱泼斯坦方圈法的测量结果会产生显著影响。

国际电工委员会磁测方法相关技术委员会曾组织过世界不同电工钢生产家和磁测机构按照IEC 60404-3:1982进行单片法的比对试验。相关磁性能的测量结果表明各方数据的分散性较大，其中可能的原因是由于各个实验室剪切试样的设备不同造成的。由于各实验室按照各自内部的爱泼斯坦方圈法和单片法的比对实验结果确定其单片磁导计的有效磁路长度，此时有效磁路长度包含了各自剪切爱泼斯坦方圈样片引入的内应力的影响，而不同实验室剪切爱泼斯坦试样引入的内应力水平不同，这可能是按照IEC 60404-3:1982用单片法测量磁性能时实验的再现性差的原因。

C.2　无取向电工钢的实例

在同一块无取向电工钢板(50W600)的相邻部位切取4块320 mm×320 mm的大单片试样(按顺序记为1#至4#)，以GB/T 13789的单片法分别测量组合成两组的单片试样，使两组试样的磁性指标尽可能接近。测量后选择1#和4#为一组，2#和3#为另一组。单片样测量结果见表C.1。

表C.1　单片样比总损耗和磁极化强度的单片法测量值

试　　样	$P_{10/50}$/(W/kg)	$P_{15/50}$/(W/kg)	$J_{25/50}$/T	$J_{50/50}$/T
2#和3#	1.880	4.254	1.604	1.677
1#和4#	1.881	4.258	1.604	1.677
两组试样间相对偏差/%	−0.08	−0.10	−0.01	0.01

用两台不同的剪切机将上述单片样制成爱泼斯坦条样，其中1#和4#单片样用一台剪切机剪成一副爱泼斯坦试样，2#和3#试样用另一台剪切机剪成一副爱泼斯坦试样，两副爱泼斯坦试样由同一实验室同一人用同一台设备按本标准进行测量，测量结果见表C.2。

表C.2　爱泼斯坦样比总损耗和磁极化强度的爱泼斯坦法测量值

试　　样	$P_{10/50}$/(W/kg)	$P_{15/50}$/(W/kg)	$J_{25/50}$/T	$J_{50/50}$/T	备注
1#和4#	2.054	4.562	1.602	1.688	普通钢板剪切机
2#和3#	1.801	4.114	1.614	1.696	电工钢专用剪切机
两组试样间相对偏差/%	14.0	10.9	−0.78	−0.47	—

C.3　说明

考虑到大单片样边部由于剪切引入的内应力的区域面积占试样总面积的比例较小，此时由剪切引入的内应力的影响可以忽略，所以单片法测量的结果之间一致性较好；而对于爱泼斯坦方圈法，虽然试样材料的磁性能一致，并且由同一个人采用同一台设备进行测量，但是因为爱泼斯坦试样剪样设备的不同而引入的内应力水平不同(普通钢板剪切机状态较差)，两种剪样状态对应的比总损耗测量值的相对偏差非常显著，对应的磁极化强度测量值的相对偏差也比较明显，超出了产品性能表征可接受的范围。

由于试样制备过程的加工在试样上所引入的内应力对爱泼斯坦试样的测量结果会产生显著影响，应注意对剪切设备和相关试样状态的控制，所引入的内应力水平越低，其测量的磁性能指标越接近电工钢板的真实值。

ICS 77.040.99
H 21

GB

中华人民共和国国家标准

GB/T 3656—2008
代替 GB/T 3656—1983

软磁材料矫顽力的抛移测量方法

Method of coercivity measurement for magnetically soft materials by pull out procedure

2008-10-10 发布 2009-05-01 实施

中华人民共和国国家质量监督检验检疫总局
中国国家标准化管理委员会 发布

前　言

本标准代替 GB/T 3656—1983《电工用纯铁磁性能测量方法》。

本标准此次修订对 GB/T 3656—1983 的下列主要内容作了修改：

——变更标准名称；

——重新编排结构；

——增加试样尺寸的选择原则；

——增加抛移方式的描述；

——删除“在 25 cm 双轭磁导计或环形试样中用冲击法测量直流磁感应强度”的相关内容；

——删除“用环形试样测量磁导率以及磁滞特性”的相关内容；

——删除附录 A。

本标准由中国钢铁工业协会提出。

本标准由全国钢标准化技术委员会归口。

本标准起草单位：宝山钢铁股份有限公司、冶金工业信息标准研究院。

本标准主要起草人：胡志远、周星、李和平、冯超、任翠英。

本标准所代替标准的历次版本发布情况为：

——GB/T 3656—1983。

软磁材料矫顽力的抛移测量方法

1 范围

本标准规定了软磁材料矫顽力的术语和定义、试样制备、试验设备、试验程序、结果表示和测试报告。

本标准适用于环境温度在 23 ℃±5 ℃下,软磁材料的长形试样在螺线管中稳定饱和磁化状态时,用抛移法测量矫顽力 H_C。

2 规范性引用文件

下列文件中的条款通过本标准的引用而成为本标准的条款。凡是注日期的引用文件,其随后所有的修改单(不包括勘误的内容)或修订版均不适用于本标准,然而,鼓励根据本标准达成协议的各方研究是否可使用这些文件的最新版本。凡是不注日期的引用文件,其最新版本适用于本标准。

GB/T 3102.5—1993 电学和磁学的量和单位(eqv ISO 31-5:1992,Quantities and units—Part 5:Electricity and magnetism)

3 术语和定义

矫顽力 coercivity

从试样的稳定饱和磁化状态,沿饱和磁滞回线单调地改变磁场,使磁极化强度沿饱和磁滞回线减小到零时的磁场强度称为矫顽力,用 H_C 表示,单位为安培每米(A/m)。

注:按上述定义,矫顽力是对应于磁极化强度为零的情况,也称为内禀矫顽力。本标准所用的"磁极化强度"按照 GB/T 3102.5—1993 中的定义。

4 试样制备

试样应为长条形,长宽(或直径)比不小于 10。薄板试样推荐尺寸为:长(200±0.3)mm,宽(20±0.2)mm,厚 1 mm～4 mm。棒形试样推荐尺寸为:试样长 200 mm±0.2 mm,直径 10 mm±0.2 mm。

试样应平直,截面积均匀,不得有明显的孔洞、毛刺和锈蚀等缺陷。

5 试验设备

5.1 螺线管

产生最大磁化场不小于 2.5×10^4 A/m,在中心±150 mm 范围内磁场不均匀度不大于 0.4%,校准磁场常数误差不大于 0.2%。

注:为提高测试精度,也可在上述螺线管内,同轴紧密绕制一螺线管,以产生一较小的同向叠加磁化场,并与上述螺线管联用实现退磁场的精密控制。

5.2 直流电源

应根据所需最大磁化场选择,可用内阻很低的蓄电池,或具有稳定性优于 0.1%/10 min 的直流稳压电源,并能在冲击状态下工作,负载时输出的纹波电压不大于 10 mV。

5.3 电流调节器

一般可用滑线电阻,要求能连续调节电流,使磁化场在测量范围内平稳地改变。

5.4 电流表

0.5 级或者更好的直流电流(安培)表和 0.2 级或者更好的直流电流(毫安)表。

5.5 测量线圈

匝数不小于1 000,应均匀绕在非磁性绝缘骨架上,线圈骨架内径与试样表面距离不大于10 mm,线圈长度不大于试样长度的5%。

5.6 冲击检流计

电量常数小于10^{-8} C/(mm·m),固有周期不小于20 s。也可用积分精度优于0.3%和每分钟零位漂移小于满量程0.2%的磁通积分器或其他电子式积分装置。

5.7 试验装置

试验装置应保证试样的轴线和几何中心与螺线管的轴线和几何中心重合,对应的轴线交角小于2°。试样、螺线管和测量线圈的几何中心相互偏离不大于5 mm。可采用抛移测量线圈或抛移试样两种方式。无论哪种方式,应保证操作时,测量线圈与试样沿其两者和螺线管的轴线迅速平稳地相对抛移到预定的终点位置,并保证在抛移过程中测量线圈和试样之间不发生触碰。试验装置应保证在上述测量过程中,试样始终处于均匀磁场中。

5.8 测量电路

测量电路原理图如图1所示。

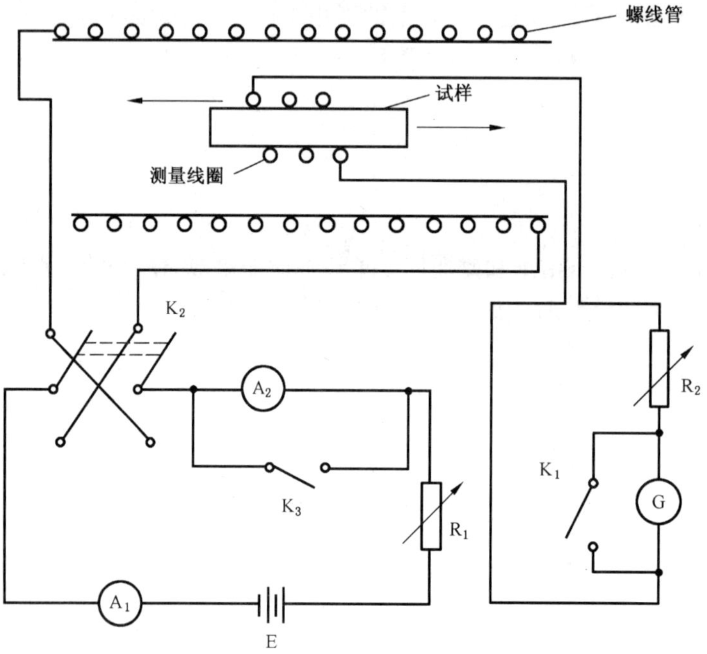

E——直流电源;

A_1——电流(安培)表;

A_2——电流(毫安)表;

K_1——检流计阻尼开关;

K_2——电流换向开关;

K_3——电流(毫安)表分流开关;

R_1——电流调节器;

R_2——检流计串联电阻;

G——冲击检流计;

箭头——试样或测量线圈抛移方向。

图1 测量电路原理

为避免地磁场及周围外杂散磁场的影响,螺线管轴线应垂直于地磁场方向,且周围距离1 m范围内没有铁磁物质。

6 试验程序

测量时先合上开关 K_1，K_2，K_3 接通电源，调节 R_1，使试样磁化至饱和。通常饱和磁化场取 2×10^4 A/m，并在饱和磁场下对试样进行稳磁（一般需 5 次～10 次即可），然后将电流从最大值缓慢、平稳地降至最小值（其持续时间不小于 30 s），断开电流时的磁场不大于 8 A/m。打开 K_3，K_2 换向，调节 R_1 平稳地增加电流，使试样退磁，随后打开 K_1，抛移操作使测量线圈与试样从两者中心重合位置迅速抛移至测量线圈处于试样端头外 35 mm±5 mm 位置，观察检流计偏转，取检流计无偏转时的电流值为 I_C，并用式（1）计算矫顽力 H_C：

$$H_C = KI_C \qquad \cdots\cdots(1)$$

式中：

K——螺线管常数，单位为每米（m^{-1}）；

I_C——检流计偏转为零时的电流，单位为安培（A）。

实际测试中，允许使用内插法求取 H_C 值。即在充分靠近 H_C 处取两个电流值，满足 $I_1<I_C<I_2$，其中 I_1 和 I_2 对应的偏转示值为 a_1 和 a_2（a_1 和 a_2 偏转示值在测量电路的最大灵敏度下不大于 10 mm），用式（2）计算：

$$H_C = K\left[I_1 + (I_2 - I_1)\frac{a_1}{a_1 + a_2}\right] \qquad \cdots\cdots(2)$$

式中：

I_1 和 I_2——磁化电流，单位为安培（A）；

a_1 和 a_2——检流计的偏转示值，单位为毫米（mm）。

为消除地磁场以及外杂散磁场的影响，用正反两个磁化方向测得的矫顽力值作为试样的平均矫顽力。

注：测量过程中，试样不得受到震动和撞击，除稳定饱和时的电流换向外，只允许单方向连续地改变电流，否则应重新测试。抛移操作的全部时间不大于检流计固有周期的二十分之一。测量过程中磁极化强度为零时的矫顽力值附近的检流计反冲格数可以不计。

7 结果表示

测量结果的有效数位应根据测量不确定度的评估结果确定。若测量符合本标准规定，矫顽力 H_C 的测量结果再现性以相对标准偏差表示为 3%。

8 测试报告

按需要，测试报告应包含下述内容：

a） 本标准号；

b） 试样的类型和标识；

c） 试样的几何尺寸；

d） 试样的取向（如适用）；

e） 测量条件参数；

f） 测量结果。

ICS 77.040.99
H 21

中华人民共和国国家标准

GB/T 3658—2008
代替 GB/T 3658—1990、GB/T 5026—1985

软磁材料交流磁性能环形试样的测量方法

Methods of measurement of a. c. magnetic properties of magnetically soft materials

(IEC 60404-6:2003, Methods of measurement of the magnetic properties of magnetically soft metallic and powder materials at 20 Hz to 200 kHz by the use of ring specimens, MOD)

2008-10-10 发布　　2009-05-01 实施

中华人民共和国国家质量监督检验检疫总局
中国国家标准化管理委员会　发布

前　言

本标准修改采用 IEC 60404-6:2003《磁性材料——第 6 部分:软磁金属材料和粉末冶金材料 20 Hz 至 200 kHz 频率范围磁性能的环形试样测量方法》(英文版)。

为了方便比较,在附录 A 中列出了本标准章条编号和 IEC 60404-6:2003 章条编号的对照一览表。

考虑到我国国情,本标准在采用 IEC 60404-6:2003 时进行了修改。这些技术性差异用垂直单线标识在它们所涉及的条款的页边空白处。在附录 B 中给出了技术性差异及其原因的一览表以供参考。

对于 IEC 60404-6:2003,本标准做了下列编辑性修改:

——"本部分"(指 IEC 60404 第 2 部分)一词改为"本标准";

——用小数点"."代替作为小数点的逗号",";

——删除国际标准的前言;

——规范性引用文件按对应的国家标准作了变更;

——重新编排图片的位置。

本标准代替 GB/T 3658—1990《软磁合金交流磁性能测量方法》和 GB/T 5026—1985《软磁合金振幅磁导率测量方法》。

本标准与 GB/T 3658—1990 和 GB/T 5026—1985 相比,主要内容变化如下:

——按国际标准重新编排结构;

——扩展原标准的测试频率范围;

——试样尺寸由原标准的固定尺寸改为对外径和内径比的要求;

——增加功率表测定比总损耗的方法;

——增加用数字方法测量磁性的内容;

——增加附录 A、附录 B、附录 C、附录 D 和附录 E。

本标准的附录 A、附录 B、附录 C、附录 D 和附录 E 均为资料性附录。

本标准由中国钢铁工业协会提出。

本标准由全国钢标准化技术委员会归口。

本标准起草单位:宝山钢铁股份有限公司、东北特钢集团大连精密合金有限公司、冶金工业信息标准研究院。

本标准主要起草人:周星、胡志远、李和平、冯超、任翠英、史永辉、么莹。

本标准代替历次版本的发布情况:

——GB/T 3658—1983、GB/T 3658—1990;

——GB/T 5026—1985。

软磁材料交流磁性能环形试样的测量方法

1 范围

本标准规定了除电工钢和软磁铁氧体以外的材料在20Hz至20kHz频率范围的交流磁性能的测试方法。本标准涉及的材料包括:在IEC 60404-8-6中列出的特殊合金;IEC 60404-8-9中列出的压制、烧结、金属注射成型元件;铸件以及软磁复合材料。

本标准的目的是明确用环形试样测试软磁材料磁性能的通则和技术细节。对于粉末状材料,要通过适当挤压的方法制成环形试样。

对软磁材料的直流磁性能应按照IEC 60404-4的环形试样测量方法进行。软磁元件的磁特性测定应按照IEC 62044-3:2000进行。

检测一般应在(23±5)℃的环境温度下进行,测试前环形试样应先退磁。经供需双方协商,检测也可在其他温度范围内进行。

2 规范性引用文件

下列文件中的条款通过本标准的引用而成为本标准的条款。凡是注日期的引用文件,其随后所有的修改单(不包括勘误的内容)或修订版均不适用于本标准,然而,鼓励根据本标准达成协议的各方研究是否可使用这些文件的最新版本。凡是不注日期的引用文件,其最新版本适用于本标准。

GB/T 3655 用爱泼斯坦方圈测量电工钢片(带)磁性能的方法(GB/T 3655—2008,IEC 60404-2:1996,Methods of measurement of the magnetic properties of electrical steel sheet and strip by means of an Epstein frame,IDT)

IEC 60404-4 软磁材料 第4部分:软磁材料直流磁性能的测量方法

IEC 60404-8-6 磁性材料 第8-6部分:单项材料的技术条件 软磁金属材料

IEC 60404-8-9 磁性材料 第8-9部分:单项材料的技术条件 烧结软磁材料

IEC 62044-3:2000 软磁材料制磁芯 测量方法 第3部分:高磁化场下的磁性能

3 通则

测量是在绕有一个或两个绕组的环形试样的闭合磁路下进行。

3.1 试样

试样应采用以下不同方式制成横截面为矩形的环形试样:

a) 薄带或线材绕成时钟弹簧形的铁芯;

b) 冲压、激光切割或光化学蚀刻成环样的叠片;

c) 粉末压制并烧结,金属注射成型或铸造。

对于粉末材料,如果通过金属注射成型或压制(及可能的加热)制作环形试样,应按照材料生产方的建议进行,以达到粉末材料的最佳磁性能。

对于所有类型的试样,在热处理之前,应去除毛刺和锐边。对于软磁合金,应将环形试样装在可拆分成两部分的环形盒子内;对于无绝缘层的试样,在叠装试样时应采用适当的绝缘措施。对于高磁导率材料,最好将环形试样装在可拆分成两部分的环形盒子内。盒子尺寸应与试样精密配合,避免在材料中产生应力。

试样尺寸的外径与内径的之比应不大于1.4,最好小于1.25。

对于厚度小于0.15 mm的带材,应沿轧制方向取宽度为10 mm的条,经涂绝缘层后卷绕成环样。

对于固体和粉末压制材料,试样的尺寸,即环形试样的外径、内径以及高度,应采用合适的并经过校准的量具测量,量具的准确度应为±0.02 mm或更好。相关尺寸应在试样的不同位置测量,并计算出平均值。试样的横截面积应按式(1)计算:

$$A=\frac{(D-d)}{2}h \qquad (1)$$

式中:

A——试样的横截面积,单位为平方米(m^2);

D——试样的外径,单位为米(m);

d——试样的内径,单位为米(m);

h——试样的高度,单位为米(m)。

注:对于锻材等特殊试样,横截面积可用公式(2)确定。

对叠片或绕制铁芯环样,试样的横截面积应由质量、密度和环样内外径的值计算。质量应采用合适的并经过校准的仪器称量,称量准确度应为±0.1%或更好。密度应为由生产方提供的材料约定密度。横截面积应按式(2)计算:

$$A=\frac{2m}{\pi\rho(D+d)} \qquad (2)$$

式中:

m——试样的质量,单位为千克(kg);

ρ——材料的密度,单位为千克每立方米(kg/m^3)。

对于磁场强度计算所需的试样平均磁路长度按式(3)确定:

$$l_m=\pi\frac{(D+d)}{2} \qquad (3)$$

式中:

l_m——试样的平均磁路长度,单位为米(m)。

3.2 绕组

绕组数量和匝数取决于所使用的测量设备和方法。对于比总损耗的测量,通常要求有一个初级绕组和一个次级绕组。此时,次级绕组应尽可能紧密地绕在试样上以减小绕组下空气间隙的影响。所有绕组应均匀地绕在试样的整个周长上。

对于频率高于工频的测量,应注意避免电容和其他效应相关的影响。参见附录C的论述。

应注意确保在绕线过程中不要损坏电线的绝缘,避免绕线与试样短路。应采用合适的交流绝缘电阻测量仪进行电气检查,确保绕组与试样之间没有直接连接。

4 温度测量

当对试样的表面温度有要求时,应在试样上粘附一个经过校准的非磁性热电偶(如T型热电偶)进行测量。如果试样是封装好的,应在封套上制一个孔,注意不要损伤试样,并使热电偶与磁芯材料牢固接触。如果这点不可能做到,则应将热电偶粘附在封套上并在测试报告中说明。热电偶应与合适的经过校准的数字电压表连接,以测量其输出电压,通过热电偶对照表得出相应的温度。

如果磁化后发现试样的温度随时间变化,磁性能的测量应在达到供需双方协定的温度或时间后进行。如果要在高温下测量,应将试样置入烤箱,并在要求的温度下进行。

注:一个次要并较小的与时间相关的磁驰豫效应也可能影响磁性能。对于本标准涉及的材料类型,该效应通常被温度变化所掩盖。但是,如果该磁驰豫效应变得明显,允许试样在给定的磁通密度或磁场强度下停留一段预定的时间后进行最终的测量。

5 伏-安法测定磁导率和磁化曲线

5.1 概述

环样测量方法通常在 20 Hz 至 20 kHz 的频率范围使用，更高的使用频率将受限于所用仪器的性能。

注 1：如果有合适的经过校准的仪器，频率上限可延伸到 1 MHz。

注 2：直流测量应按照 IEC 60404-4 描述的环样方法进行。

注 3：在高磁化状态和频率接近直流至 10 MHz 甚至更高范围，对取自产品的磁芯进行损耗和有效磁导率的测量方法由 IEC 62044-3:2000 的 6.2 和 6.3 给出。

5.2 设备和连接

5.2.1 设备连接

环样应绕上一初级绕组 N_1，和一次级绕组 N_2（见 3.2 并参见附录 C）。

设备应按图 1 的电路进行连接。

在测量过程中，交流电源的输出端电压和频率的各自偏差不应超过设定值的±0.2%，频率计准确度为±0.1%或更好。交流电源应与一个在测量频率范围内准确度为±0.2%或更好的无感精密电阻器及环样的初级绕组 N_1 串联，电阻器两端连接一只高输入阻抗（通常大于 1 MΩ）准确度为±1.0%或更好的有效值或峰值电压表，以测量磁化电流。

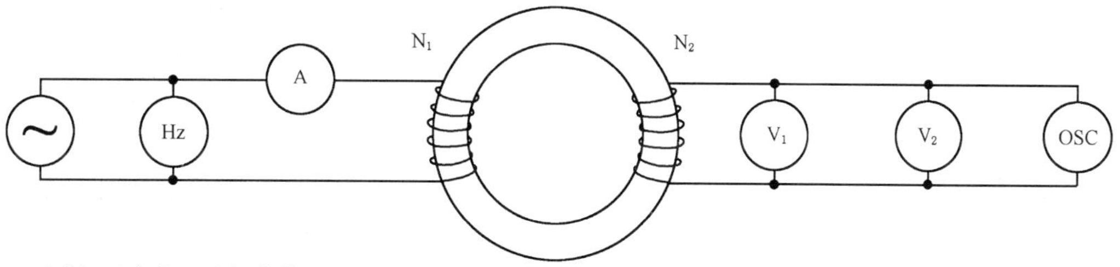

～——电源（通常是一个振荡信号发生器和功率放大器）；

A——测量磁化电流的有效值或峰值电流表，或和一个精密电阻器配接的有效值或峰值电压表；

Hz——频率计；

N_1——初级绕组；

N_2 次级绕组；

OSC——示波器；

V_1— 平均值电压表；

V_2——有效值电压表。

图 1 环样方法的电路示意图

次级电路包括两个与次级绕组 N_2 并联的电压表。其中一个电压表（V_2）测量有效值；另一个电压表（V_1）测量整流后的平均值，但有时以有效值换算得到，应使用高输入阻抗（通常大于 1 MΩ）准确度为±1.0%或更好的电压表。

注：次级电压的波形应使用示波器确认，保证只含有基波成分。

5.2.2 次级电压或磁化电流的波形

为了获得可比较的测量值，测量前应明确是保持次级电压还是保持磁化电流为正弦波，即波形系数为 1.111±1%。对后一种情况，需要在磁化电路中串联一个无感电阻器。

注 1：无感电阻器的时间常数要低，以确保波形在规定的范围内。

注 2：无感电阻器可以是用于测量磁化电流的同一电阻器。

注 3：正弦波形的控制可以通过数字方式实现（参见附录 D）。

在频率为 20 Hz 至 20 kHz 的范围内，次级电压的波形系数可通过与次级绕组连接的两个具有高阻抗的电压表来测定。其中一个电压表测量电压的有效值，另一个测量次级电压整流后的平均值。然后波形系数由有效值与平均值的比率确定。

注：为获得最佳的功率传输，可能需要优化初级绕组的匝数使其与电源的输出阻抗相匹配。由式(4)确定：

$$Z = j\omega L \tag{4}$$

式中：

Z——电源的输出阻抗，单位为欧姆(Ω)；

ω——电源的输出角频率，单位为弧度每秒(s^{-1})；

L——环形试样的初级绕组的有效电感，单位为亨利(H)，由式(5)计算得出：

$$L = \frac{N_1^2 A \mu_0 \mu_r}{l_m} \tag{5}$$

式中：

N_1——初级绕组的匝数；

A——试样的横截面积，单位为平方米(m^2)；

μ_0——磁性常数 $4\pi\times10^{-7}$，亨利每米(H/m)；

μ_r——试样的相对磁导率；

l_m——试样的平均磁路长度，单位为米(m)。

如果相对磁导率未知，可按照5.3和5.4对磁场强度和磁通密度进行初步测定，再按照5.5计算相对磁导率。

5.3 磁场强度的测定

测量所需的磁场强度由式(6)计算：

$$H = \frac{N_1 I}{l_m} \tag{6}$$

式中：

H——磁场强度，单位为安培每米(A/m)；

N_1——试样上初级绕组的匝数；

I——磁化电流，单位为安培(A)；

l_m——试样平均磁路长度，单位为米(m)。

通常，磁场强度的幅值由测量出的有效磁化电流再乘以$\sqrt{2}$求出。对于正弦磁化电流，求出的是峰值磁场强度的修正值。对于正弦磁通密度，求出的是等效的峰值磁场强度，比给定的磁化电流的数值小。测定峰值磁场强度的另一种方法是使用峰值电流表或峰值电压表和精密电阻器。

测量前，应对试样进行退磁，从一个不小于矫顽力10倍的磁场强度值开始，缓慢减小磁化电流的相应幅值至零。退磁电流的频率应不大于将使用的测量频率。

5.4 磁通密度的测定

次级电压应采用平均值电压表 V_1 测量，磁通密度由式(7)计算：

$$|\overline{U_2}| = 4fA\hat{B}N_2 \tag{7}$$

式中：

$|\overline{U_2}|$——次级电压整流后的平均值，单位为伏(V)；

f——频率，单位为赫兹(Hz)；

A——试样的横截面积，单位为平方米(m^2)；

$\hat{B}$——磁通密度的峰值，单位为特斯拉(T)；

N_2——次级绕组的匝数。

由于试样和次级绕组之间有空气间隙，可能需要对磁通密度进行修正，其大小取决于磁场强度的高低和试样与次级绕组横截面积的比值。磁通密度峰值的修正值 $\hat{B}$ 由式(8)得出：

$$\hat{B} = \hat{B}' - \mu_0 \hat{H}\,\frac{(A' - A)}{A} \tag{8}$$

式中：

$\hat{B}'$——磁通密度峰值的测量值，单位为特斯拉(T)；

μ_0——磁性常数 $4\pi\times10^{-7}$，单位为亨利每米(H/m)；

$\hat{H}$——磁场强度的峰值，单位为安培每米(A/m)；

A'——次级绕组的横截面积，单位为平方米(m^2)；

A——试样的横截面积，单位为平方米(m^2)。

5.5 有效幅值磁导率和相对幅值磁导率的测定

对于磁场强度和磁通密度的相应值，有效幅值磁导率应由式(9)计算：

$$\mu_{a,rms}=\frac{\hat{B}}{\mu_0\sqrt{2}\widetilde{H}} \quad \cdots\cdots(9)$$

而相对幅值磁导率则由式(10)计算：

$$\mu_a=\frac{\hat{B}}{\mu_0\hat{H}} \quad \cdots\cdots(10)$$

式中：

$\mu_{a,rms}$——有效幅值磁导率(用于正弦磁通密度)；

μ_a——相对幅值磁导率(用于正弦磁场强度)；

μ_0——磁性常数 $4\pi\times10^{-7}$，单位为亨利每米(H/m)；

$\hat{B}$——磁通密度的峰值，单位为特斯拉(T)；

$\widetilde{H}$——磁场强度的有效值，单位为安培每米(A/m)；

$\hat{H}$——磁场强度的峰值，单位为安培每米(A/m)。

5.6 磁化曲线的测定

如5.3所述，应对试样进行退磁，然后逐步增大磁化电流，即可获得磁场强度和磁通密度的相应值，并绘制出磁化曲线。

6 用功率表测定比总损耗

6.1 测量原理

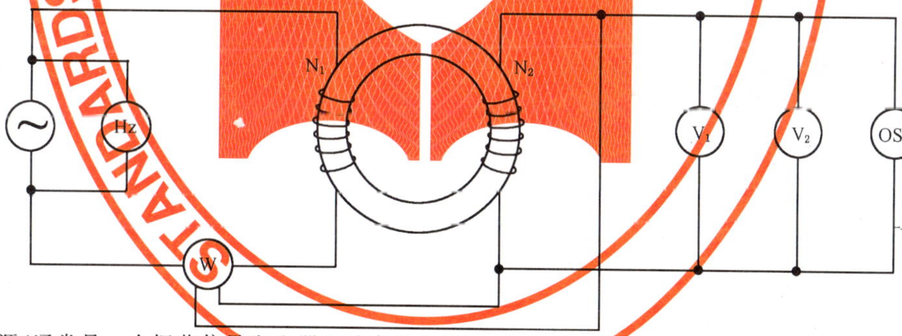

～——电源(通常是一个振荡信号发生器和功率放大器)；

Hz——频率计；

N_1——初级绕组；

N_2——次级绕组；

OSC——示波器；

W——功率表；

V_1——平均值电压表；

V_2——有效值电压表。

图2 功率表方法的电路示意图

测量原理与GB/T 3655描述的内容相似，此处仅用环样代替爱泼斯坦方圈，并要求使用的仪器能在需要的频率下进行测量。比总损耗的测量应在正弦磁通密度的条件下进行。对一些试样，可能需要通过模拟或数字技术的方法控制磁化电流的波形(参见附录D)，以确保维持正弦的磁通密度。装置与试样绕组应按图 2 的电路进行连接。

注：在高磁化状态和频率接近直流至 10 MHz 甚至更高范围，进行比总损耗和幅值磁导率的测量方法由 IEC 62044-3:2000 的 6.2 和 6.3 给出。

6.1.1 平均值电压表 V_1

次级电压整流后的平均值应使用经校准的平均值电压表测量。次级回路中的负载应尽可能小(参见附录 C)。因而要求使用具有高输入阻抗的(通常大于 1 MΩ)准确度为±1.0%或更好的电压表。

注：此类仪表通常以整流的平均值乘以 1.111 来分度。

6.1.2 有效值电压表 V_2

应使用具有高输入阻抗的(通常大于 1 MΩ)准确度为±1.0%或更好的有效值电压表测量。次级回路中的负载也应尽可能小，最好也使用一个电子式电压表(参见附录 C)。

6.1.3 功率表 W

应使用准确度为±0.5%或更好的功率表。其电压回路的直流电阻为 50 Ω/V 以上，并至少应为其电抗的 5 000 倍(参见附录 C)。

6.1.4 比总损耗的测量

试样应按照 5.3 进行退磁。然后增大初级绕组 N_1 的电流，直到电压表 V_1(显示整流后的平均电压)的电压值与由公式(7)计算得出的磁通密度相对应。

记录两个电压表 V_1 和 V_2 的测量值，按照 5.2.1 计算并确认次级波形的波形系数，然后记录功率表的测量值。

6.1.5 比总损耗的确定

功率表测得的功率 P_m 包含了次级回路中仪表消耗的功率，由于次级电压基本上是正弦的，其一次近似值等于$(1.111|\overline{U_2}|)^2/R_i$。

所以试样的总损耗 P_c 应按式(11)计算：

$$P_c = \frac{N_1}{N_2}P_m - \frac{(1.111|\overline{U_2}|)^2}{R_i} \qquad \cdots\cdots(11)$$

式中：

P_c——计算得到的试样总损耗，单位为瓦特(W)；

P_m——功率表测得的功率，单位为瓦特(W)；

N_1——初级绕组的匝数；

N_2——次级绕组的匝数；

$|\overline{U_2}|$——次级电压整流后的平均值，单位为伏(V)；

R_i——与次级绕组连接的仪表总的等效电阻，单位为欧姆(Ω)。

比总损耗 P_s 由 P_c 除试样的质量得出，即：

$$P_s = \frac{P_c}{m} \qquad \cdots\cdots(12)$$

式中：

P_s——试样的比总损耗，单位为瓦特每千克(W/kg)；

m——试样的质量，单位为千克(kg)。

7 用数字阻抗电桥测量磁性能

7.1 测量原理

数字阻抗电桥(又称为阻抗分析仪和 LCR 表)可用于测量磁性部件的电感和其他技术特性。在一定的限制条件下，这类仪表可用于测定交流感应的磁导率和比总损耗等磁性能。这一方法假定环形试样在电学上等同于一个电感和电阻的并联组合。交流感应的磁导率由电感计算得出，而比总损耗则由电阻计算得出。

注 1：LCR 表通常只用于参考测定，不作为仲裁方法。

注 2：在磁通密度随时间呈正弦变化且平均值为零的条件下，磁性试样由与一个电阻分量和一个电感分量并联表示，此时交流感应的磁导率是由测得的电路阻抗的感应分量确定的磁导率。

按照此方法进行的测试应限于磁化曲线初始段的线性区域，此时磁通密度和磁场强度服从正弦条件。试样应按照 3.1 进行制备。应采用匝数足够的单个绕组(N_1)并保持正弦的磁通密度。

7.2 测量装置

测量装置及所包括的部件如图 3 所示。

7.2.1 数字阻抗电桥

应采用经校准的四线开尔文式结构的数字阻抗电桥，也可采用修正的海氏电桥测量比总损耗(参见附录 E)。为测量并联电感(L_p)和并联电阻(R_p)，在测量频率范围内电桥测量电容的准确度为±1.0%或更好，测量电阻的准确度±0.1%或更好。信号源输出阻抗应足够低，以确保在测试的磁芯中获得正弦的磁通密度。电桥应具有消零功能，可补偿仪器和试样间导线的阻抗。

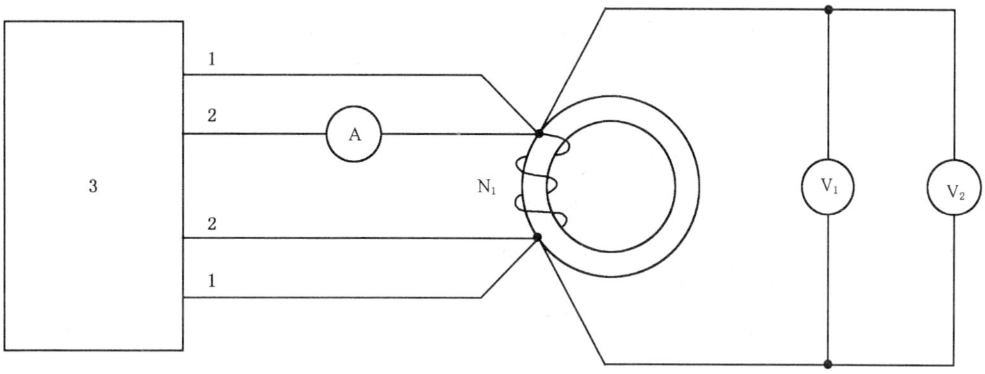

1——电压连接线；

2——电流连接线；

3——LCR 表。

N_1——绕组；

A——用于测量磁化电流的有效值电流表或一有效值电压表与一精密电阻器的组合；

V_1——平均值电压表；

V_2——有效值电压表。

图 3 数字阻抗电桥方法的电路示意图

7.2.2 有效值电流表

应采用准确度为±1.0%或更好的有效值电流表测量磁化电流。磁化电流也可以用准确度为±1.0%或更好的有效值电压表，测量一只与初级绕组串联在测量频率范围内准确度为±0.2%或更好的无感精密电阻两端的电压来测定。如果数字阻抗计有内置电流表，或者信号源的设置准确度已用其他方式确认，则不再需要另接一只电流表。

7.2.3 平均值电压表

次级电压整流后的平均值应使用具有高输入阻抗的(通常大于 1 MΩ)准确度为±1.0%或更好的平均值电压表测量。

注：此类仪表通常以整流的平均值乘以 1.111 来分度。

7.2.4 有效值电压表

应采用具有高输入阻抗的(通常大于 1 MΩ)准确度为±1.0%或更好的有效值电压表。

7.3 步骤

测量前，应按照测量装置的功能调零以补偿测试导线的阻抗。在高频下测试时，最理想的情况是消除绕组引起的阻抗。这一点可通过把测量装置和一个与试样有相同尺寸及绕组匝数的无磁性磁芯连接来实现。

连接试样与测量装置，再使用测量装置的信号源或一个外部信号源对试样退磁。测试应在增加磁化电流（磁场强度）值或增加磁通密度值的情况下进行。磁场强度和磁化电流之间的关系由公式(7)给出，而磁通密度和绕组中的感应电压之间的关系由公式(8)给出。绕组感应电压的波形系数用电压表 V_1 和 V_2 测得的电压来确定。测得的电感和电阻应采用手工或电子方式记录。

使用数控仪器并不总能精确地获得所要求的磁化电流或磁通密度。此时，必须进行数据插值，本方法允许插值。

7.4 交流相对磁导率的测定

试样的交流感应的相对磁导率由式(13)计算得出：

$$\mu_p = \frac{L_p l_m}{N_1^2 A \mu_0} \qquad \cdots\cdots(13)$$

式中：

μ_p——交流相对磁导率；

L_p——测得的并联电感，单位为亨利(H)；

l_m——试样的平均磁路长度，单位为米(m)；

N_1——绕组的匝数；

A——试样的横截面积，单位为平方米(m^2)；

μ_0——磁性常数 $4\pi \times 10^{-7}$，单位为亨利每米(H/m)。

7.5 比总损耗的测定

比总损耗可以由并联电阻按式(14)计算得出：

$$P_s = \frac{(1.111|\overline{U_2}|)^2}{m}\left[\frac{1}{R_p} - \frac{1}{R_w}\right] \qquad \cdots\cdots(14)$$

式中：

P_s——试样的比总损耗，单位为瓦特每千克(W/kg)；

$|\overline{U_2}|$——感应电压整流后的平均值，单位为伏(V)；

m——试样的质量，单位为千克(kg)；

R_p——并联电阻，单位为欧姆(Ω)；

R_w——绕组的电阻，单位为欧姆(Ω)(参见附录C)。

8 用数字方法测量磁性能

8.1 概述

以环样方法进行测量，上限频率受制于电压测量装置的性能和用于测量磁化电流的与初级绕组串联的无感精密电阻器的频率特性。

8.2 装置和连接

环样的绕组应按图4进行连接。

测量过程中，交流电源输出端的电压和频率的各自偏差不应超过设定值的±0.2%。交流电源应与环样上的初级绕组 N_1 及一个在测量频率范围内准确度为±0.2%或更好的无感精密电阻串联，精密电阻器两端连接准确度与电压表相当的(±1.0%或更好)电压(A/D)模数转换器 V_1。

次级回路包含次级绕组 N_2 及与其连接的准确度与电压表相当的(±1.0%或更好)电压(A/D)模数转换器 V_2。

注：电压模数转换器应具有足够的分辨率。所使用的测量设备的采样率应保证在每个周期内有足够的采样量。每对数值的采样必须同时进行。

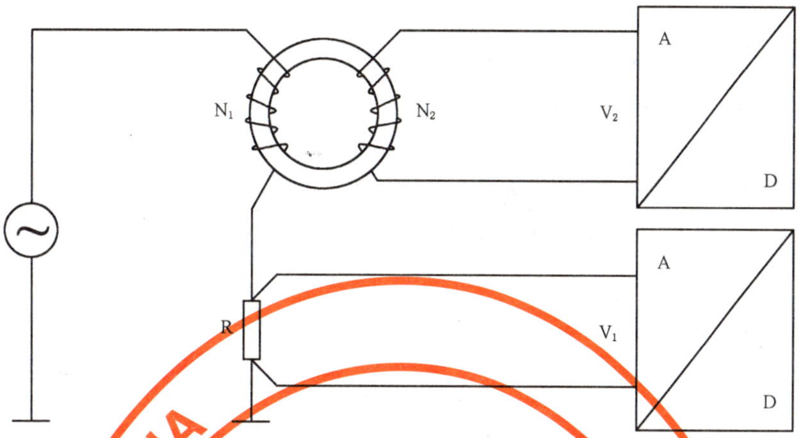

N_1——初级绕组；
N_2——次级绕组；
R——用于测量磁化电流与初级绕组串接无感精密电阻器；
V_1——用于测量磁化电流的电压模数转换器；
V_2——用于测量次级电压的电压模数转换器。

图 4 数字方法的电路示意图

8.3 磁化电流波形

为了获得可比较的测量值，测量前应明确是保持次级电压还是保持磁化电流为正弦波，即波形系数为 1.111±1%。

注：为了次级电压或磁化电流有一个好波形，可能需要优化初级绕组的匝数，使其与电源的输出阻抗相匹配。这一点可由式(4)和式(5)给出的条件来确定。

8.4 初级绕组

应符合 3.2 并参见附录 A 的要求。

8.5 磁场强度的测定

测量所需的磁场强度由式(15)计算：

$$H(t)=\frac{N_1}{Rl_m}U_1(t) \qquad \cdots\cdots(15)$$

式中：

$H(t)$——对应时间 t 的磁场强度，单位为安培每米(A/m)；
N_1——初级绕组的匝数；
$U_1(t)$——对应时间 t 用于确定磁化电流的无感精密电阻器两端的电压，单位为伏(V)；
l_m——试样的平均磁路长度，单位为米(m)；
R——与初级绕组串联用于确定磁化电流的无感精密电阻器的电阻值，单位为欧姆(Ω)。

如果电压 U_1 的值是离散的，则磁场强度按式(16)计算：

$$H_i=\frac{N_1}{Rl_m}U_1 \qquad \cdots\cdots(16)$$

式中：

H_i——磁场强度的离散值，单位为安培每米(A/m)；
U_1——用于确定磁化电流的无感精密电阻器两端电压的离散值，单位为伏(V)。

8.6 磁通密度的测定

次级电压应采用经校准的电压模数转换器进行测量，则磁通密度按式(17)计算：

$$B(t)=-\frac{1}{N_2A}\int_0^t U_2(t)\,\mathrm{d}t+K \qquad \cdots\cdots(17)$$

式中：

$B(t)$——对应时间 t 的磁通密度，单位为特斯拉(T)；

N_2——次级绕组的匝数；

$U_2(t)$——对应时间 t 的次级电压，单位为伏(V)；

A——试样的横截面积，单位为平方米(m^2)；

K——使 $B(t)$ 对时间的平均值为零的一个值。

8.7 交流相对磁导率的测定

对于磁场强度和磁通密度的相对应的值，相对交流磁导率应按式(18)计算：

$$\mu_a = \frac{\hat{B}}{\mu_0 \hat{H}} \quad \cdots\cdots(18)$$

式中：

μ_a——交流相对磁导率；

μ_0——磁性常数 $4\pi\times10^{-7}$，单位为亨利每米(H/m)；

$\hat{B}$——磁通密度的峰值，单位为特斯拉(T)；

$\hat{H}$——磁场强度的峰值，单位为安培每米(A/m)。

8.8 交流磁化曲线的测定

测试前，试样应先退磁。然后逐步增大磁化电流，即可获得磁场强度和磁通密度的相应值，并绘制出磁化曲线。

8.9 比总损耗的测定

比总损耗 P_s 与由 B 和 H 值构成的磁滞回线的面积相对应。即试样的比总损耗 P_s 应按式(19)计算：

$$P_s = \frac{fN_1}{N_2 mR}\int_{t=0}^{T} U_1(t)U_2(t)\mathrm{d}t \quad \cdots\cdots(19)$$

式中：

P_s——试样的比总损耗，单位为瓦特每千克(W/kg)；

f——频率，单位为赫兹(Hz)；

N_1——初级绕组的匝数；

N_2——次级绕组的匝数；

m——试样的质量，单位为千克(kg)；

R——用于测定磁化电流与初级绕组串联的无感精密电阻器的电阻，单位为欧姆(Ω)；

T——周期，$1/f$，单位为秒(s)；

$U_1(t)$——t 时刻用于测定磁化电流的无感精密电阻器两端的电压，单位为伏(V)；

$U_2(t)$——t 时刻时次级电压，单位为伏(V)。

9 再现性

比总损耗测量的再现性：通过相对标准偏差来表示为 3%。

幅值磁导率测量的再现性：通过相对标准偏差来表示为 4%。

磁场强度、磁化电流和磁感应强度测定的再现性：通过相对标准偏差来表示应不大于 5%。

注：对相关测量过程分析并对测量结果的不确定度的不同影响因素予以识别，将有利于测量结果的应用。

10 测试报告

按需要，测试报告应包含以下内容：

a) 本标准号；

b) 试样的类型和序列号或标识；

c) 试样的绕组数和匝数；
d) 试样的质量和尺寸，以及(对于薄的材料)密度；
e) 频率；
f) 使用的测试方法；
g) 环境温度；
h) 试样的表面温度(适用时)；
i) 磁化和测量之间的时间间隔；
j) 波形特征：正弦波次级电压或正弦波磁化电流；
k) 测定磁化电流峰值的方法；
l) 测量结果和相关的不确定度。

附 录 A
（资料性附录）
本标准章条编号与 IEC 60404-6:2003 章条编号对照

表 A.1 给出了本标准章条编号与 IEC 60404-6:2003 章条编号对照一览表。

表 A.1 本标准章条编号与 IEC 60404-6:2003 章条编号对照

本标准章条编号	对应 IEC 60404-6:2003 章条编号
1	1
2	2
3	3
3.1	3.1
3.2	3.2
4	4
5	5
5.1	5.1
5.2	5.2
5.3	5.3
5.4	5.4
5.5	5.5
6	6
6.1	6.1
6.2	6.2
7	7
7.1	7.1
7.2	7.2
7.3	7.3
7.4	7.4
7.5	7.5
8	8
8.1	8.1
8.2	8.2
8.3	8.3
8.4	8.4
8.5	8.5
8.6	8.6
8.7	8.7
8.8	8.8

表 A.1（续）

本标准章条编号	对应 IEC 60404-6:2003 章条编号
8.9	8.9
9	9
10	10
附录 A	附录 A
附录 B	附录 B
附录 C	—
附录 D	—
附录 E	—

附　录　B
（资料性附录）
本标准与 IEC 60404-6:2003 技术性差异及其原因

本标准与 IEC 60404-6:2003 的技术性差异及其原因如表 B.1 所示。

表 B.1　本标准与 IEC 60404-6:2003 的技术性差异及其原因

本标准章节	技术性差异	原　因
标题	频率范围由 20 Hz～200 kHz 变更为 20 Hz～20 kHz	应用于声频范围，对于更高的频率的限制取决于测试设备等的条件
范围	未包含非晶及纳米晶软磁合金	另有国家标准 GB/T 19346
试样	对软磁合金试样，要求采用适当的绝缘措施，并装在环形盒子内	无绝缘措施和不使用试样盒，对软磁合金试样的测量有显著影响
试样	对于厚度小于 0.15 mm 的带材，应卷绕成环样	国内相关行业通常按此法制样
试样	对于锻材等特殊试样，横截面积可用称量法确定	锻材等特殊试样因截面不规则，可用称量法确定横截面积
相关章节	增加仪表及测量的准确度要求	对仪表及测量提出准确度要求是必要的，也是标准可操作的内容
第 9 章	修改“不确定度”的表述及题头，增加具体的再现性指标	增强标准的可操作性
附录 C	增加附录 C 修正的海氏电桥测量方法	考虑到国内修正的海氏电桥的使用现状，将原国标 GB/T 3658—1990 修正海氏桥的主要内容转化成该附录

附 录 C
（资料性附录）
为使附加损耗降至最低而对绕组和所用仪器的要求

C.1 概述

当频率高于工频时，就会出现与试样上的绕组相关的附加损耗。这些损耗来自：

a) 试样上的初级绕组和次级绕组间形成的线间电容；

b) 次级绕组至测量仪器之间的导线电容；

c) 测量仪器输入电路的电容和电阻；

d) 次级绕组绝缘材料的介电损耗。

C.2 减小附加损耗

附加损耗的量可通过仔细选择绕组线、绕制方法和所用仪器降至最低。

为使绕线绝缘材料引起的介电损耗降至最低，应采用具有较低介电损耗的绝缘材料，例如，聚四氟乙烯(PTFE)或聚乙烯。

如果可能，初级绕组和次级绕组应分开以减小相互间形成的电容。

次级绕组至测量仪器之间的连接导线应采用低介电损耗的绝缘，并按需要尽可能的短。

测量仪器应具有低的输入电容和高的输入电阻，以免对次级绕组形成负荷。

附 录 D
（资料性附录）
正弦波形的数字控制方法

用传统的模拟反馈技术在中高频率可能很难获得次级电压预定的正弦波形。事实上，当频率升高到几百赫兹以上时，就可能出现不稳定和自激振荡。数字反馈方法基本上与频率无关，并且被认为不受自激振荡的影响。为了实现这一方法，假设时间函数 $B(t)$ 和 $H(t)$ 构成表示磁滞回线 $B(H)$ 的参数，在此假设条件下，由初级电路电流与时间相关的函数（即 $H(t)$）自动确定 $B(t)$ 函数。用一台由计算机控制的任意波形发生器提供所需的 $H(t)$ 函数。设计一个逐次逼近的叠代方法，在每第 i 步中动态的 $H(t)$ 关系被实际的 $B_i(t)$ 和 $H_i(t)$ 函数更新一次，并被用于计算第 $i+1$ 步的函数 $H_{i+1}(t)$。一旦次级电压达到预定的波形系数值 1.111±1%，迭代就可以被中止。此计算出的 $H(t)$ 函数必须转化成一个函数 $V_g(t)$，并馈入到任意波形发生器中。$V_g(t)$ 与 $H(t)=\dfrac{N_1 I(t)}{l_m}$ 的关系可通过用以下方式解得。设 R_s 表示初级电路总的串联电阻，G 表示功率放大器的增益，忽略寄生电容效应，则 $V_g(t)$ 可按式（D.1）求出：

$$V_g(t)=\frac{1}{G}\left(\frac{R_s H(t) l_m}{N_1}+N_1 A\frac{dB(t)}{dt}\right) \qquad \text{(D.1)}$$

式中：

$\dfrac{dB(t)}{dt}=\omega\hat{B}\sin(\omega t)$。

基于同样的原理，对于一个给定的试样，可以确定与正弦的 $H(t)$ 波形对应的 $B(t)$ 函数，并相应地计算出电压函数 $V_g(t)$，馈入到任意波形发生器中，以保持正弦的磁化电流。

注：如果试样与初级绕组之间的空气间隙的影响不能忽略，则（D.1）式中必须包含附加项 $V_{空气}=\dfrac{1}{G}\mu_0 N_1(A'-A)\dfrac{dH(t)}{dt}$。

附　录　E
（资料性附录）
修正的海氏电桥测量方法

E.1　概述

本附录涉及用修正海氏电桥测量比总损耗的方法，即在一定的磁通密度峰值下测定试样的比总损耗，磁通密度峰值由接在次级绕组两端的交流电压表监视。

R_a——比例电阻；
R_b——平衡电阻；
R_c——串联电阻；
R'_w——补偿电阻；
C_b——平衡电容；
↑——指零仪；
E——交流磁化电源；
V——交流电压表；
Hz——频率计；
N_1——初级绕组；
N_2——次级绕组。

图 E.1　测量原理线路示意图

E.2　测量装置

E.2.1　初级绕组 N_1 和次级绕组 N_2

推荐 N_1 为 100 匝，导线直径约 0.4 mm，N_2 为 20 匝，导线直径约 0.3 mm。

E.2.2　比例电阻 R_a

该电阻可采用交流电阻箱，其阻值范围为 1 kΩ～100 kΩ，在测量的频率范围内准确度不低于 0.1 级。

E.2.3　平衡电阻 R_b

该电阻是一个十进位的交流电阻箱，其阻值范围为 0 Ω～111 111 Ω，最小步进值为 0.1 Ω。在测量的频率范围内准确度与 R_a 相同。

E.2.4 串联电阻 R_c

该无感电阻应有足够的功率容量，其阻值可为 1 Ω～10 Ω，电阻功率不小于 20 W，在测量的频率范围内准确度与 R_a 相同。

E.2.5 补偿电阻 R'_w

该电阻用以补偿初级绕组 N_1 的直流电阻。它是十进位的交流电阻箱，阻值范围为 100 Ω～1 111 100 Ω，最小步进值为 10 Ω。在测量的频率范围内准确度与 R_a 相同。

E.2.6 平衡电容 C_b

该电容是一个十进位的可调电容箱，电容范围为 0 μF～11.111 μF，最小步进值为 0.000 1 μF。在测量的频率范围内电容箱准确度不低于 1.0 级。

E.2.7 交流电压表

平均值电压表或平均值响应有效值刻度的高阻抗多量程电压表：频率范围 40 Hz～100 kHz，测量范围 10 mV～100 V（满量程），输入阻抗不小于 100 kΩ，精度不低于 0.5 级。

E.2.8 指零仪

频率范围 20 Hz～20 kHz，测量电压范围 100 μV～100 V（满量程），输入阻抗不小于 100 kΩ，频率选择性，±4 Hz 带宽不大于－3 dB，±20 Hz 带宽不大于－42 dB，±40 Hz 带宽不大于－60 dB。

E.2.9 交流磁化电源

频率范围 20 Hz～20 kHz，频率稳定性 20 min 内不超过±0.1%，输出电压的稳定性每分钟不超过±0.02%，输出电压连续可调，最大 53 V。

E.2.10 频率计

准确度为 0.1 级。

E.3 测量步骤

E.3.1 测量前应对试样先进行退磁。

E.3.2 按图 C.1 所示将试样接入修正海氏电桥。

E.3.3 测量初级绕组 N_1 的直流电阻 R_w，并按下式调整补偿电阻 R'_w：

$$R'_w = \frac{R_a R_c}{R_w} \quad \cdots\cdots (E.1)$$

式中：

R'_w——补偿电阻值，单位为欧姆(Ω)；

R_a——电桥比例电阻值，单位为欧姆(Ω)；

R_c——串联电阻值，单位为欧姆(Ω)；

R_w——初级绕组电阻值，单位为欧姆(Ω)。

E.3.4 次级绕组两端的感应电压与测量频率和磁感应强度之间的关系由式(7)决定。

E.3.5 测量时，选择指零仪和交流磁化电源的频率范围，调节磁化电源的输出，使交流电压表的指示值为给定的磁感应强度所对应的电压值。

E.3.6 反复交替调节电桥的平衡电容 C_b 和平衡电阻 R_b，并配合提高指零仪的灵敏度，直至指零仪的指示最小为止。确认电桥已经平衡，记取此时的 R_b 值，将磁化电源的输出退回至零。

E.3.7 测量时，应先从低磁场测向高磁场，从低磁感应强度测向高磁感应强度。每换一个频率都应先退磁。

E.4 计算

E.4.1 并联等效电阻值 R_p 由式(E.2)计算：

$$R_p = \frac{R_a R_c}{R_b} \quad \cdots\cdots(E.2)$$

式中：

R_p——并联等效电阻值，单位为欧姆(Ω)；

R_b——平衡电阻值，单位为欧姆(Ω)。

E.4.2 试样的比总损耗由式(E.3)计算：

$$P_s = \frac{\left(1.111\frac{N_1}{N_2}|\overline{U_2}|\right)^2}{mR_p} \quad \cdots\cdots(E.3)$$

式中：

P_s——试样的比总损耗，单位为瓦特每千克(W/kg)；

N_1——初级绕组的匝数；

N_2——次级绕组的匝数；

m——试样的质量，单位为千克(kg)。

ICS 31.060.70
K 42

中华人民共和国国家标准

GB/T 3667.2—2008/IEC 60252-2:2003
部分代替 GB 3667—1997

交流电动机电容器 第2部分:电动机起动电容器

AC motor capacitors—Part 2:Motor start capacitors

(IEC 60252-2:2003,IDT)

2008-10-29 发布　　　　2009-10-01 实施

中华人民共和国国家质量监督检验检疫总局
中国国家标准化管理委员会　发布

前　言

GB/T 3667《交流电动机电容器》分为两个部分：

第1部分：总则——性能、试验和定额——安全要求——安装和运行导则；

第2部分：电动机起动电容器。

本部分为GB/T 3667的第2部分。本部分等同采用国际电工委员会IEC 60252-2:2003《交流电动机电容器　第2部分：电动机起动电容器》。

本部分代替GB 3667—1997《交流电动机电容器》中电动机起动电容器的相关内容和JB/T 8596—1997《交流电动机起动用电解电容器》。

本标准与GB 3667—1997相比主要变化如下：

1） 删去了GB 3667—1997中电动机运行电容器的有关内容，其内容已纳入GB/T 3667.1—2005中；

2） 对于电动机起动电容器的电容偏差，特别是不对称电容偏差规定了具体要求；

3） 电动机起动电容器的型式试验中增加了耐热、耐火、耐起痕的项目。

本标准与JB/T 8596—1997相比主要变化如下：

1） 增加电动机起动用自愈式电容器的有关内容；

2） 对于电动机起动用电解电容器的电容偏差，特别是不对称电容偏差规定了具体要求；

3） 电动机起动用电解电容器的型式试验中增加了温度快速变化、压力释放试验及耐热、耐火、耐起痕等项目。

本部分的附录A为规范性附录。

本部分由中国电器工业协会提出。

本部分由全国电力电容器标准化技术委员会(SAC/TC 45)归口。

本部分起草单位：无锡宏广电容器有限公司、西安电力电容器研究所、广东胜业电器有限公司、安徽铜峰电子股份有限公司、浙江指月电气有限公司、台州康派电容器有限公司、锦州市电容器厂、芜湖市金鑫电子有限责任公司。

本部分主要起草人：赵志明、徐歌、董春安、鲍俊华、赵江宇、李加华、廖福君、陈肥生。

本部分所代替标准的历次版本发布情况为：

——GB 3667—1983、GB/T 3667—1993、GB 3667—1997。

交流电动机电容器
第2部分:电动机起动电容器

1 总则

1.1 范围和目的

本部分适用于拟连接到由频率为100 Hz及以下的单相系统供电的异步电动机绕组的电动机起动电容器。

本部分适用于用纸或塑料薄膜或两者组合作介质的、浸渍或不浸渍的电动机起动金属化电容器和具有非固体电解质的电动机起动电解电容器,其额定电压为660 V及以下。

1.2 规范性引用文件

下列文件中的条款通过GB/T 3667的本部分的引用而成为本部分的条款。凡是注日期的引用文件,其随后所有的修改单(不包括勘误的内容)或修订版均不适用于本部分,然而,鼓励根据本部分达成协议的各方研究是否可使用这些文件的最新版本。凡是不注日期的引用文件,其最新版本适用于本部分。

GB/T 2423.3 电工电子产品环境试验 第2部分:试验方法 试验Cab:恒定湿热试验(GB/T 2423.3—2006,IEC 60068-2-78:2001,IDT)

GB/T 2423.10 电工电子产品环境试验 第2部分:试验方法 试验Fc:振动(正弦)(GB/T 2423.10—2008,IEC 60068-2-6:1995,IDT)

GB/T 2423.22 电工电子产品环境试验 第2部分:试验方法 试验N:温度变化(GB/T 2423.22—2002,IEC 60068-2-14:1984,IDT)

GB/T 2423.28 电工电子产品环境试验 第2部分:试验方法 试验T:锡焊(GB/T 2423.28—2005,IEC 60068-2-20:1979,IDT)

GB/T 4207 固体绝缘材料在潮湿条件下相比电痕化指数和耐电痕化指数的测定方法(GB/T 4207—2003,IEC 60112:1979,IDT)

GB 4208—2008 外壳防护等级(IP代码)(IEC 60529:2001,IDT)

GB/T 5169.10 电工电子产品着火危险试验 第10部分:灼热丝/热丝基本试验方法 灼热丝装置和通用试验方法(GB/T 5169.10—2006,IEC 60695-2-10:2000,IDT)

GB/T 5169.11 电工电子产品着火危险试验 第11部分:灼热丝/热丝基本试验方法 成品的灼热丝可燃性试验方法(GB/T 5169.11—2006,IEC 60695-2-11:2000,IDT)

GB/T 11918—2001 工业用插头、插座和耦合器 第1部分:通用要求(idt IEC 60309-1:1999)

ISO 4046 纸、纸板、纸浆和相关术语 词汇

1.3 定义

本部分采用下列定义。

1.3.1

电动机运行电容器 motor running capacitor

一种用来与电动机辅助绕组相连接,以帮助电动机起动并改善在运行状况下的转矩的电力电容器。

注:运行电容器通常与电动机绕组永久性连接,并在电动机整个运行期间均处于回路中。在起动期间,如果它与起动电容器并联,则有助于电动机的起动。

1.3.2

电动机起动电容器 motor starting capacitor

一种向电动机辅助绕组提供超前电流,且当电动机一旦正常运转,即从电路中断开的电力电容器。

1.3.3

金属箔电容器　metal foil capacitor

一种电极是由介质隔开的金属箔或金属带构成的电容器。

1.3.4

金属化电容器　metallized capacitor

一种电极是由蒸镀在介质上的金属层构成的电容器。

1.3.5

自愈式电容器　self-healing capacitor

一种在介质局部击穿后其电性能可迅速地实质上自行恢复的电容器。

1.3.6

电解电容器　electrolytic capacitor

一种以阳极氧化法在电极的一面或两面形成的氧化膜为电介质的电容器。

1.3.7

电容器的放电器件　discharge device of a capacitor

一种可以是装于电容器内部或外部的器件，当电容器从电网断开后能在给定的时间内将引出端子间的电压实际上降低到零。

1.3.8

连续运行　continuous operation

在电容器的正常寿命期内无时间限制的一种运行。

1.3.9

间歇运行　intermittent operation

电容器通电一段时间紧接着不通电一段时间的一种运行。

1.3.10

起动运行　starting operation

电容器仅在电动机从开始起动至达到额定转速的很短时间内接通的一种特殊的间歇运行。

1.3.11

额定工作周期　rated duty cycle

表示电容器适合间歇工作或起动工作的额定值，以一斜线隔开的工作周期持续时间(min)和相对运行时间(%)来表示。

1.3.12

工作周期持续时间　duty cycle duration

间歇运行时，一次通电和紧接着一次不通电的时间总和。

1.3.13

相对运行时间　relative operation time

电容器通电时间占工作周期持续时间的百分比。

1.3.14

连续和起动运行电容器　capacitor for continuous and starting operation

设计成在一种电压下连续运行，且在另一电压(通常较高)下起动运行的电容器。

1.3.15

电容器允许最低运行温度　minimum permissible capacitor operating temperature

投入瞬间，电容器外壳的允许最低温度。

1.3.16

电容器允许最高运行温度　maximum permissible capacitor operating temperature

t_c

运行期间，电容器外壳最热区域的允许最高温度。

1.3.17

电容器的额定电压　rated voltage of a capacitor

U_N

设计电容器时采用的交流电压的方均根值。

1.3.18

最高电压　maximum voltage

从起动到断开电容器期间，起动电容器引出端子上的允许最高电压的方均根值。

1.3.19

电容器的额定频率　rated frequency of a capacitor

f_N

设计电容器时采用的最高频率。

1.3.20

电容器的额定电容　rated capacitance of a capacitor

C_N

设计电容器时采用的电容值。

1.3.21

电容器的额定电流　rated current of a capacitor

I_N

在额定电压和额定频率下交流电流的方均根值。

1.3.22

电容器的额定容量　rated output of a capacitor

Q_N

由电容、频率和电压(或电流)的额定值计算得出的无功功率。

1.3.23

电容器的损耗　capacitor losses

电容器消耗的有功功率。

注：除非另有说明，电容器的损耗应理解为包括作为电容器组成部分的熔丝和放电电阻的损耗。

1.3.24

电容器的损耗角正切　tangent of loss angle (tan delta) of a capacitor

$\tan\delta$

在规定的正弦交流电压和频率下，电容器的等效串联电阻与容抗之比值。

1.3.25

功率因数　power factor

电容器的有功功率与视在功率之比值。

1.3.26

容性泄漏电流(仅适用于金属外壳的电容器)　capacitive leakage current(only for capacitors with a metal case)

当电容器由具有中性点接地的交流电源系统施加电压时，在连接于金属外壳与地之间的导体中流过的电流。

1.3.27

电容器类型　type of capacitor

当电容器具有相似的结构形式、相同的结构、相同的额定电压、相同的气候类别及相同的运行方式时，被认为是同类型的。同类型电容器仅可以在额定电容和尺寸上不同。引出端子和安装件之间的较小差异是允许的。

注：相同结构包括介质材料、介质厚度以及外壳类型(金属或塑料)等相同。

1.3.28

电容器式样　model of capacitor

当电容器结构相同、且具有相同功能、尺寸在公差限度内，并可互换时，被认为是同式样的。

1.3.29

安全防护等级　class of safety protection

安全防护等级用下列三种代码中的一种来表示，并标志在电容器上。

(P2)表示该类电容器设计成失效时仅呈开路状态，并且是防火或防爆的。合格与否以 2.1.16 所述的试验来检验。

(P1)表示该类电容器失效时可呈开路状态或短路状态，并且是防火或防爆的。合格与否以 2.1.16 所述的试验来检验。

(P0)表示该类电容器无专门的故障保护。

本条不适用于电解电容器。

1.4　使用条件

1.4.1　正常使用条件

本部分对拟用于下列条件的电容器规定了要求：

a)　海拔：不超过 2 000 m；

b)　施加电压时的剩余电压：应不超过额定电压的 10％(参见 2.3.4 和 3.3.4 的注)；

c)　污秽：本部分范围所包括的电容器是按在轻污秽大气下运行而设计的；

注：IEC 尚未确定“轻污秽”的定义。一旦 IEC 确定了此定义，即将其列入本部分。

d)　运行温度：在－40 ℃和＋100 ℃之间(见 1.3.14 和 1.3.15)。

优先的最低和最高允许电容器运行温度如下：

——最低温度：－40 ℃，－25 ℃，－10 ℃和 0 ℃；

——最高温度：55 ℃，70 ℃，85 ℃和 100 ℃。

电容器应适于在－25 ℃或最低运行温度(取较低者)下运输和贮存，对其质量不得有不利的影响；

e)　湿热严酷度：在 4 天～56 天之间，优先的严酷度为 21 天。

(湿热严酷度应从 GB/T 2423.3 所列值中选取，即：4 天、10 天 、21 天和 56 天)。

电容器按气候类别分类，每一气候类别用最低和最高允许电容器运行温度和湿热严酷度来表示，即 10/70/21 表示最低和最高允许电容器运行温度为－10 ℃和 70 ℃，湿热严酷度为 21 天。

1.5　优先电容偏差

优先电容偏差为：±5％，±10％和±15％。

允许采用不对称偏差，但偏差不得超过 15％。

2　电动机起动用自愈式电容器

2.1　质量要求和试验

2.1.1　试验要求

2.1.1.1　概述

本条给出了电动机起动用自愈式电容器的试验要求。

2.1.1.2　试验条件

除对特殊的试验和测量另有规定外，电容器介质的温度应在＋5 ℃～＋35 ℃范围内，并应予以记录。

如需校正，则参考温度应为+20 ℃。

注：如果电容器于不施加电压状态下，在这一环境温度中放置了足够长的时间（取决于电容器尺寸），则可认为其介质温度与环境温度相同。

2.1.2 试验种类

试验分为两类：

a） 型式试验；

b） 例行试验。

2.1.2.1 型式试验

型式试验是用来检验电容器设计的合理性及其在本部分规定的条件下运行的适应性。

型式试验由制造方和/或权威检验机构进行（如需认证时）。

型式试验也可在颁发检验合格证书和/或型号证书的管理机构的监督下进行。

2.1.2.2 例行试验

例行试验应由制造方在交货前对每台电容器进行。

2.1.3 型式试验

2.1.3.1 试验程序

选作型式试验的每种式样的试品应分成如表1所示的组。

用作试品的电容器应已通过了2.1.4.1所示的例行试验。

每一试验组应包含有相同数量的在额定电容范围内的最大电容值和最小电容值的电容器。

制造方应提供额定电容范围内每一电容值的电容与其每一外壳总外表面积之比值的数据。

如果其比值超过在额定电容范围内的最大电容值的比值达10%或更多，则具有最大单位表面积电容的电容器也应进行试验。

同样，如果其比值低于在额定电容范围内的最小电容值的比值达10%或更低，则具有最小单位表面积电容的电容器也应进行试验。

“面积”是指排除那些突起部位、引出端子和固定螺栓之外的电容器外壳的总面积。

当电容器设计成在两种或更多不同条件（额定电压、安全防护等级、额定工作周期等）下运行时，则以下试验应在最高试验电压下进行，且仅进行一次：

a） 引出端子间电压试验（见2.1.7）；

b） 引出端子与外壳间电压试验（见2.1.8）；

c） 自愈性试验（见2.1.15）。

耐久性试验应对每一电压额定值及电容器上所标明的每种运行条件下进行，试品的数量应作相应计算。

2.1.3.2 合格范围

2.1.3.2.1 对单个式样的型式试验只能证明被试的式样合格。当型式试验是对按2.1.3.1的规则选出的为相同类型、不同额定电容值的两种式样进行时，则合格证明对额定电容介于两试验值之间的同一类型的所有式样均有效。

2.1.3.2.2 如果对具有某一电容偏差的电容器式样成功地进行了的合格试验，对具有不同电容偏差（在上述偏差的两倍以内）的相同式样的电容器也是有效的。例如，±5%可覆盖到±10%，±10%可覆盖到±20%。但是比上述偏差小的偏差是不允许的，例如，对±10%的类型认证不覆盖±5%。

2.1.3.2.3 实际应用中，有时要求电容器具有相对于额定电容值的不对称偏差。

对具有对称电容偏差的电容器式样成功进行了型式试验后，则在不对称偏差的总范围满足以下条件时，相关的合格证明对具有不对称电容偏差的相同式样的电容器也是有效的。

a） 在2.1.3.2.2允许的电容总范围之内；

b) 大于或等于被试电容器式样的电容偏差。例如，对于±5%的合格证明能认可$^{+10}_{-5}$%，$^{+5}_{-10}$%，$^{+8}_{-2}$%，$^{+10}_{0}$%，但不认可$^{+15}_{-5}$%。

2.1.3.2.4 当每组的不合格数以及不合格电容器的总数不超过表1所示的数量时，则应认为该电容器式样符合本部分要求。

表1 型式试验一览表

组	试 验	条 号	试品数(注1)	初试允许不合格数(注2)	复试允许不合格数
1	外观检查	2.1.6	8[4]	1(注3)	0
	标志检查	2.4			
	尺寸检查	2.1.10			
	机械试验(锡焊除外)	2.1.11			
	密封性试验(如适用时)	2.1.12			
2	耐久性试验	2.1.13	42[21]	2(注4)	0
3	锡焊(如适用时)	2.1.11.2	12[6]	1(注3)	0
	湿热试验	2.1.14			
	引出端子间电压试验	2.1.7			
	引出端子与外壳间电压试验	2.1.8			
4	自愈性试验	2.1.15	20[10]	1(注3)	0
5	破坏试验(如电容器上标有时)	2.1.16	20[10] 10[5]	1(注5)	0
6	耐热、耐火、耐起痕(不适用于具有引线端子的电容器)	2.1.17	3(仅对引出端子绝缘子)(注6)	0	0

注1：规定的试品数包括在需要时供复试用试品数。在方括号内的数字为试验实际所需要的台数。
所有的数字均表示对每一被试电容值的试品数量。如果试验一个范围，则在本表中列出的数量将适用于最大电容和最小电容两者，或者按2.1.3.1在额定电容范围内的任何其他要求试验的中间值。

注2：同一台电容器在多于一项试验中不合格，算1台不合格电容器。

注3：对于组1、3和4，有1台不合格允许复试，但复试中不允许不合格。

注4：对于组2，有1台不合格，不要求复试，有2台不合格则要求复试，复试中不允许不合格。

注5：对于组5，见2.1.16，如有1台不合格，允许在特殊条件下复试。

注6：对于2.1.17所述的试验，需要3台试品的绝缘子(将引出端子定位的绝缘材料件)。
要求用1台试品作球压试验(2.1.17.1)，1台试品作灼热丝试验(2.1.17.2)，1台试品作起痕试验(2.1.17.3)。

2.1.4 例行试验

2.1.4.1 试验程序

电容器应完成以下试验：

a) 密封性试验，如适用时(见2.1.12)；

b) 引出端子间电压试验(见2.1.7)；

c) 引出端子与外壳间电压试验(见 2.1.8);

d) 外观检查(见 2.1.6);

e) 电容测量(见 2.1.9);

f) 损耗角正切测量(见 2.1.5)。

2.1.5 损耗角正切测量

损耗角正切的限值及测量频率应由制造方规定。

2.1.6 外观检查

产品状况、加工工艺、标志及表面处理应良好,标志应在电容器寿命期内均清晰。

应无任何填充物质的渗漏和其他明显损伤。

2.1.7 引出端子间电压试验

在型式试验时,电容器应承受表 2 中规定的交流电压试验。试验应在额定频率的实际正弦波电压下进行。可在 50 Hz 或 60 Hz 下进行试验。

制造方也可选择用较高频率进行试验。

表 2 试验电压

电容器类型	试验电压与额定交流电压之比	型式试验时间/s	例行试验时间/s
自愈式电容器	1.2	10	2

2.1.8 引出端子与外壳间电压试验

电容器应能承受施加于引出端子(连接在一起)与外壳之间的、频率为尽可能接近额定频率的、方均根值为如下规定的实际正弦波交流电压,历时 60 s,应不发生击穿:

$2U_N+1\ 000$ V,但不得低于 2 000 V。

如果电容器外壳为绝缘材料,则在型式试验时,试验电压应施加在引出端子与金属架之间(若有时),或加在引出端子与紧紧地包在外壳表面的金属箔之间;在例行试验时,试验电压应加在引出端子与金属件(若有时)之间。

如果外壳全部是由绝缘材料制成的,则无需进行本项目的例行试验。

试验期间,应不发生介质击穿或闪络。

2.1.9 电容测量

电容应采用能排除由于谐波所引起的误差的方法进行测量。

测量准确度应高于电容总偏差范围的 5%,对于型式试验测量误差应不超过 0.2%。

型式试验和例行试验均应在额定频率及 0.9~1.1 倍额定电压下进行。

如果能够证明测得的电容与真实值的偏差不大于 0.2%,则允许采用其他测量电压和频率。

2.1.10 尺寸检查

外壳、引出端子和安装件的尺寸应符合图样所标明的尺寸,并考虑允许偏差。

另外,应检查表 4 所列最小爬电距离和间隙。

2.1.11 机械试验

这些试验应按有关规定进行。

试验包括:

——引出端子强度;

——锡焊:试验 T,见 GB/T 2423.28;

——振动(正弦):试验 Fc,见 GB/T 2423.10。

2.1.11.1 引出端子强度

电容器的引出端子应能承受以下对拉力、弯曲、扭转、转矩的强度要求。

2.1.11.1.1 拉力

对所有类型的引出端子施加的负荷均应为 20 N。

对于外部线状引出端子，其金属导线横截面至少应为 0.5 mm^2。

2.1.11.1.2 弯曲(引出端子的一半)

本试验仅对线状引出端子进行。应施加两次连续的弯曲。

2.1.11.1.3 扭转(引出端子的另一半)

本试验仅对线状引出端子进行。应施加两次连续的 180°的旋转。

2.1.11.1.4 转矩(螺纹引出端子)

本试验仅对螺纹引出端子进行。

应将螺母或螺栓拧紧到表 3 规定的转矩，然后再松开。转矩应逐渐施加。螺母材料应具有足够的耐破坏应力的强度。

表 3 转 矩

螺纹直径/mm	转矩/(N·m)
2.6	0.4
3.0	0.5
3.5	0.8
4.0	1.2
5.0	1.8
5.5	2.2
6.0	2.5
8	5
10	7
12	12

2.1.11.1.5 外观检查

每项试验结束后均应对电容器进行外观检查，其应无明显损伤。

2.1.11.2 锡焊

仅当引出端子设计成以锡焊连接时，才进行本试验。

电容器应承受 GB/T 2423.28 的试验 T，用焊槽法或焊球法进行。

当不能采用焊槽法和焊球法时，应用 A 号烙铁进行烙铁试验。

试验前后，应按 2.1.9 规定的方法测量电容器的电容。电容不允许有明显的变化。

当所有试验程序完成之后，应对电容器进行外观检查，其应无明显损伤。

2.1.11.3 振动

电容器应承受 GB/T 2423.10 的试验 Fc，采用与实际使用相似的安装方式。试验严酷度如下：

——f=10 Hz～55 Hz；

——a=±0.35 mm；

——每一轴向试验持续时间为 10 个频率循环(三个轴向互成 90°)，每分钟一个倍频程。

试验前后，应按 2.1.9 规定的方法测量电容器的电容。电容不允许有明显的变化，变化应在测量准确度范围内。

试验后，电容器应能耐受按 2.1.8 进行的引出端子与外壳间的电压试验，应不发生介质击穿或闪络。

当所有试验程序完成之后，应对电容器进行外观检查，其应无明显损伤。

应无任何填充物的渗漏和其他明显损伤。电容器应不发生介质击穿或开路。

2.1.11.4 固定螺栓或螺钉(如装有时)

固定电容器器身的带螺纹的螺栓及附件应对使用中的磨损有足够的抵抗强度。

应对 2.1.13(耐久性试验)中的 4 台试品按以下方法检查固定螺栓或螺钉的耐久性能。

将4台电容器固定到耐久性试验箱的固定板上，固定板的厚度应为1.5 mm±0.1 mm，孔径应为底部螺栓直径加0.5 mm～1.0 mm。

耐久性试验开始前，施加表3规定的转矩，耐久性试验结束时，施加表3规定的相应转矩的一半。

不允许有损坏。

2.1.12 密封性试验

如果制造方能保证电容器在 t_c+10 ℃下不含有液体物质，则不必做此项试验。

将电容器以最易产生渗漏的位置安装在温度比最高允许电容器运行温度高10 ℃±2 ℃的环境下，持续足以使电容器各个部位均达到该温度所需的时间。

在冷却之前，电容器应在此温度下再保持1 h，不应出现渗漏。

如果电容器拟配备端子罩，则密封性试验应最好在固定罩子之前进行。罩子应以不破坏密封的方法固定。

在密封性试验后，应检查电容器有无液体渗漏和外壳变形情况。

允许液体湿润表面，但不能成滴。

经制造方和用户协商同意，在例行试验时允许采用其他等效的密封性试验方法。

2.1.13 耐久性试验

本试验拟用来证实电容器的设计与制造方规定的运行等级的适应性。

对用底部螺栓固定的电容器，还应参照2.1.11.4。

拟用下述方法来保证电容器外壳温度尽可能接近最高允许电容器运行温度。

2.1.13.1 在强迫循环空气中试验

将电容器放置于试验箱中，该箱中空气温度保持恒定(偏差为±2 ℃)。

试验箱中的空气应不断循环，但也不能过分，以免引起电容器过分冷却。试验期间，电容器应不受到试验箱中任何发热元件的直接辐射。

调节试验箱内空气温度的恒温器的传感元件应最好放置在热循环空气气流中。

注：空气的加热可在另一分开的烘箱内进行，空气通过阀门进入电容器试验箱，从而使热空气良好地分布于电容器周围。

将电容器安装在浸渍剂或填充物最易渗漏的位置。

圆柱形电容器之间的距离应不小于其直径，矩形电容器之间的距离应不小于其底的短边长度的两倍。

温度记录仪的温度传感元件应放在损耗角正切最小的电容器外壳侧面的中间部位。

将恒温器设置到 t_c-15 ℃，随后以适当的电压和试验周期(见附录A)将电压施加在电容器上。在最初的24 h内，应记录 t_c 与温度记录仪指示之间的差值，并调节恒温器，从而保证每台电容器外壳的温度均为 $t_c\pm2$ ℃。其后不再调节恒温器，连续试验直到完成相应的试验时间。试验时间从电容器开始施加电压算起。

注：建议每台被试电容器用断路器或熔断器单独保护。

电容器应按给定的电压和工作周期施加电压。

2.1.13.2 试验条件及合格判定

建议每一台被试电容器应由熔断器或断路器单独保护。

电容器应按下列条件进行试验。

试验电压：$1.1U_N$；

试验频率：50 Hz或60 Hz；

工作周期：按照标示在电容器上的工作周期；

试验持续时间：500 h。

在试验期间,应不发生永久性击穿、开路或闪络。

恢复后,电容器应进行外观检查和测量。

应无任何填充物的渗漏和其他明显损伤。标志应清晰。

最大允许电容变化不应超过初始值±10%。

在 50 Hz 下进行的试验,如果将给定的相对运行时间降低 20%,对 60 Hz 的定额也有效。

对于具有相同工作周期持续时间电容器的合格试验,也适于较短接通时间的电容器。例如,对于工作周期持续时间 60 s 和接通时间 1 s(1.7%的相对运行时间)的电容器的试验合格认定也适用于周期持续时间 60 s 和接通时间 0.33 s(0.55%的相对运行时间)的电容器。

对于具有较长工作周期持续时间但保持同样的相对运行时间(最长允许接通时间 10 s)的电容器也是有效的。例如,对于工作周期持续时间 60 s 和接通时间 1 s(1.7%的相对运行时间)的电容器的合格认定也适用于工作周期持续时间 3 min 和接通时间 3 s(相同的 1.7%的相对运行时间)的电容器。

2.1.14　湿热试验

试验前应测量电容(见 2.1.9)。

本试验应按 GB/T 2423.3 进行。应采用标志上表明的严酷等级。试验期间,对试品不施加电压,也不进行测量。

在湿热周期后,应将电容器在标准大气条件下恢复不少于 1 h,不多于 2 h。恢复后应立即按 2.1.9 测量电容。

试验后,电容变化应小于 0.5%。

2.1.15　自愈性试验

自愈式电容器应具有足够的自愈性能。合格与否以下述试验来检验。

本试验仅对标有 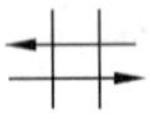 或 SH 标志的电容器进行。

电容器应耐受 2.1.7 所述的试验,试验时间在相应的表中给出。

如果在这一时间内发生的自愈性击穿少于 5 次,则应以不大于 200 V/min 的速度升高电压,直到自试验开始起发生 5 次自愈性击穿恢复为止,或者直到电压达到最高值 $2.0U_N$ 为止。

随后,电压应降至发生第 5 次自愈性击穿时电压的 0.8 倍,或电压最高值的 0.8 倍,并保持 10 s。在此期间,应允许在每台电容器内再发生一次额外的自愈性击穿。

如果电容器满足以下两项要求,则应认为其通过了试验:

a)　电容变化<0.5%(见 2.1.9);

b)　*RC* 值≥100 s。

试验期间的自愈性击穿可用示波器、声响法或高频试验法来探测。

2.1.16　破坏试验

本试验是选择性的。

在本试验后成为开路的这一类电容器应标记(P2)。在本试验后可能成为开路也可能成为短路的这一类电容器应标记(P1)。

注:只允许标记(P1)的电容器发生短路失效。不进行本试验的电容器应标记(P0)。

2.1.16.1　试验样品

试验对 10 台样品进行,同样的另 10 台样品留作可能的重复试验用,一半试验样品(5 台)应已通过了 2.1.4.1 的试验,剩下的 5 台应已通过了 2.1.13(第 2 组)所述的耐久性试验。

2.1.16.2　试验设备

2.1.16.2.1　直流处理用试验设备

图 1 所示为进行直流处理用设备,直流电源应能提供相当于 $10U_N$ 的开路电压,并具有承受大于

50 mA的持续短路的能力。

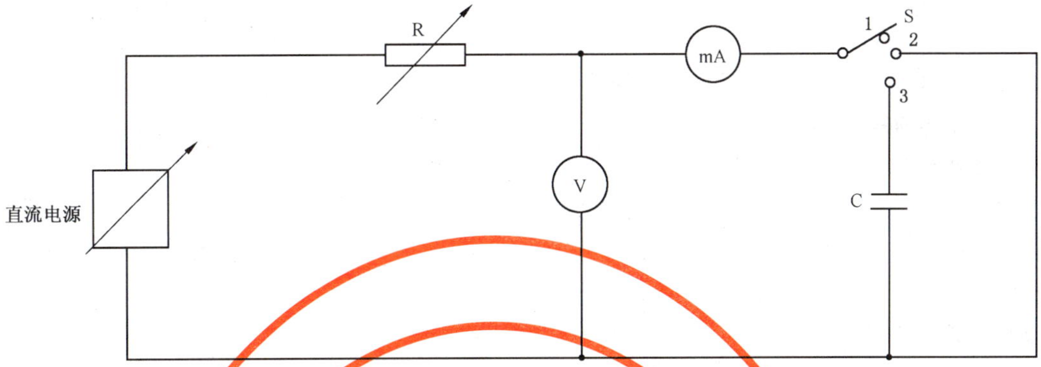

图 1　直流处理用试验设备

将开关 S 置于位置 1,调节直流电源,使提供相当于 $10U_N$ 的开路电压。

将开关 S 置于位置 2,调节可变电阻 R,使提供 50 mA 的电流。

将开关 S 置于位置 3,施加直流电压到试验电容器 C 上。

2.1.16.2.2　交流破坏试验用试验设备

a)　交流电源的瞬时短路电流应至少为 300 A。

b)　在交流电源和电容器之间应接入一只 25 A 的慢速熔断器 Fu 及可调电感 L(见图 2)。

图 2　交流破坏试验用试验设备

调节电感器 L,使得开关 S 置于位置 1 时,以及施加于电压表 V_1 两端的电压为 $1.3U_N$ 时,流经电流表 A 的电流等于 1.3 倍电容器额定电流(I_N)。

将开关 S 置于位置 2,使电容器 C 通电。

注:图 2 中的可调电感器 L 可用图 3 所示的线路来代替,图中 T_2 为固定变比变压器,L_f 为固定电感器,调压器 T_1 用来调节感性电流。

图 3　替代图 2 中可调电感器 L 的线路

2.1.16.3　试验程序

试验应按 4 步进行:

——准备和预处理；
——直流处理；
——交流破坏试验；
——故障评估。

2.1.16.3.1 准备和预处理

所有试验样品均按如下方法进行准备和预处理：

将电容器用粗棉布紧紧包扎起来置于温度为 t_c+10 ℃的“空气循环”试验箱内，箱内温度偏差应不超过±2 ℃。在准备作破坏试验时，应在 t_c+10 ℃下对试品施加额定电压 U_N，历时 2 h。电容器不允许有开路或短路。

2.1.16.3.2 直流处理

在直流处理前，应将已通过耐久性试验（第 2 组）的 5 台电容器预热到 t_c+10 ℃的温度。已通过 2.1.4.1试验的剩余 5 台电容器应在室温下试验。

直流电源的电压（见图 1）应以大约 200 V/min 的速度从零开始向最高值 $10U_N$ 升高，直到发生短路或达到了 $10U_N$ 为止。

当电压表指示的电压为零或已达到 $10U_N$，并保持了 5 min 或制造方规定的其他时间之后，应将电容器从直流处理中移出。

2.1.16.3.3 交流破坏试验

然后，电容器保持在直流处理温度下，施加 $1.3U_N$ 的交流电压。

如果电容器自愈（仍有效）或成为开路，则应将电压保持 5 min。如 5 min 后电容器仍有效，则应重新进行直流处理。

如果电容器成为短路，则应将试验维持 8 h。

2.1.16.4 故障评估

试验结束后，在任何试品上的粗棉布不应有燃烧痕迹，但可因逸出物而变色。

每台电容器应满足以下要求：

a) 逸出的液体材料可以湿润电容器外表面，但不得成滴下落；

b) 内部带电部件不应被标准试指接触到（见 GB 4208—2008 的图 1）；

c) 粗棉布应无明显燃烧或烧焦现象，因为这将表明是否有火焰或火星从开口处喷出；

d) 电容器应能耐受 2.1.8 的试验，电压降低到规定值的 0.8 倍。

当 10 台电容器均已失效时，结束试验。

如果有 1 台试品不满足上述 a)或 d)的要求，则可对另外的 10 台试品重新进行试验，但所有的电容器均应通过重复试验。

如果有多于 1 台电容器不满足上述 a)或 d)的要求，则认为试验没有通过。

所有电容器必须满足 b)和 c)的要求。

在进行 2.1.8 试验时，对于金属外壳的电容器，外壳应连接到电源的一极，如果电容器的引出端子之间有差异，则应将一个组分成二个分组，第一分组的引出端子 A 与外壳连接，第二分组的引出端子 B 与外壳连接。

2.1.17 耐热、耐火、耐起痕

这些试验不适用于具有引线端子的电容器。

2.1.17.1 球压试验

将引出端子定位的外部绝缘材料件应具有足够的耐热性能。

除陶瓷之外的所有材料，均按 GB/T 11918—2001 中 27.3 的规定，在 125 ℃或 t_c+40 ℃（取较高者）下对该部分进行球压试验来检验合格与否。

2.1.17.2 灼热丝试验

除陶瓷之外的所有材料，均以下述试验来检验合格与否。

支撑引出端子的外部绝缘材料件应能承受 GB/T 5169.10 和 GB/T 5169.11 的灼热丝试验，其详细叙述如下：

——试验样品包含一套构成引出端子组装件的每个构件；

——灼热丝尖端的温度，对 $I_n \leqslant 0.5$ A 者为 550 ℃，对 $I_n > 0.5$ A 者为 850 ℃；

——样品的任何火焰或发光均应在灼热丝撤离后的 30 s 内熄灭，并且任何火焰的滴落不应点燃一块折叠起来的 5 层织物，按 ISO 4046 的规定，该织物水平铺开放在施加灼热丝的样品的下方，距离 200 mm±5 mm 处。

2.1.17.3 **起痕试验**

将带电部件定位的或者与这些引出端子接触的电容器的外部绝缘件应为耐起痕材料。

对相关部件以 GB/T 4207 规定的耐起痕试验在 250 V 下按方法 A 检验是否合格。

2.2 过负荷

2.2.1 最高允许电压

从起动一直到电容器从电路中断开瞬间的整个起动期间，引出端子间电压应不超过 $1.2U_N$。

此过电压在一天中最多出现一次。

2.2.2 最大允许电流

电容器应适于在电流方均根值不超过 1.30 倍的该电容器在额定正弦电压和额定频率下产生的电流下运行，不包括暂态电流。

考虑到电容偏差，最大允许电流可达 1.30 倍额定电流乘以实测电容值与额定电容值之比。

2.2.3 最大允许无功容量

由在超过额定值的电压和电流（仍然在 2.2.1 和 2.2.2 所列限度内）下运行所导致的过负荷应不超过 1.35 倍额定容量。

考虑到电容偏差，最大允许容量可达 1.35 倍额定容量乘以实测电容值与额定电容值之比。

注：应注意到，电容器即使在上述规定的限度内过负荷运行，仍会对这些电容器的寿命产生不利的影响。

2.3 安全要求

2.3.1 爬电距离和间隙

引出端子绝缘外表面的爬电距离以及与引出端子连接的外部部件之间的间隙，或这些带电部件与电容器金属外壳之间的间隙（若有时）应不小于表 4 所示之最小值。

这些最小距离应仅适用于具有或不具有外部连接线的引出端子，不适用于内部的爬电距离和间隙。

应满足对特殊使用的要求。

任何小于 1 mm 宽的槽对爬电距离起作用的应只是其宽度。

任何小于 1 mm 的空气间隙在计算总空气路径时应予以忽略。

爬电距离为沿绝缘材料表面测得的在空气中的距离。

2.3.2 引出端子和连接电缆

引出端子和不可拆开的连接电缆应具有能安全流过电容器电流的导体截面，并应有足够的机械强度。导体的最小横截面积应为 0.5 mm^2，绝缘电缆的电压和温度额定值应与电容器的相符。

制造方应提供证明随电容器供货的电缆足以承载在整个规定的电容、温度、电压范围内的电流的资料。

2.3.3 接地连接

如果电容器的金属外壳拟连接到地或中性线上，则应提供能有效连接的手段。这用下述方法可以办到：提供未油漆金属外壳的电容器，或预备一个接地端子、一个接地导体或一个与外壳可靠电气连接的金属架。

无论采用何种连接，均必须用符号“⏚”清楚地标志接地连接。

当金属外壳装有一个螺栓，电容器通过该螺栓牢固地固定到金属架上，且其间没有插入绝缘材料，金属架可靠地与地连接时,则应认为螺栓有效地接地。

表 4　最小爬电距离和电气间隙

额定电压		≤24 V	>24 V 且 ≤250 V	>250 V 且 ≤500 V	>500 V 且 ≤1 000 V
爬电距离/mm	1. 不同极性带电部件之间	2	3(2)	5	6
	2. 带电部件与永久固定在电容器上的可接触到的金属部件之间,该金属部件包括固定盖子或将电容器固定到其架子上的螺钉或装置	2	4(2) 3[a]	6 3[a]	7
电气间隙/mm	3. 不同极性带电部件之间	2	3(2)	5	6
	4. 带电部件与永久固定在电容器上的可接触到的金属部件之间,该金属部件包括固定盖子或将电容器固定到其架子上的螺钉或装置	2	4(2) 3[a]	6 3[a]	7
	5. 在带电部件与平坦支撑面或松动的金属盖(若有时)之间,如果结构不能保证在最不利条件下能维持上述项 4 的值	2	6	10	12
注:括号中的数值适用于防污场合的爬电距离和电气间隙,对于永久性密封或化合物填充的外壳,不检查爬电距离和电气间隙。 项 5 仅作为对电容器的应用所提出要求的导则。					
[a] 对玻璃或其他具有同等起痕特性的绝缘。					

2.3.4　放电器件

在很多场合中不需要放电器件,例如,当电容器永久地与电动机绕组相连接时,或将电容器放置在不易接近的位置时。

当规定有放电器件时,其必须自断开电容器的瞬间起在 1 min 内将引出端子上的电压从额定电压的峰值降低到 50 V 或更低。

注:有时规定有放电器件不是出于安全原因,而是为了防止电容器遭受过电压。这种过电压可能在将一已断开但仍充有电荷的电容器再次连接到另一带有不同极性的电容器上时发生。

2.3.5　污染

如果电容器中含有不宜扩散到环境中的液体物质,应根据水污染危险等级进行分类并进行标示。

2.4　标志

在电容器上应标志以下内容:

a)　制造方名称,缩写名称或商标;

b)　产品类型标志;

c)　额定电容(C_N),μF 和偏差,%;

d)　额定电压(U_N),V;

e)　工作周期应紧跟在电压之后标注。如果适用不止一个工作周期或电压,则都应标注在电容器上;

f)　额定频率(f_N),Hz(当不是 50 Hz 时);

g)　气候类别,例如:25/85/21 (见 1.4.1);

h)　制造日期(可用代码);

i) 以  或 SH 表示自愈式电容器；

j) 放电器件，若有时应写出全名或以符号  表示；

k) 安全防护等级，例如：P0，P1，P2；

l) 认证标志；

m) 填充材料，说明所使用的液体(干式电容器不标)；

n) 标准代号。

如果电容器很小以至于没有足够的空间去标志，则项 a)、b)、c)、d)、e)、g)、h)和 l)应予标志，而其他项可省略，但应在产品说明书中表明。

3 电动机起动用电解电容器

3.1 质量要求和试验

3.1.1 试验要求

3.1.1.1 概述

本条给出了电动机起动用电解电容器的试验要求。

3.1.1.2 试验条件

除对特殊的试验和测量另有规定外，电容器介质的温度应在+5 ℃～+35 ℃范围内，并应予以记录。

如需校正，则参考温度应为+20 ℃。

注：如果电容器于不施加电压状态下，在这一环境温度中放置了足够的时间(取决于电容器尺寸)，则可认为其介质温度与环境温度相同。

3.1.1.3 复原条件

除对特殊的试验另有规定外，电解电容器的复原时间应为 16 h。

3.1.2 试验种类

试验分为两类：

a) 型式试验；

b) 例行试验。

3.1.2.1 型式试验

型式试验是用来检验电容器设计的合理性及其在本部分规定的条件下运行的适应性。

型式试验由制造方和/或权威检验机构进行(如需认证时)。

型式试验也可在颁发检验合格证书和/或型号证书的管理机构的监督下进行。

3.1.2.2 例行试验

例行试验应由制造方在交货前对每台电容器进行。

3.1.3 型式试验

3.1.3.1 试验程序

选作型式试验的每种式样的试品应分成如表 5 所示的组。

用作试品的电容器应已通过了 3.1.4.1 所示的例行试验。

每一试验组应包含有相同数量的在额定电容范围内的最大电容值和最小电容值的电容器。

制造方应提供额定电容范围内每一电容值的电容与其每一外壳总外表面积之比值的数据。

如果其比值超过在额定电容范围内的最大电容值的比值达 10%或更多，则具有最大单位表面积电容的电容器也应进行试验。

同样，如果其比值低于在额定电容范围内的最小电容值的比值达 10%或更低，则具有最小单位表面积电容的电容器也应进行试验。

“面积”是指排除那些突起部位、引出端子和固定螺栓之外的电容器外壳的总面积。

当电容器设计成在两种或更多不同条件(额定电压、额定工作周期等)下运行时,则以下试验应在最高试验电压下进行,且仅进行一次:

a) 引出端子间电压试验(见 3.1.6);

b) 引出端子与外壳间电压试验(见 3.1.7)。

耐久性试验应对每一电压额定值,并在电容器上所标明的每种运行条件下进行,试品的数量应作相应计算。

3.1.3.2 合格范围

3.1.3.2.1 对单个式样的型式试验只能证明被试的式样合格。当型式试验是对按 3.1.3.1 的规则选出的为相同类型、不同额定电容值的两种式样进行时,则合格证明对额定电容介于两试验值之间的同一类型的所有式样均有效。

3.1.3.2.2 如果对具有某一电容偏差的电容器式样成功地进行了的合格试验,对具有不同电容偏差(在上述偏差的两倍以内)的相同式样的电容器也是有效的。例如,±5%可覆盖到±10%,±10%可覆盖到±20%。但是比上述偏差小的偏差是不允许的,例如,对±10%的类型认证不覆盖±5%。

3.1.3.2.3 实际应用中,有时要求电容器具有相对于额定电容值的不对称偏差。

对具有对称电容偏差的电容器式样成功进行了型式试验后,则在不对称偏差的总范围满足以下条件时,相关的合格证明对具有不对称电容偏差的相同式样的电容器也是有效的。

a) 在 3.1.3.2.2 允许的电容总范围之内;

b) 大于或等于被试电容器式样的电容偏差。例如,对于±5%的合格证明能认可$^{+10}_{-5}$%,$^{+5}_{-10}$%,$^{+8}_{-2}$%,$^{+10}_{0}$%,但不认可$^{+15}_{-5}$%。

表 5 型式试验一览表

组	试验	条号	试品数(注 1)	初试允许不合格数(注 2)	复试允许不合格数
1	外观检查	3.1.5	8[4]	1(注 3)	0
	标志检查	3.4			
	尺寸检查	3.1.9			
	电容和功率因数测量	3.1.8			
	机械试验(锡焊除外)	3.1.10			
	密封性试验	3.1.11			
2	耐久性试验	3.1.12	42[21]	2(注 4)	0
3	锡焊(如适用时)	3.1.10.2	12[6]	1(注 3)	0
	湿热试验	3.1.13			
	引出端子间电压试验	3.1.6			
	引出端子与外壳间电压试验	3.1.7			
4	压力释放试验	3.1.14	20[10] 10[5](注 5)	1(注 3)	0

表 5（续）

组	试验	条号	试品数 （注 1）	初试允许 不合格数 （注 2）	复试允许 不合格数
5	耐热、耐火、耐起痕（不适用于具有引线端子的电容器）	3.1.15	3 （仅对引出端子绝缘子） （注 6）	0	0

注 1：规定的试品数包括在需要时供复试用试品数。在方括号内的数字为试验实际所需要的台数。
所有的数字均表示对每一被试电容值的试品数量。如果试验一个范围，则在本表中列出的数量将适用于最大电容和最小电容两者，或者按 3.1.3.1 在额定电容范围内的任何其他要求试验的中间值。

注 2：同一台电容器在多于一项试验中不合格算 1 台电容器不合格。

注 3：对于组 1、3 和 4，有 1 台不合格允许复试，但复试中不允许不合格。

注 4：对于组 2，有 1 台不合格，不要求复试，有 2 台不合格则要求复试，复试中不允许不合格。

注 5：有一半试品应是“新”的，另一半试品应已通过耐久性试验。

注 6：对于 3.1.15 所述的试验，需要 3 台试品的端子罩（将引出端子定位的绝缘材料件）。
要求用 1 台试品作球压试验（3.1.15.1），1 台试品作灼热丝试验（3.1.15.2），1 台试品作起痕试验（3.1.15.3）。

3.1.3.2.4 当每组的不合格数以及不合格电容器的总数不超过表 5 所示的数量时，则应认为该电容器式样（或范围）符合本部分要求。

3.1.4 例行试验

3.1.4.1 试验程序

电容器应完成以下试验：

a) 密封性试验（见 3.1.11）；

b) 引出端子间电压试验（见 3.1.6）；

c) 引出端子与外壳间电压试验（见 3.1.7）；

d) 外观检查（见 3.1.5）；

e) 电容和功率因数测量（见 3.1.8）。

3.1.5 外观检查

产品状况、加工工艺、标志及表面处理应良好，标志应在电容器寿命期内均清晰。

应无任何填充物质的渗漏和其他明显损伤。

3.1.6 引出端子间电压试验

在型式试验时，电容器应承受表 6 中规定的交流电压试验。试验应在额定频率的实际正弦波电压下进行。可在 50 Hz 或 60 Hz 下进行试验。

在制造方同意时，也可用较高频率进行试验。

表 6 试验电压

电容器类型	试验电压与额定交流电压之比	型式试验时间/s	例行试验时间/s
电解电容器	1.2	10	2

3.1.7 引出端子与外壳间电压试验

电容器应能承受施加于引出端子（连接在一起）与外壳之间的、频率为尽可能接近额定频率的、方均根值为如下规定的实际正弦波交流电压，历时 60 s，应不发生击穿：

$2U_N + 1\,000$ V，但不得低于 2 000 V。

如果电容器外壳为绝缘材料，则在型式试验时，试验电压应施加在引出端子与金属架之间（若有时），或加在引出端子与紧紧地包在外壳表面的金属箔之间；在例行试验时，试验电压应加在引出端子与金属件（若有时）之间。

如果外壳全部是由绝缘材料制成的，则无需进行例行试验。

试验期间，应不发生介质击穿或闪络。

3.1.8 电容和功率因数测量

电容应通过测量在额定电压和额定频率下通过电容器的电流来确定。

应施加正弦波电压，并应注意由于谐波可能引起的不准确性。施加额定电压的时间应不超过 4 s。

测量电路如图 4 所示。

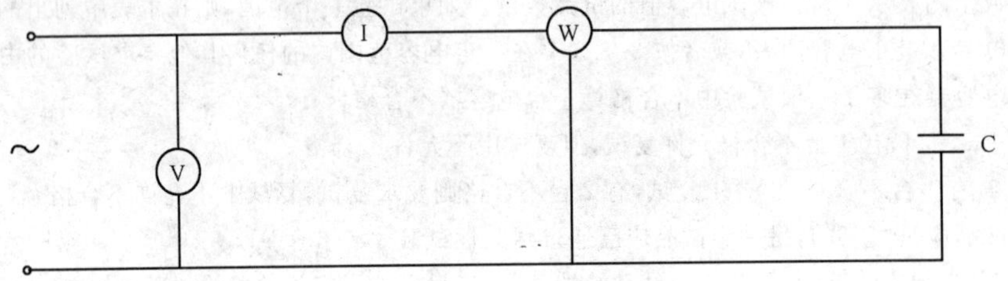

V——电压表；

I——电流表；

W——功率表，在 $\cos\varphi=0.1$ 下精确测量的功率表；

C——被试电容器。

图 4 电容和功率因数的测量电路

应在施加试验电压后的 2 s 内读取电压表数据，3 s 内读取电流表数据并在 4 s 内读取功率表数据。电容应由下式计算得出：

$$C=\frac{I\times10^6}{2\pi fU}$$

式中：

f——频率，Hz；

C——电容，μF；

I——电流（方均根值），A；

U——试验电压（方均根值），V。

注：严格来说，此测量方法确定的是电抗而不是电容，但当功率因数不超过 0.2 时仍可用来确定电容。然而，超过此极限功率因数的值可能在低温下遇到。

电容测量值应在电容器所标示的允许偏差范围内。

功率因数应按照图 4 进行测量，并根据同一时间进行测量电容时的读数计算得出，如下式所示：

$$\cos\varphi=\frac{P}{UI}$$

式中：

P——有功功率，W；

I——电流（方均根值），A；

U——试验电压（方均根值），V。

功率因数应不超过 0.1。

3.1.9 尺寸检查

外壳、引出端子和安装件的尺寸应符合图样所标明的尺寸，并考虑允许偏差。

另外，应检查表 8 所列最小爬电距离和间隙。

3.1.10 **机械试验**

这些试验应按有关规定进行。

试验包括：

——引出端子强度；

——锡焊：试验 T，见 GB/T 2423.28；

——振动（正弦）：试验 Fc，见 GB/T 2423.10；

——温度变化：试验 Na，见 GB/T 2423.22。

3.1.10.1 **引出端子强度**

电容器的引出端子应能承受以下对拉力、弯曲、扭转、转矩的强度要求。

3.1.10.1.1 **拉力**

对所有类型的引出端子施加的负荷均应为 20 N。

对于外部线状引出端子，其横截面至少应为 0.5 mm^2。

3.1.10.1.2 **弯曲（引出端子的一半）**

本试验仅对线状引出端子进行。应施加两次连续的弯曲。

3.1.10.1.3 **扭转（引出端子的另一半）**

本试验仅对线状引出端子进行。应施加两次连续的 180°的旋转。

3.1.10.1.4 **转矩（螺纹引出端子）**

本试验仅对螺纹引出端子进行。

应将螺母或螺栓拧紧到表 7 规定的转矩，然后再松开。转矩应逐渐施加。螺母材料应具有足够的耐破坏应力的强度。

表 7 转 矩

螺纹直径/mm	转矩/(N·m)
2.6	0.4
3.0	0.5
3.5	0.8
4.0	1.2
5.0	1.8
5.5	2.2
6.0	2.5
8	5
10	7
12	12

3.1.10.1.5 **外观检查**

每项试验结束后均应对电容器进行外观检查，其应无明显损伤。

3.1.10.2 **锡焊**

仅当引出端子设计成以锡焊连接时，才进行本试验。

电容器应承受 GB/T 2423.28 的试验 T，用焊槽法或焊球法进行。

当不能采用焊槽法和焊球法时，应用 A 号烙铁进行烙铁试验。

试验前后，应按 3.1.8 规定的方法测量电容器的电容。电容不允许有明显的变化。

当所有试验程序完成之后，应对电容器进行外观检查，其应无明显损伤。

3.1.10.3 **振动**

电容器应承受 GB/T 2423.10 的试验 Fc，采用与实际使用相似的安装方式。试验严酷度如下：

——f=10 Hz～55 Hz；

——$a=\pm 0.35$ mm；

——每一轴向试验持续时间为10个频率循环(三个轴向互成90°)，每分种一个倍频程。

试验后，电容器应能耐受按3.1.7进行的引出端子与外壳间的电压试验，应不发生介质击穿或闪络。

当所有试验程序完成之后，应对电容器进行外观检查，其应无明显损伤。

应无任何填充物的渗漏和其他明显损伤。

试验前后，应按3.1.8规定的方法测量电容器的电容。电容允许最大变化为3%。

3.1.10.4 固定螺栓或螺钉(如装有时)

固定电容器器身的带螺纹的螺栓及附件应对使用中的磨损有足够的抵抗强度。

应对3.1.12(耐久性试验)中的4台试品按以下方法检查固定螺栓或螺钉的耐久性能。

将4台电容器固定到耐久性试验箱的固定板上，固定板的厚度应为1.5 mm±0.1 mm，孔径应为底部螺栓直径加0.5 mm～1.0 mm。

耐久性试验开始前，施加表7规定的转矩，耐久性试验结束时，施加表7规定的相应转矩的一半。

不允许有损坏。

3.1.10.5 温度快速变化

电容器应能承受GB/T 2423.22的试验Na，历时5个循环。每一温度极限下的耐受时间为3 h。

复原后，电容器应进行外观检查和测量，应无任何填充物的渗漏和其他明显损伤。电容变化应小于或等于初始测量值的5%。

3.1.11 密封性试验

将电容器以最易产生渗漏的位置安装在温度比最高允许电容器运行温度高10 ℃±2 ℃的环境下，持续足以使电容器各个部位均达到该温度所需的时间。

在冷却之前，电容器应在此温度下再保持1 h，不应出现渗漏。

如果电容器拟配备端子罩，则密封性试验应最好在固定罩子之前进行。罩子应以不破坏密封的方法固定。

在密封性试验后，应检查电容器液体渗漏和外壳变形情况。

允许液体湿润表面，但不能成滴。

对于例行试验，经制造方和用户协商允许采用其他等效的方法。

3.1.12 耐久性试验

本试验拟用来证实在额定条件下电容器运行的适应性。

在试验期间，电容器应至少相互分开25 mm。

3.1.12.1 适应环境

获得温度条件的两种方法中的任一种(见3.1.12.1.1和3.1.12.1.2)都是有效的，选择何种方法取决于设备的条件。两种方法认为是等效的。

3.1.12.1.1 在强迫循环空气中试验

将电容器放置于试验箱中，该箱中空气温度应保持恒定(偏差为±2 ℃)，试验箱中的空气应不断循环以防止温度变化超过允许偏差。调节试验箱内空气温度的恒温器的传感元件应最好放置在热循环空气气流中。

温度记录仪的温度传感元件应放在损耗角正切最小的电容器外壳侧面的中间部位。将恒温器设置到比被试电容器最高允许运行温度低15 ℃的温度。

将不通电的电容器置于试验箱中进行热稳定，当被试电容器的外壳温度达到所选温度(偏差为±2 ℃)时，即认为试验箱已达到热稳定。然后在规定的电压和工作周期下施加电压。

24 h后，应注意记录被试电容器的最高允许运行温度与温度记录仪指示之间的差值。然后调节恒温器，从而保证所记录温度在最大允许值的±2 ℃以内。

其后不再调节恒温器，连续试验直到完成规定的试验时间。试验时间从电容器开始施加电压算起。

3.1.12.1.2　**在液体槽中试验**

将电容器浸入充满液体的容器中，以附加的方式加热液体，使其在整个试验期间均保持在电容器的最高运行温度。最大允许温度偏差为±2 ℃。为防止易燃，作为安全保护措施应将容器完全密封。

液体水平的设置应使电容器突出液面部分不能超过其高度的20%或15 mm。

3.1.12.2　**试验条件及合格判定**

建议每一台试验电容器应由熔断器或断路器单独保护。

电容器应按下列条件采用两种试验方法：

试验电压：$1.1U_N$；

试验频率：50 Hz或60 Hz；

工作周期：按照标示在电容器上的工作周期；

试验持续时间：500 h。

在试验期间，应不发生永久性击穿、开路或闪络。

复原后(≥16 h)，电容器应进行外观检查和测量。

应无任何填充物的渗漏和其他明显损伤，标志应清晰。

最大允许电容变化不应超过初始值的±10%。

最大允许 $\cos\varphi$ 值为0.2。

在50 Hz下进行的试验，如果将给定的相对运行时间降低20%对60 Hz的定额也有效。

对于具有相同工作周期持续时间电容器的合格试验，也适于较短接通时间的电容器。例如，对于工作周期持续时间60 s和接通时间1 s(1.7%的相对运行时间)的电容器的试验合格认定也适用于周期持续时间60 s和接通时间0.33 s(0.55%的相对运行时间)的电容器。

对于具有较长工作周期持续时间但保持同样的相对运行时间(最长允许接通时间10 s)的电容器也是有效的。例如，对于工作周期持续时间60 s和接通时间1 s(1.7%的相对运行时间)的电容器的合格认定也适用于工作周期持续时间3 min和接通时间3 s(相同的1.7%的相对运行时间)的电容器。

3.1.13　**湿热试验**

试验前应测量电容(见3.1.8)。

本试验应按GB/T 2423.3进行。

应采用标志上标明的严酷等级。试验期间，对试品不施加电压，也不进行测量。

在湿热周期后，应将电容器在标准大气条件下储存，恢复不少于1 h不多于2 h。恢复后应立即按3.1.8测量电容。

电容不允许有超过测量准确度的明显变化。

3.1.14　**压力释放试验**

为确保产品的安全性，电容器应在额定频率和室温下承受连续的额定电压的作用，历时30 min。

当备有压力释放器件时，它将以安全方式动作；不应有外壳爆裂或着火的危险。

当没有压力释放器件时，作为释放压力的一种方法允许密封盒局部打开，而不得发生进一步的外壳爆裂或着火的危险。

具有双外壳的电容器，在试验过程中最外面的箱壳不应发生爆裂。

注1：在本试验过程中电容器箱壳内的一些浸渍剂或填充物有可能从箱壳中喷溅出来，应当采取措施以防止浸渍剂或填充物伤及操作者或破坏环境。

注2：此试验为电解电容器的破坏试验。

3.1.15　**耐热、耐火、耐起痕**

这些试验不适用于具有引线端子的电容器。

3.1.15.1 **球压试验**

将引出端子定位的外部绝缘材料件应具有足够的耐热性能。

除陶瓷之外的所有材料，均按 GB/T 11918—2001 中 27.3 的规定，在 125 ℃或 t_c+40 ℃(取较高者)下对该部分进行球压试验来检验合格与否。

3.1.15.2 **灼热丝试验**

除陶瓷之外的所有材料，均以下述试验来检验合格与否。

支撑引出端子的外部绝缘材料件应能承受 GB/T 5169.10 和 GB/T 5169.11 的灼热丝试验，其详细叙述如下：

——试验样品包括一套构成引出端子组装件的每个构件；

——灼热丝尖端的温度，对 $I_n \leqslant 0.5$ A 者为 550 ℃，对 $I_n > 0.5$ A 者为 850 ℃；

——样品的任何火焰或发光均应在灼热丝撤离后的 30 s 内熄灭，并且任何火焰的滴落不应点燃一块折叠起来的 5 层织物，按 ISO 4046 的规定，该织物水平铺开放在施加灼热丝的样品的下方，距离 200 mm±5 mm 处。

3.1.15.3 **起痕试验**

将带电部件定位的或者与这些引出端子接触的电容器的外部绝缘件应为耐起痕材料。

对相关部件以 GB/T 4207 规定的耐起痕试验在 250 V 下按方法 A 检验是否合格。

3.2 过负荷

3.2.1 最高允许电压

从起动一直到电容器从电路中断开瞬间的整个起动期间，电容器端子间测得的最高允许电压不超过 $1.2U_N$。

最好此过电压在一天中只能出现一次。

3.2.2 最大允许电流

电容器应适于在电流方均根值不超过 1.30 倍的该电容器在额定正弦电压和额定频率下产生的电流下运行，不包括暂态电流。

考虑到电容偏差，最大允许电流可达 1.30 倍额定电流乘以实测电容值与额定电容值之比。

3.2.3 最大允许无功容量

由在超过额定值的电压和电流(仍然在 3.2.1 和 3.2.2 所列限度内)下运行所导致的过负荷应不超过 1.35 倍额定容量。

考虑到电容偏差，最大允许容量可达 1.35 倍额定容量乘以实测电容值与额定电容值之比。

注：应注意到，电容器即使在上述规定的限度内过负荷运行，仍会对这些电容器的寿命产生不利的影响。

3.3 安全要求

3.3.1 爬电距离和间隙

引出端子绝缘外表面的爬电距离以及与引出端子连接的外部部件之间的间隙，或这些带电部件与电容器金属外壳之间的间隙(若有时)应不小于表 8 所示之最小值。

这些最小距离应仅适用于具有或不具有外部连接线的引出端子，不适用于内部的爬电距离和间隙。

应满足对特殊使用的要求。

任何小于 1 mm 宽的槽对爬电距离起作用的应只是其宽度。

任何小于 1 mm 的空气间隙在计算总空气路径时应予以忽略。

爬电距离为沿绝缘材料表面测得的在空气中的距离。

3.3.2 引出端子和连接电缆

引出端子和不可拆开的连接电缆应具有能安全流过电容器电流的导体截面，并应有足够的机械强度。导体的最小横截面积应为 0.5 mm^2，绝缘电缆的电压和温度额定值应与电容器的相符。

制造方应提供证明随电容器供货的电缆足以承载在整个规定的电容、温度、电压范围内的电流的资料。

3.3.3 接地连接

如果电容器的金属外壳拟连接到地或中性线上,则应提供能有效连接的手段。这用下述方法可以办到:提供未油漆金属外壳的电容器,或预备一个接地端子、一个接地导体或一个与外壳可靠电气连接的金属架。

无论采用何种连接,均必须用符号"⏚"清楚地标志接地连接。

当金属外壳装有一个螺栓,电容器通过该螺栓牢固地固定到金属架上,且其间没有插入绝缘材料,金属架可靠地与地连接时,则应认为螺栓有效地接地。

表 8 最小爬电距离和电气间隙

	额定电压	≤24 V	>24 V 且 ≤250 V	>250 V 且 ≤500 V	>500 V 且 ≤1 000 V
爬电距离/mm	1. 不同极性带电部件之间	2	3(2)	5	6
	2. 带电部件与永久固定在电容器上的可接触到的金属部件之间,该金属部件包括固定盖子或将电容器固定到其架子上的螺钉或装置	2	4(2) 3[a]	6 3[a]	7
电气间隙/mm	3. 不同极性带电部件之间	2	3(2)	5	6
	4. 带电部件与永久固定在电容器上的可接触到的金属部件之间,该金属部件包括固定盖子或将电容器固定到其架子上的螺钉或装置	2	4(2) 3[a]	6 3[a]	7
	5. 在带电部件与平坦支撑面或松动的金属盖(若有时)之间,如果结构不能保证在最不利条件下能维持上述项 4 的值	2	6	10	12

注:括号中的数值适用于防污场合的爬电距离和电气间隙,对于永久性密封或化合物填充的外壳,不检查爬电距离和电气间隙。

项 5 仅作为对电容器的应用所提出要求的导则。

[a] 对玻璃或其他具有同等起痕特性的绝缘。

3.3.4 放电器件

在很多场合不需要放电器件,例如,当电容器永久地与电动机绕组相连接时,或将电容器放置在不易接近的位置时。

当规定有放电器件时,其必须自断开电容器的瞬间起在 1 min 内将引出端子上的电压从额定电压的峰值降低到 50 V 或更低。

注:有时规定有放电器件不是出于安全原因,而是为了防止电容器遭受过电压。这种过电压可能在将一已断开但仍充有电荷的电容器再次连接到另一带有不同极性的电容器上时发生。

3.3.5 污染

如果电容器中含有不宜扩散到环境中的液体物质,应根据水污染危险等级进行分类并进行标示。

3.4 标志

在电容器上应标志以下内容:

a) 制造方名称,缩写名称或商标;

b) 产品类型标志;

c) 额定电容(C_N),μF 和偏差,%;

d) 额定电压(U_N),V;

e) 工作周期应紧跟在电压之后标注。如果适用不止一个工作周期或电压,则都应标注在电容器上;

f) 额定频率(f_N),Hz(当不是 50 Hz 时);

g） 气候类别，例如：25/85/21（见 1.4.1）；

h） 制造日期（可用代码）；

i） 放电器件，若有时应写出全名或以符号  表示；

j） 认证标志；

k） 填充材料，说明所使用的液体（干式电容器不标）；

l） 标准代号。

如果电容器很小以至于没有足够的空间去标志，则项 a）、b）、c）、d）、e）、g）、h）和 j）应予标志，而其他项可省略，但应在产品说明书中表明。

4 安装和运行导则

4.1 总则

本导则主要供电动机和包含本标准规定的电容器的完整设备制造方使用。然而，涉及安装和运行说明，电动机设备的制造方应以安装说明书的形式将这些说明传递给最终用户，任何必要的警示都应在设备上标明。

与大多数电气设备不同，电动机电容器不作为独立设备与电力系统连接，在各种情况下，电容器均与电动机的感应绕组串联连接，并可能与电动机或其他设备直接接触，故电动机和这些其他设备的性能对电容器的运行情况产生很大的影响。

对电动机电容器的最重要的影响如下：

——在电动机电容器与单相感应电动机的辅助绕组串联连接时，在运行转速下，电容器引出端子的电压通常远高于电源电压；

——当与电动机直接接触时，电容器不仅遭受电动机的振动应力，而且受到来自通电绕组和铁心的热应力。此外，与该设备有关的其他热源，亦可升高电容器的温度。

4.2 额定电压的选择

4.2.1 工作电压的测量

电动机起动电容器所要求的额定电压应通过与相关电动机连接的正在运行的电容器上的电压测量来决定。电动机应在最大电源电压下用电容器的正确值运行，其负荷变化范围为从最小可用负荷到最大允许负荷。

电容器的最高电压定额应不小于电容器从起动阶段至电容器从电路中断开的瞬间电容器端子上测得的最高电压。此测量电压应不超过 $1.2U_N$。

注：起动期间电容器端子上的电压可从下列关系式估算：

$$U_C = U \times \sqrt{1+n^2}$$

式中：

U_C——电容器端子上的电压；

U——电源电压；

n——辅助绕组与主绕组的匝数比。

4.2.2 电容的影响

除电源系统电压和电容器电动机的主绕组和辅助绕组之间的感应耦合外，电容器引出端子上的电压还决定于其自身的电容值，特别是当电容器和辅助绕组在接近谐振点运行时，在选择电容器的额定电压时应考虑到这一情况，并且还应适当注意最大允许电动机电流。

在选择电容器额定电压时，应适当注意 4.2.1 规定的电压测量、电源电压的可能变化及电容偏差的影响。

4.3 检验电容器温度

4.3.1 最高允许电容器运行温度的选择

由于许多因素（来自电动机的热辐射和热传导，高的环境温度，差的冷却条件等）均影响电动机电容器的温度条件，而这些事先难以计算，故装置的制造方应在组装成电容器装置后检验电容器的运行温度。在检验期间，应采用允许装置运行的最不利条件。且在此条件下测量电容器温度。电容器的额定最高允许运行温度应不低于在本试验过程中测得的最高温度。

4.3.2 **电容器最低允许运行温度的选择**

电容器的额定最低允许运行温度应不高于电容器可能运行的最低环境温度。该环境温度是指在设备运行前即无设备热影响的情况下的温度。

电解电容器在温度 0 ℃以下时电容量变小功率因数增大。然而，这些变化并不严重影响其在温度低至－40 ℃时起动电动机的能力。在该温度时，电容器较高的功率因数所代表的损耗将在短时间内产生足够的内部热量使电解电容器达到起动电动机时的所需的足够大的电容和足够低的功率因数。

4.4 **检验瞬态值**

投切电动机或投切起动电容器时，在开关触头重复起弧和所连接的电动机回路的电感引起的最不利的条件下，有可能产生 10 倍于电容器额定电压的瞬态过电压。

在如上所述的情况下，将发生电容器的过早损坏。装置的制造方应通过适当的试验以确保其不超过电容器的最大额定值。

4.5 **电解电容器的贮存**

电解电容器超长期贮存将会遭受一些损坏。本部分所覆盖的电解电容器应在制造日期后的一年内投入使用。此阶段后，电容器在投入使用前应进行检测。

如果试验条件不具备的话，电容器可以通过一次施加额定电压 2 s 或 3 s，重复 3 次，但总时间应不超过 10 s 来复原。如果电容器已与电动机连接，则可在连接负载之前，通过接通电动机 2 次或 3 次来获得相同的效果。

附　录　A
（规范性附录）
试　验　电　压

电压试验用相关条款规定的交流电源进行。该电源在规定的任何试验时间内均应能足以保持所要求的试验电压，偏差为±2.5%，但对于耐久性试验，为±2%。

交流电压试验用 50 Hz 或 60 Hz 频率进行，电压波形尽量不含谐波，以确保当其施加到电容器上时，得到的电流不超过相应的正弦电压波形下电流值的 110%。

ICS 71.080.50
G 16

中华人民共和国国家标准

GB/T 3676—2008
代替 GB 3676—1992

工业用顺丁烯二酸酐

Maleic anhydride for industrial use

2008-06-04 发布　　2008-12-01 实施

中华人民共和国国家质量监督检验检疫总局
中国国家标准化管理委员会　发布

前言

本标准修改采用美国试验与材料协会标准 ASTM D 3504—2003《标准规格 顺丁烯二酸酐》(英文版)。

本标准根据美国试验与材料协会标准 ASTM D 3504—2003《标准规格 顺丁烯二酸酐》重新起草。在附录 A 中列出了本标准章条编号与 ASTM D 3504—2003 章条编号的对照一览表。

考虑到我国国情，在采用 ASTM D 3504—2003 标准时，本标准做了一些修改。本标准与 ASTM D 3504—2003 标准的主要差异如下：

——将产品分为两个等级优等品和合格品(本标准的 3.2)。这是为了符合我国国情；

——增加了顺丁烯二酸酐含量、灼烧残渣含量、铁含量(以 Fe 计)项目和试验方法(本标准的 3.2、4.2、4.5、4.6)；

——加热后的熔融色度项目优等品指标由 ASTM 的≤40(铂-钴色号)修改为由供需双方协商确定(本标准的 3.2)。

本标准代替 GB 3676—1992《工业顺丁烯二酸酐》。

本标准与 GB 3676—1992 相比主要变化如下：

——技术要求中取消一等品(1992 年版的 3.2;本版的 3.2)；

——技术要求中优等品增加加热后的熔融色度项目(见 3.2)；

——结晶点优等品指标由≥52.4℃修改为≥52.5℃，铁含量优等品指标由≤5 ppm 修改为≤3 μg/g(1992 年版的 3.2;本版的 3.2)；

——各项目合格品指标修改为与一等品指标相同(1992 年版的 3.2;本版的 3.2)；

——增加了顺丁烯二酸酐外观的试验方法、加热后的熔融色度的试验方法(见 4.1、4.3)；

——调整了结晶点测定用结晶管和保护管的长度(1992 年版的 4.3.1;本版的 4.4)；

——顺丁烯二酸酐每批质量由不超过 30 t 修改为不超过 60 t(1992 年版的 5.3;本版的 5.2)；

——检验规则中将块状产品每块最大尺寸由不应超过 10 cm 修改为不应超过 5 cm(1992 年版的 5.2;本版的 5.3)；

——增加了产品包装标志的要求(见 6.1)；

——包装容器中取消了大口铁桶和木桶(1992 年版的 6.1;本版的 6.2)；

——增加了资料性附录 A 和规范性附录 B(见附录 A、附录 B)。

本标准的附录 A 为资料性附录、附录 B 为规范性附录。

本标准由中国石油和化学工业协会提出。

本标准由全国化学标准化技术委员会有机分会(SAC/TC 63/SC 2)归口。

本标准起草单位：天津渤海精细化工有限公司。

本标准参加起草单位：太原市侨友化工有限公司。

本标准主要起草人：田春玉。

本标准于 1983 年 10 月首次发布，于 1992 年 1 月第一次修订。

工业用顺丁烯二酸酐

1 范围

本标准规定了工业用顺丁烯二酸酐的要求、试验方法、检验规则以及标志、包装、运输和贮存等。

本标准适用于以苯或石油碳四馏分为原料经催化氧化制得的顺丁烯二酸酐的生产、检验和销售。该产品主要用作不饱和聚酯树脂、油漆、农药以及医药等的原料。

分子式：$C_4H_2O_3$

相对分子质量：98.058(按2005年国际相对原子质量)

2 规范性引用文件

下列文件中的条款通过本标准的引用而成为本标准的条款。凡是注日期的引用文件，其随后所有的修改单(不包括勘误的内容)或修订版均不适用于本标准，然而，鼓励根据本标准达成协议的各方研究是否可使用这些文件的最新版本。凡是不注日期的引用文件，其最新版本适用于本标准。

GB/T 601—2002 化学试剂 标准滴定溶液的制备

GB/T 603—2002 化学试剂 试验方法中所用制剂及制品的制备(ISO 6353-1:1982,NEQ)

GB/T 1250 极限数值的表示方法和判定方法

GB/T 3049—2006 工业用化工产品 铁含量测定的通用方法 1,10-菲啰啉分光光度法(ISO 6685:1982,IDT)

GB/T 3143—1982 液体化学产品颜色测定法(Hazen单位——铂-钴色号)

GB/T 4456 包装用聚乙烯吹塑薄膜

GB/T 6678—2003 化工产品采样总则

GB/T 6679—2003 固体化工产品采样通则

GB/T 6682—2008 分析实验室用水规格和试验方法(ISO 3696:1987,MOD)

GB/T 7531—2008 有机化工产品灼烧残渣的测定(ISO 6353-1:1982,NEQ)

GB/T 7533—1993 有机化工产品结晶点的测定方法(ISO 1392:1977,NEQ)

GB/T 8946 塑料编织袋

3 要求

3.1 外观：白色、微黄色块状或片状结晶体。

3.2 工业用顺丁烯二酸酐应符合表1所示的技术要求。

表1 技术要求

项目		指标	
		优等品	合格品
顺丁烯二酸酐的质量分数(以 $C_4H_2O_3$ 计)/%	≥	99.5	99.0
熔融色度/Hazen单位(铂-钴色号)	≤	25	50
结晶点/℃	≥	52.5	52.0
灼烧残渣的质量分数/%	≤	0.005	
铁的质量分数(以Fe计)/(μg/g)	≤	3	—
加热后的熔融色度/Hazen单位(铂-钴色号)	≤	由供需双方协商确定	—

4 试验方法

除非另有说明，在分析中仅使用确认为分析纯的试剂和符合 GB/T 6682—2008 中规定的三级水。

分析中所用标准滴定溶液、制剂和制品，在没有注明其他要求时，均按 GB/T 601—2002、GB/T 603—2002 之规定制备。

4.1 外观

在自然光或荧光灯光照之下，目视观察所取样品。

4.2 顺丁烯二酸酐含量的测定

4.2.1 方法提要

用氢氧化钠标准滴定溶液滴定试样，以酚酞为指示剂，计算得到以顺丁烯二酸酐计的含量。

4.2.2 试剂

4.2.2.1 氢氧化钠标准滴定溶液：$c(NaOH)=0.5$ mol/L；

4.2.2.2 酚酞指示剂：10 g/L。

4.2.3 分析步骤

称取 1 g 实验室样品，精确至 0.000 2 g。置于 250 mL 具塞锥形瓶中，用滴定管加入 35 mL 氢氧化钠标准滴定溶液及 35 mL 新煮沸并已冷却的水，微热至试样全部溶解，冷却到(20～30)℃，加两滴酚酞指示剂，再用氢氧化钠标准滴定溶液滴定至微红色，30 s 不退色即为终点。

4.2.4 结果计算

顺丁烯二酸酐(以 $C_4H_2O_3$ 计)的质量分数 w_1，数值以%表示，按公式(1)计算：

$$w_1=\frac{VcM}{m\times 1\,000}\times 100 \qquad \cdots\cdots(1)$$

式中：

V——试料消耗氢氧化钠标准滴定溶液(4.2.2.1)的体积的数值，单位为毫升(mL)；

c——氢氧化钠标准滴定溶液的浓度的准确数值，单位为摩尔每升(mol/L)；

m——试料的质量的数值，单位为克(g)；

M——顺丁烯二酸酐($1/2C_4H_2O_3$)的摩尔质量的数值，单位为克每摩尔(g/mol)[$M=49.03$]。

取两次平行测定结果的算术平均值为测定结果，两次平行测定结果的绝对差值不大于 0.2%。

4.3 熔融色度的测定

按 GB/T 3143—1982 规定的方法进行。

测定中取适量实验室样品于 50 mL 比色管中，在(65±2)℃水浴上加热(避免水汽侵入)。试样熔化后立即调整试样体积至刻度，轴向目视观察。

4.4 结晶点的测定

按 GB/T 7533—1993 规定的方法进行。称样量约 35 g。主温度计范围(40～70)℃，长(30～35)cm，分刻度 0.1℃，热化浴为(65±2)℃恒温水浴。

4.5 灼烧残渣的测定

按 GB/T 7531—2008 中规定的方法进行。称样量 50 g，精确至 0.01 g。灼烧温度(650±25)℃。两次平行测定结果的绝对差值不大于这两个测定值的算术平均值的 20%。

保留坩埚内的残渣用于铁含量测定。

4.6 铁含量的测定

4.6.1 分析步骤

向 4.5 得到的残渣中加入盐酸 3 mL，放在水浴上加热，使残渣全部溶解，并将溶液蒸发至近干，冷却后用水全部溶解并转移到 100 mL 容量瓶中。以下操作按 GB/T 3049—2006 规定进行。

4.6.2 结果计算

铁(以 Fe 计)的质量分数 w_2，数值以 μg/g 表示，按公式(2)计算：

$$w_2 = \frac{m_1}{m_2} \qquad \cdots\cdots(2)$$

式中：

m_1——与试料吸光度相对应的由标准曲线上查得的铁的质量的数值，单位为微克(μg)；

m_2——试料的质量的数值，单位为克(g)。

取两次平行测定结果的算术平均值为测定结果，两次平行测定结果的绝对差值不大于这两个测定值的算术平均值的20%。

4.7 加热后的熔融色度的测定

4.7.1 方法提要

将熔化的顺丁烯二酸酐样品在预设温度下继续加热2 h，与铂-钴色标进行比较。

4.7.2 试剂

铂-钴标准比色液：按GB/T 3143—1982中的规定配制。

4.7.3 仪器

4.7.3.1 比色管：互相匹配的耐热型50 mL纳氏比色管。总长度约300 mm，50 mL刻度线在距外底之上(200～250)mm之间。

4.7.3.2 电加热块：铝质，性能要求见附录B。

4.7.4 分析步骤

当电加热块温度在140℃时，将装有试样的测定熔融色度时使用的纳氏比色管放到电加热块中，用一小的玻璃毛环围绕孔穴的顶部，以支撑纳氏比色管呈垂直位置并封闭纳氏比色管与加热块之间的空间，加热2 h，取出纳氏比色管立即与铂-钴标准比色液进行比色。

注1：在每个孔穴的底部放少量玻璃毛，以防止纳氏比色管和温度计被打碎。

注2：如果熔融样品中含有可见的混浊物，不能用本试验方法。

4.7.5 结果判定

按GB/T 3143—1982的规定进行。

5 检验规则

5.1 检验分类分为型式检验和出厂检验。

5.1.1 型式检验项目为外观和表1中规定的所有项目，正常情况每六个月至少进行一次型式检验。当遇到下列情况之一时，应进行型式检验：

a) 主要原料有变化；
b) 工艺等有较大改变，可能影响产品性能时；
c) 产品长期停产后，恢复生产时；
d) 出厂检验结果与上次型式检验有较大差异时；
e) 合同规定。

5.1.2 出厂检验项目为表1中的顺丁烯二酸酐含量、熔融色度、结晶点、灼烧残渣、铁含量，应逐批进行检验。

5.2 工业用顺丁烯二酸酐产品每批质量不超过60 t。对于块状产品，每块最大尺寸不应超过5 cm。

5.3 工业用顺丁烯二酸酐采样单元数按GB/T 6678—2003中7.6.1的规定确定。

5.4 工业用顺丁烯二酸酐采样方法按GB/T 6679—2003规定进行。取样量不得少于500 g，混合均匀后分为两份，密封、避光，粘贴标签，注明产品名称、批号、取样日期、取样地点、取样者姓名。一份供检验使用，另一份留样保存三个月。

5.5 工业用顺丁烯二酸酐测定时应将试样置于干燥的研钵内迅速研碎，混合均匀，避免水汽侵入。

5.6 工业用顺丁烯二酸酐应由生产厂质量监督检验部门进行检验。生产厂应保证出厂产品符合本标准的要求。每批出厂的产品都应附有一定格式的质量证明书,内容包括:生产厂名称、产品名称、生产日期或者批号、产品等级和本标准编号等。

5.7 检验结果的判定按 GB/T 1250 中修约值比较法进行。检验结果中如有一项不符合本标准要求时,应重新自两倍量的包装单元中采样进行复验,重新检验的结果既使只有一项指标不符合本标准要求时,则整批产品应做不合格处理。

6 标志、包装、运输、贮存

6.1 工业用顺丁烯二酸酐的包装容器上应有牢固的标志,标明产品名称、生产厂名称、厂址、商标、生产日期或生产批号、产品等级、净含量及本标准编号等。

6.2 工业用顺丁烯二酸酐包装用符合 GB/T 8946 的塑料编织袋或牛皮纸袋,内衬符合 GB/T 4456 的聚乙烯塑料袋,塑料袋口热合或用绳扎紧。每件包装净含量 25 kg、500 kg,或按用户要求包装。

6.3 工业用顺丁烯二酸酐运输时应装在清洁、干燥的运输工具中,勿与酸、碱混放或与氧化腐蚀性物质接触,避免产品变质。运输时注意小心轻放,防止包装袋破损。

6.4 工业用顺丁烯二酸酐应储存于干燥、清洁、通风的库房内,防火、防潮、防雨淋、防日晒,勿与酸、碱混放或与氧化腐蚀性物质接触,避免产品变质。自出厂之日起保质期为 3 个月,逾期经检验符合本标准要求仍可继续使用。

附 录 A
（资料性附录）
本标准章条编号与 ASTM D 3504—2003 章条编号对照

表 A.1 给出了本标准章条编号与 ASTM D 3504—2003 章条编号对照一览表。

表 A.1 本标准章条编号与 ASTM D 3504—2003 章条编号对照

本标准章条编号	对应 ASTM D 3504—2003 章条编号
1	1
2	2
3	3
4	3
5	4 和 1.2
6	—
—	5

附 录 B
（规范性附录）
电加热块的性能要求

B.1 加热后的熔融色度测定方法中使用的电加热块技术要求采用 ASTM D 3366—1995(2003)《熔融状态及加热后的顺丁烯二酸酐和苯二甲酸酐的颜色标准试验方法(铂-钴色标)》标准中的仪器要求。

B.2 电加热块：铝质电加热块，具有下列工作特性：

顺丁烯二酸酐温度调整到	(140±2)℃
样品从 60℃加热到 140℃的时间	(25±5)min
样品孔穴到温度计孔穴的最大温差	2℃

注：所用加热块的工作特性是关键性的。

B.3 电加热块示意图

电加热块示意图见图 B.1。

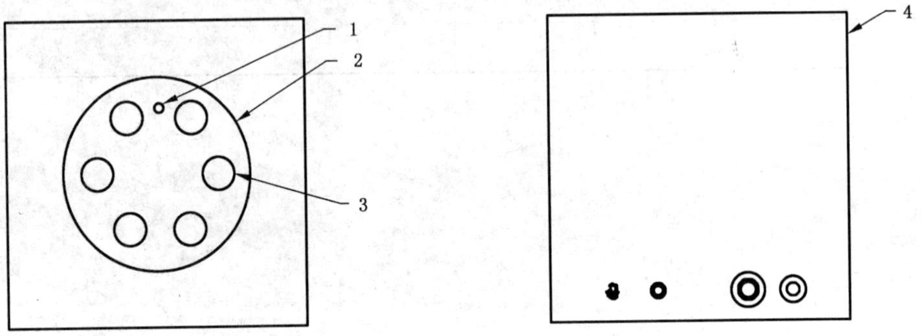

1——温度计插孔。孔深 7.62 cm，内径 2.12 cm；

2——铝块，内径 15.24 cm，高度 27.94 cm。用手控或筒式加热器加热；

3——6 个可插入 50 mL 纳氏比色管的孔，孔深 23.50 cm，内径 2.70 cm；

4——不锈钢外壳，带有玻璃纤维绝缘物，用于电源、温度和转速的控制。

图 B.1 电加热块示意图

ICS 91.100.30
Q 14

中华人民共和国国家标准

GB/T 3691—2008
代替 GB/T 3691～3692—1983

钢丝网水泥板力学性能试验方法

Mechanical properties testing method of steel wool cement tile

2008-07-30 发布　　2009-03-01 实施

中华人民共和国国家质量监督检验检疫总局
中国国家标准化管理委员会　发布

前　言

本标准代替 GB/T 3691—1983《钢丝网水泥板受弯试验方法》、GB/T 3692—1983《钢丝网水泥板轴心受拉试验方法》。

本标准与 GB/T 3691—1983、GB/T 3692—1983 相比，主要变化如下：

——增加了规范性引用文件；

——增加了钢丝网水泥板及试验项目名称的术语和定义；

——明确了试验用仪器设备型号、精确度和分度值；

——采用目前我国规定的法定计量单位；

——取消了原 GB/T 3692—1983 附录 B。

本标准附录 A、附录 C、附录 E 为规范性附录，附录 B、附录 D 为资料性附录。

本标准由中国建筑材料联合会提出。

本标准由全国水泥制品标准化技术委员会归口。

本标准负责起草单位：苏州混凝土水泥制品研究院。

本标准主要起草人：冯立平、吴楠峰、吴昌旭、王希哲、谢雪英、陈惠珍。

本标准委托苏州混凝土水泥制品研究院负责解释。

本标准所代替标准的历次版本发布情况为：

——GB/T 3691—1983；

——GB/T 3692—1983。

钢丝网水泥板力学性能试验方法

1 范围

本标准规定了钢丝网水泥板受弯、轴心受拉性能试验方法、试件制作、试验仪器、试验步骤及试验报告。

本标准适用于厚度不大于60 mm的钢丝网水泥板受弯、受拉力学性能试验。

2 规范性引用文件

下列文件中的条款通过本标准的引用而成为本标准的条款。凡是注日期的引用文件，其随后所有的修改单（不包括勘误的内容）或修订版均不适用于本标准，然而，鼓励根据本标准达成协议的各方研究是否可使用这些文件的最新版本。凡是不注日期的引用文件，其最新版本适用于本标准。

GB/T 1250 极限数值的表示方法和判定方法

GB/T 8170 数值修约规则

3 术语和定义

下列术语和定义适用于本标准。

3.1

钢丝网水泥板 steel wool cement tile

以钢丝网或钢丝网和钢筋为增强材料，水泥砂浆为基材组合而成的一种薄壁结构材料。

3.2

无筋钢丝网水泥板 all mesh steel wool cement tile

只配钢丝网，不配钢筋的钢丝网水泥。

3.3

钢筋钢丝网水泥板 steel wool cement tile with skeletal bar

同时配置钢丝网和钢筋的钢丝网水泥。

3.4

纵筋 longitudinal bar

沿钢丝网水泥板长度方向配置的钢筋。

3.5

横筋 transverse bar

沿钢丝网水泥板宽度方向配置的钢筋。

3.6

轴心受拉性能 axoal tensive property

钢丝网水泥试件在通过轴心的轴向拉力作用下，各阶段的裂缝开展、强度与变形性能。

3.7

受弯性能 flexural property

钢丝网水泥试件在弯矩作用下，各阶段的弯曲力学性能。

3.8

受弯试验装置 flexural test device

一种可以使钢丝网水泥板中部(300～400) mm范围内承受纯弯曲的受弯试验装置。

4 试件形状与尺寸

4.1 受弯试件形状与尺寸

4.1.1 受弯试件形状见图1。

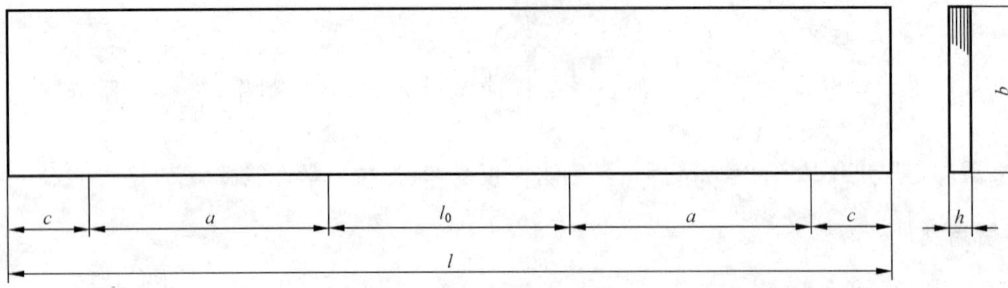

图1

4.1.2 受弯试件尺寸见表1、表2。

表1 受弯试件尺寸

单位为毫米

试件厚度 h	纯弯区长度 l_0	力臂长度 a	端部长度 c	试件总长度 l
≤30	300	300	100	1 100±2
>30	400	400	100	1 400±2

表2 受弯、受拉试件宽度

单位为毫米

纵筋间距 S_j		30	40	50	60	70	80	90	100	120	150
试件宽度	b	210	200	200	240	210	240	270	200	240	300
	误差	±1									

4.2 轴心受拉试件形状与尺寸

4.2.1 轴心受拉试件形状见图2。

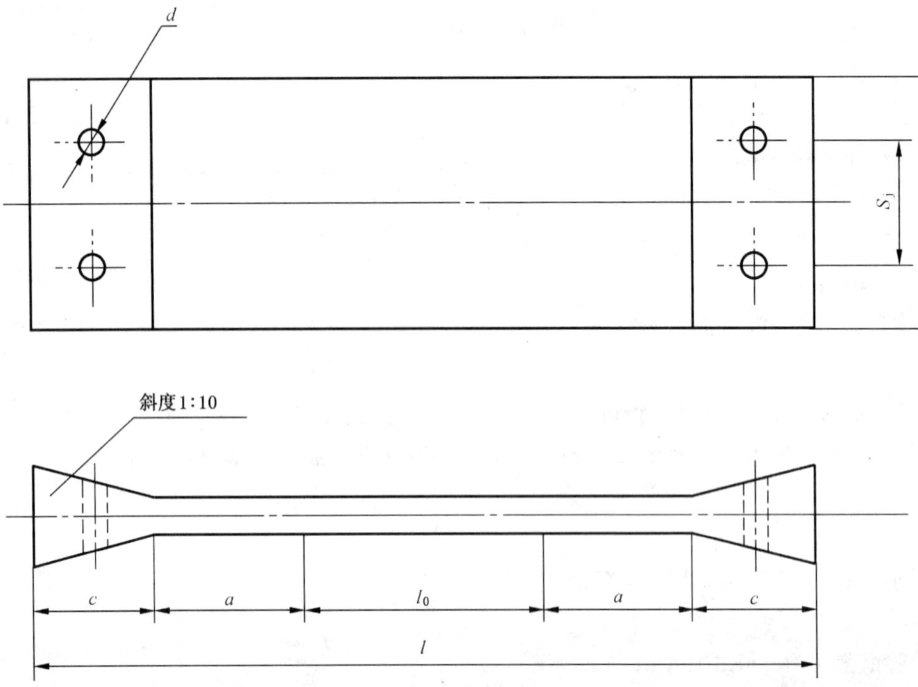

图2

4.2.2 轴心受拉试件尺寸见表3,试件宽度见表2。

表3 轴心受拉试件尺寸

单位为毫米

纯弯区长度 l_0	力臂长度 a	端部长度 c	试件总长度 l
200～250	100～125	100	650±2

5 试件制作

5.1 试件制作质量要求

5.1.1 试件成型用原材料、砂浆配比、配筋、试件成型、养护方式与制度,应与设计要求或现场制作实际情况一致。

5.1.2 试件内配置的筋、网应与试件宽度一致,纵向加筋与网丝根数按式(1)、式(2)确定:

$$n_j = \frac{b}{S_j} \quad \cdots\cdots(1)$$

$$n_w = \frac{b}{S_w} - 1 \quad \cdots\cdots(2)$$

式中:

n_j——纵向钢筋根数;

n_w——纵向网丝根数;

b——试件宽度,单位为毫米(mm);

S_j——纵向钢筋间距,单位为毫米(mm);

S_w——纵向钢丝间距,单位为毫米(mm)。

5.1.3 试件保护层厚度应严格按有关产品设计规范或设计要求控制,其误差为±0.5 mm。

5.1.4 试件外观要求平整、棱角整齐、厚度均匀,无原始裂缝。

5.1.5 受拉试件应预置夹紧螺栓预留孔,孔径20 mm、孔间距100 mm,尺寸误差为±0.5 mm;试件端部配筋应加强,纵向加筋端部应弯钩,并应延伸至应力缓冲区,于75 mm范围内逐渐减至试件设计或实际配筋。

5.2 成型用模具要求

成型用模具宜采用钢模,也可采用木模。模具尺寸精度应符合表4规定。

表4 模具尺寸精度

单位为毫米

长　度	宽　度	厚　度
±2	±1	±0.5

5.3 试件数量

5.3.1 受弯试件、受拉试件每组各成型4块,试验时取其中3块。

5.3.2 在成型受弯、受拉试件的同时,成型40 mm×40 mm×160 mm砂浆强度试件3组,并同条件养护,以测量砂浆试件抗折强度、抗压强度、劈裂抗拉强度。

6 试验设备、装置与仪表

6.1 试验用设备和仪表见附录A。

6.2 试验装置参见附录B。

7 试验方法

7.1 受弯性能

7.1.1 试验前准备

a) 试验前应对试件进行外观质量检查,除去浮灰,用丙酮擦拭试件表面,根据湿痕检查试件原始裂缝,符合要求后方可进行试验。

b) 在纯弯区测量试件厚度和宽度,测量6点,取其平均值,读数应分别精确到0.1 mm和0.5 mm。

c) 划出定位线和裂缝观测区标志线,见图3。划线的误差为±0.5 mm。

单位为毫米

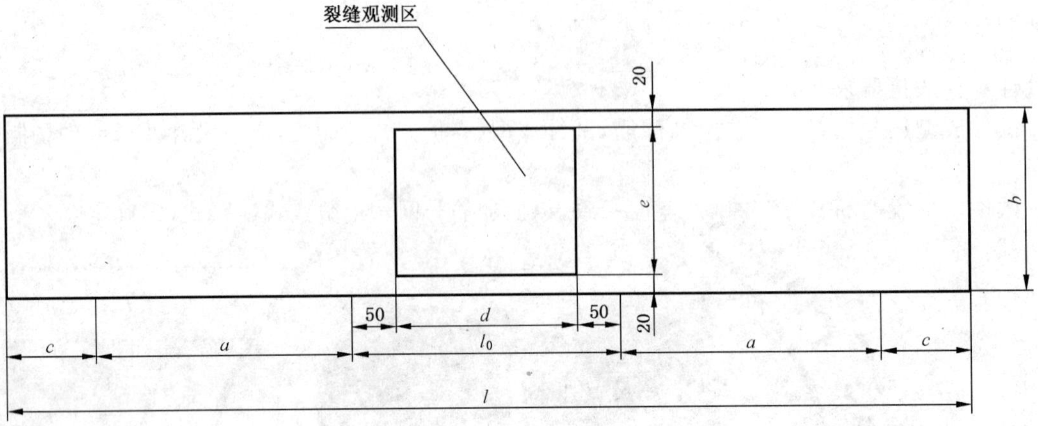

图 3

7.1.2 安装试件及仪表

a) 将试件放置在支座上,按定位线定位;

b) 安装测量挠度和变形的仪表(见图4),施加初次荷载(不大于100 N),检查仪表工作是否正常。

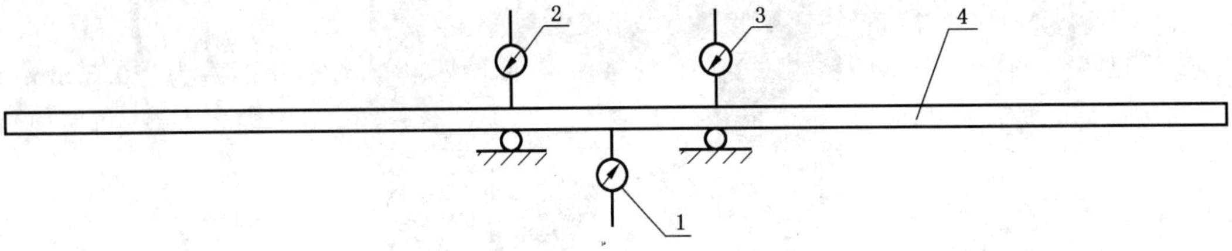

1——挠度计或百分表;

2、3——千分表;

4——试件。

图 4

7.1.3 加荷试验

7.1.3.1 预加荷载的确定

a) 在分级加荷前,应先进行预加荷,其值不超过试件抗裂荷载的50%,也可按式(3)确定

$$P_y = \frac{bh^2}{12a}R_{wl} \quad \cdots\cdots\cdots\cdots(3)$$

式中:

P_y——预加荷载,单位为牛顿(N);

b——试验宽度,单位为毫米(mm);

h——试件厚度,单位为毫米(mm);

a——力臂长度,单位为毫米(mm);

R_{wl}——砂浆试件抗折强度,单位为兆帕(MPa)。

b) 当测定抗弯刚度时,预加荷载应反复进行5次,其值按附录C选择

7.1.3.2　**分级加荷、仪表读数**

a）加载前，将荷载和仪表读数均调整至零点或确定一个初读数；

b）分级加荷，每级加荷量为试件的 1/15～1/12；试件初裂前的级数不少于 5 级，每级加荷的时间间隔为 5 min，每级加荷完毕，即读取仪表初读数，下级加荷前读取终读数；

c）在测量区内进行各级荷载下的裂缝观测。用丙酮擦拭试件表面，确定裂缝出现的时刻和部位。用 20 倍读数显微镜测量裂缝的宽度；

d）当裂缝宽度大于 0.1 mm 时，注意保护仪表；破坏前拆除仪表，加荷直至破坏；

e）试验过程如需对试件变形均匀性加以调节与控制时，可按附录 D 进行。

7.1.3.3　**测量保护层厚度**

分别在初始裂缝和破坏截面处各测 3 点保护层厚度，取平均值，结果修约至 0.5 mm。

7.1.4　**试验结果计算**

7.1.4.1　钢丝网水泥板受弯初裂弯矩和初裂强度按式(4)、式(5)进行计算：

$$M_{cf}=\frac{1}{2}P_{cf}a+kbh \quad \cdots\cdots(4)$$

$$\sigma_{cf}=\frac{3P_{cf}a}{bh^2} \quad \cdots\cdots(5)$$

式中：

M_{cf}——钢丝网水泥板初裂弯矩，单位为牛·米(N·m)；

P_{cf}——钢丝网水泥板受弯初裂荷载，单位为牛(N)；

σ_{cf}——钢丝网水泥板受弯初裂强度，单位为兆帕(MPa)；

a——钢丝网水泥板受弯试验时弯曲力臂长度，单位为毫米(mm)；

b——试件宽度，单位为毫米(mm)；

h——试件厚度，单位为毫米(mm)；

k——自重影响系数。

当 $h\leqslant30$ mm 时，$k=0.172$ MPa；

当 $h>30$ mm 时，$k=0.263$ MPa。

7.1.4.2　结果计算如下：

a）钢丝网水泥板受弯裂缝为一定宽度时弯矩和强度按式(6)～式(9)计算：

$$M_{0.05}=\frac{1}{2}P_{0.05}a \quad \cdots\cdots(6)$$

$$\sigma_{0.05}=\frac{3P_{0.05}a}{bh^2} \quad \cdots\cdots(7)$$

$$M_{0.1}=\frac{1}{2}P_{0.1}a \quad \cdots\cdots(8)$$

$$\sigma_{0.1}=\frac{3P_{0.1}a}{bh^2} \quad \cdots\cdots(9)$$

式中：

$\sigma_{0.05}$、$\sigma_{0.1}$——当钢丝网水泥板受弯裂缝宽度分别为 0.05 mm、0.1 mm 时的强度，单位为兆帕(MPa)；

$M_{0.05}$、$M_{0.1}$——当钢丝网水泥板受弯裂缝宽度分别为 0.05 mm、0.1 mm 时的弯矩，单位为牛·米(N·m)；

$P_{0.05}$、$P_{0.1}$——当钢丝网水泥板受弯裂缝宽度分别为 0.05 mm、0.1 mm 时的荷载，单位为牛(N)。

b）钢丝网水泥板受弯破坏弯矩和强度按式(10)和式(11)计算：

$$M_p=\frac{1}{2}P_pa \quad \cdots\cdots(10)$$

$$\sigma_p = \frac{3P_p a}{bh^2} \quad \cdots\cdots(11)$$

式中：

M_p——钢丝网水泥板受弯破坏弯矩，单位为牛·米(N·m)；

P_p——钢丝网水泥板受弯破坏荷载，单位为牛(N)；

σ_p——钢丝网水泥板受弯破坏强度，单位为兆帕(MPa)。

7.1.4.3 钢丝网水泥板纯弯区挠度如图5所示，按式(12)计算：

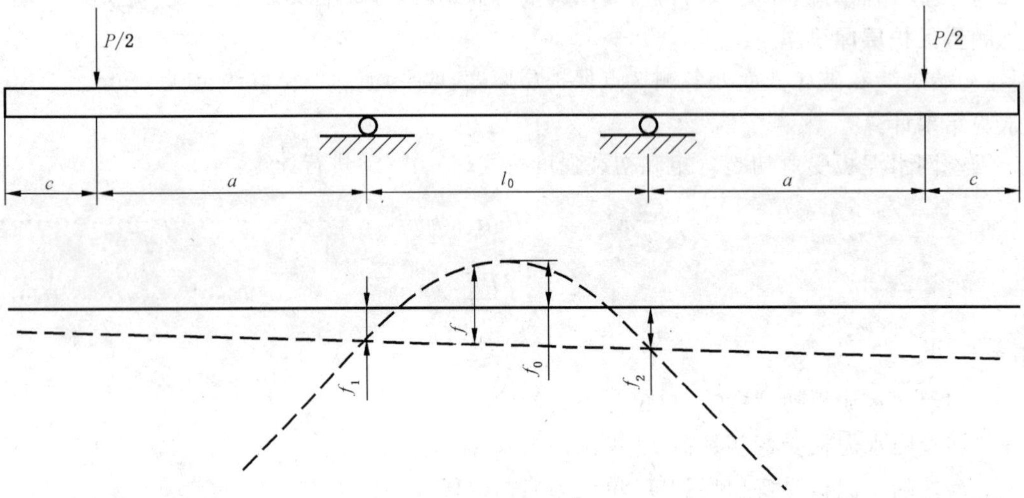

图 5

$$f = f_0 + \frac{1}{2}(f_1 + f_2) \quad \cdots\cdots(12)$$

式中：

f——钢丝网水泥板纯弯区中心点挠度，单位为毫米(mm)；

f_0——纯弯区中心点挠度计或百分表读数，单位为毫米(mm)；

f_1、f_2——分别为试件在支座1和支座2处的千分表读数，单位为毫米(mm)。

7.1.4.4 按各个试件的各级荷载下 M 值和 f 值，绘制钢丝网水泥板弯矩-挠度曲线图。

7.1.4.5 钢丝网水泥板抗弯刚度按式(13)计算：

$$B = \frac{P_t a l_0^2}{16 f_t} \quad \cdots\cdots(13)$$

式中：

B——钢丝网水泥板抗弯刚度，单位为兆帕(MPa)；

P_t——钢丝网水泥板受弯弹性阶段荷载，即对应于弯矩-挠度曲线上直线段的最大荷载，单位为牛(N)；

f_t——对应于 P_t 值的钢丝网水泥板纯弯区中心点挠度，单位为毫米(mm)。

7.2 轴心受拉性能

7.2.1 试验前准备

a) 试验前应对试件进行外观质量检查，除去浮灰，用丙酮擦拭试件表面，根据试件湿痕检查试件原始裂缝，符合要求后可进行试验。

b) 在裂缝观测区测量试件厚度和宽度，测量6点，取其平均值，读数应分别精确到0.1 mm和0.5 mm。划定位线和裂缝观测区标志线，见图6，划线误差不得超过±0.5 mm。

单位为毫米

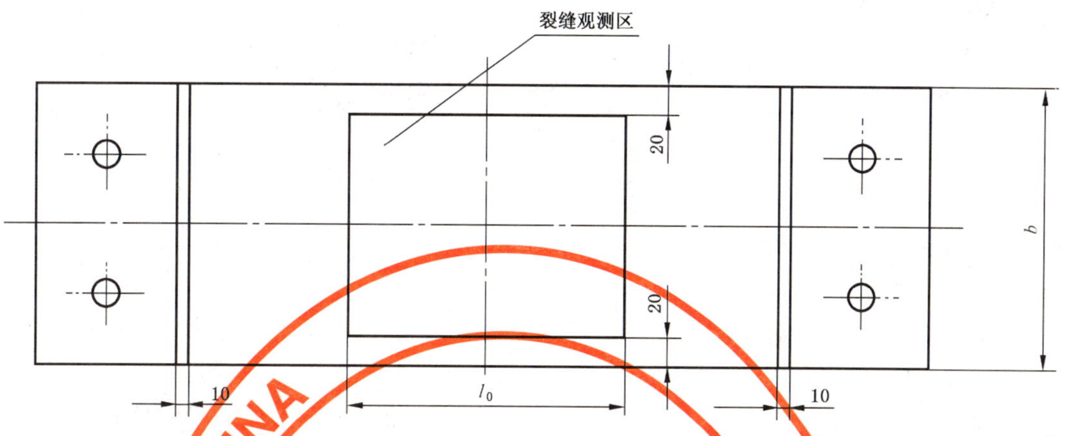

图 6

7.2.2 安装试件与仪表

a) 将试件安装在可调偏心夹具上,使试件的轴心线与上、下夹板的中心线对准,拧紧螺栓,夹紧试件,务使螺栓的夹紧程度相一致。

b) 将测量变形的仪表安装在试件的裂缝观测区,施加初载(不大于 100 N),检查仪表工作情况,务使仪表工作正常。

c) 测量变形的仪表宜采用测量标距为(200~250) mm 的机械式引伸仪,其布置见图 7。

单位为毫米

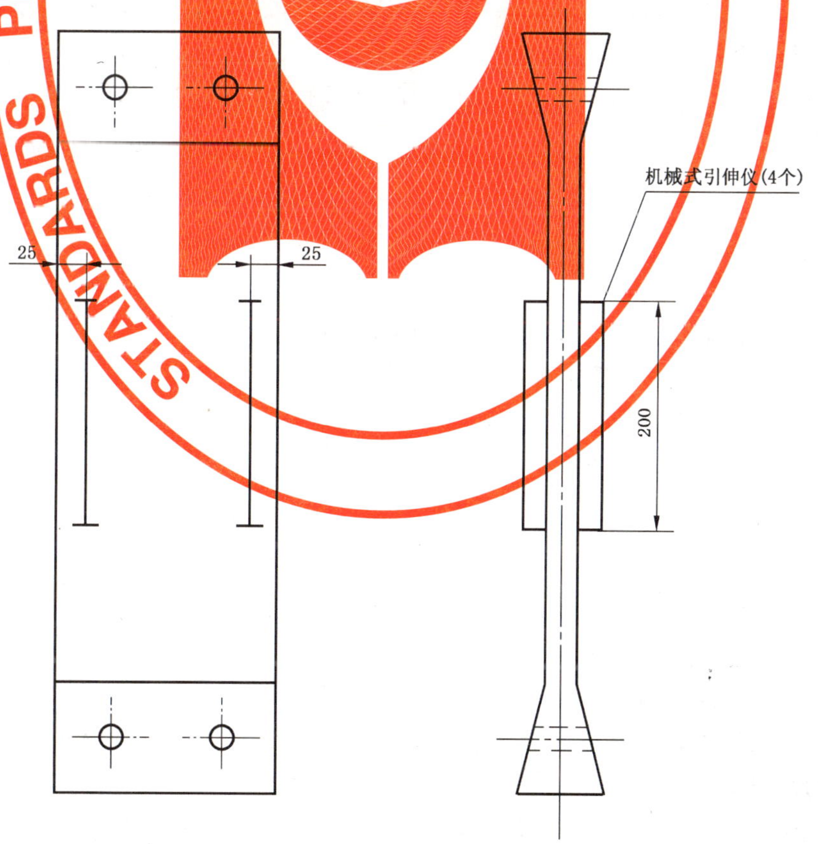

图 7

7.2.3　加荷试验

7.2.3.1　预加荷载和偏心调节

a）在分级加荷之前，应先预加荷载，其值不得超过抗裂荷载的50%，也可按式(14)确定。当测定弹性模量时，预加荷载应反复进行5次，其值按附录E确定：

$$P_y = \frac{1}{8} R_{wl} bh \quad \cdots\cdots(14)$$

式中：

P_y——预加荷载，单位为牛(N)；

R_{wl}——砂浆抗折强度，单位为兆帕(MPa)；

b——试件宽度，单位为毫米(mm)；

h——试件厚度，单位为毫米(mm)。

b）预加荷载时，观察试件偏心情况，根据4个机械式引伸仪的读数，同时旋转可调偏心夹具上、下摇柄，以调节试件偏心，尽量使4个仪表读数一致，其差值以不大于$(5\sim10)\times10^{-6}\varepsilon$为宜。

7.2.3.2　分级加荷

a）加荷前，将荷载和仪表读数调整到零点，或取初始读数。

b）每级加荷量为试件破坏荷载的1/5～1/12，试件初裂前的加荷级数不得少于5级，每级荷载的时间间隔为5 min，每级加荷完毕后，即读取各级荷载下的初读数，下级加荷前，读完终读数。

c）在试验过程中，当4个仪表读数差值较大时，应调节偏心，尽量使仪表读数一致。初裂前，其读数差值以不大于$(5\sim10)\times10^{-6}\varepsilon$为宜；初裂后，其差值应控制在20%以内。

d）在裂缝观测区内进行各级荷载的裂缝观测，用丙酮擦拭试件表面，确定裂缝出现的时刻与部位，用20倍读数显微镜测量裂缝宽度。

e）当裂缝宽度大于0.1 mm时，注意保护仪表；破坏前拆除仪表，加荷直至破坏。

7.2.4　保护层厚度测量

分别在初始裂缝和破坏截面处各测3点保护层厚度，取平均值，精确到0.5 mm。

7.2.5　试验结果计算

7.2.5.1　钢丝网水泥板轴心受拉应力按式(15)计算：

$$\sigma = \frac{P}{bh} \quad \cdots\cdots(15)$$

式中：

σ——钢丝网水泥板轴心受拉应力，单位为兆帕(MPa)；

P——钢丝网水泥板轴心受拉荷载，单位为牛(N)；

b——试件宽度，单位为毫米(mm)；

h——试件厚度，单位为毫米(mm)。

7.2.5.2　钢丝网水泥板轴心受拉初裂强度按式(16)计算：

$$\sigma_{cf} = \frac{P_{cf}}{bh} \quad \cdots\cdots(16)$$

式中：

P_{cf}——钢丝网水泥板受拉初裂荷载，单位为牛(N)；

σ_{cf}——钢丝网水泥板受拉初裂强度，单位为兆帕(MPa)；

b——试件宽度，单位为毫米(mm)；

h——试件厚度，单位为毫米(mm)。

7.2.5.3　钢丝网水泥板受拉裂缝为一定宽度时的强度按式(17)、式(18)计算：

$$\sigma_{0.05} = \frac{P_{0.05}}{bh} \quad \cdots\cdots(17)$$

$$\sigma_{0.1}=\frac{P_{0.1}}{bh} \qquad \cdots\cdots(18)$$

式中：

$\sigma_{0.05}$、$\sigma_{0.1}$——当钢丝网水泥板受拉裂缝宽度分别为 0.05 mm、0.1 mm 时的强度，单位为兆帕（MPa）；

$P_{0.05}$、$P_{0.1}$——当钢丝网水泥板受拉裂缝宽度分别为 0.05 mm、0.1 mm 时的荷载，单位为牛（N）；

b——试件宽度，单位为毫米（mm）；

h——试件厚度，单位为毫米（mm）。

7.2.5.4 钢丝网水泥板轴心受拉破坏强度按式（19）计算：

$$\sigma_{p}=\frac{P_{p}}{bh} \qquad \cdots\cdots(19)$$

式中：

σ_{p}——钢丝网水泥板轴心受拉破坏强度，单位为兆帕（MPa）；

P_{p}——钢丝网水泥板轴心受拉破坏荷载，单位为牛（N）；

b——试件宽度，单位为毫米（mm）；

h——试件厚度，单位为毫米（mm）。

7.2.5.5 按各个试件的各级应力和应变实测值，绘制钢丝网水泥板轴心受拉应力-应变曲线。

7.2.5.6 钢丝网水泥板轴心受拉弹性模量按式（20）计算：

$$E_{t}=\frac{\sigma_{t}}{\varepsilon_{t}} \qquad \cdots\cdots(20)$$

式中：

E_{t}——钢丝网水泥板轴心受拉弹性模量，单位为兆帕（MPa）；

σ_{t}——钢丝网水泥板轴心受拉弹性极限强度，即对应于应力-应变曲线上直线段的最大应力值，单位为兆帕（MPa）；

ε_{t}——钢丝网水泥板轴心受拉弹性极限强度，即对应于应力-应变曲线上直线段的最大应变值。

7.2.5.7 钢丝网水泥板轴心受拉变形模数，按式（21）、式（22）、式（23）计算：

$$E_{cf}=\frac{\sigma_{cf}}{\varepsilon_{cf}} \qquad \cdots\cdots(21)$$

$$E_{0.05}=\frac{\sigma_{0.05}}{\varepsilon_{0.05}} \qquad \cdots\cdots(22)$$

$$E_{0.1}=\frac{\sigma_{0.1}}{\varepsilon_{0.1}} \qquad \cdots\cdots(23)$$

式中：

E_{cf}、$E_{0.05}$、$E_{0.1}$——分别为钢丝网水泥板轴心受拉初裂、裂缝宽度为 0.05 mm、0.1 mm 时的变形模数，单位为兆帕（MPa）；

ε_{cf}、$\varepsilon_{0.05}$、$\varepsilon_{0.1}$——钢丝网水泥板轴心受拉初裂、裂缝宽度为 0.05 mm、0.1 mm 时的应变值。

7.3 结果评定

7.3.1 试验数据按 GB/T 8170 进行修约，结果评定按 GB/T 1250 中修约比较法进行。

7.3.2 钢丝网水泥板试验结果按每组 3 块算术平均值评定。

7.3.3 钢丝网水泥板试验结果，如出现下列情况之一时，结果无效：

a) 当保护层厚度不满足设计要求或实际情况时；

b) 测试结果无法衡准时；

c) 单块试验结果低于 3 块试件算术平均值的 20%时。

8 试验报告

试验报告应包括下列内容：

a） 试验项目名称；

b） 试验目的与要求；

c） 试件成型日期、试验日期；

d） 试件编号、尺寸大小、配筋情况、保护层厚度、砂浆强度；

e） 试件来源、原材料品种及规格、砂浆配比、成型、养护方式及制度；

f） 试验设备、装置与仪表；

g） 试验结果，根据试验目的与要求，绘制出钢丝网水泥板各项性能测试值；

h） 试验人员签名。

附 录 A
（规范性附录）
试验用主要设备、仪表

A.1 钢丝网水泥板受弯、轴心受拉试验用主要仪器、仪表见表 A.1。

表 A.1

序号	名 称	测量范围	精 确 度	分 度 值
1	钢卷尺	1 000 mm 2 000 mm 5 000 mm	示值偏差： Ⅱ级±0.3 mm Ⅱ级±0.7 mm Ⅱ级±1.3 mm	1 mm 1 mm 1 mm
2	读数显微镜	(0～8) mm	±0.01 mm	0.01 mm
3	秒表	15 min	1 级	
4	百分表	(0～10) mm (0～30) mm	±0.1 mm	0.1 mm
5	台秤	100 kg	Ⅲ级	
6	机械式引伸仪	(200～250) mm	±0.01 mm	0.01 mm
7	千分表	(0～1) mm	±0.01 mm	0.01 mm
8	微机控制压力试验机	(0～30) kN	1 级	1 N
9	胶砂强度抗折试验机	(0～6 000) N	1 级	1 N
10	深度游标卡尺	(0～200) mm	±0.02 mm	0.02 mm
12	电子式万能材料试验机	(0～30) kN	1 级	1 N
13	电子式万能材料试验机	(0～60) kN	1 级	1 N

附 录 B
（资料性附录）
试验装置

B.1 受弯试验装置

B.1.1 钢丝网水泥板受弯试验采用双臂外伸纯弯试验装置，可采用重物、杠杆式或液压式加荷。荷载误差不得超过±2%。装置见图B.1。

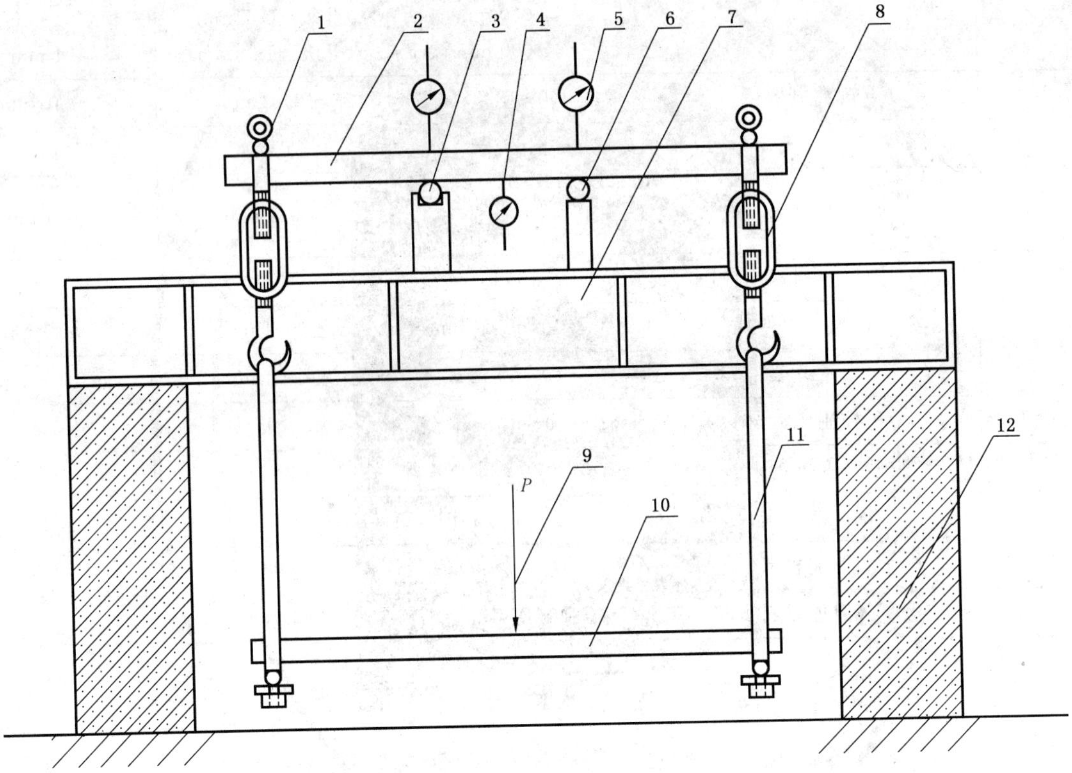

1——加荷横杆；
2——试件；
3——圆形可动支座；
4——百分表；
5——千分表；
6——固定支座；
7——支座架；
8——调节环；
9——荷载；
10——加荷板；
11——吊杆；
12——支柱。

图 B.1

B. 1. 2 试验装置用支座梁要有足够刚度，基础坚实可靠。对新设置的试验装置必须采用钢质试件进行预压试验，预压三次，预压荷载量按表 B. 1 选取。

表 B. 1

试件厚度/mm	预压荷载量/kN
$h \leqslant 30$	$\geqslant 30$
$h > 30$	$\geqslant 90$

B. 1. 3 支座和加荷横杆均采用直径 d 为(20～40) mm 的圆钢。当试件厚度 $h>30$ mm 时，支座与试件之间垫以 20 mm×5 mm 的钢质薄板条。支座间距 l_0 和加荷力臂 a 的尺寸值，按表 1 选取。

B. 1. 4 支座上缘与支座梁上缘间的距离应不小于 300 mm。

B. 1. 5 试验用吊杆应采用具有铰连接及调节松紧装置的钢质杆或柔性绳。

B. 2 轴心受拉试验装置

B. 2. 1 当试件厚度 h 不大于 30 mm 时，可采用 100 kN 拉力试验机；当试件厚度 h 大于 30 mm 时，应采用 300 kN 或更大荷载的拉力试验机。拉力试验机上、下端最大净距宜不小于 1 500 mm。

B. 2. 2 钢质楔形端部试件形状、尺寸见图 B. 2。

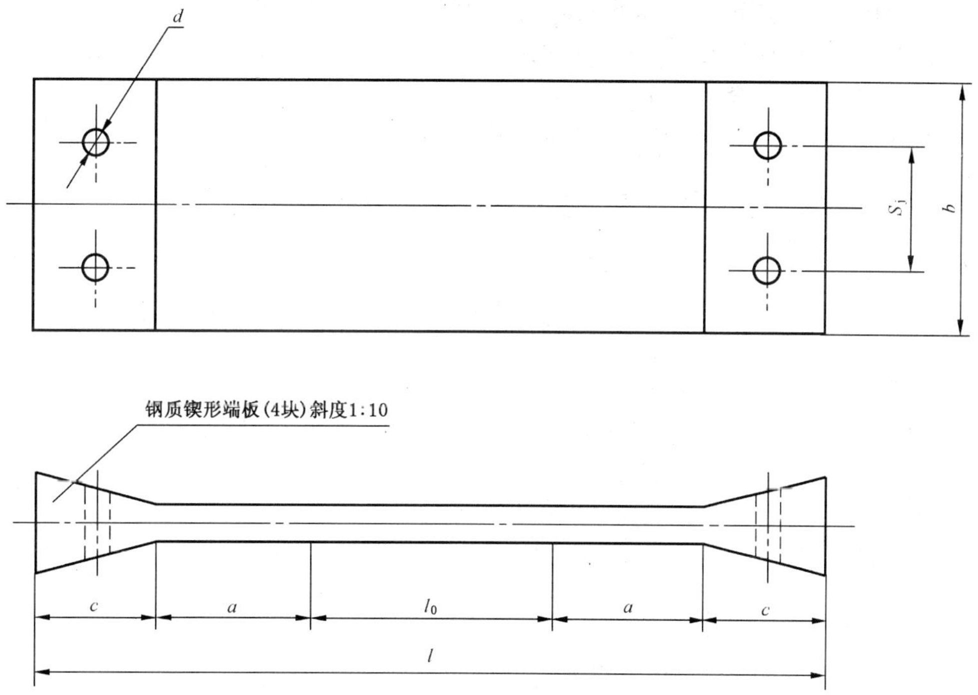

图 B. 2

附 录 C
（规范性附录）
测定抗弯刚度时预加荷载值的计算

测定钢丝网水泥板抗弯刚度时，预加荷载值按试件无横筋和有横筋两种情况进行计算，见式(C.1)、式(C.2)。

a) 无横筋时：

$$P_{y} = \frac{W_{0}}{4a} R_{wl} \qquad \text{(C.1)}$$

b) 有横筋时：

$$P_{y} = \frac{W_{0}^{hj}}{4a} R_{wl} \qquad \text{(C.2)}$$

式中：

P_y——测定刚度时预加荷载值，单位为牛(N)；

W_0——无横筋的钢丝网水泥试件换算截面受拉边缘弹性抵抗矩，单位为立方毫米(mm^3)；

W_0^{hj}——有横筋的钢丝网水泥试件换算截面受拉边缘弹性抵抗矩，换算截面计算时，将位于受拉区(按中和轴位于试件的0.5 h处计)的横筋占有的面积扣除，单位为立方毫米(mm^3)；

a——力臂长度，单位为毫米(mm)；

R_{wl}——40 mm×40 mm×160 mm砂浆试体抗折强度，单位为兆帕(MPa)。

附　录　D
（资料性附录）
受弯试验试件变形均匀性调节与控制方法

采用 4 个标距 l 为(200～250) mm 的引伸仪测量试件变形，布置见图 D.1，根据 4 个仪表的读数，调节加荷杆上的调节环，尽量分别使横向、纵向仪表读数一致。初裂前，其差值应控制在 $5\times10^{-6}\varepsilon$～$10\times10^{-6}\varepsilon$ 为宜；初裂后，其差值应控制在 20%以内。

单位为毫米

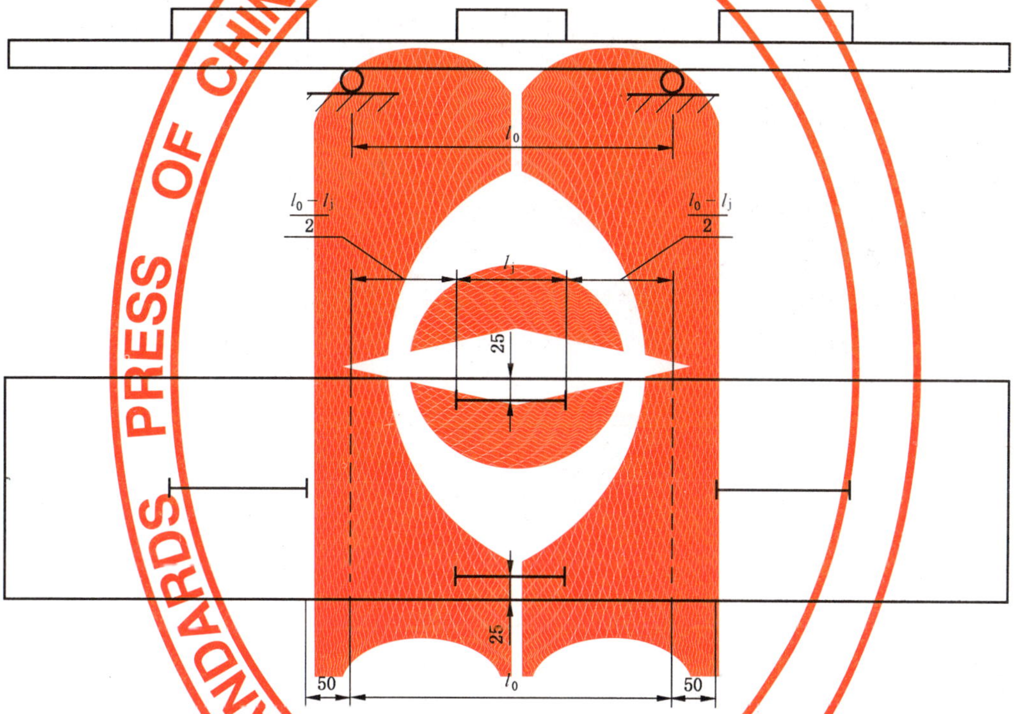

图 D.1

附 录 E
（规范性附录）
轴心受拉弹性模量预加荷载值的计算

测定钢丝网水泥板弹性模量时，预加荷载值按试件无横筋和有横筋两种情况进行计算，见式(E.1)、式(E.2)。

a) 无横筋时：

$$P_y=\frac{1}{8}\left(1+10\frac{A_g}{bh}\right)R_{wl}bh \qquad \text{(E.1)}$$

b) 有横筋时：

$$P_y=\frac{1}{8}\left(1+10\frac{A_g}{bh}-\frac{\sum d'}{h}\right)R_{wl}bh \qquad \text{(E.2)}$$

式中：

P_y——测定弹性模量时预加荷载值，单位为牛(N)；

A_g——钢丝网水泥试件纵向加筋和网丝的截面积总和，单位为平方毫米(mm^2)；

b——试件宽度，单位为毫米(mm)；

h——试件厚度，单位为毫米(mm)；

R_{wl}——40 mm×40 mm×160 mm 砂浆试体抗折强度，单位为兆帕(MPa)；

$\sum d'$——钢丝网水泥试件同一截面横筋直径总和，取其最大值，单位为毫米(mm)。

ICS 71.080.90
G 17

中华人民共和国国家标准

GB/T 3711—2008
代替 GB/T 3711—1983

酚类产品中性油及吡啶碱含量测定方法

Method of determination for neutral oils and pyridine bases contents of phenol products

2008-12-06 发布　　2009-10-01 实施

中华人民共和国国家质量监督检验检疫总局
中国国家标准化管理委员会　发布

前　言

本标准代替 GB/T 3711—1983《酚类产品中性油及吡啶碱含量测定方法》。

本标准与 GB/T 3711—1983 相比主要变化如下：

——增加了前言；

——增加了范围、规范性引用性文件、采样各章；

——格式有所改动，将操作中的安全提示放在方法的最前，合并试剂和仪器章节，将注放在操作步骤之中；

——在试剂中增加了“测定过程中，除非另有说明，均使用符合国家标准或行业标准的分析纯试剂和蒸馏水或同等纯度的水”和“沸石”；

——将原先“加入蒸馏水于下球至刻度零处”改为“加入蒸馏水于下球至刻度 0.5 mL 刻度处”，增加了“安装仪器前读数，记录”；

——接收装置去掉了 S 型玻璃弯头，接收器位置发生改变，详见装置图；

——增加了按照装置图安装，检查气密性；

——增加了“保留全部馏出液 A，用于吡啶碱含量的测定”；

——吡啶碱测定的指示剂改为溴酚蓝；

——对结果计算公式及符号按 GB/T 20001.4—2001《标准编写规则　第 4 部分：化学分析方法》附录 A.14 的规定进行了改写；

——将分析误差修改为精密度。

本标准由中国钢铁工业协会提出。

本标准由冶金工业信息标准研究院归口。

本标准起草单位：鞍钢股份有限公司化工总厂、冶金工业信息标准研究院。

本标准主要起草人：关永毅、张明明、孙伟、于梅春、陆云。

本标准所代替标准的历次版本发布情况为：

——GB/T 3711—1983。

酚类产品中性油及吡啶碱含量测定方法

警告:做试验和蒸馏期间要注意安全,防爆。

1 范围

本标准规定了酚类产品中性油及吡啶碱含量的测定原理、仪器、采样、分析步骤、结果计算及精密度。

本标准适用于煤焦油分馏所得的酚类产品中性油及吡啶碱含量的测定。

2 规范性引用文件

下列文件中的条款通过本标准的引用而成为本标准的条款。凡是注日期的引用文件,其随后所有的修改单(不包括勘误的内容)或修订版均不适用于本标准,然而,鼓励根据本标准达成协议的各方研究是否可使用这些文件的最新版本。凡是不注日期的引用文件,其最新版本适用于本标准。

GB/T 1999 焦化油类产品取样方法

3 原理

从试样的碱性水溶液中蒸馏得到中性油及吡啶碱。中性油用二甲苯收集,测得所收集的中性油增加的体积,即为中性油含量;从试样的碱性水溶液中蒸馏得到水馏液,用标准盐酸溶液滴定所收集的蒸出水馏分中的吡啶碱,用溴酚蓝作指示剂,计算得吡啶碱含量。

4 试剂和仪器

测定过程中,除非另有说明,均使用符合国家标准或行业标准的分析纯试剂和蒸馏水或同等纯度的水。

4.1 二甲苯:分析纯。

4.2 氢氧化钠溶液:27%溶液。

4.3 盐酸溶液:0.1 mol/L 标准溶液,0.5 mol/L 标准溶液或 1 mol/L 标准溶液。

4.4 酚酞指示剂:0.5 g 酚酞溶解于 100 mL 95%(体积分数)乙醇中。

4.5 溴酚蓝指示剂:0.3%溶液,配制方法为溶解 0.3 g 溴酚蓝于 100 mL 40%的乙醇中。

4.6 滴定管:容积 25 mL,带 0.1 mL 分刻度。

4.7 三角烧瓶:容积 500 mL,有刻度。

4.8 移液管:容积 5 mL。

4.9 量筒:容积 100 mL。

4.10 煤气灯。

4.11 蒸馏装置:由硬质玻璃制的容积 1 000 mL 蒸馏瓶、玻璃防溅球管、起泡管、冷却管、玻璃接受器、容积 500 mL 带刻度的锥型瓶组成,如图 1～图 6 所示。

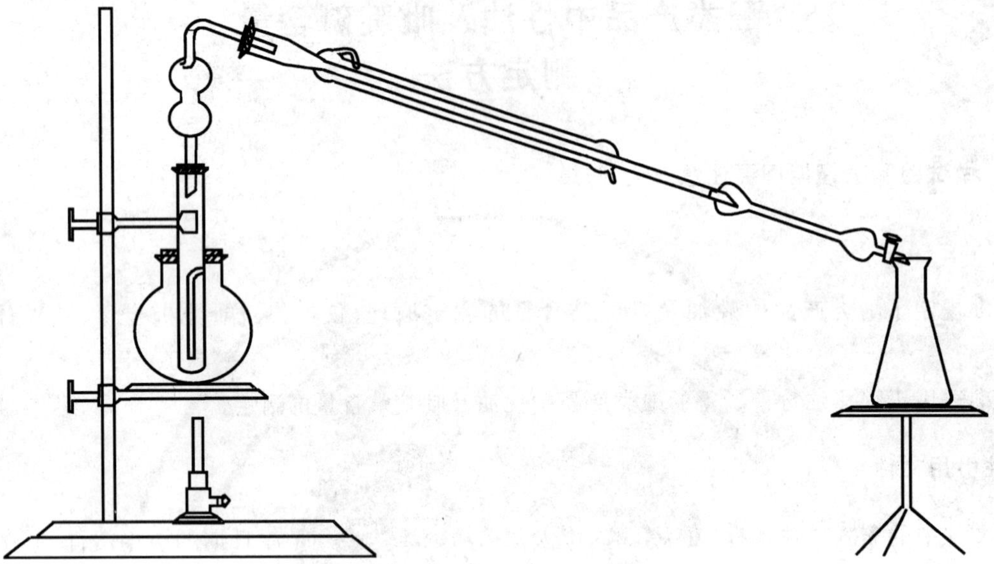

图1 蒸馏仪器装配图

单位为毫米

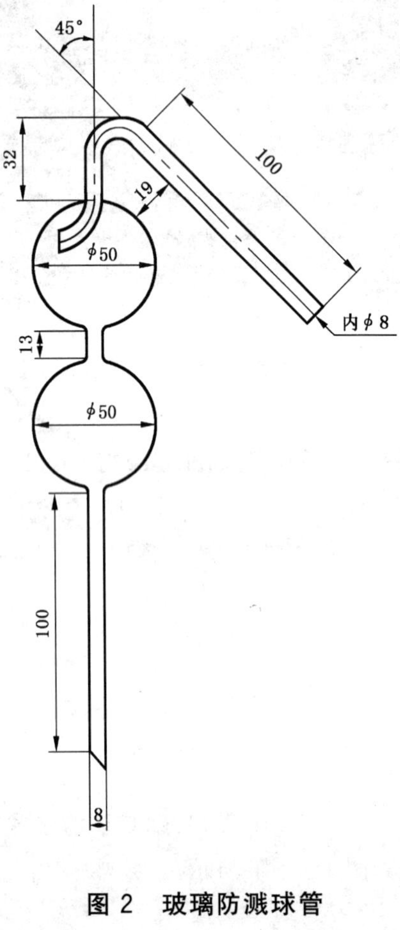

图2 玻璃防溅球管

单位为毫米

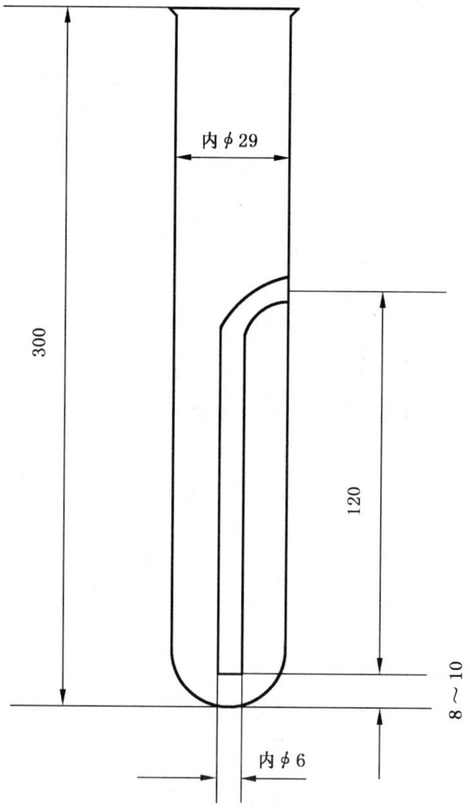

图3 起泡管

单位为毫米

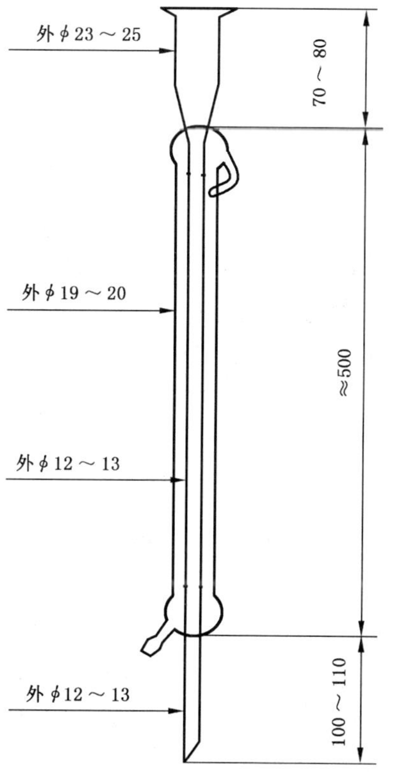

图4 冷却管

单位为毫米

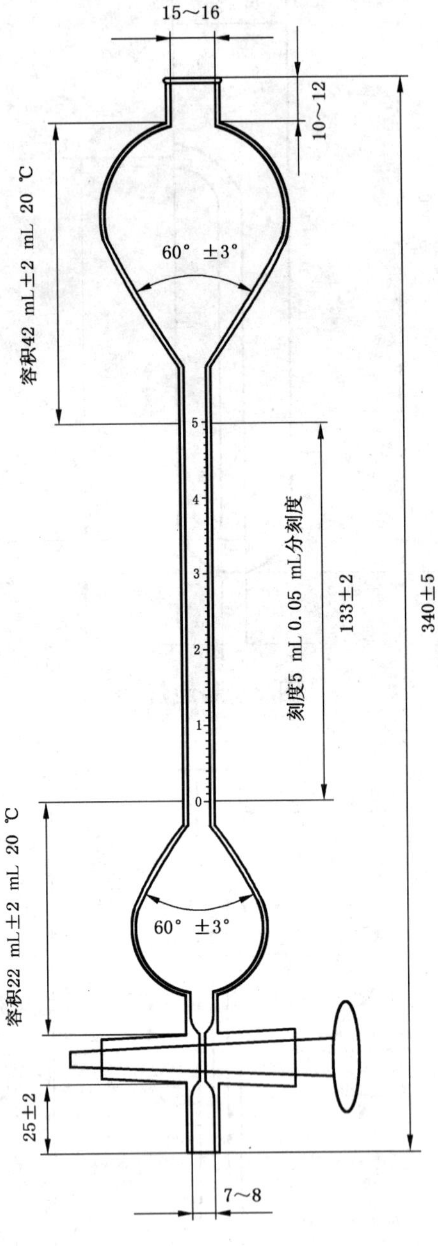

图 5 玻璃接收器

单位为毫米

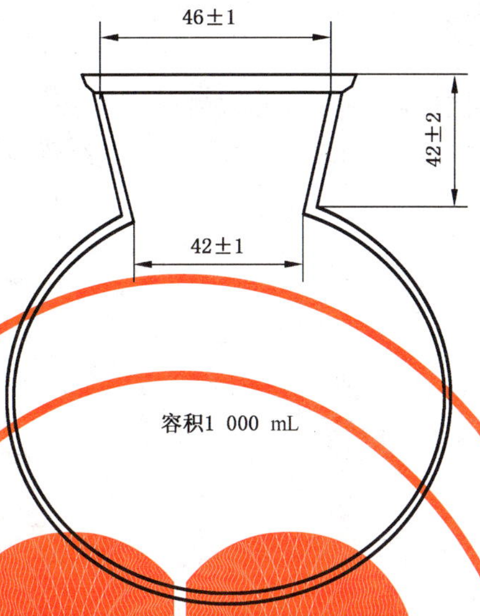

图 6　圆底蒸馏瓶

5　试样采取

按 GB/T 1999 规定进行。

6　分析步骤

6.1　中性油的测定

6.1.1　试验之前，接收器和三角烧瓶严格用洗液清洗干净，接收器刻度部分用洗液泡洗，最后用蒸馏水冲洗干净。

6.1.2　在干净的接收器中，加入蒸馏水于下球至刻度 0.5 mL 刻度处，然后用移液管加入 3 mL～4 mL 二甲苯，注意勿使二甲苯滴于上球壁，静置待用，安装仪器前读数，记录。

6.1.3　精确量取均匀试样 100 mL，（若粗酚样品在蒸馏过程中易起泡沫影响蒸馏时，取样量可减少为 50 mL；中性油含量大于 1 mL 或固态物多时，取样量减少为 50 mL）倒入 1 000 mL 的蒸馏瓶中，并使量筒中的样品尽量流下，用同一量筒加入 170 mL 氢氧化钠溶液，并同时摇动瓶子，接着用此量筒加进 100 mL 蒸馏水（取样量为 50 mL 进行分析时，加 85 mL 氢氧化钠溶液，再加 185 mL 蒸馏水），充分摇匀，为了防止爆沸，加入数片碎瓷片。

6.1.4　用 25 mL 量筒量取氢氧化钠溶液 25 mL 倒入起泡管中。

6.1.5　在确保起泡管不堵塞后，再开冷却水，保持冷凝器中的冷却水持续不断，加热蒸馏，蒸馏时，蒸馏瓶下放一块石棉网，正中有约 50 mm 直径的圆形石棉。当冷凝液开始流出，即打开接受器下部活塞并保持二甲苯液柱接近 4 mL 的高度，以约在 30 min～40 min 内收集 200 mL 馏出液的蒸馏速度蒸馏，馏出液沿接受器的内表面流下，在蒸馏期间（或熔化凝结物前）不允许从冷凝器的末端逸出蒸汽。

6.1.6　当固体物出现，在蒸出液接近 180 mL 时，关闭冷却水，以熔化凝结的固体物，待固体物全熔，开冷却水，蒸出液接近 200 mL，停止加热，使冷凝液全部流下。残渣要趁热倒出，若有残渣固化现象，可在起泡管上部慢慢加入热水溶化，如果瓶底有结块，加入稀硫酸泡洗即可。

6.1.7　使接受器中的二甲苯位于刻度部分，静置 15 min，精确读取二甲苯体积。

6.1.8　将接受器中的水溶液和二甲苯全部移到锥形瓶中与馏出液合并，并用 20 mL 蒸馏水分两次洗涤接受器，洗涤液并入锥形瓶中，保留全部馏出液 A，用于吡啶碱含量的测定。

6.2 吡啶碱含量测定

6.2.1 在馏出液 A(6.1.8)中加入 2～3 滴酚酞指示剂，如果颜色呈现红色，用 0.1 mol/L 盐酸滴至红色消失为止。

6.2.2 向上述溶液或未变色的原溶液，加入 3 滴溴酚蓝指示剂，用 0.5 mol/L 的盐酸标准溶液滴定，每加一滴盐酸都充分摇动混合物，直至颜色明显地由蓝色变为黄绿色为终点(吡啶碱含量大于 0.5g/100 mL 时，试样取样量减少为 50 mL)。

7 结果计算

7.1 中性油含量的计算

中性油含量的体积分数以 X_1 计，数值以%表示，按式(1)计算：

$$X_1 = \frac{V_1 - V_2}{V} \times 100 \quad \cdots\cdots(1)$$

式中：

V_1——蒸馏后接受器中二甲苯层的体积，单位为毫升(mL)；

V_2——加入接受器的二甲苯体积，单位为毫升(mL)；

V——试样体积，单位为毫升(mL)。

7.2 吡啶碱含量的计算

吡啶碱含量以 X_2 计，数值以 g/100 mL 表示，按式(2)计算：

$$X_2 = \frac{V_1 \times N_1 \times 0.079}{V} \times 100 \quad \cdots\cdots(2)$$

式中：

V_1——滴定消耗盐酸标准溶液的体积，单位为毫升(mL)；

N_1——盐酸溶液的摩尔浓度，单位为摩尔每升(mol/L)；

0.079——1 mL 1 摩尔盐酸标准溶液相当于吡啶碱的克数，单位为克每摩尔(g/mol)；

V——试样体积，单位为毫升(mL)。

8 精密度

8.1 中性油的精密度见表 1。

表 1　　%

中性油含量(体积分数)范围	重复性限 r	再现性限 R
0.5 以下	0.05	0.10
0.5～1.0	0.10	0.15
>1.0～2.0	0.15	0.20

8.2 吡啶碱的精密度见表 2。

表 2　　%

吡啶碱含量(体积分数)范围	重复性限 r	再现性限 R
0.2 以下	0.02	0.04
0.2～0.5	0.03	0.06
>0.5	0.04	0.08

ICS 21.060.60
J 15

中华人民共和国国家标准

GB/T 3733—2008
代替 GB/T 3733.1—1983,GB/T 3733.2—1983

卡套式端直通管接头

24° cone connectors—Straight thread

2008-05-07 发布　　2008-11-01 实施

中华人民共和国国家质量监督检验检疫总局
中国国家标准化管理委员会　发布

前　言

本标准是卡套式管接头系列标准之一。

本标准中管接头结构型式和尺寸与ISO 8434-1:2007《用于流体传动和一般用途的金属管接头　第1部分:24°压缩式管接头》(英文版)的相关部分基本一致。

本标准是对GB/T 3733.1—1983《卡套式端直通管接头》和GB/T 3733.2—1983《卡套式端直通接头体》的修订。主要修订内容如下:

——将两个标准的内容进行了整合;

——修改了英文名称;

——增加了F型、E型、B型螺纹柱端,A型螺纹柱端增加了55°非密封管螺纹(G);

——将公称压力G(250)和J(400)修改为最大工作压力10 MPa～63 MPa,并分为LL、L和S三个系列,系列的产品尺寸范围作了调整;

——调整了管子外径尺寸系列,并修改了相关尺寸;

——减少了部分应由制造商控制的参数;

——取消了重量数据;

——取消了表面粗糙度标注,表面粗糙度要求在GB/T 3765《卡套式管接头技术条件》中给出。

本标准自实施之日起代替GB/T 3733.1—1983和GB/T 3733.2—1983。

本标准由中国机械工业联合会提出。

本标准由全国管路附件标准化技术委员会归口。

本标准负责起草单位:中机生产力促进中心、海盐管件制造有限公司、伊顿(宁波)流体连接件有限公司。

本标准参加起草单位:嘉兴迈思特管件制造有限公司、建湖县特佳液压管件有限公司、浙江华夏阀门有限公司、海盐高博管件有限公司、海盐县海管管件制造有限公司、焦作市路通液压附件有限公司。

本标准主要起草人:李维荣、耿志学、周舜华、李俊英、陶忠明、左学俊、徐长祥、阮浩丰、周剑飞、王利民、冯峰。

本标准所代替标准的历次版本发布情况为:

——GB/T 3733.1—1983;

——GB/T 3733.2—1983。

卡套式端直通管接头

1 范围

本标准规定了卡套式端直通管接头和接头体的尺寸、标记及技术要求。

本标准适用于管子外径为 4 mm～42 mm，最大工作压力 10 MPa～63 MPa 的液压流体传动和一般用途的管路系统。

2 规范性引用文件

下列文件中的条款通过本标准的引用而成为本标准的条款。凡是注日期的引用文件，其随后所有的修改单(不包括勘误的内容)或修订版均不适用于本标准，然而，鼓励根据本标准达成协议的各方研究是否可使用这些文件的最新版本。凡是不注日期的引用文件，其最新版本适用于本标准。

GB/T 3759—2008 卡套式管接头用连接螺母

GB/T 3764—2008 卡套

GB/T 3765—2008 卡套式管接头技术条件

GB/T 19674.2—2005 液压管接头用螺纹油口和柱端 填料密封柱端(A 型和 E 型)

GB/T 19674.3—2005 液压管接头用螺纹油口和柱端 金属对金属密封柱端(B 型)(ISO 9974-3:1996,IDT)

3 尺寸

带 F 型柱端的卡套式端直通管接头和接头体的尺寸应符合图 1 和表 1 的规定，F 型柱端型式尺寸应符合 GB/T 3765 附录 A 的规定。

带 E 型柱端的卡套式端直通管接头和接头体的尺寸应符合图 2 和表 2 的规定，E 型柱端型式尺寸应符合 GB/T 19674.2 的规定。

带 B 型柱端的卡套式端直通管接头和接头体的尺寸应符合图 3 和表 3 的规定，B 型柱端型式尺寸应符合 GB/T 19674.3 的规定。

带 A 型柱端的卡套式端直通管接头和接头体的尺寸应符合图 4 和表 4 的规定，A 型柱端型式尺寸应符合 GB/T 19674.2 的规定。

卡套端尺寸应符合 GB/T 3764 的规定。

4 标记

4.1 标记方法

卡套式端直通管接头和接头体的标记方法应符合 GB/T 3765 的规定。

4.2 标记示例

接头系列为 L，管子外径为 10 mm，普通螺纹(M)F 型柱端，表面镀锌处理的钢制卡套式端直通管接头标记为：

管接头 GB/T 3733 L10

接头系列为 L，管子外径为 10 mm，普通螺纹(M)F 型柱端，表面镀锌处理的钢制卡套式端直通接头体标记为：

接头体 GB/T 3733 L10

5 技术要求

技术要求按 GB/T 3765 的规定。

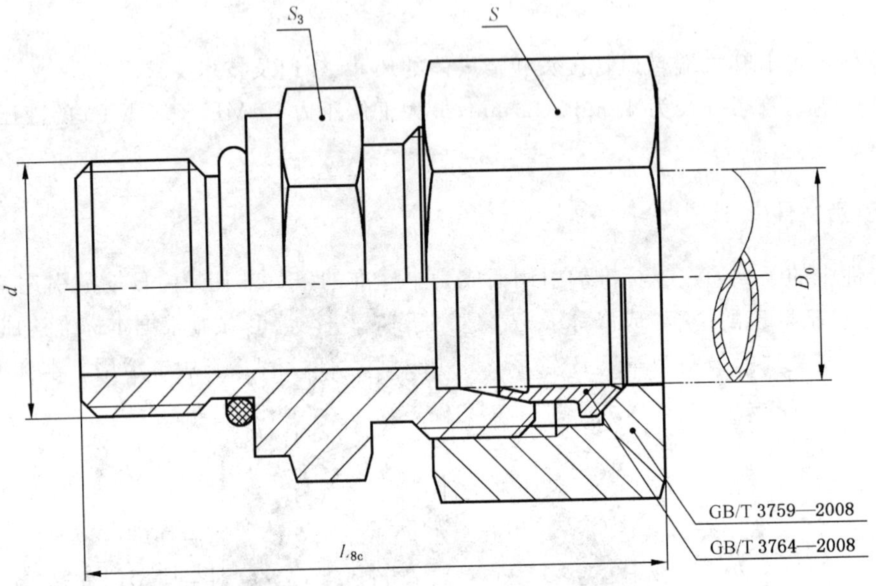

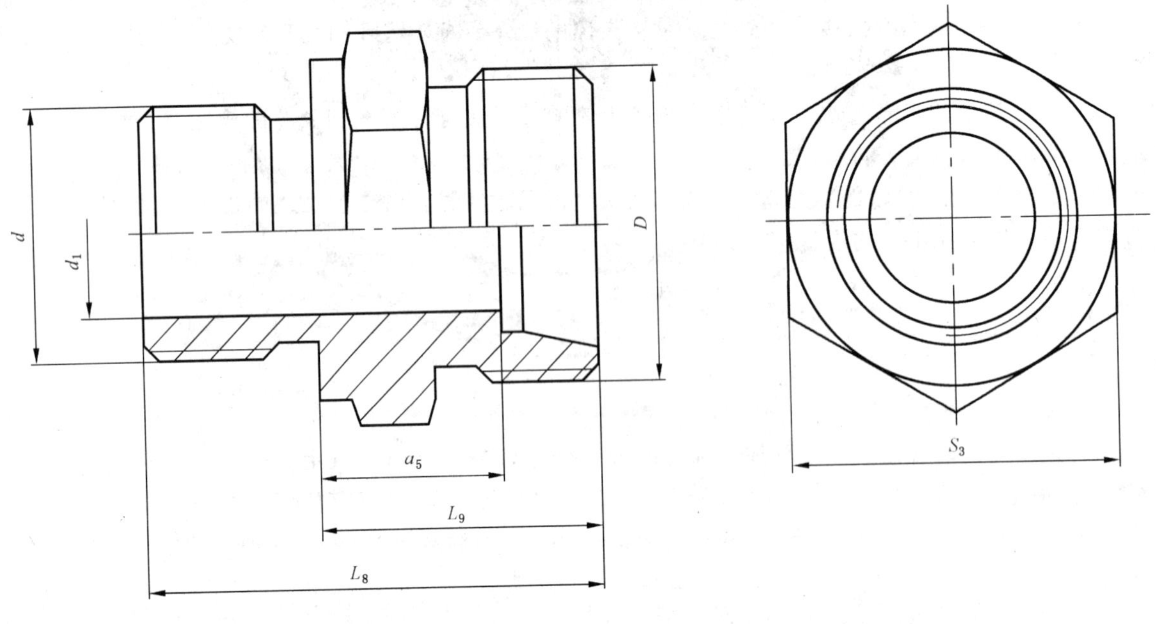

图 1 带 F 型柱端的卡套式端直通管接头和接头体

表 1　带 F 型柱端的卡套式端直通管接头和接头体尺寸

单位为毫米

系列	最大工作压力/MPa	管子外径 D_0	D	d	d_1 参考	L_9 参考	L_8 ±0.3	L_{8c} ≈	S	S_3	a_5 参考
L	25	6	M12×1.5	M10×1	4	16.5	25	33	14	14	9.5
		8	M14×1.5	M12×1.5	6	17	28	36	17	17	10
		10	M16×1.5	M14×1.5	7	18	29	37	19	19	11
		12	M18×1.5	M16×1.5	9	19.5	31	39	22	22	12.5
		(14)	M20×1.5	M18×1.5	10	19.5	32	40	24	24	12.5
		15	M22×1.5	M18×1.5	11	20.5	33	41	27	24	13.5
		(16)	M24×1.5	M20×1.5	12	21	33.5	42.5	30	27	13.5
	16	18	M26×1.5	M22×1.5	14	22	35	44	32	27	14.5
		22	M30×2	M27×2	18	24	40	49	36	32	16.5
	10	28	M36×2	M33×2	23	25	41	50	41	41	17.5
		35	M45×2	M42×2	30	28	44	55	50	50	17.5
		42	M52×2	M48×2	36	30	47.5	59.5	60	55	19
S	63	6	M14×1.5	M12×1.5	4	20	31	39	17	17	13
		8	M16×1.5	M14×1.5	5	22	33	41	19	19	15
		10	M18×1.5	M16×1.5	7	22.5	35	44	22	22	15
		12	M20×1.5	M18×1.5	8	24.5	38.5	47.5	24	24	17
		(14)	M22×1.5	M20×1.5	9	25.5	39.5	48.5	27	27	18
	40	16	M24×1.5	M22×1.5	12	27	42	52	30	27	18.5
		20	M30×2	M27×2	15	31	49.5	60.5	36	32	20.5
		25	M36×2	M33×2	20	35	53.5	65.5	46	41	23
	25	30	M42×2	M42×2	25	37	56	69	50	50	23.5
		38	M52×2	M48×2	32	41.5	63	78	60	55	25.5

注：尽可能不采用括号内的规格。

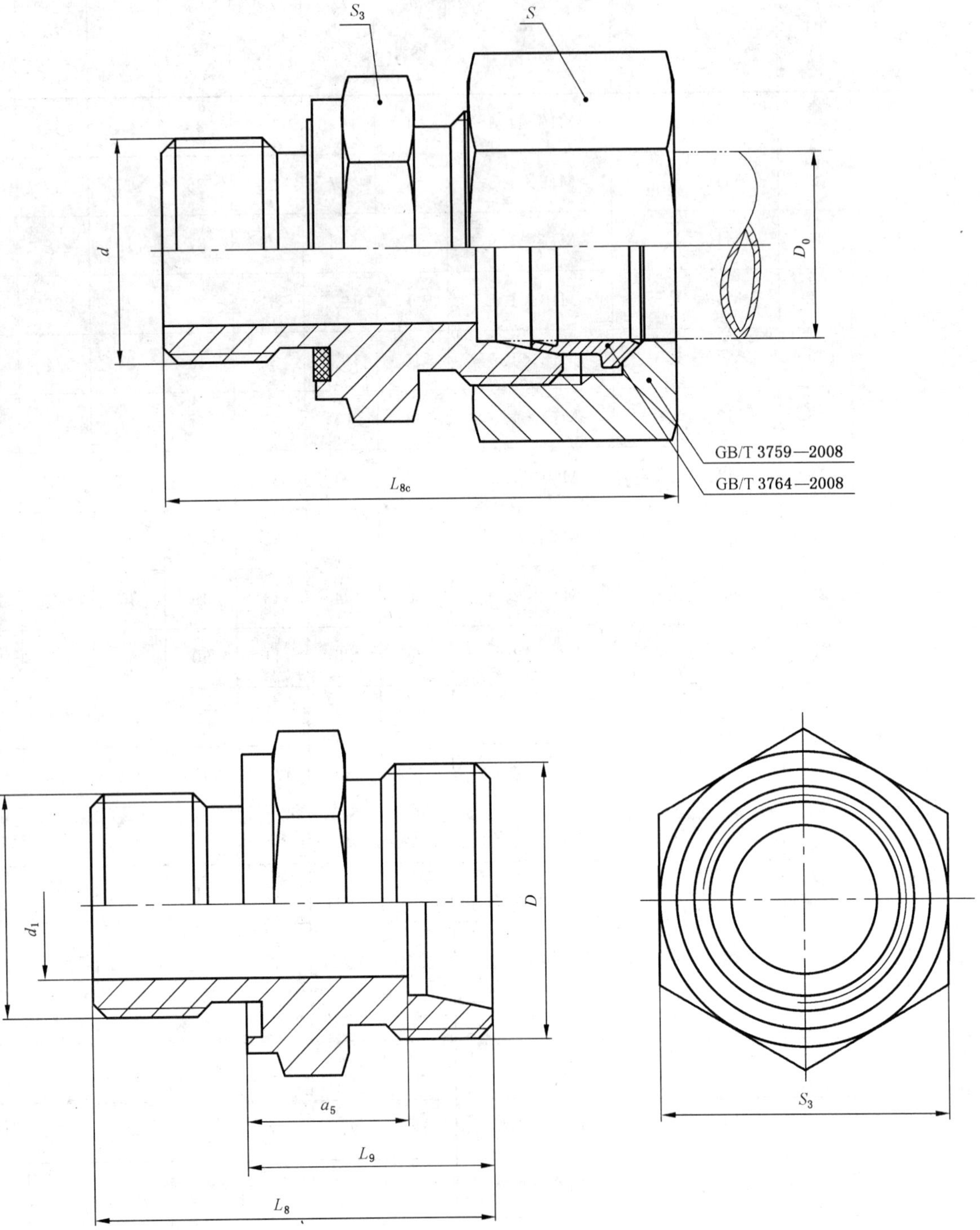

图 2 带 E 型柱端的卡套式端直通管接头和接头体

表 2　带 E 型柱端的卡套式端直通管接头和接头体尺寸

单位为毫米

系列	最大工作压力/MPa	管子外径 D_0	D	d	d_1 参考	L_9 参考	L_8 ±0.3	L_{8c} ≈	S	S_3	a_5 参考
L	25	6	M12×1.5	M10×1	4	15.5	23.5	31.5	14	14	8.5
		8	M14×1.5	M12×1.5	6	17	29	37	17	17	10
		10	M16×1.5	M14×1.5	7	18	30	38	19	19	11
		12	M18×1.5	M16×1.5	9	19.5	31.5	39.5	22	22	12.5
		(14)	M20×1.5	M18×1.5	10	19.5	31.5	39.5	24	24	12.5
		15	M22×1.5	M18×1.5	11	20.5	32.5	40.5	27	24	13.5
		(16)	M24×1.5	M20×1.5	12	21	35	44	30	27	13.5
	16	18	M26×1.5	M22×1.5	14	22	36	45	32	27	14.5
		22	M30×2	M26×1.5	18	24	40	49	36	32	16.5
	10	28	M36×2	M33×2	23	25	43	52	41	41	17.5
		35	M45×2	M42×2	30	28	48	59	50	50	17.5
		42	M52×2	M48×2	36	30	52	64	60	55	19
S	63	6	M14×1.5	M12×1.5	4	20	32	40	17	17	13
		8	M16×1.5	M14×1.5	5	22	34	42	19	19	15
		10	M18×1.5	M16×1.5	7	22.5	34.5	43.5	22	22	15
		12	M20×1.5	M18×1.5	8	24.5	36.5	45.5	24	24	17
		(14)	M22×1.5	M20×1.5	9	25.5	39.5	48.5	27	27	18
	40	16	M24×1.5	M22×1.5	12	27	41	51	30	27	18.5
		20	M30×2	M27×2	15	31	47	58	36	32	20.5
		25	M36×2	M33×2	20	35	53	65	46	41	23
	25	30	M42×2	M42×2	25	37	57	70	50	50	23.5
		38	M52×2	M48×2	32	42	64	79	60	55	26

注：尽可能不采用括号内的规格。

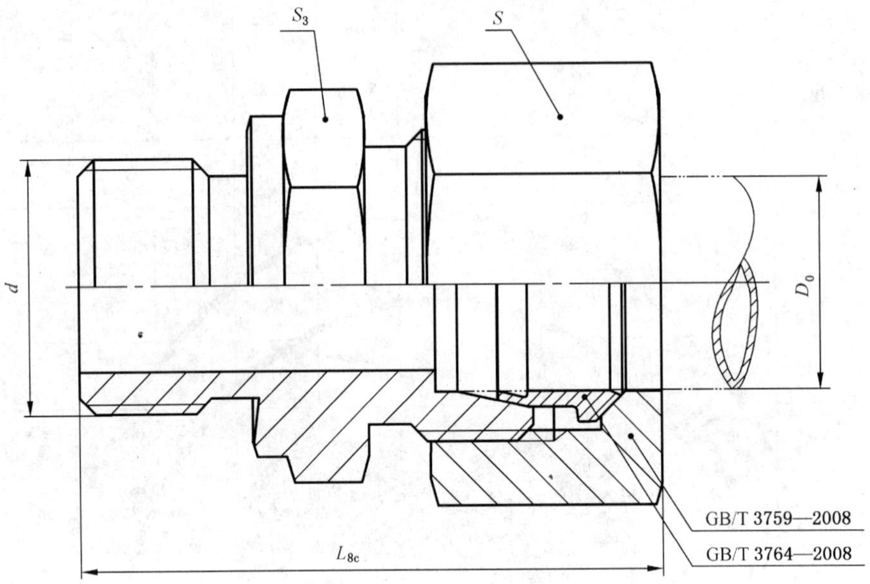

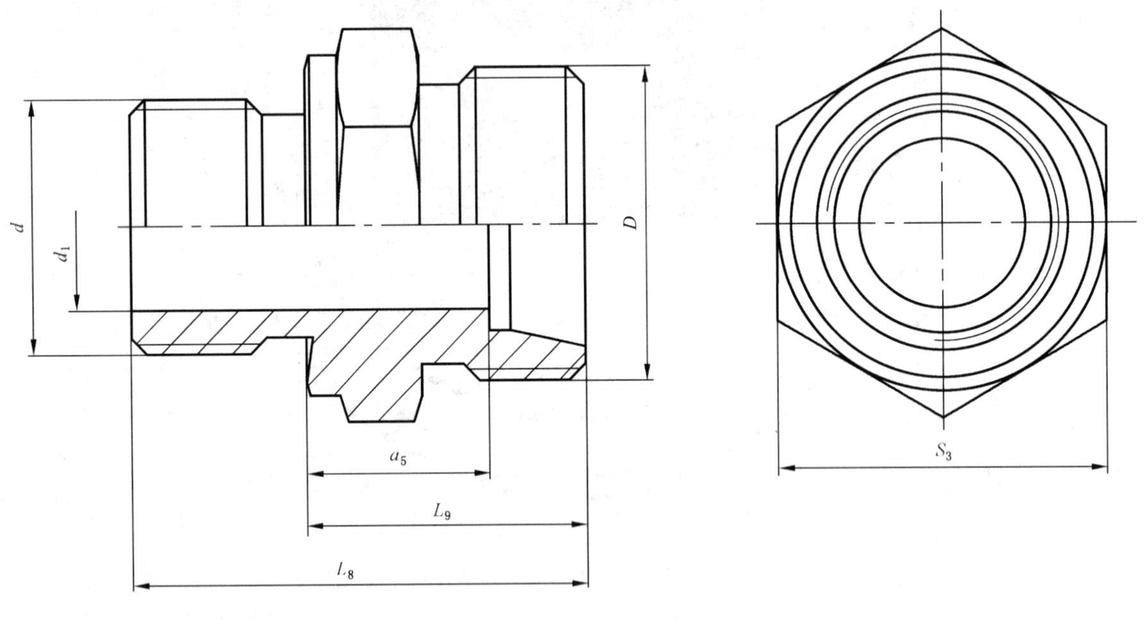

图 3 带 **B** 型柱端的卡套式端直通管接头和接头体

表 3 带 B 型柱端的卡套式端直通管接头和接头体尺寸

单位为毫米

系列	最大工作压力/MPa	管子外径 D_0	D	d	d_1 参考	L_9 参考	L_8 ±0.3	L_{8c} ≈	S	S_3	a_5 参考
LL	10	4	M8×1	M8×1	3	13.5	21.5	27.5	10	12	9.5
		5	M10×1	M8×1	3	13.5	21.5	27.5	12	12	8
		6	M10×1	M10×1	4	13.5	21.5	27.5	12	14	8
		8	M12×1	M10×1	4.5	14.5	22.5	28.5	14	14	9
L	25	6	M12×1.5	M10×1	4	15.5	23.5	31.5	14	14	8.5
		8	M14×1.5	M12×1.5	6	17	29	37	17	17	10
		10	M16×1.5	M14×1.5	7	18	30	38	19	19	11
		12	M18×1.5	M16×1.5	9	19.5	31.5	39.5	22	22	12.5
		(14)	M20×1.5	M18×1.5	10	19.5	31.5	39.5	24	24	12.5
		15	M22×1.5	M18×1.5	11	20.5	32.5	40.5	27	24	13.5
		(16)	M24×1.5	M20×1.5	12	21	35	44	30	27	13.5
	16	18	M26×1.5	M22×1.5	14	22	36	45	32	27	14.5
		22	M30×2	M26×1.5	18	24	40	49	36	32	16.5
	10	28	M36×2	M33×2	23	25	43	52	41	41	17.5
		35	M45×2	M42×2	30	28	48	59	50	50	17.5
		42	M52×2	M48×2	36	30	52	64	60	55	19
S	40	6	M14×1.5	M12×1.5	4	20	32	40	17	17	13
		8	M16×1.5	M14×1.5	5	22	34	42	19	19	15
		10	M18×1.5	M16×1.5	7	22.5	34.5	43.5	22	22	15
		12	M20×1.5	M18×1.5	8	24.5	36.5	45.5	24	24	17
		(14)	M22×1.5	M20×1.5	9	25.5	39.5	48.5	27	27	18
		16	M24×1.5	M22×1.5	12	27	41	51	30	27	18.5
		20	M30×2	M27×2	15	31	47	58	36	32	20.5
	25	25	M36×2	M33×2	20	35	53	65	46	41	23
	16	30	M42×2	M42×2	25	37	57	70	50	50	23.5
		38	M52×2	M48×2	32	42	64	79	60	55	26

注：尽可能不采用括号内的规格。

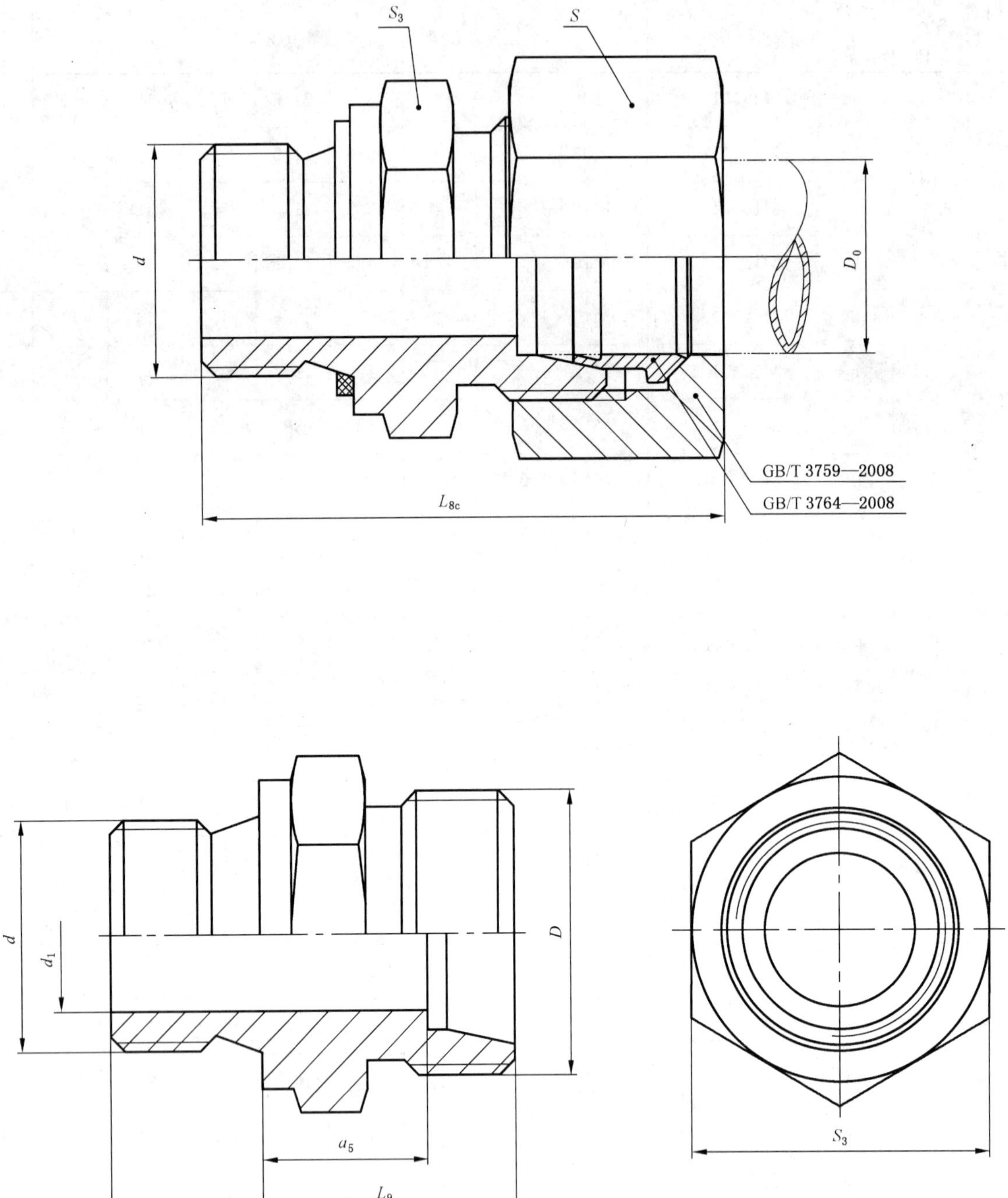

图 4　带 A 型柱端的卡套式端直通管接头和接头体

表 4 带 A 型柱端的卡套式端直通管接头和接头体尺寸

单位为毫米

系列	最大工作压力/MPa	管子外径 D_0	D	S	普通螺纹柱端(M)							55°非密封管螺纹柱端(G)						
					d	d_1 参考	L_9 参考	L_8 ±0.3	L_{8c} ≈	S_3	a_5 参考	d	d_1 参考	L_9 参考	L_8 ±0.3	L_{8c} ≈	S_3	a_5 参考
LL	10	4	M8×1	10	M8×1	3	13.5	21.5	27.5	12	9.5	G1/8	3	13.5	21.5	27.5	14	9.5
		5	M10×1	12	M8×1	3	13.5	21.5	27.5	12	8	G1/8	3	13.5	21.5	27.5	14	8
		6	M10×1	12	M10×1	4	13.5	21.5	27.5	14	8	G1/8	4	13.5	21.5	27.5	14	8
		8	M12×1	14	M10×1	4.5	14.5	22.5	28.5	14	9	G1/8	4.5	14.5	22.5	28.5	14	9
L	25	6	M12×1.5	14	M10×1	4	15.5	23.5	31.5	14	8.5	G1/8	4	15.5	23.5	31.5	14	8.5
		8	M14×1.5	17	M12×1.5	6	17	29	37	17	10	G1/4	6	17	29	37	19	10
		10	M16×1.5	19	M14×1.5	7	18	30	38	19	11	G1/4	6	18	30	38	19	11
		12	M18×1.5	22	M16×1.5	9	19.5	31.5	39.5	22	12.5	G3/8	9	19.5	31.5	39.5	22	12.5
		(14)	M20×1.5	24	M18×1.5	10	19.5	31.5	39.5	24	12.5	G1/2	11	19.5	34	42	27	12.5
		15	M22×1.5	27	M18×1.5	11	20.5	32.5	40.5	24	13.5	G1/2	11	20.5	35	43	27	13.5
		(16)	M24×1.5	30	M20×1.5	12	21	35	44	27	13.5	G1/2	12	21	35	44	27	13.5
	16	18	M26×1.5	32	M22×1.5	14	22	36	45	27	14.5	G1/2	14	22	36	45	27	14.5
		22	M30×2	36	M26×1.5	18	24	40	49	32	16.5	G3/4	18	24	40	49	32	16.5
	10	28	M36×2	41	M33×2	23	25	43	52	41	17.5	G1	23	25	43	52	41	17.5
		35	M45×2	50	M42×2	30	28	48	59	50	17.5	G1¼	30	28	48	59	50	17.5
		42	M52×2	60	M48×2	36	30	52	64	55	19	G1½	36	30	52	64	55	19
S	63	6	M14×1.5	17	M12×1.5	4	20	32	40	17	13	G1/4	4	20	32	40	19	13
		8	M16×1.5	19	M14×1.5	5	22	34	42	19	15	G1/4	5	22	34	42	19	15
		10	M18×1.5	22	M16×1.5	7	22.5	34.5	43.5	22	15	G3/8	7	22.5	34.5	43.5	22	15
		12	M20×1.5	24	M18×1.5	8	24.5	36.5	45.5	24	17	G3/8	8	24.5	36.5	45.5	22	17
												G1/2	8	25	39	48	27	17.5
		(14)	M22×1.5	27	M20×1.5	9	25.5	39.5	48.5	27	18	G1/2	10	25.5	39.5	48.5	27	18
	40	16	M24×1.5	30	M22×1.5	12	27	41	51	27	18.5	G1/2	12	27	41	51	27	18.5
												G3/4	12	29	45	55	32	20.5
		20	M30×2	36	M27×2	15	31	47	58	32	20.5	G3/4	15	31	47	58	32	20.5
		25	M36×2	46	M33×2	20	35	53	65	41	23	G1	20	35	53	65	41	23
	25	30	M42×2	50	M42×2	25	37	57	70	50	23.5	G1¼	25	37	57	70	50	23.5
		38	M52×2	60	M48×2	32	42	64	79	55	26	G1½	32	42	64	79	55	26

注：尽可能不采用括号内的规格。

ICS 21.060.60
J 15

中华人民共和国国家标准

GB/T 3734—2008
代替 GB/T 3734.1—1983,GB/T 3734.2—1983

卡套式锥螺纹直通管接头

24° cone connectors—Male

2008-05-07 发布 2008-11-01 实施

中华人民共和国国家质量监督检验检疫总局
中国国家标准化管理委员会 发布

前　言

本标准是卡套式管接头系列标准之一。

本标准是对 GB/T 3734.1—1983《卡套式锥螺纹直通管接头》和 GB/T 3734.2—1983《卡套式锥螺纹直通接头体》的修订。主要修订内容如下：

——将两个标准的内容进行了整合；

——修改了英文名称；

——螺纹柱端增加了 55°密封管螺纹(R)和 60°密封管螺纹(NPT)，取消了原标准中的米制锥螺纹(ZM)；

——将公称压力 E(160)修改为最大工作压力 10 MPa～40 MPa，并分为 LL、L 和 S 三个系列，系列的产品尺寸范围作了调整；

——调整了管子外径尺寸系列，并修改了相关尺寸；

——减少了部分应由制造厂控制的参数；

——取消了重量数据；

——取消了表面粗糙度标注，表面粗糙度要求在 GB/T 3765《卡套式管接头技术条件》中给出。

本标准自实施之日起代替 GB/T 3734.1—1983 和 GB/T 3734.2—1983。

本标准由中国机械工业联合会提出。

本标准由全国管路附件标准化技术委员会归口。

本标准负责起草单位：中机生产力促进中心、海盐管件制造有限公司、伊顿(宁波)流体连接件有限公司。

本标准参加起草单位：嘉兴迈思特管件制造有限公司、建湖县特佳液压管件有限公司、浙江华夏阀门有限公司、海盐高博管件有限公司、海盐县海管管件制造有限公司、焦作市路通液压附件有限公司。

本标准主要起草人：李维荣、耿志学、周舜华、李俊英、陶忠明、左学俊、徐长祥、阮浩丰、周剑飞、王利民、冯峰。

本标准所代替标准的历次版本发布情况为：

——GB/T 3734.1—1983；

——GB/T 3734.2—1983。

卡套式锥螺纹直通管接头

1 范围

本标准规定了卡套式锥螺纹直通管接头和接头体的尺寸、标记及技术要求。

本标准适用于管子外径为 4 mm～42 mm，最大工作压力 10 MPa～40 MPa 的液压流体传动和一般用途的管路系统。

2 规范性引用文件

下列文件中的条款通过本标准的引用而成为本标准的条款。凡是注日期的引用文件，其随后所有的修改单(不包括勘误的内容)或修订版均不适用于本标准，然而，鼓励根据本标准达成协议的各方研究是否可使用这些文件的最新版本。凡是不注日期的引用文件，其最新版本适用于本标准。

GB/T 3759—2008 卡套式管接头用连接螺母

GB/T 3764—2008 卡套

GB/T 3765—2008 卡套式管接头技术条件

3 尺寸

卡套式锥螺纹直通管接头和接头体的尺寸应符合图 1、图 2 和表 1 的规定，接头体卡套端尺寸应符合 GB/T 3764 的规定。

4 标记

4.1 标记方法

卡套式锥螺纹直通管接头和接头体的标记方法应符合 GB/T 3765 的规定。

4.2 标记示例

接头系列为 L，管子外径为 10 mm，55°密封管螺纹(R)，表面镀锌处理的钢制卡套式锥螺纹直通管接头标记为：

管接头 GB/T 3734 L10/R1/4

接头系列为 L，管子外径为 10 mm，55°密封管螺纹(R)，表面镀锌处理的钢制卡套式锥螺纹直通接头体标记为：

接头体 GB/T 3734 L10/R1/4

5 技术要求

技术要求按 GB/T 3765 的规定。

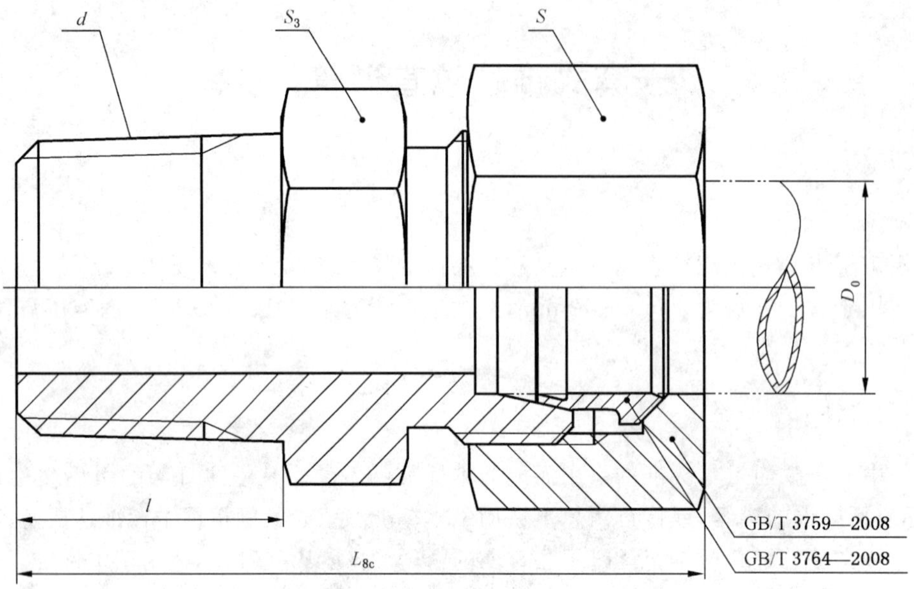

图 1 卡套式锥螺纹直通管接头

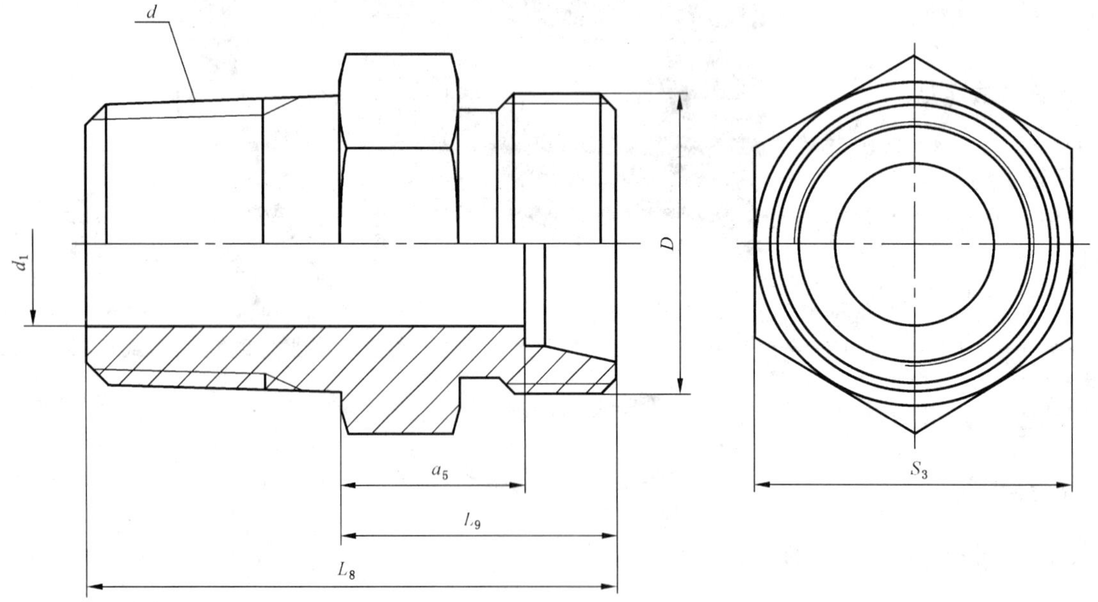

图 2 卡套式锥螺纹直通接头体

表 1 卡套式锥螺纹直通管接头和接头体尺寸

单位为毫米

系列	最大工作压力/MPa	管子外径 D_0	D	d		d_1 参考	l	L_9 参考	L_8 ≈	L_{8c} ≈	S	S_3	a_5 参考
LL	10	4	M8×1	R1/8	NPT 1/8	3	8.5	12	20.5	26.5	10	14	8
		5	M10×1	R1/8	NPT1/8	3	8.5	12	20.5	26.5	12	14	6.5
		6	M10×1	R1/8	NPT1/8	4	8.5	12	20.5	26.5	12	14	6.5
		8	M12×1	R1/8	NPT1/8	4.5	8.5	13	21.5	27.5	14	14	7.5
L	25	6	M12×1.5	R1/8	NPT1/8	4	8.5	14	22.5	30.5	14	14	7
		8	M14×1.5	R1/4	NPT1/4	6	12.5	15	27.5	35.5	17	19	8
		10	M16×1.5	R1/4	NPT1/4	7	12.5	16	28.5	36.5	19	19	9
		12	M18×1.5	R3/8	NPT3/8	9	13	17.5	30.5	38.5	22	22	10.5
		(14)	M20×1.5	R1/2	NPT1/2	11	17	17	34	42	24	27	10
		15	M22×1.5	R1/2	NPT1/2	11	17	18	35	43	27	27	11
		(16)	M24×1.5	R1/2	NPT1/2	12	17	18.5	35.5	44.5	30	27	11
	16	18	M26×1.5	R1/2	NPT1/2	14	17	19	36	45	32	27	11.5
		22	M30×2	R3/4	NPT3/4	18	18	21	39	48	36	32	13.5
	10	28	M36×2	R1	NPT1	23	21.5	22	43.5	52.5	41	41	14.5
		35	M45×2	R1¼	NPT1¼	30	24	25	49	60	50	50	14.5
		42	M52×2	R1½	NPT1½	36	24	27	51	63	60	55	16
S	40	6	M14×1.5	R1/4	NPT1/4	4	12.5	18	30.5	38.5	17	19	11
		8	M16×1.5	R1/4	NPT1/4	5	12.5	20	32.5	40.5	19	19	13
		10	M18×1.5	R3/8	NPT3/8	7	13	20.5	33.5	42.5	22	22	13
		12	M20×1.5	R3/8	NPT3/8	8	13	22	35	44	24	22	14.5
		(14)	M22×1.5	R1/2	NPT1/2	10	17	23	40	49	27	27	15.5
		16	M24×1.5	R1/2	NPT1/2	12	17	24	41	51	30	27	15.5
		20	M30×2	R3/4	NPT3/4	15	18	28	46	57	36	32	17.5
	25	25	M36×2	R1	NPT1	20	21.5	32	53.5	65.5	46	41	20
	16	30	M42×2	R1¼	NPT1¼	25	24	34	58	71	50	50	20.5
		38	M52×2	R1½	NPT1½	32	24	39	63	78	60	55	23

注：尽可能不采用括号内的规格。

ICS 21.060.60
J 15

中华人民共和国国家标准

GB/T 3735—2008
代替 GB/T 3735.1—1983,GB/T 3735.2—1983

卡套式端直通长管接头

24° cone connectors—Straight thread long

2008-05-07 发布　　　　2008-11-01 实施

中华人民共和国国家质量监督检验检疫总局
中国国家标准化管理委员会　发布

前 言

本标准是卡套式管接头系列标准之一。

本标准是对 GB/T 3735.1—1983《卡套式端直通长管接头》和 GB/T 3735.2—1983《卡套式端直通长接头体》的修订。主要修订内容如下：

——将两个标准的内容进行了整合；

——修改了英文名称；

——增加了 F 型、E 型和 B 型螺纹柱端，A 型螺纹柱端增加了 55°非密封管螺纹(G)；

——将公称压力 G(250)和 J(400)修改为最大工作压力 10 MPa～63 MPa，并分为 LL、L 和 S 三个系列；系列的产品尺寸范围作了调整；

——调整了管子外径尺寸系列，并修改了相关尺寸；

——减少了部分应由制造商控制的参数；

——取消了重量数据；

——取消了表面粗糙度标注，表面粗糙度要求在 GB/T 3765《卡套式管接头技术条件》中给出。

本标准自实施之日起代替 GB/T 3735.1—1983 和 GB/T 3735.2—1983。

本标准由中国机械工业联合会提出。

本标准由全国管路附件标准化技术委员会归口。

本标准负责起草单位：海盐管件制造有限公司、中机生产力促进中心、嘉兴迈思特管件制造有限公司。

本标准参加起草单位：伊顿(宁波)流体连接件有限公司、建湖县特佳液压管件有限公司、浙江华夏阀门有限公司、海盐高博管件有限公司、海盐县海管管件制造有限公司、焦作市路通液压附件有限公司。

本标准主要起草人：李维荣、耿志学、周舜华、冯峰、陶忠明、左学俊、徐长祥、阮浩丰、周剑飞、王利民。

本标准所代替标准的历次版本发布情况为：

——GB/T 3735.1—1983；

——GB/T 3735.2—1983。

卡套式端直通长管接头

1 范围

本标准规定了卡套式端直通长管接头和接头体的尺寸、标记及技术要求。

本标准适用于管子外径为 4 mm～42 mm，最大工作压力 10 MPa～63 MPa 的液压流体传动和一般用途的管路系统。

2 规范性引用文件

下列文件中的条款通过本标准的引用而成为本标准的条款。凡是注日期的引用文件，其随后所有的修改单（不包括勘误的内容）或修订版均不适用于本标准，然而，鼓励根据本标准达成协议的各方研究是否可使用这些文件的最新版本。凡是不注日期的引用文件，其最新版本适用于本标准。

GB/T 3759—2008　卡套式管接头用连接螺母

GB/T 3764—2008　卡套

GB/T 3765—2008　卡套式管接头技术条件

GB/T 19674.2—2005　液压管接头用螺纹油口和柱端　填料密封柱端（A 型和 E 型）

GB/T 19674.3—2005　液压管接头用螺纹油口和柱端　金属对金属密封柱端（B 型）（ISO 9974-3：1996，IDT）

3 尺寸

带 F 型柱端的卡套式端直通长管接头和接头体的尺寸应符合图 1 和表 1 的规定，F 型柱端型式尺寸应符合 GB/T 3765 附录 A 的规定。

带 E 型柱端的卡套式端直通长管接头和接头体的尺寸应符合图 2 和表 2 的规定，E 型柱端型式尺寸应符合 GB/T 19674.2 的规定。

带 B 型柱端的卡套式端直通长管接头和接头体的尺寸应符合图 3 和表 3 的规定，B 型柱端型式尺寸应符合 GB/T 19674.3 的规定。

带 A 型柱端的卡套式端直通长管接头和接头体的尺寸应符合图 4 和表 4 的规定，A 型柱端型式尺寸应符合 GB/T 19674.2 的规定。

卡套端尺寸应符合 GB/T 3764 的规定。

4 标记

4.1 标记方法

卡套式端直通长管接头和接头体的标记方法应符合 GB/T 3765 的规定。

4.2 标记示例

接头系列为 L，管子外径为 10 mm，普通螺纹（M）F 型柱端，表面镀锌处理的钢制卡套式端直通长管接头标记为：

管接头 GB/T 3735　L10

接头系列为 L，管子外径为 10 mm，普通螺纹（M）F 型柱端，表面镀锌处理的钢制卡套式端直通长管接头体标记为：

接头体 GB/T 3735　L10

5 技术要求

技术要求按 GB/T 3765 的规定。

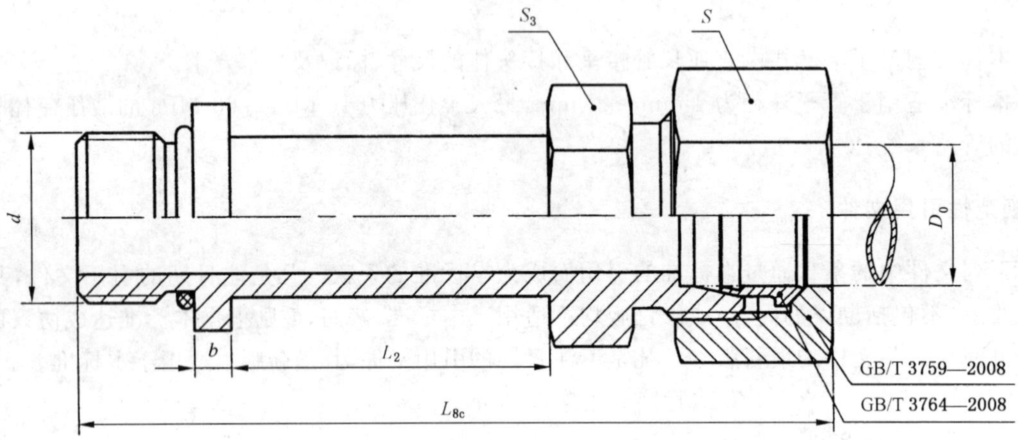

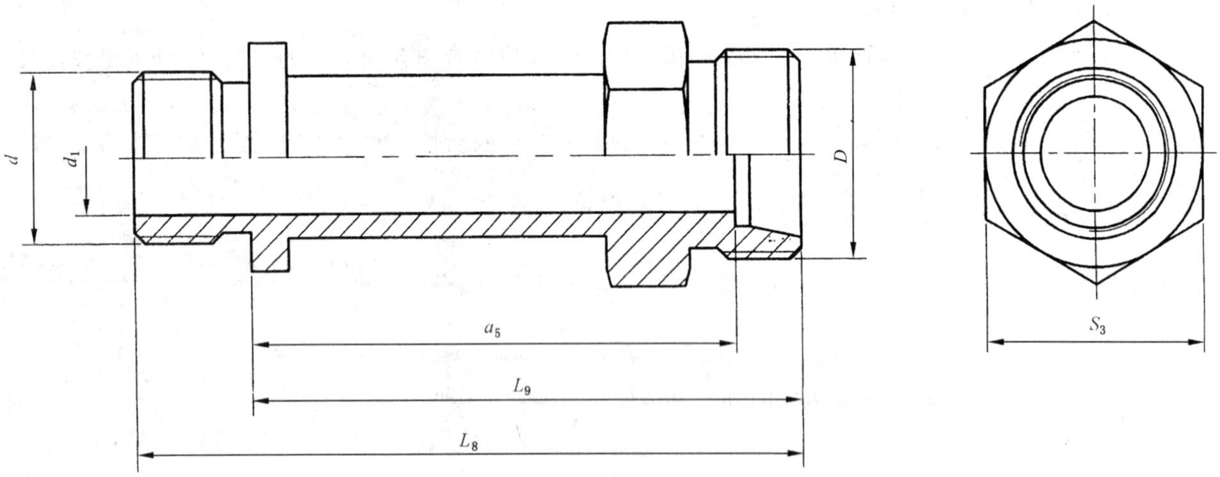

图 1 带 F 型柱端的卡套式端直通长管接头和接头体

表 1　带 F 型柱端的卡套式端直通长管接头和接头体尺寸

单位为毫米

系列	最大工作压力/MPa	管子外径 D_0	D	d	d_1 参考	L_2	L_8 ±0.3	L_{8c} ≈	L_9 参考	b	S	S_3	a_5 参考
L	25	6	M12×1.5	M10×1	4	25	51.4	59.4	42.9	3	14	14	35.9
		8	M14×1.5	M12×1.5	6	27	56.5	64.5	45.5	4	17	17	38.5
		10	M16×1.5	M14×1.5	7	29	59.5	67.5	48.5		19	19	41.5
		12	M18×1.5	M16×1.5	9	30	62.5	70.5	51		22	22	44
		(14)	M20×1.5	M18×1.5	10	31	64.5	72.5	52		24	24	45
		15	M22×1.5	M18×1.5	11	32	66.5	74.5	54		27	24	47
		(16)	M24×1.5	M20×1.5	12	32	67	76	54.5		30	27	47
	16	18	M26×1.5	M22×1.5	14	33	69.5	78.5	56.5		32	27	49
		22	M30×2	M27×2	18	38	80.5	89.5	64.5	5	36	32	57
	10	28	M36×2	M33×2	23	41	84	93	68		41	41	60.5
		35	M45×2	M42×2	30	45	91	102	75		50	50	64.5
		42	M52×2	M48×2	36	46	95.5	107.5	78		60	55	67
S	63	6	M14×1.5	M12×1.5	4	29	61.5	69.5	50.5	4	17	17	43.5
		8	M16×1.5	M14×1.5	5	31	65.5	73.5	54.5		19	19	47.5
		10	M18×1.5	M16×1.5	7	32	68.5	77.5	56		22	22	48.5
		12	M20×1.5	M18×1.5	8	33	73	82	59		24	24	51.5
		(14)	M22×1.5	M20×1.5	9	33	74	83	60		27	27	52.5
	40	16	M24×1.5	M22×1.5	12	36	79.5	89.5	64.5		30	27	56
		20	M30×2	M27×2	15	37	89	100	70.5	5	36	32	60
		25	M36×2	M33×2	20	44	99.5	111.5	81		46	41	69
	25	30	M42×2	M42×2	25	45	103	116	84		50	50	70.5
		38	M52×2	M48×2	32	46	111	126	89.5		60	55	73.5

注：尽可能不采用括号内的规格。

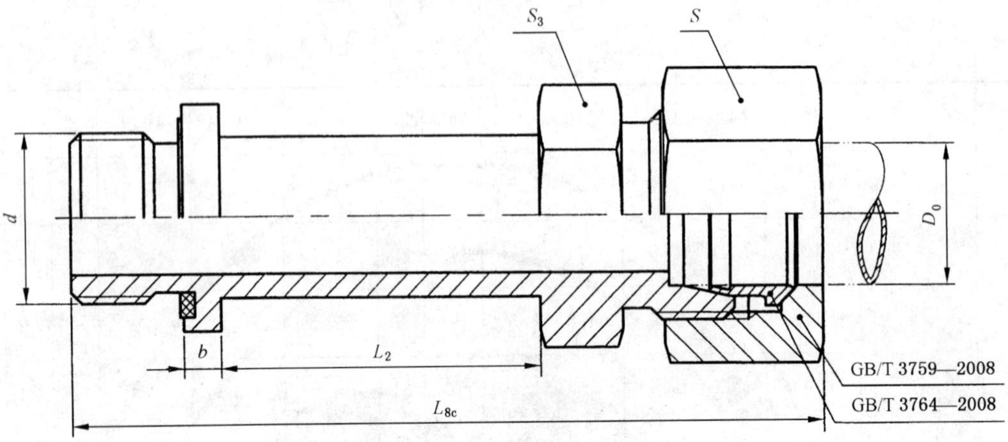

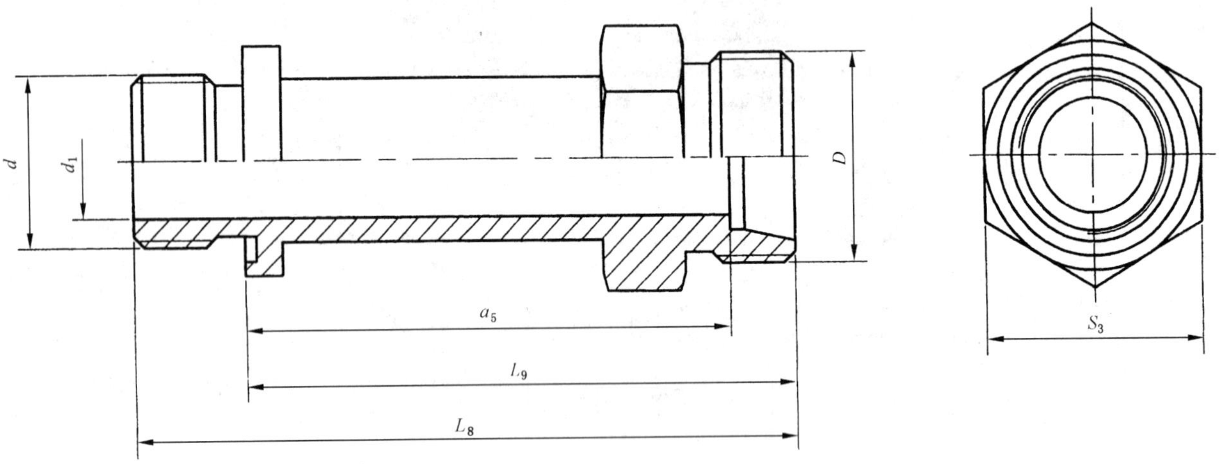

图 2 带 E 型柱端的卡套式端直通长管接头和接头体

表 2　带 E 型柱端的卡套式端直通长管接头和接头体尺寸

单位为毫米

系列	最大工作压力/MPa	管子外径 D_0	D	d	d_1 参考	L_2	L_9 参考	L_8 ±0.3	L_{8c} ≈	b	S	S_3	a_5 参考
L	25	6	M12×1.5	M10×1	4	25	42	50	58	3	14	14	35
		8	M14×1.5	M12×1.5	6	27	46	58	66	4	17	17	39
		10	M16×1.5	M14×1.5	7	29	49	61	69		19	19	42
		12	M18×1.5	M16×1.5	9	30	51.5	63.5	71.5		22	22	44.5
		(14)	M20×1.5	M18×1.5	10	31	52	64	72		24	24	45
		15	M22×1.5	M18×1.5	11	32	54	66	74		27	24	47
		(16)	M24×1.5	M20×1.5	12	32	54.5	68.5	77.5		30	27	47
	16	18	M26×1.5	M22×1.5	14	33	56	70	79		32	27	48.5
		22	M30×2	M26×1.5	18	38	64	80	89	5	36	32	56.5
	10	28	M36×2	M33×2	23	41	68	86	95		41	41	60.5
		35	M45×2	M42×2	30	45	75	95	106		50	50	64.5
		42	M52×2	M48×2	36	46	78	100	112		60	55	67
S	63	6	M14×1.5	M12×1.5	4	29	51	63	71	4	17	17	44
		8	M16×1.5	M14×1.5	5	31	55	67	75		19	19	48
		10	M18×1.5	M16×1.5	7	32	56.5	68.5	77.5		22	22	49
		12	M20×1.5	M18×1.5	8	33	59	71	80		24	24	51.5
		(14)	M22×1.5	M20×1.5	9	33	60	74	83		27	27	52.5
	40	16	M24×1.5	M22×1.5	12	36	64	78	88		30	27	55.5
		20	M30×2	M27×2	15	37	70	86	97	5	36	32	59.5
		25	M36×2	M33×2	20	44	81	99	111		46	41	69
	25	30	M42×2	M42×2	25	45	84	104	117		50	50	70.5
		38	M52×2	M48×2	32	46	90	112	127		60	55	74

注：尽可能不采用括号内的规格。

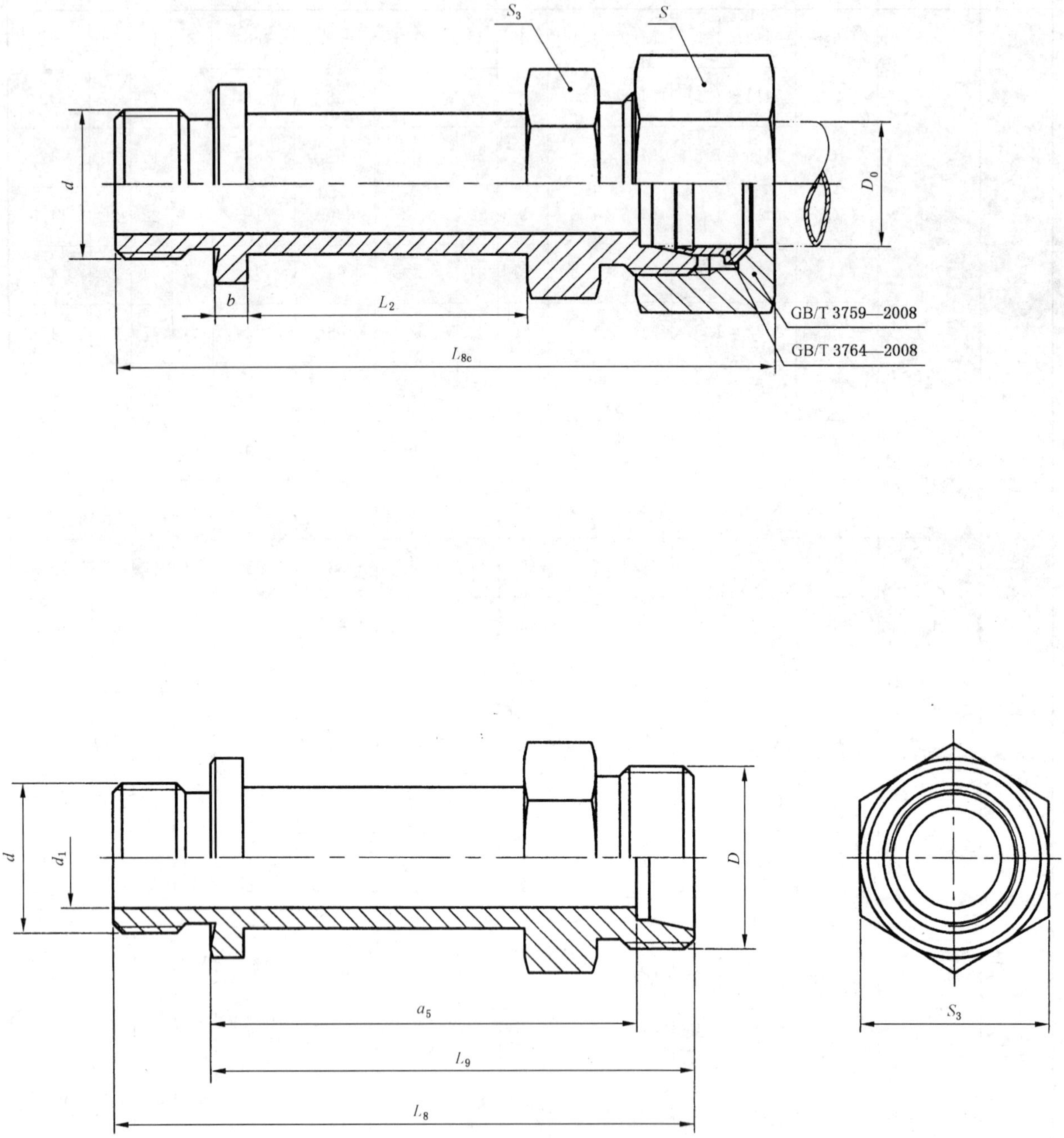

图 3　带 B 型柱端的卡套式端直通长管接头和接头体

表 3　带 B 型柱端的卡套式端直通长管接头和接头体尺寸

单位为毫米

系列	最大工作压力/MPa	管子外径 D_0	D	d	d_1 参考	L_2	L_9 参考	L_8 ±0.3	L_{8c} ≈	b	S	S_3	a_5 参考
LL	10	4	M8×1	M8×1	3	22	37	45	51	3	10	12	33
		5	M10×1	M8×1	3	23	38	46	52		12	12	32.5
		6	M10×1	M10×1	4	25	40	48	54		12	14	34.5
		8	M12×1	M10×1	4.5	27	43	51	57		14	14	37.5
L	25	6	M12×1.5	M10×1	4	25	42	50	58		14	14	35
		8	M14×1.5	M12×1.5	6	27	46	58	66	4	17	17	39
		10	M16×1.5	M14×1.5	7	29	49	61	69		19	19	42
		12	M18×1.5	M16×1.5	9	30	51.5	63.5	71.5		22	22	44.5
		(14)	M20×1.5	M18×1.5	10	31	52	64	72		24	24	45
		15	M22×1.5	M18×1.5	11	32	54	66	74		27	24	47
		(16)	M24×1.5	M20×1.5	12	32	54.5	68.5	77.5		30	27	47
	16	18	M26×1.5	M22×1.5	14	33	56	70	79		32	27	48.5
		22	M30×2	M26×1.5	18	38	64	80	89	5	36	32	56.5
	10	28	M36×2	M33×2	23	41	68	86	95		41	41	60.5
		35	M45×2	M42×2	30	45	75	95	106		50	50	64.5
		42	M52×2	M48×2	36	46	78	100	112		60	55	67
S	40	6	M14×1.5	M12×1.5	4	29	51	63	71	4	17	17	44
		8	M16×1.5	M14×1.5	5	31	55	67	75		19	19	48
		10	M18×1.5	M16×1.5	7	32	56.5	68.5	77.5		22	22	49
		12	M20×1.5	M18×1.5	8	33	59	71	80		24	24	51.5
		(14)	M22×1.5	M20×1.5	9	33	60	74	83		27	27	52.5
		16	M24×1.5	M22×1.5	12	36	64	78	88		30	27	55.5
		20	M30×2	M27×2	15	37	70	86	97	5	36	32	59.5
	25	25	M36×2	M33×2	20	44	81	99	111		46	41	69
	16	30	M42×2	M42×2	25	45	84	104	117		50	50	70.5
		38	M52×2	M48×2	32	46	90	112	127		60	55	74

注：尽可能不采用括号内的规格。

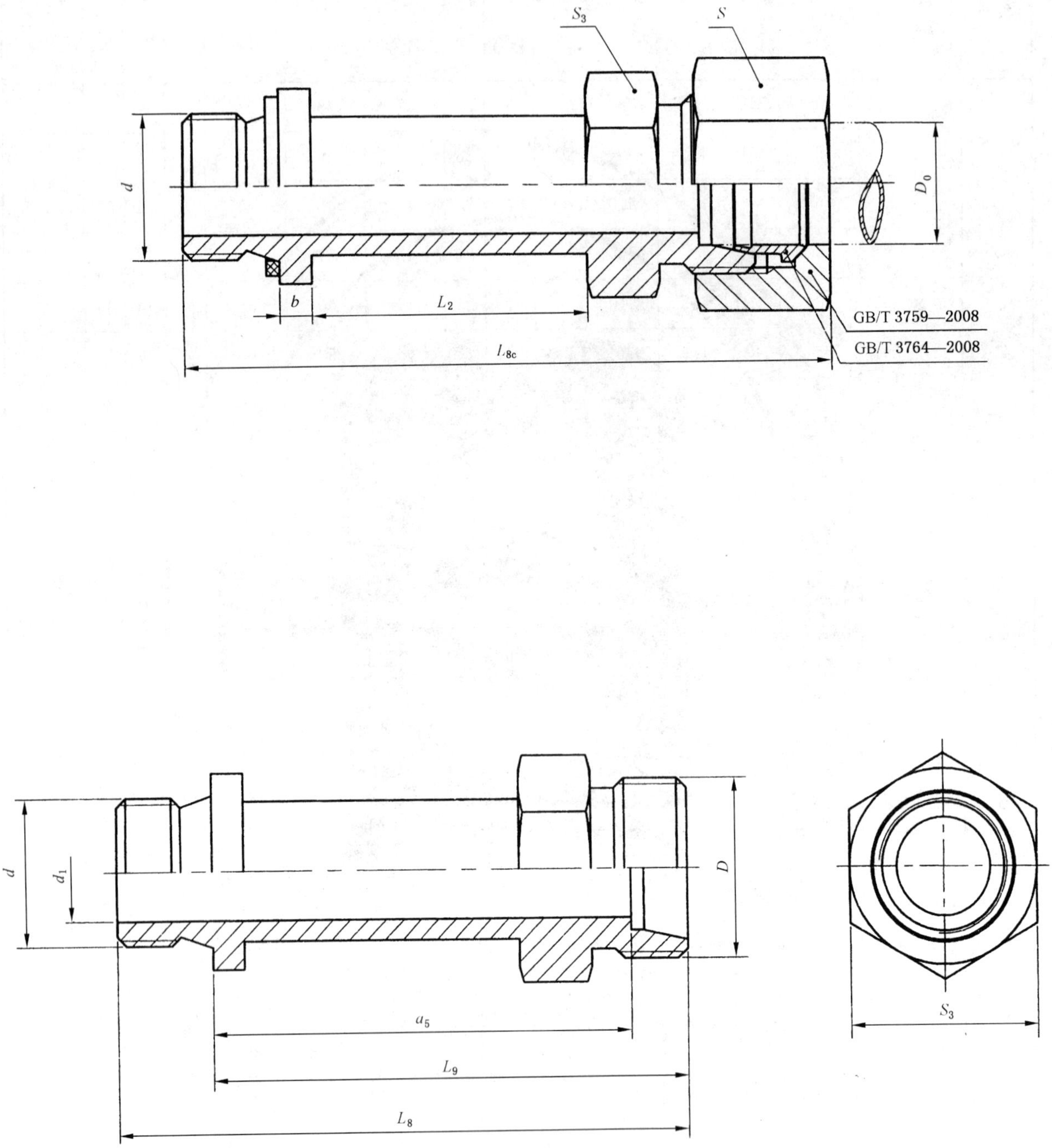

图 4　带 A 型柱端的卡套式端直通长管接头和接头体

表 4　带 A 型柱端的卡套式端直通长管接头和接头体尺寸　　单位为毫米

系列	最大工作压力/MPa	管子外径 D_0	D	S	L_2	b	普通螺纹柱端(M) d	d_1 参考	L_9 参考	L_8 ±0.3	L_{8c} ≈	S_3	a_5 参考	55°非密封管螺纹柱端(G) d	d_1 参考	L_9 参考	L_8 ±0.3	L_{8c} ≈	S_3	a_5 参考
LL	10	4	M8×1	10	22	3	M8×1	3	37	45	51	12	33	G1/8	3	37	45	51	14	33
		5	M10×1	12	23		M8×1	3	38	46	52	12	32.5	G1/8	3	38	46	52	14	32.5
		6	M10×1	12	25		M10×1	4	40	48	54	14	34.5	G1/8	4	40	48	54	14	34.5
		8	M12×1	14	27		M10×1	4.5	43	51	57	14	37.5	G1/8	4.5	43	51	57	14	37.5
L	25	6	M12×1.5	14	25	4	M10×1	4	42	50	58	14	35	G1/8	4	42	50	58	14	35
		8	M14×1.5	17	27		M12×1.5	6	46	58	66	17	39	G1/4	6	46	58	66	19	39
		10	M16×1.5	19	29		M14×1.5	7	49	61	69	19	42	G1/4	6	49	61	69	19	42
		12	M18×1.5	22	30		M16×1.5	9	51.5	63.5	71.5	22	44.5	G3/8	9	51	63	71	22	44
		(14)	M20×1.5	24	31		M18×1.5	10	52	64	72	24	45	G1/2	11	52	66.5	74.5	27	45
		15	M22×1.5	27	32		M18×1.5	11	54	66	74	24	47	G1/2	11	54	68	76	27	47
		(16)	M24×1.5	30	32		M20×1.5	12	54.5	68.5	77.5	27	47	G1/2	12	54.5	68.5	77.5	27	47
	16	18	M26×1.5	32	33		M22×1.5	14	56	70	79	27	48.5	G1/2	14	56	70	79	27	48.5
		22	M30×2	36	38		M26×1.5	18	64	80	89	32	56.5	G3/4	18	64	80	89	32	56.5
	10	28	M36×2	41	41	5	M33×2	23	69	87	96	41	60.5	G1	23	69	87	96	41	60.5
		35	M45×2	50	45		M42×2	30	75	95	106	50	64.5	G1¼	30	75	95	106	50	64.5
		42	M52×2	60	46		M48×2	36	78	100	112	55	67	G1½	36	78	100	112	55	67
S	63	6	M14×1.5	17	29	4	M12×1.5	4	51	63	71	17	44	G1/4	4	51	63	71	19	44
		8	M16×1.5	19	31		M14×1.5	5	55	67	75	19	48	G1/4	5	55	67	75	19	48
		10	M18×1.5	22	32		M16×1.5	7	56.5	68.5	77.5	22	49	G3/8	7	56	68	77	22	48.5
		12	M20×1.5	24	33		M18×1.5	8	59	71	80	24	51.5	G3/8	8	59	71	80	22	51.5
														G1/2	8	59	73	82	27	51.5
		(14)	M22×1.5	27	33		M20×1.5	9	60	74	83	27	52.5	G1/2	10	60	74	83	27	52.5
	40	16	M24×1.5	30	36		M22×1.5	12	64	78	88	27	55.5	G1/2	12	64	78	88	27	55.5
														G3/4	12	66	82	92	32	57.5
		20	M30×2	36	37		M27×2	15	70	86	97	32	59.5	G3/4	15	70	86	97	32	59.5
		25	M36×2	46	44	5	M33×2	20	81	99	111	41	69	G1	20	81	99	111	41	69
	25	30	M42×2	50	45		M42×2	25	84	104	117	50	70.5	G1¼	25	84	104	117	50	70.5
		38	M52×2	60	46		M48×2	32	90	112	127	55	74	G1½	32	90	112	127	55	74

注：尽可能不采用括号内的规格。

ICS 21.060.60
J 15

中华人民共和国国家标准

GB/T 3736—2008
代替 GB/T 3736.1—1983,GB/T 3736.2—1983

卡套式锥螺纹长管接头

24° cone connectors—Male long

2008-05-07 发布 2008-11-01 实施

中华人民共和国国家质量监督检验检疫总局
中国国家标准化管理委员会 发布

前　言

本标准是卡套式管接头系列标准之一。

本标准是对 GB/T 3736.1—1983《卡套式锥螺纹长管接头》和 GB/T 3736.2—1983《卡套式锥螺纹长接头体》的修订。主要修订内容如下：

——将两个标准的内容进行了整合；

——修改了英文名称；

——螺纹柱端增加了 55°密封管螺纹(R)和 60°密封管螺纹(NPT)，取消了原标准中的米制锥螺纹(ZM)；

——将公称压力 E(160)修改为最大工作压力 10 MPa～40 MPa，并分为 LL、L 和 S 三个系列，系列的产品尺寸范围作了调整；

——调整了管子外径尺寸系列，并修改了相关尺寸；

——减少了部分应由制造商控制的参数；

——取消了重量数据；

——取消了表面粗糙度标注，表面粗糙度要求在 GB/T 3765《卡套式管接头技术条件》中给出。

本标准自实施之日起代替 GB/T 3736.1—1983 和 GB/T 3736.2—1983。

本标准由中国机械工业联合会提出。

本标准由全国管路附件标准化技术委员会归口。

本标准负责起草单位：中机生产力促进中心、海盐管件制造有限公司、嘉兴迈思特管件制造有限公司。

本标准参加起草单位：伊顿(宁波)流体连接件有限公司、建湖县特佳液压管件有限公司、浙江华夏阀门有限公司、海盐高博管件有限公司、海盐县海管管件制造有限公司、焦作市路通液压附件有限公司。

本标准主要起草人：李维荣、耿志学、周舜华、冯峰、陶忠明、左学俊、徐长祥、阮浩丰、周剑飞、王利民。

本标准所代替标准的历次版本发布情况为：

——GB/T 3736.1—1983；

——GB/T 3736.2—1983。

卡套式锥螺纹长管接头

1 范围

本标准规定了卡套式锥螺纹长管接头和接头体的尺寸、标记及技术要求。

本标准适用于管子外径为 4 mm～42 mm，最大工作压力 10 MPa～40 MPa 的液压流体传动和一般用途的管路系统。

2 规范性引用文件

下列文件中的条款通过本标准的引用而成为本标准的条款。凡是注日期的引用文件，其随后所有的修改单(不包括勘误的内容)或修订版均不适用于本标准，然而，鼓励根据本标准达成协议的各方研究是否可使用这些文件的最新版本。凡是不注日期的引用文件，其最新版本适用于本标准。

GB/T 3759—2008 卡套式管接头用连接螺母

GB/T 3764—2008 卡套

GB/T 3765—2008 卡套式管接头技术条件

3 尺寸

卡套式锥螺纹长管接头和接头体的尺寸应符合图 1、图 2 和表 1 的规定，接头体卡套端尺寸应符合 GB/T 3764 的规定。

4 标记

4.1 标记方法

卡套式锥螺纹长管接头和接头体的标记方法应符合 GB/T 3765 的规定。

4.2 标记示例

接头系列为 L，管子外径为 10 mm，55°密封管螺纹(R)，表面镀锌处理的钢制卡套式锥螺纹长管接头标记为：

管接头 GB/T 3736 L10/R1/4

接头系列为 L，管子外径为 10 mm，55°密封管螺纹(R)，表面镀锌处理的钢制卡套式锥螺纹长接头体标记为：

接头体 GB/T 3736 L10/R1/4

5 技术要求

技术要求按 GB/T 3765 的规定。

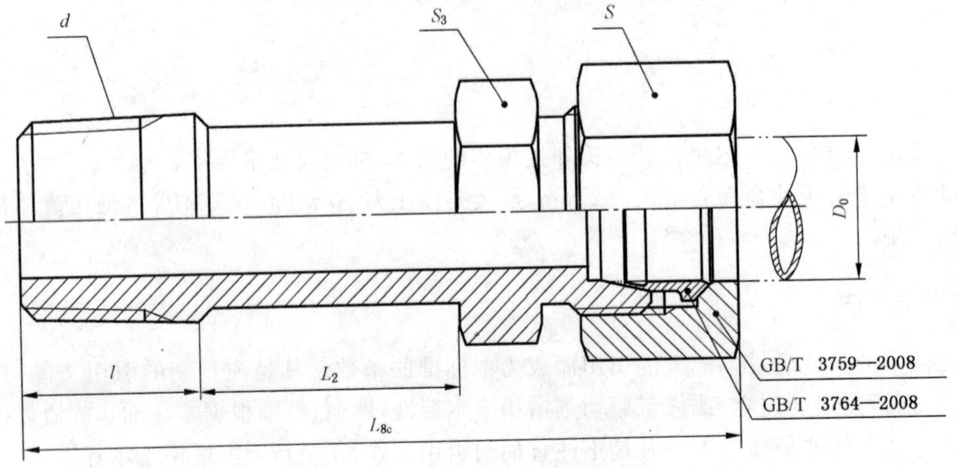

图 1　卡套式锥螺纹直通长管接头

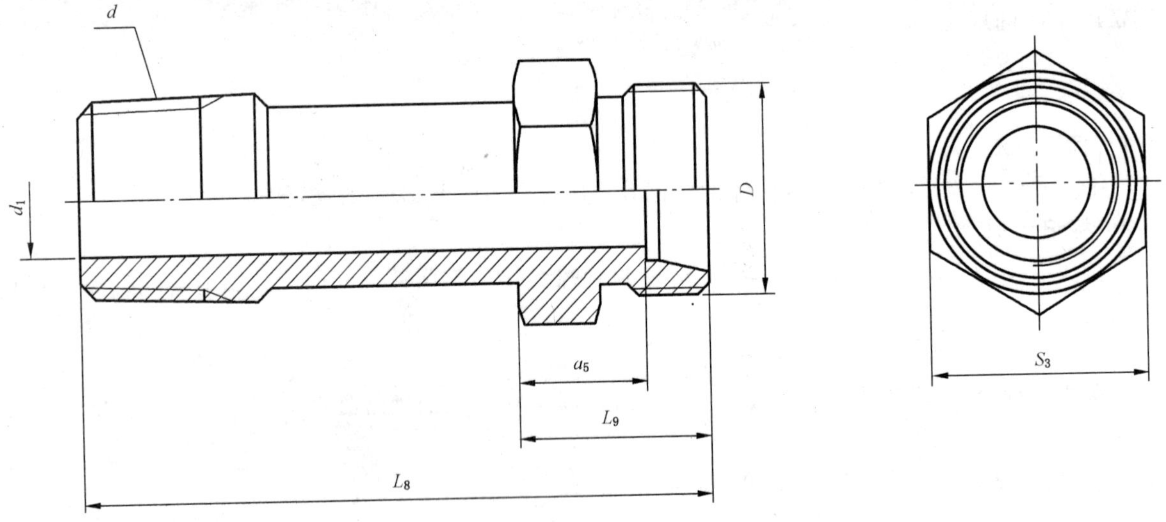

图 2　卡套式锥螺纹直通长接头体

表 1 卡套式锥螺纹直通长管接头和接头体尺寸

单位为毫米

系列	最大工作压力/MPa	管子外径 D_0	D	d		d_1 参考	L_2	L_9 参考	L_8 ≈	L_{8c} ≈	l	S	S_3	a_5 参考
LL	10	4	M8×1	R1/8	NPT1/8	3	22	12	42.5	48.5	8.5	10	14	8
		5	M10×1	R1/8	NPT1/8	3	23	12	43.5	49.5	8.5	12	14	6.5
		6	M10×1	R1/8	NPT1/8	4	25	12	45.5	51.5	8.5	12	14	6.5
		8	M12×1	R1/8	NPT1/8	4.5	27	13	48.5	54.5	8.5	14	14	7.5
L	25	6	M12×1.5	R1/8	NPT1/8	4	25	14	47.5	55.5	8.5	14	14	7
		8	M14×1.5	R1/4	NPT1/4	6	27	15	54.5	62.5	12.5	17	19	8
		10	M16×1.5	R1/4	NPT1/4	6	29	16	57.5	65.5	12.5	19	19	9
		12	M18×1.5	R3/8	NPT3/8	9	30	17.5	60.5	68.5	13	22	22	10.5
		(14)	M20×1.5	R1/2	NPT1/2	11	31	17	65	73	17	24	27	10
		15	M22×1.5	R1/2	NPT1/2	11	32	18	67	75	17	27	27	11
		(16)	M24×1.5	R1/2	NPT1/2	12	32	18.5	67.5	76.5	17	30	27	11
	16	18	M26×1.5	R1/2	NPT1/2	14	33	19	69	78	17	32	27	11.5
		22	M30×2	R3/4	NPT3/4	18	38	21	77	86	18	36	32	13.5
	10	28	M36×2	R1	NPT1	23	41	22	84.5	93.5	21.5	41	41	14.5
		35	M45×2	R1¼	NPT1¼	30	45	25	94	105	24	50	50	14.5
		42	M52×2	R1½	NPT1½	36	46	27	97	109	24	60	55	16
S	40	6	M14×1.5	R1/4	NPT1/4	4	29	18	59.5	67.5	12.5	17	19	11
		8	M16×1.5	R1/4	NPT1/4	5	31	20	63.5	71.5	12.5	19	19	13
		10	M18×1.5	R3/8	NPT3/8	7	32	20.5	65.5	74.5	13	22	22	13
		12	M20×1.5	R3/8	NPT3/8	8	33	22	68	77	13	24	22	14.5
		(14)	M22×1.5	R1/2	NPT1/2	10	33	23	73	82	17	27	27	15.5
		16	M24×1.5	R1/2	NPT1/2	12	36	24	77	87	17	30	27	15.5
		20	M30×2	R3/4	NPT3/4	15	37	28	83	94	18	36	32	17.5
	25	25	M36×2	R1	NPT1	20	44	32	97.5	109.5	21.5	46	41	20
	16	30	M42×2	R1¼	NPT1¼	25	45	34	103	116	24	50	50	20.5
		38	M52×2	R1½	NPT1½	32	46	39	109	124	24	60	55	23

注：尽可能不采用括号内的规格。

ICS 21.060.60
J 15

中华人民共和国国家标准

GB/T 3737—2008
代替 GB/T 3737.1—1983,GB/T 3737.2—1983

卡套式直通管接头

24° cone connectors—Union

2008-05-07 发布 2008-11-01 实施

中华人民共和国国家质量监督检验检疫总局
中国国家标准化管理委员会 发布

前　言

本标准是卡套式管接头系列标准之一。

本标准中管接头结构型式和尺寸与 ISO 8434-1:2007《用于流体传动和一般用途的金属管接头 第1部分：24°压缩式管接头》(英文版)的相关部分基本一致。

本标准是对 GB/T 3737.1—1983《卡套式直通管接头》和 GB/T 3737.2—1983《卡套式直通接头体》的修订。主要修订内容如下：

——将两个标准的内容进行了整合；

——修改了英文名称；

——将公称压力 G(250)和 J(400)修改为最大工作压力 10 MPa～63 MPa，并分为 LL、L 和 S 三个系列；系列的产品尺寸范围作了调整；

——调整了管子外径尺寸系列，并修改了相关尺寸；

——减少了部分应由制造商控制的参数；

——取消了重量数据；

——取消了表面粗糙度标注，表面粗糙度要求在 GB/T 3765《卡套式管接头技术条件》中给出。

本标准自实施之日起代替 GB/T 3737.1—1983 和 GB/T 3737.2—1983。

本标准由中国机械工业联合会提出。

本标准由全国管路附件标准化技术委员会归口。

本标准负责起草单位：中机生产力促进中心、海盐管件制造有限公司、建湖县特佳液压管件有限公司。

本标准参加起草单位：伊顿(宁波)流体连接件有限公司、嘉兴迈思特管件制造有限公司、浙江华夏阀门有限公司、海盐高博管件有限公司、海盐县海管管件制造有限公司、焦作市路通液压附件有限公司。

本标准主要起草人：耿志学、李维荣、周舜华、冯峰、左学俊、陶忠明、徐长祥、阮浩丰、周剑飞、王利民。

本标准所代替标准的历次版本发布情况为：

——GB/T 3737.1—1983；

——GB/T 3737.2—1983。

卡套式直通管接头

1 范围

本标准规定了卡套式直通管接头和接头体的尺寸、标记及技术要求。

本标准适用于管子外径为 4 mm～42 mm，最大工作压力 10 MPa～63 MPa 的液压流体传动和一般用途的管路系统。

2 规范性引用文件

下列文件中的条款通过本标准的引用而成为本标准的条款。凡是注日期的引用文件，其随后所有的修改单(不包括勘误的内容)或修订版均不适用于本标准，然而，鼓励根据本标准达成协议的各方研究是否可使用这些文件的最新版本。凡是不注日期的引用文件，其最新版本适用于本标准。

GB/T 3759—2008 卡套式管接头用连接螺母

GB/T 3764—2008 卡套

GB/T 3765—2008 卡套式管接头技术条件

3 尺寸

卡套式直通管接头和接头体的尺寸应符合图 1、图 2 和表 1 的规定，接头体卡套端尺寸应符合 GB/T 3764 的规定。

4 标记

4.1 标记方法

卡套式直通管接头和接头体的标记方法应符合 GB/T 3765 的规定。

4.2 标记示例

接头系列为 L，管子外径为 10 mm，表面镀锌处理的钢制卡套式直通管接头标记为：

管接头 GB/T 3737 L10

接头系列为 L，管子外径为 10 mm，表面镀锌处理的钢制卡套式直通接头体标记为：

接头体 GB/T 3737 L10

5 技术要求

技术要求按 GB/T 3765 的规定。

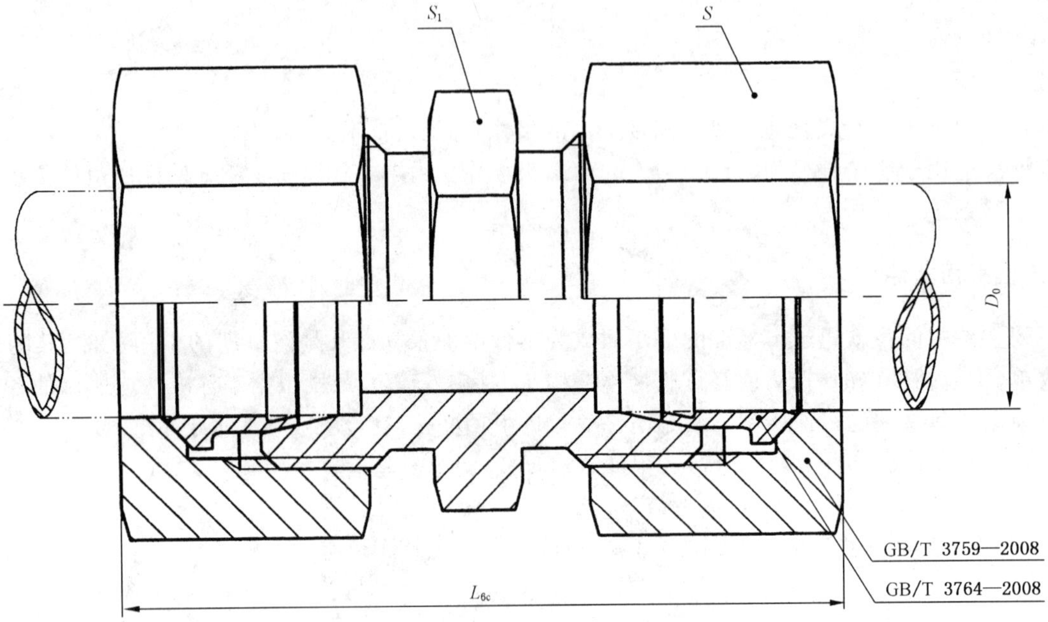

图 1 卡套式直通管接头

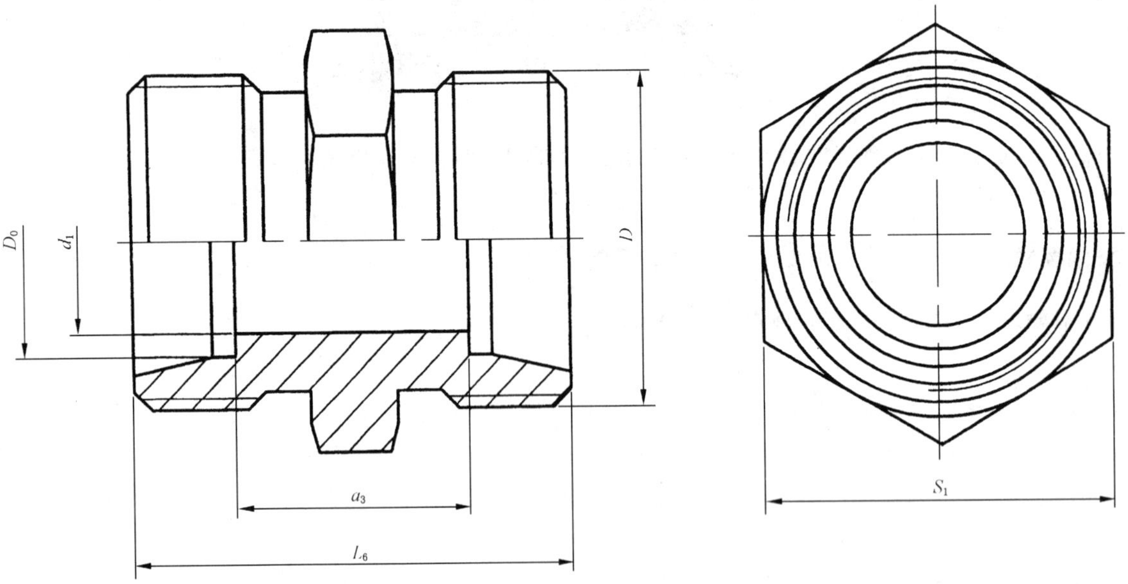

图 2 卡套式直通接头体

表 1 卡套式直通管接头和接头体尺寸

单位为毫米

系列	最大工作压力/MPa	管子外径 D_0	D	d_1 参考	L_6 ±0.3	L_{6c} ≈	S	S_1	a_3 参考
LL	10	4	M8×1	3	20	32	10	9	12
		5	M10×1	3.5	20	32	12	11	9
		6	M10×1	4.5	20	32	12	11	9
		8	M12×1	6	23	35	14	12	12
L	25	6	M12×1.5	4	24	40	14	12	10
		8	M14×1.5	6	25	41	17	14	11
		10	M16×1.5	8	27	43	19	17	13
		12	M18×1.5	10	28	44	22	19	14
		(14)	M20×1.5	11	28	44	24	22	14
		15	M22×1.5	12	30	46	27	24	16
		(16)	M24×1.5	14	31	49	30	27	16
	16	18	M26×1.5	15	31	49	32	27	16
		22	M30×2	19	35	53	36	32	20
	10	28	M36×2	24	36	54	41	41	21
		35	M45×2	30	41	63	50	46	20
		42	M52×2	36	43	67	60	55	21
S	63	6	M14×1.5	4	30	46	17	14	16
		8	M16×1.5	5	32	48	19	17	18
		10	M18×1.5	7	32	50	22	19	17
		12	M20×1.5	8	34	52	24	22	19
		(14)	M22×1.5	9	36	54	27	24	21
	40	16	M24×1.5	12	38	58	30	27	21
		20	M30×2	16	44	66	36	32	23
		25	M36×2	20	50	74	46	41	26
	25	30	M42×2	25	54	80	50	46	27
		38	M52×2	32	61	91	60	55	29

注：尽可能不采用括号内的规格。

ICS 21.060.60
J 15

中华人民共和国国家标准

GB/T 3738—2008
代替 GB/T 3738.1—1983,GB/T 3738.2—1983

卡套式可调向端弯通管接头

24° cone connectors—Straight thread elbow

2008-05-07 发布 2008-11-01 实施

中华人民共和国国家质量监督检验检疫总局
中国国家标准化管理委员会 发布

前　言

本标准是卡套式管接头系列标准之一。

本标准是对GB/T 3738.1—1983《卡套式端直角管接头》和GB/T 3738.2—1983《卡套式端直角接头体》的修订。主要修订内容如下：

——将两个标准的内容进行了整合；

——修改了中文和英文名称；

——增加了可调向螺纹柱端，取消了原标准中的A型螺纹柱端；

——将公称压力G(250)和J(400)修改为最大工作压力10 MPa～63 MPa，并分为L和S两个系列，系列的产品尺寸范围作了调整；

——调整了管子外径尺寸系列，并修改了相关尺寸；

——减少了部分应由制造商控制的参数；

——取消了重量数据；

——取消了表面粗糙度标注，表面粗糙度要求在GB/T 3765《卡套式管接头技术条件》中给出。

本标准自实施之日起代替GB/T 3738.1—1983和GB/T 3738.2—1983。

本标准由中国机械工业联合会提出。

本标准由全国管路附件标准化技术委员会归口。

本标准负责起草单位：海盐管件制造有限公司、中机生产力促进中心、建湖县特佳液压管件有限公司。

本标准参加起草单位：伊顿(宁波)流体连接件有限公司、嘉兴迈思特管件制造有限公司、浙江华夏阀门有限公司、海盐高博管件有限公司、海盐县海管管件制造有限公司、焦作市路通液压附件有限公司。

本标准主要起草人：耿志学、李维荣、周舜华、左学俊、冯峰、陶忠明、徐长祥、阮浩丰、周剑飞、王利民。

本标准所代替标准的历次版本发布情况为：

——GB/T 3738.1—1983；

——GB/T 3738.2—1983。

卡套式可调向端弯通管接头

1 范围

本标准规定了卡套式可调向端弯通管接头和接头体的尺寸、标记及技术要求。

本标准适用于管子外径为 6 mm～42 mm，最大工作压力 10 MPa～63 MPa 的液压流体传动和一般用途的管路系统。

2 规范性引用文件

下列文件中的条款通过本标准的引用而成为本标准的条款。凡是注日期的引用文件，其随后所有的修改单(不包括勘误的内容)或修订版均不适用于本标准，然而，鼓励根据本标准达成协议的各方研究是否可使用这些文件的最新版本。凡是不注日期的引用文件，其最新版本适用于本标准。

GB/T 3759—2008 卡套式管接头用连接螺母

GB/T 3764—2008 卡套

GB/T 3765—2008 卡套式管接头技术条件

GB/T 5649—2008 管接头用锁紧螺母和垫圈

3 尺寸

卡套式可调向端弯通管接头和接头体的尺寸应符合图 1、图 2 和表 1 的规定，可调向端的尺寸应符合 GB/T 3765 附录 A 的规定，接头体卡套端尺寸应符合 GB/T 3764 的规定。

4 标记

4.1 标记方法

卡套式可调向端弯通管接头和接头体的标记方法应符合 GB/T 3765 的规定。

4.2 标记示例

接头系列为 L，管子外径为 10 mm，普通螺纹(M)可调向螺纹柱端，表面镀锌处理的钢制卡套式可调向端弯通管接头标记为：

管接头 GB/T 3738 L10

接头系列为 L，管子外径为 10 mm，普通螺纹(M)可调向螺纹柱端，表面镀锌处理的钢制卡套式可调向端弯通接头体标记为：

接头体 GB/T 3738 L10

5 技术要求

技术要求按 GB/T 3765 的规定。

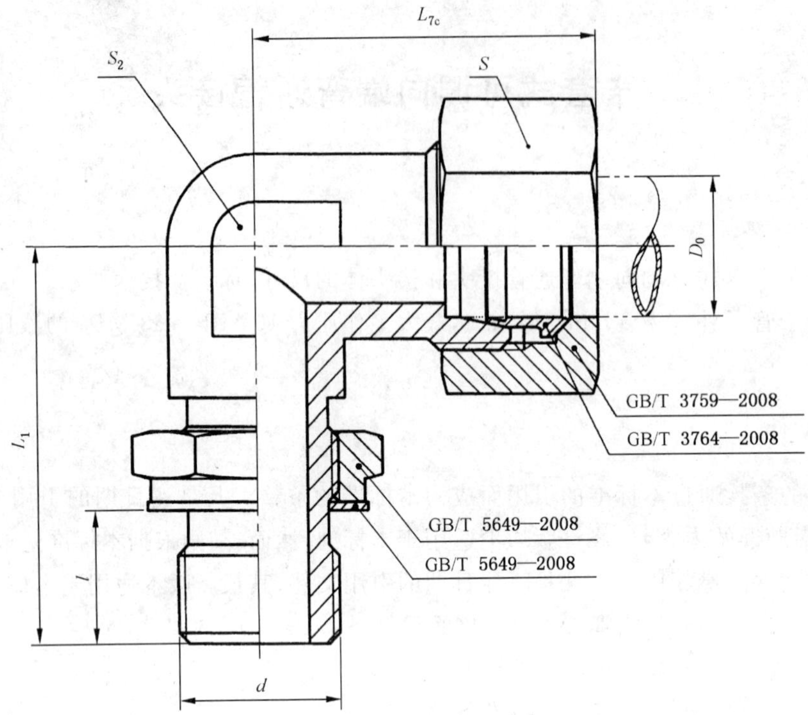

图 1 卡套式可调向端弯通管接头

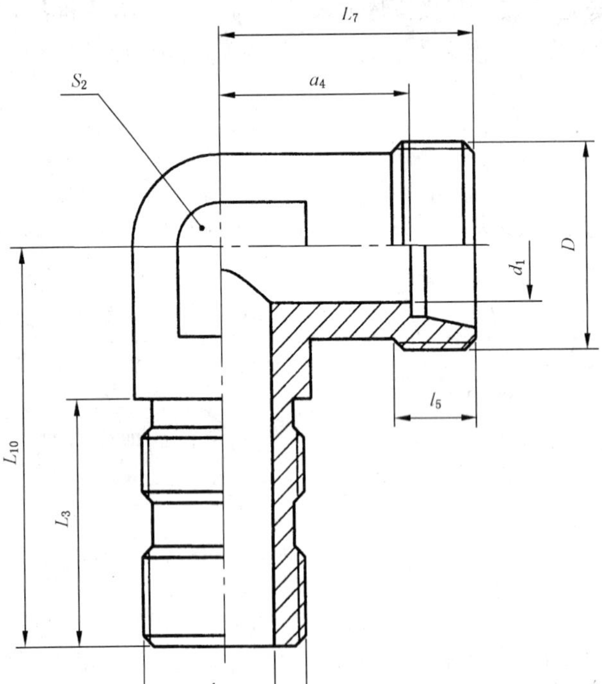

图 2 卡套式可调向端弯通接头体

表 1　卡套式可调向端弯通管接头和接头体尺寸

单位为毫米

系列	最大工作压力/MPa	管子外径 D_0	D	d	d_1 参考	d_3 参考	L_3 min	L_7 ±0.3	L_{7c} ≈	L_{10} ±1	L_{11} 参考	l_5 min	a_4 参考	S	S_2 锻制 min	S_2 机械加工 max
L	25	6	M12×1.5	M10×1	4	4	16	19	27	25	16.4	7	12	14	12	12
		8	M14×1.5	M12×1.5	6	6	20	21	29	31	19.9	7	14	17	12	14
		10	M16×1.5	M14×1.5	8	7	20	22	30	31	19.9	8	15	19	14	17
		12	M18×1.5	M16×1.5	10	9	20.5	24	32	33.5	21.9	8	17	22	17	19
		(14)	M20×1.5	M18×1.5	11	10	21.5	25	33	35.5	22.9	8	18	24	19	—
		15	M22×1.5	M18×1.5	12	11	21.5	28	36	37.5	24.9	9	21	27	19	—
		(16)	M24×1.5	M20×1.5	14	12	21.5	30	39	40.5	27.8	9	22.5	30	22	—
	16	18	M26×1.5	M22×1.5	15	14	22.5	31	40	41.5	28.8	9	23.5	32	24	—
		22	M30×2	M27×2	19	18	27.5	35	44	48.5	32.8	10	27.5	36	27	—
	10	28	M36×2	M33×2	24	23	27.5	38	47	51.5	35.8	10	30.5	41	36	—
		35	M45×2	M42×2	30	30	27.5	45	56	56.5	40.8	12	34.5	50	41	—
		42	M52×2	M48×2	36	36	29	51	63	64	46.8	12	40	60	50	—
S	63	6	M14×1.5	M12×1.5	4	4	21	23	31	32	20.9	9	16	17	12	14
		8	M16×1.5	M14×1.5	5	5	21	24	32	33	21.9	9	17	19	14	17
		10	M18×1.5	M16×1.5	7	7	23	25	34	36	23.4	9	17.5	22	17	19
		12	M20×1.5	M18×1.5	8	8	26	26	35	40	25.9	9	18.5	24	17	22
		(14)	M22×1.5	M20×1.5	9	9	26	29	38	43.5	28.8	10	21.5	27	22	—
	40	16	M24×1.5	M22×1.5	12	12	27.5	33	43	46.5	31.8	11	24.5	30	24	—
		20	M30×2	M27×2	16	15	33.5	37	48	54.5	36.3	12	26.5	36	27	—
		25	M36×2	M33×2	20	20	33.5	45	57	60.5	42.3	14	33	46	36	—
	25	30	M42×2	M42×2	25	25	34.5	49	62	63.5	44.8	16	35.5	50	41	—
		38	M52×2	M48×2	32	32	38	57	72	73	51.8	18	41	60	50	—

注：尽可能不采用括号内的规格。

ICS 21.060.60
J 15

中华人民共和国国家标准

GB/T 3739—2008
代替 GB/T 3739.1—1983,GB/T 3739.2—1983

卡套式锥螺纹弯通管接头

24° cone connectors—Male elbow

2008-05-07 发布

2008-11-01 实施

中华人民共和国国家质量监督检验检疫总局
中国国家标准化管理委员会 发布

前　言

本标准是卡套式管接头系列标准之一。

本标准是对GB/T 3739.1—1983《卡套式锥螺纹直角管接头》和GB/T 3739.2—1983《卡套式锥螺纹直角接头体》的修订。主要修订内容如下：

——将两个标准的内容进行了整合；

——修改了中文和英文名称；

——螺纹柱端增加了55°密封管螺纹(R)和60°密封管螺纹(NPT)，取消了原标准中的米制锥螺纹(ZM)；

——将公称压力E(160)修改为最大工作压力10 MPa～40 MPa，并分为LL、L和S三个系列，系列的产品尺寸范围作了调整；

——将接头体扳手尺寸改为锻制和机械加工两类；

——调整了管子外径尺寸系列，并修改了相关尺寸；

——减少了部分应由制造商控制的参数；

——取消了重量数据；

——取消了表面粗糙度标注，表面粗糙度要求在GB/T 3765《卡套式管接头技术条件》中给出。

本标准自实施之日起代替GB/T 3739.1—1983和GB/T 3739.2—1983。

本标准由中国机械工业联合会提出。

本标准由全国管路附件标准化技术委员会归口。

本标准负责起草单位：中机生产力促进中心、海盐管件制造有限公司、浙江华夏阀门有限公司。

本标准参加起草单位：伊顿(宁波)流体连接件有限公司、嘉兴迈思特管件制造有限公司、建湖县特佳液压管件有限公司、海盐高博管件有限公司、海盐县海管管件制造有限公司、焦作市路通液压附件有限公司。

本标准主要起草人：耿志学、李维荣、周舜华、陈占基、冯峰、陶忠明、左学俊、阮浩丰、周剑飞、王利民。

本标准所代替标准的历次版本发布情况为：

——GB/T 3739.1—1983；

——GB/T 3739.2—1983。

卡套式锥螺纹弯通管接头

1 范围

本标准规定了卡套式锥螺纹弯通管接头和接头体的尺寸、标记及技术要求。

本标准适用于管子外径为 4 mm～42 mm，最大工作压力 10 MPa～40 MPa 的液压流体传动和一般用途的管路系统。

2 规范性引用文件

下列文件中的条款通过本标准的引用而成为本标准的条款。凡是注日期的引用文件，其随后所有的修改单(不包括勘误的内容)或修订版均不适用于本标准，然而，鼓励根据本标准达成协议的各方研究是否可使用这些文件的最新版本。凡是不注日期的引用文件，其最新版本适用于本标准。

GB/T 3759—2008 卡套式管接头用连接螺母

GB/T 3764—2008 卡套

GB/T 3765—2008 卡套式管接头技术条件

3 尺寸

卡套式锥螺纹弯通管接头和接头体的尺寸应符合图 1、图 2 和表 1 的规定，接头体卡套端尺寸应符合 GB/T 3764 的规定。

4 标记

4.1 标记方法

卡套式锥螺纹弯通管接头和接头体的标记方法应符合 GB/T 3765 的规定。

4.2 标记示例

接头系列为 L，管子外径为 10 mm，55°密封管螺纹(R)，表面镀锌处理的钢制卡套式锥螺纹弯通管接头标记为：

管接头 GB/T 3739 L10/R1/4

接头系列为 L，管子外径为 10 mm，55°密封管螺纹(R)，表面镀锌处理的钢制卡套式锥螺纹弯通接头体标记为：

接头体 GB/T 3739 L10/R1/4

5 技术要求

技术要求按 GB/T 3765 的规定。

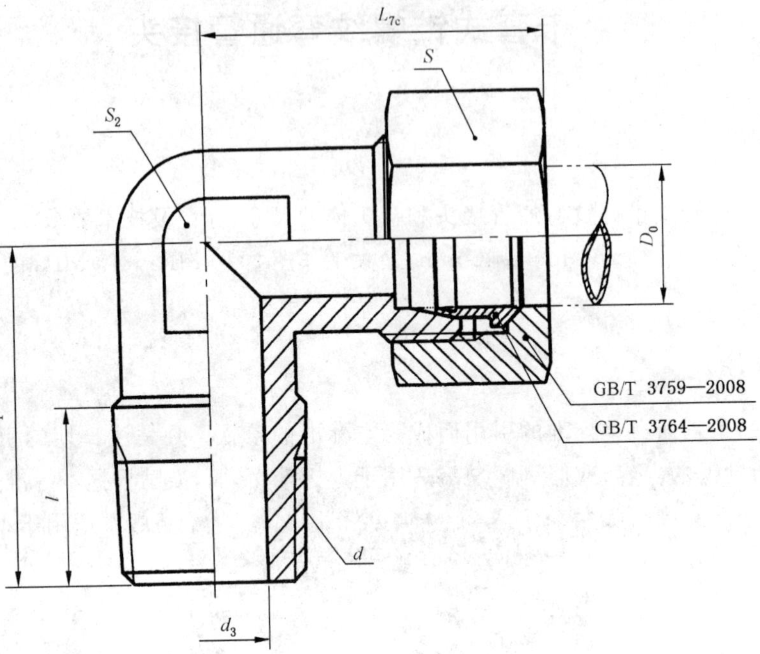

图 1 卡套式锥螺纹弯通管接头

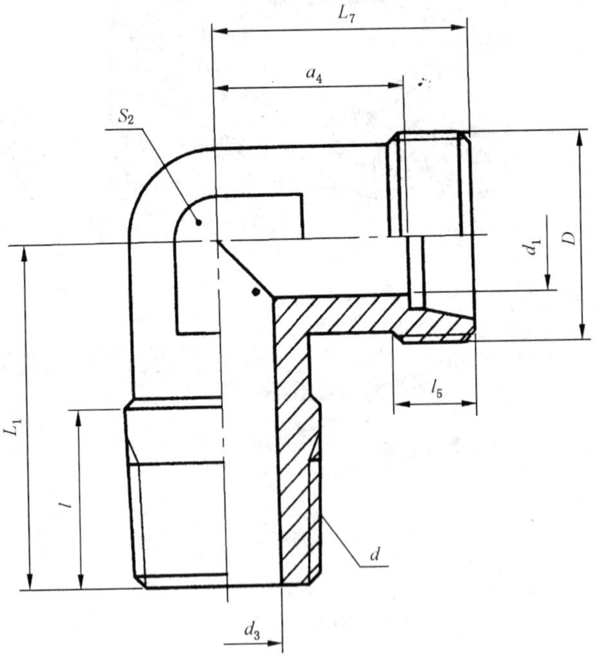

图 2 卡套式锥螺纹弯通接头体

表 1　卡套式锥螺纹弯通管接头和接头体尺寸

单位为毫米

系列	最大工作压力/MPa	管子外径 D_0	D	d		d_1 参考	d_3	L_1	L_7 ±0.3	L_{7c} ≈	l	l_5 min	a_4 参考	S	S_2	
															锻制 min	机械加工 max
LL	10	4	M8×1	R1/8	NPT1/8	3	3	15.5	15	21	8.5	6	11	10	9	6
		5	M10×1	R1/8	NPT1/8	3.5	3	15.5	15	21	8.5	6	9.5	12	9	6
		6	M10×1	R1/8	NPT1/8	4.5	4	15.5	15	21	8.5	6	9.5	12	9	6
		8	M12×1	R1/8	NPT1/8	6	4.5	16.5	17	23	8.5	7	11.5	14	12	7
L	25	6	M12×1.5	R1/8	NPT1/8	4	4	17.5	19	27	8.5	7	12	14	12	7
		8	M14×1.5	R1/4	NPT1/4	6	6	23.5	21	29	12.5	7	14	17	12	7
		10	M16×1.5	R1/4	NPT1/4	8	6	23.5	22	30	12.5	8	15	19	14	8
		12	M18×1.5	R3/8	NPT3/8	10	9	26	24	32	13	8	17	22	17	8
		(14)	M20×1.5	R1/2	NPT1/2	11	11	31	25	33	17	8	18	24	19	8
		15	M22×1.5	R1/2	NPT1/2	12	11	33	28	36	17	9	21	27	19	9
		(16)	M24×1.5	R1/2	NPT1/2	14	12	35	30	39	17	9	22.5	30	22	9
	16	18	M26×1.5	R1/2	NPT1/2	15	14	36	31	40	17	9	23.5	32	24	9
		22	M30×2	R3/4	NPT3/4	19	18	39	35	44	18	10	27.5	36	27	10
	10	28	M36×2	R1	NPT1	24	23	45.5	38	47	21.5	10	30.5	41	36	10
		35	M45×2	R1¼	NPT1¼	30	30	53	45	56	24	12	34.5	50	41	12
		42	M52×2	R1½	NPT1½	36	36	59	51	63	24	12	40	60	50	12
S	40	6	M14×1.5	R1/4	NPT1/4	4	4	23.5	23	31	12.5	9	16	17	12	9
		8	M16×1.5	R1/4	NPT1/4	5	5	24.5	24	32	12.5	9	17	19	14	9
		10	M18×1.5	R3/8	NPT3/8	7	7	26	25	34	13	9	17.5	22	17	9
		12	M20×1.5	R3/8	NPT3/8	8	8	27	26	35	13	9	18.5	24	17	9
		(14)	M22×1.5	R1/2	NPT1/2	9	10	33	29	38	17	10	21.5	27	22	10
		16	M24×1.5	R1/2	NPT1/2	12	12	36	33	43	17	11	24.5	30	24	11
		20	M30×2	R3/4	NPT3/4	16	15	39	37	48	18	12	26.5	36	27	12
	25	25	M36×2	R1	NPT1	20	20	48.5	45	57	21.5	14	33	46	36	14
	16	30	M42×2	R1¼	NPT1¼	25	25	53	49	62	24	16	35.5	50	41	—
		38	M52×2	R1½	NPT1½	32	32	59	57	72	24	18	41	60	50	—

注：尽可能不采用括号内的规格。

ICS 21.060.60
J 15

GB

中华人民共和国国家标准

GB/T 3740—2008
代替 GB/T 3740.1—1983,GB/T 3740.2—1983

卡套式弯通管接头

24° cone connectors—Union elbow

2008-05-07 发布　　　　2008-11-01 实施

中华人民共和国国家质量监督检验检疫总局
中国国家标准化管理委员会　发布

前　言

本标准是卡套式管接头系列标准之一。

本标准中管接头结构型式和尺寸与 ISO 8434-1:2007《用于流体传动和一般用途的金属管接头　第 1 部分:24°压缩式管接头》(英文版)的相关部分基本一致。

本标准是对 GB/T 3740.1—1983《卡套式直角管接头》和 GB/T 3740.2—1983《卡套式直角接头体》的修订。主要修订内容如下:

——将两个标准的内容进行了整合;

——修改了中文和英文名称;

——将公称压力 G(250)和 J(400)修改为最大工作压力 10 MPa～63 MPa,并分为 LL、L 和 S 三个系列,系列的产品尺寸范围作了调整;

——将接头体扳手尺寸改为锻制和机械加工两类;

——调整了管子外径尺寸系列,并修改了相关尺寸;

——减少了部分应由制造商控制的参数;

——取消了重量数据;

——取消了表面粗糙度标注,表面粗糙度要求在 GB/T 3765《卡套式管接头技术条件》中给出。

本标准自实施之日起代替 GB/T 3740.1—1983 和 GB/T 3740.2—1983。

本标准由中国机械工业联合会提出。

本标准由全国管路附件标准化技术委员会归口。

本标准负责起草单位:中机生产力促进中心、海盐管件制造有限公司、浙江华夏阀门有限公司。

本标准参加起草单位:伊顿(宁波)流体连接件有限公司、嘉兴迈思特管件制造有限公司、建湖县特佳液压管件有限公司、海盐高博管件有限公司、海盐县海管管件制造有限公司、焦作市路通液压附件有限公司。

本标准主要起草人:耿志学、李维荣、周舜华、冯峰、陈占基、陶忠明、左学俊、阮浩丰、周剑飞、王利民。

本标准所代替标准的历次版本发布情况为:

——GB/T 3740.1—1983,GB/T 3740.2—1983。

卡套式弯通管接头

1 范围

本标准规定了卡套式弯通管接头和接头体的尺寸、标记及技术要求。

本标准适用于管子外径为 4 mm～42 mm，最大工作压力 10 MPa～63 MPa 的液压流体传动和一般用途的管路系统。

2 规范性引用文件

下列文件中的条款通过本标准的引用而成为本标准的条款。凡是注日期的引用文件，其随后所有的修改单(不包括勘误的内容)或修订版均不适用于本标准，然而，鼓励根据本标准达成协议的各方研究是否可使用这些文件的最新版本。凡是不注日期的引用文件，其最新版本适用于本标准。

GB/T 3759—2008 卡套式管接头用连接螺母

GB/T 3764—2008 卡套

GB/T 3765—2008 卡套式管接头技术条件

3 尺寸

卡套式弯通管接头和接头体的尺寸应符合图 1、图 2 和表 1 的规定，接头体卡套端尺寸应符合 GB/T 3764 的规定。

4 标记

4.1 标记方法

卡套式弯通管接头和接头体的标记方法应符合 GB/T 3765 的规定。

4.2 标记示例

接头系列为 L，管子外径为 10 mm，表面镀锌处理的钢制卡套式弯通管接头标记为：

管接头 GB/T 3740 L10

接头系列为 L，管子外径为 10 mm，表面镀锌处理的钢制卡套式弯通接头体标记为：

接头体 GB/T 3740 L10

5 技术要求

技术要求按 GB/T 3765 的规定。

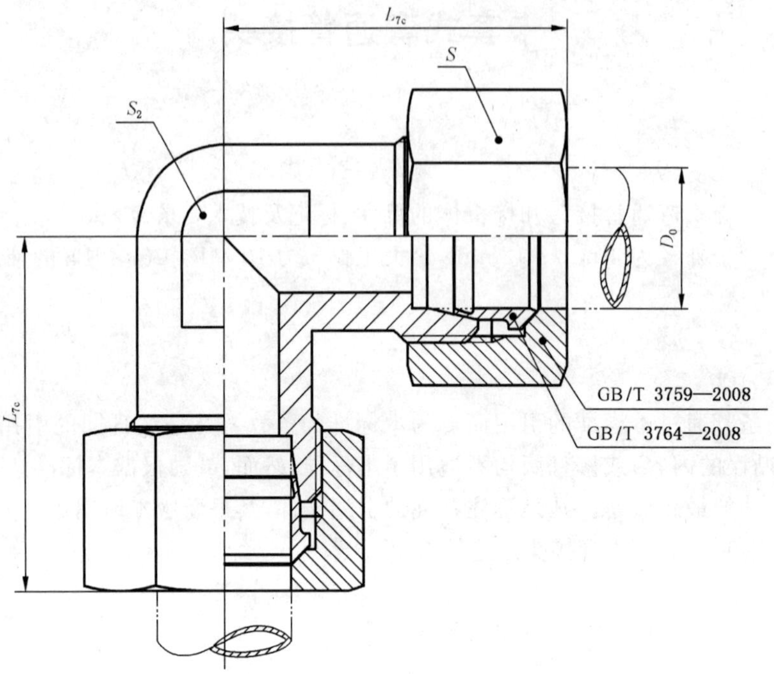

图 1　卡套式弯通管接头

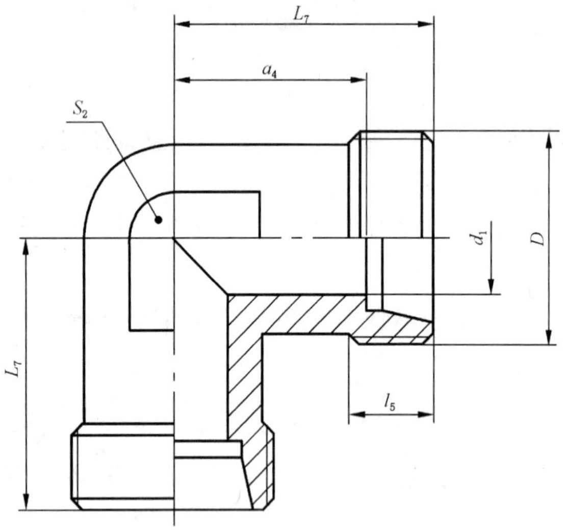

图 2　卡套式弯通接头体

表 1　卡套式弯通管接头和接头体尺寸

单位为毫米

系列	最大工作压力/MPa	管子外径 D_0	D	d_1 参考	L_7 ±0.3	L_{7c} ≈	l_5 min	a_4 参考	S	S_2 锻制 min	S_2 机械加工 max
LL	10	4	M8×1	3	15	21	6	11	10	9	9
		5	M10×1	3.5	15	21	6	9.5	12	9	11
		6	M10×1	4.5	15	21	6	9.5	12	9	11
		8	M12×1	6	17	23	7	11.5	14	12	12
L	25	6	M12×1.5	4	19	27	7	12	14	12	12
		8	M14×1.5	6	21	29	7	14	17	12	14
		10	M16×1.5	8	22	30	8	15	19	14	17
		12	M18×1.5	10	24	32	8	17	22	17	19
		(14)	M20×1.5	11	25	33	8	18	24	19	—
		15	M22×1.5	12	28	36	9	21	27	19	—
		(16)	M24×1.5	14	30	39	9	22.5	30	22	—
	16	18	M26×1.5	15	31	40	9	23.5	32	24	—
		22	M30×2	19	35	44	10	27.5	36	27	—
	10	28	M36×2	24	38	47	10	30.5	41	36	—
		35	M45×2	30	45	56	12	34.5	50	41	—
		42	M52×2	36	51	63	12	40	60	50	—
S	63	6	M14×1.5	4	23	31	9	16	17	12	14
		8	M16×1.5	5	24	32	9	17	19	14	17
		10	M18×1.5	7	25	34	9	17.5	22	17	19
		12	M20×1.5	8	26	35	9	18.5	24	17	22
		(14)	M22×1.5	9	29	38	10	21.5	27	22	—
	40	16	M24×1.5	12	33	43	11	24.5	30	24	—
		20	M30×2	16	37	48	12	26.5	36	27	—
		25	M36×2	20	45	57	14	33	46	36	—
	25	30	M42×2	25	49	62	16	35.5	50	41	—
		38	M52×2	32	57	72	18	41	60	50	—

注：尽可能不采用括号内的规格。

ICS 21.060.60
J 15

中华人民共和国国家标准

GB/T 3741—2008
代替 GB/T 3741.1—1983,GB/T 3741.2—1983

卡套式可调向端三通管接头

24° cone connectors—Straight thread tee

2008-05-07 发布　　2008-11-01 实施

中华人民共和国国家质量监督检验检疫总局
中国国家标准化管理委员会　发布

前　言

本标准是卡套式管接头系列标准之一。

本标准是对 GB/T 3741.1—1983《卡套式端三通管接头》和 GB/T 3741.2—1983《卡套式端三通接头体》的修订。主要修订内容如下：

——将两个标准的内容进行了整合；

——修改了中文和英文名称；

——增加了可调向螺纹柱端，取消了原标准中的 A 型螺纹柱端；

——将公称压力 G(250) 和 J(400) 修改为最大工作压力 10 MPa～63 MPa，并分为 L 和 S 两个系列，系列的产品尺寸范围作了调整；

——调整了管子外径尺寸系列，并修改了相关尺寸；

——减少了部分应由制造商控制的参数；

——取消了重量数据；

——取消了表面粗糙度标注，表面粗糙度要求在 GB/T 3765《卡套式管接头技术条件》中给出。

本标准自实施之日起代替 GB/T 3741.1—1983 和 GB/T 3741.2—1983。

本标准由中国机械工业联合会提出。

本标准由全国管路附件标准化技术委员会归口。

本标准负责起草单位：中机生产力促进中心、海盐管件制造有限公司、海盐高博管件有限公司。

本标准参加起草单位：伊顿(宁波)流体连接件有限公司、嘉兴迈思特管件制造有限公司、建湖县特佳液压管件有限公司、浙江华夏阀门有限公司、海盐县海管管件制造有限公司、焦作市路通液压附件有限公司。

本标准主要起草人：耿志学、李维荣、周舜华、冯峰、阮浩丰、陶忠明、左学俊、陈占基、周剑飞、王利民。

本标准所代替标准的历次版本发布情况为：

——GB/T 3741.1—1983；

——GB/T 3741.2—1983。

卡套式可调向端三通管接头

1 范围

本标准规定了卡套式可调向端三通管接头和接头体的尺寸、标记及技术要求。

本标准适用于管子外径为 6 mm～42 mm，最大工作压力 10 MPa～63 MPa 的液压流体传动和一般用途的管路系统。

2 规范性引用文件

下列文件中的条款通过本标准的引用而成为本标准的条款。凡是注日期的引用文件，其随后所有的修改单(不包括勘误的内容)或修订版均不适用于本标准，然而，鼓励根据本标准达成协议的各方研究是否可使用这些文件的最新版本。凡是不注日期的引用文件，其最新版本适用于本标准。

GB/T 3759—2008　卡套式管接头用连接螺母

GB/T 3764—2008　卡套

GB/T 3765—2008　卡套式管接头技术条件

GB/T 5649—2008　管接头用锁紧螺母和垫圈

3 尺寸

卡套式可调向端三通管接头和接头体的尺寸应符合图 1、图 2 和表 1 的规定，可调向端的尺寸应符合 GB/T 3765 附录 A 的规定，接头体卡套端尺寸应符合 GB/T 3764 的规定。

4 标记

4.1 标记方法

卡套式可调向端三通管接头和接头体的标记方法应符合 GB/T 3765 的规定。

4.2 标记示例

接头系列为 L，管子外径为 10 mm，普通螺纹(M)可调向螺纹柱端，表面镀锌处理的钢制卡套式可调向端三通管接头标记为：

管接头　GB/T 3741　L10

接头系列为 L，管子外径为 10 mm，普通螺纹(M)可调向螺纹柱端，表面镀锌处理的钢制卡套式可调向端三通接头体标记为：

接头体　GB/T 3741　L10

5 技术要求

技术要求按 GB/T 3765 的规定。

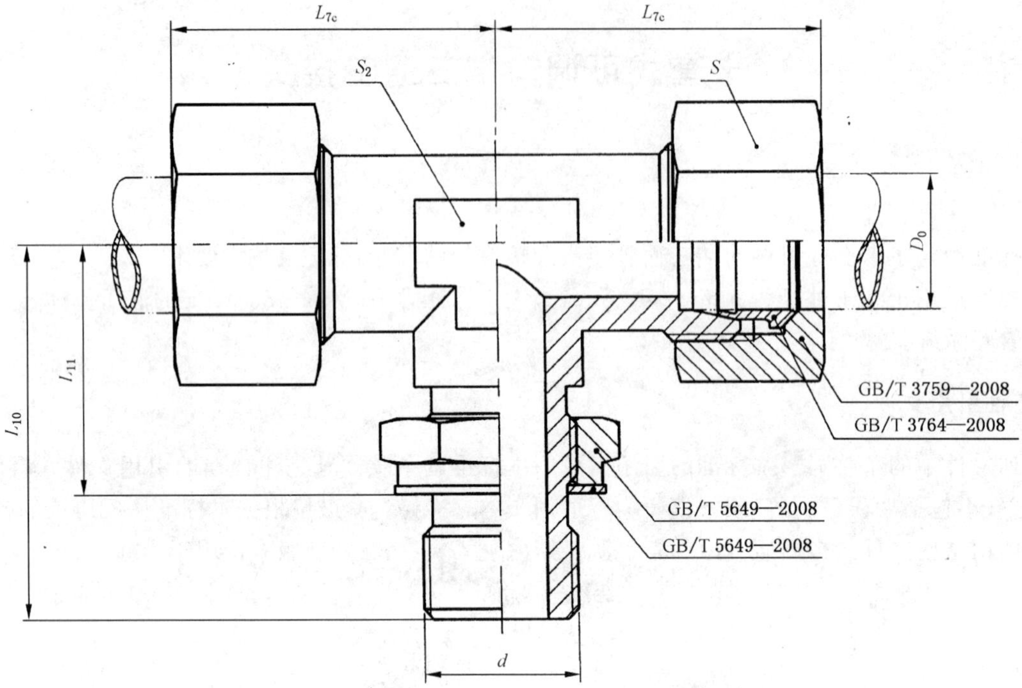

图 1　卡套式可调向端三通管接头

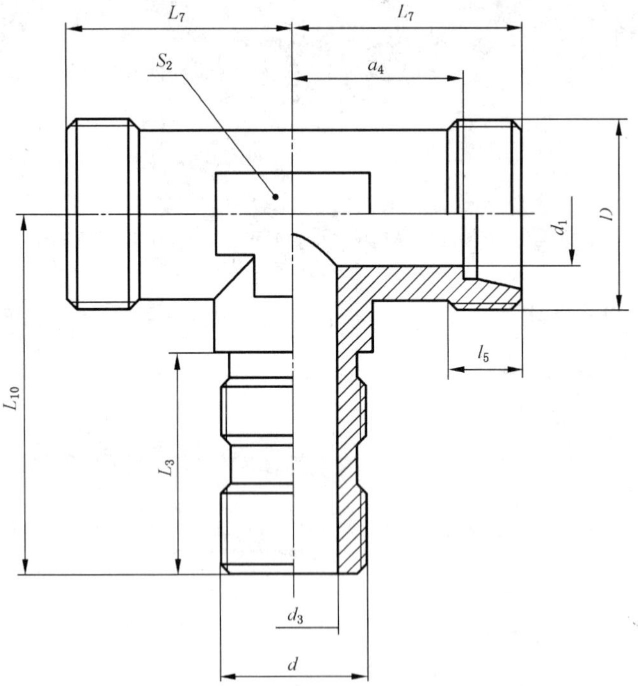

图 2　卡套式可调向端三通接头体

表 1　卡套式可调向端三通管接头和接头体尺寸

单位为毫米

系列	最大工作压力/MPa	管子外径 D_0	D	d	d_1 参考	d_3 参考	L_3 min	L_7 ±0.3	L_{7c} ≈	L_{10} ±1	L_{11} 参考	l_5 min	a_4 参考	S	S_2 锻制 min	S_2 机械加工 max
L	25	6	M12×1.5	M10×1	4	4	16	19	27	25	16.4	7	12	14	12	12
		8	M14×1.5	M12×1.5	6	6	20	21	29	31	19.9	7	14	17	12	14
		10	M16×1.5	M14×1.5	8	7	20	22	30	31	19.9	8	15	19	14	17
		12	M18×1.5	M16×1.5	10	9	20.5	24	32	33.5	21.9	8	17	22	17	19
		(14)	M20×1.5	M18×1.5	11	10	21.5	25	33	35.5	22.9	8	18	24	19	—
		15	M22×1.5	M18×1.5	12	11	21.5	28	36	37.5	24.9	9	21	27	19	—
		(16)	M24×1.5	M20×1.5	14	12	21.5	30	39	40.5	27.8	9	22.5	30	22	—
	16	18	M26×1.5	M22×1.5	15	14	22.5	31	40	41.5	28.8	9	23.5	32	24	—
		22	M30×2	M27×2	19	18	27.5	35	44	48.5	32.8	10	27.5	36	27	—
	10	28	M36×2	M33×2	24	23	27.5	38	47	51.5	35.8	10	30.5	41	36	—
		35	M45×2	M42×2	30	30	27.5	45	56	56.5	40.8	12	34.5	50	41	—
		42	M52×2	M48×2	36	36	29	51	63	64	46.8	12	40	60	50	—
S	63	6	M14×1.5	M12×1.5	4	4	21	23	31	32	20.9	9	16	17	12	14
		8	M16×1.5	M14×1.5	5	5	21	24	32	33	21.9	9	17	19	14	17
		10	M18×1.5	M16×1.5	7	7	23	25	34	36	23.4	9	17.5	22	17	19
		12	M20×1.5	M18×1.5	8	8	26	26	35	40	25.9	9	18.5	24	17	22
		(14)	M22×1.5	M20×1.5	9	9	26	29	38	43.5	28.8	10	21.5	27	22	—
	40	16	M24×1.5	M22×1.5	12	12	27.5	33	43	46.5	31.8	11	24.5	30	24	—
		20	M30×2	M27×2	16	15	33.5	37	48	54.5	36.3	12	26.5	36	27	—
		25	M36×2	M33×2	20	20	33.5	45	57	60.5	42.3	14	33	46	36	—
	25	30	M42×2	M42×2	25	25	34.5	49	62	63.5	44.8	16	35.5	50	41	—
		38	M52×2	M48×2	32	32	38	57	72	73	51.8	18	41	60	50	—

注：尽可能不采用括号内的规格。

ICS 21.060.60
J 15

中华人民共和国国家标准

GB/T 3742—2008
代替 GB/T 3742.1—1983,GB/T 3742.2—1983

卡套式锥螺纹三通管接头

24° cone connectors—Male tee

2008-05-07 发布 2008-11-01 实施

中华人民共和国国家质量监督检验检疫总局
中国国家标准化管理委员会 发布

前　言

本标准是卡套式管接头系列标准之一。

本标准是对GB/T 3742.1—1983《卡套式锥螺纹三通管接头》和GB/T 3742.2—1983《卡套式锥螺纹三通接头体》的修订。主要修订内容如下：

——将两个标准的内容进行了整合；

——修改了英文名称；

——螺纹柱端增加了55°密封管螺纹(R)和60°密封管螺纹(NPT)，取消了原标准中的米制锥螺纹(ZM)；

——将公称压力E(160)修改为最大工作压力10 MPa～40 MPa，并分为LL、L和S三个系列，系列的产品尺寸范围作了调整；

——将接头体扳手尺寸改为锻制和机械加工两类；

——调整了管子外径尺寸系列，并修改了相关尺寸；

——减少了部分应由制造商控制的参数；

——取消了重量数据；

——取消了表面粗糙度标注，表面粗糙度要求在GB/T 3765《卡套式管接头技术条件》中给出。

本标准自实施之日起代替GB/T 3742.1—1983和GB/T 3742.2—1983。

本标准由中国机械工业联合会提出。

本标准由全国管路附件标准化技术委员会归口。

本标准负责起草单位：中机生产力促进中心、海盐管件制造有限公司、海盐高博管件有限公司。

本标准参加起草单位：伊顿(宁波)流体连接件有限公司、嘉兴迈思特管件制造有限公司、建湖县特佳液压管件有限公司、浙江华夏阀门有限公司、海盐县海管管件制造有限公司、焦作市路通液压附件有限公司。

本标准主要起草人：耿志学、李维荣、周舜华、冯峰、阮浩丰、陶忠明、左学俊、陈占基、周剑飞、王利民。

本标准所代替标准的历次版本发布情况为：

——GB/T 3742.1—1983；

——GB/T 3742.2—1983。

卡套式锥螺纹三通管接头

1 范围

本标准规定了卡套式锥螺纹三通管接头和接头体的尺寸、标记及技术要求。

本标准适用于管子外径为 4 mm～42 mm，最大工作压力 10 MPa～40 MPa 的液压流体传动和一般用途的管路系统。

2 规范性引用文件

下列文件中的条款通过本标准的引用而成为本标准的条款。凡是注日期的引用文件，其随后所有的修改单(不包括勘误的内容)或修订版均不适用于本标准，然而，鼓励根据本标准达成协议的各方研究是否可使用这些文件的最新版本。凡是不注日期的引用文件，其最新版本适用于本标准。

GB/T 3759—2008 卡套式管接头用连接螺母

GB/T 3764—2008 卡套

GB/T 3765—2008 卡套式管接头技术条件

3 尺寸

卡套式锥螺纹三通管接头和接头体的尺寸应符合图 1、图 2 和表 1 的规定，接头体卡套端尺寸应符合 GB/T 3764 的规定。

4 标记

4.1 标记方法

卡套式锥螺纹三通管接头和接头体的标记方法应符合 GB/T 3765 的规定。

4.2 标记示例

接头系列为 L，管子外径为 10 mm，55°密封管螺纹(R)，表面镀锌处理的钢制卡套式锥螺纹三通管接头标记为：

管接头 GB/T 3742 L10/R1/4

接头系列为 L，管子外径为 10 mm，55°密封管螺纹(R)，表面镀锌处理的钢制卡套式锥螺纹三通接头体标记为：

接头体 GB/T 3742 L10/R1/4

5 技术要求

技术要求按 GB/T 3765 的规定。

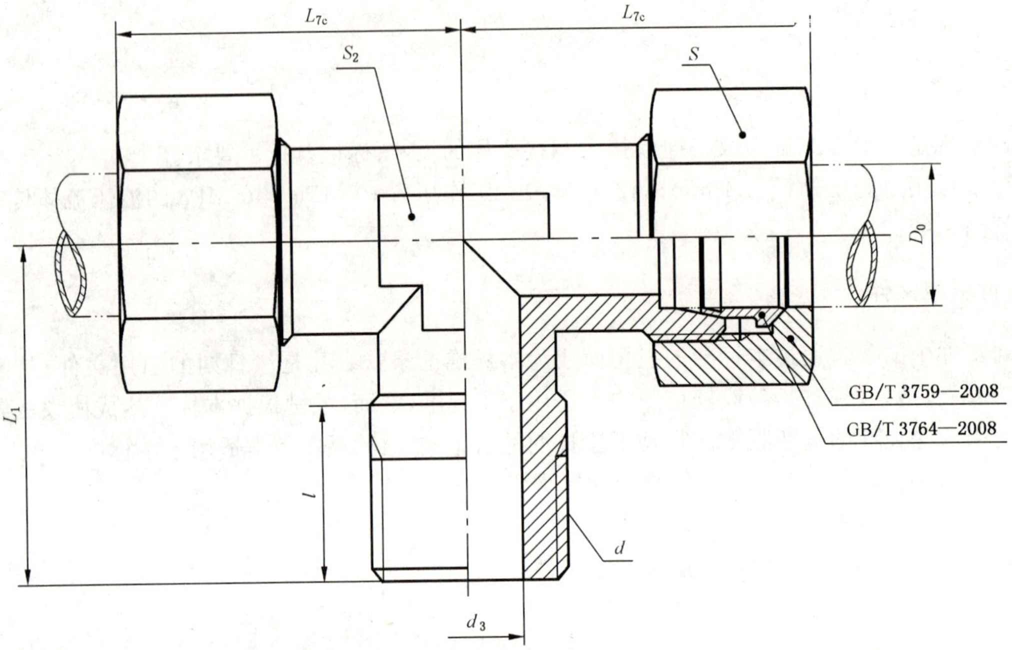

图 1　卡套式锥螺纹三通管接头

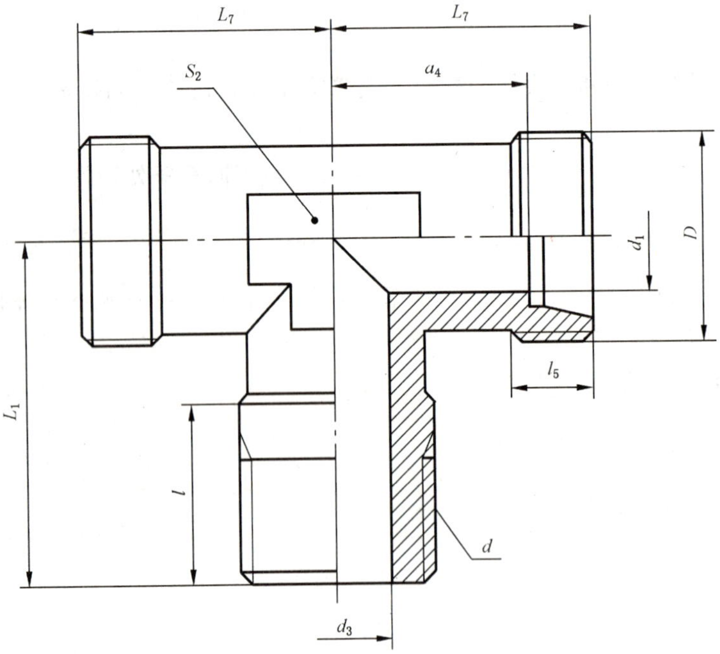

图 2　卡套式锥螺纹三通接头体

表 1　卡套式锥螺纹三通管接头和接头体尺寸　　　　单位为毫米

系列	最大工作压力/MPa	管子外径 D_0	D	d		d_1 参考	d_3	L_1	L_7 ±0.3	L_{7c} ≈	l	l_5 min	a_4 参考	S	S_2 锻制 min	S_2 机械加工 max
LL	10	4	M8×1	R1/8	NPT1/8	3	3	15.5	15	21	8.5	6	11	10	9	6
		5	M10×1	R1/8	NPT1/8	3.5	3	15.5	15	21	8.5	6	9.5	12	9	6
		6	M10×1	R1/8	NPT1/8	4.5	4	15.5	15	21	8.5	6	9.5	12	9	6
		8	M12×1	R1/8	NPT1/8	6	4.5	16.5	17	23	8.5	7	11.5	14	12	7
L	25	6	M12×1.5	R1/8	NPT1/8	4	4	17.5	19	27	8.5	7	12	14	12	7
		8	M14×1.5	R1/4	NPT1/4	6	6	23.5	21	29	12.5	7	14	17	12	7
		10	M16×1.5	R1/4	NPT1/4	8	6	23.5	22	30	12.5	8	15	19	14	8
		12	M18×1.5	R3/8	NPT3/8	10	9	26	24	32	13	8	17	22	17	8
		(14)	M20×1.5	R1/2	NPT1/2	11	11	31	25	33	17	8	18	24	19	8
		15	M22×1.5	R1/2	NPT1/2	12	11	33	28	36	17	9	21	27	19	9
		(16)	M24×1.5	R1/2	NPT1/2	14	12	35	30	39	17	9	22.5	30	22	9
	16	18	M26×1.5	R1/2	NPT1/2	15	14	36	31	40	17	9	23.5	32	24	9
		22	M30×2	R3/4	NPT3/4	19	18	39	35	44	18	10	27.5	36	27	10
	10	28	M36×2	R1	NPT1	24	23	45.5	38	47	21.5	10	30.5	41	36	10
		35	M45×2	R1¼	NPT1¼	30	30	53	45	56	24	12	34.5	50	41	12
		42	M52×2	R1½	NPT1½	36	36	59	51	63	24	12	40	60	50	12
S	40	6	M14×1.5	R1/4	NPT1/4	4	4	23.5	23	31	12.5	9	16	17	12	9
		8	M16×1.5	R1/4	NPT1/4	5	5	24.5	24	32	12.5	9	17	19	14	9
		10	M18×1.5	R3/8	NPT3/8	7	7	26	25	34	13	9	17.5	22	17	9
		12	M20×1.5	R3/8	NPT3/8	8	8	27	26	35	13	9	18.5	24	17	9
		(14)	M22×1.5	R1/2	NPT1/2	9	10	33	29	38	17	10	21.5	27	22	10
		16	M24×1.5	R1/2	NPT1/2	12	12	36	33	43	17	11	24.5	30	24	11
		20	M30×2	R3/4	NPT3/4	16	15	39	37	48	18	12	26.5	36	27	12
	25	25	M36×2	R1	NPT1	20	20	48.5	45	57	21.5	14	33	46	36	14
	16	30	M42×2	R1¼	NPT1¼	25	25	53	49	62	24	16	35.5	50	41	—
		38	M52×2	R1½	NPT1½	32	32	59	57	72	24	18	41	60	50	—

注：尽可能不采用括号内的规格。

ICS 21.060.60
J 15

中华人民共和国国家标准

GB/T 3743—2008
代替 GB/T 3743.1—1983,GB/T 3743.2—1983

卡套式可调向端弯通三通管接头

24° cone connectors—Straight thread run tee

2008-05-07 发布

2008-11-01 实施

中华人民共和国国家质量监督检验检疫总局
中国国家标准化管理委员会 发布

前　言

本标准是卡套式管接头系列标准之一。

本标准是对 GB/T 3743.1—1983《卡套式端直角三通管接头》和 GB/T 3743.2—1983《卡套式端直角三通接头体》的修订。主要修订内容如下：

——将两个标准的内容进行了整合；

——修改了中文和英文名称；

——增加了可调向螺纹柱端，取消了原标准中的 A 型螺纹柱端；

——将公称压力 G(250)和 J(400)修改为最大工作压力 10 MPa～63 MPa，并分为 L 和 S 两个系列，系列的产品尺寸范围作了调整；

——调整了管子外径尺寸系列，并修改了相关尺寸；

——增加了管螺纹柱端结构形式；

——减少了部分应由制造商控制的参数；

——取消了重量数据；

——取消了表面粗糙度标注，表面粗糙度要求在 GB/T 3765《卡套式管接头技术条件》中给出。

本标准自实施之日起代替 GB/T 3743.1—1983 和 GB/T 3743.2—1983。

本标准由中国机械工业联合会提出。

本标准由全国管路附件标准化技术委员会归口。

本标准负责起草单位：中机生产力促进中心、海盐管件制造有限公司、海盐县海管管件制造有限公司。

本标准参加起草单位：伊顿(宁波)流体连接件有限公司、嘉兴迈思特管件制造有限公司、建湖县特佳液压管件有限公司、浙江华夏阀门有限公司、海盐高博管件有限公司、焦作市路通液压附件有限公司。

本标准主要起草人：耿志学、李维荣、周舜华、冯峰、周剑飞、陶忠明、左学俊、阮浩丰、陈占基、王利民。

本标准所代替标准的历次版本发布情况为：

——GB/T 3743.1—1983；

——GB/T 3743.2—1983。

卡套式可调向端弯通三通管接头

1 范围

本标准规定了卡套式可调向端弯通三通管接头和接头体的尺寸、标记及技术要求。

本标准适用于管子外径为 6 mm～42 mm，最大工作压力 10 MPa～63 MPa 的液压流体传动和一般用途的管路系统。

2 规范性引用文件

下列文件中的条款通过本标准的引用而成为本标准的条款。凡是注日期的引用文件，其随后所有的修改单(不包括勘误的内容)或修订版均不适用于本标准，然而，鼓励根据本标准达成协议的各方研究是否可使用这些文件的最新版本。凡是不注日期的引用文件，其最新版本适用于本标准。

GB/T 3759—2008　卡套式管接头用连接螺母

GB/T 3764—2008　卡套

GB/T 3765—2008　卡套式管接头技术条件

GB/T 5649—2008　管接头用锁紧螺母和垫圈

3 尺寸

卡套式可调向端弯通三通管接头和接头体的尺寸应符合图 1、图 2 和表 1 的规定，可调向端的尺寸应符合 GB/T 3765 附录 A 的规定，接头体卡套端尺寸应符合 GB/T 3764 的规定。

4 标记

4.1 标记方法

卡套式可调向端弯通三通管接头和接头体的标记方法应符合 GB/T 3765 的规定。

4.2 标记示例

接头系列为 L，管子外径为 10 mm，普通螺纹(M)可调向螺纹柱端，表面镀锌处理的钢制卡套式可调向端弯通三通管接头标记为：

管接头　GB/T 3743　L10

接头系列为 L，管子外径为 10 mm，普通螺纹(M)可调向螺纹柱端，表面镀锌处理的钢制卡套式可调向端弯通三通接头体标记为：

接头体　GB/T 3743　L10

5 技术要求

技术要求按 GB/T 3765 的规定。

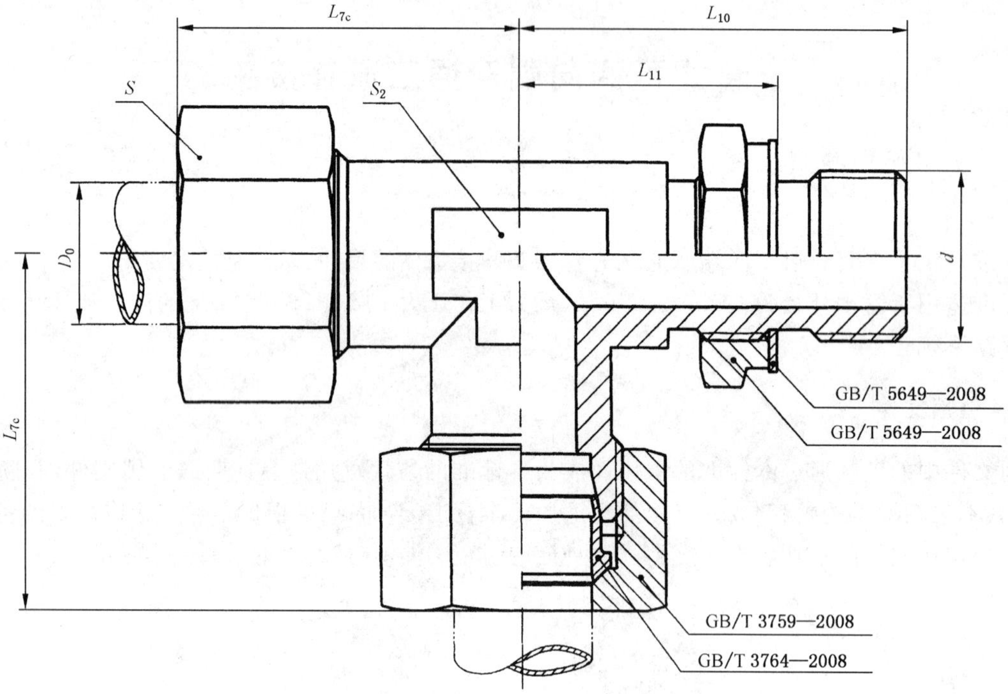

图 1 卡套式可调向端弯通三通管接头

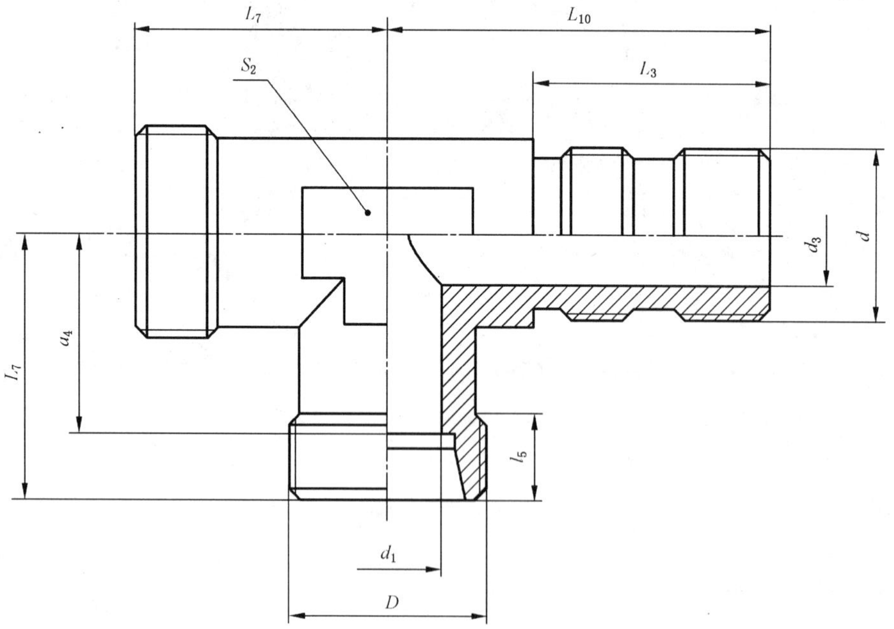

图 2 卡套式可调向端弯通三通接头体

表 1　卡套式可调向端弯通三通管接头和接头体尺寸

单位为毫米

系列	最大工作压力/MPa	管子外径 D_0	D	d	d_1 参考	d_3 参考	L_3 min	L_7 ±0.3	L_{7c} ≈	L_{10} ±1	L_{11} 参考	l_5 min	a_4 参考	S	S_2 锻制 min	S_2 机械加工 max
L	25	6	M12×1.5	M10×1	4	4	16	19	27	25	16.4	7	12	14	12	12
		8	M14×1.5	M12×1.5	6	6	20	21	29	31	19.9	7	14	17	12	14
		10	M16×1.5	M14×1.5	8	7	20	22	30	31	19.9	8	15	19	14	17
		12	M18×1.5	M16×1.5	10	9	20.5	24	32	33.5	21.9	8	17	22	17	19
		(14)	M20×1.5	M18×1.5	11	10	21.5	25	33	35.5	22.9	8	18	24	19	—
		15	M22×1.5	M18×1.5	12	11	21.5	28	36	37.5	24.9	9	21	27	19	—
		(16)	M24×1.5	M20×1.5	14	12	21.5	30	39	40.5	27.8	9	22.5	30	22	—
	16	18	M26×1.5	M22×1.5	15	14	22.5	31	40	41.5	28.8	9	23.5	32	24	—
		22	M30×2	M27×2	19	18	27.5	35	44	48.5	32.8	10	27.5	36	27	—
	10	28	M36×2	M33×2	24	23	27.5	38	47	51.5	35.8	10	30.5	41	36	—
		35	M45×2	M42×2	30	30	27.5	45	56	56.5	40.8	12	34.5	50	41	—
		42	M52×2	M48×2	36	36	29	51	63	64	46.8	12	40	60	50	—
S	63	6	M14×1.5	M12×1.5	4	4	21	23	31	32	20.9	9	16	17	12	14
		8	M16×1.5	M14×1.5	5	5	21	24	32	33	21.9	9	17	19	14	17
		10	M18×1.5	M16×1.5	7	7	23	25	34	36	23.4	9	17.5	22	17	19
		12	M20×1.5	M18×1.5	8	8	26	26	35	40	25.9	9	18.5	24	17	22
		(14)	M22×1.5	M20×1.5	9	9	26	29	38	43.5	28.8	10	21.5	27	22	—
	40	16	M24×1.5	M22×1.5	12	12	27.5	33	43	46.5	31.8	11	24.5	30	24	—
		20	M30×2	M27×2	16	15	33.5	37	48	54.5	36.3	12	26.5	36	27	—
		25	M36×2	M33×2	20	20	33.5	45	57	60.5	42.3	14	33	46	36	—
	25	30	M42×2	M42×2	25	25	34.5	49	62	63.5	44.8	16	35.5	50	41	—
		38	M52×2	M48×2	32	32	38	57	72	73	51.8	18	41	60	50	—

注：尽可能不采用括号内的规格。

ICS 21.060.60
J 15

中华人民共和国国家标准

GB/T 3744—2008
代替 GB/T 3744.1—1983,GB/T 3744.2—1983

卡套式锥螺纹弯通三通管接头

24° cone connectors—Male run tee

2008-05-07 发布　　　　2008-11-01 实施

中华人民共和国国家质量监督检验检疫总局
中国国家标准化管理委员会　发布

前　言

本标准是卡套式管接头系列标准之一。

本标准是对 GB/T 3744.1—1983《卡套式锥螺纹直角三通管接头》和 GB/T 3744.2—1983《卡套式锥螺纹直角三通接头体》的修订。主要修订内容如下：

——将两个标准的内容进行了整合；

——修改了中文和英文名称；

——螺纹柱端增加了 55°密封管螺纹(R)和 60°密封管螺纹(NPT)，取消了原标准中的米制锥螺纹(ZM)；

——将公称压力 E(160)修改为最大工作压力 10 MPa～40 MPa，并分为 LL、L 和 S 三个系列，系列的产品尺寸范围作了调整；

——将接头体扳手尺寸改为锻制和机械加工两类；

——调整了管子外径尺寸系列，并修改了相关尺寸；

——减少了部分应由制造商控制的参数；

——取消了重量数据；

——取消了表面粗糙度标注，表面粗糙度要求在 GB/T 3765《卡套式管接头技术条件》中给出。

本标准自实施之日起代替 GB/T 3744.1—1983 和 GB/T 3744.2—1983。

本标准由中国机械工业联合会提出。

本标准由全国管路附件标准化技术委员会归口。

本标准负责起草单位：中机生产力促进中心、海盐管件制造有限公司、海盐县海管管件制造有限公司。

本标准参加起草单位：伊顿(宁波)流体连接件有限公司、嘉兴迈思特管件制造有限公司、建湖县特佳液压管件有限公司、浙江华夏阀门有限公司、海盐高博管件有限公司、焦作市路通液压附件有限公司。

本标准主要起草人：耿志学、李维荣、徐长祥、周舜华、冯峰、周剑飞、陶忠明、左学俊、阮浩丰、王利民。

本标准所代替标准的历次版本发布情况为：

——GB/T 3744.1—1983；

——GB/T 3744.2—1983。

卡套式锥螺纹弯通三通管接头

1 范围

本标准规定了卡套式锥螺纹弯通三通管接头和接头体的尺寸、标记及技术要求。

本标准适用于管子外径为 4 mm～42 mm，最大工作压力 10 MPa～40 MPa 的液压流体传动和一般用途的管路系统。

2 规范性引用文件

下列文件中的条款通过本标准的引用而成为本标准的条款。凡是注日期的引用文件，其随后所有的修改单(不包括勘误的内容)或修订版均不适用于本标准，然而，鼓励根据本标准达成协议的各方研究是否可使用这些文件的最新版本。凡是不注日期的引用文件，其最新版本适用于本标准。

GB/T 3759—2008 卡套式管接头用连接螺母

GB/T 3764—2008 卡套

GB/T 3765—2008 卡套式管接头技术条件

3 尺寸

卡套式锥螺纹弯通三通管接头和接头体的尺寸应符合图 1、图 2 和表 1 的规定，接头体卡套端尺寸应符合 GB/T 3764 的规定。

4 标记

4.1 标记方法

卡套式锥螺纹弯通三通管接头和接头体的标记方法应符合 GB/T 3765 的规定。

4.2 标记示例

接头系列为 L，管子外径为 10 mm，55° 密封管螺纹(R)，表面镀锌处理的钢制卡套式锥螺纹弯通三通管接头标记为：

管接头 GB/T 3744 L10/R1/4

接头系列为 L，管子外径为 10 mm，55° 密封管螺纹(R)，表面镀锌处理的钢制卡套式锥螺纹弯通三通接头体标记为：

接头体 GB/T 3744 L10/R1/4

5 技术要求

技术要求按 GB/T 3765 的规定。

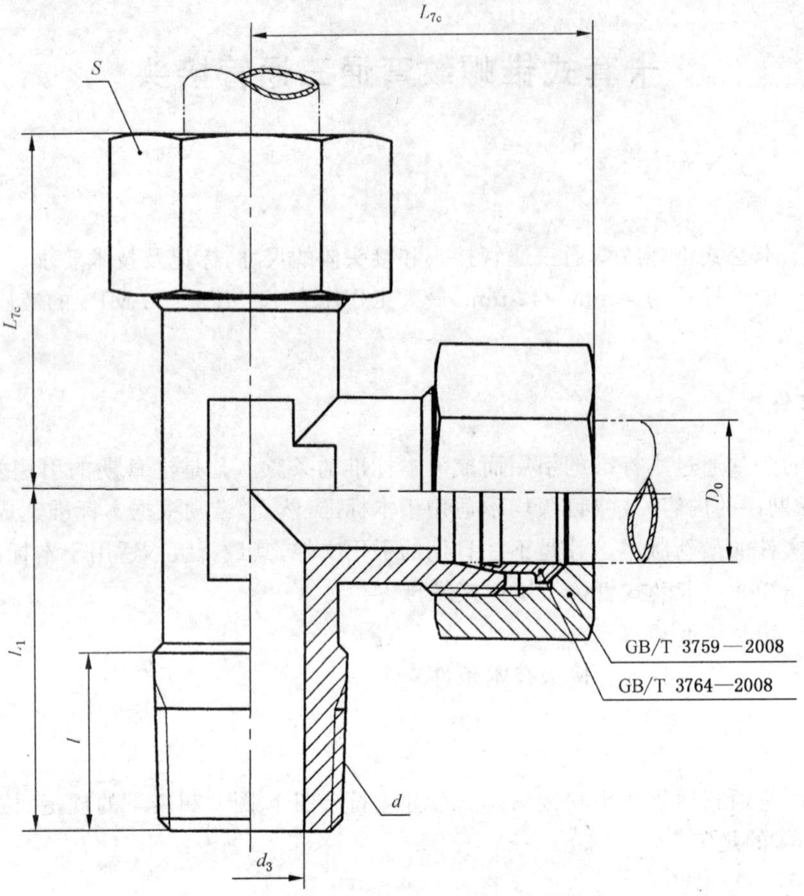

图 1 卡套式锥螺纹弯通三通管接头

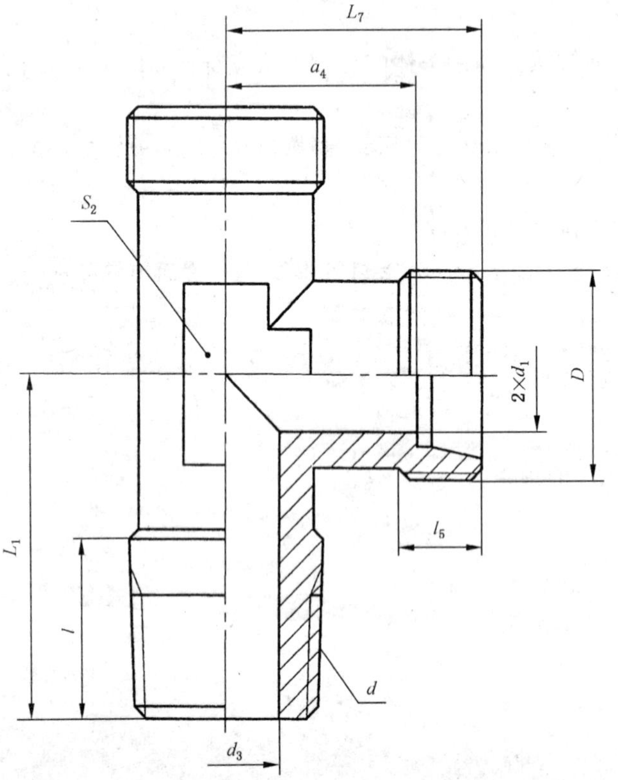

图 2 卡套式锥螺纹弯通三通接头体

表 1 卡套式锥螺纹弯通三通管接头和接头体尺寸

单位为毫米

系列	最大工作压力/MPa	管子外径 D_0	D	d		d_1 参考	d_3	L_1	L_7 ±0.3	L_{7c} ≈	l	l_5 min	a_4 参考	S	S_2 锻制 min	S_2 机械加工 max
LL	10	4	M8×1	R1/8	NPT1/8	3	3	15.5	15	21	8.5	6	11	10	9	6
		5	M10×1	R1/8	NPT1/8	3.5	3	15.5	15	21	8.5	6	9.5	12	9	6
		6	M10×1	R1/8	NPT1/8	4.5	4	15.5	15	21	8.5	6	9.5	12	9	6
		8	M12×1	R1/8	NPT1/8	6	4.5	16.5	17	23	8.5	7	11.5	14	12	7
L	25	6	M12×1.5	R1/8	NPT1/8	4	4	17.5	19	27	8.5	7	12	14	12	7
		8	M14×1.5	R1/4	NPT1/4	6	6	23.5	21	29	12.5	7	14	17	12	7
		10	M16×1.5	R1/4	NPT1/4	8	6	23.5	22	30	12.5	8	15	19	14	8
		12	M18×1.5	R3/8	NPT3/8	10	9	26	24	32	13	8	17	22	17	8
		(14)	M20×1.5	R1/2	NPT1/2	11	11	31	25	33	17	8	18	24	19	8
		15	M22×1.5	R1/2	NPT1/2	12	11	33	28	36	17	9	21	27	19	9
		(16)	M24×1.5	R1/2	NPT1/2	14	12	35	30	39	17	9	22.5	30	22	9
	16	18	M26×1.5	R1/2	NPT1/2	15	14	36	31	40	17	9	23.5	32	24	9
		22	M30×2	R3/4	NPT3/4	19	18	39	35	44	18	10	27.5	36	27	10
	10	28	M36×2	R1	NPT1	24	23	45.5	38	47	21.5	10	30.5	41	36	10
		35	M45×2	R1¼	NPT 1¼	30	30	53	45	56	24	12	34.5	50	41	12
		42	M52×2	R1½	NPT 1½	36	36	59	51	63	24	12	40	60	50	12
S	40	6	M14×1.5	R1/4	NPT1/4	4	4	23.5	23	31	12.5	9	16	17	12	9
		8	M16×1.5	R1/4	NPT1/4	5	5	24.5	24	32	12.5	9	17	19	14	9
		10	M18×1.5	R3/8	NPT3/8	7	7	26	25	34	13	9	17.5	22	17	9
		12	M20×1.5	R3/8	NPT3/8	8	8	27	26	35	13	9	18.5	24	17	9
		(14)	M22×1.5	R1/2	NPT1/2	9	10	33	29	38	17	10	21.5	27	22	10
		16	M24×1.5	R1/2	NPT1/2	12	12	36	33	43	17	11	24.5	30	24	11
		20	M30×2	R3/4	NPT3/4	16	15	39	37	48	18	12	26.5	36	27	12
	25	25	M36×2	R1	NPT1	20	20	48.5	45	57	21.5	14	33	46	36	14
	16	30	M42×2	R1¼	NPT 1¼	25	25	53	49	62	24	16	35.5	50	41	—
		38	M52×2	R1½	NPT 1½	32	32	59	57	72	24	18	41	60	50	—

注：尽可能不采用括号内的规格。

ICS 21.060.60
J 15

中华人民共和国国家标准

GB/T 3745—2008
代替 GB/T 3745.1—1983,GB/T 3745.2—1983

卡套式三通管接头

24° cone connectors—Union tee

2008-05-07 发布　　2008-11-01 实施

中华人民共和国国家质量监督检验检疫总局
中国国家标准化管理委员会　发布

前言

本标准是卡套式管接头系列标准之一。

本标准中管接头结构型式和尺寸与 ISO 8434-1:2007《用于流体传动和一般用途的金属管接头　第1部分:24°压缩式管接头》(英文版)的相关部分基本一致。

本标准是对 GB/T 3745.1—1983《卡套式三通管接头》和 GB/T 3745.2—1983《卡套式三通接头体》的修订。主要修订内容如下:

——将两个标准的内容进行了整合;

——修改了英文名称;

——将公称压力 G(250)和 J(400)修改为最大工作压力 10 MPa～63 MPa,并分为 LL、L 和 S 三个系列,系列的产品尺寸范围作了调整;

——将接头体扳手尺寸改为锻制和机械加工两类;

——调整了管子外径尺寸系列,并修改了相关尺寸;

——减少了部分应由制造商控制的参数;

——取消了重量数据;

——取消了表面粗糙度标注,表面粗糙度要求在 GB/T 3765《卡套式管接头技术条件》中给出。

本标准自实施之日起代替 GB/T 3745.1—1983 和 GB/T 3745.2—1983。

本标准由中国机械工业联合会提出。

本标准由全国管路附件标准化技术委员会归口。

本标准负责起草单位:中机生产力促进中心、嘉兴迈思特管件制造有限公司。

本标准参加起草单位:海盐管件制造有限公司、伊顿(宁波)流体连接件有限公司、建湖县特佳液压管件有限公司、浙江华夏阀门有限公司、海盐高博管件有限公司、海盐县海管管件制造有限公司、焦作市路通液压附件有限公司。

本标准主要起草人:李维荣、陶忠明、耿志学、周舜华、冯峰、左学俊、阮浩丰、周剑飞、徐长祥、王利民。

本标准所代替标准的历次版本发布情况为:

——GB/T 3745.1—1983;

——GB/T 3745.2—1983。

卡套式三通管接头

1 范围

本标准规定了卡套式三通管接头和接头体的尺寸、标记及技术要求。

本标准适用于管子外径为 4 mm～42 mm，最大工作压力 10 MPa～63 MPa 的液压流体传动和一般用途的管路系统。

2 规范性引用文件

下列文件中的条款通过本标准的引用而成为本标准的条款。凡是注日期的引用文件，其随后所有的修改单（不包括勘误的内容）或修订版均不适用于本标准，然而，鼓励根据本标准达成协议的各方研究是否可使用这些文件的最新版本。凡是不注日期的引用文件，其最新版本适用于本标准。

GB/T 3759—2008 卡套式管接头用连接螺母

GB/T 3764—2008 卡套

GB/T 3765—2008 卡套式管接头技术条件

3 尺寸

卡套式三通管接头和接头体的尺寸应符合图 1、图 2 和表 1 的规定，接头体卡套端尺寸应符合 GB/T 3764 的规定。

4 标记

4.1 标记方法

卡套式三通管接头和接头体的标记方法应符合 GB/T 3765 的规定。

4.2 标记示例

接头系列为 L，管子外径为 10 mm，表面镀锌处理的钢制卡套式三通管接头标记为：

管接头 GB/T 3745 L10

接头系列为 L，管子外径为 10 mm，表面镀锌处理的钢制卡套式三通接头体标记为：

接头体 GB/T 3745 L10

5 技术要求

技术要求按 GB/T 3765 的规定。

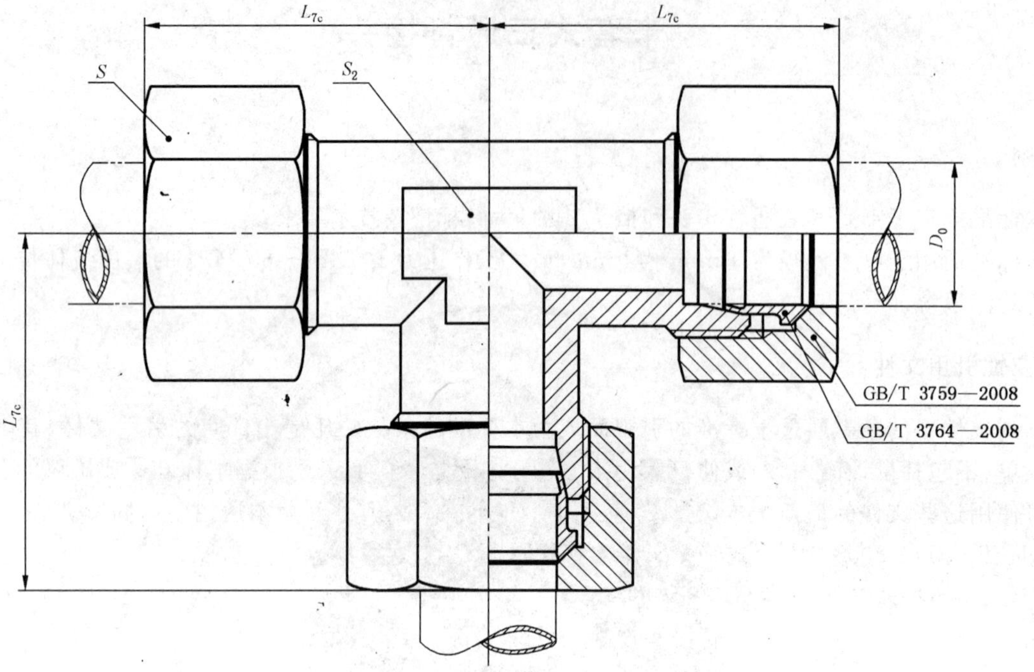

图 1 卡套式三通管接头

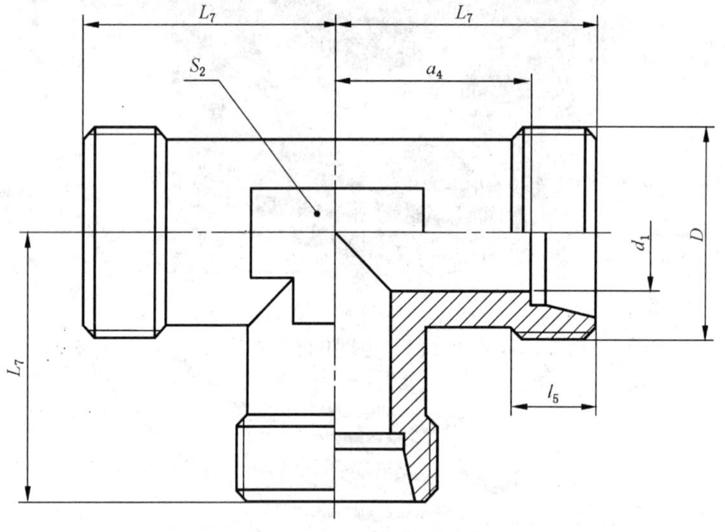

图 2 卡套式三通接头体

表 1　卡套式三通管接头和接头体的尺寸

单位为毫米

系列	最大工作压力/MPa	管子外径 D_0	D	d_1 参考	L_7 ±0.3	L_{7c} ≈	l_5 min	a_4 参考	S	S_2 锻制 min	S_2 机械加工 max
LL	10	4	M8×1	3	15	21	6	11	10	9	9
		5	M10×1	3.5	15	21	6	9.5	12	9	11
		6	M10×1	4.5	15	21	6	9.5	12	9	11
		8	M12×1	6	17	23	7	11.5	14	12	12
L	25	6	M12×1.5	4	19	27	7	12	14	12	12
		8	M14×1.5	6	21	29	7	14	17	12	14
		10	M16×1.5	8	22	30	8	15	19	14	17
		12	M18×1.5	10	24	32	8	17	22	17	19
		(14)	M20×1.5	11	25	33	8	18	24	19	—
		15	M22×1.5	12	28	36	9	21	27	19	—
		(16)	M24×1.5	14	30	39	9	22.5	30	22	—
	16	18	M26×1.5	15	31	40	9	23.5	32	24	—
		22	M30×2	19	35	44	10	27.5	36	27	—
	10	28	M36×2	24	38	47	10	30.5	41	36	—
		35	M45×2	30	45	56	12	34.5	50	41	—
		42	M52×2	36	51	63	12	40	60	50	—
S	63	6	M14×1.5	4	23	31	9	16	17	12	14
		8	M16×1.5	5	24	32	9	17	19	14	17
		10	M18×1.5	7	25	34	9	17.5	22	17	19
		12	M20×1.5	8	26	35	9	18.5	24	17	22
		(14)	M22×1.5	9	29	38	10	21.5	27	22	—
	40	16	M24×1.5	12	33	43	11	24.5	30	24	—
		20	M30×2	16	37	48	12	26.5	36	27	—
		25	M36×2	20	45	57	14	33	46	36	—
	25	30	M42×2	25	49	62	16	35.5	50	41	—
		38	M52×2	32	57	72	18	41	60	50	—

注：尽可能不采用括号内的规格。

ICS 21.060.60
J 15

中华人民共和国国家标准

GB/T 3746—2008
代替 GB/T 3746.1—1983,GB/T 3746.2—1983

卡套式四通管接头

24° cone connectors—Union cross

2008-05-07 发布　　2008-11-01 实施

中华人民共和国国家质量监督检验检疫总局
中国国家标准化管理委员会　发布

前言

本标准是卡套式管接头系列标准之一。

本标准中管接头结构型式和尺寸与 ISO 8434-1:2007《用于流体传动和一般用途的金属管接头　第1部分:24°压缩式管接头》(英文版)的相关部分基本一致。

本标准是对 GB/T 3746.1—1983《卡套式四通管接头》和 GB/T 3746.2—1983《卡套式四通接头体》的修订。主要修订内容如下:

——将两个标准的内容进行了整合;

——修改了英文名称;

——将公称压力 G(250)和 J(400)修改为最大工作压力 10 MPa～63 MPa,并分为 LL、L 和 S 三个系列,系列的产品尺寸范围作了调整;

——将接头体扳手尺寸改为锻制和机械加工两类;

——调整了管子外径尺寸系列,并修改了相关尺寸;

——减少了部分应由制造商控制的参数;

——取消了重量数据;

——取消了表面粗糙度标注,表面粗糙度要求在 GB/T 3765《卡套式管接头技术条件》中给出。

本标准自实施之日起代替 GB/T 3746.1—1983 和 GB/T 3746.2—1983。

本标准由中国机械工业联合会提出。

本标准由全国管路附件标准化技术委员会归口。

本标准负责起草单位:海盐高博管件有限公司、中机生产力促进中心、嘉兴迈思特管件制造有限公司。

本标准参加起草单位:海盐管件制造有限公司、伊顿(宁波)流体连接件有限公司、建湖县特佳液压管件有限公司、浙江华夏阀门有限公司、海盐县海管管件制造有限公司、焦作市路通液压附件有限公司。

本标准主要起草人:李维荣、阮浩丰、陶忠明、耿志学、周舜华、冯峰、左学俊、周剑飞、陈占基、王利民。

本标准所代替标准的历次版本发布情况为:

——GB/T 3746.1—1983;

——GB/T 3746.2—1983。

卡套式四通管接头

1 范围

本标准规定了卡套式四通管接头和接头体的尺寸、标记及技术要求。

本标准适用于管子外径为 4 mm～42 mm，最大工作压力 10 MPa～63 MPa 的液压流体传动和一般用途的管路系统。

2 规范性引用文件

下列文件中的条款通过本标准的引用而成为本标准的条款。凡是注日期的引用文件，其随后所有的修改单（不包括勘误的内容）或修订版均不适用于本标准，然而，鼓励根据本标准达成协议的各方研究是否可使用这些文件的最新版本。凡是不注日期的引用文件，其最新版本适用于本标准。

GB/T 3759—2008　卡套式管接头用连接螺母

GB/T 3764—2008　卡套

GB/T 3765—2008　卡套式管接头技术条件

3 尺寸

卡套式四通管接头和接头体的尺寸应符合图 1、图 2 和表 1 的规定，接头体卡套端尺寸应符合 GB/T 3764的规定。

4 标记

4.1 标记方法

卡套式四通管接头和接头体的标记方法应符合 GB/T 3765 的规定。

4.2 标记示例

接头系列为 L，管子外径为 10 mm，表面镀锌处理的钢制卡套式四通管接头标记为：

管接头　GB/T 3746　L10

接头系列为 L，管子外径为 10 mm，表面镀锌处理的钢制卡套式四通接头体标记为：

接头体　GB/T 3746　L10

5 技术要求

技术要求按 GB/T 3765 的规定。

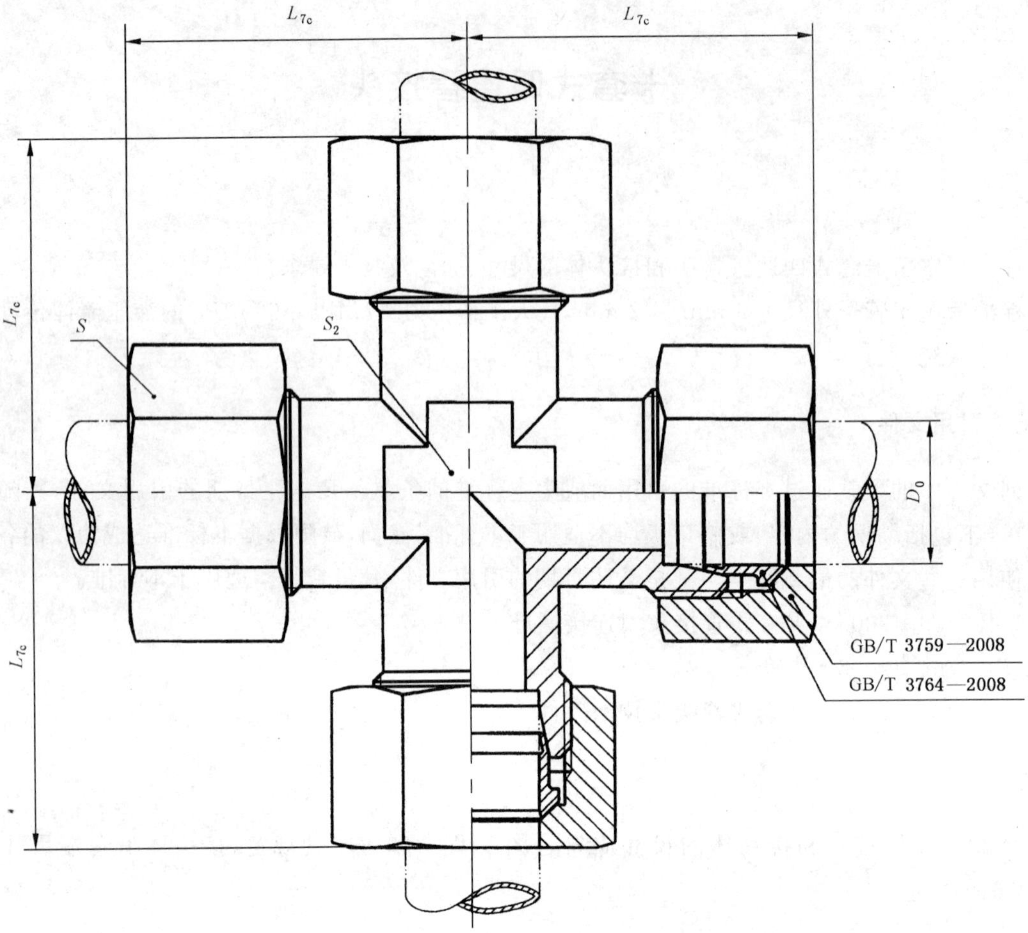

图 1 卡套式四通管接头

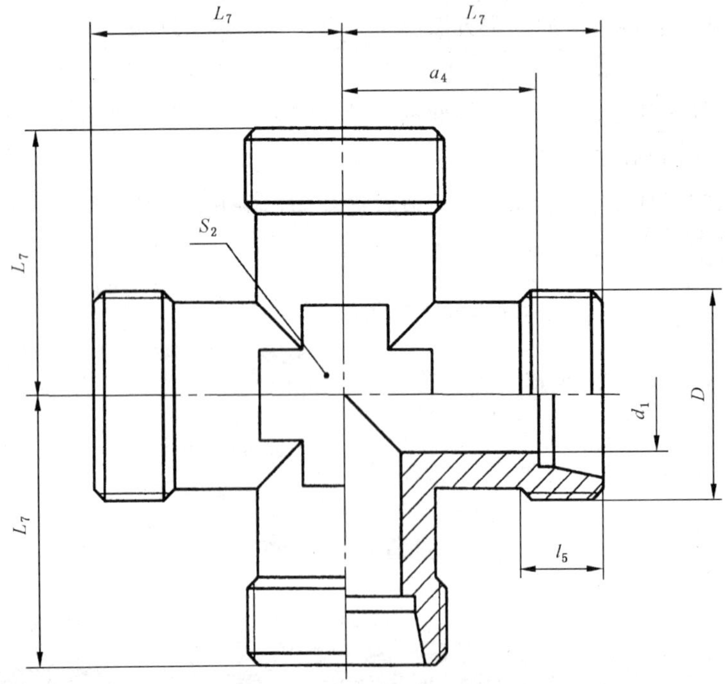

图 2 卡套式四通接头体

表 1 卡套式四通管接头和接头体的尺寸

单位为毫米

系列	最大工作压力/MPa	管子外径 D_0	D	d_1 参考	L_7 ±0.3	L_{7c} ≈	l_5 min	a_4 参考	S	S_2 锻制 min	S_2 机械加工 max
LL	10	4	M8×1	3	15	21	6	11	10	9	9
		5	M10×1	3.5	15	21	6	9.5	12	9	11
		6	M10×1	4.5	15	21	6	9.5	12	9	11
		8	M12×1	6	17	23	7	11.5	14	12	12
L	25	6	M12×1.5	4	19	27	7	12	14	12	12
		8	M14×1.5	6	21	29	7	14	17	12	14
		10	M16×1.5	8	22	30	8	15	19	14	17
		12	M18×1.5	10	24	32	8	17	22	17	19
		(14)	M20×1.5	11	25	33	8	18	24	19	—
		15	M22×1.5	12	28	36	9	21	27	19	—
		(16)	M24×1.5	14	30	39	9	22.5	30	22	—
	16	18	M26×1.5	15	31	40	9	23.5	32	24	—
		22	M30×2	19	35	44	10	27.5	36	27	—
	10	28	M36×2	24	38	47	10	30.5	41	36	—
		35	M45×2	30	45	56	12	34.5	50	41	—
		42	M52×2	36	51	63	12	40	60	50	—
S	63	6	M14×1.5	4	23	31	9	16	17	12	14
		8	M16×1.5	5	24	32	9	17	19	14	17
		10	M18×1.5	7	25	34	9	17.5	22	17	19
		12	M20×1.5	8	26	35	9	18.5	24	17	22
		(14)	M22×1.5	9	29	38	10	21.5	27	22	—
	40	16	M24×1.5	12	33	43	11	24.5	30	24	—
		20	M30×2	16	37	48	12	26.5	36	27	—
		25	M36×2	20	45	57	14	33	46	36	—
	25	30	M42×2	25	49	62	16	35.5	50	41	—
		38	M52×2	32	57	72	18	41	60	50	—

注：尽可能不采用括号内的规格。

ICS 21.060.60
J 15

中华人民共和国国家标准

GB/T 3747—2008
代替 GB/T 3747.1—1983,GB/T 3747.2—1983

卡套式焊接管接头

24° cone connectors—Weld male

2008-05-07 发布

2008-11-01 实施

中华人民共和国国家质量监督检验检疫总局
中国国家标准化管理委员会 发布

前　言

本标准是卡套式管接头系列标准之一。

本标准中管接头结构型式和尺寸与ISO 8434-1:2007《用于流体传动和一般用途的金属管接头　第1部分:24°压缩式管接头》(英文版)的相关部分基本一致。

本标准是对GB/T 3747.1—1983《卡套式焊接管接头》和GB/T 3747.2—1983《卡套式焊接接头体》的修订。主要修订内容如下:

——将两个标准的内容进行了整合;

——修改了英文名称;

——将公称压力G(250)和J(400)修改为最大工作压力10 MPa~63 MPa,并分为L和S两个系列,系列的产品尺寸范围作了调整;

——调整了管子外径尺寸系列,并修改了相关尺寸;

——减少了部分应由制造商控制的参数;

——取消了重量数据;

——取消了表面粗糙度标注,表面粗糙度要求在GB/T 3765《卡套式管接头技术条件》中给出。

本标准自实施之日起代替GB/T 3747.1—1983和GB/T 3747.2—1983。

本标准由中国机械工业联合会提出。

本标准由全国管路附件标准化技术委员会归口。

本标准负责起草单位:中机生产力促进中心、伊顿(宁波)流体连接件有限公司。

本标准参加起草单位:海盐管件制造有限公司、嘉兴迈思特管件制造有限公司、建湖县特佳液压管件有限公司、浙江华夏阀门有限公司、海盐高博管件有限公司、海盐县海管管件制造有限公司、焦作市路通液压附件有限公司。

本标准主要起草人:周舜华、李维荣、耿志学、冯峰、陶忠明、左学俊、阮浩丰、周剑飞、徐长祥、王利民。

本标准所代替标准的历次发布情况为:

——GB/T 3747.1—1983;

——GB/T 3747.2—1983。

卡套式焊接管接头

1 范围

本标准规定了卡套式焊接管接头和接头体的尺寸、标记及技术要求。

本标准适用于管子外径为 6 mm～42 mm，最大工作压力 10 MPa～63 MPa 的液压流体传动和一般用途的管路系统。

2 规范性引用文件

下列文件中的条款通过本标准的引用而成为本标准的条款。凡是注日期的引用文件，其随后所有的修改单(不包括勘误的内容)或修订版均不适用于本标准，然而，鼓励根据本标准达成协议的各方研究是否可使用这些文件的最新版本。凡是不注日期的引用文件，其最新版本适用于本标准。

GB/T 3759—2008 卡套式管接头用螺母

GB/T 3764—2008 卡套

GB/T 3765—2008 卡套式管接头技术条件

3 尺寸

卡套式焊接管接头和接头体的尺寸应符合图 1、图 2 和表 1 的规定，接头体卡套端尺寸应符合 GB/T 3764 的规定。

4 标记

4.1 标记方法

卡套式焊接管接头和接头体的标记方法应符合 GB/T 3765 的规定。

4.2 标记示例

接头系列为 L，管子外径为 10 mm，表面氧化处理的钢制卡套式焊接管接头标记为：

管接头 GB/T 3747 L10・O

接头系列为 L，管子外径为 10 mm，表面氧化处理的钢制卡套式焊接接头体标记为：

接头体 GB/T 3747 L10・O

5 技术要求

技术要求按 GB/T 3765 的规定。

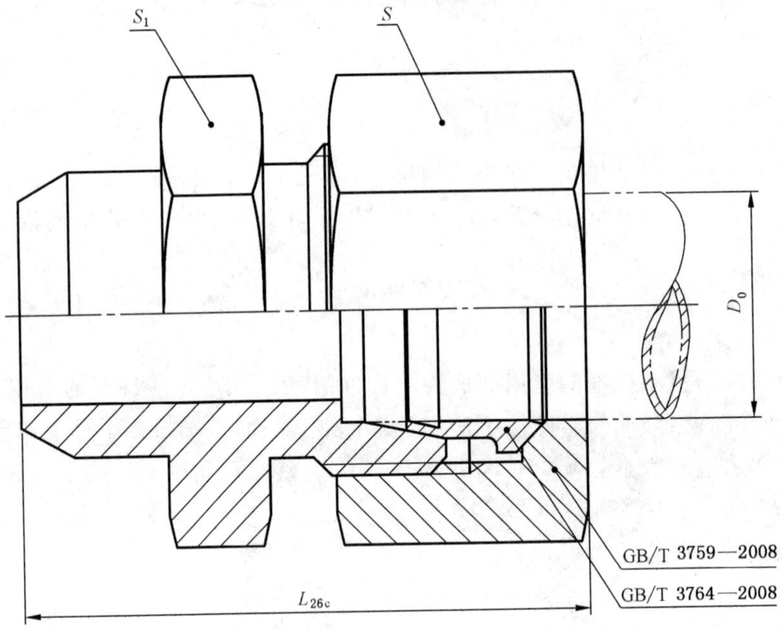

图 1 卡套式焊接管接头

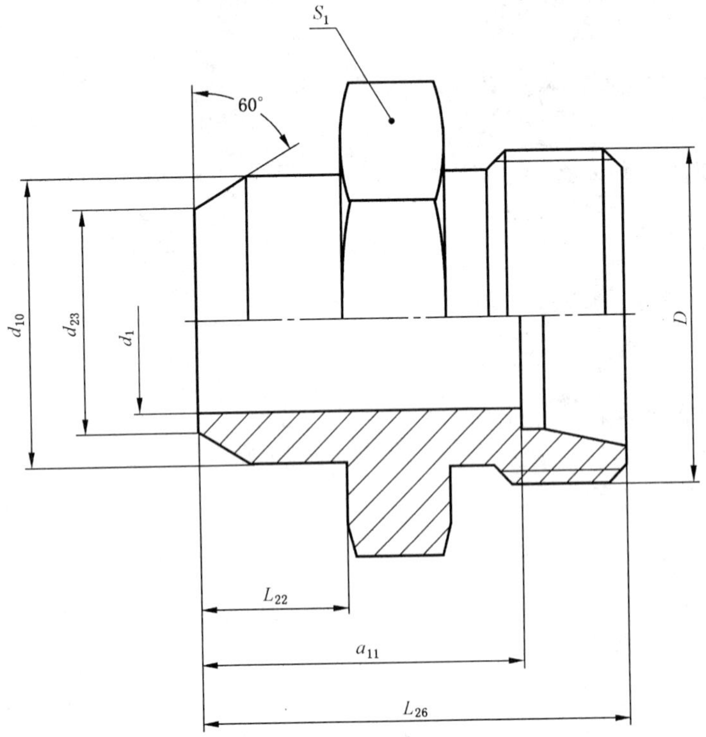

图 2 卡套式焊接接头体

表 1　卡套式焊接管接头和接头体的尺寸

单位为毫米

系列	最大工作压力/MPa	管子外径 D_0	D	d_1 参考	d_{10} ±0.2	d_{23} ±0.2	L_{22} ±0.2	L_{26} ±0.3	L_{26c} ≈	S	S_1	a_{11} 参考
L	25	6	M12×1.5	4	10	6	7	21	29	14	12	14
		8	M14×1.5	6	12	8	8	23	31	17	14	16
		10	M16×1.5	8	14	10	8	24	32	19	17	17
		12	M18×1.5	10	16	12	8	25	33	22	19	18
		(14)	M20×1.5	11	18	14	8	25	33	24	22	18
		15	M22×1.5	12	19	15	10	28	36	27	24	21
		(16)	M24×1.5	14	20	16	10	29	38	30	27	21.5
	16	18	M26×1.5	15	22	18	10	29	38	32	27	21.5
		22	M30×2	19	27	22	12	33	42	36	32	25.5
	10	28	M36×2	24	32	28	12	34	43	41	41	26.5
		35	M45×2	30	40	35	14	39	50	50	46	28.5
		42	M52×2	36	46	42	16	43	55	60	55	32
S	63	6	M14×1.5	4	11	6	7	25	33	17	14	18
		8	M16×1.5	5	13	8	8	28	36	19	17	21
		10	M18×1.5	7	15	10	8	28	37	22	19	20.5
		12	M20×1.5	8	17	12	10	32	41	24	22	24.5
		(14)	M22×1.5	9	19	14	10	33	42	27	24	25.5
	40	16	M24×1.5	12	21	16	10	34	44	30	27	25.5
		20	M30×2	16	26	20	12	40	51	36	32	29.5
		25	M36×2	20	31	24	12	44	56	46	41	32
	25	30	M42×2	25	36	29	14	48	61	50	46	34.5
		38	M52×2	32	44	36	16	55	70	60	55	39

注：尽可能不采用括号内的规格。

ICS 21.060.60
J 15

中华人民共和国国家标准

GB/T 3748—2008
代替 GB/T 3748.1—1983,GB/T 3748.2—1983

卡套式过板直通管接头

24° cone connectors—Bulkhead union

2008-05-07 发布　　2008-11-01 实施

中华人民共和国国家质量监督检验检疫总局
中国国家标准化管理委员会　发布

前　言

本标准是卡套式管接头系列标准之一。

本标准中管接头结构型式和尺寸与ISO 8434-1:2007《用于流体传动和一般用途的金属管接头　第1部分:24°压缩式管接头》(英文版)的相关部分基本一致。

本标准是对GB/T 3748.1—1983《卡套式隔壁直通管接头》和GB/T 3748.2—1983《卡套式隔壁直通接头体》的修订。主要修订内容如下:

——将两个标准的内容进行了整合;

——修改了中文和英文名称;

——将公称压力G(250)和J(400)修改为最大工作压力10MPa～63MPa,并分为L和S两个系列,系列的产品尺寸范围作了调整;

——调整了管子外径尺寸系列,并修改了相关尺寸;

——减少了部分应由制造商控制的参数;

——取消了重量数据;

——取消了表面粗糙度标注,表面粗糙度要求在GB/T 3765《卡套式管接头技术条件》中给出。

本标准自实施之日起代替GB/T 3748.1—1983和GB/T 3748.2—1983。

本标准由中国机械工业联合会提出。

本标准由全国管路附件标准化技术委员会归口。

本标准负责起草单位:中机生产力促进中心、建湖县特佳液压管件有限公司。

本标准参加起草单位:海盐管件制造有限公司、嘉兴迈思特管件制造有限公司、伊顿(宁波)流体连接件有限公司、浙江华夏阀门有限公司、海盐高博管件有限公司、海盐县海管管件制造有限公司、焦作市路通液压附件有限公司。

本标准主要起草人:李维荣、左学俊、耿志学、周舜华、冯峰、陶忠明、阮浩丰、周剑飞、陈占基、王利民。

本标准所代替标准的历次版本发布情况为:

——GB/T 3748.1—1983;

——GB/T 3748.2—1983。

卡套式过板直通管接头

1 范围

本标准规定了卡套式过板直通管接头和接头体的尺寸、标记及技术要求。

本标准适用于管子外径为 6 mm～42 mm,最大工作压力 10 MPa～63 MPa 的液压流体传动和一般用途的管路系统。

2 规范性引用文件

下列文件中的条款通过本标准的引用而成为本标准的条款。凡是注日期的引用文件,其随后所有的修改单(不包括勘误的内容)或修订版均不适用于本标准,然而,鼓励根据本标准达成协议的各方研究是否可使用这些文件的最新版本。凡是不注日期的引用文件,其最新版本适用于本标准。

GB/T 3759—2008 卡套式管接头用连接螺母

GB/T 3763—2008 管接头用六角薄螺母

GB/T 3764—2008 卡套

GB/T 3765—2008 卡套式管接头技术条件

3 尺寸

卡套式过板直通管接头和接头体的尺寸应符合图 1、图 2 和表 1 的规定,接头体卡套端尺寸应符合 GB/T 3764 的规定。

4 标记

4.1 标记方法

卡套式过板直通管接头和接头体的标记方法应符合 GB/T 3765 的规定。

4.2 标记示例

接头系列为 L,管子外径为 10 mm,表面镀锌处理的钢制卡套式过板直通管接头标记为:

管接头 GB/T 3748 L10

接头系列为 L,管子外径为 10 mm,表面镀锌处理的钢制卡套式过板直通接头体标记为:

接头体 GB/T 3748 L10

5 技术要求

技术要求按 GB/T 3765 的规定。

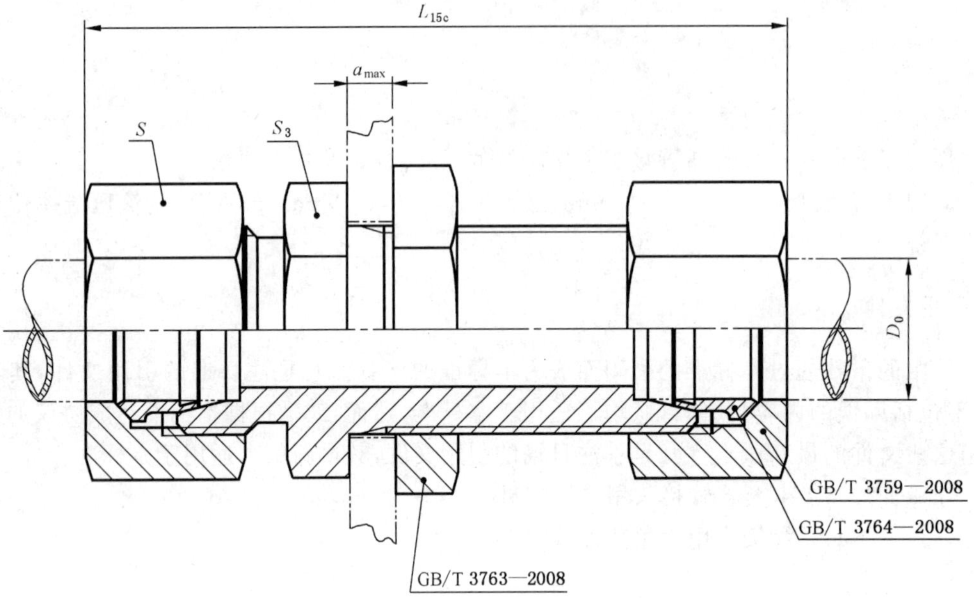

注：$a \leqslant 16$ mm

图1　卡套式过板直通管接头

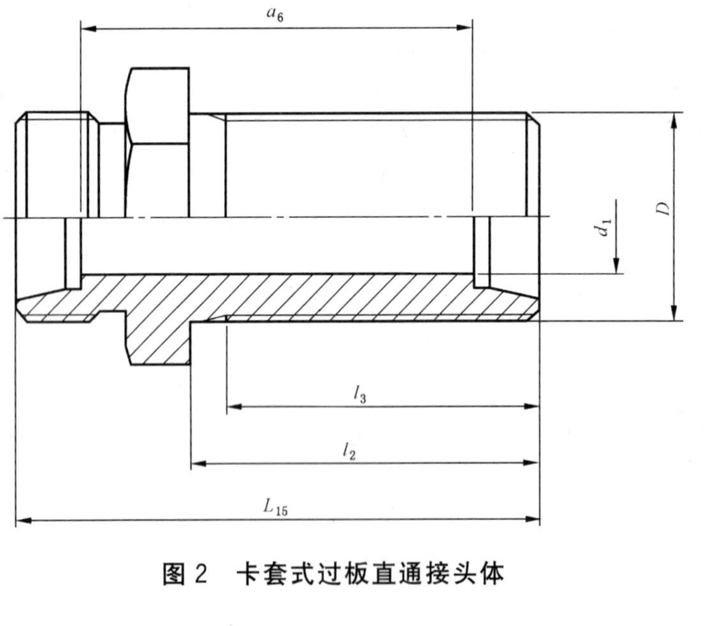

图2　卡套式过板直通接头体

表 1　卡套式过板直通管接头和接头体尺寸

单位为毫米

系列	最大工作压力/MPa	管子外径 D_0	D	d_1 参考	l_2 ±0.2	l_3 min	L_{15} ±0.3	L_{15c} ≈	S	S_3	a_6 参考
L	25	6	M12×1.5	4	34	30	48	64	14	17	34
		8	M14×1.5	6	34	30	49	65	17	19	35
		10	M16×1.5	8	35	31	51	67	19	22	37
		12	M18×1.5	10	36	32	53	69	22	24	39
		(14)	M20×1.5	11	37	33	54	70	24	27	40
		15	M22×1.5	12	38	34	56	72	27	27	42
		(16)	M24×1.5	14	38	34	57	75	30	30	42
	16	18	M26×1.5	15	40	36	59	77	32	32	44
		22	M30×2	19	42	37	63	81	36	36	48
	10	28	M36×2	24	43	38	65	83	41	41	50
		35	M45×2	30	47	42	72	94	50	50	51
		42	M52×2	36	47	42	74	98	60	60	52
S	63	6	M14×1.5	4	36	32	54	70	17	19	40
		8	M16×1.5	5	36	32	56	72	19	22	42
		10	M18×1.5	7	37	33	57	75	22	24	42
		12	M20×1.5	8	38	34	60	78	24	27	45
		(14)	M22×1.5	9	39	35	62	80	27	27	47
	40	16	M24×1.5	12	40	36	64	84	30	32	47
		20	M30×2	16	44	39	72	94	36	41	51
		25	M36×2	20	47	42	79	103	46	46	55
	25	30	M42×2	25	51	46	85	111	50	50	58
		38	M52×2	32	53	48	92	122	60	65	60

注：尽可能不采用括号内的规格。

ICS 21.060.60
J 15

中华人民共和国国家标准

GB/T 3749—2008
代替 GB/T 3749.1—1983,GB/T 3749.2—1983

卡套式过板弯通管接头

24° cone connectors—Bulkhead union elbow

2008-05-07 发布 2008-11-01 实施

中华人民共和国国家质量监督检验检疫总局
中国国家标准化管理委员会 发布

前　言

本标准是卡套式管接头系列标准之一。

本标准中管接头结构型式和尺寸与ISO 8434-1:2007《用于流体传动和一般用途的金属管接头　第1部分:24°压缩式管接头》(英文版)的相关部分基本一致。

本标准是对GB/T 3749.1—1983《卡套式隔壁直角管接头》和GB/T 3749.2—1983《卡套式隔壁直角接头体》的修订。主要修订内容如下:

——将两个标准的内容进行了整合;

——修改了中文和英文名称;

——将公称压力G(250)和J(400)修改为最大工作压力10 MPa～63 MPa,并分为L和S两个系列,系列的产品尺寸范围作了调整;

——调整了管子外径尺寸系列,并修改了相关尺寸;

——减少了部分应由制造商控制的参数;

——取消了重量数据;

——取消了表面粗糙度标注,表面粗糙度要求在GB/T 3765《卡套式管接头技术条件》中给出。

本标准自实施之日起代替GB/T 3749.1—1983和GB/T 3749.2—1983。

本标准由中国机械工业联合会提出。

本标准由全国管路附件标准化技术委员会归口。

本标准负责起草单位:中机生产力促进中心、建湖县特佳液压管件有限公司。

本标准参加起草单位:海盐管件制造有限公司、嘉兴迈思特管件制造有限公司、伊顿(宁波)流体连接件有限公司、浙江华夏阀门有限公司、海盐高博管件有限公司、海盐县海管管件制造有限公司、焦作市路通液压附件有限公司。

本标准主要起草人:李维荣、左学俊、耿志学、徐长祥、周舜华、冯峰、陶忠明、阮浩丰、周剑飞、王利民。

本标准所代替标准的历次版本发布情况为:

——GB/T 3749.1—1983;

——GB/T 3749.2—1983。

卡套式过板弯通管接头

1 范围

本标准规定了卡套式过板弯通管接头和接头体的尺寸、标记及技术要求。

本标准适用于管子外径为 6 mm～42 mm，最大工作压力 10 MPa～63 MPa 的液压流体传动和一般用途的管路系统。

2 规范性引用文件

下列文件中的条款通过本标准的引用而成为本标准的条款。凡是注日期的引用文件，其随后所有的修改单(不包括勘误的内容)或修订版均不适用于本标准，然而，鼓励根据本标准达成协议的各方研究是否可使用这些文件的最新版本。凡是不注日期的引用文件，其最新版本适用于本标准。

GB/T 3759—2008 卡套式管接头用连接螺母

GB/T 3763—2008 管接头用六角薄螺母

GB/T 3764—2008 卡套

GB/T 3765—2008 卡套式管接头技术条件

3 尺寸

卡套式过板弯通管接头和接头体的尺寸应符合图 1、图 2 和表 1 的规定，接头体卡套端尺寸应符合 GB/T 3764 的规定。

4 标记

4.1 标记方法

卡套式过板弯通管接头和接头体的标记方法应符合 GB/T 3765 的规定。

4.2 标记示例

接头系列为 L，管子外径为 10 mm，表面镀锌处理的钢制卡套式过板弯通管接头标记为：

管接头 GB/T 3749 L10

接头系列为 L，管子外径为 10 mm，表面镀锌处理的钢制卡套式过板弯通接头体标记为：

接头体 GB/T 3749 L10

5 技术要求

技术要求按 GB/T 3765 的规定。

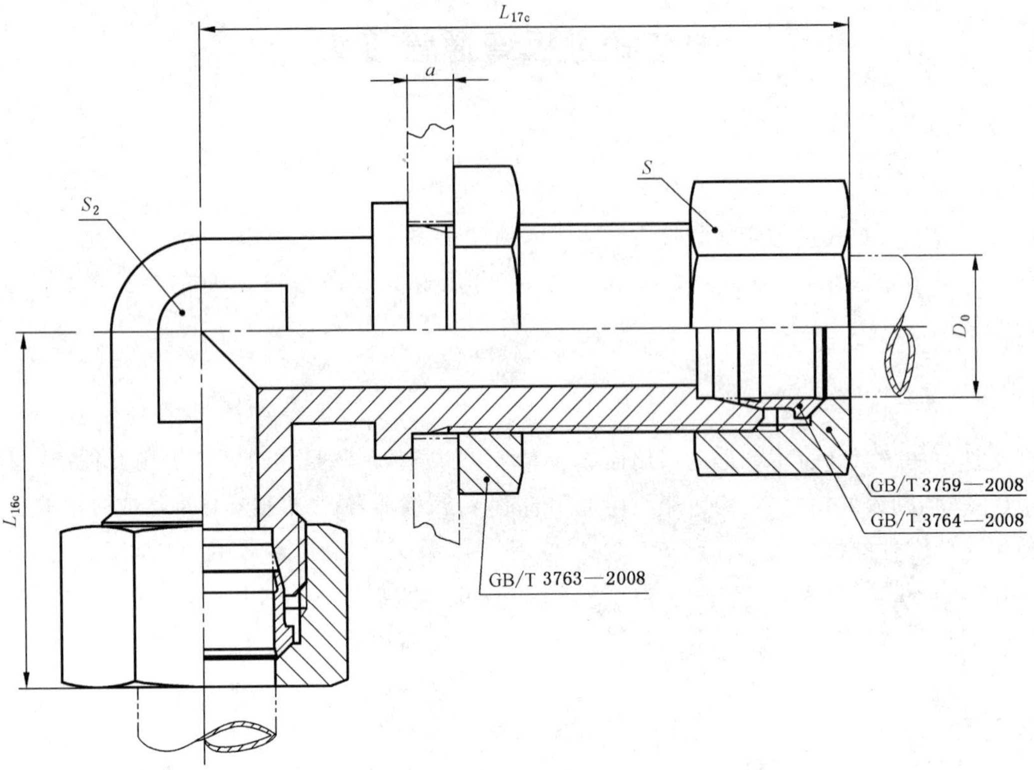

注：$a \leqslant 16$ mm。

图 1 卡套式过板弯通管接头

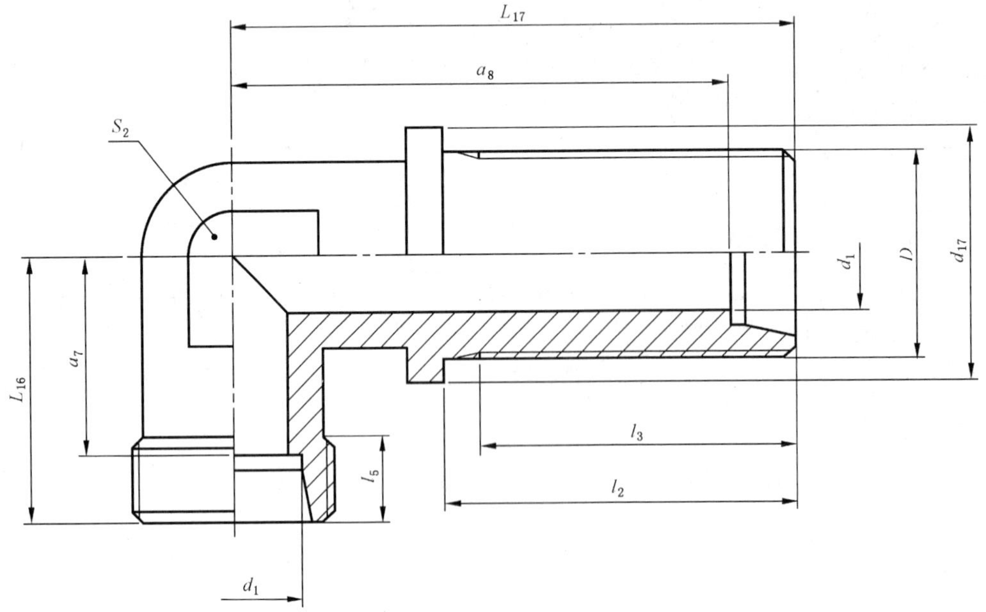

图 2 卡套式过板弯通接头体

表 1　卡套式过板弯通管接头和接头体尺寸

单位为毫米

系列	最大工作压力/MPa	管子外径 D_0	D	d_1 参考	d_{17} ±0.2	l_2 ±0.2	l_3 min	l_5 min	L_{16} ±0.3	L_{16c} ≈	L_{17} ±0.3	L_{17c} ≈	a_7 参考	a_8 参考	S	S_2
L	25	6	M12×1.5	4	17	34	30	7	19	27	48	56	12	41	14	12
		8	M14×1.5	6	19	34	30	7	21	29	51	59	14	44	17	12
		10	M16×1.5	8	22	35	31	8	22	30	53	61	15	46	19	14
		12	M18×1.5	10	24	36	32	8	24	32	56	64	17	49	22	17
		(14)	M20×1.5	11	27	37	33	8	25	33	57	65	18	50	24	19
		15	M22×1.5	12	27	38	34	9	28	36	61	69	21	54	27	19
		(16)	M24×1.5	14	30	38	34	9	30	39	62	71	22.5	54.5	30	22
	16	18	M26×1.5	15	32	40	36	9	31	40	64	73	23.5	56.5	32	24
		22	M30×2	19	36	42	37	10	35	44	72	81	27.5	64.5	36	27
	10	28	M36×2	24	42	43	38	10	38	47	77	86	30.5	69.5	41	36
		35	M45×2	30	50	47	42	12	45	56	86	97	34.5	75.5	50	41
		42	M52×2	36	60	47	42	12	51	63	90	102	40	79	60	50
S	63	6	M14×1.5	4	19	36	32	9	23	31	53	61	16	46	17	12
		8	M16×1.5	5	22	36	32	9	24	32	54	62	17	47	19	14
		10	M18×1.5	7	24	37	33	9	25	34	57	66	17.5	49.5	22	17
		12	M20×1.5	8	27	38	34	9	26	35	59	68	18.5	51.5	24	17
		(14)	M22×1.5	9	27	39	35	10	29	38	62	71	21.5	54.5	27	22
	40	16	M24×1.5	12	30	40	36	11	33	43	64	74	24.5	55.5	30	24
		20	M30×2	16	36	44	39	12	37	48	74	85	26.5	63.5	36	27
		25	M36×2	20	42	47	42	14	45	57	81	93	33	69	46	36
	25	30	M42×2	25	50	51	46	16	49	62	90	103	35.5	76.5	50	41
		38	M52×2	32	60	53	48	18	57	72	96	111	41	80	60	50

注：尽可能不采用括号内的规格。

ICS 21.060.60
J 15

中华人民共和国国家标准

GB/T 3750—2008
代替 GB/T 3750.1～3750.3—1983

卡套式铰接管接头

24° cone connectors—Angle swivel screw connector

2008-05-07 发布　　　　2008-11-01 实施

中华人民共和国国家质量监督检验检疫总局
中国国家标准化管理委员会　发布

前　言

本标准是卡套式管接头系列标准之一。

本标准是对GB/T 3750.1—1983《卡套式铰接管接头》、GB/T 3750.2—1983《卡套式铰接接头体》和GB/T 3750.3—1983《卡套式铰接六角螺栓》的修订。主要修订内容如下：

——将三个标准的内容进行了整合；

——修改了英文名称；

——将公称压力E(160)修改为最大工作压力10 MPa～40 MPa，并分为L和S两个系列，系列的产品尺寸范围作了调整；

——增加了F型柱端铰接螺栓，取消了铰接六角螺栓；

——减少了部分应由制造商控制的参数；

——取消了重量数据；

——取消了表面粗糙度标注，表面粗糙度要求在GB/T 3765《卡套式管接头技术条件》中给出。

本标准自实施之日起代替GB/T 3750.1—1983、GB/T 3750.2—1983和GB/T 3750.3—1983。

本标准由中国机械工业联合会提出。

本标准由全国管路附件标准化技术委员会归口。

本标准负责起草单位：中机生产力促进中心、浙江华夏阀门有限公司。

本标准参加起草单位：嘉兴迈思特管件制造有限公司、建湖县特佳液压管件有限公司、海盐管件制造有限公司、伊顿(宁波)流体连接件有限公司、海盐高博管件有限公司、海盐县海管管件制造有限公司、焦作市路通液压附件有限公司。

本标准主要起草人：徐长祥、李维荣、陶忠明、左学俊、耿志学、周舜华、阮浩丰、周剑飞、王利民、冯峰。

本标准所代替标准的历次版本发布情况为：

——GB/T 3750.1—1983；

——GB/T 3750.2—1983；

——GB/T 3750.3—1983。

卡套式铰接管接头

1 范围

本标准规定了卡套式铰接管接头和接头体的尺寸、标记及技术要求。

本标准适用于管子外径为 6 mm～42 mm，最大工作压力 10 MPa～40 MPa 的液压流体传动和一般用途的管路系统。

2 规范性引用文件

下列文件中的条款通过本标准的引用而成为本标准的条款。凡是注日期的引用文件，其随后所有的修改单(不包括勘误的内容)或修订版均不适用于本标准，然而，鼓励根据本标准达成协议的各方研究是否可使用这些文件的最新版本。凡是不注日期的引用文件，其最新版本适用于本标准。

GB/T 3759—2008　卡套式管接头用连接螺母

GB/T 3764—2008　卡套

GB/T 3765—2008　卡套式管接头技术条件

3 尺寸

卡套式铰接管接头和接头体的尺寸应符合图 1、图 2 和表 1 的规定，接头体卡套端尺寸应符合 GB/T 3764的规定。

4 标记

4.1 标记方法

卡套式铰接管接头的标记方法应符合 GB/T 3765 的规定。

4.2 标记示例

接头系列为 L，管子外径为 10 mm，普通螺纹(M)F 型柱端，表面镀锌处埋的钢制卡套式铰接管接头标记为：

管接头　GB/T 3750　L10

5 技术要求

技术要求按 GB/T 3765 的规定。

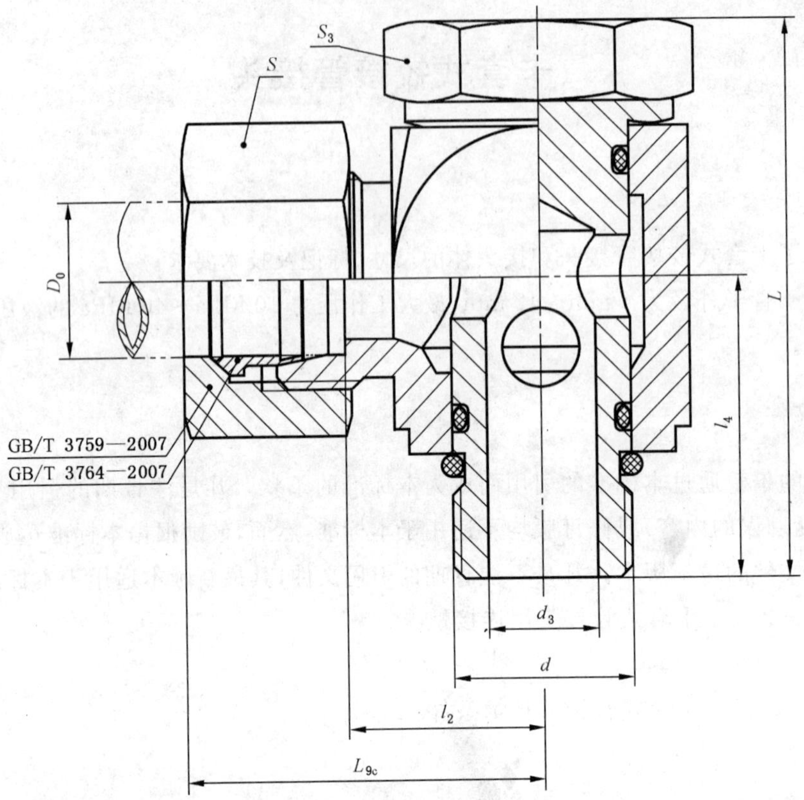

图 1　卡套式铰接管接头

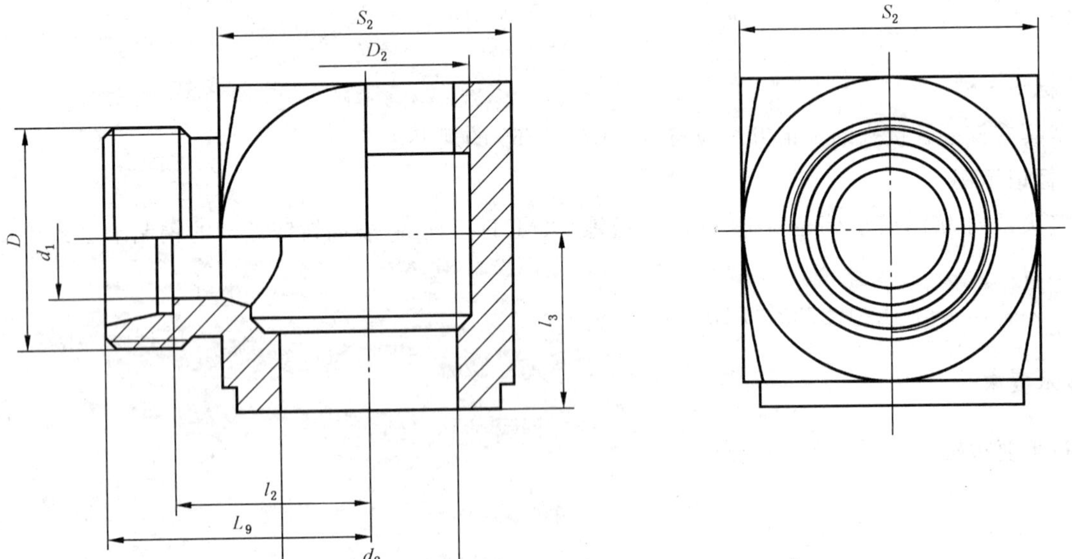

图 2　卡套式铰接接头体

表 1　卡套式铰接管接头

单位为毫米

系列	最大工作压力/MPa	管子外径 D_0	D	D_2	d	d_1	d_2 公称尺寸	d_2 极限偏差	d_3	l_2	l_3	l_4	L	L_9	L_{9c}	S	S_2	S_3
L	25	6	M12×1.5	12.7	M10×1	4	10	$^{+0.022}_{0}$	4	11.5	10	18.5	33.5	18.5	26.5	14	17	14
		8	M14×1.5	14.2	M12×1.5	6	12	$^{+0.027}_{0}$	6	12.5	11.5	22.5	39	19.5	27.5	17	19	17
		10	M16×1.5	16.5	M14×1.5	8	14		7	15	13	24	42	22	30	19	22	19
		12	M18×1.5	20.3	M16×1.5	10	16		9	17.5	15.5	27	49	24.5	32.5	22	27	22
		(14)	M20×1.5	22.6	M18×1.5	11	18		10	19	17.5	30	53.5	26	34	24	30	24
		15	M22×1.5	22.6	M18×1.5	12	18	$^{+0.033}_{0}$	11	20	17.5	30	53.5	27	35	27	30	24
		(16)	M24×1.5	24.1	M20×1.5	14	20		12	20.5	18.5	31	56	28	37	30	32	27
	16	18	M26×1.5	30	M22×1.5	15	22		14	22.5	21	34	62	30	39	32	36	27
		22	M30×2	34	M26×1.5	19	26		18	27	23.5	39.5	70	34.5	43.5	36	41	32
	10	28	M36×2	41	M33×2	24	33	$^{+0.039}_{0}$	23	29.5	26	42	76	37	46	41	46	41
		35	M45×2	49	M42×2	30	42		30	33	30.5	46.5	86	43.5	54.5	50	55	50
		42	M52×2	62	M48×2	36	48		36	40	38	55.5	104.5	51	63	60	70	55
S	40	6	M14×1.5	14	M12×1.5	4	12	$^{+0.027}_{0}$	4	16	13	24	43	23	31	17	22	17
		8	M16×1.5	15.3	M14×1.5	5	14		5	17	14	25	47	24	32	19	24	19
		10	M18×1.5	17.2	M16×1.5	7	16		7	18	15.5	28	52	25.5	34.5	22	27	22
		12	M20×1.5	19.1	M18×1.5	8	18		8	19.5	17.5	31.5	59	27	36	24	30	24
		(14)	M22×1.5	23	M20×1.5	9	20	$^{+0.033}_{0}$	9	23.5	20.5	34.5	65	31	40	27	36	27
		16	M24×1.5	23	M22×1.5	12	22		12	23.5	21	36	67	32	42	30	36	27
		20	M30×2	29	M27×2	16	27		15	28.5	26	44.5	82.5	39	50	36	46	32
	25	25	M36×2	37.6	M33×2	20	33	$^{+0.039}_{0}$	20	31	28	46.5	88.5	43	55	46	50	41
	16	30	M42×2	50	M42×2	25	42		25	36.5	33	52	99	50	63	50	60	50
		38	M52×2	58.4	M48×2	32	48		32	41	38	59.5	114	57	72	60	70	55

注：尽可能不采用括号内的规格。

ICS 21.060.60
J 15

中华人民共和国国家标准

GB/T 3751—2008
代替 GB/T 3751.1—1983,GB/T 3751.2—1983

卡套式压力表管接头

24° cone connectors—Connector for pressure gauge

2008-05-07 发布　　2008-11-01 实施

中华人民共和国国家质量监督检验检疫总局
中国国家标准化管理委员会　发布

前言

本标准是卡套式管接头系列标准之一。

本标准是对GB/T 3751.1—1983《卡套式压力表管接头》和GB/T 3751.2—1983《卡套式压力表接头体》的修订。主要修订内容如下：

——将两个标准的内容进行了整合；

——修改了英文名称；

——将公称压力G(250)和J(400)修改为最大工作压力25 MPa～63 MPa，并分为L和S两个系列，系列的产品尺寸范围作了调整；

——调整了管子外径尺寸系列，并修改了相关尺寸；

——减少了部分应由制造商控制的参数；

——取消了重量数据；

——取消了表面粗糙度标注，表面粗糙度要求在GB/T 3765《卡套式管接头技术条件》中给出。

本标准自实施之日起代替GB/T 3751.1—1983和GB/T 3751.2—1983。

本标准由中国机械工业联合会提出。

本标准由全国管路附件标准化技术委员会归口。

本标准负责起草单位：中机生产力促进中心、浙江华夏阀门有限公司。

本标准参加起草单位：海盐管件制造有限公司、嘉兴迈思特管件制造有限公司、建湖县特佳液压管件有限公司、伊顿(宁波)流体连接件有限公司、海盐高博管件有限公司、海盐县海管管件制造有限公司、焦作市路通液压附件有限公司。

本标准主要起草人：徐长祥、李维荣、陶忠明、左学俊、耿志学、周舜华、阮浩丰、周剑飞、王利民、冯峰。

本标准所代替标准的历次版本发布情况为：

——GB/T 3751.1—1983；

——GB/T 3751.2—1983。

卡套式压力表管接头

1 范围

本标准规定了卡套式压力表管接头和接头体的尺寸、标记及技术要求。

本标准适用于管子外径为 6 mm～14 mm，最大工作压力 25 MPa～63 MPa 的液压流体传动和一般用途的管路系统。

2 规范性引用文件

下列文件中的条款通过本标准的引用而成为本标准的条款。凡是注日期的引用文件，其随后所有的修改单(不包括勘误的内容)或修订版均不适用于本标准，然而，鼓励根据本标准达成协议的各方研究是否可使用这些文件的最新版本。凡是不注日期的引用文件，其最新版本适用于本标准。

GB/T 3759—2008 卡套式管接头用连接螺母

GB/T 3764—2008 卡套

GB/T 3765—2008 卡套式管接头技术条件

3 尺寸

卡套式压力表管接头和接头体的尺寸应符合图 1、图 2 和表 1 的规定，接头体卡套端尺寸应符合 GB/T 3764 的规定。

4 标记

4.1 标记方法

卡套式压力表管接头和接头体的标记方法应符合 GB/T 3765 的规定。

4.2 标记示例

接头系列为 L，管子外径为 8 mm，表面镀锌处理的钢制卡套式压力表管接头标记为：

管接头 GB/T 3751 L8

接头系列为 L，管子外径为 8 mm，表面镀锌处理的钢制卡套式压力表接头体标记为：

接头体 GB/T 3751 L8

5 技术要求

技术要求按 GB/T 3765 的规定。

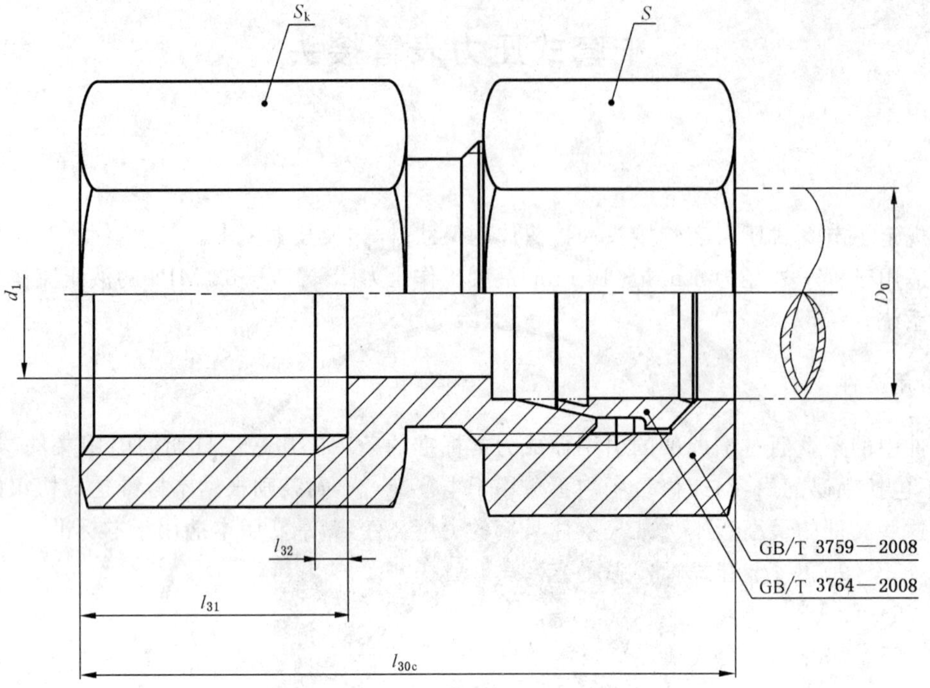

图 1　卡套式压力表管接头

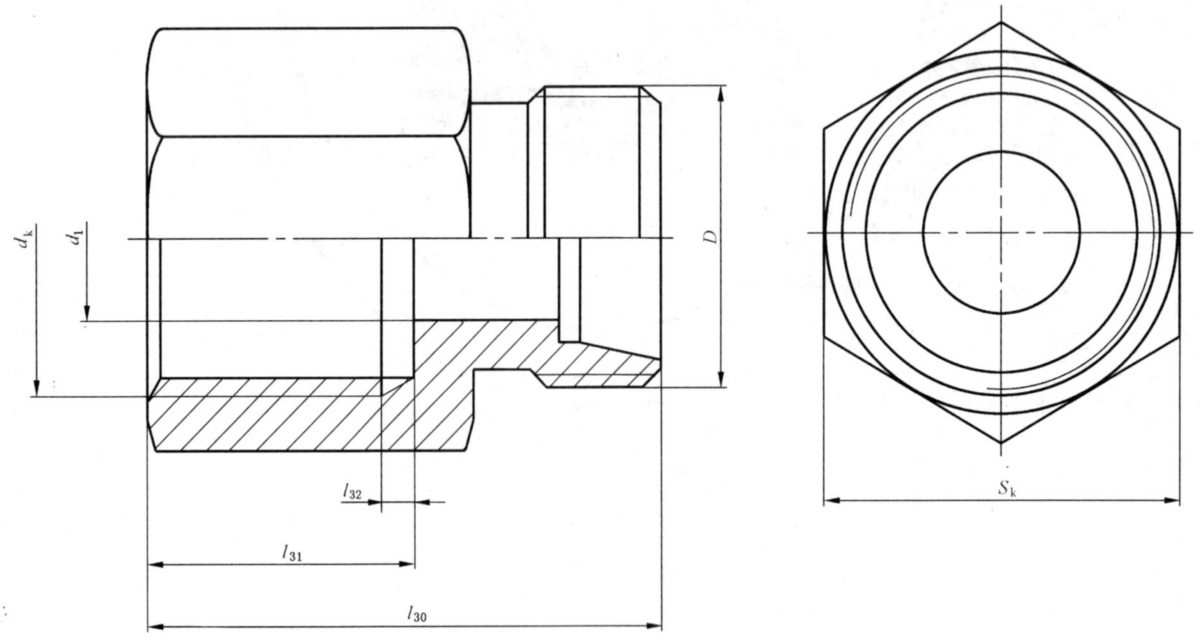

图 2　卡套式压力表接头体

表 1　卡套式管接头和接头体尺寸

单位为毫米

系列	最大工作压力/MPa	管子外径 D_0	D	d_k					d_1	S_k	S	l_{30}	l_{30c}	l_{31}	l_{32max}
L	250	6	M12×1.5	M10×1	G1/8	Rp1/8	Rc1/8	NPT1/8	4.5	14	14	22	30	10	1.5
		8	M14×1.5	M14×1.5	G1/4	Rp1/4	Rc1/4	NPT1/4	6	19	17	28	36	15	2.2
		14	M20×1.5	M20×1.5	G1/2	Rp1/2	Rc1/2	NPT1/2	11	27	24	33	41	18	2.2
S	630	6	M14×1.5	M14×1.5	G1/4	Rp1/4	Rc1/4	NPT1/4	5.5	24(19[a])	17	32	40	15	2.2
		12	M20×1.5	M20×1.5	G1/2	Rp1/2	Rc1/2	NPT1/2	8	36(27[a])	24	38	47	18	2.2

注：尽可能不采用括号内的规格。

[a] 适用于连接圆柱螺纹的压力表。

ICS 21.060.60
J 15

GB

中华人民共和国国家标准

GB/T 3752—2008
代替 GB/T 3752.1—1983，GB/T 3752.2—1983

卡套式组合弯通管接头

24° cone connectors—Adjustable elbow

2008-05-07 发布　　2008-11-01 实施

中华人民共和国国家质量监督检验检疫总局
中国国家标准化管理委员会　发布

前　言

本标准是卡套式管接头系列标准之一。

本标准是对GB/T 3752.1—1983《卡套式组合直角管接头》和GB/T 3752.2—1983《卡套式组合直角接头体》的修订。主要修订内容如下：

——将两个标准的内容进行了整合；

——修改了中文和英文名称；

——将公称压力G(250)和J(400)修改为最大工作压力10 MPa～63 MPa,并分为LL、L和S三个系列,系列的产品尺寸范围作了调整；

——将接头体扳手尺寸改为锻制和机械加工两类；

——调整了管子外径尺寸系列,并修改了相关尺寸；

——减少了部分应由制造商控制的参数；

——取消了重量数据；

——取消了表面粗糙度标注,表面粗糙度要求在GB/T 3765《卡套式管接头技术条件》中给出。

本标准自实施之日起代替GB/T 3752.1—1983和GB/T 3752.2—1983。

本标准由中国机械工业联合会提出。

本标准由全国管路附件标准化技术委员会归口。

本标准负责起草单位:中机生产力促进中心、焦作市路通液压附件有限公司。

本标准参加起草单位:海盐管件制造有限公司、伊顿(宁波)流体连接件有限公司、嘉兴迈思特管件制造有限公司、建湖县特佳液压管件有限公司、海盐高博管件有限公司、浙江华夏阀门有限公司、海盐县海管管件制造有限公司。

本标准主要起草人:李维荣、王利民、徐长祥、耿志学、周舜华、陶忠明、左学俊、阮浩丰、周剑飞、冯峰。

本标准所代替标准的历次版本发布情况为：

——GB/T 3752.1—1983；

——GB/T 3752.2—1983。

卡套式组合弯通管接头

1 范围

本标准规定了卡套式组合弯通管接头和接头体的尺寸、标记及技术要求。

本标准适用于管子外径为 6 mm～42 mm,最大工作压力 10 MPa～63 MPa 的液压流体传动和一般用途的管路系统。

2 规范性引用文件

下列文件中的条款通过本标准的引用而成为本标准的条款。凡是注日期的引用文件,其随后所有的修改单(不包括勘误的内容)或修订版均不适用于本标准,然而,鼓励根据本标准达成协议的各方研究是否可使用这些文件的最新版本。凡是不注日期的引用文件,其最新版本适用于本标准。

GB/T 3759—2008 卡套式管接头用连接螺母

GB/T 3764—2008 卡套

GB/T 3765—2008 卡套式管接头技术条件

3 尺寸

卡套式组合弯通管接头和接头体的尺寸应符合图 1、图 2 和表 1 规定,接头体卡套端尺寸应符合 GB/T 3764 的规定。

4 标记

4.1 标记方法

卡套式组合弯通管接头和接头体的标记方法应符合 GB/T 3765 的规定。

4.2 标记示例

接头系列为 L,管子外径为 10 mm,表面镀锌处理的钢制卡套式组合弯通管接头标记为:

管接头 GB/T 3752 L10

接头系列为 L,管子外径为 10 mm,表面镀锌处理的钢制卡套式组合弯通接头体标记为:

接头体 GB/T 3752 L10

5 技术要求

技术要求按 GB/T 3765 的规定。

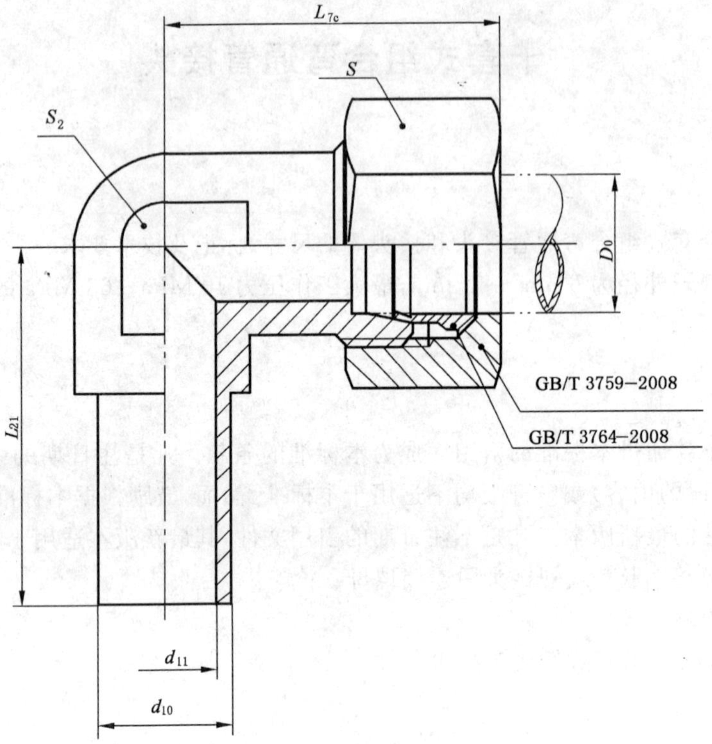

图 1　卡套式组合弯通管接头

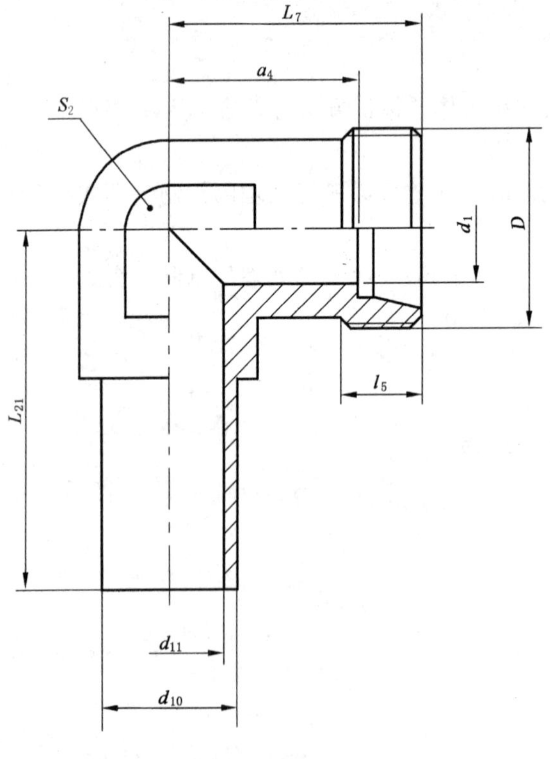

图 2　卡套式组合弯通接头体

表 1　卡套式组合弯通管接头和接头体的尺寸

单位为毫米

系列	最大工作压力/MPa	管子外径 D_0	D	d_1 参考	d_{10} ±0.3	d_{11} $^{+0.20}_{-0.05}$	l_5 min	L_7 ±0.3	L_{7c} ≈	L_{21} ±0.5	a_4 参考	S	S_2 锻制 min	S_2 机械加工 max
L	25	6	M12×1.5	4	6	3	7	19	27	26	12	14	12	—
		8	M14×1.5	6	8	5	7	21	29	27.5	14	17	12	14
		10	M16×1.5	8	10	7	8	22	30	29	15	19	14	17
		12	M18×1.5	10	12	8	8	24	32	29.5	17	22	17	19
		(14)	M20×1.5	11	14	10	8	25	33	31.5	18	24	19	—
		15	M22×1.5	12	15	10	9	28	36	32.5	21	27	19	—
		(16)	M24×1.5	14	16	11	9	30	39	33.5	22.5	30	22	—
	16	18	M26×1.5	15	18	13	9	31	40	35.5	23.5	32	24	—
		22	M30×2	19	22	17	10	35	44	38.5	27.5	36	27	—
	10	28	M36×2	24	28	23	10	38	47	41.5	30.5	41	36	—
		35	M45×2	30	35	29	12	45	56	51	34.5	50	41	—
		42	M52×2	36	42	36	12	51	63	56	40	60	50	—
S	63	6	M14×1.5	4	6	2.5	9	23	31	27	16	17	12	14
		8	M16×1.5	5	8	4	9	24	32	27.5	17	19	14	17
		10	M18×1.5	7	10	5	9	25	34	30	17.5	22	17	19
		12	M20×1.5	8	12	6	9	26	35	31	18.5	24	17	22
		(14)	M22×1.5	9	14	7	10	29	38	34	21.5	27	22	—
	40	16	M24×1.5	12	16	10	11	33	43	36.5	24.5	30	24	—
		20	M30×2	16	20	12	12	37	48	44.5	26.5	36	27	—
		25	M36×2	20	25	16	14	45	57	50	33	46	36	—
	25	30	M42×2	25	30	22	16	49	62	55	35.5	50	41	—
		38	M52×2	32	38	28	18	57	72	63	41	60	50	—

注：尽可能不采用括号内的规格。

ICS 21.060.60
J 15

中华人民共和国国家标准

GB/T 3753—2008
代替 GB/T 3753.1—1983,GB/T 3753.2—1983

卡套式组合三通管接头

24° cone connectors—Adjustable tee

2008-05-07 发布

2008-11-01 实施

中华人民共和国国家质量监督检验检疫总局
中国国家标准化管理委员会 发布

前　言

本标准是卡套式管接头系列标准之一。

本标准是对GB/T 3753.1—1983《卡套式组合三通管接头》和GB/T 3753.2—1983《卡套式组合三通接头体》的修订。主要修订内容如下：

——将两个标准的内容进行了整合；

——修改了中文和英文名称；

——将公称压力G(250)和J(400)修改为最大工作压力10 MPa～63 MPa，并分为LL、L和S三个系列，系列的产品尺寸范围作了调整；

——将接头体扳手尺寸改为锻制和机械加工两类；

——调整了管子外径尺寸系列，并修改了相关尺寸；

——减少了部分应由制造商控制的参数；

——取消了重量数据；

——取消了表面粗糙度标注，表面粗糙度要求在GB/T 3765《卡套式管接头技术条件》中给出。

本标准自实施之日起代替GB/T 3753.1—1983和GB/T 3753.2—1983。

本标准由中国机械工业联合会提出。

本标准由全国管路附件标准化技术委员会归口。

本标准负责起草单位：中机生产力促进中心、焦作市路通液压附件有限公司。

本标准参加起草单位：海盐管件制造有限公司、伊顿(宁波)流体连接件有限公司、嘉兴迈思特管件制造有限公司、建湖县特佳液压管件有限公司、海盐高博管件有限公司、浙江华夏阀门有限公司、海盐县海管管件制造有限公司。

本标准主要起草人：李维荣、徐长祥、王利民、耿志学、周舜华、陶忠明、左学俊、阮浩丰、周剑飞、冯峰。

本标准所代替标准的历次版本发布情况为：

——GB/T 3753.1—1983；

——GB/T 3753.2—1983。

卡套式组合三通管接头

1 范围

本标准规定了卡套式组合三通管接头和接头体的尺寸、标记及技术要求。

本标准适用于管子外径为 6 mm～42 mm，最大工作压力 10 MPa～63 MPa 的液压流体传动和一般用途的管路系统。

2 规范性引用文件

下列文件中的条款通过本标准的引用而成为本标准的条款。凡是注日期的引用文件，其随后所有的修改单(不包括勘误的内容)或修订版均不适用于本标准，然而，鼓励根据本标准达成协议的各方研究是否可使用这些文件的最新版本。凡是不注日期的引用文件，其最新版本适用于本标准。

GB/T 3759—2008 卡套式管接头用连接螺母

GB/T 3764—2008 卡套

GB/T 3765—2008 卡套式管接头技术条件

3 尺寸

卡套式组合三通管接头和接头体的尺寸应符合图 1、图 2 和表 1 的规定，接头体卡套端尺寸应符合 GB/T 3764 的规定。

4 标记

4.1 标记方法

卡套式组合三通管接头和接头体的标记方法应符合 GB/T 3765 的规定。

4.2 标记示例

接头系列为 L，管子外径为 10 mm，表面镀锌处理的钢制卡套式组合三通管接头标记为：

管接头 GB/T 3753 L10

接头系列为 L，管子外径为 10 mm，表面镀锌处理的钢制卡套式组合三通接头体标记为：

接头体 GB/T 3753 L10

5 技术要求

技术要求按 GB/T 3765 的规定。

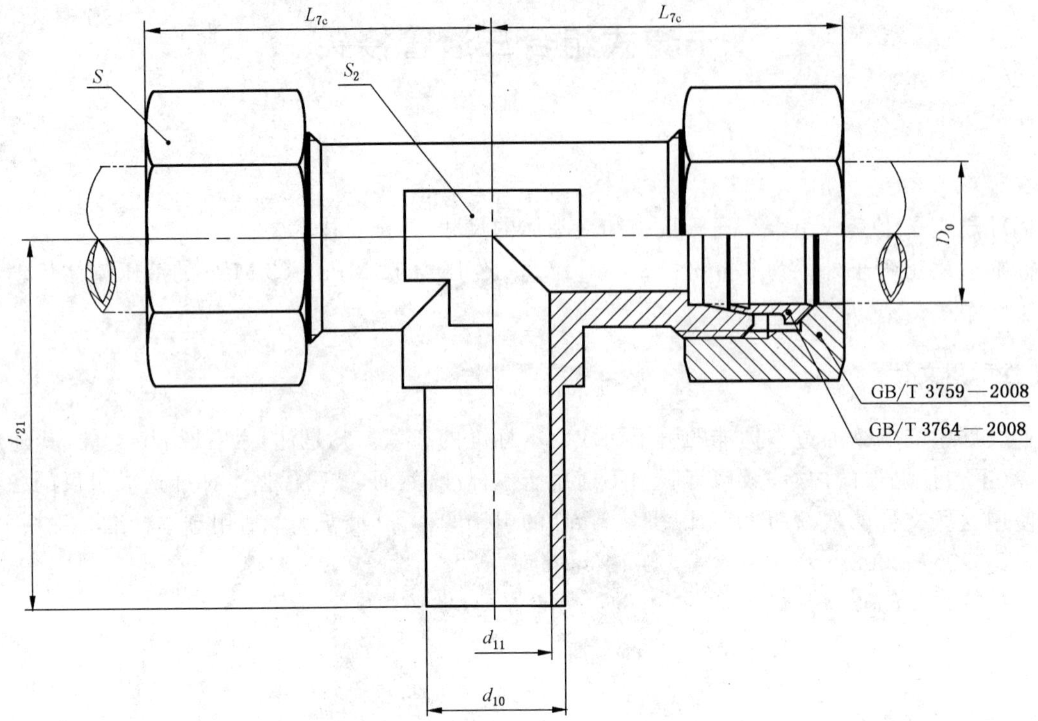

图 1 卡套式组合三通管接头

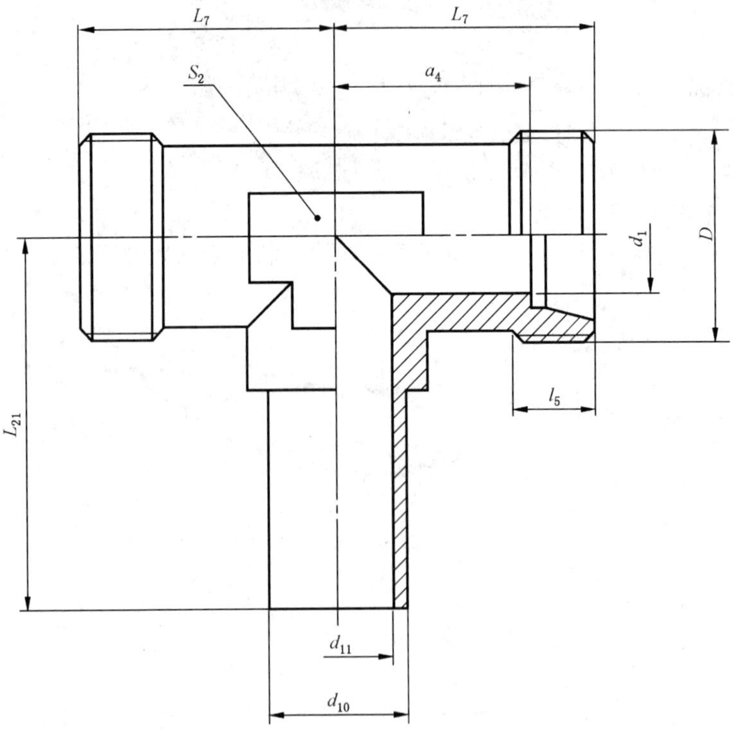

图 2 卡套式组合三通接头体

表 1　卡套式组合三通管接头和接头体的尺寸

单位为毫米

系列	最大工作压力/MPa	管子外径 D_0	D	d_1 参考	d_{10} ±0.3	d_{11} $^{+0.20}_{-0.05}$	l_5 min	L_7 ±0.3	L_{7c} ≈	L_{21} ±0.5	a_4 参考	S	S_2	
													锻制 min	机械加工 max
L	25	6	M12×1.5	4	6	3	7	19	27	26	12	14	12	—
		8	M14×1.5	6	8	5	7	21	29	27.5	14	17	12	14
		10	M16×1.5	8	10	7	8	22	30	29	15	19	14	17
		12	M18×1.5	10	12	8	8	24	32	29.5	17	22	17	19
		(14)	M20×1.5	11	14	10	8	25	33	31.5	18	24	19	—
		15	M22×1.5	12	15	10	9	28	36	32.5	21	27	19	—
		(16)	M24×1.5	14	16	11	9	30	39	33.5	22.5	30	22	—
	16	18	M26×1.5	15	18	13	9	31	40	35.5	23.5	32	24	—
		22	M30×2	19	22	17	10	35	44	38.5	27.5	36	27	—
	10	28	M36×2	24	28	23	10	38	47	41.5	30.5	41	36	—
		35	M45×2	30	35	29	12	45	56	51	34.5	50	41	—
		42	M52×2	36	42	36	12	51	63	56	40	60	50	—
S	63	6	M14×1.5	4	6	2.5	9	23	31	27	16	17	12	14
		8	M16×1.5	5	8	4	9	24	32	27.5	17	19	14	17
		10	M18×1.5	7	10	5	9	25	34	30	17.5	22	17	19
		12	M20×1.5	8	12	6	9	26	35	31	18.5	24	17	22
		(14)	M22×1.5	9	14	7	10	29	38	34	21.5	27	22	—
	40	16	M24×1.5	12	16	10	11	33	43	36.5	24.5	30	24	—
		20	M30×2	16	20	12	12	37	48	44.5	26.5	36	27	—
		25	M36×2	20	25	16	14	45	57	50	33	46	36	—
	25	30	M42×2	25	30	22	16	49	62	55	35.5	50	41	—
		38	M52×2	32	38	28	18	57	72	63	41	60	50	—

注：尽可能不采用括号内的规格。

ICS 21.060.60
J 15

中华人民共和国国家标准

GB/T 3754—2008
代替 GB/T 3754.1—1983,GB/T 3754.2—1983

卡套式锥密封组合弯通管接头

24° cone connectors—Swivel elbow with O-ring

2008-05-07 发布

2008-11-01 实施

中华人民共和国国家质量监督检验检疫总局
中国国家标准化管理委员会
发布

前　言

本标准是卡套式管接头系列标准之一。

本标准中管接头结构型式和尺寸与 ISO 8434-1:2007《用于流体传动和一般用途的金属管接头　第1部分:24°压缩式管接头》(英文版)的相关部分基本一致。

本标准是对 GB/T 3754.1—1983《卡套式端对接直通管接头》和 GB/T 3754.2—1983《卡套式端对接直通接头体》的修订。主要修订内容如下:

——将两个标准的内容进行了整合修订,取消了原标准规定的型式与尺寸,规定了卡套式锥密封组合弯通管接头的型式和尺寸;

——修改了中文和英文名称。

本标准使用 GB/T 3754—2008 的标准编号,意在体现卡套式管接头标准的系列性,但本标准的接头型式与原标准的接头型式并不互换。

本标准自实施之日起代替 GB/T 3754.1—1983 和 GB/T 3754.2—1983。

本标准由中国机械工业联合会提出。

本标准由全国管路附件标准化技术委员会归口。

本标准负责起草单位:中机生产力促进中心。

本标准参加起草单位:海盐管件制造有限公司、伊顿(宁波)流体连接件有限公司、嘉兴迈思特管件制造有限公司、建湖县特佳液压管件有限公司、海盐高博管件有限公司、海盐县海管管件制造有限公司、浙江华夏阀门有限公司、焦作市路通液压附件有限公司。

本标准主要起草人:李维荣、徐长祥、李俊英、周舜华、耿志学、陶忠明、左学俊、阮浩丰、周剑飞、王利民。

本标准所代替标准的历次版本发布情况为:

——GB/T 3754.1—1983;

——GB/T 3754.2—1983。

卡套式锥密封组合弯通管接头

1 范围

本标准规定了卡套式锥密封组合弯通管接头和接头体的尺寸、标记及技术要求。

本标准适用于管子外径为 6 mm～42 mm，最大工作压力 10 MPa～63 MPa 的液压流体传动和一般用途的管路系统。

2 规范性引用文件

下列文件中的条款通过本标准的引用而成为本标准的条款。凡是注日期的引用文件，其随后所有的修改单(不包括勘误的内容)或修订版均不适用于本标准，然而，鼓励根据本标准达成协议的各方研究是否可使用这些文件的最新版本。凡是不注日期的引用文件，其最新版本适用于本标准。

GB/T 3758—2008 卡套式管接头用锥密封焊接接管

GB/T 3759—2008 卡套式管接头用连接螺母

GB/T 3764—2008 卡套

GB/T 3765—2008 卡套式管接头技术条件

3 尺寸

卡套式锥密封组合弯通管接头和接头体的尺寸应符合图 1、图 2 和表 1 的规定，接头体卡套端尺寸应符合 GB/T 3764 的规定。

4 标记

4.1 标记方法

卡套式锥密封组合弯通管接头和接头体的标记应符合 GB/T 3765 的规定。

4.2 标记示例

接头系列为 L，管子外径为 10 mm，表面镀锌处理的钢制卡套式锥密封组合弯通管接头标记为：

管接头 GB/T 3754 L10

接头系列为 L，管子外径为 10 mm，表面镀锌处理的钢制卡套式锥密封组合弯通接头体标记为：

接头体 GB/T 3754 L10

5 技术要求

技术要求按 GB/T 3765 的规定。

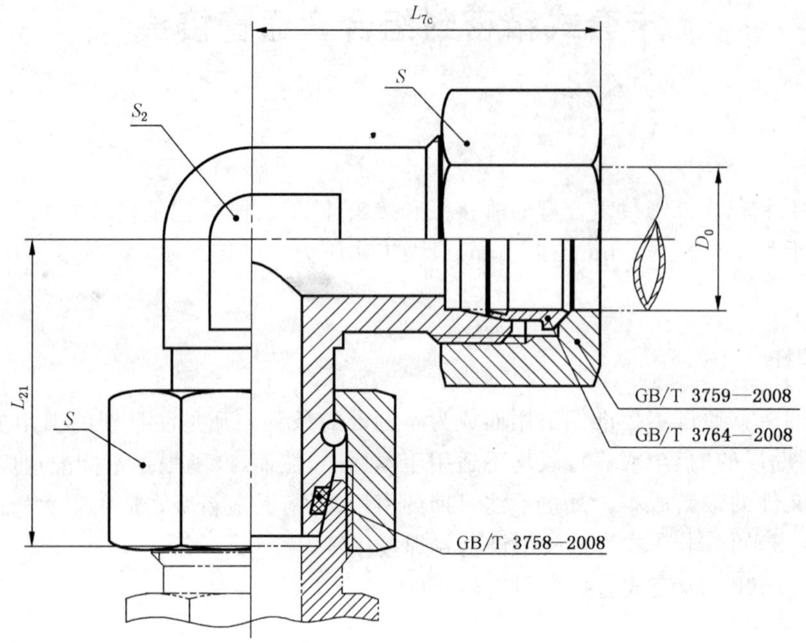

图 1 卡套式锥密封组合弯通管接头

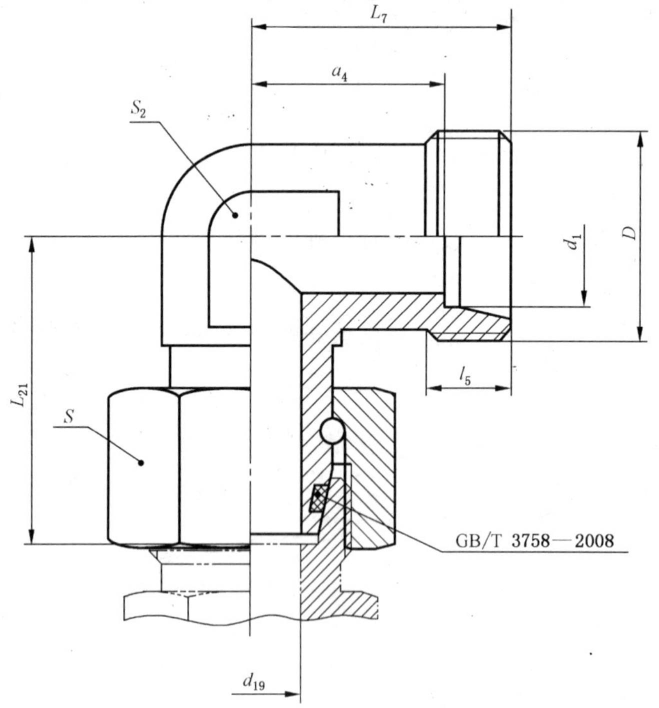

图 2 卡套式锥密封组合弯通接头体

表 1 卡套式锥密封组合弯通管接头和接头体的尺寸

单位为毫米

系列	最大工作压力/MPa	管子外径 D_0	D	d_1 参考	d_{19} min	L_7 ±0.3	L_{7c} ≈	L_{21} ±0.5	a_4 参考	l_5 min	S	S_2 锻制 min	S_2 机械加工 max
L	25	6	M12×1.5	4	2.5	19	27	26	12	7	14	12	—
		8	M14×1.5	6	4	21	29	27.5	14	7	17	12	14
		10	M16×1.5	8	6	22	30	29	15	8	19	14	17
		12	M18×1.5	10	8	24	32	29.5	17	8	22	17	19
		(14)	M20×1.5	11	9	25	33	31.5	18	8	24	19	—
		15	M22×1.5	12	10	28	36	32.5	21	9	27	19	—
		(16)	M24×1.5	14	12	30	39	33.5	22.5	9	30	22	—
	16	18	M26×1.5	15	13	31	40	35.5	23.5	9	32	24	—
		22	M30×2	19	17	35	44	38.5	27.5	10	36	27	—
	10	28	M36×2	24	22	38	47	41.5	30.5	10	41[a]	36	—
		35	M45×2	30	28	45	56	51	34.5	12	50	41	—
		42	M52×2	36	34	51	63	56	40	12	60	50	—
S	63	6	M14×1.5	4	2.5	23	31	27	16	9	17	12	14
		8	M16×1.5	5	4	24	32	27.5	17	9	19	14	17
		10	M18×1.5	7	6	25	34	30	17.5	9	22	17	19
		12	M20×1.5	8	8	26	35	31	18.5	9	24	17	22
		(14)	M22×1.5	9	9	29	38	34	21.5	10	27	22	—
	40	16	M24×1.5	12	11	33	43	36.5	24.5	11	30	24	—
		20	M30×2	16	14	37	48	44.5	26.5	12	36	27	—
		25	M36×2	20	18	45	57	50	33	14	46	36	—
	25	30	M42×2	25	23	49	62	55	35.5	16	50	41	—
		38	M52×2	32	30	57	72	63	41	18	60	50	—

注：尽可能不采用括号内的规格。

a 可为 46 mm。

ICS 21.060.60
J 15

中华人民共和国国家标准

GB/T 3755—2008
代替 GB/T 3755.1—1983,GB/T 3755.2—1983

卡套式锥密封组合三通管接头

24° cone connectors—Branch tee with O-ring

2008-05-07 发布

2008-11-01 实施

中华人民共和国国家质量监督检验检疫总局
中国国家标准化管理委员会 发布

前 言

本标准是卡套式管接头系列标准之一。

本标准中管接头结构型式和尺寸与ISO 8434-1:2007《用于流体传动和一般用途的金属管接头 第1部分:24°压缩式管接头》(英文版)的相关部分基本一致。

本标准是对GB/T 3755.1—1983《卡套式锥螺纹对接直通管接头》和GB/T 3755.2—1983《卡套式锥螺纹对接直通接头体》的修订。主要修订内容如下:

——将两个标准的内容进行了整合修订,取消了原标准规定的型式与尺寸,规定了卡套式锥密封组合三通管接头型式与尺寸;

——修改了中文和英文名称。

本标准使用GB/T 3755—2008的标准编号,意在体现卡套式管接头标准的系列性,但本标准的接头型式与原标准的接头型式并不互换。

本标准自实施之日起代替GB/T 3755.1—1983和GB/T 3755.2—1983。

本标准由中国机械工业联合会提出。

本标准由全国管路附件标准化技术委员会归口。

本标准负责起草单位:中机生产力促进中心。

本标准参加起草单位:海盐管件制造有限公司、伊顿(宁波)流体连接件有限公司、嘉兴迈思特管件制造有限公司、建湖县特佳液压管件有限公司、海盐高博管件有限公司、海盐县海管管件制造有限公司、浙江华夏阀门有限公司、焦作市路通液压附件有限公司。

本标准主要起草人:李维荣、徐长祥、李俊英、周舜华、耿志学、陶忠明、左学俊、阮浩丰、周剑飞、王利民。

本标准所代替标准的历次版本发布情况为:

——GB/T 3755.1—1983;

——GB/T 3755.2—1983。

卡套式锥密封组合三通管接头

1 范围

本标准规定了卡套式锥密封组合三通管接头和接头体的尺寸、标记及技术要求。

本标准适用于管子外径为6 mm～42 mm，最大工作压力10 MPa～63 MPa的液压流体传动和一般用途的管路系统。

2 规范性引用文件

下列文件中的条款通过本标准的引用而成为本标准的条款。凡是注日期的引用文件，其随后所有的修改单(不包括勘误的内容)或修订版均不适用于本标准，然而，鼓励根据本标准达成协议的各方研究是否可使用这些文件的最新版本。凡是不注日期的引用文件，其最新版本适用于本标准。

GB/T 3758—2008 卡套式管接头用锥密封焊接接管

GB/T 3759—2008 卡套式管接头用连接螺母

GB/T 3764—2008 卡套

GB/T 3765—2008 卡套式管接头技术条件

3 尺寸

卡套式锥密封组合三通管接头和接头体的尺寸应符合图1、图2和表1的规定，接头体卡套端尺寸应符合GB/T 3764的规定。

4 标记

4.1 标记方法

卡套式锥密封组合三通管接头和接头体的标记应符合GB/T 3765的规定。

4.2 标记示例

接头系列为L，管子外径为10 mm，表面镀锌处理的钢制卡套式锥密封组合三通管接头标记为：

管接头 GB/T 3755 L10

接头系列为L，管子外径为10 mm，表面镀锌处理的钢制卡套式锥密封组合三通接头体标记为：

接头体 GB/T 3755 L10

5 技术要求

技术要求按GB/T 3765的规定。

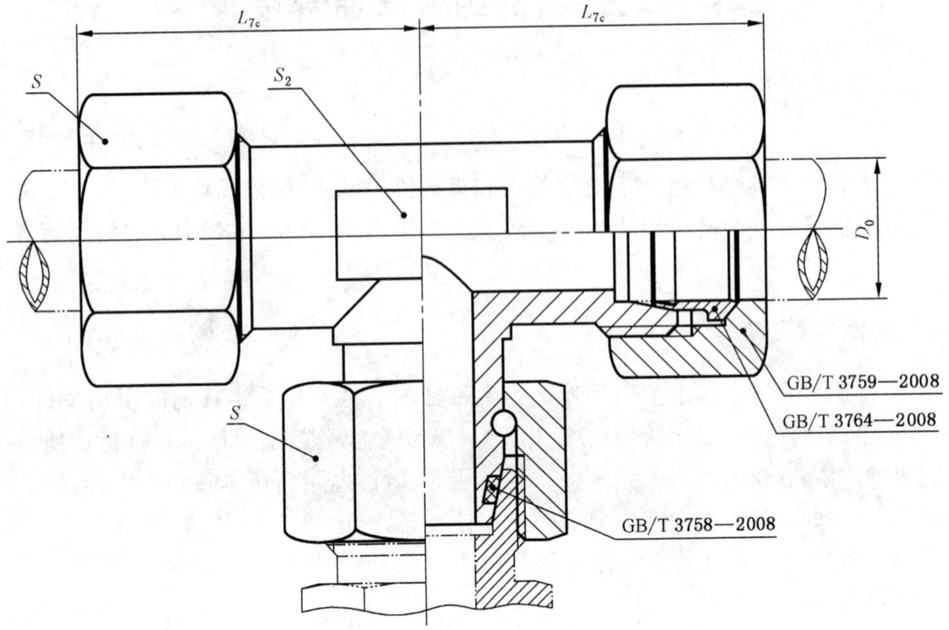

图 1　卡套式锥密封组合三通管接头

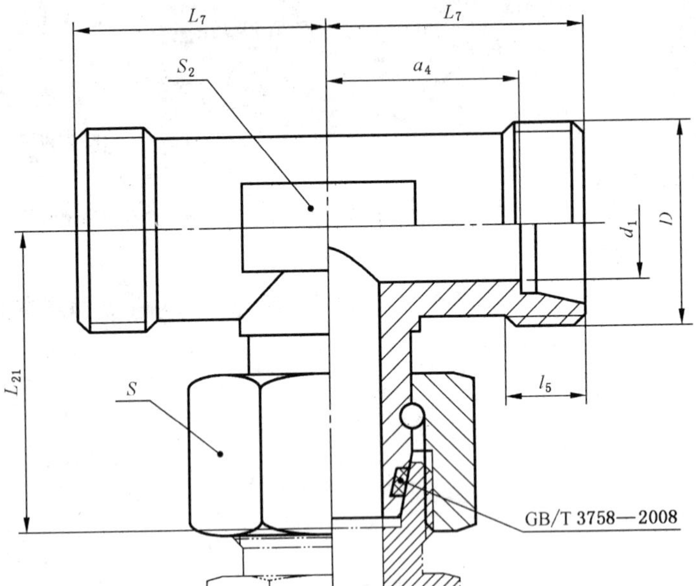

图 2　卡套式锥密封组合三通接头体

表 1　卡套式锥密封组合三通管接头和接头体尺寸

单位为毫米

系列	最大工作压力/MPa	管子外径 D_0	D	d_1 参考	d_{19} min	L_7 ±0.3	L_{7c} ≈	L_{21} ±0.5	a_4 参考	l_5 min	S	S_2	
												锻制 min	机械加工 max
L	25	6	M12×1.5	4	2.5	19	27	26	12	7	14	12	—
		8	M14×1.5	6	4	21	29	27.5	14	7	17	12	14
		10	M16×1.5	8	6	22	30	29	15	8	19	14	17
		12	M18×1.5	10	8	24	32	29.5	17	8	22	17	19
		(14)	M20×1.5	11	9	25	33	31.5	18	8	24	19	—
		15	M22×1.5	12	10	28	36	32.5	21	9	27	19	—
		(16)	M24×1.5	14	12	30	39	33.5	22.5	9	30	22	—
	16	18	M26×1.5	15	13	31	40	35.5	23.5	9	32	24	—
		22	M30×2	19	17	35	44	38.5	27.5	10	36	27	—
	10	28	M36×2	24	22	38	47	41.5	30.5	10	41[a]	36	—
		35	M45×2	30	28	45	56	51	34.5	12	50	41	—
		42	M52×2	36	34	51	63	56	40	12	60	50	—
S	63	6	M14×1.5	4	2.5	23	31	27	16	9	17	12	14
		8	M16×1.5	5	4	24	32	27.5	17	9	19	14	17
		10	M18×1.5	7	6	25	34	30	17.5	9	22	17	19
		12	M20×1.5	8	8	26	35	31	18.5	9	24	17	22
		(14)	M22×1.5	9	9	29	38	34	21.5	10	27	22	—
	40	16	M24×1.5	12	11	33	43	36.5	24.5	11	30	24	—
		20	M30×2	16	14	37	48	44.5	26.5	12	36	27	—
		25	M36×2	20	18	45	57	50	33	14	46	36	—
	25	30	M42×2	25	23	49	62	55	35.5	16	50	41	—
		38	M52×2	32	30	57	72	63	41	18	60	50	—

注：尽可能不采用括号内的规格。

[a] 可为 46 mm。

ICS 21.060.60
J 15

中华人民共和国国家标准

GB/T 3756—2008
代替 GB/T 3756.1—1983,GB/T 3756.2—1983

卡套式锥密封组合直通管接头

24° cone connectors—Swivel stud straight adapter with O-ring with stud end

2008-05-07 发布　　　　2008-11-01 实施

中华人民共和国国家质量监督检验检疫总局
中国国家标准化管理委员会　发布

前　言

本标准是卡套式管接头系列标准之一。

本标准中管接头结构型式和尺寸与ISO 8434-1:2007《用于流体传动和一般用途的金属管接头　第1部分:24°压缩式管接头》(英文版)的相关部分基本一致。

本标准是对GB/T 3756.1—1983《卡套式对接直通管接头》和GB/T 3756.2—1983《卡套式对接直通接头体》的修订。主要修订内容如下:

——将两个标准的内容进行了整合修订,取消了原标准规定的型式与尺寸,规定了卡套式锥密封组合直通管接头型式与尺寸;

——修改了中文和英文名称。

本标准使用GB/T 3756—2008的标准编号,意在体现卡套式管接头标准的系列性,但本标准的接头型式与原标准的接头型式并不互换。

本标准自实施之日起代替GB/T 3756.1—1983和GB/T 3756.2—1983。

本标准由中国机械工业联合会提出。

本标准由全国管路附件标准化技术委员会归口。

本标准负责起草单位:中机生产力促进中心。

本标准参加起草单位:海盐管件制造有限公司、伊顿(宁波)流体连接件有限公司、嘉兴迈思特管件制造有限公司、建湖县特佳液压管件有限公司、海盐高博管件有限公司、海盐县海管管件制造有限公司、浙江华夏阀门有限公司、焦作市路通液压附件有限公司。

本标准主要起草人:李维荣、徐长祥、李俊英、周舜华、耿志学、陶忠明、左学俊、阮浩丰、周剑飞、王利民。

本标准所代替标准的历次版本发布情况为:

——GB/T 3756.1—1983;

——GB/T 3756.2—1983。

卡套式锥密封组合直通管接头

1 范围

本标准规定了卡套式锥密封组合直通管接头和接头体的尺寸、标记及技术要求。

本标准适用于管子外径为 6 mm～42 mm，最大工作压力 10 MPa～63 MPa 的液压流体传动和一般用途的管路系统。

2 规范性引用文件

下列文件中的条款通过本标准的引用而成为本标准的条款。凡是注日期的引用文件，其随后所有的修改单(不包括勘误的内容)或修订版均不适用于本标准，然而，鼓励根据本标准达成协议的各方研究是否可使用这些文件的最新版本。凡是不注日期的引用文件，其最新版本适用于本标准。

GB/T 3758—2008 卡套式管接头用锥密封焊接接管

GB/T 3759—2008 卡套式管接头用连接螺母

GB/T 3764—2008 卡套

GB/T 3765—2008 卡套式管接头技术条件

GB/T 19674.2—2005 液压管接头用螺纹油口和柱端 填料密封柱端(A 型和 E 型)

3 尺寸

带 F 型柱端的卡套式锥密封组合直通管接头的尺寸应符合图 1 和表 1 的规定，F 型柱端型式尺寸应符合 GB/T 3765 附录 A 的规定。

带 E 型柱端的卡套式锥密封组合直通管接头的尺寸应符合图 2 和表 2 的规定，E 型柱端型式尺寸应符合 GB/T 19674.2 的规定。

卡套端尺寸应符合 GB/T 3764 的规定。

4 标记

4.1 标记方法

卡套式锥密封组合直通管接头的标记方法应符合 GB/T 3765 的规定。

4.2 标记示例

接头系列为 L，管子外径为 10 mm，普通螺纹(M)F 型柱端，表面镀锌处理的钢制卡套式锥密封组合直通管接头标记为：

管接头 GB/T 3756 L10

5 技术要求

技术要求按 GB/T 3765 的规定。

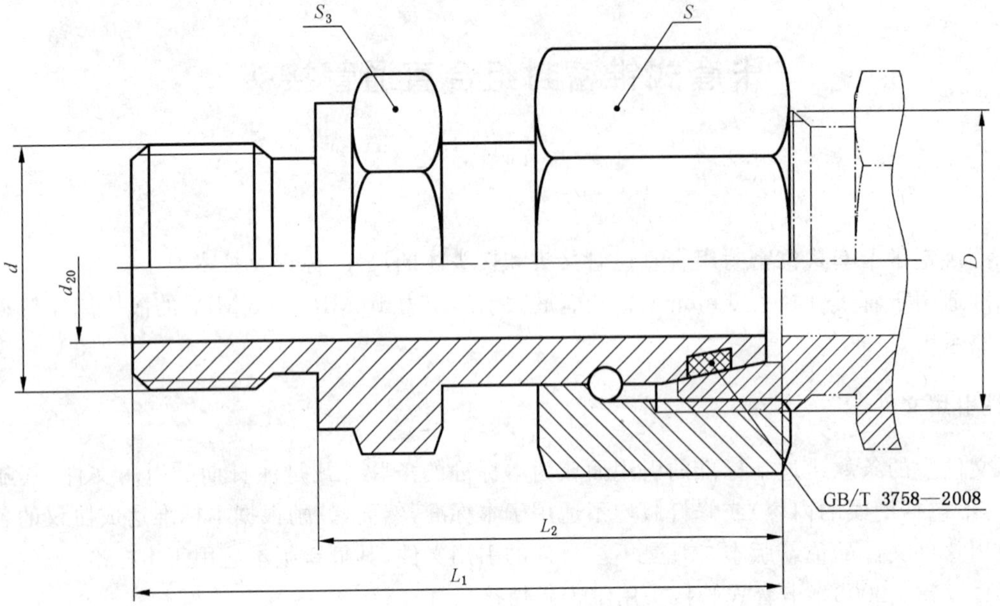

图 1　带 F 型柱端的卡套式锥密封组合直通管接头

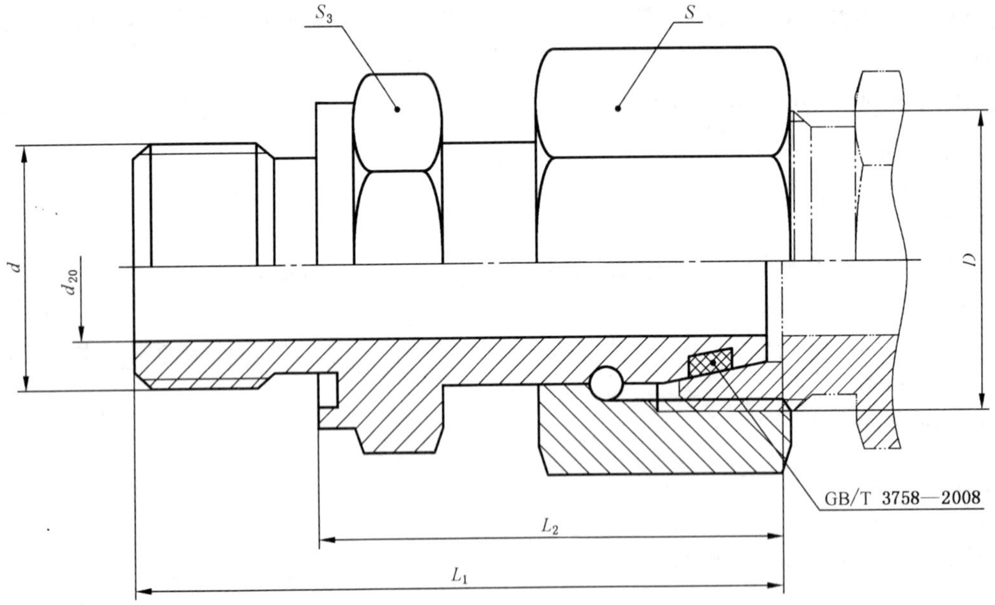

图 2　带 E 型柱端的卡套式锥密封组合直通管接头

表 1　带 F 型柱端的卡套式锥密封组合直通管接头尺寸

单位为毫米

系列	最大工作压力/MPa	管子外径 D_0	D	d	d_{20} min	L_1 ±0.5	L_2 参考	S	S_3
L	25	6	M12×1.5	M10×1	2.5	33	24.5	14	14
		8	M14×1.5	M12×1.5	4	37.5	26.5	17	17
		10	M16×1.5	M14×1.5	6	38.5	27.5	19	19
		12	M18×1.5	M16×1.5	8	42	30.5	22	22
		(14)	M20×1.5	M18×1.5	9	43.5	31	24	24
		15	M22×1.5	M18×1.5	10	44	31.5	27	24
		(16)	M24×1.5	M20×1.5	12	44	31.5	30	27
	16	18	M26×1.5	M22×1.5	13	44.5	31.5	32	27
		22	M30×2	M27×2	17	48.5	32.5	36	32
	10	28	M36×2	M33×2	22	51	35	41[a]	41
		35	M45×2	M42×2	28	58.5	42.5	50	50
		42	M52×2	M48×2	34	64	46.5	60	55
S	63	6	M14×1.5	M12×1.5	2.5	38	27	17	17
		8	M16×1.5	M14×1.5	4	40.5	29.5	19	19
		10	M18×1.5	M16×1.5	6	44.5	32	22	22
		12	M20×1.5	M18×1.5	8	48	34	24	24
		(14)	M22×1.5	M20×1.5	9	50	36	27	27
	40	16	M24×1.5	M22×1.5	11	52	37	30	27
		20	M30×2	M27×2	14	61.5	43	36	32
		25	M36×2	M33×2	18	66.5	48	46	41
	25	30	M42×2	M42×2	23	70	51	50	50
		38	M52×2	M48×2	30	81.5	60	60	55

注：尽可能不采用括号内的规格。

[a] 可为 46 mm。

表 2 带 E 型柱端的卡套式锥密封组合直通管接头尺寸

单位为毫米

系列	最大工作压力/MPa	管子外径 D_0	D	d	d_{20} min	L_1 ±0.5	L_2 参考	S	S_3
L	25	6	M12×1.5	M10×1	2.5	32.5	24.5	14	14
		8	M14×1.5	M12×1.5	4	38.5	26.5	17	17
		10	M16×1.5	M14×1.5	6	39.5	27.5	19	19
		12	M18×1.5	M16×1.5	8	42.5	30.5	22	22
		(14)	M20×1.5	M18×1.5	9	43	31	24	24
		15	M22×1.5	M18×1.5	10	43.5	31.5	27	24
		(16)	M24×1.5	M20×1.5	11	43.5	31.5	30	27
	16	18	M26×1.5	M22×1.5	13	45.5	31.5	32	27
		22	M30×2	M26×1.5	17	48.5	32.5	36	32
	10	28	M36×2	M33×2	22	53	35	41[a]	41
		35	M45×2	M42×2	28	62.5	42.5	50	50
		42	M52×2	M48×2	34	68.5	46.5	60	55
S	63	6	M14×1.5	M12×1.5	2.5	39	27	17	17
		8	M16×1.5	M14×1.5	4	41.5	29.5	19	19
		10	M18×1.5	M16×1.5	6	44	32	22	22
		12	M20×1.5	M18×1.5	8	46	34	24	24
		(14)	M22×1.5	M20×1.5	9	50	36	27	27
	40	16	M24×1.5	M22×1.5	11	51	37	30	27
		20	M30×2	M27×2	14	59	43	36	32
		25	M36×2	M33×2	18	66	48	46	41
	25	30	M42×2	M42×2	23	71	51	50	50
		38	M52×2	M48×2	30	82	60	60	55

[a] 可为 46 mm。

ICS 21.060.60
J 15

中华人民共和国国家标准

GB/T 3757—2008
代替 GB/T 3757.1—1983,GB/T 3757.2—1983

卡套式过板焊接管接头

24° cone connectors—Weld-in bulkhead straight connector

2008-05-07 发布　　　　2008-11-01 实施

中华人民共和国国家质量监督检验检疫总局
中国国家标准化管理委员会　发布

前　言

本标准是卡套式管接头系列标准之一。

本标准中管接头结构型式和尺寸与 ISO 8434-1:2007《用于流体传动和一般用途的金属管接头　第1部分:24°压缩式管接头》(英文版)的相关部分基本一致。

本标准是对 GB/T 3757.1—1983《卡套式端对接直角管接头》和 GB/T 3757.2—1983《卡套式端对接直角接头体》的修订。主要修订内容如下:

——将两个标准的内容进行了整合修订,取消了原标准规定的型式与尺寸,规定了卡套式过板焊接管接头的型式与尺寸;

——修改了中文和英文名称。

本标准使用 GB/T 3757—2008 的标准编号,意在体现卡套式管接头标准的系列性,但本标准的接头型式与原标准的接头型式并不互换。

本标准自实施之日起代替 GB/T 3757.1—1983 和 GB/T 3757.2—1983。

本标准由中国机械工业联合会提出。

本标准由全国管路附件标准化技术委员会归口。

本标准负责起草单位:中机生产力促进中心、伊顿(宁波)流体连接件有限公司。

本标准参加起草单位:海盐管件制造有限公司、嘉兴迈思特管件制造有限公司、建湖县特佳液压管件有限公司、海盐高博管件有限公司、海盐县海管管件制造有限公司、浙江华夏阀门有限公司、焦作市路通液压附件有限公司。

本标准主要起草人:周舜华、李维荣、耿志学、徐长祥、陶忠明、左学俊、阮浩丰、周剑飞、王利民、冯峰。

本标准所代替标准的历次版本发布情况为:

——GB/T 3757.1—1983;

——GB/T 3757.2—1983。

卡套式过板焊接管接头

1 范围

本标准规定了卡套式过板焊接管接头和接头体的尺寸、标记及技术要求。

本标准适用于管子外径为 6 mm～42 mm，最大工作压力 10 MPa～63 MPa 的液压流体传动和一般用途的管路系统。

2 规范性引用文件

下列文件中的条款通过本标准的引用而成为本标准的条款。凡是注日期的引用文件，其随后所有的修改单（不包括勘误的内容）或修订版均不适用于本标准，然而，鼓励根据本标准达成协议的各方研究是否可使用这些文件的最新版本。凡是不注日期的引用文件，其最新版本适用于本标准。

GB/T 3759—2008　卡套式管接头用连接螺母

GB/T 3764—2008　卡套

GB/T 3765—2008　卡套式管接头技术条件

3 尺寸

卡套式过板焊接管接头和接头体的尺寸应符合图 1、图 2 和表 1 的规定，接头体卡套端尺寸应符合 GB/T 3764 的规定。

4 标记

4.1 标记方法

卡套式过板焊接管接头和接头体的标记应符合 GB/T 3765 的规定。

4.2 标记示例

接头系列为 L，管子外径为 10 mm，表面镀锌处理的钢制卡套式过板焊接管接头标记为：

管接头　GB/T 3757　L10

接头系列为 L，管子外径为 10 mm，表面镀锌处理的钢制卡套式过板焊接接头体标记为：

接头体　GB/T 3757　L10

5 技术要求

技术要求按 GB/T 3765 的规定。

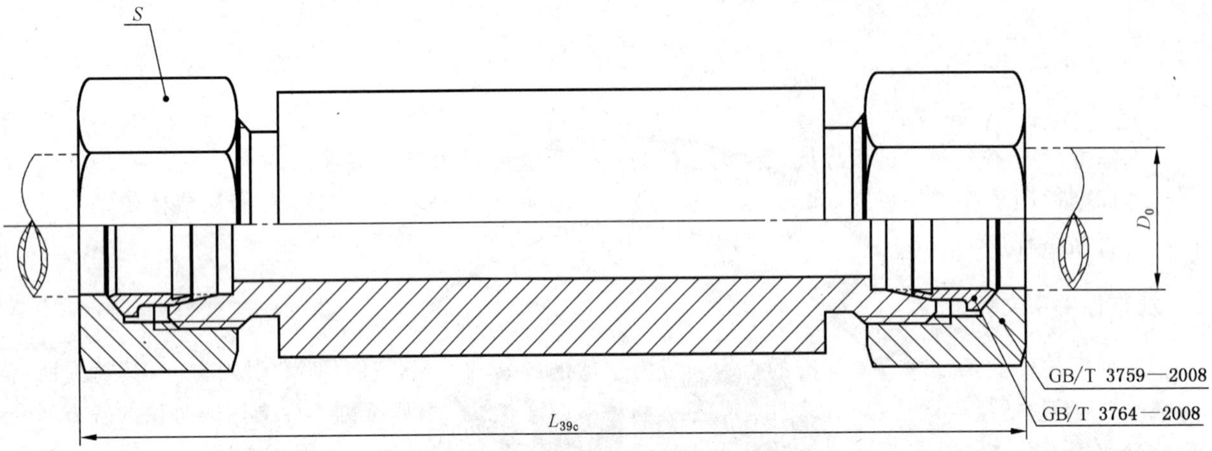

图 1 卡套式过板焊接管接头

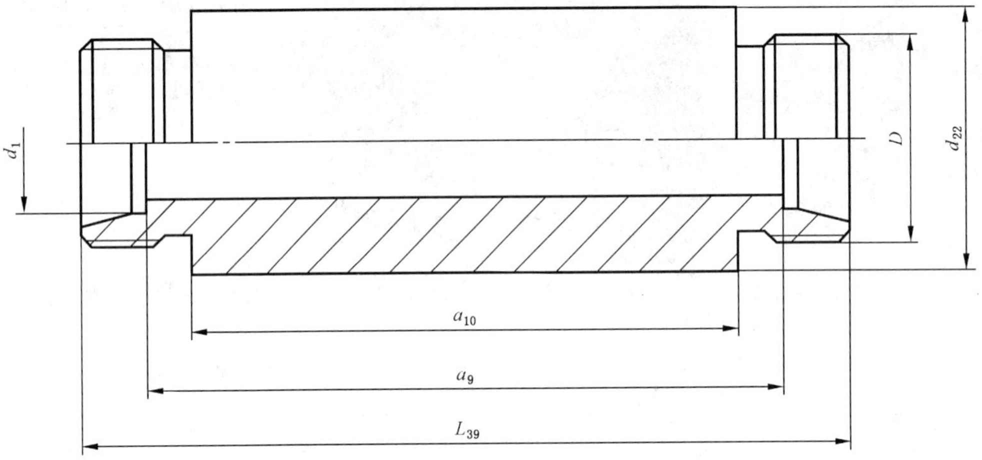

图 2 卡套式过板焊接接头体

表 1　卡套式过板焊接管接头和接头体的尺寸

单位为毫米

系列	最大工作压力/MPa	管子外径 D_0	D	d_1 参考	d_{22} ±0.2	L_{39} ±0.3	L_{39c} ≈	a_9 参考	a_{10} 参考	S
L	25	6	M12×1.5	4	18	70	86	56	50	14
		8	M14×1.5	6	20	70	86	56	50	17
		10	M16×1.5	8	22	72	88	58	50	19
		12	M18×1.5	10	25	72	88	58	50	22
		(14)	M20×1.5	11	28	72	88	58	50	24
		15	M22×1.5	12	28	84	100	70	60	27
		(16)	M24×1.5	14	30	84	102	69	60	30
	16	18	M26×1.5	15	32	84	102	69	60	32
		22	M30×2	19	36	88	106	73	60	36
	10	28	M36×2	24	40	88	106	73	60	41
		35	M45×2	30	50	92	114	71	60	50
		42	M52×2	36	60	92	116	70	60	60
S	63	6	M14×1.5	4	20	74	90	60	50	17
		8	M16×1.5	5	22	74	90	60	50	19
		10	M18×1.5	7	25	74	92	59	50	22
		12	M20×1.5	8	28	74	92	59	50	24
		(14)	M22×1.5	9	28	86	104	71	60	27
	40	16	M24×1.5	12	35	88	108	71	60	30
		20	M30×2	16	38	92	114	71	60	36
		25	M36×2	20	45	96	120	72	60	46
	25	30	M42×2	25	50	100	126	73	60	50
		38	M52×2	32	60	104	134	72	60	60

注：尽可能不采用括号内的规格。

ICS 21.060.60
J 15

GB

中华人民共和国国家标准

GB/T 3758—2008
代替 GB/T 3758.1—1983,GB/T 3758.2—1983

卡套式管接头用锥密封焊接接管

24° cone connectors—Weld-on nipple

2008-05-07 发布　　2008-11-01 实施

中华人民共和国国家质量监督检验检疫总局
中国国家标准化管理委员会　发布

前　言

本标准是卡套式管接头系列标准之一。

本标准中管接头结构型式和尺寸与 ISO 8434-1:2007《用于流体传动和一般用途的金属管接头　第1部分:24°压缩式管接头》(英文版)的相关部分基本一致。

本标准是对 GB/T 3758.1—1983《卡套式锥螺纹对接直角管接头》和 GB/T 3758.2—1983《卡套式锥螺纹对接直角接头体》的修订。主要修订内容如下:

——将两个标准的内容进行了整合修订,取消了原标准规定的型式与尺寸,规定了卡套式管接头用锥密封焊接接管的型式与尺寸;

——修改了中文和英文名称。

本标准使用 GB/T 3758—2008 的标准编号,意在体现卡套式管接头标准的系列性,但本标准的接管型式与原标准的接头型式并不互换。

本标准自实施之日起代替 GB/T 3758.1—1983 和 GB/T 3758.2—1983。

本标准由中国机械工业联合会提出。

本标准由全国管路附件标准化技术委员会归口。

本标准负责起草单位:中机生产力促进中心。

本标准参加起草单位:海盐管件制造有限公司、伊顿(宁波)流体连接件有限公司、嘉兴迈思特管件制造有限公司、建湖县特佳液压管件有限公司、浙江华夏阀门有限公司、海盐高博管件有限公司、海盐县海管管件制造有限公司、焦作市路通液压附件有限公司。

本标准主要起草人:李维荣、耿志学、徐长祥、周舜华、陶忠明、左学俊、阮浩丰、周剑飞、王利民、冯峰。

本标准所代替标准的历次版本发布情况为:

——GB/T 3758.1—1983;

——GB/T 3758.2—1983。

卡套式管接头用锥密封焊接接管

1 范围

本标准规定了卡套式管接头用锥密封焊接接管的尺寸、标记及技术要求。

本标准适用于管子外径为 6 mm～42 mm，最大工作压力 10 MPa～63 MPa 的液压流体传动和一般用途的管路系统。

2 规范性引用文件

下列文件中的条款通过本标准的引用而成为本标准的条款。凡是注日期的引用文件，其随后所有的修改单(不包括勘误的内容)或修订版均不适用于本标准，然而，鼓励根据本标准达成协议的各方研究是否可使用这些文件的最新版本。凡是不注日期的引用文件，其最新版本适用于本标准。

GB/T 3764—2008　卡套

GB/T 3765—2008　卡套式管接头技术条件

3 尺寸

卡套式管接头用锥密封焊接接管的尺寸应符合图 1 和表 1 的规定。O 形圈尺寸应符合图 2 和表 2 的规定。

4 标记

4.1 标记方法

卡套式管接头用锥密封焊接接管的标记应符合 GB/T 3765 的规定。

4.2 标记示例

接头系列为 L，与外径为 10 mm 的管子配套使用，表面氧化处理的钢制卡套式管接头用锥密封焊接接管标记为：

接管　GB/T 3758　L10・O

5 技术要求

技术要求按 GB/T 3765 的规定。

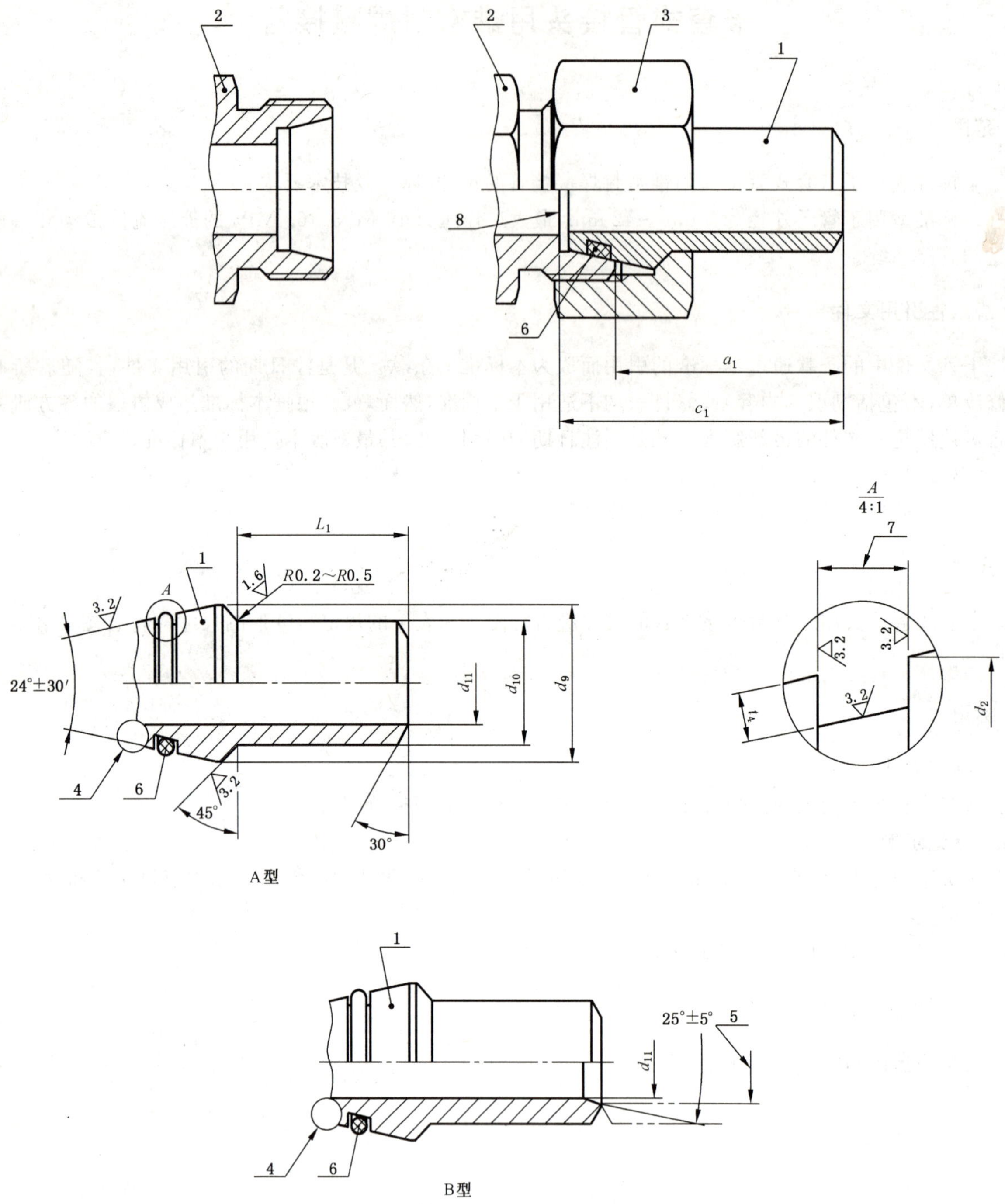

1——焊接锥头，与接头体和螺母一起使用；

2——接头体；

3——螺母；

4——锥端，由制造商决定；

5——连接管内径；

6——O 形圈；

7——O 形圈槽宽，由制造商决定；

8——管止肩。

图 1　卡套式管接头用锥密封焊接接管

表 1　卡套式管接头用锥密封焊接接管尺寸

单位为毫米

系列	最大工作压力/MPa	管子外径 D_0	d_{10} ±0.1	d_{11} [a] $^{+0.20}_{-0.05}$	d_9 min	d_9 max	d_2 max	L_1 ±0.2	c_1 ±1	a_1 ±1	t_4 ±0.1
L	25	6	6	3	9	10	7.8	19	32	25	1.1
		8	8	5	11	12	9.8	19	32	25	1.1
		10	10	7	13	14	12	20	33	26	1.1
		12	12	8	15	16	14	20	33	26	1.1
		(14)	14	10	17	18	16	22	35	28	1.1
		15	15	10	18	20	17	22	35	28	1.5
		(16)	16	11	19	22	18	23	36.5	29	1.5
	16	18	18	13	21	24	20	23	37	29.5	1.5
		22	22	17	25	27	24	24.5	39.5	32	1.5
	10	28	28	23	31	33	30	27.5	42.5	35	1.5
		35	35	29	40	42	37.7	30.5	49.5	39	1.9
		42	42	36	47	49	44.7	30.5	50	39	1.9
S	63	6	6	2.5	9	12	7.8	19	32	25	1.1
		8	8	4	11	14	9.8	19	32	25	1.1
		10	10	5	14	16	12	20	33.5	26	1.1
		12	12	6	16	18	14	20	33.5	26	1.1
		(14)	14	7	18	20	16	22	35.5	28	1.1
	40	16	16	10	20	22	18	26	40.5	32	1.5
		20	20	12	24	27	22.6	28.5	47	36.5	1.8
		25	25	16	29	33	27.6	33.5	53.5	41.5	1.8
	25	30	30	22	35	39	32.7	35.5	57.5	44	1.8
		38	38	28	43	49	40.7	39.5	64.5	48.5	1.8

注：尽可能不采用括号内的规格。

[a] A 型焊接接管允许的最大内径。当内径大于 $d_{11}+0.5$ mm 时，推荐使用 B 型焊接接管。

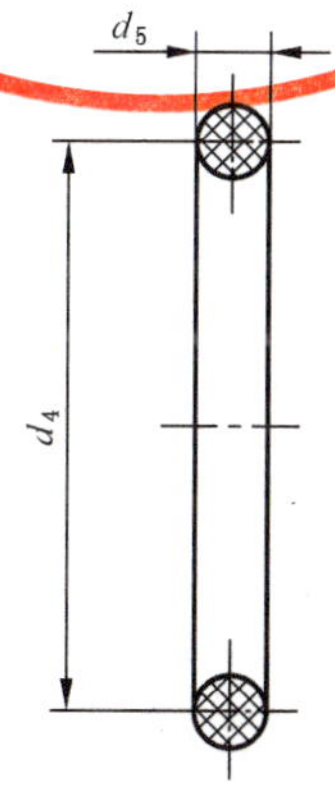

图 2　卡套式管接头用锥密封焊接接管用 O 形圈

表 2　O 形圈尺寸

单位为毫米

系列	管子外径 D_0	d_4		d_5	
		公称	公差	公称	公差
L	6	4	±0.14	1.5	±0.08
	8	6	±0.14	1.5	±0.08
	10	7.5	±0.16	1.5	±0.08
	12	9	±0.16	1.5	±0.08
	(14)	11	±0.18	1.5	±0.08
	15	12	±0.18	2	±0.09
	(16)	12	±0.18	2	±0.09
	18	15	±0.18	2	±0.09
	22	20	±0.22	2	±0.09
	28	26	±0.22	2	±0.09
	35	32	±0.31	2.5	±0.09
	42	38	±0.31	2.5	±0.09
S	6	4	±0.14	1.5	±0.08
	8	6	±0.14	1.5	±0.08
	10	7.5	±0.16	1.5	±0.08
	12	9	±0.16	1.5	±0.08
	(14)	11	±0.16	1.5	±0.08
	16	12	±0.18	2	±0.09
	20	16.3	±0.18	2.4	±0.09
	25	20.3	±0.22	2.4	±0.09
	30	25.3	±0.22	2.4	±0.09
	38	33.3	±0.31	2.4	±0.09

注 1：优先选用本标准规定 O 形圈尺寸，以保证满足本标准的性能要求。在满足保证密封性能要求情况下，也可使用其他尺寸规格的 O 形圈。

注 2：尽可能不采用括号内的规格。

ICS 21.060.60
J 15

中华人民共和国国家标准

GB/T 3759—2008
代替 GB/T 3759—1983

卡套式管接头用连接螺母

24° cone connectors—Nut

2008-05-07 发布 2008-11-01 实施

中华人民共和国国家质量监督检验检疫总局
中国国家标准化管理委员会 发布

前　言

本标准是卡套式管接头系列标准之一。

本标准中管接头结构型式和尺寸与ISO 8434-1:2007《用于流体传动和一般用途的金属管接头　第1部分:24°压缩式管接头》(英文版)的相关部分基本一致。

本标准是对GB/T 3759—1983《卡套式管接头用螺母》的修订。主要修订内容如下:

——修改了中文和英文名称;

——将公称压力G(250)和J(400)修改为最大工作压力10 MPa～63 MPa,并分为LL、L和S三个系列,系列的产品尺寸范围作了调整;

——调整了管子外径尺寸系列,修改了与管子配套使用的连接螺母尺寸;

——增加了可选机加工圆柱肩高;

——减少了部分应由制造商控制的参数;

——取消了重量数据;

——取消了表面粗糙度标注,表面粗糙度要求在GB/T 3765《卡套式管接头技术条件》中给出。

本标准自实施之日起代替GB/T 3759—1983。

本标准由中国机械工业联合会提出。

本标准由全国管路附件标准化技术委员会归口。

本标准负责起草单位:中机生产力促进中心。

本标准参加起草单位:海盐管件制造有限公司、伊顿(宁波)流体连接件有限公司、嘉兴迈思特管件制造有限公司、建湖县特佳液压管件有限公司、海盐高博管件有限公司、海盐县海管管件制造有限公司、浙江华夏阀门有限公司、焦作市路通液压附件有限公司。

本标准主要起草人:李维荣、李俊英、耿志学、周舜华、陶忠明、左学俊、阮浩丰、徐长祥、周剑飞、王利民、冯峰。

本标准所代替标准的历次版本发布情况为:

——GB/T 3759—1983。

卡套式管接头用连接螺母

1 范围

本标准规定了卡套式管接头用连接螺母的尺寸、标记及技术要求。

本标准适用于管子外径为 4 mm～42 mm，最大工作压力 10 MPa～63 MPa 的液压流体传动和一般用途的管路系统。

2 规范性引用文件

下列文件中的条款通过本标准的引用而成为本标准的条款。凡是注日期的引用文件，其随后所有的修改单(不包括勘误的内容)或修订版均不适用于本标准，然而，鼓励根据本标准达成协议的各方研究是否可使用这些文件的最新版本。凡是不注日期的引用文件，其最新版本适用于本标准。

GB/T 3765—2008 卡套式管接头技术条件

3 尺寸

卡套式管接头用连接螺母的尺寸应符合图 1 和表 1 的规定。

4 标记

4.1 标记方法

卡套式管接头用连接螺母的标记方法应符合 GB/T 3765 的规定。

4.2 标记示例

连接螺母系列为 L，与外径为 10 mm 的管子配套使用，表面镀锌处理的钢制卡套式管接头用连接螺母标记为：

螺母 GB/T 3759 L10

5 技术要求

技术要求按 GB/T 3765 的规定。

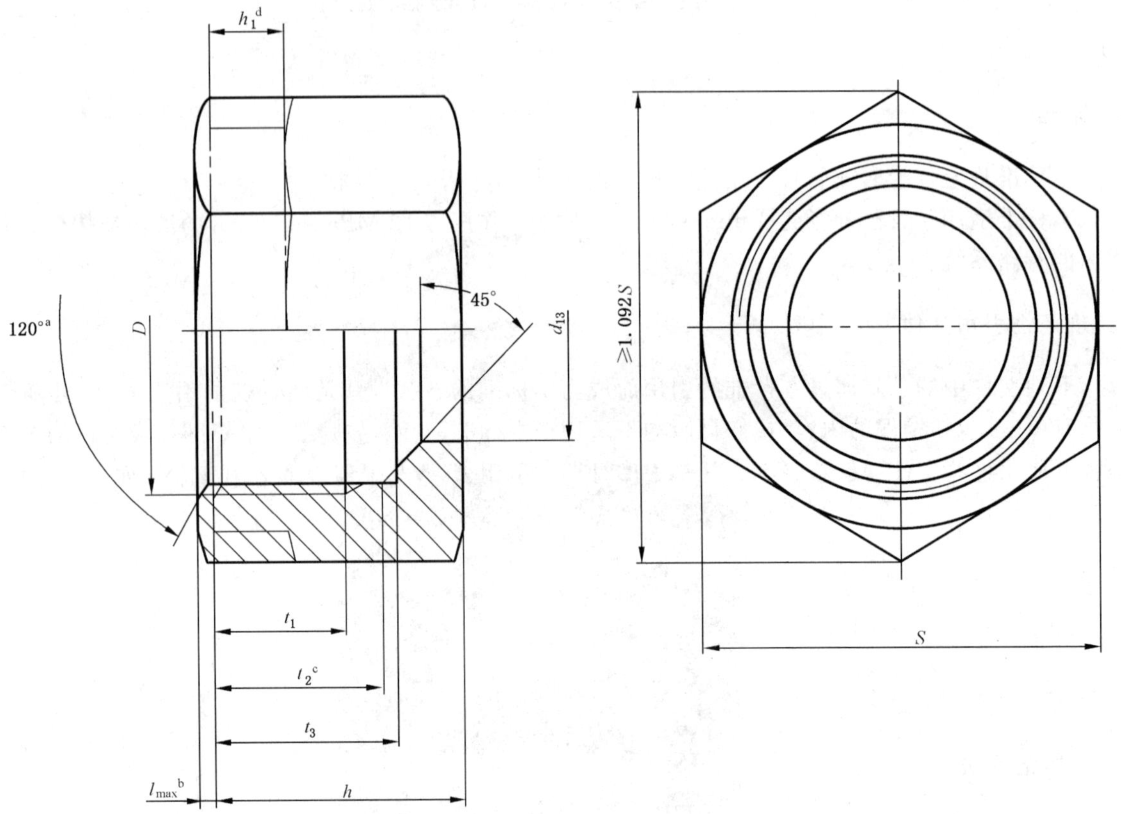

a 螺口倒角。

b 冷成型时许用加高。

c 全锥面时尺寸。

d 可选机加工圆柱肩高。

图 1　卡套式管接头用连接螺母

表 1　卡套式管接头用连接螺母的尺寸

单位为毫米

系列	最大工作压力/MPa	管子外径 D_0	D	d_{13}		t_1	h	h_1[a]	S	t_2	t_3
				公称尺寸	极限偏差	min	+0.5 −0.2			+0.2 0	+0.2 0
LL	10	4	M8×1	4	+0.215 +0.140	5	11	3.5	10	7.5	8
		5	M10×1	5		5.5	11.5	3.5	12	7.8	8.5
		6	M10×1	6		5.5	11.5	3.5	12	8.2	8.5
		8	M12×1	8	+0.240 +0.150	6	12	3.5	14	8.7	9

表 1（续）

单位为毫米

系列	最大工作压力/MPa	管子外径 D_0	D	d_{13} 公称尺寸	d_{13} 极限偏差	t_1 min	h $^{+0.5}_{-0.2}$	h_1[a]	S	t_2 $^{+0.2}_{0}$	t_3 $^{+0.2}_{0}$
L	25	6	M12×1.5	6	+0.215 +0.140	7	14.5	4	14	10	10.5
		8	M14×1.5	8	+0.240 +0.150	7	14.5	4	17	10	10.5
		10	M16×1.5	10		8	15.5	4	19	11	11.5
		12	M18×1.5	12	+0.260 +0.150	8	15.5	5	22	11	11.5
		(14)	M20×1.5	14		8	15.5	5	24	11	11.5
		15	M22×1.5	15		8.5	17	5	27	11.5	12.5
		(16)	M24×1.5	16		8.5	17.5	5	30	11.5	13
	16	18	M26×1.5	18		8.5	18	5	32	11.5	13
		22	M30×2	22	+0.290 +0.160	9.5	20	7	36	13.5	14.5
	10	28	M36×2	28		10	21	7	41	14	15
		35	M45×2	35.3	+0.100 0	12	24	8	50	16	17
		42	M52×2	42.3		12	24	8	60	16	17
S	63	6	M14×1.5	6	+0.215 +0.140	8.5	16.5	5	17	11	12.5
		8	M16×1.5	8	+0.240 +0.150	8.5	16.5	5	19	11	12.5
		10	M18×1.5	10		8.5	17.5	5	22	11	12.5
		12	M20×1.5	12	+0.260 +0.150	8.5	17.5	5	24	11	12.5
		(14)	M22×1.5	14		10	19	6	27	12	13.5
	40	16	M24×1.5	16		10.5	20.5	6	30	13	14.5
		20	M30×2	20	+0.290 +0.160	12	24	8	36	15.5	17
		25	M36×2	25		14	27	9	46	17	19
	25	30	M42×2	30		15	29	10	50	18	20
		38	M52×2	38.3	+0.100 0	17	32.5	10	60	19.5	22.5

注：尽可能不采用括号内的规格。

[a] 尺寸 h_1 为可选机加工圆柱肩高。

ICS 21.060.60
J 15

中华人民共和国国家标准

GB/T 3760—2008
代替 GB/T 3760—1983

卡套式管接头用锥密封堵头

24° cone connectors—Plug with O-ring

2008-05-07 发布　　　　2008-11-01 实施

中华人民共和国国家质量监督检验检疫总局
中国国家标准化管理委员会　发布

前　言

本标准是卡套式管接头系列标准之一。

本标准中管接头结构型式和尺寸与 ISO 8434-1:2007《用于流体传动和一般用途的金属管接头　第1部分:24°压缩式管接头》(英文版)的相关部分基本一致。

本标准是对 GB/T 3760—1983《卡套式管接头用对接螺母》的修订。主要修订内容如下:

——取消了原标准中规定的型式与尺寸,规定了卡套式管接头用锥密封堵头的型式与尺寸;

——修改了中文和英文名称。

本标准使用 GB/T 3760—2008 的标准编号,意在体现卡套式管接头标准的系列性,但本标准的堵头型式与原标准的螺母型式并不互换。

本标准自实施之日起代替 GB/T 3760—1983。

本标准由中国机械工业联合会提出。

本标准由全国管路附件标准化技术委员会归口。

本标准负责起草单位:中机生产力促进中心。

本标准参加起草单位:海盐管件制造有限公司、伊顿(宁波)流体连接件有限公司、嘉兴迈思特管件制造有限公司、建湖县特佳液压管件有限公司、海盐高博管件有限公司、海盐县海管管件制造有限公司、浙江华夏阀门有限公司、焦作市路通液压附件有限公司。

本标准主要起草人:李维荣、李俊英、耿志学、周舜华、徐长祥、陶忠明、左学俊、阮浩丰、周剑飞、王利民、冯峰。

本标准所代替标准的历次版本发布情况为:

——GB/T 3760—1983。

卡套式管接头用锥密封堵头

1 范围

本标准规定了卡套式管接头用锥密封堵头的尺寸及技术要求。

本标准适用于管子外径为 6 mm～42 mm，最大工作压力 10 MPa～63 MPa 的液压流体传动和一般用途的管路系统。

2 规范性引用文件

下列文件中的条款通过本标准的引用而成为本标准的条款。凡是注日期的引用文件，其随后所有的修改单(不包括勘误的内容)或修订版均不适用于本标准，然而，鼓励根据本标准达成协议的各方研究是否可使用这些文件的最新版本。凡是不注日期的引用文件，其最新版本适用于本标准。

GB/T 3758—2008　卡套式管接头用锥密封焊接接管

GB/T 3765—2008　卡套式管接头技术条件

3 尺寸

卡套式管接头用锥密封堵头的尺寸应符合图 1 和表 1 的规定。

4 标记

4.1 标记方法

卡套式管接头用锥密封堵头的标记方法应符合 GB/T 3765 的规定。

4.2 标记示例

堵头系列为 L，管子外径为 10 mm，表面镀锌处理的钢制卡套式管接头用锥密封堵头标记为：

堵头　GB/T 3760　L10

5 技术要求

技术要求按 GB/T 3765 的规定。

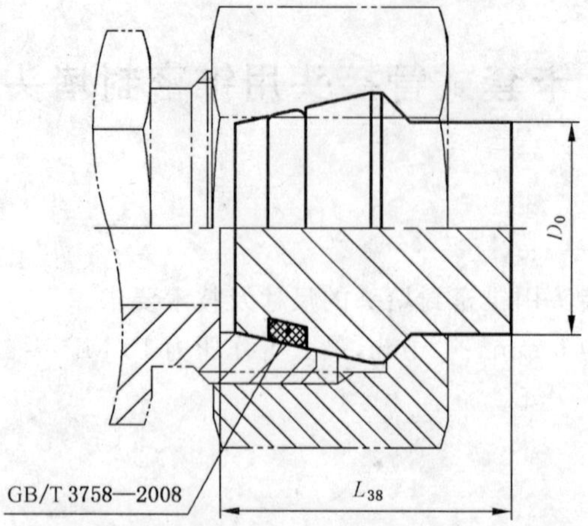

图 1　卡套式管接头用锥密封堵头

表 1　卡套式管接头用锥密封堵头的尺寸

单位为毫米

系　列	最大工作压力/MPa	管子外径 D_0	$L_{38}\pm0.5$
L	25	6	19.0
		8	19.0
		10	20.5
		12	21.0
		(14)	21.0
		15	21.0
		(16)	22.0
	16	18	23.5
		22	26.0
	10	28	26.5
		35	32.0
		42	32.5
S	63	6	19.0
		8	19.0
		10	21.0
		12	21.5
		(14)	23.0
	40	16	25.0
		20	30.5
		25	32.5
	25	30	35.5
		38	40.5
注：尽可能不采用括号内的规格。			

ICS 21.060.60
J 15

GB

中华人民共和国国家标准

GB/T 3763—2008
代替 GB/T 3763—1983

管接头用六角薄螺母

24° cone connectors and flared couplings—Hexagon thin nut

2008-05-07 发布 2008-11-01 实施

中华人民共和国国家质量监督检验检疫总局
中国国家标准化管理委员会 发布

前　言

本标准中管接头结构型式和尺寸与 ISO 8434-1:2007《用于流体传动和一般用途的金属管接头　第 1 部分:24°压缩式管接头》(英文版)的相关部分基本一致。

本标准是对 GB/T 3763—1983《卡套式管接头用六角薄螺母》的修订。主要修订内容为:

——修改了中文和英文名称;

——修改了管接头用六角薄螺母的尺寸;

——减少了部分应由制造厂控制的参数;

——取消了重量数据;

——取消了表面粗糙度标注,表面粗糙度要求在 GB/T 3765《卡套式管接头技术条件》中给出。

本标准自实施之日起代替 GB/T 3763—1983。

本标准由中国机械工业联合会提出。

本标准由全国管路附件标准化技术委员会归口。

本标准负责起草单位:中机生产力促进中心。

本标准参加起草单位:海盐管件制造有限公司、伊顿(宁波)流体连接件有限公司、嘉兴迈思特管件制造有限公司、建湖县特佳液压管件有限公司、海盐高博管件有限公司、海盐县海管管件制造有限公司、浙江华夏阀门有限公司、焦作市路通液压附件有限公司。

本标准主要起草人:李维荣、李俊英、耿志学、周舜华、陶忠明、左学俊、徐长祥、阮浩丰、周剑飞、王利民。

本标准所代替标准的历次版本发布情况为:

——GB/T 3763—1983。

管接头用六角薄螺母

1 范围

本标准规定了管接头用六角薄螺母的尺寸、标记及技术要求。

本标准适用于过板管接头的连接。

2 规范性引用文件

下列文件中的条款通过本标准的引用而成为本标准的条款。凡是注日期的引用文件，其随后所有的修改单(不包括勘误的内容)或修订版均不适用于本标准，然而，鼓励根据本标准达成协议的各方研究是否可使用这些文件的最新版本。凡是不注日期的引用文件，其最新版本适用于本标准。

GB/T 3765—2008　卡套式管接头技术条件

3 尺寸

管接头用六角薄螺母的尺寸应符合图1和表1的规定。

4 标记

4.1 标记方法

管接头用六角薄螺母的标记方法应符合GB/T 3765的规定。

4.2 标记示例

螺纹规格为M20×1.5，表面镀锌处理的钢制管接头用六角薄螺母标记为：

螺母　GB/T 3763　M20×1.5

5 技术要求

技术要求按GB/T 3765的规定。

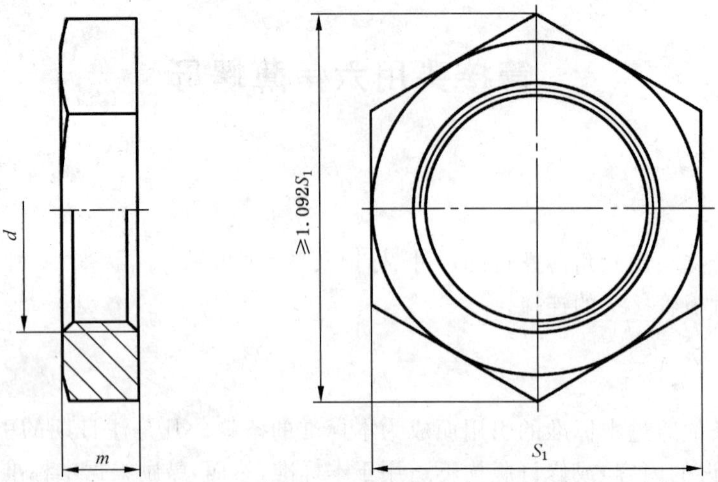

图 1　管接头用六角薄螺母

表 1　管接头用六角薄螺母的尺寸

单位为毫米

d	S_1	m ±0.2
M10×1	14	6
M12×1.5	17	6
M14×1.5	19	6
M16×1.5	22	6
M18×1.5	24	6
M20×1.5	27	6
M22×1.5	30	7
M24×1.5	32	7
M26×1.5	36	8
M27×1.5	36	8
M30×2	41	8
M33×2	46	8
M36×2	46	9
M39×2	50	9
M42×2	50	9
M45×2	55	9
M52×2	65	10

ICS 21.060.60
J 15

GB

中华人民共和国国家标准

GB/T 3764—2008
代替 GB/T 3764—1983

卡套

24° cone connectors—Ferrule

2008-05-07 发布 2008-11-01 实施

中华人民共和国国家质量监督检验检疫总局
中国国家标准化管理委员会 发布

前　言

本标准是卡套式管接头系列标准之一。

本标准中管接头结构型式和尺寸与 ISO 8434-1:2007《用于流体传动和一般用途的金属管接头　第1部分:24°压缩式管接头》(英文版)的相关部分基本一致。

本标准是对 GB/T 3764—1983《卡套》的修订。主要修订内容为:

——修改了英文名称;

——增加了卡套端尺寸和装配尺寸;

——将公称压力 G(250)和 J(400)修改为最大工作压力 10 MPa～63 MPa,并分为 LL、L 和 S 三个系列,系列的产品尺寸范围作了调整;

——减少了部分应由制造商控制的参数;

——取消了重量数据;

——取消了表面粗糙度标注,表面粗糙度要求在 GB/T 3765《卡套式管接头技术条件》中给出。

本标准自实施之日起代替 GB/T 3764—1983。

本标准由中国机械工业联合会提出。

本标准由全国管路附件标准化技术委员会归口。

本标准负责起草单位:中机生产力促进中心、海盐管件制造有限公司、海盐高博管件有限公司。

本标准参加起草单位:伊顿(宁波)流体连接件有限公司、浙江华夏阀门有限公司、嘉兴迈思特管件制造有限公司、建湖县特佳液压管件有限公司、海盐县海管管件制造有限公司、焦作市路通液压附件有限公司。

本标准主要起草人:耿志学、阮浩丰、徐长祥、李维荣、李俊英、周舜华、陶忠明、左学俊、周剑飞、王利民、冯峰。

本标准所代替标准的历次版本发布情况为:

——GB/T 3764—1983。

卡　　套

1　范围

本标准规定了卡套的尺寸、标记及技术要求。

本标准适用于管子外径为 4 mm～42 mm，最大工作压力 10 MPa～63 MPa 的液压流体传动和一般用途的管路系统。

2　规范性引用文件

下列文件中的条款通过本标准的引用而成为本标准的条款。凡是注日期的引用文件，其随后所有的修改单(不包括勘误的内容)或修订版均不适用于本标准，然而，鼓励根据本标准达成协议的各方研究是否可使用这些文件的最新版本。凡是不注日期的引用文件，其最新版本适用于本标准。

GB/T 3765—2008　卡套式管接头技术条件

3　尺寸

卡套和卡套端的尺寸应符合图 1 和表 1 的规定。

4　标记

4.1　标记方法

卡套的标记方法应符合 GB/T 3765 的规定。

4.2　标记示例

卡套系列为 L，与外径为 10 mm 配套使用的卡套标记为：

卡套　GB/T 3764　L10

5　技术要求

技术要求按 GB/T 3765 的规定。

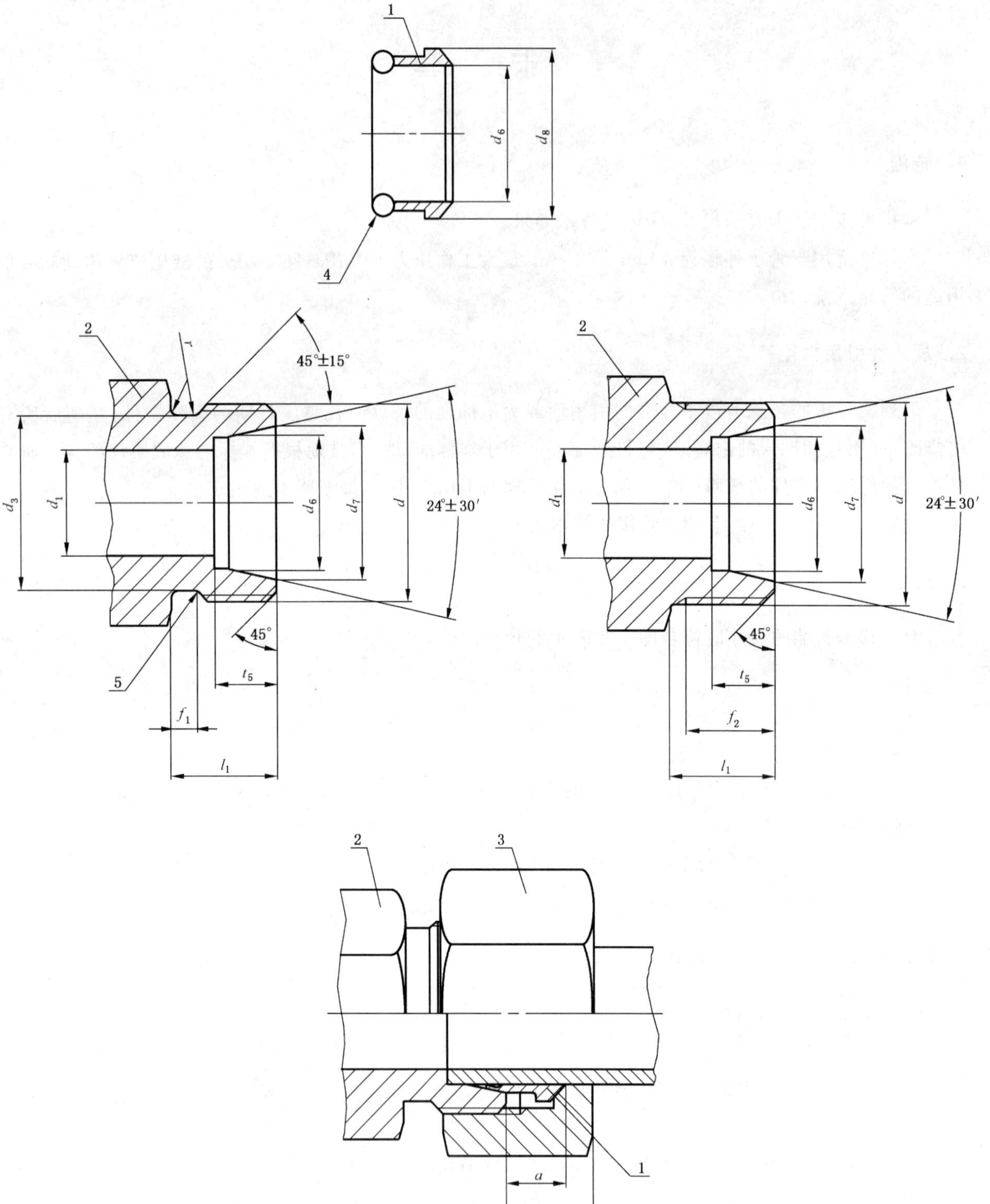

1——卡套,与接头体和螺母一起使用,未注尺寸由制造商决定,保证安装尺寸 c;

2——接头体;

3——螺母;

4——卡套端结构,由制造商决定;

5——可选螺纹退刀槽结构。

图 1 卡套

表 1　卡套和卡套端尺寸

单位为毫米

系列	最大工作压力/MPa	管子外径 D_0	d	d_1		d_6		d_7	d_8	a[a]		d_3	f_1	f_2	r	l_1	t_5	c[a]
				公称尺寸	极限偏差	公称尺寸	极限偏差	+0.1 0	max	公称尺寸	极限偏差	0 −0.2	+0.3 0	min	0 −0.2	±0.2	+0.3 0	≈
LL	10	4	M8×1	3	±0.1	4	+0.215 +0.140	5	6.5	3.5	+1 0	6.4	2	6	0.8	8	4	6
		5	M10×1	3.5		5		6.5	8.5	4		8.4	2	6	0.8	8	5.5	6
		6	M10×1	4.5		6		7.5	8.5	4		8.4	2	6	0.8	8	5.5	6
		8	M12×1	6		8	+0.240 +0.150	9.5	10.5	4		10.4	2	8	0.8	9	5.5	6
L	25	6	M12×1.5	4		6	+0.215 +0.140	8.1	10	5	+1 0	9.7	3	7.5	1	10	7	8
		8	M14×1.5	6		8	+0.240 +0.150	10.1	12	5		11.7	3	7.5	1	10	7	8
		10	M16×1.5	8	±0.2	10		12.3	14	5	+1.5 0	13.7	3	8.5	1	11	7	8
		12	M18×1.5	10		12	+0.260 +0.150	14.3	16	5		15.7	3	8.5	1	11	7	8
		(14)	M20×1.5	11		14		16.3	18.5	5		17.7	3	8.5	1	11	7	8
		15	M22×1.5	12		15		17.3	20	5		19.7	3	9.5	1	12	7	8
		(16)	M24×1.5	14		16		18.3	21.5	5		21.7	3	9.5	1	12	7.5	9
	16	18	M26×1.5	15		18		20.3	24	5.5		23.7	3	9.5	1	12	7.5	9
		22	M30×2	19		22	+0.290 +0.160	24.3	27	6	+2 0	27	4	10.5	1.2	14	7.5	9
	10	28	M36×2	24		28		30.3	33	6		33	4	10.5	1.2	14	7.5	9
		35	M45×2	30	±0.3	35.3	±0.1	38	42	7		42	4	12.5	1.2	16	10.5	11
		42	M52×2	36		42.3		45	49	7		49	4	12.5	1.2	16	11	12
S	63	6	M14×1.5	4	±0.1	6	+0.215 +0.140	8.1	12	5	+1.5 0	11.7	3	9.5	1	12	7	8
		8	M16×1.5	5	±0.2	8	+0.240 +0.150	10.1	14	5		13.7	3	9.5	1	12	7	8
		10	M18×1.5	7		10		12.3	16	5		15.7	3	9.5	1	12	7.5	9
		12	M20×1.5	8		12	+0.260 +0.150	14.3	18	5		17.7	3	9.5	1	12	7.5	9
		(14)	M22×1.5	9		14		16.3	20	5		19.7	3	10.5	1	13	7.5	9
	40	16	M24×1.5	12		16		18.3	22	5		21.7	3	11.5	1	14	8.5	10
		20	M30×2	16		20	+0.290 +0.160	22.9	27	6.5	+2 0	27	4	12.5	1.2	16	10.5	11
		25	M36×2	20		25		27.9	33	6.5		33	4	14.5	1.2	18	12	12
	25	30	M42×2	25		30		33	39	7		39	4	16.5	1.2	20	13.5	13
		38	M52×2	32	±0.3	38.3	±0.1	41	49	7.5		49	4	18.5	1.2	22	16	15

注：尽可能不采用括号内的规格。

[a] 尺寸 a 和尺寸 c 为充分拧紧时的尺寸。

ICS 21.060.60
J 15

中华人民共和国国家标准

GB/T 3765—2008
代替 GB/T 3765—1983

卡套式管接头技术条件

24° cone connectors—Specification

2008-05-07 发布　　2008-11-01 实施

中华人民共和国国家质量监督检验检疫总局
中国国家标准化管理委员会　发布

前　言

本标准是卡套式管接头系列标准之一。

本标准是对GB/T 3765—1983《卡套式管接头技术条件》的修订。主要修订内容如下：

——修改了英文名称；

——增加了术语和定义；

——修改了零件的材料要求，并取消了零件的硬度要求；

——增加了压力-温度要求；

——接头系列由E、G和J修改为LL、L和S三个系列，调整了管子外径尺寸系列，并修改了相关尺寸；

——增加了F型、E型和B型螺纹柱端；柱端螺纹增加了55°非密封管螺纹(G)、55°密封管螺纹(R)和60°密封管螺纹(NPT)，取消了原标准中的米制锥螺纹(ZM)；

——增加了标记方法、被连管要求；

——修改了扳拧尺寸与公差、结构和制造的相关内容，增加了外型结构、制造质量等要求；

——取消了检验规则，增加了管接头的性能要求和试验方法；

——取消了"包装与标记"的相关内容，增加了安装说明、采购信息和标志的相关要求；

——将原标准的附录A"卡套式管接头装配及使用说明"修改为本标准附录A"F型螺纹油口和柱端尺寸"，增加附录B"试验方法"和附录C"试验记录表"。

本标准的附录A、附录B和附录C都是规范性附录。

本标准自实施之日起代替GB/T 3765—1983。

本标准由中国机械工业联合会提出。

本标准由全国管路附件标准化技术委员会归口。

本标准起草单位：中机生产力促进中心、海盐管件制造有限公司、伊顿(宁波)流体连接件有限公司、嘉兴迈思特管件制造有限公司、建湖县特佳液压管件有限公司、海盐高博管件有限公司、海盐县海管管件制造有限公司、浙江华夏阀门有限公司、焦作市路通液压附件有限公司。

本标准主要起草人：李维荣、耿志学、周舜华、李俊英、徐长祥、刘向东、陶忠明、左学俊、阮浩丰、周剑飞、王利民、冯峰。

本标准所代替标准的历次版本发布情况为：

——GB/T 3765—1983。

卡套式管接头技术条件

1 范围

本标准规定了卡套式管接头的材料、压力-温度要求、标记方法、被连接管要求、扳拧尺寸与公差、结构与制造、性能和试验要求、安装说明、采购信息、标志等技术要求。

本标准适用于管子外径为 4 mm～42 mm、最大工作压力为 10 MPa～63 MPa 的液压流体传动和一般用途的管路系统。

注 1：在新设计的液压流体动力系统中，应采用 F 型螺纹柱端。

2 规范性引用文件

下列文件中的条款通过本标准的引用而成为本标准的条款。凡是注日期的引用文件，其随后所有的修改单(不包括勘误的内容)或修订版均不适用于本标准，然而，鼓励根据本标准达成协议的各方研究是否可使用这些文件的最新版本。凡是不注日期的引用文件，其最新版本适用于本标准。

GB/T 3 普通螺纹收尾、肩距、退刀槽和倒角(GB/T 3—1997，eqv ISO 4755：1983；eqv ISO 3508：1976)

GB/T 193 普通螺纹 直径与螺距系列(GB/T 193—2003，ISO 261：1998，ISO general purpose metric screw threads—General plan，MOD)

GB/T 197 普通螺纹 公差(GB/T 197—2003，ISO 965-1：1998，ISO general purpose metric screw threads—Tolerances—Part 1：Principles and basic data，MOD)

GB/T 230.1 金属洛氏硬度试验 第 1 部分：试验方法(A、B、C、D、E、F、G、H、K、N、T 标尺)(GB/T 230.1—2004，ISO 6508-1：1999，MOD)

GB/T 3103.1 紧固件公差 螺栓、螺钉和螺母(GB/T 3103.1—2002，idt ISO 4759-1：2000)

GB/T 3141 工业液体润滑剂 ISO 粘度分类(GB/T 3141—1994，eqv ISO 3448：1992)

GB/T 3452.2 液压气动用 O 形橡胶密封圈 第 2 部分：外观质量检验规范(GB/T 3452.2—2007，ISO 3601-3：2005，IDT)

GB/T 3639 冷拔或冷轧精密无缝钢管(neq DIN 2391/1-1994、DIN 2391/2-1994)

GB/T 5649 管接头用锁紧螺母和垫圈

GB/T 6031 硫化橡胶或热塑性橡胶硬度的测定(10～100IRHD)(GB/T 6031—1998，idt ISO 48：1994)

GB/T 7306.1 55°密封管螺纹 第 1 部分：圆柱内螺纹与圆锥外螺纹(GB/T 7306.1—2000，eqv ISO 7-1：1994)

GB/T 7306.2 55°密封管螺纹 第 2 部分：圆锥内螺纹与圆锥外螺纹(GB/T 7306.2—2000，eqv ISO 7-1：1994)

GB/T 7307 55°非密封管螺纹(GB/T 7307—2001，eqv ISO 228-1：1994)

GB/T 7631.2 润滑剂、工业用油和相关产品(L 类)的分类 第 2 部分：H 组(液压系统)(GB/T 7631.2—2003，ISO 6743-4：1999，IDT)

GB/T 12716 60°密封管螺纹(GB/T 12716—2002，ASME B1.20.1：1992，MOD)

GB/T 17446 流体传动系统及元件 术语(GB/T 17446—1998，idt ISO 5598：1985)

GB/T 19674.2 液压管接头用螺纹油口和柱端 填料密封柱端(A 型和 E 型)

GB/T 19674.3 液压管接头用螺纹油口和柱端 金属对金属密封柱端(B 型)(GB/T 19674.3—

2005,ISO 9974-3:1996,IDT)

ISO 1127　不锈钢管尺寸、公差和单位长度的公称质量

3　术语和定义

GB/T 17446 确立的以及下列术语和定义适用于本标准。

3.1

管接头　connector;fitting

管和管及管和其他设备间的密封连接组件。

3.2

接头体　connection body

通过连接螺母和卡套或锥密封体连接管道及设备的零件。

3.3

柱端螺纹　stud end thread

与螺纹油口连接的外螺纹。

3.4

最大工作压力　maximum working pressure

系统或系统零件稳定运行的最高压力。

4　材料

4.1　接头体

接头体材料应与传输介质相容,并保证有效连接。

用碳钢制造的接头体,应满足第 5 章规定的压力-温度要求;用不锈钢或铜合金等其他材料制造的接头体,其压力-温度值由制造商规定。

4.2　连接螺母

除非供需双方另有协议,与碳钢接头体配合使用的连接螺母应由碳钢制造,与不锈钢接头体配合使用的连接螺母应由不锈钢制造,与铜合金接头体配合使用的连接螺母应由铜合金制造。

4.3　卡套

卡套材料应与传输介质相容,并保证有效连接。

碳钢卡套与碳钢接头体和碳钢钢管配合使用,不锈钢卡套与不锈钢接头体和不锈钢管配合使用,铜卡套与铜接头体和铜管配合使用。不同类型材料的配合使用,应由供需双方协商确定。

4.4　O 形圈

如果没有其他规定,用于石油基液压油并符合第 5 章和表 1 压力-温度要求的 O 形圈应由丁腈橡胶(NBR)制造,其硬度应为(90±5)IRHD,按 GB/T 6031 测定,其外观质量不低于 GB/T 3452.2 的 N 级要求。对在第 5 章规定的压力-温度范围外或在非石油基液压油系统中使用的 O 形圈,可以选用其他硬度或其他材料,但应当咨询接头制造商。

5　压力-温度要求

5.1　符合卡套式管接头标准的碳钢管接头,在介质温度为－40℃～＋120℃范围使用时,应能承受表 1 和表 2 规定的工作压力,不同工作压力下 24°锥密封焊接接管的壁厚应符合表 3 的规定。

5.2　除非另有规定,对于带弹性密封件的管接头,用于石油基液压油系统时应给与特别的工作温度范围,其工作温度范围可能缩小,也可能完全不适用于其他流体。制造商可提供适用于不同介质能满足温度范围要求的弹性密封件。

5.3　根据不同的压力等级和使用条件,将卡套式管接头分为以下三个系列:

——LL:超轻载系列;

——L:轻载系列;

——S:重载系列。

表1 用于液压流体动力与一般用途卡套式管接头的工作压力

系列	管子外径/mm	卡套连接与锥体连接		F型螺纹柱端	
		普通螺纹	最大工作压力[a]/MPa[b]	普通螺纹	最大工作压力[a]/MPa[b]
LL	4	M8×1	10	—	—
	5	M10×1	10	—	—
	6	M10×1	10	—	—
	8	M12×1	10	—	—
L	6	M12×1.5	25	M10×1	25
	8	M14×1.5	25	M12×1.5	25
	10	M16×1.5	25	M14×1.5	25
	12	M18×1.5	25	M16×1.5	25
	(14)	M20×1.5	25	M18×1.5	25
	15	M22×1.5	25	M18×1.5	25
	(16)	M24×1.5	25	M20×1.5	25
	18	M26×1.5	16	M22×1.5	16
	22	M30×2	16	M27×2	16
	28	M36×2	10	M33×2	10
	35	M45×2	10	M42×2	10
	42	M52×2	10	M48×2	10
S	6	M14×1.5	63	M12×1.5	63
	8	M16×1.5	63	M14×1.5	63
	10	M18×1.5	63	M16×1.5	63
	12	M20×1.5	63	M18×1.5	63
	(14)	M22×1.5	63	M20×1.5	63
	16	M24×1.5	40	M22×1.5	40
	20	M30×2	40	M27×2	40
	25	M36×2	40	M33×2	40
	30	M42×2	25	M42×2	25
	38	M52×2	25	M48×2	25

注1:F型螺纹柱端按附录A。

注2:对于更高压力和动态应用,应咨询制造商。

注3:尽可能不采用括号内的规格。

a 设计系数:4∶1。

b 1 MPa=10 bar=10^6 N/m^2= 10^6 Pa。

表 2 用于一般用途卡套式管接头的工作压力

系列	管子外径/mm	卡套连接与锥体连接		E型螺纹柱端		B型螺纹柱端		A型螺纹柱端			锥螺纹柱端		
		普通螺纹	最大工作压力[a]/MPa[b]	普通螺纹	最大工作压力[a]/MPa[b]	普通螺纹	最大工作压力[a]/MPa[b]	普通螺纹	55°非密封管螺纹	最大工作压力[a]/MPa[b]	55°密封管螺纹	60°密封管螺纹	最大工作压力[a]/MPa[b]
LL	4	M8×1	10	—	—	M8×1	10	M8×1	G1/8	10	R1/8	NPT1/8	10
	5	M10×1	10	—	—	M8×1	10	M8×1	G1/8	10	R1/8	NPT1/8	10
	6	M10×1	10	—	—	M10×1	10	M10×1	G1/8	10	R1/8	NPT1/8	10
	8	M12×1	10	—	—	M10×1	10	M10×1	G1/8	10	R1/8	NPT1/8	10
L	6	M12×1.5	25	M10×1	25	M10×1	25	M10×1	G1/8	25	R1/8	NPT1/8	25
	8	M14×1.5	25	M12×1.5	25	M12×1.5	25	M12×1.5	G1/4	25	R1/4	NPT1/4	25
	10	M16×1.5	25	M14×1.5	25	M14×1.5	25	M14×1.5	G1/4	25	R1/4	NPT1/4	25
	12	M18×1.5	25	M16×1.5	25	M16×1.5	25	M16×1.5	G3/8	25	R3/8	NPT3/8	25
	(14)	M20×1.5	25	M18×1.5	25	M18×1.5	25	M18×1.5	G1/2	25	R1/2	NPT1/2	25
	15	M22×1.5	25	M18×1.5	25	M18×1.5	25	M18×1.5	G1/2	25	R1/2	NPT1/2	25
	(16)	M24×1.5	25	M20×1.5	25	M20×1.5	25	M20×1.5	G1/2	25	R1/2	NPT1/2	25
	18	M26×1.5	16	M22×1.5	16	M22×1.5	16	M22×1.5	G1/2	16	R1/2	NPT1/2	16
	22	M30×2	16	M26×1.5	16	M26×1.5	16	M26×1.5	G3/4	16	R3/4	NPT3/4	16
	28	M36×2	10	M33×2	10	M33×2	10	M33×2	G1	10	R1	NPT1	10
	35	M45×2	10	M42×2	10	M42×2	10	M42×2	G1¼	10	R1¼	NPT1¼	10
	42	M52×2	10	M48×2	10	M48×2	10	M48×2	G1½	10	R1½	NPT1½	10
S	6	M14×1.5	63	M12×1.5	63	M12×1.5	40	M12×1.5	G1/4	63	R1/4	NPT1/4	40
	8	M16×1.5	63	M14×1.5	63	M14×1.5	40	M14×1.5	G1/4	63	R1/4	NPT1/4	40
	10	M18×1.5	63	M16×1.5	63	M16×1.5	40	M16×1.5	G3/8	63	R3/8	NPT3/8	40
	12	M20×1.5	63	M18×1.5	63	M18×1.5	40	M18×1.5	G1/2	63	R1/2	NPT1/2	40
	(14)	M22×1.5	63	M20×1.5	63	M20×1.5	40	M20×1.5	G1/2	63	R1/2	NPT1/2	40
	16	M24×1.5	40	M22×1.5	40	M22×1.5	40	M22×1.5	G3/4	40	R3/4	NPT3/4	40
	20	M30×2	40	M27×2	40	M27×2	40	M27×2	G3/4	40	R3/4	NPT3/4	40
	25	M36×2	40	M33×2	40	M33×2	25	M33×2	G1	40	R1	NPT1	25
	30	M42×2	25	M42×2	25	M42×2	16	M42×2	G1¼	25	R1¼	NPT1¼	16
	38	M52×2	25	M48×2	25	M48×2	16	M48×2	G1½	25	R1½	NPT1½	16

注 1：A 型和 E 型螺纹柱端应符合 GB/T 19674.2；B 型螺纹柱端应符合 GB/T 19674.3。

注 2：对于更高压力和动态应用，应咨询制造商。

注 3：尽可能不采用括号内的规格。

[a] 设计系数：4∶1。

[b] 1 MPa=10 bar=10^6 N/m^2= 10^6 Pa。

表 3　24°锥密封焊接接管的壁厚

单位为毫米

系列	管子外径/mm	最大工作压力/MPa											
		10		16		25		31.5		40		63	
		内径	壁厚	内径	壁厚	内径	壁厚	内径	壁厚	内径	壁厚	内径	壁厚
L	6	3	1.5	3	1.5	3	1.5						
	8	5	1.5	5	1.5	5	1.5						
	10	7	1.5	7	1.5	7	1.5						
	12	8	2	8	2	8	2						
	(14)	10	2	10	2	10	2						
	15	10	2.5	10	2.5	10	2.5						
	(16)	11	2.5	11	2.5	11	2.5						
	18	13	2.5	13	2.5								
	22	17	2.5	17	2.5								
	28	23	2.5										
	35	29	3										
	42	36	3										
S	6	2.5	1.75	2.5	1.75	2.5	1.75	2.5	1.75	2.5	1.75	2.5	1.75
	8	4	2	4	2	4	2	4	2	4	2	4	2
	10	6	2	6	2	6	2	6	2	6	2	5	2.5
	12	8	2	8	2	8	2	8	2	7	2.5	6	3
	(14)	9	2.5	9	2.5	9	2.5	9	2.5	8	3	7	3.5
	16	11	2.5	11	2.5	11	2.5	11	2.5	10	3		
	20	14	3	14	3	14	3	14	3	12	4		
	25	19	3	19	3	19	3	17	4	16	4.5		
	30	24	3	24	3	22	4						
	38	32	3	32	3	28	5						

注 1：对于超出本标准规定压力-温度的应用，应咨询制造商。
注 2：尽可能不采用括号内的规格。

6 标记

6.1 标记方法

卡套式管接头、接头体及其配件的标记内容如下：

产品名称　产品标准编号　接头系列　管子外径/柱端螺纹　柱端密封类型·材料·表面处理

- 表面处理——镀锌:Zn,可省略；磷化:P；氧化:O
- 材料——碳钢:Fe,可省略；不锈钢:Cr；铜:Cu
- 柱端密封类型——F 型:F,可省略；E 型:E；B 型:B；A 型:A
- 柱端螺纹——产品标准中只有唯一柱端螺纹时可省略
- 接头系列——分为 LL、L、S 系列
- 产品标准编号——年代号可简写为后两位或省略
- 产品名称——分为管接头、接头体、卡套、螺母、接管、堵头

6.2 标记示例

接头系列为 L,管子外径为 15 mm,柱端螺纹为 M18×1.5,柱端密封类型为 E 型,材料为碳钢的镀锌表面处理的卡套式端直通管接头标记为：

管接头　GB/T 3733—2008　L　15/M18×1.5　E·Fe·Zn

可简化标记为：

管接头　GB/T 3733　L15E

7 被连接管要求

被连接碳钢钢管应采用符合 GB/T 3639 规定的低碳钢正火态(NBK)无缝钢管；不锈钢管应符合 ISO 1127 规定的退火态无缝钢管。

如果使用其他材料,由供需双方确定。

8 扳拧尺寸与公差

8.1 锻制扳拧对边尺寸小于或等于 24 mm 时的极限偏差为 ${}^{0}_{-0.8}$ mm,大于 24 mm 时的极限偏差为 ${}^{0}_{-1.0}$ mm。

8.2 六方对边尺寸 S 的公差应符合 GB/T 3103.1 的 B 级产品要求。六方对角尺寸应不小于 1.092S,扳拧边长应不小于 0.43S。如果无另外规定或标注,六方应倒角 10°～30°,倒角直径应等于六方对边尺寸 S,倒角直径公差应为 ${}^{0}_{-0.4}$ mm。

9 结构与制造

9.1 外型结构

卡套式管接头型式与尺寸应符合相应标准的要求。标准中未规定的结构尺寸由制造商确定,但应尽量减少流体阻力。

9.2 尺寸

标准中规定的尺寸是指包括镀层或表面处理层厚度在内的成品尺寸,所有未注尺寸公差应为±0.4 mm,卡套端的 24°内锥座对其外螺纹中径的圆跳动公差应为 0.25 mm,柱端螺纹中径对密封端

面的垂直度公差应为 0.10 mm。

9.3 通道公差

接头体通道从两头加工时，汇合点的不重合偏差不得大于 0.4 mm，交叉通道的交汇横截面积不得低于规定的最小通道截面积。

9.4 角度公差

规格不大于 10 mm 的弯通、三通和四通的端口轴线的角度公差应为±2.5°，规格大于 10 mm 的弯通、三通和四通的端口轴线的角度公差应为±1.5°。

9.5 螺纹

9.5.1 普通螺纹应符合 GB/T 193 的规定，外螺纹公差应符合 GB/T 197 的 6 g 级规定，内螺纹公差应符合 GB/T 197 的 6H 级规定，端面应倒角。螺纹收尾、肩距、退刀槽应符合 GB/T 3 的规定。电镀后，外螺纹用 6h 级通规验收。

9.5.2 55°非密封管螺纹应符合 GB/T 7307 的规定，外螺纹公差为 A 级，端面应倒角。

9.5.3 55°密封管螺纹应符合 GB/T 7306.1 或 GB/T 7306.2 的规定，端面应倒角。

9.5.4 60°密封管螺纹应符合 GB/T 12716 的规定，端面应倒角。

9.6 制造质量

所有接头体和配件不应有裂纹、气孔、毛刺、锐边等。接头体 24°内外锥面和组合接头体、可调向接头体及锥密封体的 O 形圈沟槽表面粗糙度 $Ra \leqslant 3.2\ \mu m$。不进行机械加工的零件表面允许有不超过其尺寸公差一半的凹陷和压痕。未标注要求的所有机械加工表面的粗糙度 $Ra \leqslant 6.3\ \mu m$。所有未注棱边应倒钝角，倒角尺寸不应大于 0.15 mm。

9.7 表面处理

9.7.1 如果供需双方没有其他协议，所有碳钢零件的外表面和螺纹应镀涂适当材料，通过 72 h 中性盐雾试验。除下列区域外的任何盐雾试验红锈斑都应视为镀涂不合格。

——孔内壁表面；

——在批量生产的镀涂操作中或交付运输中有可能碰伤的六角顶、齿状结构顶、螺纹牙顶等；

——折、扩、弯或其他镀后成型操作有损伤镀涂的区域；

——试验中的悬挂或固定处(有可能有盐雾淤积)。

9.7.2 需焊接的零件应涂油膜或磷化或经其他不影响焊接的防锈处理。

10 性能和试验要求

10.1 总则

按本章要求进行试验时，接头应符合或超过表 1 规定的压力要求。

10.2 重复安装试验

接头应按附录 B 的相关章节通过重复安装试验。

10.3 泄漏(气)试验

接头应按附录 B 的相关章节通过泄漏(气)试验。

10.4 耐压试验

接头应按附录 B 的相关章节通过耐压试验。

10.5 爆破试验

接头应按附录 B 的相关章节通过爆破试验。

10.6 循环脉冲试验

接头应按附录 B 的相关章节通过循环脉冲试验。按附录 B 的振动加循环脉冲试验可替代单独的循环脉冲试验和振动试验。

10.7 振动试验

接头应按附录 B 的相关章节通过振动试验。按附录 B 的振动加循环脉冲试验可替代单独的循环脉冲试验和振动试验。

10.8 过拧紧试验

接头应按附录B的相关章节通过过拧紧试验。

11 安装说明

卡套式管接头与被连接管的连接安装应在无额外作用力下进行。

制造商应制定卡套式管接头的安装使用说明，至少提供如下信息：

a) 对被连接管材料和质量的详细要求；

b) 对被连接管的备料要求；

c) 安装指示，如安装扳拧圈数或安装力矩；

d) 推荐安装工具。

12 采购信息

采购方询价和定货时应提供如下信息：

a) 管接头或接头体及配件的名称；

b) 管接头或接头体及配件的材料；

c) 被连接管的材料和规格；

d) 传输的介质；

e) 工作压力；

f) 介质工作温度范围；

g) 环境温度范围。

13 标志

除供需双方另有协议外，接头体、卡套、锥密封焊接接管、锥密封堵头和连接螺母应有永久性的制造商名称或商标或代码等标志。卡套、锥密封焊接接管、连接螺母还应标志规格和压力系列。

标志的位置不应影响零件的性能和表面保护层，标志应清晰，标志的大小和方法由制造商确定。

附　录　A
（规范性附录）
F型螺纹油口和柱端尺寸

A.1　F型螺纹油口尺寸见图A.1和表A.1。

图A.1　F型螺纹油口

表A.1　F型螺纹油口尺寸

单位为毫米

d_1	d_2 min	d_3 参考	d_4	d_5 $^{+0.1}_{0}$	l_1 $^{+0.4}_{0}$	l_2 min	l_3 max	l_4 min	$Z°$ ±1°
M10×1	16	4.5	14.5	11.1	1.6	11.5	1	10	12
M12×1.5	19	6	17.5	13.8	2.4	14	1.5	11.5	15
M14×1.5	21	7.5	19.5	15.8	2.4	14	1.5	11.5	15
M16×1.5	24	9	22.5	17.8	2.4	15.5	1.5	13	15
M18×1.5	26	11	24.5	19.8	2.4	17	2	14.5	15
M20×1.5	29	—	27.5	21.8	2.4	—	2	14.5	15
M22×1.5	29	14	27.5	23.8	2.4	18	2	15.5	15
M27×2	34	18	32.5	29.4	3.1	22	2	19	15
M33×2	43	23	41.5	35.4	3.1	22	2.5	19	15
M42×2	52	30	50.5	44.4	3.1	22.5	2.5	19.5	15
M48×2	57	36	55.5	50.4	3.1	25	2.5	22	15

A.2 F型螺纹柱端尺寸见图 A.2、图 A.3 和表 A.2。

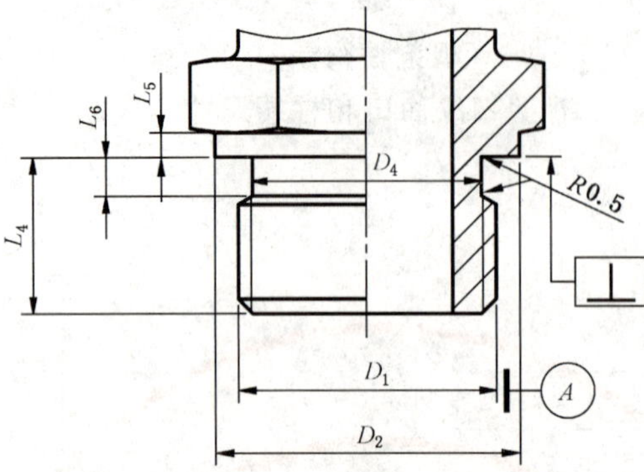

图 A.2 F型固定螺纹柱端

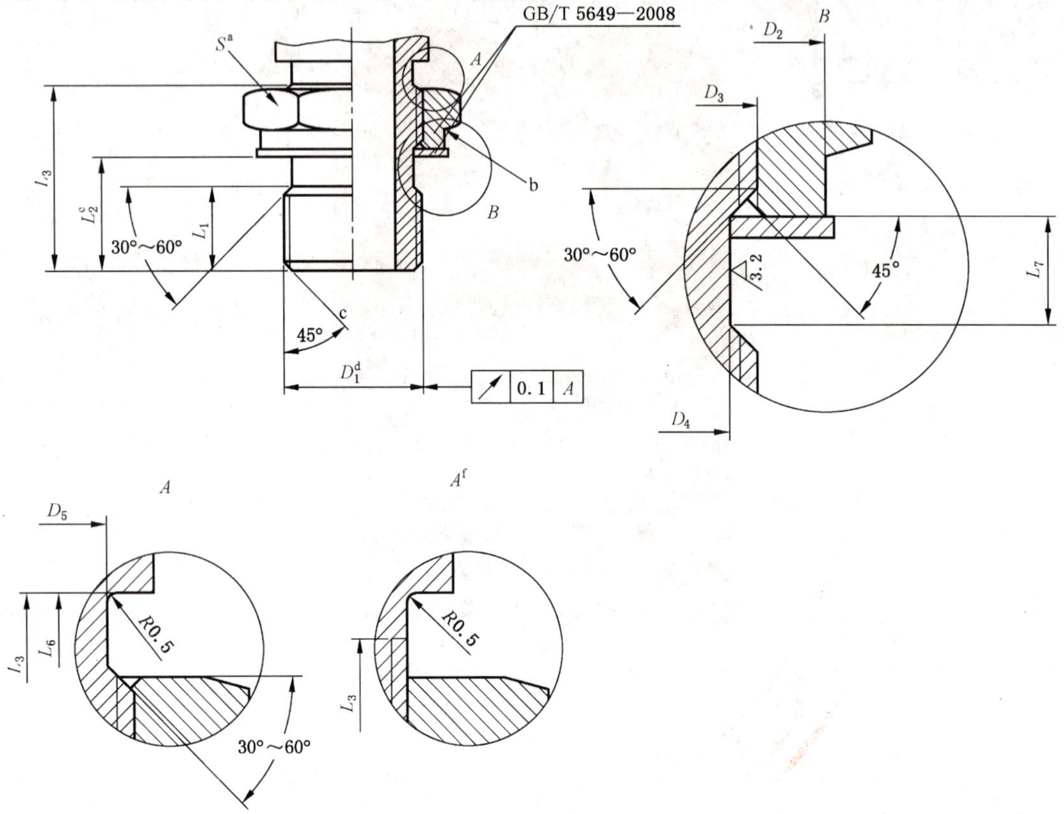

a 对边宽。

b 可选机加工圆柱角(米制螺纹柱端标志)。

c 倒角。

d 螺纹。

e 仅供参考。

f 任选结构。

图 A.3 F型可调向螺纹柱端

表 A.2 F 型螺纹柱端尺寸

单位为毫米

系列	D_1	D_2 ±0.2	D_3 +0.4 0	D_4 0 −0.1	D_5 0 −0.1	L_1 ±0.2	L_2 参考	L_3 min	L_4 ±0.2	L_5 ±0.1	L_6 +0.3 0	L_7 ±0.1
L	M10×1	13.8	10.1	8.4	8.4	5.5	8.6	16	8.5	1.6	2	4
	M12×1.5	16.8	12.1	9.7	9.7	7.5	11.1	20	11	2.5	3	4.5
	M14×1.5	18.8	14.1	11.7	11.7	7.5	11.1	20	11	2.5	3	4.5
	M16×1.5	21.8	16.1	13.7	13.7	8	11.6	20.5	11.5	2.5	3	4.5
	M18×1.5	23.8	18.1	15.7	15.7	9	12.6	21.5	12.5	2.5	3	4.5
	M20×1.5	26.8	20.1	17.7	17.7	9	12.8	22.5	12.5	2.5	3	5
	M22×1.5	26.8	22.1	19.7	19.7	9	12.8	22.5	13	2.5	3	5
	M27×2	31.8	27.1	24	24	11	15.8	27.5	16	2.5	4	6
	M33×2	40.8	33.1	30	30	11	15.8	27.5	16	3	4	6
	M42×2	49.8	42.1	39	39	11	15.8	27.5	16	3	4	6
	M48×2	54.8	48.1	45	45	12.5	17.3	29	17.5	3	4	6
S	M12×1.5	16.8	12.1	9.7	9.7	7.5	11.1	21	11	2.5	3	4.5
	M14×1.5	18.8	14.1	11.7	11.7	7.5	11.1	21	11	2.5	3	4.5
	M16×1.5	21.8	16.1	13.7	13.7	9	12.6	23	12.5	2.5	3	4.5
	M18×1.5	23.8	18.1	15.7	15.7	10.5	14.1	26	14	2.5	3	4.5
	M20×1.5	26.8	20.1	17.7	17.7	11	14.8	27.5	14	2.5	3	5
	M22×1.5	26.8	22.1	19.7	19.7	11	14.8	27.5	15	2.5	3	5
	M27×2	31.8	27.1	24	24	13.5	18.3	33.5	18.5	2.5	4	6
	M33×2	40.8	33.1	30	30	13.5	18.3	33.5	18.5	3	4	6
	M42×2	49.8	42.1	39	39	14	18.8	34.5	19	3	4	6
	M48×2	54.8	48.1	45	45	16.5	21.3	38	21.5	3	4	6

A.3 F 型螺纹油口柱端用 O 形圈尺寸见图 A.4 和表 A.3。

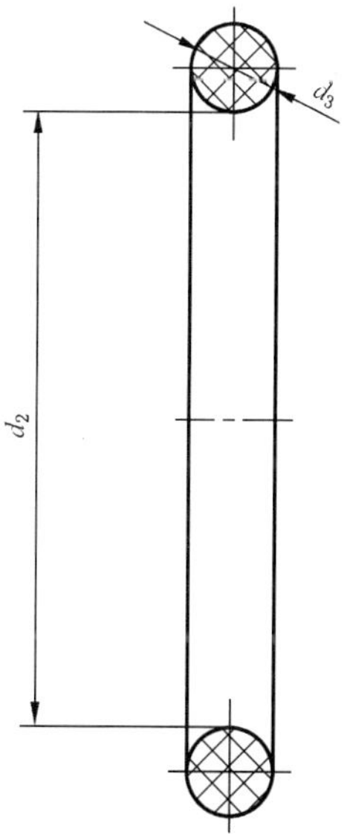

图 A.4 F 型螺纹油口柱端用 O 形圈

表 A.3　O 形圈尺寸

单位为毫米

D_1	d_2		d_3	
	公称尺寸	公差	公称尺寸	公差
M10×1	8.1	±0.2	1.6	±0.08
M12×1.5	9.3	±0.2	2.2	±0.08
M14×1.5	11.3	±0.2	2.2	±0.08
M16×1.5	13.3	±0.2	2.2	±0.08
M18×1.5	15.3	±0.2	2.2	±0.08
M20×1.5	17.3	±0.22	2.2	±0.08
M22×1.5	19.3	±0.22	2.2	±0.08
M27×2	23.6	±0.24	2.9	±0.09
M33×2	29.6	±0.29	2.9	±0.09
M42×2	38.6	±0.37	2.9	±0.09
M48×2	44.6	±0.43	2.9	±0.09

附 录 B
(规范性附录)
试 验 方 法

B.1 一般要求

警告:本附录提出的某些试验是有危险的,因此在进行试验时,必须严格遵守相应的安全防护措施,特别需防范爆裂、细喷(能穿透皮肤)和气体膨胀造成的能量释放。为了降低气体膨胀能量释放的危险性,在加压试验前,应排放尽试验样件中的空气。试验人员需经过适当培训。

B.1.1 试验总成

所有被试零件应以最终状态进入试验程序,包括因钎焊退火的螺母。图 B.1 所示为 1 型试验总成,用于对管连接总成进行重复安装、泄漏、耐压、爆破及循环脉冲试验;图 B.2 所示为 2 型试验总成,用于对柱端连接进行泄漏和耐压试验,以及有要求时进行爆破和循环脉冲试验;图 B.3 所示为 3 型试验总成,为可选型式,用于试验管接头的极限能力,用无管连接进行爆破和循环脉冲试验,且可用于不同型式但同能力的组合。所有的试验总成应符合表 B.1 的相关要求。

表 B.1 试验总成要求

零件代号	零件名称	说明及其他信息
A	直通管接头	螺柱端、管端及密封方法的类型任选,但应记录在试验报告中
B	金属管	管壁厚度应按相关管接头最大工作压力选定,管长度应是 5 倍管外径加 50 mm
C	弯通或三通管接头	如适用,可带旋转螺母
D	管帽或堵塞	—
E	可调向弯通或三通管接头	—
G	密封件	如 O 形密封圈

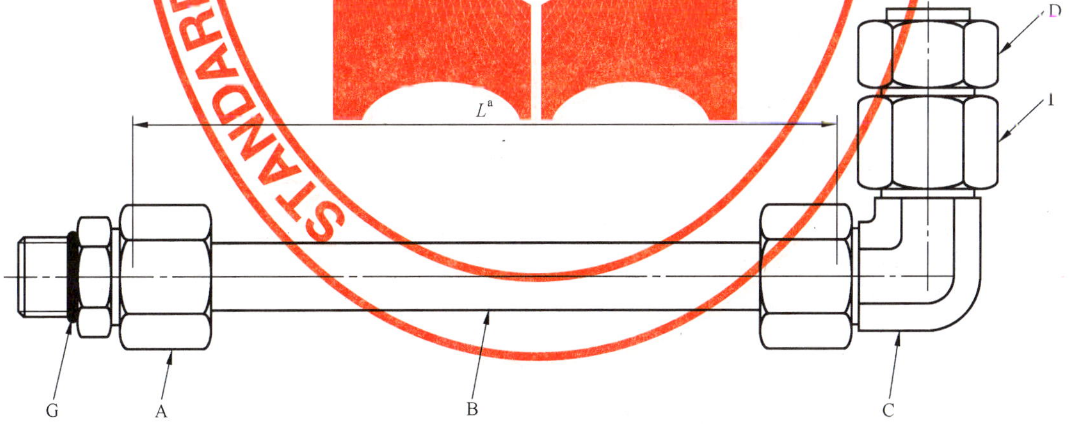

a L=5×管外径 mm+50 mm。

1——旋转螺母;
A——直通管接头;
B——金属管;
C——弯通或三通管接头;
D——管帽或堵塞;
G——密封件,如 O 形圈。

图 B.1 管连接试验总成——1 型

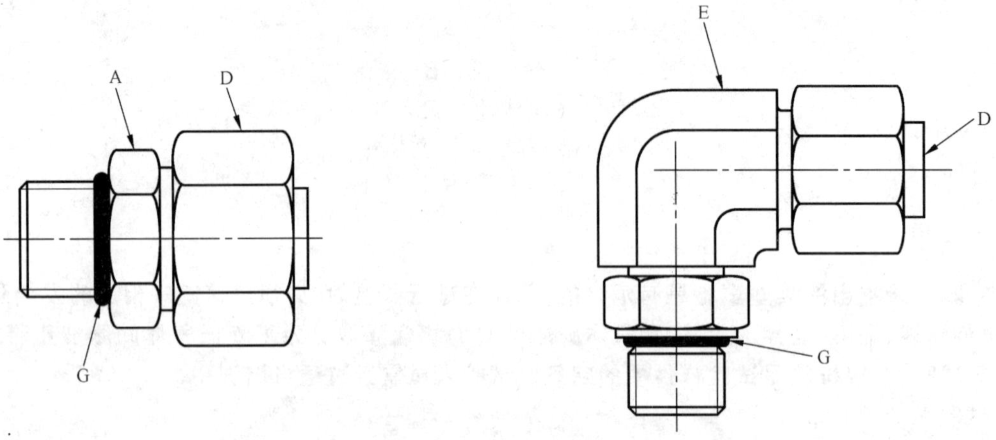

a) 固定螺纹柱端连接　　　　b) 可调向螺纹柱端连接

A——直通管接头；

D——管帽或堵塞；

E——可调向弯通或三通管接头；

G——密封件，如O形圈。

图 B.2　螺柱端连接试验总成——2 型

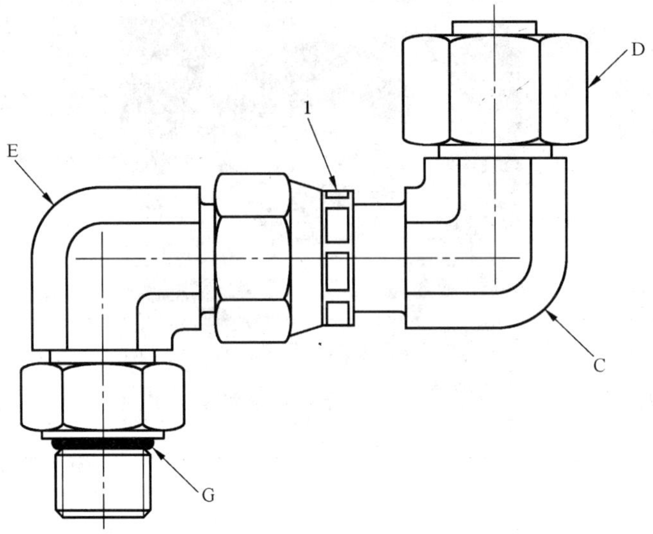

1——旋转螺母；

C——带旋转螺母的弯通或三通管接头；

D——管帽或堵塞；

E——可调向弯通或三通管接头；

G——密封件，如O形圈。

图 B.3　无管连接的管接头能力试验总成——3 型

B.1.2　试验装置

B.1.2.1　试验块

试验块不得有镀层，硬度值应为GB/T 230.1规定的35 HRC～45 HRC。对于有多个油口的试验块，试验油口的中心距离，最小应为油口直径的1.5倍；油口中心至试验块边缘的距离，最小应等于油口直径。

B.1.2.2　试验的密封

除过拧紧试验和另有规定外，所有试验使用的密封件应由丁腈橡胶（NBR）制造，硬度应为

(90±5)IRHD,按 GB/T 6031 测定,尺寸应符合相关要求。O 形圈的外观质量应不低于 GB/T 3452.2 的 N 级要求。

B.1.3 试验程序

B.1.3.1 螺纹润滑

供试验用碳钢管接头,在装配前,所有螺纹及接触表面应加符合 GB/T 3141 的黏度为 VG 32 的液压油;非碳钢管接头应按照制造商的推荐加润滑剂。

B.1.3.2 装配力矩

除重复安装和过拧紧试验以外的所有试验,管连接和柱端的装配,应在用手指拧紧后再用扳手拧紧到相关管接头标准规定的最小装配力矩或最小扳手拧紧圈数;如无标准规定,应按制造商提供的最小装配力矩或最小扳手拧紧圈数。对 2 型和 3 型试验总成的可调向柱端,为了对实际安装时可能发生的最坏情况进行正确试验,应将柱端用手指拧紧后,再退出一整圈,然后再按上述规定用扳手拧紧螺母。

B.1.3.3 试验温度

除非另有规定,所有试验用介质温度应在 15℃~80℃之间。

B.1.4 试验报告

试验结果和试验条件应按附录 C 的试验记录表填报。

B.2 重复安装试验

B.2.1 试验准则

应对 3 组 1 型试验总成拆装若干次,以确认管接头的重复安装性。

B.2.2 试验步骤

把图 B.1 中的直通管接头 A 和弯通管接头 C 连接的管拆装 6 次,每次顺时针转动 60°,每次拧紧螺母时,应按相关标准或制造商规定的最大力矩或圈数拧紧。在第 1 次和第 6 次装配拧紧后,依照表 B.2 所述的试验参数及步骤,对全部试验总成进行泄漏试验和耐压试验。

表 B.2 重复安装试验的参数及步骤

试验参数	参数值及步骤
试验介质	按 B.3 和 B.4 规定
试验压力	
试验时间	
合格判定	泄漏试验与耐压试验时不发生任何泄漏

B.2.3 试验用零件的再使用

通过本试验的零件可继续用于爆破试验和循环脉冲试验,但不允许投入实际使用或退回库房。

B.3 泄漏(气)试验

B.3.1 试验准则

应对所有通过重复安装试验的 1 型试验总成,适用时对 3 组 2 型和 3 型试验总成进行泄漏试验,以确认管接头在规定的试验压力下无泄漏。

B.3.2 试验步骤

试验总成应按图 B.4 所示装置和表 B.3 所述参数及步骤在水中加压。

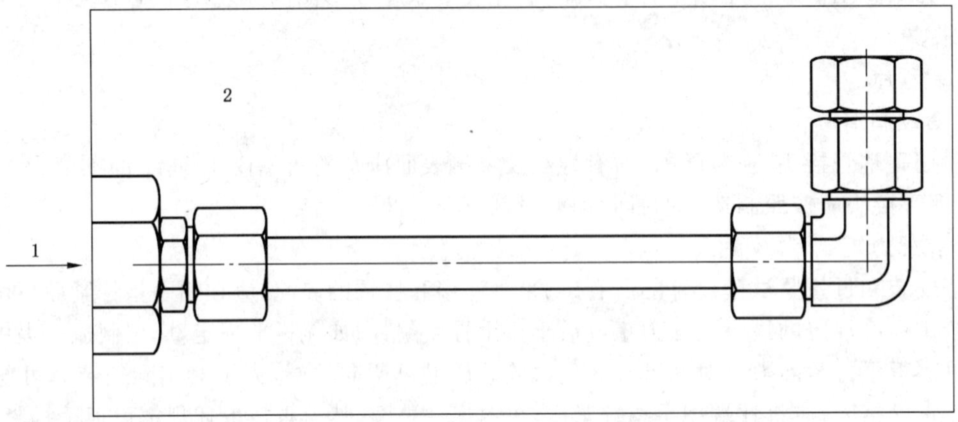

1——试验用流体入口；

2——水。

图 B.4 典型的泄漏试验装置

表 B.3 泄漏试验的参数及步骤

试验参数	参数值及步骤
试验介质	空气、氮气或氦气，并记入试验报告
试验压力	持续加压至管接头最大工作压力的15%，最高不超过6.3 MPa(63 bar)
试验时间	在安装时保留在管接头螺纹中的空气溢尽后，至少保压3 min
合格判定	试验保压期内无气泡从试验总成中冒出

B.3.3 试验用零件的再使用

通过本试验的零件可继续用于其他试验，但不得投入实际使用或退回库房。

B.4 耐压试验

B.4.1 试验准则

应对3组1型试验总成，适用时对3组2型和3型试验总成进行耐压试验，以确认管接头连接可承受至少2倍最大工作压力无泄漏。

B.4.2 试验步骤

试验总成应按图B.5所示装置和表B.4所述参数及步骤加压，加压前应仔细排除试验总成中的空气。

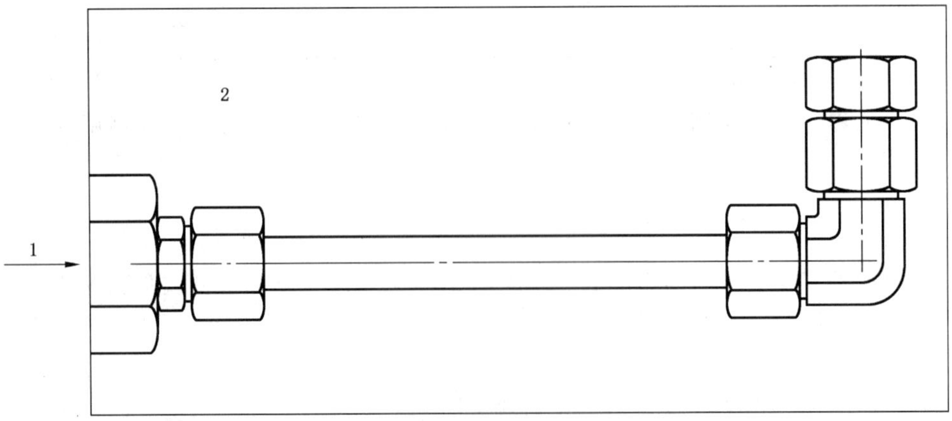

1——试验用流体入口；

2——空气。

图 B.5 典型的耐压和爆破试验装置

表 B.4 耐压试验的参数及步骤

试验参数	参数值及步骤
试验介质	符合 GB/T 7631.2 要求的黏度不大于 GB/T 3141 规定的 VG32 的液压油(如 HM),或水,并记入试验报告
试验压力	2 倍管接头工作压力,升压速率每秒不得超过最大工作压力值的 16%
试验时间	在试验压力下至少保压 1 min
合格判定	试验保压期内无任何泄漏

B.4.3 试验用零件的再使用

通过本试验的零件可继续用于爆破试验,但不允许投入实际使用或退回库房。

B.5 爆破试验

B.5.1 试验准则

应对 3 组 1 型或 3 型试验总成,适用时对 3 组 2 型试验总成进行爆破试验,以确认管接头连接可承受至少 4 倍最大工作压力而不失效。

B.5.2 试验步骤

试验总成应按图 B.5 所示装置和表 B.5 所述参数和步骤加压。

表 B.5 爆破试验的参数及步骤

试验参数	参数值及步骤
试验介质	符合 GB/T 7631.2 要求的黏度不大于 GB/T 3141 规定的 VG32 的液压油(如 HM),或水,并记入试验报告
试验压力	至少 4 倍管接头工作压力,升压速率每秒不得超过最大工作压力值的 16%
试验时间	持续加压至连接失效为止
合格判定	出现可见泄漏的试验压力不低于 4 倍最大工作压力

B.5.3 试验用零件的再使用

通过本试验的零件不允许再用于其他试验,也不允许投入实际使用或退回库房。

B.6 循环脉冲试验

B.6.1 试验准则

应对 3 组 1 型或 3 型试验总成,适用时对 6 组 2 型试验总成进行循环脉冲试验,以确认管接头连接可承受至少 100 万次峰值压力为 1.33 倍最大工作压力的脉冲冲击而不失效。

B.6.2 试验步骤

本循环脉冲试验应按图 B.6 所示波型及表 B.6 所述参数及步骤进行。

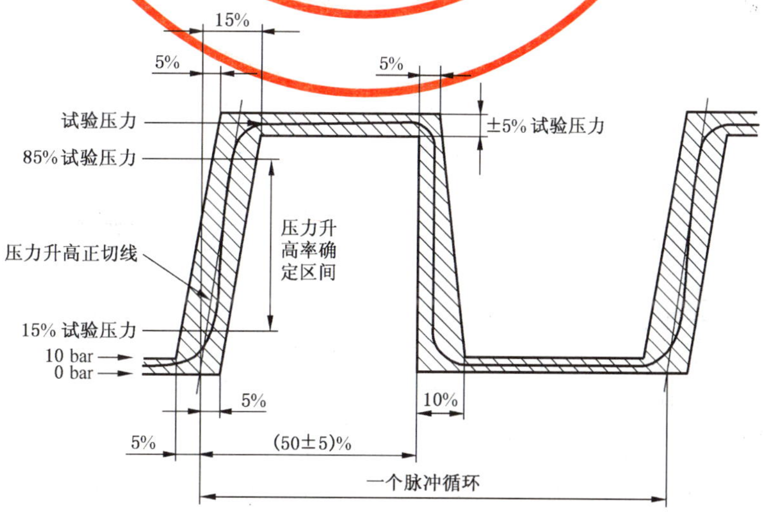

图 B.6 试验波形

表 B.6 循环脉冲试验的参数及步骤

试验参数	参数值及步骤
试验介质	符合 GB/T 7631.2 要求的黏度不大于 GB/T 3141 规定的 VG32 的液压油(如 HM),或水,并记入试验报告
试验压力	峰值压力为 1.33 倍管接头最大工作压力,频率为 0.5 Hz～1.25 Hz 的图 B.6 所示的波形脉冲压力
试验时间	至少 100 万次循环脉冲
合格判定	试验期内无泄漏或失效

B.6.3 试验用零件的再使用

通过本试验的零件不允许再用于其他试验,也不允许投入实际使用或退回库房。

B.7 过拧紧试验

B.7.1 试验准则

应对每个规格的 3 件连接螺母和 3 件旋转螺母进行过拧紧试验,以确认管和螺母可承受相关标准规定的过拧力矩或过拧圈数。

B.7.2 试验装置

应使用无镀层的硬度不低于 40 HRC 的钢制螺纹试验接头进行过拧紧试验。

B.7.3 试验步骤

试验时,试验接头固定不动,按表 B.7 规定用扳手拧紧螺母。

表 B.7 过拧紧试验的参数及步骤

试验参数	参数值及步骤
试验时间	持续扳拧螺母至规定拧紧力矩或圈数。除非另有规定,过拧力矩应不低于相关规定安装力矩的 1.5 倍
合格判定	过拧操作后,不出现如下情况: ——螺母复位后,不能用手卸下、转动或退回至原始位置; ——在密封面上有肉眼可见裂纹,或螺母外观显示不可再用

B.7.4 试验件的再使用

通过本试验的零件不允许再用于其他试验,也不允许投入实际使用或退回库房。

B.8 振动试验

B.8.1 试验准则

应对 B.8.2 规定的 6 组试验总成进行振动试验,确认管接头连接可承受规定振动不泄漏或零件不失效。

B.8.2 试验步骤

B.8.2.1 按表 B.8 和 B.8.2.2～B.8.2.7 所述参数和步骤进行。

表 B.8 振动试验的参数及步骤

试验参数	参数值及步骤
试验介质	符合 GB/T 7631.2 要求的黏度不大于 GB/T 3141 规定的 VG32 的液压油(如 HM),或水,并记入试验报告
试验压力	选用管的最大工作压力
应力水平	管材最小屈服强度的 25%[a]
振动频率	10 Hz～50 Hz
试验时间	至少 1 000 万次振动
合格判定	出现可见泄漏或失效时的振动次数不应低于 1 000 万次

a 使用最小屈服强度大于 235 MPa 的管材,确定振动应力时应考虑管材本身的动态性能。

B.8.2.2 按图 B.7 准备振动试验总成，应变片安装在图示规定的位置，最小计量长度 L 应不小于表 B.9的规定。

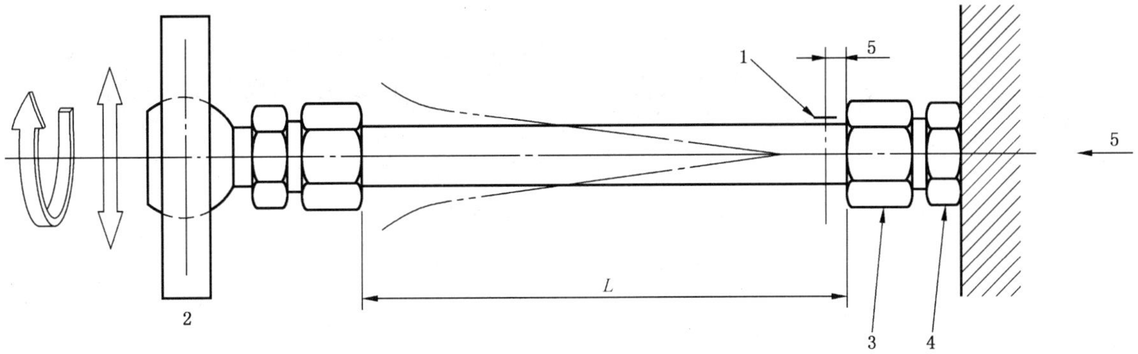

1——应变片；
2——受驱端；
3——试验总成；
4——固定端；
5——液压源。

a）旋转或平面振动试验总成与装置

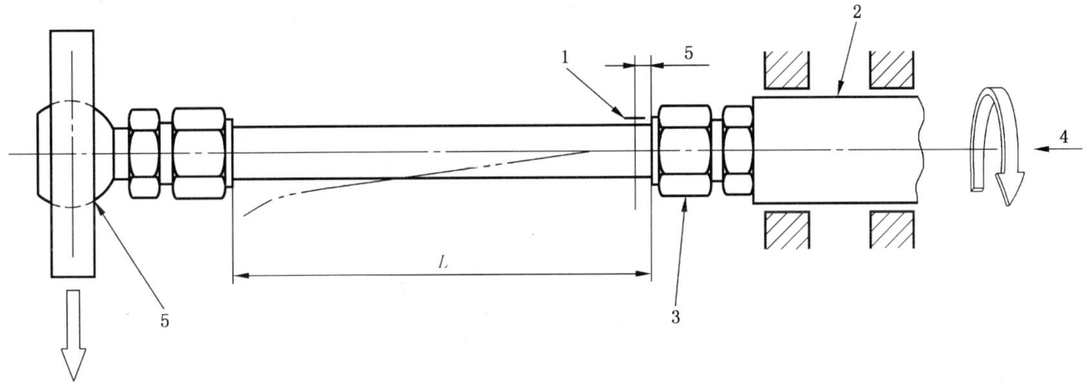

1——应变片；
2——受驱端；
3——试验总成；
4——液压源；
5——施加载荷位置。

b）旋转振动试验总成与装置（可选）

图 B.7 振动试验总成与装置

表 B.9 最小计量长度

单位为毫米

管子外径 D_0	最小计量长度 L
$D_0 \leqslant 20$	250
$20 < D_0 \leqslant 50$	250 与 $8D_0$ 中的较大值
$D_0 > 50$	400 与 $8D_0$ 中的较大值

B.8.2.3 如图 B.7 所示，把试验总成安装在可提供旋转或平面振动的试验夹具中。

B.8.2.4 加压至管子的最大工作压力。

B.8.2.5 在未安装应变片的管端，施加弯曲载荷，直至轴向综合应力达到管材最小屈服强度的 25%。

注：使用最小屈服强度大于 235 MPa 的管材，确定振动应力时应考虑管材本身的动态性能。

B.8.2.6 使试验总成按 10 Hz～50 Hz 的频率振动至失效或振动 1 000 万次。

B.8.2.7 如果振动次数不到 1 000 万次连接即失效，记录下振动次数和失效类型。

B.8.3 试验用零件的再使用

通过本试验的零件不允许再用于其他试验，也不允许投入实际使用或退回库房。

B.9 振动加循环脉冲试验

B.9.1 试验准则

应对按图 B.8 规定的 3 组试验总成同时进行振动加循环脉冲试验，以确认处在振动中的管接头连接可承受至少 50 万次压力峰值为 1.33 倍最大工作压力的脉冲冲击而不泄漏或零件不失效。

B.9.2 试验步骤

B.9.2.1 按图 B.8 所示装置和表 B.10 所述参数及步骤进行振动加循环脉冲试验。

B.9.2.2 按图 B.8 准备试验总成与装置，应变片安装在图示规定的位置，计量长度 L 应不小于表 B.9 的规定。

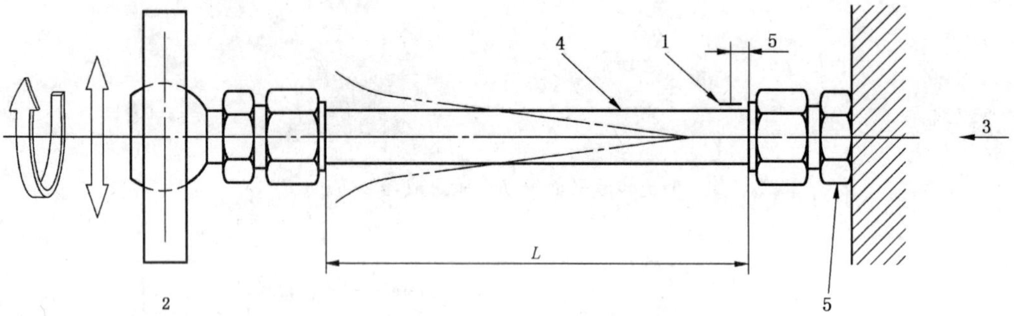

1——应变片；
2——受驱端；
3——液压源；
4——试验总成；
5——固定端。

图 B.8 振动加循环脉冲试验总成与装置

表 B.10 振动加循环脉冲试验的参数及步骤

试验参数	参数值及步骤
试验介质	符合 GB/T 7631.2 要求的黏度不大于 GB/T 3141 规定的 VG32 的液压油(如 HM)，或水，并记入试验报告
试验压力	峰值为 1.33 倍接头最大工作压力、频率为 0.5 Hz～1.25 Hz 的图 B.6 所示的波形脉冲压力
应力水平	按管材最小屈服强度的 25%[a]
振动频率	20 倍脉冲频率
试验时间	至少 50 万次脉冲
合格判定	出现可见泄漏或失效时的脉冲次数应不低于 50 万次
[a] 使用最小屈服强度大于 235 MPa 的管材，确定振动应力时应考虑管材本身的动态性能。	

B.9.3 试验件的再使用

通过本试验的零件不允许再用于其他试验，也不允许投入实际使用或退回库房。

附 录 C
(规范性附录)
试验记录表

被测接头条件						
接头标准				材料牌号		
制造商				试验设备		
螺柱端	类型		规格		密封类型	
接头端	类型		规格		密封类型	

重复安装与泄漏试验结果　最小试验样本数=3组(参见10.2和B.2)					
样本号	力矩(N·m)或圈数	试验介质	合格判定		
			重复安装试验	泄漏试验	耐压试验
第1次安装后					
1组					
2组					
3组					
第6次安装后					
1组					
2组					
3组					

耐压试验结果　最小试验样本数=3组(参见10.4和B.4)				
样本号	力矩(N·m)或圈数	试验介质	试验压力	合格判定
1组			MPa	
2组			MPa	
3组			MPa	

爆破压力试验结果　最小试验样本数=3组(参见第10.5和B.5)					
样本号	力矩(N·m)或圈数	试验介质	试验压力	合格判定	
1组			MPa	MPa	
2组			MPa	MPa	
3组			MPa	MPa	

循环脉冲试验结果　最小试验样本数=6组(参见10.6和B.6)					
样本号	力矩(N·m)或圈数	试验介质	试验脉冲数	失效时脉冲数	合格判定
1组					
2组					
3组					
4组					
5组					
6组					

表（续）

过拧紧试验结果　最小试验样本数＝6组(参见10.8和B.7)

螺母型号	力矩(N·m)或圈数	合格判定
1		
2		
3		
4		
5		
6		

振动试验结果　最小试验样本数＝6组(参见10.7和B.8)

样本号	试验压力	振动应力	振动试验次数	失效时振动次数	合格判定
1组	MPa				
2组	MPa				
3组	MPa				
4组	MPa				
5组	MPa				
6组	MPa				

振动加循环脉冲试验结果　最小试验样本数＝3组或6组(参见B.9)

样本号	力矩(N·m)或圈数	试验介质	脉冲压力	振动应力	脉冲试验次数	失效时脉冲/振动次数		合格判定
						脉冲	振动	
1组			MPa					
2组			MPa					
3组			MPa					
4组			MPa					
5组			MPa					
6组			MPa					

试验结论:(合格与否_——不合格时应指出不合格原因)

例外尺寸:

报告人姓名:(印刷或打字)

报告人签字:

报告日期:

ICS 83.040.30
G 49

中华人民共和国国家标准

GB/T 3780.4—2008
代替 GB/T 3780.4—2003

炭黑 第4部分:压缩试样吸油值的测定

Carbon black—Part 4:Determination of oil absorption number for compressed sample

2008-05-14 发布 2008-10-01 实施

中华人民共和国国家质量监督检验检疫总局
中国国家标准化管理委员会 发布

前　　言

GB/T 3780《炭黑》分为如下几个部分：

——第 1 部分：吸碘值试验方法；

——第 2 部分：吸油值的测定；

——第 4 部分：压缩试样吸油值的测定；

——第 5 部分：比表面积的测定　CTAB 法；

——第 6 部分：着色强度试验方法；

——第 7 部分：pH 值的测定；

——第 8 部分：加热减量的测定；

——第 10 部分：灰分的测定；

——第 12 部分：杂质的检查；

——第 14 部分：硫含量的测定；

——第 15 部分：甲苯抽出物透光率的测定；

——第 17 部分：粒径的间接测定　反射率法；

——第 18 部分：在天然橡胶(NR)中的鉴定方法；

——第 21 部分：橡胶配合剂筛余物的测定　水冲洗法。

本部分是 GB/T 3780 的第 4 部分。

本部分修改采用 ASTM D 3493：2004a《炭黑试验方法　压缩试样吸油值的测定(COAN)》(英文版)。

本部分根据 ASTM D 3493：2004a 重新起草。为了方便比较，在资料性附录 A 中列出了本部分章条编号与 ASTM D 3493：2004a 标准章条编号的对照一览表。

考虑到我国国情，为方便标准使用者，在采用 ASTM D 3493：2004a 时作了一些修改。本部分与 ASTM D 3493：2004a 的主要差异如下：

——修改了标准名称；

——删除了采用 SI 制的说明，因标准中采用的均为 SI 制(ASTM D 3493：2004a 中 1.2)；

——增加了本方法的适用范围(本部分 1 的第二段)；

——引用文件中采用了与 ASTM 标准 D 1765、D 1799、D 1900、D 4483、D 4821 无对应关系的我国标准(本部分 2)；

——增加了“A 型和 B 型压缩缸和柱塞的示意图”和“不锈钢杯”(本部分 4.3、4.9)，更具有操作性；

——删除“试剂等级的说明”(ASTM D 3493：2004a 中 6.1)，而按我国试剂等级的要求进行了修改(本部分 5 的第一段)；

——将“试剂和材料”中“邻苯二甲酸二丁酯”和“石蜡”的性能要求修改为“其性能应满足对标准参比炭黑(如 ASTM SRB 系列)进行测试时，测试结果参见附录 B 中表 B.1 的要求”，同时将“邻苯二甲酸二丁酯”定为仲裁试验用试剂(本部分 5.1、5.2，ASTM D 3493：2004a 中 6.2、6.3)，因不同批次邻苯二甲酸二丁酯和石蜡的性能可能存在较显著差异；

——增加了 ASTM SRB7 系列标准参比炭黑(本部分 5.3)；

——用 A 型和 B 型压缩机分别表示 Chandler 和 Titan 压缩机，更符合我国国情(本部分 8.3；ASTM D 3493：2004a 中 9.3)；

——在使用 A 型压缩机时，将前三次压缩试样后，通过 850 μm 筛的操作，修改为用刮刀破碎试样，

方便使用者操作(本部分 8.3.1.7;ASTM D 3493:2004a 中 9.4.7);

——增加了“按 GB/T 3780.2 的 B 法测定压缩试样的吸油值”(本部分 8.5),因为 B 法仍是我国使用的标准方法之一;

——结果表示和精密度都按 GB/T 3780.2 的要求(本部分 9、10),适应我国国情;

——删除精密度的说明和精密度数据表,精密度另有国家标准进行规定(ASTM D 3493:2004a 中 12.1～12.6);

——删除偏差的说明(ASTM D 3493:2004a 中 12.7),我国标准目前暂无此要求;

——在试验报告中增加了“本试验依据的标准;”、“与规定的分析步骤的差异;”、“在试验中观察到的异常现象;”、“试验日期;”(本部分 11),符合我国标准编制要求;

——删除第 4 章“使用和重要性”、第 13 章“主题词”。

为便于使用,本部分还做了下列编辑性修改:

a) “本标准”一词改为“本部分”;

b) 增加资料性附录 A“本部分章条编号与 ASTM D 3493:2004a 章条编号对照”;

c) 增加了资料性附录 B“标准参比炭黑压缩试样的邻苯二甲酸二丁酯吸收值”。

本部分代替 GB/T 3780.4—2003《炭黑　第 4 部分:邻苯二甲酸二丁酯吸收值测定方法和试样制备(压缩试样)》。

本部分与 GB/T 3780.4—2003 相比主要变化如下:

a) 修改了本部分的名称;

b) 增加了第 6 章“试剂和材料”、第 7 章“校准和标定”、第 10 章“精密度”(本版 6、7、11);

c) 试剂未规定具体技术条件,改为要求其测试结果应符合附录 B 中表 B.1(本版 5.1、5.2);

d) 增加规定邻苯二甲酸二丁酯为仲裁试验用试剂(本版的 5.1);

e) 增加液体石蜡(本版的 5.2);

f) 增加 SRB7 系列标准参比炭黑(本版的 5.3);

g) 修改了干燥试样的温度(GB/T 3780.4—2003 的 5.2;本版的 8.1);

h) 增加了 B 法的称样量(本版 8.5);

i) 删除附录 A 中 SRB5 系列标准参比炭黑压缩试样的邻苯二甲酸二丁酯吸收值;

j) 增加了附录 A 中 SRB7 系列标准参比炭黑压缩试样的邻苯二甲酸二丁酯吸收值;

k) 删除附录 C。

本部分的附录 A、附录 B 均为资料性附录。

本部分由中国石油和化学工业协会提出。

本部分由全国橡胶与橡胶制品标准化技术委员会炭黑分技术委员会(SAC/TC 35/SC 5)归口。

本部分负责起草单位:中橡集团炭黑工业研究设计院、中橡(马鞍山)化学有限公司。

本部分主要起草人:周咏梅、冯洁、代传银。

本部分所代替标准的历次版本发布情况为:

——GB/T 3780.4—1983、GB/T 3780.4—1994、GB/T 3780.4—2003。

炭黑　第4部分：压缩试样吸油值的测定

警告——使用本部分的人员应有正规实验室工作的实践经验。本部分并未指出所有可能的安全问题。使用者有责任采取适当的安全和健康措施，并保证符合国家有关法规规定的条件。

1　范围

GB/T 3780 的本部分规定了炭黑试样的压缩和测定压缩试样吸油值的试验方法。

本部分适用于橡胶用炭黑。

2　规范性引用文件

下列文件中的条款通过 GB/T 3780 的本部分的引用而成为本部分的条款。凡是注日期的引用文件，其随后所有的修改单(不包括勘误的内容)或修订版均不适用于本部分，然而，鼓励根据本部分达成协议的各方研究是否可使用这些文件的最新版本。凡是不注日期的引用文件，其最新版本适用于本部分。

GB 3778　橡胶用炭黑

GB/T 3780.2　炭黑　第2部分：吸油值的测定

GB/T 6003.1　金属丝编织试验筛(GB/T 6003.1—1997,eqv ISO 3310-1:1990)

3　原理

一定量干燥过的炭黑试样于 165 MPa 的压力下，在压缩缸中压缩4次，然后测定其吸油值。

4　仪器和设备

4.1　天平，精度 0.01 g。

4.2　恒温干燥箱，重力对流型，温度可控制在(125±1)℃。

4.3　压缩机，动力头行进速度 4.2 mm/s，能对试样施加 165 MPa 的压力。A 型压缩缸和柱塞见图 1；B 型压缩缸和柱塞见图 2。

单位为毫米

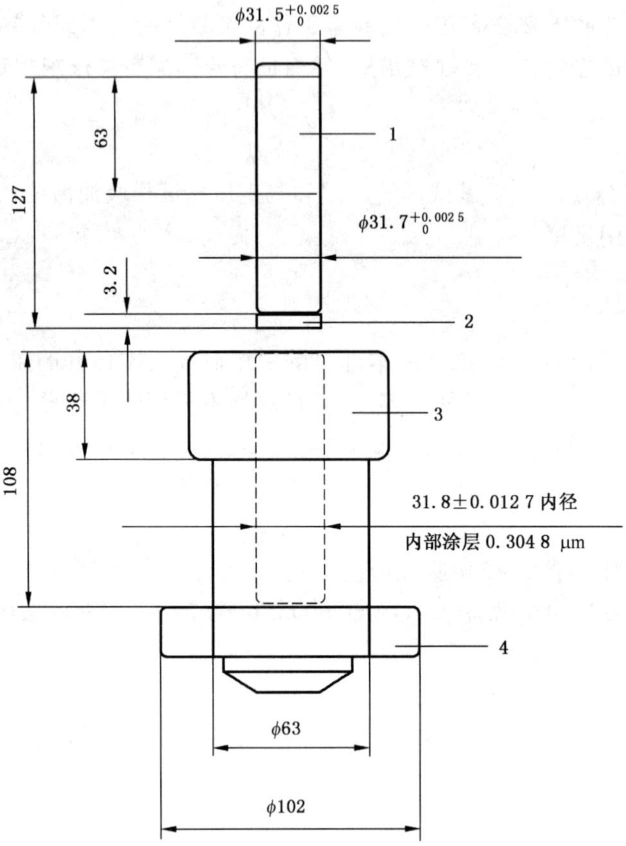

1——柱塞；

2——尼龙衬垫；

3——压缩缸；

4——底部密封板。

图 1 A 型压缩缸和柱塞的主要部件

单位为毫米

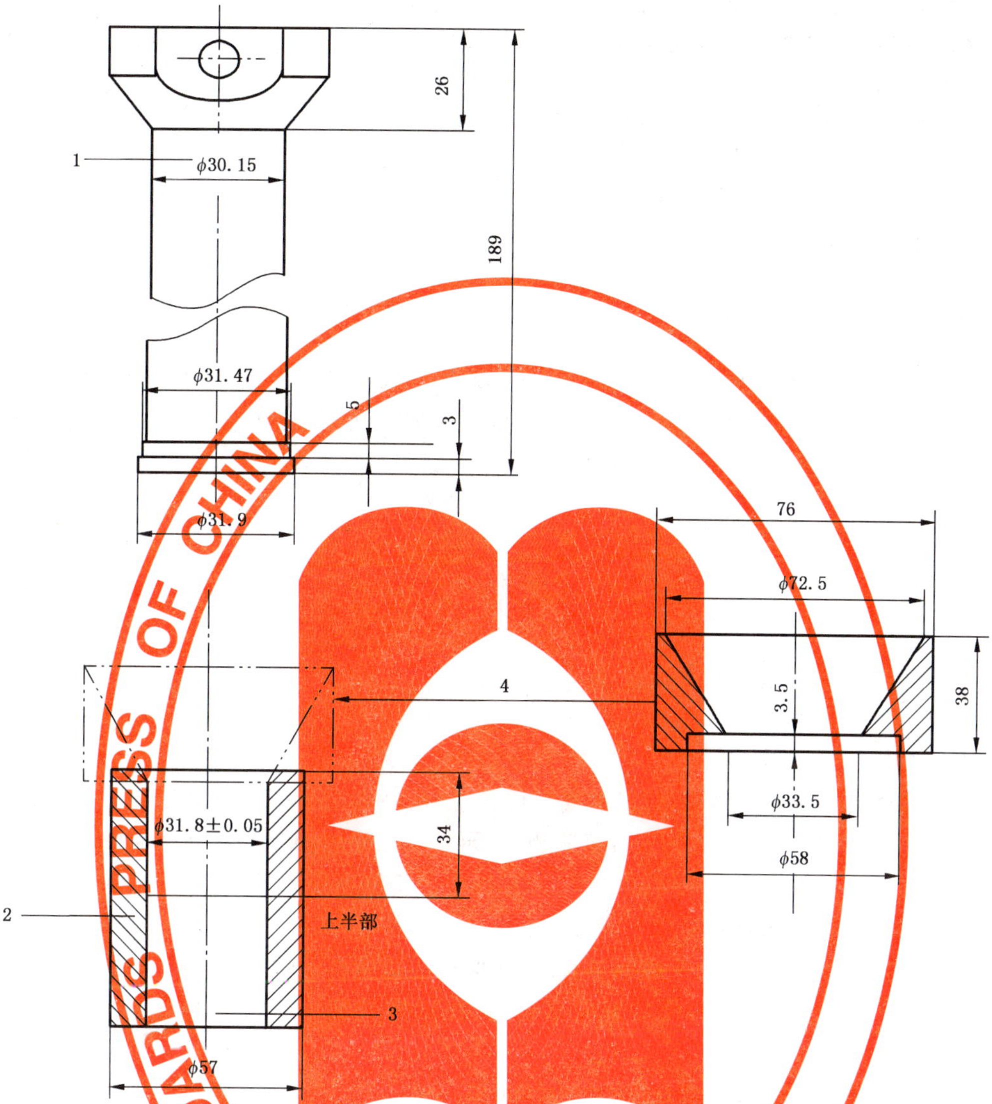

1——上柱塞；

2——压缩缸；

3——缸内下柱塞；

4——料斗。

图 2　B 型压缩缸和柱塞的主要部件

4.4　吸油计，配备有一台滴定速度可达(4±0.024)cm^3/min 的恒速滴定仪。

4.5　刮刀，不锈钢质，长度 100 mm～150 mm。

4.6　试验筛，φ200×50/0.850 符合 GB/T 6003.1 规定，配有筛底盘。

4.7　毛刷，宽约 50 mm。

4.8　干燥器。

4.9　不锈钢杯。

5　试剂和材料

除非另有规定，仅使用分析纯试剂。

5.1 邻苯二甲酸二丁酯(DBP),其性能应满足在对标准参比炭黑(如 ASTM SRB 系列)进行测试时,测试结果参见附录 B 中表 B.1 的要求,本试剂为仲裁试验用试剂。

5.2 液体石蜡,其性能应满足在对标准参比炭黑(如 ASTM SRB 系列)进行测试时,测试结果参见附录 B 中表 B.1 的要求。

5.3 标准参比炭黑,SRB6 或 SRB7 系列。

6 采样

按 GB 3778 规定的方法采样。

7 校准和标定

压缩机的压力可用标准参比炭黑 ASTM SRB 系列进行调整,试验方法见 GB/T 3780.2,校准结果参见附录 B 中表 B.1 的要求。若试验结果值偏大,则应增加对试样施加的压力;如试验结果值偏小,则应减小压力。

8 分析步骤

8.1 将足量的炭黑试样置于(125±1)℃的恒温干燥箱(4.2)中干燥 1 h,然后置于干燥器(4.9)中冷却至室温备用。

8.2 称取(25±0.1)g 干燥过的炭黑试样(8.1)。

8.3 炭黑压缩机可用 A 型和 B 型。

8.3.1 A 型压缩机的操作程序

8.3.1.1 把底部密封板放在压缩机(4.3)的规定位置,摇动底部密封板手柄以校正底部密封板在底座板上的位置,把压缩缸(见图 1)放置到底部密封板上,再转动压缩缸使其与底部密封板恰当配合。

8.3.1.2 将称好的炭黑试样倒入压缩缸(见 8.3.1.1)中。将柱塞放入压缩缸,带尼龙垫片的一端接触试样,然后用手轻轻转动柱塞并尽量往下压入缸中。

8.3.1.3 调节柱塞、压缩缸和动力头成一条直线,并保持柱塞能自由转动。

8.3.1.4 按启动按钮,通过动力头使柱塞向下运动,在试样受到 165 MPa 的压力时,保持 1 s,然后卸压。

注:油压表的示值与压缩缸的内径和柱塞底端的面积有关。

8.3.1.5 提起动力头,取出底部密封板,然后降下动力头至刚好把柱塞和试样从压缩缸中压出落入不锈钢杯(4.9)中。

8.3.1.6 擦净压缩缸、柱塞和底部密封板的炭黑粉尘,按 8.3.1.1 的要求把底部密封板和压缩缸重新放在压缩机的底座板上。

8.3.1.7 用刮刀(4.5)破碎炭黑试样,直至最大的炭黑结块不大于 0.25 cm。操作过程中确保没有试样损失。

8.3.1.8 重复 8.3.1.2~8.3.1.7 的压缩操作,使试样共压缩 4 次。

8.3.2 B 型压缩机的操作程序

8.3.2.1 启动左操作阀,压缩缸内的活塞向下,将称好的炭黑试样倒入压缩缸(见图 2)中。

8.3.2.2 启动右操纵阀使上柱塞向下移动以压缩试样,直至试样受到 165 MPa 时,保持 1 s 后立即卸压。

8.3.2.3 用右操纵阀提起上柱塞,直至上柱塞离压缩缸约 4 cm,即与料斗上边缘平齐。

8.3.2.4 用左操纵阀升高缸内柱塞,把试样顶出压缩缸,同时被上面的上柱塞挤碎,然后落入料斗内。

8.3.2.5 用刮刀(4.5)破碎试样,操作过程中确保没有试样损失。降低缸内柱塞,使炭黑试样重新落入压缩缸中。必要时用毛刷(4.7)将料斗的所有炭黑扫入压缩缸中。

8.3.2.6 重复 8.3.2.2～8.3.2.5 的操作，使试样共压缩 4 次。

8.4 将第 4 次压缩之后的试样通过 850 μm 筛(4.6)，然后保留样品用于测试。

8.5 称取(20±0.01)g 压缩试样(各种炭黑均称此量)，按 GB/T 3780.2 的 A 法测定其吸油值；或称取(1.0±0.001)g 压缩试样(各种炭黑均称此量)，按 GB/T 3780.2 的 B 法测定其吸油值。

注：如果压缩试样在压缩后 15 min 内不测试，应将试样保存在干燥器中，或者在测试之前于(125±1)℃下重新干燥 1 h。

9 结果表示

按 GB/T 3780.2 的要求表示结果。

10 精密度

按 GB/T 3780.2 的精密度要求表示。

11 试验报告

试验报告应包括下列内容：

a) 试样名称及标识；

b) 本试验依据的标准；

c) 使用的压缩机类型及吸油值测定的方法；

d) 试验使用的试剂种类；

e) 试验结果；

f) 与规定的分析步骤的差异；

g) 在试验中观察到的异常现象；

h) 试验日期。

附　录　A
（资料性附录）
本部分章条编号与 ASTM D 3493:2004a 章条编号对照

表 A.1 给出了本部分章条编号与 ASTM D 3493:2004a 章条编号对照一览表。

表 A.1　本部分章条编号与 ASTM D 3493:2004a 章条编号对照

本部分章条编号	对应的 ASTM D 3493:2004 章条编号
1	1
1 的第一段	1.1
—	1.2
—	1.3
2	2
—	2.1
3	3
3 的第一段	3.1
—	3.2
—	4
4	5
4.1	5.1
4.2	5.2
4.3	5.3
4.4	5.4
4.5	5.5
4.6	5.6
4.7	5.7
4.8	5.8
4.9	—
5	6
—	6.1
5.1	6.2
5.2	6.3
5.3	6.4
6	7
—	7.1
7	8
—	8.1
8	9

表 A.1(续)

本部分章条编号	对应的 ASTM D 3493:2004 章条编号
8.1	9.1
8.2	9.2
8.3	9.3
8.3.1	9.4
8.3.1.1	9.4.1
8.3.1.2	9.4.2
8.3.1.3	9.4.3
8.3.1.4	9.4.4
8.3.1.5	9.4.5
8.3.1.6	9.4.6
—	9.4.7
8.3.1.7	—
8.3.1.8	9.4.8
8.3.2	9.5
8.3.2.1	9.5.1
8.3.2.2	9.5.2
8.3.2.3	9.5.3
8.3.2.4	9.5.4
8.3.2.5	9.5.5
8.3.2.6	9.5.6
8.4	9.5.7
8.5	9.6
9	10
10	12
11	11
—	13
附录 A	—
附录 B	—

附　录　B
（资料性附录）
标准参比炭黑压缩试样的邻苯二甲酸二丁酯吸收值

表B.1列出了标准参比炭黑压缩试样的邻苯二甲酸二丁酯吸收值。

表 B.1　标准参比炭黑压缩试样的邻苯二甲酸二丁酯吸收值

标准参比炭黑品种	标准值/($10^{-5}m^3/kg$)	标准参比炭黑品种	标准值/($10^{-5}m^3/kg$)
A6(N134)	101.0±2.46	A7(N326)	68.6±1.35
B6(N220)	98.5±1.80	B7(N134)	101.0±1.44
C6(N326)	68.1±1.59	C7(HS-Tread)	130.9±1.80
D6(N762)	60.2±1.59	D7(LS-Carcass)	39.0±0.93
E6(N660)	76.0±2.49	E7(N660)	75.9±1.23
F6(N683)	88.6±2.58	F7(N683)	88.3±1.35